Maschinenelemente

Zweiter Band

Maschinenelemente

Entwerfen, Berechnen und Gestalten im Maschinenbau

Ein Lehr- und Arbeitsbuch

Von

Dr.-Ing. G. Niemann

Professor an der Technischen Hochschule München

Zweiter Band

Getriebe

Mit 338 Abbildungen

2. berichtigter Neudruck

Springer-Verlag Berlin Heidelberg GmbH

1965

ISBN 978-3-662-23317-7 ISBN 978-3-662-25357-1 (eBook)
DOI 10.1007/978-3-662-25357-1

Ursprünglich erschienen bei Springer-Verlag, Berlin/Göttingen/Heidelberg 1960
Softcover reprint of the hardcover 2nd edition 1960

Library of Congress Catalog Card Number 64—1557

Titel Nr. 0736

Vorwort zum zweiten Neudruck

Der Neudruck bot mir Gelegenheit, einige Unklarheiten zu beseitigen und folgende Ergänzungen aufzunehmen:

1. Die Berechnung des Tragfehlers C_T auch für die lineare Lastverteilung (S. 83 u. 117),
2. Angaben über zusätzliche Einflüsse auf die Flankentragfähigkeit nach neuen Forschungsergebnissen (S. 40),
3. eine neue Gleichung für die überschlägige Berechnung der Flankentragfähigkeit von Stirnrädern (S. 114),
4. weitere Werkstoffe und Werte für k_0 und σ_D bei Stirnrädern (S. 120),
5. eine neue Tafel für die M_{Test}-Werte und für die Auswahl der Getriebeöle (S. 122) und
6. ein neues Diagramm zur leichteren Ermittlung des Überdeckungsgrades ε (S. 118).

München, im Dezember 1964

Gustav Niemann

Vorwort zur ersten Auflage

Für die Übersicht und Auswahl der Getriebe bringt das erste Kapitel *Vergleichsangaben für die Eigenschaften, Kosten, Baumaße und Verwendungsbereiche.* Dann folgen die *Grundgleichungen für Bewegungsvorgänge und Massenwirkungen*, die für alle Getriebe und Wellenschalter Geltung haben.

Die weiteren Kapitel behandeln die verschiedenen Getriebe und Wellenschalter *im einzelnen*. Hierbei wurde besonderer Wert darauf gelegt, das Wesentliche der Funktion, der Belastungsgrenzen und der Berechnungsgrundlagen herauszustellen. Außerdem wurde angestrebt, die neuesten Erfahrungen und Forschungsergebnisse möglichst weit für die praktische Berechnung und Konstruktion nutzbar zu machen.

Das Vorhaben dieses Buches wurde zum Anlaß, auch den noch ungelösten Fragen nachzugehen und die Lücken wenigstens zum Teil durch Versuche und Forschungsarbeiten zu schließen. Aus dieser Arbeit erwuchs mir die Erkenntnis, daß viele Fragezeichen schneller verschwinden würden, wenn wir uns weniger oft mit unsicheren Ausgangswerten für unsere Berechnungen und Konstruktionen begnügten. So zeigten mir beispielsweise die in meinem Institut laufenden Versuchsreihen über die Flankentragfähigkeit von Stirnradgetrieben, daß für die Steigerung der Belastungsgrenze noch erstaunliche Möglichkeiten offenstehen. Umgekehrt ergaben sich aber auch bei manchen Zahnrad- und Werkstoffpaarungen viel geringere Tragfähigkeiten als erwartet.

Die Versuche zur Klärung derartiger Fragen benötigten naturgemäß viel Zeit und verzögerten die Herausgabe des vorliegenden Bandes. Hierbei gebührt dem Springer-Verlag meine dankbare Anerkennung, weil er trotz der langen Dauer und der vielen Änderungen und Ergänzungen die Geduld nicht verloren hat.

Besondere Verdienste an dem Abschluß des Buches haben auch meine Assistenten. Von diesen möchte ich an erster Stelle Dr.-Ing. W. RICHTER nennen (Beiträge für die

Berechnung der Zahnräder, Vorarbeit für die Ketten- und Riementriebe und kritische Gesamtdurchsicht), ferner Oberingenieur Dr.-Ing. H. Rettig (Beiträge für gehärtete Zahnräder und für dynamische Zahnkräfte), Dr.-Ing. H. Ohlendorf (Vorarbeit für Kapitel Reibkupplungen und -bremsen), Dipl.-Ing. K. Stölzle (Vorarbeit für Kapitel Richtungskupplungen), Dipl.-Ing. Fr. Jarchow (Beitrag für Kapitel Schneckentriebe), Dipl.-Ing. K. Langenbeck (Beitrag für Kapitel versetzte Kegelräder) und Dr.-Ing. M. Unterberger (Durchsicht mehrerer Kapitel).

Hiermit schließe ich das Buch *Maschinenelemente* ab. Ich gebe der Hoffnung Ausdruck, daß sich der 2. Band ebenso wie der 1. für die Studierenden und die in der Praxis stehenden Ingenieure als Lehr- und Arbeitsbuch bewähren möge.

München, den 9. Februar 1960

Gustav Niemann

Hinweise

Verwendetes Maßsystem: Technisches Maßsystem mit kg als Krafteinheit.

Angeführte DIN-Blätter: Maßgebend bleibt stets die letzte Ausgabe des Deutschen Normenausschusses (Anschrift: Köln, Friesenplatz 5).

Bezugnahme auf Bilder, Tafeln, Gleichungen und Schrifttum: Bild 43/1 = Bild 1 auf S. 43, Tafel 5/2 = Tafel 2 auf S. 5, Gl. (103/2) = Gleichung 2 auf S. 103, [194/*205*] = Schrifttum 205 auf S. 194.

FZG: Forschungsstelle für Zahnräder und Getriebebau, Technische Hochschule München.

Inhaltsübersicht des ersten Bandes

I. Grundlagen. — II. Verbindungselemente. — III. Lager. — IV. Wellen und Zubehör.

Inhaltsverzeichnis des zweiten Bandes

V. Getriebe

V. Getriebe

20. Verwendung, Vergleiche und Grundgleichungen

Schrifttum s. S. 20

Vor der eigentlichen Gestaltung und Berechnung eines Getriebes steht die Entscheidung für eine bestimmte Getriebeart und Bauform. Sie erfordert:

1. eine genaue Kenntnis der Anforderungen und Betriebsverhältnisse[1];

2. ein genügendes Vertrautsein mit den besonderen *Eigenschaften* der in Frage kommenden Getriebe und Bauweisen (s. Abschn. 20.1);

3. genügend Unterlagen, um kurzfristig die *Hauptabmessungen* der fraglichen Getriebe, entsprechend der gewünschten Leistung, überschlägig zu bestimmen (s. Abschn. 20.3);

4. weitere Unterlagen, um an Hand der Hauptabmessungen *Gewicht und Preis* ohne größeren Aufwand abschätzen und vergleichen zu können (s. Abschn. 20.2).

Hierzu sollen die nachfolgenden Erfahrungsangaben, Vergleichszahlen und Leistungsdiagramme einen ersten Anhalt bieten, und zwar für die in diesem Buche näher behandelten Zahnrad-, Ketten-, Riemen- und Reibradgetriebe[2].

20.1. Bauarten, Eigenschaften und Verwendungsangaben

1. Zahnradgetriebe

Sie werden weitaus am meisten von allen Getriebearten verwendet, und zwar für parallele, für gekreuzte und für sich schneidende Wellen, für kleinste bis größte Leistungen, Drehzahlen und Gesamtübersetzungen. Sie zeichnen sich aus durch schlupflose Kraftübertragung (konstante Übersetzung, unabhängig von der Belastung), durch hohe Betriebssicherheit und Lebensdauer, durch Überlastbarkeit und geringe Wartung, durch kleine Baugröße und hohen Wirkungsgrad (Ausnahmen s. Abschn. 1c). Dafür ist auf der andern Seite der höhere Preis, das etwas größere Laufgeräusch und die relativ starre Kraftübertragung (evtl. elastische Kupplung zur Stoßaufnahme vorsehen!) zu beachten. Man unterscheidet bei den Zahnradgetrieben:

---

[1] Eine genaue Erkundung der besonderen Anforderungen, Wünsche und bisherigen Erfahrungen ist die beste Waffe gegen Fehlschläge. Für die sichere Auslegung der Getriebe benötigt man z. B. außer Nennleistung, Drehzahl und Übersetzung häufig noch die Angabe der Anlaufmomente, die Zahl der Anläufe und der Laufzeit pro Tag, den Stoßgrad der Antriebs- und Abtriebsmaschine und — in kritischen Fällen — die Dreh-Eigenschwingungszahlen. Ferner ist eine Aufnahme des Drehmoments über der Zeit anzuraten, wenn derartige Messungen für die jeweilige Betriebsart noch nicht vorliegen. Weiterhin sollte der Getriebekonstrukteur auch die Wellenkupplungen und die hierfür zulässigen Montagefehler und ferner die Art der Schmierung und den Schmierstoff für das Getriebe festlegen.

[2] Weitere Möglichkeiten zur Übertragung und Wandlung von Drehbewegungen bieten *hydraulische* Wandler (Zwischenschaltung von Flüssigkeitspumpe und -motor) und *elektrische* Wandler (Zwischenschaltung von Stromerzeuger und Elektromotor). Beide Arten ermöglichen eine größere Freizügigkeit in der räumlichen Anordnung (nur Rohrleitungen bzw. Stromleitungen als Zwischenverbindung) und eine zusätzliche Regelmöglichkeit für die Ausgangsdrehzahl und größere Stoßdämpfung, jedoch bei größeren Energieverlusten und Kosten und außerdem größeren Gewichten (elektrische Wandlung) bzw. Kälteabhängigkeit (hydraulische Wandlung).

a) Stirntriebe (Bild 2/1—2/6). Verwendet für parallele Wellen, bei einstufiger Ausführung für Übersetzungen bis 8 (extrem bis 20), zweistufig bis 45 (extrem bis 60), dreistufig bis 200 (extrem bis 300) für Leistungen bis 25000 PS, für Drehzahlen bis 100000 Uml/min und Umfangsgeschwindigkeiten bis 200 m/s; Gesamtwirkungsgrad je Übersetzungsstufe 96 bis 99%, je nach Ausführung und Baugröße; für größere Laufruhe mit Schrägverzahnung oder (bei kleineren Kräften) mit Zahnrädern aus Kunststoff; besonders geringen Raumbedarf erzielt man mit gehärteten Zahnrädern (z. B. für Fahrzeuggetriebe). Die Ausführung als *Planetentrieb* (s. Bild 70) ist besonders raum- und gewichtssparend und auch für größte Leistungen geeignet (dafür aber meist etwas teurer), wobei Übersetzungen von etwa 3 bis 13 bei einstufiger Ausführung und bis 140 zweistufig mit hohem Wirkungsgrad bzw. bis 1000 bei noch etwa 60% Wirkungsgrad bei Ausführung als Differenzgetriebe erreicht werden.

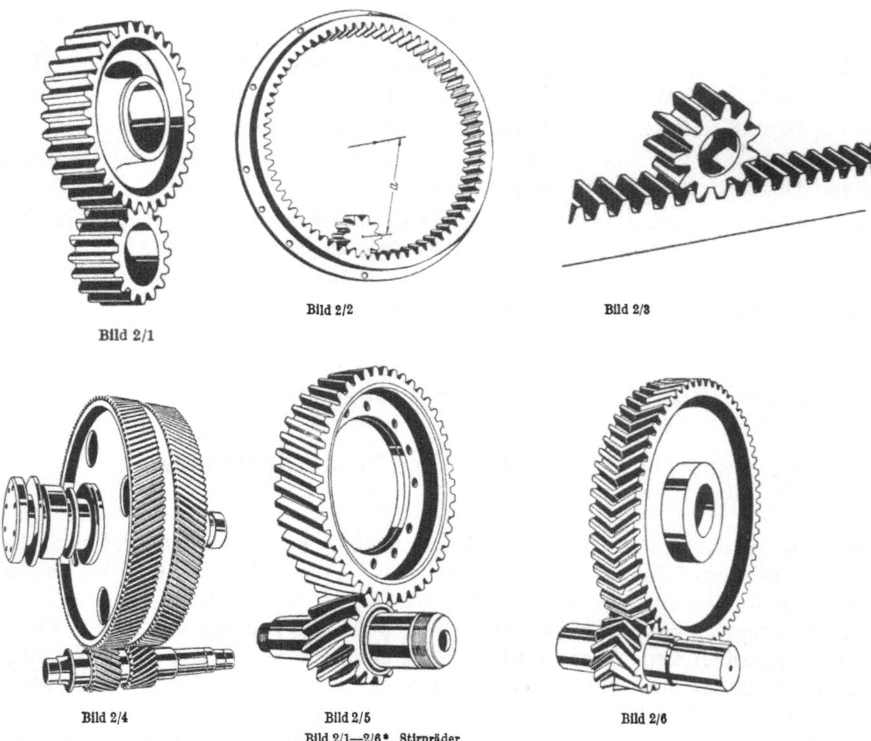

Bild 2/1 Bild 2/2 Bild 2/3

Bild 2/4 Bild 2/5 Bild 2/6

Bild 2/1—2/6*. Stirnräder
1 geradverzahnt; 2 mit Hohlrad; 3 mit Zahnstange; 4 schrägverzahnt; 5 doppelschrägverzahnt; 6 pfeilverzahnt

b) Kegeltriebe (Bild 3/1—3/3). Verwendet für sich schneidende Wellen, für Übersetzungen bis 6 (extrem noch größer); für Übersetzungen über 1,2 meist teurer als Stirntriebe und über 2,7 auch noch teurer als kombinierte Kegelrad-Stirnradgetriebe[1]; für höhere Anforderungen meist spiralverzahnt und gehärtet ausgeführt.

c) Versetzte Kegeltriebe (Bild 3/4). Für gekreuzte Wellen mit kleinem Achsabstand a, z. B. für Hinterachsen von Kraftwagen zur Erhöhung der Laufruhe oder zur Weiterführung der Wellen; der Wirkungsgrad ist gegenüber b) etwas geringer und die Erwärmung etwas größer infolge der zusätzlichen Gleitbewegung in Richtung der Zähne.

* Bilder nach VAN HATTUM [*20/6*], s. Schrifttum S. 20. — [1] s. Bild 9.

d) Schneckentriebe (Bild 3/6). Verwendet für gekreuzte Wellen für Übersetzungen von 1 bis über 100 je Übersetzungsstufe, Wirkungsgrad 97 bis 45% (fallend mit größerer Übersetzung und geringerer Gleitgeschwindigkeit). Sie sind geräuschärmer und schwingungsdämpfender als alle andern Zahnradgetriebe, für größere Übersetzungen auch meist billiger als a) (s. Bild 9/1—11/2); ausgeführt bis etwa 1000 PS, bis 25000 mkg als Raddrehmoment, bis 30000 Uml/min und bis 70 m/s Umfangsgeschwindigkeit.

e) Schraubenräder (gekreuzte, schrägverzahnte Stirnräder, Bild 3/5). Ebenfalls für gekreuzte Wellen mit Achsabstand, jedoch für geringe Belastungen (nur Punktberührung!) und Übersetzungen von etwa 1 bis 5.

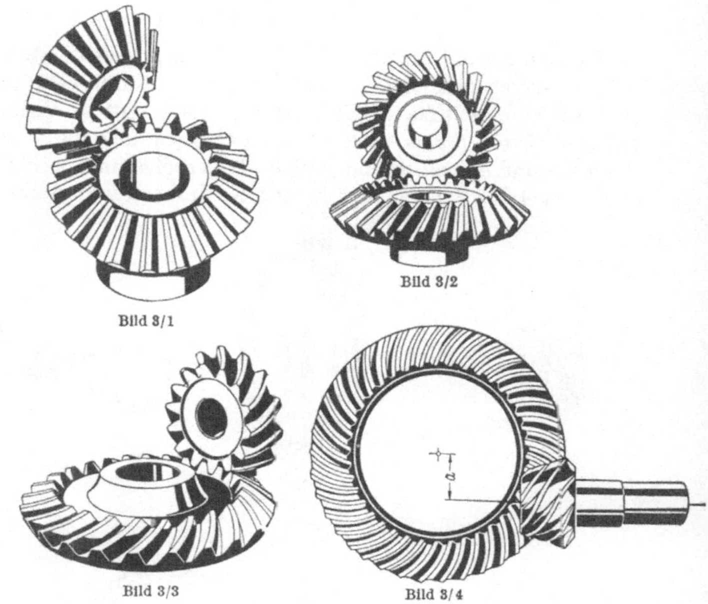

Bild 3/1 Bild 3/2 Bild 3/3 Bild 3/4

Bild 3/1—3/4*. Kegelräder
1 geradverzahnt; 2 schrägverzahnt; 3 bogenverzahnt; 4 versetzte Kegelräder (Hypoidtrieb)

Bild 3/5 Bild 3/6

Bild 3/5 u. 3/6*. Schraubenräder (5) und Schneckentrieb (6)

2. Kettentriebe

(Bild 3/7 u. 3/8)

Verwendet für parallele Wellen bei größerem Achsabstand als bei Stirnrädern, für Übersetzungen bis 6 (extrem bis 10), Wirkungsgrad 97 bis 98% und ebenfalls kein Schlupf. Gegenüber den Stirnradgetrieben Preis etwa 85% und mehrere Räder mit 1 Kette antreibbar, dafür aber geringere Lebensdauer (Verschleiß in den Gelenken!) und größere Achsabstände und Durchmesser; ausgeführt bis 5000 PS, bis 28000 kg Umfangskraft bei 1,2 m Kettenbreite, bis 5000 Uml/min und bis 17 m/s Umfangsgeschwindigkeit.

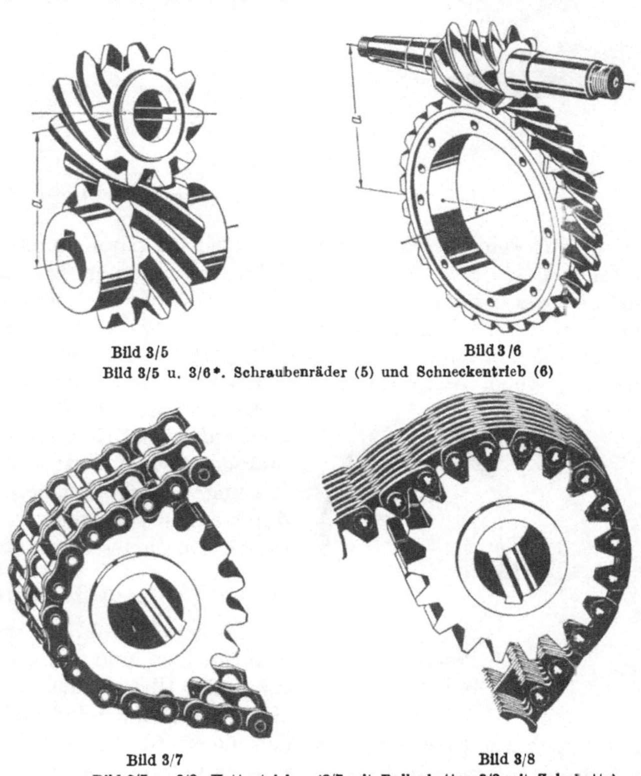

Bild 3/7 Bild 3/8

Bild 3/7 u. 3/8. Kettentriebe (3/7 mit Rollenkette; 3/8 mit Zahnkette)

* Bilder nach VAN HATTUM [20/6].

3. Riementriebe (Bild 4/1—4/4)

Sie sind sowohl für parallele als auch für gekreuzte Wellen verwendbar. Sie zeichnen sich aus durch besonders einfache Bauweise, durch sehr geräuscharmen Lauf und eine beachtliche elastische Stoßaufnahme, durch guten Wirkungsgrad (95 bis 98%) und geringen Preis (Preis etwa 63% der Stirnradtriebe); dafür aber erheblich größere Baumaße und Achsabstände, größere Lagerbelastung, geringere Lebensdauer des Riemens und etwa 1 bis 3% Schlupf in der Kraftübertragung. Sie werden ausgeführt:

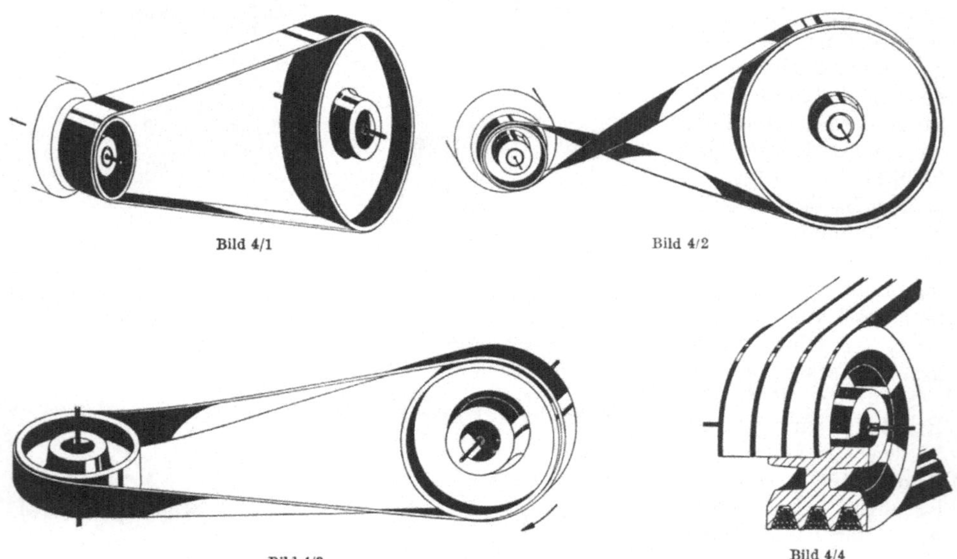

Bild 4/1—4/4. Riementriebe
4/1 offener; 4/2 gekreuzter; 4/3 halbgekreuzter; 4/4 mit Keilriemen

a) *mit Flachriemen* (Bild 4/1 bis 4/3): für parallele oder gekreuzte Wellen für Übersetzungen bis 5 (extrem bis 10); bisher ausgeführt bis 2200 PS, bis 17500 mkg Drehmoment am Großrad, bis 5000 kg Umfangskraft bei 1,75 m Riemenbreite, bis 18000 Uml/min, bis 90 m/s Umfangsgeschwindigkeit und bis 12 m Achsabstand;

b) *mit Keilriemen* (Bild 4/4): für parallele Wellen, für Übersetzungen bis 8 (extrem bis 15), wobei Achsabstand und Lagerbelastung kleiner als bei a) ausfallen. Bisher ausgeführt bis 1500 PS, bis 2150 mkg Drehmoment am Großrad, bis 44 Riemen nebeneinander, bis 26 m/s Umfangsgeschwindigkeit. Außerdem kennt man die Ausführung als *Regel*getriebe, wobei die Kegelscheiben durch axiale Verschiebung der beiden Hälften im wirksamen Durchmesser verändert werden.

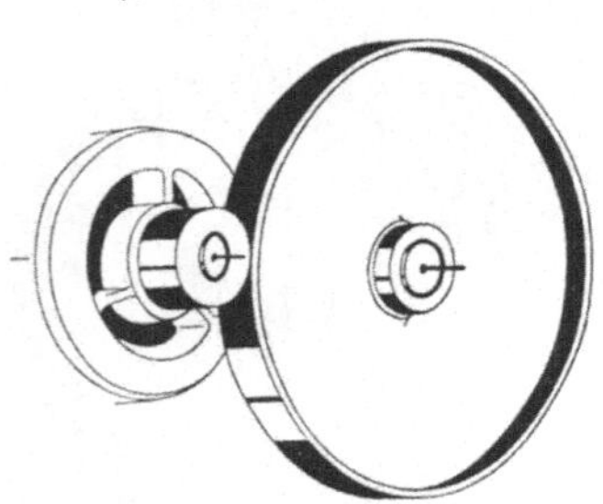

Bild 4/5. Reibradtrieb

4. Reibradgetriebe (Bild 4/5)

Sie sind sowohl bei parallelen als auch bei sich schneidenden und gekreuzten Wellen anwendbar, und zwar für Übersetzungen bis etwa 6 (extrem bis 10). Bei Ausführung mit Reibbelag (hoher Reibwert!) und mit konstanter Übersetzung werden die erforderlichen Scheibendurchmesser und Lagerkräfte und ferner Schlupf und Wirkungsgrad etwa wie beim Riementrieb, wobei jedoch Achsabstand, Gewicht und Preis etwas günstiger ausfallen (s. Taf. 6/1). Dafür ist die elastische Stoßaufnahme gering, das Geräusch größer und die Betriebssicherheit von der sicheren Erhaltung der erforderlichen Anpreßkräfte abhängig. Bisher ausgeführt bis 200 PS und 20 m/s Umfangsgeschwindigkeit.

Tafel 5/1. *Betriebswerte für verschiedene Getriebearten nach Ausführungen und Angeboten*

Getriebeart	Für 1 Getriebestufe			Leistung N_1 bis PS	Drehzahl n_1 bis U/min	Umfangs-geschwindigkeit v bis m/s	Rad-Umfangskraft U_2 bis kg	Rad-Drehmoment M_2 bis mkg
	Übersetzung üblich bis	(extrem) bis	Gesamtwirkungsgrad %					
Stirnradtrieb	8	(20)	96 ··· 99	25000	100000	200	—	—
Stirnrad-Planetentrieb	8	(13)	98 ··· 99	10000	40000	—	—	—
Schneckentrieb	60	(100)	97 ··· 45	1000	30000	70	50000	25000
Kettentrieb	6	(10)	97 ··· 98	5000	5000	17[1]	28000	—
Flachriementrieb	5	(10)[2]	96 ··· 98	2200	18000	90	5000	17500
Keilriementrieb	8	(15)	94 ··· 97	1500	—	26	—	2150
Reibradtrieb	6	(10)	95 ··· 98	200	—	20	—	—

Tafel 5/2. *Technische Daten von bemerkenswerten Getrieben*

Getriebe	Leistung N_1 PS	Drehzahlen $n_1/n_2 = i$ $\frac{U}{min} / \frac{U}{min}$	Umfangsgeschwindigkeit v m/s	Rad-Drehmoment M_2 mkg	Achsabstand a mm	Scheiben- bzw. Rad-Durchmesser d_1/d_2 mm	Rad-Breite b_1 mm
Stirnradtriebe[3]:							
Für Turbine, Zahnbreite 2 × 145 mm	3600	12000/1500 = 8	94,2	1720	680	150/1210	350
Für Turbine, Zahnbreite 2 × 450 mm	20200	3000/1500 = 2	67	9650	640	426/854	980
Antrieb ins Schnelle, zweistufig	80	100000/3000 = 33,3	132	19,1	240	—	—
Schneckentriebe:							
Für Transportband	1000	960/42,6 = 22,5	14,85	15000	1000	296/1704	—
Für Fahrzeug	400	300/30 = 10	≈3,76	9550	888	≈240/1536	—
Zahnkettentriebe:							
Für Walzwerk (8 Ketten 2")	1000	42/34 = 1,23	2,7	17000	3000	1239/1547	1200
Für Spülpumpe Bohrturm (1 Kette 2")	170	730/200 = 3,65	10,5	610	2800	275/1013	250
Riementriebe[3]:							
Balata-Flachriemen, Querschnitt 25 × 1750 mm	2200	157/90 = 1,75	33	17500	11580	4000/7000	1900
Extremultus-Flachriemen 500 mm breit für Kompressorantrieb	450	480/120 = 4	25,4	2680	3300	1000/4000	600
Extremultus-Flachriemen 90 mm breit für Antrieb ins Schnelle	22	18000/4300 = 4,18	90	3,66	510	95/400	110
Keilriemen (18 Riemen Profil 40) für Generator	1500	500/425 = 1,175	27,6	2150	1375	1060/1250	860
Reibradtrieb[3]:							
Dreiachsig (angeboten)	476	735/148 ≈ 5	22,3	2300	2240	580/500/2900	370

[1] Für Zahnketten extrem bis 40 m/s.
[2] Für selbstspannende Riementriebe noch höher.
[3] Nach W. Thomas [*20/1*].

Die Ausführung der Reibräder als *Regelgetriebe* (S. 241) mit stetig veränderlicher Übersetzung ist besonders für kleinere Leistungen geeignet. Hierbei ist die Ausführung mit Reibbelag besonders preiswert, aber mehr dem Verschleiß ausgesetzt (geringere Lebensdauer), während die Ausführung aus gehärtetem Stahl durchweg geringere Verluste, größere Lebensdauer und kleinere Baumaße bei höherem Preis und etwas größerem Geräusch ergibt.

5. Vergleich der technischen Daten

Hierzu Taf. 5/1 und 6. Sie lassen erkennen, in welchem Bereich die Übersetzungen und Wirkungsgrade, die übertragbaren Leistungen, Drehzahlen, Drehmomente und Baugrößen für die verschiedenen Getriebearten nach bisherigen Ausführungen und Angeboten liegen.

20.2. Leistung, Baugröße, Gewicht und Preis

Der Zusammenhang zwischen obigen Größen und ihr Unterschied bei den verschiedenen Getriebearten läßt sich am besten an *handelsüblichen, stationären* Getrieben für *Dauer*betrieb aufzeigen. Hierzu Taf. 6 und Bild 8 bis 12.

1. Vergleich der Getriebearten

Nach Taf. 6 ergeben sich für 100 PS Dauerleistung, Antriebsdrehzahl $n_1 = 1000$ Uml/min und Übersetzung $i = 4$ für die verschiedenen Getriebearten folgende Rangordnungen hinsichtlich

Baugröße (Achsabstand a): Schneckentrieb (0,2 m), Stirnradgetriebe (0,28 m), Reibradgetriebe (1,125 m), Keilriementrieb (1,8 m), Flachriementrieb (5 m);

Gewicht: Schneckentrieb (300 kg), Reibradgetriebe (400 kg), Ketten- und Riementriebe (500 kg), Stirnradgetriebe (600 kg);

Preis: Reibradgetriebe (50%), Riementriebe (63%), Schneckentrieb (80%), Kettentrieb (86%), Stirnradgetriebe (100%);

Wirkungsgrad: Nur wenig unterschiedlich bei den gewählten Betriebsdaten (97 bis 98%).

Tafel 6. *Vergleich verschiedener stationärer Getriebe für 100 PS Dauerleistung, Drehzahl $n_1 = 1000$ U/min und Übersetzung $i = 4$* (im wesentlichen nach THOMAS [*20/1*])

Die angegebenen Gewichte und Preise gelten für alle Getriebe einschließlich Wellen und Lagerung; für Stirnrad- und Schneckentrieb noch einschließlich Getriebekasten und elastischen Kupplungen auf der Eingangs- und Ausgangswelle. Der angegebene Wirkungsgrad η gilt für beste Ausführung

Getriebe	Werkstoff und weitere Angaben	Achsabstand mm	Scheiben- bzw. Rad- Durchmesser d_1/d_2 mm	Breite mm	Umfangsgeschwindigkeit m/s	$\eta =$ %	Gewicht kg	Preis %
Stirnradtrieb	Stahl St 70/St 60, schrägverzahnt	280	112/448	160	5,85	98	600	100
Cavex-Schneckentrieb[1]	gehärteter Stahl/Phosphor-Bronze	200	80/300	—	4,2	97,5	300	80
Kettentrieb	Stahl, Westinghouse-Zahnkette 1 Zoll	830	138/555	360	7,0	98	500	86
Reibradtrieb	Kunstreibstoff Z 20, Reibzahl ≈ 0,35	1125	450/1800	110	23,6	97	400	50
Flachriementrieb	Lederriemen, Querschnitt 5 × 320 mm	5000	450/1800	350	23,6	97	500	63
Keilriementrieb	Gummi mit Cordfäden, 4 Riemen Profil 25	1800	450/1800	130	23,6	97	500	63

[1] Für übliche Ausführung (z. B. mit Evolventenschnecke) würde bei der kleinen Übersetzung der erforderliche Achsabstand erheblich größer werden (etwa 320 statt 200 mm, s. S. 183 u. 184).

2. Vergleich handelsüblicher Zahnradgetriebe[1]

Im Bild 8 bis 12 und Taf. 13/1 und 13/2 sind für handelsübliche, stationäre Zahnradgetriebe (Stirn-, Kegel- und Schneckentriebe) die Baumaße (Achsabstand a) und die zugehörigen Nennleistungen, Gewichte und Listenpreise aufgetragen.

Angaben zu den untersuchten Getrieben

Die angegebenen *Gewichte* und *Preise* gelten für die Getriebe einschließlich Getriebekasten-Lager und Wellen, ohne Wellenkupplungen und bei den Getrieben mit Einspritz, schmierung einschließlich der Ölpumpe. Die angegebenen *Preise* sind Listenpreise (Jan. 1954) und gelten für Einzellieferung ab Werk. Die angegebenen *Leistungen* gelten für Dauerbetrieb bei gleichmäßiger Belastung ohne Stöße.

Die *Bezeichnungen* in den nachfolgenden Bildern und Tafeln bedeuten:

A Achsstand in cm,
G Gewicht in kg,
P Preis in DM,
N_1 Antriebsleistung in PS,
i Übersetzung n_1/n_2,
n_1 Antriebsdrehzahl in U/min,
n_2 Ausgangsdrehzahl in U/min,
$\sim$ proportional.

K *Einstufige Kegelradgetriebe* mit spiralverzahnten, gehärteten Kegelrädern, mit Wälzlagern und Lage der Wellen in der horizontalen Teilebene des Getriebekastens.

S, SE (S_1, S_4, S_5, S_6, SE_7) *Einstufige Stirnradgetriebe* mit Wälzlagern, mit schrägverzahnten Stirnrädern aus Vergütungsstahl (statische Zugfestigkeit des Ritzelwerkstoffs etwa 70 bis 80 kg/mm²), Lage der Wellen in der horizontalen Teilebene des Getriebekastens[2], Radbreite etwa 0,5 A (Lieferfirmen 1, 4, 5, 6 und 7).

SG (SG_1) Einstufige Stirnradgetriebe in schwerer Ausführung mit Gleitlagern, mit Doppelschrägverzahnung (Lieferfirma 1), sonst wie vorher.

SZ *Zweistufige Stirnradgetriebe* mit Wälzlagern, mit schrägverzahnten Stirnrädern aus Vergütungsstahl wie vorher, Lage der Wellen in der horizontalen Teilebene des Getriebekastens, wobei die Eingangs- und Ausgangswelle gleichachsig liegen[2], Radbreite der 1. Stufe etwa A/3, der 2. Stufe etwa A 2/3.

SP *Stirnrad-Planetengetriebe* mit Schrägverzahnung mit umlaufendem Planetenträger, Ritzel und Planetenräder geschabt und gehärtet, Radkranz aus Vergütungsstahl.

KS *Kegelrad-Stirnradgetriebe* mit Kegeltrieb in der 1. Stufe entsprechend K und Stirntrieb in der 2. Stufe entsprechend SE.

Sch_{Bl} *Schneckengetriebe* mit Kühlrippen und Blasflügel auf der Schneckenwelle, mit untenliegender Zylinderschnecke, gehärtet und geschliffen, Rad aus Bronze und beide Wellen in Wälzlagern; Leistungsangabe für Dauerbetrieb (Wärmegrenze).

Sch_0 Ausführung wie bei Sch_{Bl}, aber *ohne* Blasflügel, Preisangabe unverändert von Sch_{Bl} übernommen.

(Sch_7) Wie Sch_0 (Lieferfirma 7).

Sch_K Wie Sch_{Bl}, aber mit zusätzlicher Ölkühlung, Leistungsangabe für Dauerbetrieb (Verschleißgrenze), Preisangabe unverändert von Sch_{Bl} übernommen.

Angaben zu den Bildern 8 bis 12

In sämtlichen Schaubildern sind die Werte in beiden Achsrichtungen (waagerecht x, senkrecht y) im *logarithmischen* Maßstab aufgetragen, um einen großen Zahlenbereich mit gleicher prozentualer Genauigkeit im ganzen Gebiet zu erfassen.

Bei dieser Auftragung liegen *Normzahl*-Werte im gleichen Abstand (Bild 10/2). Ein *geradliniger* Kurvenverlauf bedeutet: $y = c\,x^e$, wobei c und e Konstanten sind. Ein *steilerer* Kurvenanstieg bedeutet: größeres e. Eine *höhere* Kurvenlage bedeutet: größeres c.

Zu Bild 8: Leistung, Gewicht und Preis über dem Achsabstand für einstufige Stirnradgetriebe

---

[1] Entnommen aus NIEMANN [20/2].

[2] Bei vertikaler statt horizontaler Lage der Wellen und bei Gleitlagerung statt Wälzlagerung ergeben sich bei den Stirnradgetrieben nach den Firmenangaben höhere Gewichte und Preise; ebenso bei den zweistufigen Stirnradgetrieben, wenn die Eingangs- und Ausgangswelle nicht gleichachsig angeordnet sind.

Dieses Bild soll zeigen, wie die von den Lieferfirmen zu den einzelnen Getriebegrößen angegebenen Werte (N_1, G und P) zunächst über dem Achsabstand A aufgetragen und dann durch Geraden zu Linienzügen verbunden wurden. In gleicher Weise wurden auch die Werte für die weiteren Getriebearten aufgetragen und bei gleichwertigen Getrieben verschiedener Lieferfirmen gegebenenfalls noch *gemittelt*. Hieraus wurden dann die für die nachfolgenden Vergleiche benutzten Werte entnommen.

Derartige Auftragungen sind sehr geeignet, um ganze Getriebeserien auf Unstetigkeiten in den Wertangaben zu überprüfen (s. Zickzackverlauf der N_1-Kurve S_6) und außerdem, um für weitere noch nicht vorhandene Baugrößen die hierfür zu erwartenden Werte vrherzubestimmen.

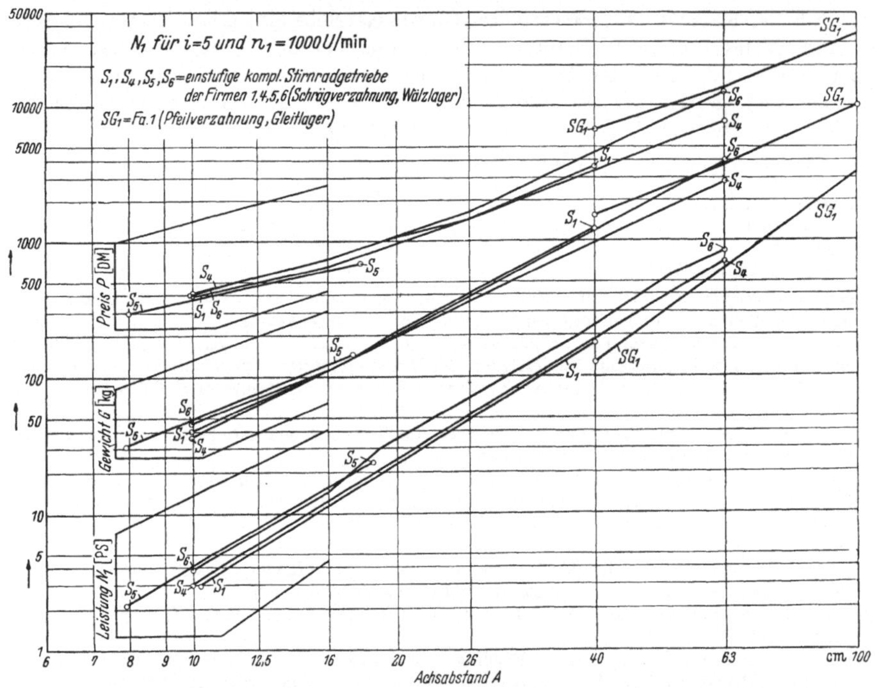

Bild 8. Leistung, Gewicht und Preis über dem Achsabstand für einstufige Stirnradgetriebe

Verlauf der Kurven: Man sieht zunächst, wie weit die Wertangaben der verschiedenen Lieferfirmen für gleichartige Getriebeserien voneinander abweichen. Davon abgesehen, ist aber der *gleichartige Charakter* im Verlauf der 3 Wertkurven trotz verschiedener Herkunft der Angaben unverkennbar.

Zu den N_1-Kurven: Sie verlaufen im Mittel als Gerade: $N_1 \sim A^3$.

Zu den G-Kurven: Von $A = 16$ bis 63 cm verlaufen sie im Mittel als Gerade, aber je nach der Herkunft der Werte etwas unterschiedlich in der Neigung; im Mittel ist $G \sim [A^3]^{0,8}$. Unterhalb $A = 16$ cm verlaufen die Kurven durchweg etwas *flacher*, vermutlich, weil hier die Wanddicke des Gußgehäuses aus Gießrücksichten nicht mehr proportional mit dem Achsabstand abnimmt.

Zu den P-Kurven: Mit zunehmendem Achsabstand nähern sie sich zunehmend einer Parallelen zur G-Kurve, d. h., der kg-Preis P/G nähert sich zunehmend einem konstanten Wert. Umgekehrt wird mit abnehmendem A und G der kg-Preis erwartungsgemäß zunehmend größer.

Zu Bild 9: Leistung N_1 über i bei $n_1 = 1000$ und $P = 1000$ DM

Für diese Darstellung wurde aus den vorhergehenden Auftragungen für jede Getriebeart die Baugröße für den Preis 1000 DM entnommen und dann für die verschiedene Übersetzung i die Leistung N_1 bei $n_1 = 1000$ nach den Angaben der Lieferfirmen bestimmt. Bild 9 zeigt das Ergebnis: Man sieht, wie die Leistungskurve bei den einzelnen Getriebearten mit zunehmendem i ganz verschieden abnimmt, und ferner, von welcher Übersetzung ab etwa die eine Getriebeart bei gleichem Preis leistungsgünstiger ist als die anderen. Im einzelnen:

a) *Vergleich Kegeltrieb (K) mit einstufigem Stirntrieb (SE):* bei $i = 1$ ist K noch überlegen, fällt dann aber in der Leistung steil ab, so daß bereits ab $i = 1{,}2$ SE günstiger wird.

b) *Vergleich* (*K*) *mit Kegel-Stirntrieb* (*KS*)*:* bereits ab $i = 2{,}7$ wird *KS* günstiger.

c) *Vergleich* (*SE*) *mit zweistufigem Stirntrieb* (*SZ*)*:* ab $i = 7{,}3$ wird *SZ* günstiger. Es ist möglich, daß dieser Schnittpunkt der beiden Kurven bei kleineren Ausführungen zu kleinerem i hin und bei größeren Ausführungen zu größerem i hin sich verschiebt (Untersuchung fehlt noch).

d) *Vergleich Stirnrad-Planetentrieb* (*SP*) *mit SE und SZ:* ab $i = 4$ wird *SP* etwas günstiger als *SE* und ab $i = 8{,}5$ *SZ* günstiger als *SP*. (Bei größeren Baugrößen liegt umgekehrt die *SP*-Kurve etwas niedriger als die *SE*-Kurve.)

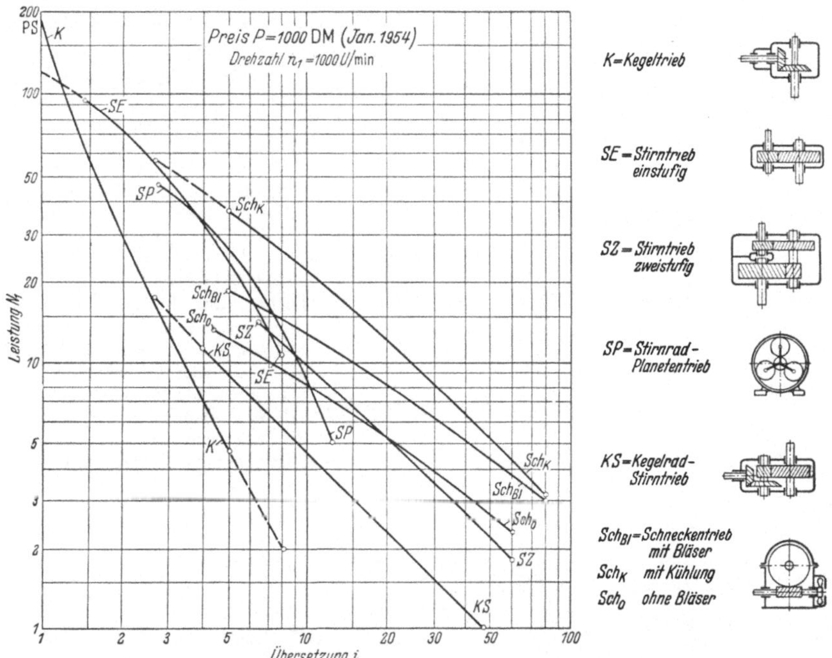

Bild 9. Verlauf der Leistung über der Übersetzung für verschiedene Zahnradgetriebe bei gleicher Antriebsdrehzahl $n_1 = 1000$ und gleichem Preis $P = 1000$ DM (Januar 1954)

e) *Vergleich Schneckentriebe* (Sch_{Bl}, Sch_0 *und* Sch_K) *mit Stirntrieben* (*SE und SZ*)*:* bereits ab $i = 6{,}5$ wird Sch_{Bl} günstiger als *SE* und *SZ*. Die zum Vergleich eingetragene Kurve Sch_0 für den gleich großen Schneckentrieb ohne Bläser (gleicher Preis angenommen) und die Kurve für den Schneckentrieb mit Ölkühlung zeigen, daß die Ausführung Sch_0 im ganzen i-Bereich nur etwa 61,5% der Leistung von Sch_{Bl} erreicht und die Ausführung Sch_K erheblich mehr Leistung als Sch_{Bl}, besonders bei kleinem i, überträgt; z. B. bei $i = 7{,}5$ etwa 185% von Sch_{Bl}, während bei großer Übersetzung, z. B. $i = 50$, der Leistungsgewinn von Sch_K nur gering ist[1].

Zu Bild 10/1: Leistung N_1 über i bei $n_2 = 100$ und $P = 1000$ DM

Gegenüber der Darstellung in Bild 9 ist hier die Ausgangsdrehzahl n_2 konstant gehalten. Wie man sieht, ergeben sich für diesen Fall ziemlich *flach* liegende Kurven (abgesehen vom Kegeltrieb). Das bedeutet: Die übertragbare Leistung und die Getriebekosten werden kaum verändert, wenn man eine größere Übersetzung, also höhere Antriebsdrehzahl, vorsieht, so daß ein billigerer Antriebsmotor verwendet werden kann.

Drehzahl und zulässige Zahnbelastung: Setzt man für ein gegebenes Getriebe die zulässige Leitung $N_1 \sim n_1^e$ so bedeutet $e = 1$, daß die Zahnbelastung (Umfangskraft U) konstant gehalten wird. Den Leistungsangaben der Lieferfirmen für verschiedene Drehzahl entspricht bei den *Stirnrad*getrieben durchweg $e = 2/3$ und bei den gehärteten *Kegel*trieben durchweg $e = 0{,}8$ bis 1.

[1] Die Ölkühlung lohnt sich um so mehr, je größer die Baugröße und je kleiner die Übersetzung und die Antriebsdrehzahl ist.

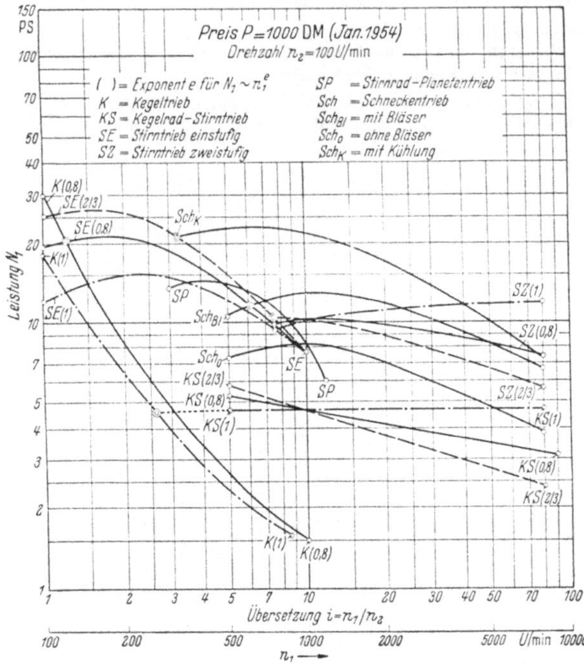

Bild 10/1. Verlauf der Leistung über der Übersetzung für Zahnradgetriebe nach Bild 9, jedoch bei gleicher Abtriebsdrehzahl $n_2 = 100$

Zu Bild 10/2 bis 11/2: Achsabstand, Gewicht und Preis über der Leistung bei $i = 5$ bzw. 10 bzw. 25 und $n_1 = 1000$ für sämtliche Getriebe

Diese Auftragung läßt unmittelbar erkennen, für welche Leistungsbereiche und Übersetzungen die eine oder andere Getriebeart kleiner, leichter oder billiger baut als die andere. So erkennt man z.B., daß die ***einstufigen Stirntriebe*** (*SE*) erheblich leichter und billiger bauen als die ***Kegeltriebe*** (*K*), und zwar im ganzen untersuchten Bereich; ebenso bauen die ***zweistufigen Stirnradgetriebe*** (*SZ*) kleiner, leichter und billiger als die *Kegelrad-Stirnradgetriebe* (*KS*). Weiterhin sieht man, daß die *Planetentriebe* (*SP*) zwar erheblich leichter, aber nicht billiger als die Stirntriebe werden.

Noch kleiner, leichter und billiger als die Stirntriebe sind bis zu gewissen Grenzleistungen die *Schneckentriebe* (z. B. ist

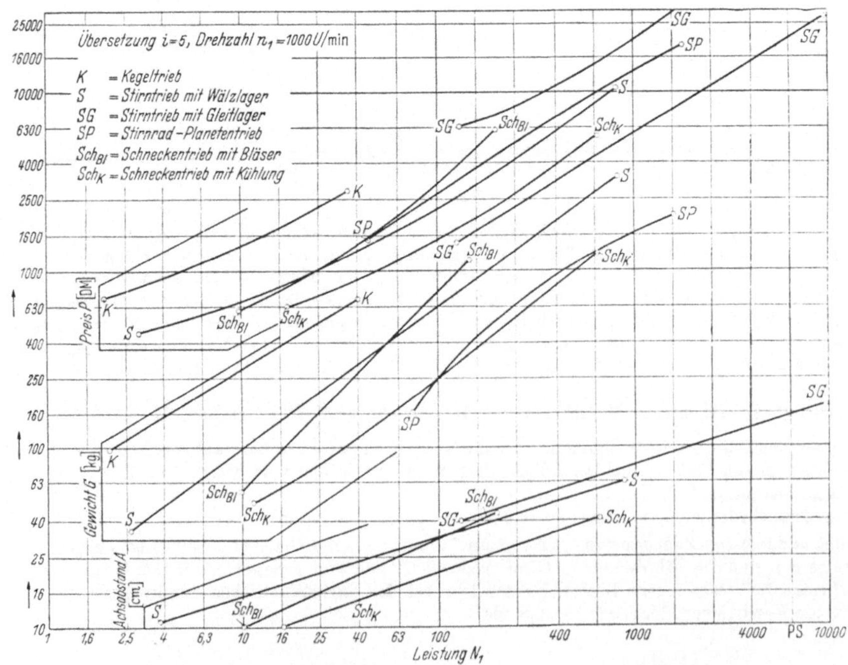

Bild 10/2. Baugröße, Gewicht und Preis (Jan. 1954) für $i = 5$ und $n_1 = 1000$

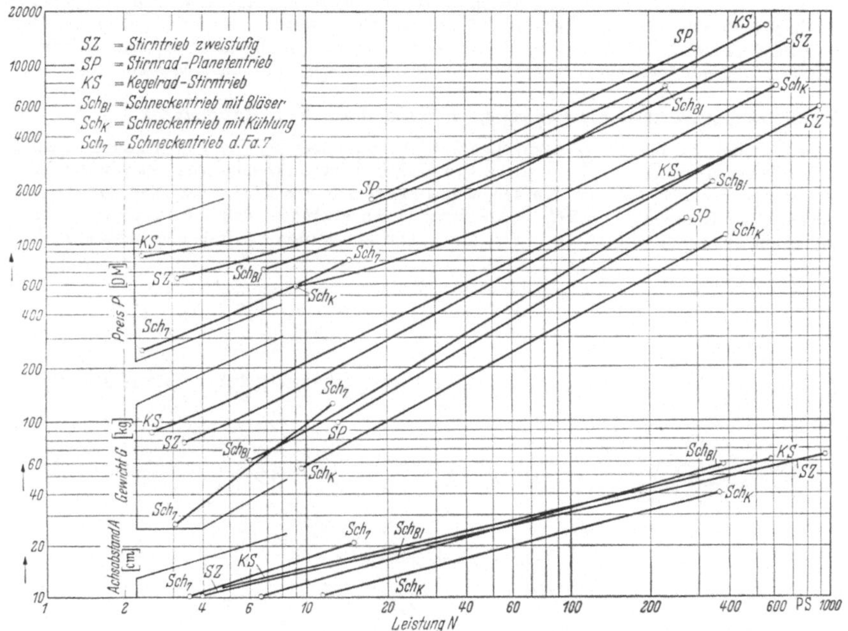

Bild 11/1. Baugröße, Gewicht und Preis (Jan. 1954) für $i = 10$ und $n_1 = 1000$

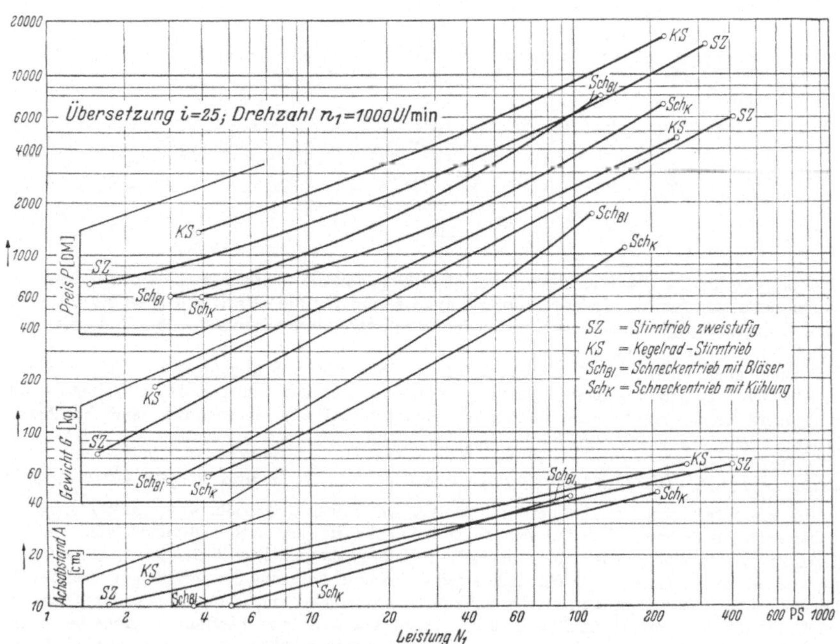

Bild 11/2. Baugröße, Gewicht und Preis (Jan. 1954) für $i = 25$

Sch_{Bl} bis 100 PS bei $i \gtrsim 10$ billiger); durch *Ölkühlung* (s. die Kurven Sch_K) läßt sich der günstigere Bereich der Schneckentriebe noch bis etwa 500 PS und darüber erweitern. Weiter ergaben die Untersuchungen, daß Schneckentriebe mit *ungehärteten* Schnecken für die gleiche Leistung und Übersetzung größer und schwerer und durchweg auch teuerer werden als die Ausführung mit *gehärteten* Schnecken.

Zu Bild 12: Listenpreise der kompletten Getriebe über dem Baugewicht

Hier sind die aus Bild 10/2 bis 11/2 entnommenen Getriebepreise über dem Baugewicht aufgetragen und zu einem Gesamtbild vereinigt. Man sieht vor allem, daß die Preiskurven für sämtliche Getriebearten *gleichartig* verlaufen, wobei die *Höhenlage* der Kurven erwartungsgemäß verschieden ist. Die zusätzlich eingetragenen gestrichelten Geraden ($P = 2\,G$, $= 4\,G$ usw.) lassen erkennen, daß die Preiskurven mit zunehmendem G jeweils einer Endtangente $P = c\,G$, also einem konstanten kg-Preis P/G zustreben. Dieser

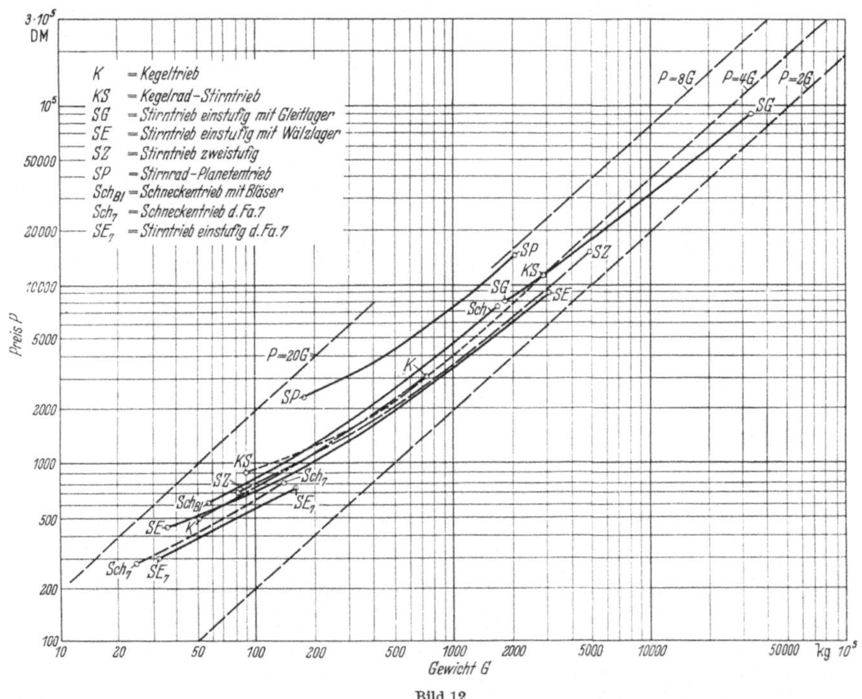

Bild 12

Endwert P/G beträgt für die Planetentriebe etwa 7,5 DM/kg, für die Schneckentriebe Sch_{Bl} etwa 4,6, für die Kegeltriebe etwa 4,3, für die Kegel-Stirntriebe etwa 4 und für die Stirntriebe etwa 2,9 bis 2,95. Mit abnehmendem G liegen dagegen die Preiskurven zunehmend oberhalb der Endtangenten, d. h., die kg-Preise nehmen mit abnehmendem G erheblich zu.

Die zusätzlich eingezeichneten Preiskurven für die einstufigen Stirnradgetriebe SE_7 und für die Schneckentriebe Sch_7 der Firma 7 lassen erkennen, wieweit die Preiskurven gerade im Gebiet der kleinen Baugrößen (größere Stückzahlen) durch technische und wirtschaftliche Maßnahmen noch herabgedrückt werden können.

Zu Tafel 13/1 und 13/2: Beziehungen zwischen N_1, A, G und P für Stirnradgetriebe

Die hier für die untersuchten einstufigen und zweistufigen Stirnrad-Getriebe aufgestellten Beziehungen (links in allgemeiner Form und rechts mit den Konstanten für die hier untersuchten Getriebe) sollen abschließend zeigen, wie man die in Bild 10/2 bis 11/2 in Kurven dargestellten Getriebewerte in *Gleichungen* fassen kann. Sie bieten für gleichartige Getriebeserien die Möglichkeit, aus der jeweils gewünschten Nennleistung, Drehzahl und Übersetzung den hierfür erforderlichen Achsabstand A und hieraus das zu erwartende Gesamtgewicht G und dann den Preis P mit guter Annäherung vorher zu bestimmen. Auch bei Änderung der verwendeten Werkstoffgüte oder der zulässigen Belastungswerte gelten die angegebenen Gleichungen, wenn man die Konstanten den geänderten Bedingungen anpaßt. Bei Änderung der Preislage ändert sich durchweg nur der Beiwert C_2.

Die hier für Stirnradgetriebe angegebene Preisgleichung und der Verlauf der Preis-Gewichts-Kurven nach Bild 12 scheint für gleichartige technische Erzeugnisse verschiedener Baugröße *allgemeinere* Bedeutung zu haben, wobei sich — je nach dem Gegenstand, den Erzeugungsbedingungen und der Marktlage — jeweils nur die Konstanten C_2 bis C_4 ändern.

Tafel 13/1. *Einstufige Stirnradgetriebe, Gleichungen für A, G, P*

	Allgemein	Für die Seriengetriebe[1]
Achsabstand A [mm]	$A = 71\left[\frac{N_1}{n_1 B}\frac{A}{b}(i+1)^2\right]^{1/3}$ mit $B = \frac{U}{d_1 b} = \frac{k}{y}\frac{i}{i+1} = \frac{\sigma}{z_1 q}$	$A = 72{,}7\left[\frac{N_1}{n_1^{2/3}}\frac{A}{b}\frac{(i+1)^3}{i}\right]^{1/3}$ mit $\frac{k}{y} = \frac{0{,}93}{n_1^{1/3}}$
Gewicht G [kg] [2]	$G = C_1\left[\left(\frac{A}{100}\right)^3\frac{b}{A}\right]^e$	$G = 66\left[\left(\frac{A}{100}\right)^3\frac{b}{A}\right]^{0,8}$
Preis P [DM] [2]	$P = C_2 G\left(1+\frac{C_3}{C_4+G}\right)$	$P = 2{,}95\,G\left(1+\frac{160}{15+G}\right)$ (Januar 1954)
Beispiel	Für $N_1 = 375$ PS, $n_1 = 1000$, $i = 5$, $b/A = 0{,}5$, $\sigma_B = 75$, wird $A = 500$ mm, $G = 1800$ kg, P = 5780 DM	
Bezeichnungen	B [kg/mm²] Lastwert; k [kg/mm²] Wälzpressung; σ [kg/mm²] Zahnfußbeanspr.; σ_B [kg/mm²] stat. Werkstoff-festigkeit; q, y [—] Zahn-Beiwerte (Zahlenwerte s. Kap. 22); b [mm] Zahnbreite; C_1 bis C_4, e Konstanten, abhängig von Voraussetzungen	d_1 [mm] Wälzkreisdurchmesser, Ritzel; $i = n_1/n_2$ Übersetzung; n_1, n_2 [Uml/min] Drehzahl von Ritzel, Rad; N_1 [PS] Antriebsleistung; U [kg] Umfangskraft am Wälzkreis; z_1 Zähnezahl des Ritzels

Tafel 13/2. *Zweistufige, gleichachsige Stirnradgetriebe, Gleichungen für A, G, P*

	Allgemein	Für die Seriengetriebe[3]
Achsabstand A [mm]	$A = 71\left[\frac{N_1}{n_1 B_I}\frac{A}{b_I}(i_I+1)^2\right]^{1/3}$ mit $\frac{b_{II}}{b_I}\frac{k_{II}}{k_I}\frac{y_I}{y_{II}} = \left(\frac{i_I}{i_{II}}\right)^2\left(\frac{i_{II}+1}{i_I+1}\right)^{3*}$	$A = 74{,}7\left[\frac{N_1}{n_1^{2/3}}\frac{A}{b_I}\frac{(i_I+1)^3}{i_I}\right]^{1/3}$ mit $i_I \approx 0{,}78\, i^{0,622}$, $\frac{k_{II}\,y_I}{k_I\,y_{II}}\left(\frac{n_1}{n_{1II}}\right)^{1/3} = i_I^{1/3}$
Gewicht G [kg] [4]	$G = C_1\left[\left(\frac{A}{100}\right)^3\frac{b}{A}\right]^e$	$G = 67\left[\left(\frac{A}{100}\right)^3\frac{b}{A}\right]^{0,8}$
Preis P [DM] [4]	$P = C_2 G\left(1+\frac{C_3}{C_4+G}\right)$	$P = 2{,}9\,G\left(1+\frac{192}{15+G}\right)$ (Januar 1954)
Beispiel	Für $N_1 = 375$ PS, $n_1 = 1000$, $i = 10$, $b_I = A/3$, $b_{II} = A\,2/3$, $\sigma_B = 75$, $i_I = 3{,}28$ wird $A = 480$ mm, $G = 2910$ kg, $P = 8920$ DM	
Bezeichnungen	Nach Taf. 13/1, mit Zeiger I, II für Werte der 1. Getriebestufe bzw. der 2. Stufe $b = b_I + b_{II}$; $i = i_I\, i_{II}$; n_1 Ritzeldrehzahl der 1. Stufe, n_{1II} der 2. Stufe	

[1] Ausführung *SE* entsprechend Bild 9, $b/A = 0{,}5$, $\sigma_B \approx 75$ kg/mm².

[2] Für komplette Getriebe mit Getriebekasten.

[3] Ausführung *SZ* entsprechend Bild 9, $b_I = A/3$, $b_{II} = A\,2/3$, $\sigma_B = 75$ kg/mm².

* Hierbei ist die 2. Getriebestufe voll ausgenutzt.

[4] Für komplette Getriebe mit Getriebekasten.

20.3. Überschlägige Bemessung der Getriebe

Für die Projektierung und den Vergleich von Getrieben sind Unterlagen für eine überschlägige Bestimmung der jeweils übertragbaren Leistung bzw. der hierfür erforderlichen Baumaße erwünscht.

Hierzu werden in den einschlägigen Kapiteln[1] Leistungsdiagramme oder Angaben für eine überschlägige Bemessung der Getriebe gebracht. Sie zeigen, wie man je nach der Getriebeart den Zusammenhang zwischen übertragbarer Leistung, Drehzahl und Baumaßen trotz der zahlreichen Einflußgrößen eindeutig angeben kann, wenn man der Berechnung *bestimmte Werkstoffe, bestimmte Maßbeziehungen und Betriebsbedingungen* zugrunde legt. Besonders günstig liegen hierbei die Verhältnisse für *typisierte* Getriebe mit bestimmten Maßbeziehungen und Werkstoffen, z. B. für Kettentriebe, Keilriemen und Schneckentriebe.

Abweichende Betriebsverhältnisse können durch einen *Betriebsbeiwert* f_B (s. Taf. 14/1) berücksichtigt werden, wobei $N_0 = N_1 f_B$ die im Diagramm einzusetzende Leistung gegenüber der Antriebsleistung N_1 des Getriebes ist. Einen ersten Anhalt für f_B entsprechend dem Stoßgrad des Antriebs und der täglichen Laufzeit bei Vollast bietet Taf. 14/1 und 14/2.

Tafel 14/1. *Anhaltswerte für Betriebsbeiwert* f_B[2]

Getriebe	Stoßgrad der getriebenen Maschine	Antriebsmaschine: Elektromotor, Laufzeit pro Tag in Std.				Turbine, mehrzylindrische Kolbenmaschine, Laufzeit pro Tag in Std.				Einzylindrische Kolbenmaschine, Laufzeit pro Tag in Std.			
		0,5	3	8	24	0,5	3	8	24	0,5	3	8	24
Stirn- u. Kegelzahnräder sowie Reibräder	I	0,5	0,8	1,0	1,25	0,8	1,0	1,25	1,5	1,0	1,25	1,5	1,75
	II	0,8	1,0	1,25	1,5	1,0	1,25	1,5	1,75	1,25	1,5	1,75	2,0
	III	1,25	1,5	1,75	2,0	1,5	1,75	2,0	2,25	1,75	2,0	2,25	2,5
Schneckentrieb Kettentrieb	I	0,5	0,75	1,0	1,25	0,7	0,95	1,2	1,45	0,85	1,1	1,35	1,6
	II	0,7	0,95	1,2	1,45	0,85	1,1	1,35	1,6	1,0	1,25	1,50	1,75
	III	1,0	1,25	1,5	1,75	1,2	1,45	1,7	1,95	1,35	1,6	1,85	2,1
Riementrieb	I	0,5	0,75	1,0	1,25	0,65	0,9	1,15	1,4	0,75	1,0	1,25	1,5
	II	0,65	0,9	1,15	1,4	0,75	1,0	1,25	1,5	0,9	1,15	1,4	1,65
	III	0,9	1,15	1,4	1,65	1,0	1,25	1,5	1,75	1,1	1,35	1,6	1,85

Tafel 14/2. *Beispiele für Stoßgrad der angetriebenen Maschine*

	Getriebene Maschine	Stoßgrad
Fast stoßfrei:	Stromerzeuger, Gurtförderer, Plattenbänder, Förderschnecken, leichte Aufzüge, Elektrozüge, Vorschubantriebe von Werkzeugmaschinen, Lüfter, Turbogebläse, Kreiselverdichter, Rührer und Mischer für gleichmäßige Dichte	I
Mäßige Stöße:	Hauptantrieb von Werkzeugmaschinen, schwere Aufzüge, Drehwerke von Kranen, Grubenlüfter, Rührer und Mischer für unregelmäßige Dichte, Kolbenpumpen mit mehreren Zylindern, Zuteilpumpen	II
Heftige Stöße:	Stanzen, Scheren, Gummikneter, Walzwerks- und Hüttenmaschinen, Löffelbagger, schwere Zentrifugen, schwere Zuteilpumpen, Rotary-Bohranlagen, Brikettpressen, Kollergänge	III

[1] Für Stirnräder auf S. 103, für Schneckentriebe auf S. 181, für Kettentriebe auf S. 216, für Riementriebe auf S. 233 u. 238, für Reibkupplungen und Bremsen auf S. 269. Außerdem s. Kurzberechnung für Leistungsgetriebe [*20/7*].

[2] Für Zahnräder wurden die f_B-Werte nach AGMA [*20/4*] und für die weiteren Getriebe entsprechend ihrer unterschiedlichen Überlastbarkeit und Stoßaufnahme angepaßte f_B-Werte eingesetzt.

20.4. Bewegungsvorgang, Beschleunigung und Verzögerung

Die in Taf. 16 zusammengestellten Grundgleichungen und Größen für die verschiedenen Bewegungszustände werden in den weiteren Kapiteln als bekannt vorausgesetzt. Zum besseren Verständnis der Zusammenhänge mögen die nachfolgenden Angaben und Beispiele dienen.

1. Drehbewegung und Geradbewegung (Bild 15)

Bei Drehbewegung wirke am Durchmesser d [m]:
Umfangsgeschwindigkeit v [m/s], Umfangskraft P [kg] und Schwungmasse m [kg s²/m].
Die weiteren Größen ergeben sich aus folgenden Beziehungen:

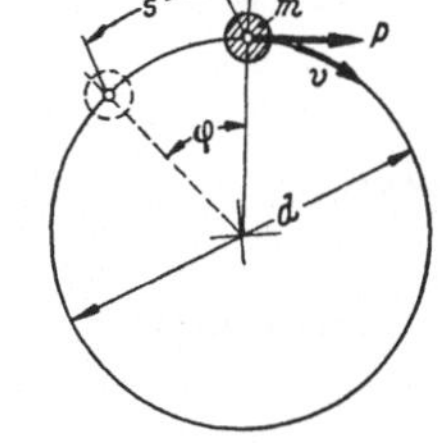

Bild 15
Zu den Berechnungsgleichungen für Drehbewegungen
v Umfangsgeschwindigkeit
P Umfangskraft
m Schwungmasse
φ Drehwinkel
s Umfangsweg
d Durchmesser

Drehzahl $n = \frac{60\,v}{\pi d} = \frac{19{,}1\,v}{d}$ [Uml/min],

Drehmoment $M = 0{,}5\,P\,d$ [kgm],

Leistung $N = P\,v = \frac{M\,\pi\,d\,n}{0{,}5\,d\,60} = \frac{M\,n}{9{,}55}$ [kgm/s],

Schwunggewicht $G = 9{,}81\,m = GD^2/d^2$ [kg]

und

Schwungmoment $GD^2 = G\,d^2 = 4 \cdot 9{,}81\,J_m$ [kg m²],

Massen-Trägheitsmoment $J_m = m\frac{d^2}{4} = \frac{G\,D^2}{4 \cdot 9{,}81}$ [kg m s²].

Bei *Gerad*bewegung ist $d = \infty$. Es gelten hierbei ebenfalls die Gleichungen nach Taf. 16, wobei die Glieder mit d, n, M, J_m, GD^2 wegfallen.

2. Bei konstanter Umfangsgeschwindigkeit v

wird in der Zeit t [s] der Umfangsweg

$$s = v\,t = \frac{\pi\,d\,n\,t}{60} = \frac{d\,n\,t}{19{,}1} \quad [\text{m}]$$

zurückgelegt und bei konstanter Umfangskraft P die Arbeit (mit N in kgm/s)

$$A = P\,s = P\,v\,t = \frac{M\,n\,t}{9{,}55} = N\,t \quad [\text{mkg}]$$

geleistet; bei veränderlichem P die Arbeit $A = v\int P\,dt$.[1]

3. Bei konstanter Beschleunigung (Bild 17 links)

von Umfangsgeschwindigkeit v_0 bis v ist die Umfangsbeschleunigung $b = dv/dt =$ konst.[1] Hierbei ist neben der zu übertragenden statischen Umfangskraft P noch zusätzlich die Beschleunigungskraft

$$P_B = m\,b = \frac{G\,D^2\,b}{9{,}81\,d^2} \quad [\text{kg}]$$

aufzubringen, um die kinetische Energie von

$$A_{m_0} = \frac{m\,v_0^2}{2} \; [\text{mkg}] \quad \text{auf} \quad A_m = \frac{m\,v^2}{2}$$

[1] Mit dt bzw. dv ist das Differential von t bzw. von v bezeichnet.

Tafel 16. *Beziehungen und Größen für Kraftübertragung bei Drehbewegung* (*Bild 15*)

Auch bei Geradbewegung gelten die Gleichungen, wobei die Glieder mit d, n, M, J_m und GD^2 wegfallen

Nr.	Bezeichnung	Dim.	Beziehung	Beachte
1	Umfangsweg (am Dmr. d)	m	$s = vt = \pi d n t/60 = d n t/19{,}1$	*A. Bei konst. Geschwindigkeit v:*
2	Zeit	s	$t = s/v = A/N$	d [m] Durchmesser
3	Umfangsgeschwindigkeit (an d)	m/s	$v = s/t = n d/19{,}1$	$\pi = 3{,}1415$
4	Drehzahl	$\frac{1}{\text{min}}$	$n = \frac{19{,}1\,s}{t\,d} = \frac{19{,}1\,v}{d}$	Weitere Größen: Umdrehungen:
5	Radialbeschleunigung	m/s²	$b_r = 2v^2/d = n^2 d/182$	$u = \frac{s}{\pi d} = \frac{nt}{60} = \frac{\varphi}{2\pi}$
6	Umfangskraft (an d)	kg	$P = \frac{2M}{d} = \frac{N}{v} = \frac{A}{s} = \frac{A}{vt}$	Drehwinkel: $\varphi = 2s/d = \omega t = nt/9{,}55$
7	Fliehkraft	kg	$P_r = m b_r = 2 m v^2/d = m n^2 d/182$	$\varphi°$ [Grad] $= \varphi$ [Bogenmaß] $\frac{360}{2\pi}$;
8	Drehmoment	kg m	$M = \frac{Pd}{2} = \frac{Nd}{2v} = \frac{9{,}55\,N}{n} = \frac{9{,}55\,A}{nt}$	Winkelgeschwindigkeit [1/s]:
9	Leistung	m kg/s	$N = Pv = Mn/9{,}55 = A/t$	$\omega = \frac{\varphi}{t} = \frac{2\pi u}{t} = \frac{2v}{d} = \frac{n}{9{,}55}$;
10	Arbeit	m kg	$A = Ps = Pvt = Mnt/9{,}55 = Nt$	A_m nach Gl. (16)
11	Schwungmasse (am Dmr. d)	$\frac{\text{kg s}^2}{\text{m}}$	$m = \frac{G}{9{,}81} = \frac{4J_m}{d^2} = \frac{GD^2}{9{,}81\,d^2}$	*B. Massen-Größen:* γ [kg/m³] Wichte = 7800 für Stahl
12	Schwunggewicht (am Dmr. d)	kg	$G = 9{,}81\,m = GD^2/d^2 = 39{,}2\,J_m/d^2$	L, D_a D_i [m] Länge, Außen- und
13	Schwungmoment	kg m²	$GD^2 = Gd^2 = 4 \cdot 9{,}81\,J_m$	Innen-Durchmesser des Zylinders mit Schwerachse = Dreh-
14	Schwungmoment für Hohlzylinder	kg m	$GD^2 = \pi\gamma L(D_a^4 - D_i^4)/8 = 0{,}393\,\gamma L(D_a^4 - D_i^4)$	achse
15	Massen-Trägheitsmoment	kg m s²	$J_m = m d^2/4 = \frac{GD^2}{4 \cdot 9{,}81}$	
16	Kinetische Energie	m kg	$A_m = m v^2/2 = G v^2/19{,}6 = \frac{J_m \omega^2}{2} = G D^2 n^2/7160$	
17	Beschleunigungs-Umfangsweg	m	$s_B = 0{,}5(v + v_0)t_B = 0{,}5(v^2 - v_0^2)/b = A_B/P_B$	*C. Bei konstanter Beschleunigung von Geschwindigkeit v_0 bis v*
18	Beschleunigungszeit	s	$t_B = \frac{2 s_B}{v + v_0} = \frac{v - v_0}{b} = \frac{n - n_0}{19{,}1\,b} d$	(*Bild 17*):
19	Beschleunigungszeit	s	$t_B = \frac{(v - v_0)G}{9{,}81\,P_B} = \frac{2A_B}{(v + v_0)P_B} = \frac{19{,}1\,A_B}{(n + n_0)M_B}$	Bei Verzögerung von v bis v_0 sind die Größen b, P_B, M_B, N_B, A_B, $(v - v_0)$, $(v^2 - v_0^2)$, $(n - n_0)$,
20	Umfangsbeschleunigung	$\frac{\text{m}}{\text{s}^2}$	$b = \frac{v - v_0}{t_B} = \frac{(n - n_0)d}{19{,}1\,t_B}$	$n^2 - n_0^2$, $(A_m - A_{m_0})$ negativ! Weitere Größen:
21	Umfangsbeschleunigung	$\frac{\text{m}}{\text{s}^2}$	$b = \frac{P_B}{m} = 9{,}81 \frac{P_B}{G}$	Winkelbeschleunigung [1/s²] $\varepsilon = \frac{d\omega}{dt} = \frac{2b}{d} = \frac{\omega - \omega_0}{t_B} = \frac{n - n_0}{9{,}55\,t_B}$
22	Beschleunigungs-Umfangskraft	kg	$P_B = mb = Gb/9{,}81 = 2M_B/d = N_B/v = A_B/s_B$	
23	Beschleunigungs-Drehmoment	kg m	$M_B = \frac{P_B d}{2} = \frac{9{,}55\,N_B}{n} = \frac{19{,}1\,A_B}{(n + n_0)t_B}$	
24	Beschleunigungsleistung (größte)	$\frac{\text{m kg}}{\text{s}}$	$N_B = P_B v = \frac{M_B n}{9{,}55} = \frac{2A_B v}{(v + v_0)t_B} = \frac{2A_B n}{(n + n_0)t_B}$	
25	Beschleunigungsarbeit	m kg	$A_B = P_B s_B = 0{,}5\,P_B t_B (v + v_0) = M_B t_B (n + n_0)/19{,}1$ $A_B = A_m - A_{m_0} = G(v^2 - v_0^2)/19{,}6 = GD^2(n^2 - n_0^2)/7160$	Hierbei ist
26	Gesamt-Umfangskraft	kg	$P_A = P_B + P$	P zusätzl. stat. Umfangskraft
27	Gesamt-Drehmoment	kg m	$M_A = M_B + M = P_A d/2$	M zusätzl. stat. Drehmoment
28	Gesamtleistung (größte)	m kg/s	$N_A = N_B + N = P_A v = M_A n/9{,}55$	N zusätzl. stat. Leistung
29	Gesamtarbeit	m kg	$A_A = A_B + A = P_A s_B = M_A (n + n_0)\frac{t_B}{19{,}1} = \frac{N_A t_B (n + n_0)}{2n}$	A zusätzl. stat. Arbeit
30		m kg/s	$N = 75\,N_{PS} = 102\,N_{kW} = 427\,N_{kcal/s}$	*D. Umrechnungen*
31	Leistung	PS	$N_{PS} = N/75 = 1{,}36\,N_{kW} = 5{,}7\,N_{kcal/s}$	Leistung in verschiedenen Maßen
32		kW	$N_{kW} = N/102 = N_{PS}/1{,}36 = 4{,}19\,N_{kcal/s}$	
33		kcal/s	$N_{kcal/s} = N/427 = N_{PS}/5{,}7 = N_{kW}/4{,}19$	
34		m kg	$A = 270\,000\,A_{PS\,h} = 367\,000\,A_{kW\,h} = 427\,A_{kcal}$	
35	Arbeit	PSh	$A_{PS\,h} = A/270\,000 = 1{,}36\,A_{kW\,h} = A_{kcal}/632$	Arbeit in verschiedenen Maßen
36		kWh	$A_{kW\,h} = A/367\,000 = A_{PS\,h}/1{,}36 = A_{kcal}/860$	
37		kcal	$A_{kcal} = A/427 = 632\,A_{PS\,h} = 860\,A_{kW\,h}$	

zu steigern. Die in der Beschleunigungszeit t_B geleistete Beschleunigungsarbeit

$$A_B = A_m - A_{m_0} = m\frac{v^2 - v_0^2}{2} = P_B\, s_B = P_B\, t_B\, v_{\text{mittel}} = 0{,}5\; P_B\, t_B (v + v_0)\,.$$

Hierdurch ist der Zusammenhang zwischen P_B, b, t_B und s_B gegeben:

$$b = \frac{P_B}{m} = 9{,}81\,\frac{P_B}{G} = \frac{v - v_0}{t_B}\,; \quad t_B = \frac{G}{9{,}81\,P_B}(v - v_0) = \frac{v - v_0}{b}\,; \quad s_B = \frac{(v + v_0)\,t_B}{2}\,.$$

Die größte Beschleunigungsleistung beträgt $N_B = P_B\,v$. Bei Anlauf aus dem Stillstand ist $v_0 = 0$. Berücksichtigung des Getriebe-Wirkungsgrads η bei Umrechnungen s. Abschn. 6 und 8.

Außerdem wächst während der Beschleunigungszeit noch die Leistung von $N_0 = P\,v_0$ auf $N = P\,v$, d. h., die Arbeit $A = P\,s_B = P\,(v + v_0)\,t_B/2$ ist zur Übertragung der statischen Umfangskraft P aufzubringen. Demnach ist die größte Anlaufleistung $N_A = N + N_B = (P + P_B)\,v$ und die Gesamt-Anlaufarbeit $A_A = A + A_B$.

Hieraus geht auch hervor, daß die Gesamtarbeit A_A bei kleinerem t_B, d. h. bei größerer Beschleunigungskraft P_B, kleiner wird, da A_B unabhängig von t_B ist und A entsprechend t_B abnimmt.

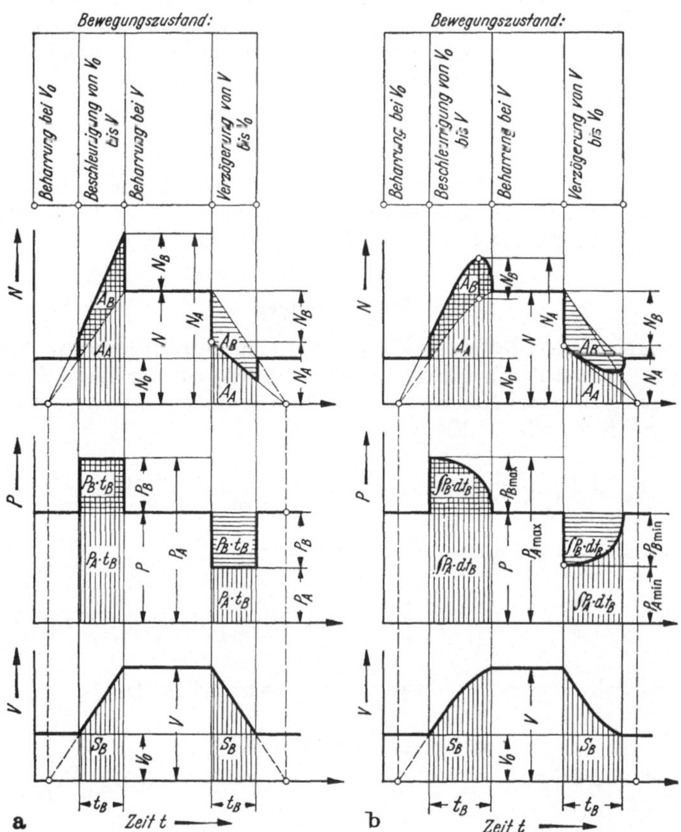

Bild 17. Beschleunigungs- und Verzögerungsvorgänge bei konstanter statischer Belastung P (Bezeichnungen s. Taf. 16) a) (links) bei konstanter Beschleunigung, b) (rechts) bei veränderlicher Beschleunigung, $V = v$ = Geschwindigkeit

4. Bei veränderlicher Beschleunigung (Bild 17 rechts)

muß der *Verlauf* der Beschleunigung $b = dv/dt$ oder der Beschleunigungskraft $P_B = m\,b$ oder der Geschwindigkeit v über der Beschleunigungszeit t_B bekannt sein, um s_B und t_B als Integralwerte bestimmen zu können. Es ist

Beschleunigungsweg $s_B = \int\limits_0^{t_B} v\,dt$, s. senkrecht schraffierte Fläche im $v - t$-Schaubild (Bild 17 rechts),

Geschwindigkeitsdifferenz $v - v_0 = \int\limits_0^{t_B} b\,dt$,

Beschleunigungszeit $t_B = \int\limits_0^{s_B} \frac{ds}{v} = \int\limits_{v_0} \frac{dv}{b}$,

Beschleunigungsarbeit $A_B = \int\limits_0^{t_B} P_B\,v\,dt = \int\limits_0^{t_B} N_B\,dt = A_m - A_{m_0} = m\frac{(v^2 - v_0^2)}{2}$

s. kreuzschraffierte Fläche im $N - t$-Schaubild (Bild 17 rechts).

Jede Abweichung von konstanter Beschleunigung erfordert bei gleicher Beschleunigungszeit und gleichem $(v - v_0)$ eine größere maximale Beschleunigungskraft bzw. bei gleicher maximaler Beschleunigungskraft eine größere Beschleunigungszeit und entsprechend größeren Beschleunigungsweg und größere Anlaufarbeit.

5. Bei Verzögerung (Bild 17)

d. h. negativer Beschleunigung, ist $b = dv/dt$ *negativ* und entsprechend sind auch die Größen P_B, N_B, A_B und die Differenzwerte $(v - v_0)$, $(v^2 - v_0^2)$, $(A_m - A_{m_0})$ negativ, wobei die Gl. (17) bis (25) in Taf. 16 gültig bleiben.

6. Umrechnungen

Bei Triebwerken mit unterteilten Massen, d. h. mit Schwungmoment $(GD^2)_1$ auf der Antriebswelle *1* (Drehzahl n_1), Schwungmoment $(GD^2)_2$ auf der Welle *2* (Drehzahl n_2) usw. und geradlinig bewegter Masse $m_x = G_x/9{,}81$ (Schwunggewicht G_x und Geschwindigkeit v_x) beträgt die kinetische Energie:

$$A_m = A_{m_1} + A_{m_2} + \cdots = \frac{(G\,D^2)_1\,n_1^2 + (G\,D^2)_2\,n_2^2 + \cdots}{7160} + \frac{G_x v_x^2}{19{,}6},$$

oder das Ersatz-Schwungmoment (GD^2) auf der Welle mit Drehzahl n:

$$G\,D^2 = \frac{7160\,A_m}{n^2} = (G\,D^2)_1\left(\frac{n_1}{n}\right)^2 + (G\,D^2)_2\left(\frac{n_2}{n}\right)^2 + \cdots + 365 G_x\left(\frac{v_x}{n}\right)^2,$$

oder das Ersatz-Schwunggewicht, bewegt mit Geschwindigkeit v:

$$G = 19{,}6\,\frac{A_m}{v^2} = \frac{(G\,D^2)_1\left(\frac{n_1}{v}\right)^2 + (G\,D^2)_2\left(\frac{n_2}{v}\right)^2 + \cdots}{365} + G_x\left(\frac{v_x}{v}\right)^2.$$

Bei Berechnung der entsprechenden Beschleunigungskraft P_B bzw. M_B, N_B oder A_B nach Gl. (22) bis (25) in Taf. 16 ist gegebenenfalls noch der Wirkungsgrad η des Triebwerks zwischen Angriffsstelle der Kraft P_B usw. und Ort der Massengröße zu berücksichtigen, indem die jeweilige Massengröße mit $1/\eta$ (beim Beschleunigen) bzw. mit η (beim Verzögern) malgenommen wird (Beispiele s. Abschn. 8).

Weitere Umrechnungen für Leistungen und Arbeiten in andern technischen Maßen sind in Taf. 16, Abschn. D, zusammengestellt. Hierbei wurde auch die Umsetzung von Arbeit in Wärmeeinheiten [kcal] bzw. von Leistung in Wärmeeinheiten je Sekunde (kcal/s] berücksichtigt, die für die spätere Berechnung der Erwärmung der Getriebe infolge Verlustleistung benötigt wird.

7. Wahl des Antriebsmotors und Massenwirkung

Wie die nachfolgenden Beispiele zeigen, bringt eine Vergrößerung des Anlaufmoments M_A und somit auch die Wahl eines größeren Antriebsmotors eine größere Belastung der Triebwerksteile in der Beschleunigungsperiode mit sich, und zwar auch dann, wenn das statisch zu übertragende Drehmoment M unverändert bleibt. Denn das überschüssige Drehmoment $M_B = M_A - M$ wirkt als Antrieb zur Beschleunigung der Massen. Hierbei ist für das Getriebe nur der Teilbetrag $M_{B_{\text{Getr}}}$ belastend, der zur Beschleunigung der *hinter* den betreffenden Getriebeteilen liegenden Massen dient, also das Moment $M_{B_{\text{Getr}}} = M_B f$. Hierbei ist $f = 1 - A_{m_v}/A_B$, A_B die Gesamt-Beschleunigungsarbeit und A_{m_v} die kinetische Energie der Massen *vor* dem betreffenden Getriebeteil. Entsprechend ist das für die maximale Getriebebelastung maßgebliche Anlaufmoment:

$$M_{A_{\text{Getr}}} = M + M_B f.$$

Im gleichen Sinne wirken *Energiespeicher* (Schwungräder), wenn sie bei plötzlicher Verzögerung oder Beschleunigung entsprechend große zusätzliche Drehmomente durch das Getriebe leiten.

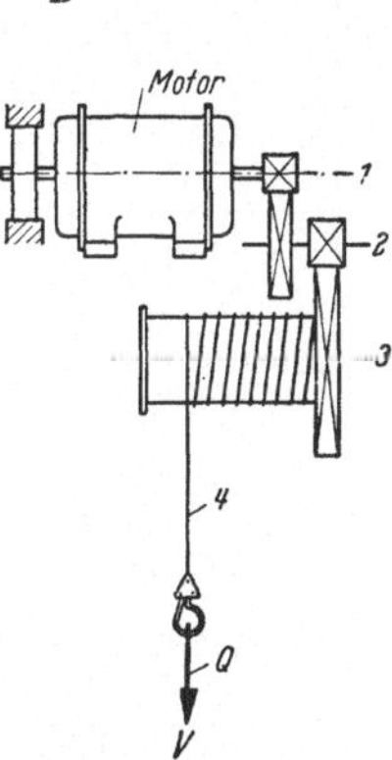

Bild 19. Hubwinde (zum Beispiel 1)

8. Berechnungsbeispiele (Bezeichnungen und Dimensionen s. Taf. 16)

Beispiel 1. Beschleunigungsvorgang beim Heben.

Gegeben: Hubwinde nach Bild 19, Last $Q = 3000$ kg, Lastgeschwindigkeit $v = 1$ m/s, Wirkungsgrad des Getriebes $\eta = 0{,}9$;

an Motorwelle *1*: $n_1 = 950$, $M = \dfrac{9{,}55\,Q\,v}{n_1\,\eta} = 33{,}5$ kgm,

$$M_A = 1{,}8\,M = 60{,}5\text{ kgm};\quad M_B = M_A - M = 0{,}8\,M = 27\text{ kgm};$$

$(GD^2)_1 = 8$ kgm² (für Motoranker, Bremsscheibe und Ritzel),

an Welle *2*: $(GD^2)_2 = 10$, Drehzahl $n_2 = 173$,

an Welle *3*: $(GD^2)_3 = 60$, Drehzahl $n_3 = 31{,}8$.

Gesucht: A_B, t_B, Beschleunigung b der Last, $M_{B_{\text{Getr}}}$, $M_{A_{\text{Getr}}}$.

Berechnet:

$$A_{m_1} = \frac{(GD^2)_1 n_1^2}{7160} = 1008\text{ mkg};\quad A_{m_2} = \frac{(GD^2)_2 n_2^2}{7160} = 42;$$

$$A_{m_3} = \frac{(GD^2)_3 n_3^2}{7160} = 8{,}5;\quad A_{m_4} = \frac{Q\,v^2}{19{,}6} = 153;$$

$$A_B = A_{m_1} + \frac{A_{m_2} + A_{m_3} + A_{m_4}}{\eta} = 1234\text{ mkg};$$

$$t_B = \frac{19{,}1\,A_B}{n_1\,M_B} = 0{,}92\text{ s};\quad b = \frac{v}{t_B} = 1{,}09\text{ m/s}^2.$$

Das Getriebe wird belastet durch:

$$M_{B_{\text{Getr}}} = M_B f = M_B \left(\frac{A_B - A_{m_1}}{A_B}\right) = 0{,}183\, M_B = 4{,}95\,\text{kgm};$$

$$M_{A_{\text{Getr}}} = M + M_{B_{\text{Getr}}} = 38{,}5\,\text{kgm} = 0{,}64\, M_A = 1{,}15\, M.$$

Schlußfolgerung. Bei derartigen Getrieben ist das Verhältnis $M_{A_{\text{Getr}}}/M$ relativ klein (hier gleich 1,15), da der Anteil der kinetischen Energie hinter dem Getriebe relativ klein ist, so daß die Belastung des Getriebes und die Motorgröße im wesentlichen durch das statische Drehmoment M bestimmt wird.

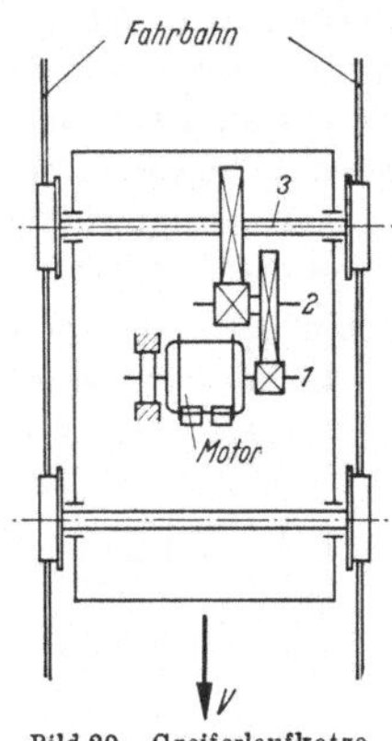

Bild 20. Greiferlaufkatze (zum Beispiel 2)

Beispiel 2. Beschleunigungsvorgang beim Fahrwerk.

Gegeben: Greifer-Laufkatze mit Fahrwerk nach Bild 20, Gesamtgewicht (Nutzlast 15 t, Totlast 80 t), $G = 95000$ kg, Fahrgeschwindigkeit $v = 3$ m/s, Beschleunigungszeit $t_B = 10$ s, Wirkungsgrad des Getriebes $= 0{,}9$;

an Motorwelle 1: $n_1 = 750$, $M = 90$ kgm (für Fahrwiderstand), $(GD^2)_1 = 90$ kgm²;

an Welle 2 und 3: geschätzt $A_{m_2} + A_{m_3} = 2900$ mkg.

Gesucht: A_B, M_B, M_A, b, $M_{B_{\text{Getr}}}$, $M_{A_{\text{Getr}}}$.

Berechnet:

$$A_{m_1} = \frac{(GD^2)_1 n_1^2}{7160} = 7100\,\text{mkg}; \qquad A_{m_4} = \frac{G v^2}{9{,}81 \cdot 2} = 43600;$$

$$A_B = A_{m_1} + \frac{A_{m_2} + A_{m_3} + A_{m_4}}{\eta} = 7100 + \frac{46500}{0{,}9} = 58800\,\text{mkg};$$

$$M_B = \frac{19{,}1\, A_B}{n_1 t_B} = \frac{19{,}1 \cdot 58800}{750 \cdot 10} = 150; \quad M_A = M + M_B = 240\,\text{kgm}; \quad b = \frac{v}{t_B} = \frac{3}{10} = 0{,}3\,\text{m/s}^2.$$

Das Getriebe wird belastet durch:

$$M_{B_{\text{Getr}}} = M_B f = M_B \left(\frac{A_B - A_{m_1}}{A_B}\right) = 0{,}88\, M_B = 132\,\text{kgm};$$

$$M_{A_{\text{Getr}}} = M + M_{B_{\text{Getr}}} = 90 + 132 = 222\,\text{kgm} = 0{,}925\, M_A = 2{,}47\, M.$$

Schlußfolgerung. Bei derartigen Getrieben mit relativ kleiner statischer Belastung und großer kinetischer Energie der Massen hinter dem Getriebe ist im wesentlichen das Anlaufdrehmoment M_A für die Belastung des Getriebes und für die Motorgröße maßgebend.

Beispiel 3. Beschleunigungsvorgang mit Reibkupplung und Verzögerung mit Reibbremse s. S. 254, 262, 263

20.5. Schrifttum

[1] THOMAS, W.: Anwendungsgrenzen mechanischer Leistungsgetriebe. Z. VDI Bd. 92 (1950) S. 902—908.
[2] NIEMANN, G.: Getriebevergleiche. In: „Zahnräder und Zahnradgetriebe“, S. 140—149. Braunschweig: Vieweg 1955.
[3] HIERSIG, H. M.: Zur Frage der Belastbarkeit von Zahnradgetrieben. Z. VDI Bd. 96 (1954) S. 221—225.
[4] AGMA Standard 420.02 (Febr. 1951) (American Gear Manuf. Ass. New York).
[5] KOLLMANN, K.: Grenzen der Drehmomenten- u. Leistungsübertragung bei Riementrieben, Kettentrieben u. Kupplungen. In: Riementriebe — Kettentriebe — Kupplungen. Braunschweig: Vieweg 1954.
[6] VAN HATTUM, P. W. u. BALLOT, H. G.: Tandwielen. s'Gravenhage (Holland) 1953.
[7] RICHTER W. u. H. OHLENDORF: Kurzberechnung von Leistungsgetrieben. Konstruktion 11 (1959) S. 421—427.

21. Zahnräder, Grundlagen

Arten der Zahnräder, Eigenschaften und Auswahl s. Kap. 20; Schrifttum s. S. 62

21.1. Verzahnungsgeometrie

1. Verzahnungsgesetz

Die in Bild 21/1 willkürlich angenommenen Zahnflanken eines geradverzahnten Stirnrads und Gegenrads (nur Ausschnitte gezeichnet!) berühren sich momentan im Eingriffspunkt E. Die auf der *Flankentangente* TT in E errichtete Normale ist die *Eingriffsnormale* EC; sie schneidet die *Mittenlinie* O_1O_2 der Zahnräder im *Wälzpunkte* C. In C berühren sich die mit den Rädern fest verbunden gedachten *Wälzbahnen.* Diese *rollen* (ohne Gleitbewegung!) mit der Geschwindigkeit v aufeinander ab, wenn sich die Zahnräder mit der Winkelgeschwindigkeit $\omega_1 = v/r_1$ bzw. $\omega_2 = v/r_2$ drehen. Die Halbmesser $r_1 = \overline{O_1C}$ und $r_2 = \overline{O_2C}$ sind durch Aufteilung des Achsabstands $a = \overline{O_1O_2} = r_1 + r_2$ bestimmt. Aus diesen Beziehungen läßt sich die weitere Verzahnungsgeometrie, z. B. die Konstruktion einer Zahnflanke bei gegebener Gegenflanke und gegebenen Wälzkreisen, ableiten (s. Abschn. 5).

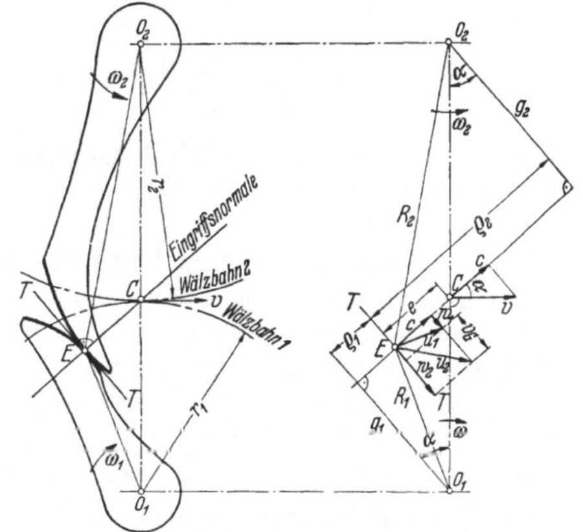

Bild 21/1. Zum Verzahnungsgesetz. Eingriffsnormale, Geschwindigkeiten und Maße

2. Übersetzung i

Bei *konstanter* Übersetzung ist $i = \omega_1/\omega_2 = r_2/r_1 =$ konst., wobei für $a =$ konst. auch r_1 und r_2 konstant sind. In diesem Fall, dem Regelfall, sind die Wälzbahnen Kreise, genannt *Wälzkreise.*

Bei *veränderlicher* Übersetzung, z. B. bei elliptischen Zahnrädern (Bild 21/2) und auch bei Zahnfehlern, *wandert* der Wälzpunkt C auf der Mittenlinie, und die Wälzbahnen sind *Kurven,* die sich im jeweiligen Wälzpunkt berühren, aber nicht konzentrisch zu den Drehpunkten O_1 und O_2 liegen, s. [63/*28* bis 63/*34*].

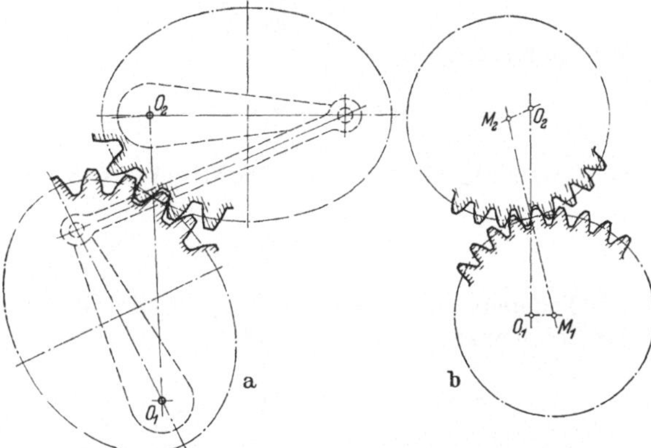

Bild 21/2. Zahnräder mit periodisch veränderlicher Übersetzung

a) Elliptische Zahnräder mit Drehpunkt O_1 bzw. O_2 und Ersatzkurbeltrieb für gleiche Drehbewegung (gestrichelt); b) Exzentrisch gelagerte Kreiszahnräder (die Exzentrizität ist übertrieben dargestellt) mit Drehpunkt O_1 bzw. O_2 und Kreismitte M_1 bzw. M_2 (die Abweichung von der Ellipse wird durch Zahnspiel ermöglicht)

Entsprechend kann man auch bei ***konstantem*** Achsabstand Zahnräder mit *veränderlicher* Übersetzung, z. B. elliptische oder exzentrisch gelagerte runde Zahnräder (Bild 21/2) einwandfrei miteinander kämmen lassen. Die jeweilige Übersetzung ist dabei durch das jeweilige Verhältnis $i = r_2/r_1$ bestimmt.

3. Geschwindigkeiten und Verzahnungsgesetz (Bild 21/1 rechts)

Aus dem geometrischen Zusammenhang der Geschwindigkeiten läßt sich nachweisen, daß im Schnittpunkte C der Mittenlinie $\overline{O_1 O_2}$ und der Eingriffsnormalen $\overline{EC}$ die Umfangsgeschwindigkeiten $v_1 = \omega_1 r_1$ und $v_2 = \omega_2 r_2$ der beiden Zahnräder gleich groß sind (gleich v) und somit dieser Punkt „Wälzpunkt" ist. Gang des Nachweises:

Im Eingriffspunkte E betragen die Umfangsgeschwindigkeiten

$$u_1 = \omega_1 R_1 = v_1 \frac{R_1}{r_1} \quad \text{und} \quad u_2 = \omega_2 R_2 = v_2 \frac{R_2}{r_2}.$$

Ihre Komponenten c_1 und c_2 in Richtung der Eingriffsnormalen betragen[1]

$$c_1 = \omega_1 g_1 = v_1 \frac{g_1}{r_1} = v_1 \cos\alpha, \qquad c_2 = \omega_2 g_2 = v_2 \frac{g_2}{r_2} = v_2 \cos\alpha.$$

Aus der Bedingung, daß die Zahnflanken in Berührung bleiben sollen, ergibt sich, daß $c_1 = c_2$ sein muß, so daß demnach auch $v_1 = v_2$ ist (1. Nachweis des Verzahnungsgesetzes).

Sehr elegant und der technischen Vorstellung besonders dienlich ist der Nachweis des Verzahnungsgesetzes aus dem Vorgang der Wälzbewegung (nach Rötscher): Beim Abwälzen von Zahnrad *1* (von Wälzbahn *1*, Bild 21/1 links) auf dem festgehaltenen Zahnrad *2* (auf Wälzbahn *2*) macht jeder Punkt von Zahnrad *1*, also auch der Eingriffspunkt E, momentan eine Drehbewegung um den Wälzpunkt C als Momentanpol. Es muß dann die Eingriffstangente TT im Eingriffspunkte E senkrecht zum Polstrahl EC stehen; denn andernfalls würden die Zahnflanken bei der Wälzbewegung ineinander eindringen oder außer Berührung kommen. Der Polstrahl $\overline{EC}$ (senkrecht zu TT) ist somit gleichzeitig Eingriffsnormale.

4. Gleitgeschwindigkeit v_G (Bild 21/1 rechts)

Die Umfangsgeschwindigkeiten u_1 und u_2 im Eingriffspunkte E ergeben in Richtung der Eingriffstangente TT die Komponenten w_1 und w_2. Ihre Größe beträgt nach[1]

$$w_1 = \omega_1 \varrho_1 \quad \text{bzw.} \quad w_2 = \omega_2 \varrho_2.$$

Mit Einführung von

$$\omega_1 = \frac{v}{r_1} \quad \text{und} \quad \varrho_1 = r_1 \sin\alpha - e \quad \text{bzw.} \quad \omega_2 = \frac{v}{r_2} \quad \text{und} \quad \varrho_2 = r_2 \sin\alpha + e$$

und mit e als Abstand des Eingriffspunkts E vom Wälzpunkt C wird:

$$w_1 = v\left(\sin\alpha - \frac{e}{r_1}\right) \quad \text{bzw.} \quad w_2 = v\left(\sin\alpha + \frac{e}{r_2}\right).$$

Die Differenz zwischen w_1 und w_2 ist die Gleitgeschwindigkeit v_G, und zwar für Zahnflanke *1* (hier Zahnfußflanke)[2]

$$v_{G1} = w_1 - w_2 = -v\,e\left(\frac{1}{r_1} + \frac{1}{r_2}\right) \quad \text{(gilt allgemein für Zahnfußflanken),}$$

für Zahnflanke *2* (hier Zahnkopfflanke)[2]

$$v_{G2} = w_2 - w_1 = +v\,e\left(\frac{1}{r_1} + \frac{1}{r_2}\right) \quad \text{(gilt allgemein für Zahnkopfflanken).}$$

---

[1] Entsprechend dem Bewegungsgesetz, daß bei Drehung eines Körpers mit der Winkelgeschwindigkeit ω an einen beliebigen Punkt des Körpers die Geschwindigkeitskomponente in beliebiger Richtung gleich $\omega\, r_x$ ist, mit r_x als Abstand der Geschwindigkeitsrichtung vom Drehpunkt.

[2] Der Wälzkreis teilt die Zähne eines Rads in Zahnkopf und -fuß.

Die *relative* Gleitgeschwindigkeit v_G/v beträgt:
für Zahnflanke *1* (Fußflanke)

$$\frac{v_{G1}}{v} = -e\left(\frac{1}{r_1} + \frac{1}{r_2}\right) = -\frac{e}{r_1}\left(1 + \frac{1}{i}\right),$$

für Zahnflanke *2* (Kopfflanke)

$$\frac{v_{G2}}{v} = +e\left(\frac{1}{r_1} + \frac{1}{r_2}\right) = +\frac{e}{r_1}\left(1 + \frac{1}{i}\right).$$

Demnach ist der *Zahlenwert*

$$\frac{v_G}{v} = \pm e\left(\frac{1}{r_1} + \frac{1}{r_2}\right)$$

für beide Zahnflanken im jeweiligen Eingriffpunkt gleich groß und unterscheidet sich nur durch das Vorzeichen. Bei gegebenem r_1 und r_2 ist demnach v_G/v proportional e. Bild 23 zeigt den entsprechend aufgetragenen Verlauf von v_G/v über der Eingriffsstrecke

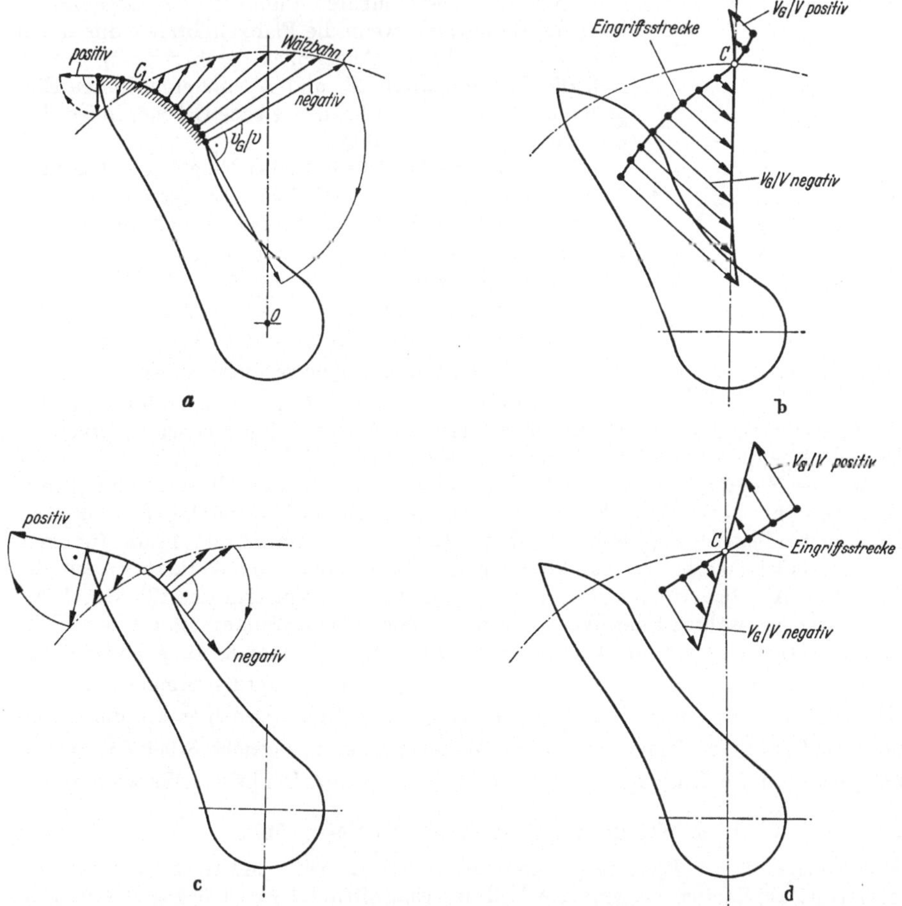

Bild 23. Darstellung der relativen Gleitgeschwindigkeit v_G/v ($= V_G/V$)
a) und b) v_G/v für eine willkürlich gewählte Verzahnung, aufgetragen über der Zahnflanke (Bild a) bzw. über der Eingriffsstrecke (Bild b); c) und d) v_G/v für Evolvetenzahn, aufgetragen über der Zahnflanke (Bild c) bzw. über der Eingriffsstrecke (Bild d)

(Bild 23b und d) und an der Zahnflanke (Bild 23a und c). Man sieht, daß v_G/v bei Beginn des Zahneingriffs (bzw. am Ende) am größten ist, von da bis zum Wälzpunkt linear mit e bis auf null abnimmt, hier das Vorzeichen wechselt (am Zahnfuß ist v_G negativ) und weiterhin von null bis zum Maximum (am Ende des Eingriffs) linear mit e ansteigt. Die Maximalwerte für v_G/v sind um so kleiner, je kleiner e/r_1 ist, d. h., je kleiner die Zahnkopfhöhe und je größer der Eingriffswinkel α ist. Für $r_2 = \infty$ (für Zahnstange) ist $v_G/v = e/r_1$; für *negatives* r_2, d. h. für Hohlrad mit Innenverzahnung (s. Bild 30/3), wird v_G/v noch kleiner als e/r_1.

Gleitrichtung. An der *treibenden* Zahnflanke ist v_G stets vom Wälzpunkte weggerichtet, also am Zahnfuß zum Ende des Zahnfußes hin und am Zahnkopf zum Ende des Zahnkopfs hin, während an der *getriebenen* Flanke v_G umgekehrt zum Wälzpunkte hin gerichtet ist. Beim Durchgang des Eingriffspunkts durch den Wälzpunkt wechselt v_G an beiden Flanken seine Richtung.

5. Konstruktion von Eingriffslinie und Gegenflanke (Bild 24)

Nach dem Verzahnungsgesetz kommt ein Punkt einer gegebenen Zahnflanke, z. B. Punkt E_1 im Bild 24, mit einem im voraus bestimmbaren Punkt E_2 der Gegenflanke dann in Berührung, wenn die Flankennormale durch den Wälzpunkt C geht. Im Augenblick der Berührung decken sich die Flankenpunkte E_1 und E_2 und ergeben den Eingriffspunkt E in der ruhenden Ebene (Ebene, in welcher die Mittenlinie O_1O_2 ruht).

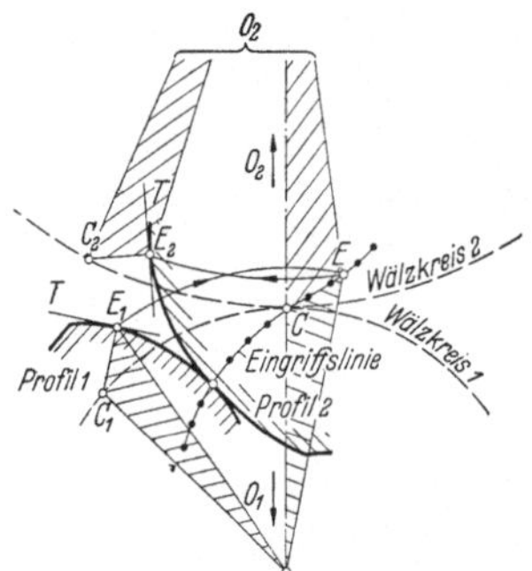

Bild 24. Zur punktweisen Ermittlung von Eingriffslinie und Gegenflanke

Der geometrische Ort sämtlicher Eingriffspunkte eines Flankenpaars ist die *Eingriffslinie.* Entsprechend dieser Definition läßt sich die Eingriffslinie und die Gegenflanke *2* punktweise konstruieren, wenn die Flanke *1* und die Wälzkreise *1* und *2* gegeben sind: Hierzu wird in Bild 24 die Flankennormale $\overline{E_1C_1}$ um O_1 in die Lage $\overline{EC}$ gedreht und ergibt so den Punkt E der Eingriffslinie. Dann wird $\overline{EC}$ um O_2 um das gleiche Bogenstück $\overline{CC_2} = \overline{CC_1}$ zurückgedreht in die Lage $\overline{C_2E_2}$ und ergibt hier den Punkt E_2 der Gegenflanke. In ähnlicher Weise kann man bei gegebener Eingriffslinie Profil und Gegenprofil einer Verzahnung ermitteln[1].

Außer der Eingriffslinie für die Rechtsflanke eines Zahns erhält man eine zweite Eingriffslinie für die Linksflanke; beide schneiden sich im Wälzpunkt (Bild 26/1).

Als weiteres Beispiel zeigt Bild 25/1 die punktweise Konstruktion des Profils für einen Wälz-Drehmeißel (Werkzeug) zur Herstellung von Handgriffen (Werkstück) auf der Drehbank im Abwälzverfahren. Bei dieser Fertigungsart dreht sich das Werkstück um seine Längsachse, während das Werkzeug mit seinem Wälzkreis langsam auf der Wälzbahn des Werkstücks abrollt. Die Ermittlung der Profilpunkte (z. B. E_2) des Werkzeugs erfolgt in der gleichen Weise wie im 1. Beispiel: Die Eingriffsnormale $\overline{E_1C_1}$ wird um O_1 (liegt hier im Unendlichen) in die Lage $\overline{EC}$ gedreht (also hier geradlinig verschoben) und dann auf dem Wälzkreis des Werkzeugs um das gleiche Stück $\overline{CC_1} = \overline{CC_2}$ zurückgedreht in die Lage $\overline{E_2C_2}$. Dann ist E_2 der gesuchte Punkt des Werkzeugprofils

6. Weitere Eingriffsgrößen[2] und Unterschnitt

Eingriffsstrecke $g = \overline{E_1E_2}$ (gepunktet im Bild 25/2, 26/1 und f.) ist der für den Eingriff der Zahnflanken ausgenutzte Teil der Eingriffslinie. Er ist begrenzt durch die beiden Kopfkreise bzw. bei Unterschnitt schon vorher durch den Kreisbogen $E_1'E_1$ der Unterschnittskante (Bild 25/2).

---

[1] Siehe ALTMANN [63/25]. — [2] Bezeichnungen nach DIN 3960.

Eingriffswinkel α (Bild 21/1). Für jeden Eingriffspunkt bildet die Eingriffsnormale (EC) mit der Tangente an den Wälzkreis im Wälzpunkt C den (spitzen) Eingriffswinkel α und entsprechend auch die Eingriffstangente (TT) mit der Mittenlinie (O_1O_2).

Bei *Evolventenverzahnung* mit konstanter Übersetzung (s. S. 30) ist α für alle Eingriffspunkte konstant. Bei *profilverschobener* Evolventenverzahnung (s. S. 36) unterscheidet man noch den Herstellungs-Eingriffswinkel α_0 mit Lage des Wälzpunktes auf dem Teilkreis (Dmr. d_0) und den Betriebs-Eingriffswinkel α_b mit Lage des Wälzpunkts auf dem Betriebswälzkreis (Dmr. d_b).[1]

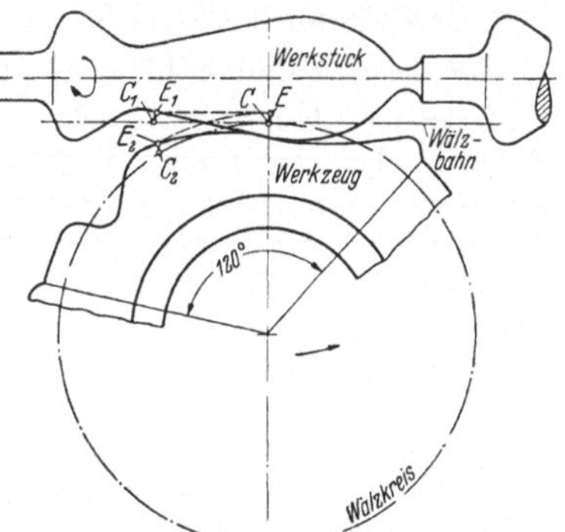

Bild 25/1. Zur punktweisen Ermittlung des Profils eines Wälz-Drehmeißels für die Herstellung eines profilierten Drehteiles (Werkstück) auf der Drehbank

Pressungswinkel (Bild 21/1) ist für einen jeweiligen Flankenpunkt der spitze Winkel zwischen der Flankentangente (TT) und dem Mittelpunktsstrahl (O_1E) zu diesem Punkt. Für den Flankenpunkt auf dem Wälzkreis fällt der Pressungswinkel mit dem Eingriffswinkel zusammen.[1]

Eingriffslänge e_0 (Bild 36/1) ist der vom Beginn bis zum Ende des Eingriffs eines Zahns durchlaufene Drehweg, gemessen auf dem Teilkreis.

Eingriffsprofil, auch wirksames Profil genannt, ist der für den Eingriff ausgenutzte Teil des Flankenprofils, z. B. im Bild 25/2 die Flankenteile K_1E_1' bzw. $K_2'E_2'$.

Eingriffsdauer ε (Bild 36), auch Überdeckungsgrad genannt, ist das Verhältnis der Eingriffslänge e_0 zur Zahnteilung t_0, gemessen auf dem Teilkreis $\varepsilon = e_0/t_0$. Für Zwanglauf muß $\varepsilon > 1$ sein. ε für Evolventenverzahnung s. S. 33.

Unterschnitt entsteht am Zahnfuß, wenn (Bild 25/2) der Fußpunkt L des Lots vom Drehpunkt auf die Eingriffslinie innerhalb des Kopfkreises des zur Herstellung benutzten Gegenrads liegt (z. B. der Punkt L_1 in Bild 25/2). Es dringt dann die Relativbahn der Kopfkante des Werkzeugs in den Zahnfuß ein. Relativbahn s. auch Bild 37/1. Unterschnitt bei Evolventenverzahnung s. S. 33.

Bild 25/2. Zur Entstehung des Unterschnitts (Aushöhlung am Zahnfuß) durch die Kopfkante K_2 des Werkzeugprofils (Zahnstange) beim Abwälzvorgang. Die Eingriffsstrecke E_1E_2 (gepunktet) ist oben vom Kopfkreis *1* begrenzt und unten vom Kreisbogen durch den Endpunkt E_1' des Unterschnitts. Eingriffsprofile sind Flanke K_1—E_1' und K_2'—E_2'

Mindest-Zähnezahl ist diejenige Zähnezahl, bei der gerade noch kein Unterschnitt auftritt.

7. Verzahnungsmaße und Zahnfehler[2]

Durchmesser. Teilkreisdurchmesser d_0, Kopfkreisdurchmesser $d_k = d_0 + 2\,h_k$, Fußkreisdurchmesser $d_f = d_0 - 2\,h_f$ (Bild 25/3).

Teilkreis ist der Herstellungs-Wälzkreis (Kreis *6* im Bild 37/1).

Teilung. Teilkreisteilung t_0 ist die Bogenlänge auf dem Teilkreis zwischen aufeinanderfolgenden Rechts- bzw. Linksflanken eines Zahnrads (Bild 25/3):

$$t_0 = \pi \frac{d_0}{z} = \pi m$$

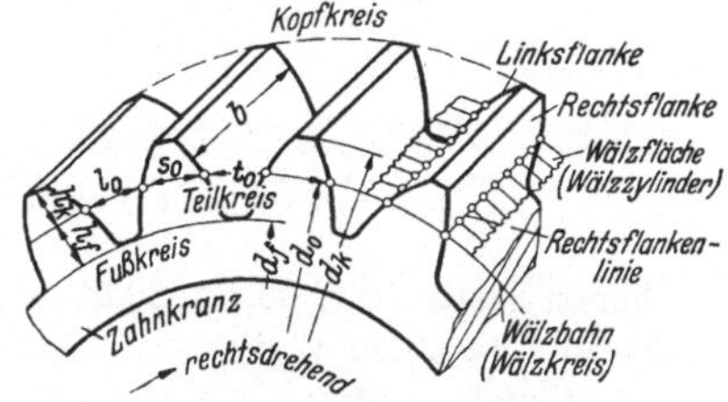

Bild 25/3. Verzahnungsmaße, Wälzfläche und Flankenlinien am Stirnrand

In England und USA rechnet man mit „Circularpitch" $CP = \pi\, d_0/z$ mit d_0 und CP in Zoll.

[1] In DIN 868 ist α der Eingriffswinkel, in DIN 3960 ist der Eingriffswinkel mit α_0 bzw. α_b bezeichnet und der Pressungswinkel allgemein mit α, was leicht zu Mißverständnissen führt. — [2] Bezeichnungen nach DIN 3960.

Modul oder Durchmesserteilung $m = d_0/z = t_0/\pi$. Genormte Werte für m s. Taf. 115/1. In England und USA ist der entsprechende Wert (als umgekehrte Größe) „Diametralpitch" $DP = 1/m = z/d_0$ mit m und d_0 in Zoll.

Zahndicke im Teilkreis ist: $s_0 = t_0 - l_0$, mit Lückenweite l_0 (Bild 25/3).

Zahnhöhe. Zahnkopfhöhe h_k, Zahnfußhöhe h_f (Bild 25/3).

Zahnspiel. Kopfspiel S_k ist der radiale Abstand zwischen Kopfkreis des Rads und Fußkreis des Gegenrads; Verdreh-Flankenspiel ist das auf dem Wälzkreis (Teilkreis) gemessene Flankenspiel $S_d = t_0 - s_{01} - s_{02}$; Eingriffs-Flankenspiel S_e ist das auf der Eingriffslinie gemessene Flankenspiel.

Zahnfehler. Fehler für Rundlauf f_r, für Eingriffsteilung f_e, für Teilung f_t, für Flankenform f_f, für Grundkreis f_g, für Eingriffswinkel f_α, für Summenteilung F_i (Fehler des Summenmaßes mehrerer Teilungen), für Teilungssprung f_u (Unterschied zweier, benachbarter Teilungen), für Zahndicke f_s, für Flankenrichtung f_β, Wälzfehler F_2 (Gesamtabweichungen im Abrolldiagramm), Wälzsprung f_i (Unterschied benachbarter Extrempunkte im Abrolldiagramm). Näheres s. DIN 3960.

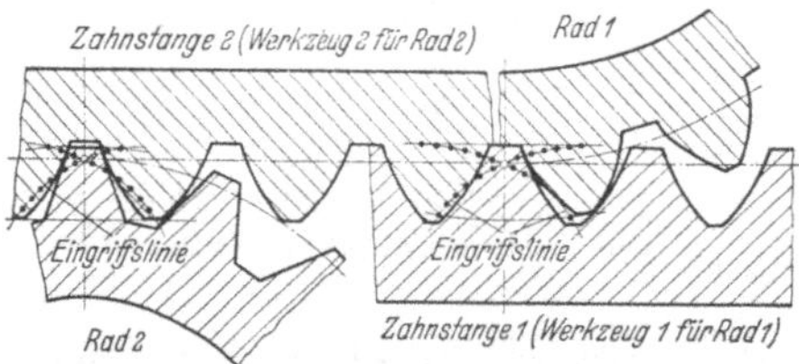

Bild 26/1. Paarverzahnung (unsymmetrische Eingriffslinie). Profil und Gegenprofil der Planverzahnung (der Werkzeug-Zahnstangen) sind nicht identisch, trotz gleicher Links- und Rechtsflanke. Die im Abwälzverfahren mit Zahnstange *1* hergestellten Räder *1* können mit den mit Zahnstange *2* hergestellten Rädern *2* kämmen

8. Form und Verlauf der Verzahnung

Außer der Form der Zahnrad-Grundkörper (Zylinder, Kegel oder Globoid) und den Hauptmaßen der Verzahnung muß noch der Verlauf der Flankenlinien und das Zahnprofil[1] festgelegt werden.

Flankenlinien sind die Schnittlinien der Zahnflanken mit der Wälzfläche des Zahnrads (Bild 25/3). Entsprechend ihrem Verlauf spricht man von gerad-, schräg-, pfeil-, spiral- oder bogenverzahnten Rädern (Bild 2/1 bis 3/4).

Bild 26/2. Satzräderverzahnung (symmetrische Eingriffslinie). Profil und Gegenprofil der Planverzahnung (der Werkzeug-Zahnstangen) sind identisch, trotz ungleicher Links- und Rechtsflanken. Für sämtliche miteinander kämmenden Räder ist nur 1 Werkzeug erforderlich

Zahn- und Bezugsprofil bestimmen einander mittelbar in Verbindung mit dem Herstellungsverfahren. Abgesehen von den wenigen Fällen, wo das Zahnprofil des einen Rads (z. B. bei Triebstockverzahnung) oder das Werkzeugprofil (z. B. beim Schneckentrieb) vorgegeben ist, benutzt man als Bezugsprofil das Profil (und Gegenprofil) der Planverzahnung.

Planverzahnung ist für Stirnräder die Verzahnung einer ebenen Platte (Bild 26/1 u. 26/2) und für Kegelräder die Verzahnung eines ebenen Rads, die mit gleichem Werkzeug im gleichen Abwälzvorgang erzeugt zu denken ist wie das betreffende Zahnrad bzw. Gegenrad.

Paarverzahnung (Bild 26/1). Hierbei sind Profil und Gegenprofil der Planverzahnung nicht identisch, sondern decken sich wie Patrize und Matrize. Entsprechend ist zum

[1] Nach dem Verzahnungsgesetz kann man eine Vielzahl von Profilen als Zahnprofil eines Rades festlegen und hierfür ein Gegenzahnprofil konstruieren (s. S. 24). Die praktisch verwendeten Zahnprofile (Evolvente, Zykloide, Gerade und Kreisbogen) sind nur Profile mit bevorzugten Eigenschaften. Siehe auch Konkav-Profile S. 42.

Herstellen von Rad *1* ein Werkzeug *1* (Matrize) und zur Herstellung des Gegenrads *2* ein weiteres Werkzeug *2* (Patrize) erforderlich. Demnach können Räder, die mit Werkzeug *1* hergestellt werden, nicht miteinander, sondern nur mit Rädern kämmen, die mit Werkzeug *2* hergestellt sind.

Satzräderverzahnung (Bild 26/2). Profil und Gegenprofil der Planverzahnung, d. h. Werkzeug und Gegenwerkzeug, sind hierbei identisch, so daß ein Werkzeug genügt, um Rad und Gegenrad herzustellen. Die so hergestellten verschieden großen Räder mit gleichem Modul können sämtlich miteinander kämmen, wenn bei der Herstellung die Profilmittellinie als Wälzbahn dient.

Nach REULEAUX [62/*11*] sind Satzräder solche gleichgeteilten Räder, die einen Satz bilden, aus welchem man zwei beliebige herausheben und zu einem Paar vereinigen kann.

Nach der genaueren Unterscheidung von WINTER [128/*246*] fallen hierunter

a) *Satzräder 1. Grads*, wobei der Achsabstand a einer Paarung proportional der Zähnezahlsumme $(z_1 + z_2)$ ist; zutreffend für alle *Nullverzahnungen* nach DIN 868, da hierbei $a = 0{,}5\, m\, (z_1 + z_2)$ ist.

b) *Satzräder 2. Grads*, wobei a eine ebenfalls festliegende, aber beliebige Funktion von $(z_1 + z_2)$ ist; zutreffend für profilverschobene Verzahnungen, bei denen der Verschiebungsfaktor x eine lineare Funktion der Zähnezahl ist (Profilverschiebung s. S. 36).

c) *Satzräder 3. Grads*, wobei der Achsabstand außer von $(z_1 + z_2)$ noch von deren Aufteilung abhängt.

21.2. Zykloiden- und Triebstockverzahnung

1. Eigenschaften und Verwendung

Mit der Zykloidenverzahnung sind kleinere Mindest-Zähnezahlen, günstigere Eingriffs- und Verschleißverhältnisse und geringere Flankenpressung, als mit der Evolventenverzahnung erreichbar. Trotzdem wird sie nur beschränkt verwendet, z. B. als

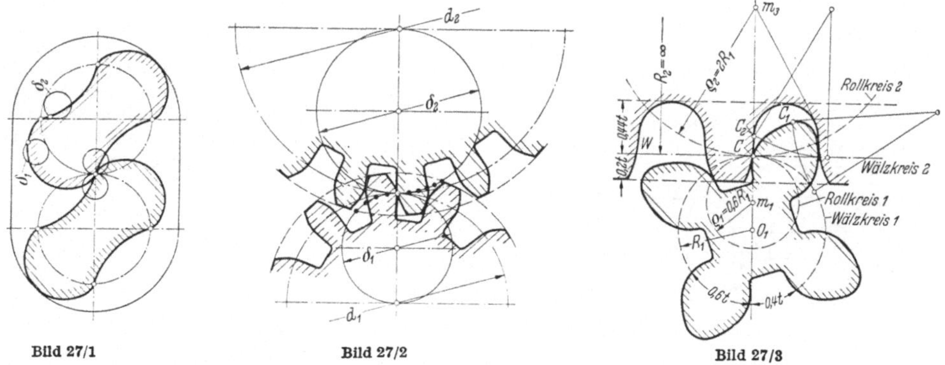

Bild 27/1. Gebläseflügel mit Zykloidenverzahnung mit Rollkreis δ_1 und δ_2

Bild 27/2. Zykloidenverzahnung mit radialen Fußflanken (Uhrenverzahnung). Hierfür ist Rollkreisdurchmesser $\delta_1 = 0{,}5\, d_1$ und $\delta_2 = 0{,}5\, d_2$

Bild 27/3. Zykloidenverzahnung mit kleinster Zähnezahl für Zahnstangenwinde nach SCHIEBEL [62/*13*]. Die Fußflanke von Rad *2* (Flanke C—C_2 der Zahnstange) entsteht durch Abwälzen von Rollkreis *2* auf Wälzkreis *2*, die Kopfflanke von Rad *1* (Flanke C—C_1) durch Abwälzen von Rollkreis *2* auf Wälzkreis *1*

Zahnform für die Flügel von Kapselpumpen und -gebläsen (Bild 27/1), ferner für Uhrenzahnräder (Bild 27/2), für Triebe von Zahnstangenwinden (Bild 27/3) und als Triebstockverzahnung für große Durchmesser (Bild 28). Ihre genaue Herstellung ist schwieriger als die der Evolventenverzahnung. Ferner ergibt jede Abweichung vom theoretischen Achsabstand periodische Drehfehler.

Herstellung der Zykloidenverzahnung. Durch Stanzen, Ziehen, Räumen oder Spritzen (Feinwerktechnik), durch Ausfräsen oder Aushobeln der Zahnlücke im Teil- oder Abwälzverfahren. Die Werkzeuge sind teuer, da sie keine geraden Flanken haben.

Berechnung. Die Nachprüfung der Wälzpressung und Zahnfußbeanspruchung erfolgt in gleicher Weise wie bei der Evolventenverzahnung (s. S. 76 u. f.). Theoretisch ist die Flankentragfähigkeit bei der Zykloidenverzahnung größer, da hierbei eine konkave Fußflanke mit einer konvexen Gegenkopfflanke zusammenarbeitet.

2. Merkmale und Erzeugung der Zykloidenverzahnung

Zahnflanken. Jeder Punkt eines beliebigen Rollkreises beschreibt eine *Zykloide*, wenn der Rollkreis auf einem andern Kreis abrollt. So beschreibt in Bild 27/3 Rollkreis *2* mit dem Punkt C die Kopfflanke von Rad *1* (bzw. die Fußflanke von Rad *2*), wenn er auf dem Teilkreis *1* (bzw. auf dem Teilkreis *2*) nach rechts abrollt. Ebenso beschreibt Rollkreis *1* mit dem Punkt C die Kopfflanke von Rad *2* (bzw. die Fußflanke von Rad *1*), wenn er auf dem Teilkreis *2* (bzw. auf dem Teilkreis *1*) nach links abrollt. Die Zahnflanken der zugehörigen Planverzahnung (Verzahnung der Zahnstange) erhält man durch Abrollen der Rollkreise auf der Teilgeraden.

Eingriffslinie. Sie liegt auf den Rollkreisen und wird durch die Kopfkreise begrenzt (punktierte Kurve in Bild 27/2).

3. Rollkreisdurchmesser δ

Wählt man den Durchmesser der inneren Rollkreise $\delta_i = 0{,}5\,d$, so ergeben sich radiale Fußflanken (Bild 27/2).

Mit $\delta_i = d/3$ ergeben sich nach Schiebel [62/*13*] günstige Eingriffsverhältnisse.

Mit $\delta_1 = \delta_2$ ist die Grundbedingung für Satzräderverzahnung erfüllt; günstig ist hierfür $\delta = d_1/3$.

Mit $\delta_i = d$ sind die Wälzkreise zugleich Rollkreise und Eingriffslinien; hierbei schrumpfen die Fußflanken zu je einem Punkt auf dem zugehörigen Wälzkreis zusammen (Punktverzahnung); trotzdem wird der Überdeckungsgrad sehr groß, wobei allerdings der Verschleiß am Wälzkreis erheblich ist.

Mit δ_1 oder $\delta_2 \approx 0$ erhält man eine einseitige Verzahnung mit geringerem Überdeckungsgrad und dem Vorteil der einfacheren Herstellung.

Mit $\delta_1 = 0$ und $\delta_2 = d_2$ ergibt sich eine einseitige Punktverzahnung und bei Verdickung des Punkts zu einem Kreisquerschnitt die bekannte Triebstockverzahnung (Bild 28).

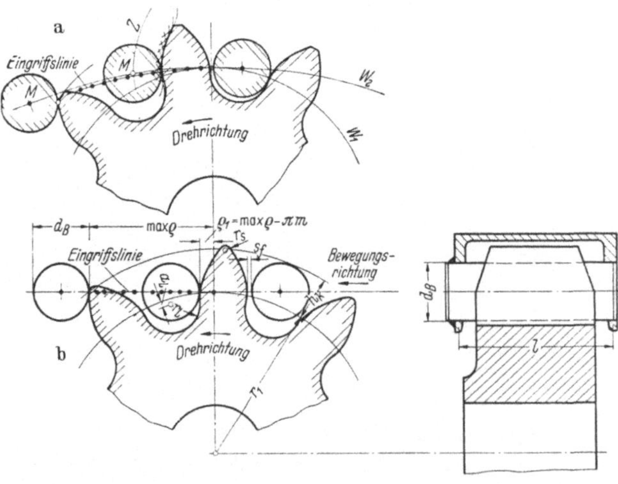

Bild 28. Triebstockverzahnung
a) Konstruktion von Zahnflanke (Äquidistante zur Rollkurve Z) und Eingriffslinie (gepunktet); b) Maße der Triebstockverzahnung

4. Triebstockverzahnung und Bemessung

Bestimmung von Zahnflanke und Eingriffslinie (Bild 28). Wird Wälzkreis W_2 auf W_1 abgewälzt, so beschreibt der Mittelpunkt M der Triebstockbolzen die Kurve Z. Die Äquidistante mit dem Bolzenradius ergibt den Verlauf der Zahnflanke für Ritzel *1*. Der Schnittpunkt der jeweiligen Verbindungsgeraden von M zum Wälzpunkt mit dem Umfang des Triebstockbolzens ist ein Punkt der Eingriffslinie.

Anhaltswerte (Maße s. Bild 28). Als kleinste Ritzelzähnezahl verwendet man etwa 8 bis 12 bei Umfangsgeschwindigkeit $v = 0{,}2$ bis 1 m/s; als Bolzendurchmesser etwa $d_B \approx 1{,}67\,m$; als Zahnkopfhöhe $h_k \approx m\,(1 + 0{,}03\,z_1)$; als Zahnbreite $b \approx 3{,}3\,m$; als mittlere Auflagenlänge des Bolzens rechnet man mit $l \approx b + m + 5$ mm; als Zahnlückenradius $r_L = 0{,}5\, d_B$ im Abstand $a_L \approx 0{,}15\, m$ vom Wälzkreis *1* und als Flankenspiel $S_f \approx 0{,}04\, m$. Weitere Maße s. Taf. 29/1. Zulässige Teilungsfehler s. Taf. 29/2.

Tafel 29/1. *Anhaltswerte für Triebstockverzahnung von Krandrehwerken mit Ritzel aus St 70 und Bolzen aus St 60* (Nach ERNST [63/*44*])

Umfangskraft U . . . . [kg]	2000	3000	4000
Ritzel-Zähnezahl z_1 . . . . [—]	9	9	9
Modul m . . . . [mm]	21	25	30
Zahnbreite b . . . . [mm]	80	90	110
Bolzendurchmesser d_B . . . . [mm]	35	45	50

Tafel 29/2. *Einzuhaltende Teilungsfehler in mm für Triebstockverzahnungen.* (Nach NIEMANN [62/*8*])

Modul m	10	20	30	50	80
Ritzel	±0,05	±0,1	±0,15	±0,2	±0,25
Triebstock . . .	±0,15	±0,25	±0,4	±0,55	±0,65

Übertragbare Umfangskraft U. Maßgebend hierfür ist der zulässige Verschleiß an den Zahnflanken und somit die zulässige Wälzpressung k_{zul} (s. Taf. 29/3), entsprechend der gewünschten Lebensdauer (Anzahl der Lastwechsel W je Zahn unter Vollast U). Mit Einführung des Krümmungshalbmessers ϱ_1 der Ritzel-Zahnflanke und Annahme von $\varrho_2 = \infty$ als Krümmungshalbmesser des Triebstockbolzens an der Abplattung am Wälzkreis nach *Einlauf-Verschleiß* ergibt sich

$$\boxed{U \leqq 2\, k_{zul}\, \varrho_1\, b}$$

Hierbei ist nach Bild 28b in der Stellung des Einzeleingriffs (vorhergehender Zahn tritt gerade außer Eingriff) $(\max \varrho)^2 = (r_1 + h_k)^2 - r_1^2 = h_k(m z_1 + h_k)$ und somit

$$\boxed{\varrho_1 = \max \varrho - \pi m = \left[\sqrt{\frac{h_k}{m}\left(z_1 + \frac{h_k}{m}\right)} - \pi\right] m}$$

sofern man als Gegenrad die Triebstock-Zahnstange zugrunde legt. Zweckmäßig ist ein großer Wert für h_k/m (begrenzt durch Spitzwerden der Zähne). Für $h_k/m = 1 + 0{,}03\, z_1$ und $b = 3{,}3\, m$ und ferner $m = d_1/z_1$ wird die zulässige Umfangskraft am größten für $z_1 = 12$ bis 13, wenn man den Ritzeldurchmesser d_1 unverändert läßt.

Tafel 29/3. *Zul. Wälzpressung k_{zul} für Triebstockverzahnung.* (Nach NIEMANN [62/*8*])

Vollast-Lebensdauer in 10^6 Lastwechseln W	k_{zul} [kg/mm²] für Werkstoff			
	St 70	St 60	St 50	St 42
0,5	—	2,94	2,44	1,93
1	—	2,52	2,03	1,54
2	3,02	2,2	1,75	1,21
5	2,78	2,0	1,48	1,07
14	2,63	1,9	1,37	0,95
20	2,34	1,74	1,21	0,75

Kontrolle der Biegespannung σ_b:

Am Ritzel: Für Kraftangriff am Zahnkopf und Zahndicke $s_0 \approx 1{,}4\, m$ im Teilkreis ist

$$\boxed{\sigma_b = \frac{M_b}{W_b} \approx 5\,\frac{U}{b\, m} \leqq \sigma_{zul}}$$

Am Triebstockbolzen: Für Biegemoment $M_b = 0{,}5\,U(l/2 - b/4)$ und $W_b \approx 0{,}9\,\pi\,d_B^3/32$ ist

$$\sigma_b = \frac{M_b}{W_b} \approx 2{,}8\,\frac{U(l - b/2)}{d_B^3} \leqq \sigma_{zul}$$

Maße l, d_B s. Bild 28, σ_{zul} s. Taf. 30.

Tafel 30. *σ_{zul} in kg/mm² für Triebstockverzahnungen.* (Nach NIEMANN [*62/8*].)

Werkstoff	Höchstlast max U	Schwellast U	Wechsellast U
St 42	19,0	13,7	11,7
St 50	2,30	16,6	13,9
St 60	26,6	20,0	16,6
St 70	30,0	22,9	19,4

21.3. Evolventenverzahnung

1. Verwendung und Eigenschaften

Im Maschinenbau wird für Stirn- und Kegelräder fast nur die Evolventenverzahnung benutzt, da hierbei

a) die Verzahnung mit einfachem Werkzeug (geradflankig) im Abwälzverfahren genau herstellbar ist,

b) ein Fehler im Achsabstand den Wälzvorgang nicht beeinflußt,

c) die Voraussetzung für Satzräder ohne weiteres erfüllt wird,

d) mit dem gleichen Werkzeug auch profilverschobene Verzahnungen (s. Abschn. 6) hergestellt werden können,

e) die Richtung der Zahn-Normalkraft (Richtung der Eingriffsnormalen) unverändert bleibt.

2. Merkmale der Evolventenverzahnung

Die für den Eingriff ausgenutzten Teile der Zahnflanken sind Kreisevolventen (Bild 30/1), die für die Zahnstange (Planverzahnung) *gerade* ausfallen (Bild 30/2), für Vollräder (Außenverzahnung) *konvex* und für Hohlräder (Innenverzahnung) *konkav* (Bild 30/3).

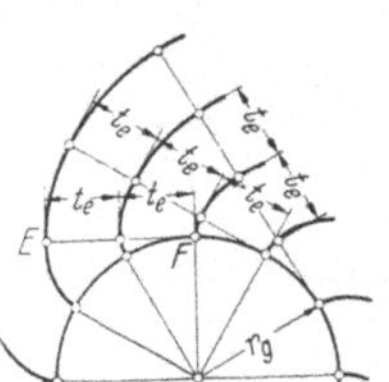

Bild 30/1
Erzeugung der Evolvente; t_e Eingriffsteilung

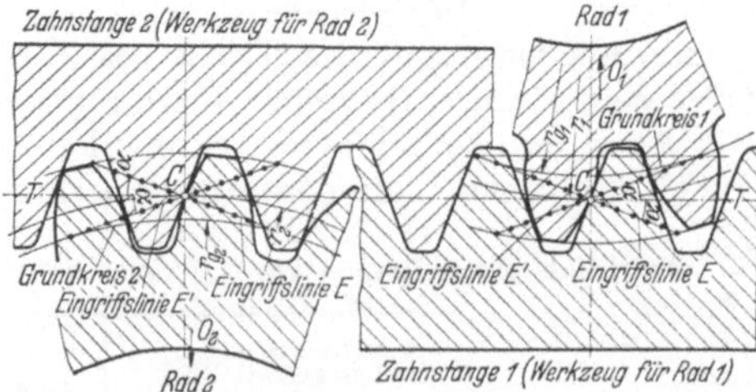

Bild 30/2. Evolventen-Außenverzahnung (Rad *1* und Rad *2*) mit zu gehörigem Zahnstangenwerkzeug (Zahnstange *1* = Zahnstange *2*)

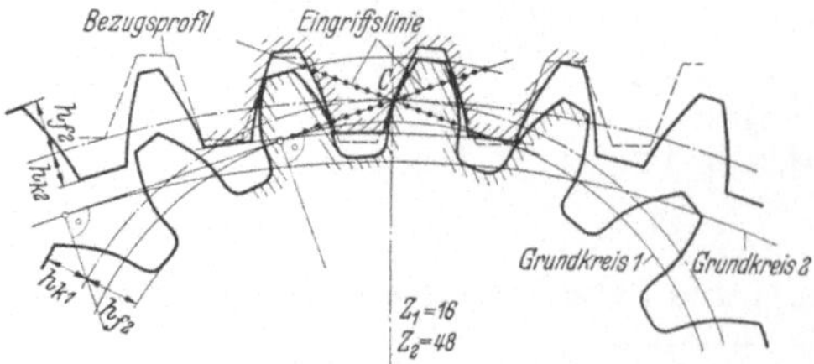

Bild 30/3. Evolventen-Innenverzahnung (Hohlrad) gepaart mit Vollrad (Ritzel)

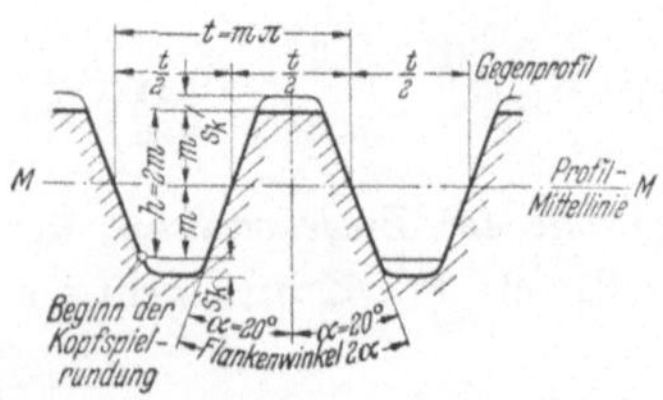

Bild 30/4. Bezugsprofil der Evolventenverzahnung nach DIN 867. Kopfspiel $S_k = 0{,}1 \cdots 0{,}3\,m$

Die Eingriffslinie ist eine *Gerade*, die durch den Wälzpunkt geht; sie ist gleichzeitig Eingriffsnormale und schließt mit der Wälzgeraden (Tangente an den Wälzkreis im Wälzpunkt) den Eingriffswinkel α (Herstellungs-Eingriffswinkel α_0 bzw. Betriebs-Eingriffswinkel α_b) ein (Bild 30/2).

Bezugsprofil ist das Profil der Planverzahnung, also das trapezförmige Profil mit geraden Zahnflanken (s. Bild 30/2 u. 30/4), wenn nicht durch besondere Vorschriften (z. B. Kopfrücknahme in Bild 31 und Taf. 31) bestimmte Abweichungen festgelegt sind.

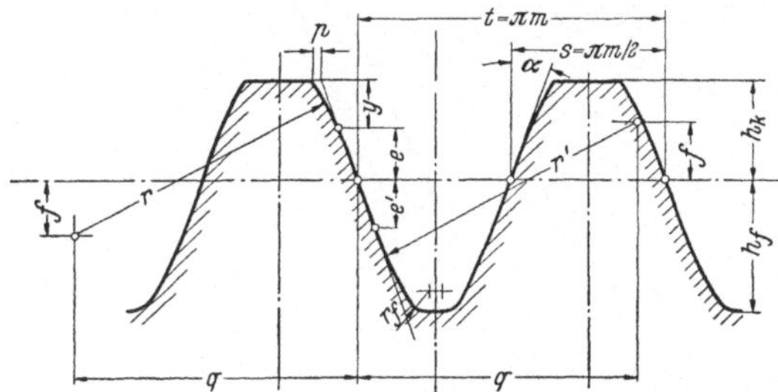

Bild 31. Bezugsprofile nach USA- und Britischer Norm

Tafel 31. *Bezugsprofile nach USA- und britischer Norm* (Bild 31)[1]

	Normbezeichnung	Verzahnung	$\alpha°$	h_k/m	h_f/m	r_f/m	r/m	p/m	y/m
US-Norm[2]	ASA-B 6.1/1932	14,5°Composite Syst.	14,5	1,000	1,157	0,209	3,7287	—	—
	ASA-B 6.1/1932	14,5° Full Depth Syst.	14,5	1,000	1,175	≥0,209	ohne	—	—
	ASA-B 6.1/1932	20°Full Depth System	20	1,000	1,175	≥0,235	ohne	—	—
	ASA-B 6.1/1932	20°Stub Tooth System	20	0,800	1,000	≥0,300	ohne	—	—
	ASA-B 6.7/1950	20-DEG Involute Fine-Pitch System for Spur- and Helical Gears	20	1,000	1,200 +0,002	0	ohne	—	—
Brit. Norm	BSS 436/1940	Class A 1	20	1,000	1,440	0,295	≥15,750	0,009	0,493
	BSS 436/1940	Classes A 2 and B	20	1,000	1,250	0,390	≥15,750	0,009	0,493
	BSS 436/1940	Classes C and D	20	1,000	1,250	0,390	≥12,875	0,019	0,628
	DIN 867	Bild 30/4 zum Vergleich	20	1,000	1,1 ··· 1,3	[2]	ohne	—	—

3. Erzeugung

Kreisevolventen werden nach Bild 30/1 von Punkten einer Geraden (der Erzeugenden) beschrieben, die sich auf einem Kreis (dem Grundkreis) abwälzt. Mit Festlegung des Grundkreishalbmessers r_g ist die Evolvente eindeutig bestimmt. Der Fußpunkt der Erzeugenden auf dem Grundkreis (z. B. F) ist der Krümmungsmittelpunkt der Evolvente in dem zugehörigen Punkt (E). Die an einem Zahnrad befindlichen Zahnflanken der aufeinanderfolgenden Zähne — z. B. die Linksflanken — werden von Punkten im Abstand der Eingriffsteilung $t_e = t_0 \cos\alpha$ auf der Erzeugenden beschrieben (Bild 30/1).

Die wirkliche Erzeugung der Zahnflanken eines Zahnrads mit Evolventenverzahnung erfolgt durchweg mit einem Werkzeug, welches das Profil der Planverzahnung besitzt (Bild 30/4) und sich auf dem zu erzeugenden Zahnrad während der Arbeitsbewegung (Stoß-, Fräs- oder Schleifbewegung) abwälzt, wobei die Zahnflanken als Hüllschnitte des Werkzeuges entstehen. In gleicher Weise kann man an Stelle der Planverzahnung das Profil eines Gegenrads als Werkzeugprofil verwenden. Bild 32 zeigt die verschiedenen Möglichkeiten zur Erzeugung einer Evolventen-Zahnflanke.

---

[1] Die Fußkorrektur ($r' = r$ und $e' = e$) gilt für das Werkzeug zur Erzeugung der Kopfrücknahme (r und e) am Werkstück; ohne = ohne Kopfrücknahme; $q = 3{,}72783\ m$, $f = 0{,}56278\ m$.

[2] ergibt sich aus Kopfspiel.

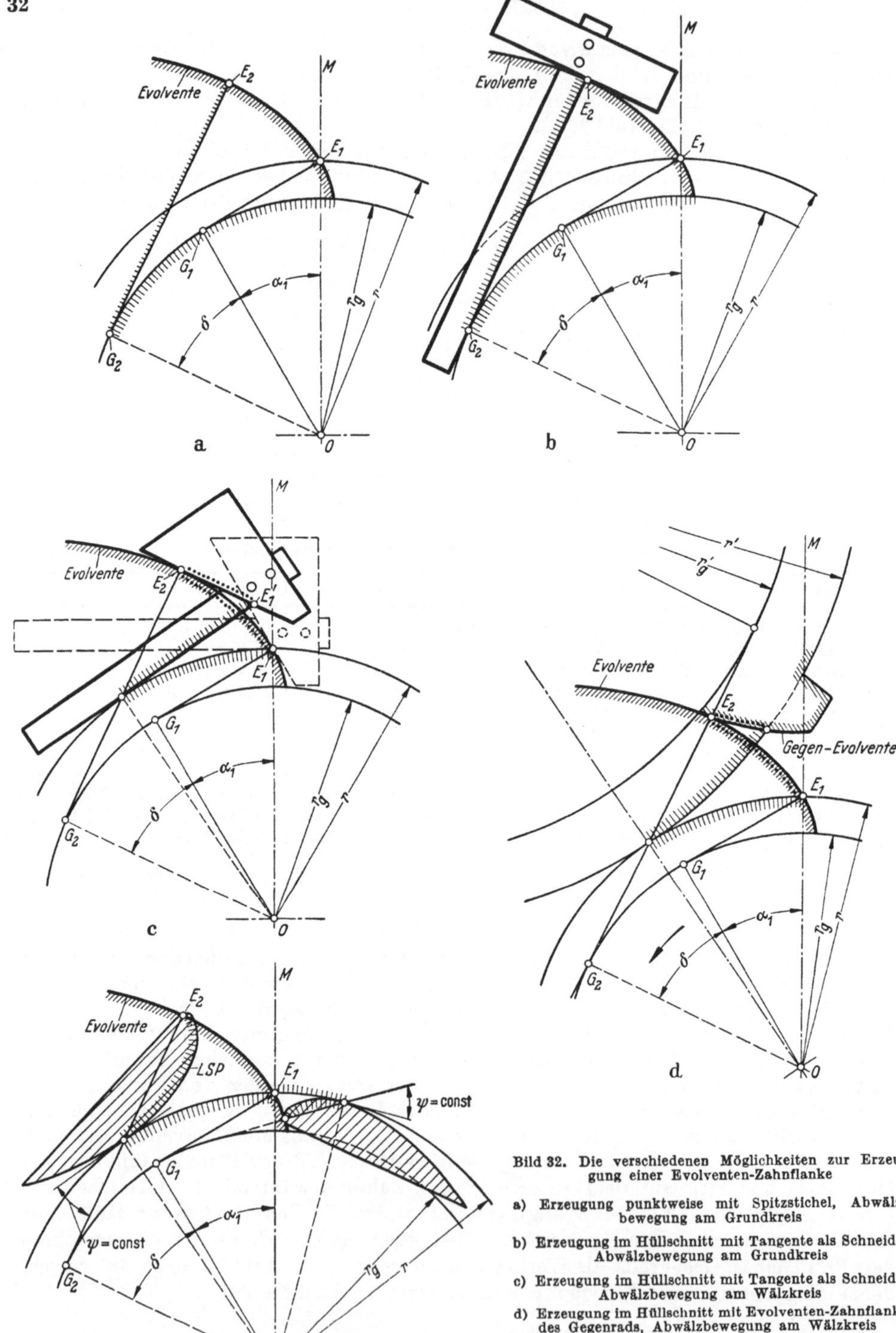

Bild 32. Die verschiedenen Möglichkeiten zur Erzeugung einer Evolventen-Zahnflanke

a) Erzeugung punktweise mit Spitzstichel, Abwälzbewegung am Grundkreis

b) Erzeugung im Hüllschnitt mit Tangente als Schneide, Abwälzbewegung am Grundkreis

c) Erzeugung im Hüllschnitt mit Tangente als Schneide, Abwälzbewegung am Wälzkreis

d) Erzeugung im Hüllschnitt mit Evolventen-Zahnflanke des Gegenrads, Abwälzbewegung am Wälzkreis

e) Erzeugung punktweise durch Anfangspunkt einer logarithmischen Spirale, abgewälzt außen bzw. innen am Wälzkreis (bisher praktisch nicht angewendet)

4. Evolventenbeziehungen und Evolventenfunktion

Zur Berechnung zahlreicher Größen der Evolventenverzahnung, z. B. der Zahndicke an beliebiger Stelle, benutzt man zweckmäßig die Evolventenfunktion „evα“ (sprich: „evolutα“)[1], die tabelliert vorliegt (Taf. 35). Entsprechend Bild 33/1 ist

$$\boxed{\operatorname{ev}\alpha = \vartheta = \operatorname{tg}\alpha - \widehat{\alpha}}$$

Hierin ist $\operatorname{tg}\alpha = \varrho/r_g$ und $\widehat{\alpha}$ der Winkel im Bogenmaß.

Weiter ist für den beliebigen Punkt E der Evolvente der Krümmungshalbmesser $\varrho = \overline{EC}$ gleich dem auf dem Grundkreis abgewälzten Bogen

$$\overline{AC} = r_g\ (\vartheta + \alpha) = \varrho = r_g \operatorname{tg}\alpha = r \sin\alpha .$$

Ist z. B. die Zahndicke s am Halbmesser r bekannt (z. B. im Teilkreis), so ist sie am Halbmesser r_x (Bild 34/1):

$$\boxed{s_x = 2 r_x \left(\frac{s}{2r} + \operatorname{ev}\alpha - \operatorname{ev}\alpha_x\right)}$$

wobei

$$\cos\alpha = \frac{r_g}{r} \quad \text{und} \quad \cos\alpha_x = \frac{r_g}{r_x} .$$

Weitere praktische Anwendung s. Taf. 34.

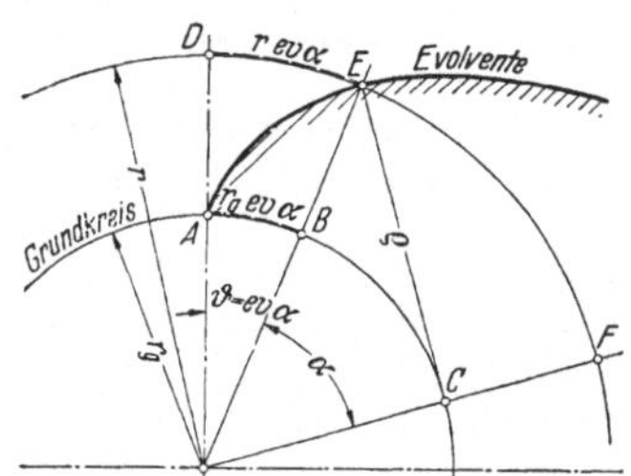

Bild 33/1. Evolventenbeziehungen

5. Unterschnitt, Mindest-Zähnezahl und Überdeckungsgrad

Unterschnitt entsteht bei der Evolventenverzahnung, wenn nach Bild 25/2 der Schnittpunkt N der Eingriffslinie mit der Kopflinie des Gegenprofils (hier der Linie durch den Flankenendpunkt des Werkzeugs = Beginn der Kopfabrundung) außerhalb der Strecke $\overline{CL_1}$ fällt, wobei L_1 der Fußpunkt des Lots auf die Eingriffslinie ist. Die Grenze für den Unterschnitt ist gegeben durch die Grenzkopfhöhe des Werkzeugs (Bild 33/2)

$$h_{kz} = \sin^2\alpha\, m \frac{z}{2}$$

für welche N und L_1 zusammenfallen. Hieraus ergibt sich die unterschnittfreie Mindest-Zähnezahl $z_{\min} = \dfrac{2 h_{kz}}{m \sin^2\alpha}$. Praktisch läßt man etwas Unterschnitt zu; entsprechende Mindest-Zähnezahl s. Taf. 115/2. Bei Zähnen mit Unterschnitt kann man den Unterschnitthalbmesser r_u aus r_u/r_g nach Bild 33/2 berechnen.

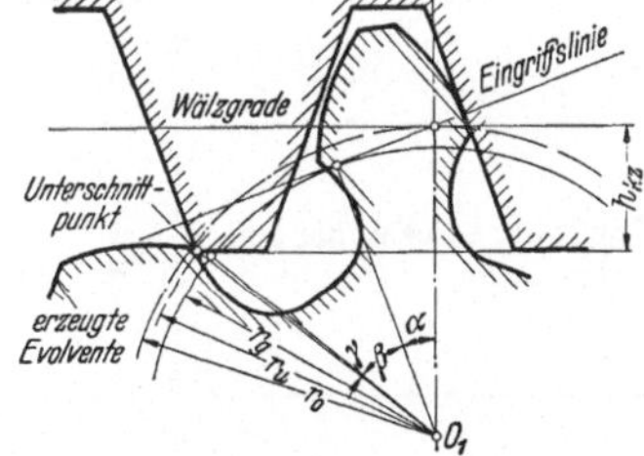

Bild 33/2. Bestimmung des Unterschnitthalbmessers r_u nach Hofer [63/30]

$$\frac{u}{r_g} = \frac{\operatorname{arc}\beta}{\sin(\beta+\gamma)} = \frac{1/\cos\alpha - h_{kz}/r_g}{\cos(\alpha+\beta+\gamma)}$$

$$\operatorname{arc}\gamma = \operatorname{ev}(\operatorname{arc}\cos r_g/r_u)$$

Überdeckungsgrad bei Evolventenverzahnung: Nach Bild 36 ist

$$\boxed{\varepsilon = \frac{\text{Eingrifflänge}}{\text{Teilung}} = \frac{e_0}{t_0} = \frac{g}{t_e} = \frac{e_1 + e_2}{m\,\pi \cos\alpha} = \varepsilon_1 + \varepsilon_2} \qquad (33/1)$$

[1] In Englisch sprechenden Ländern: invα (sprich: „involut α“).

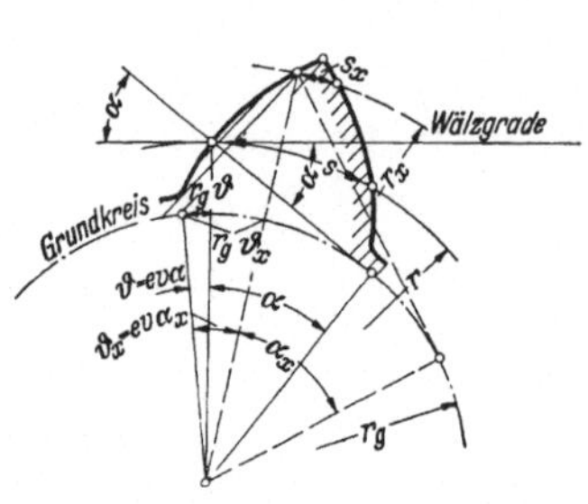

Bild 34/1. Zur Bestimmung von Zahndicke s_x und Kopfkreisradius r_x bei spitzem Zahn

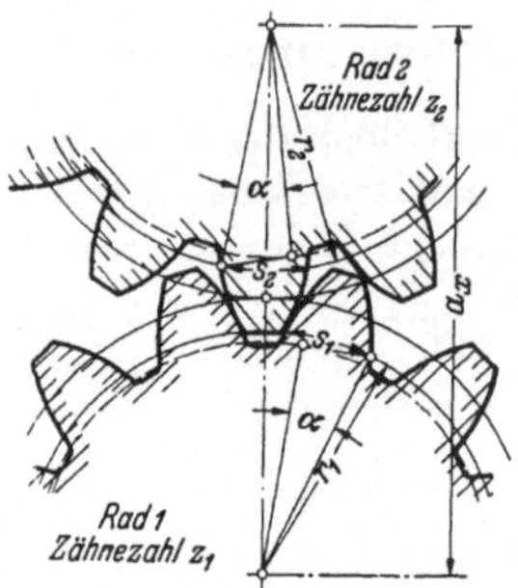

Bild 34/2. Zur Berechnung des Achsabstands a_x

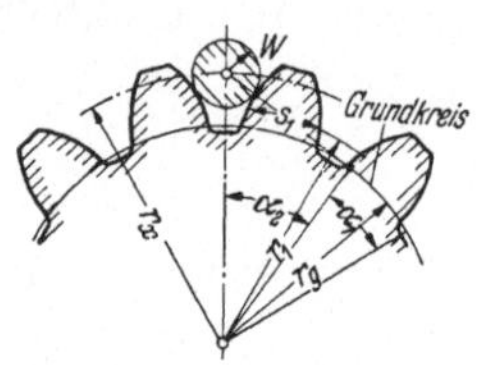

Bild 34/3. Zur Bestimmung von Halbmesser r_x für Meßrolle in Zahnlücke $\alpha_x = \alpha_2$

Tafel 34. *Anwendung der Evolventenbeziehungen*

Gesucht	Gegeben	Beziehungen	Bild
ev α	α	$\mathrm{ev}\,\alpha = \mathrm{tg}\,\alpha - \widehat{\alpha}$	33/1
Eingriffswinkel bzw. Pressungswinkel α (S. 25)	$r,\ r_g$	$\cos\alpha = r_g/r$	33/1
Grundkreishalbmesser r_g Krümmungshalbmesser ϱ	$r,\ \alpha$	$r_g = r \cdot \cos\alpha$ $\varrho = r \cdot \sin\alpha$	33/1
Eingriffswinkel bzw. Pressungswinkel α_x Krümmungshalbmesser ϱ_x	$r,\ r_x,\ \alpha$	$\cos\alpha_x = r \cdot \cos\alpha / r_x$ $\varrho_x = r_x \cdot \sin\alpha_x$	34/1
Zahndicke s_x	$s,\ r,\ \alpha,\ r_x$	$s_x = 2 r_x \left(\frac{s}{2r} + \mathrm{ev}\alpha - \mathrm{ev}\alpha_x\right)$ mit α_x aus $\cos\alpha_x = \frac{r_g}{r_x} = r\,\frac{\cos\alpha}{r_x}$	34/1
Kopfkreisradius r_x bei spitzem Zahn	$s_x = 0,\ s,\ r,\ \alpha$	$r_x = \frac{r_g}{\cos\alpha_x} = r\,\frac{\cos\alpha}{\cos\alpha_x}$ α_x aus $\mathrm{ev}\alpha_x = \frac{s}{2r} + \mathrm{ev}\alpha$	34/1
Achsabstand a_x bei spielfreiem Eingriff	s_1 am Radius r_1, s_2 am Radius $r_2 = i r_1$, α bei r_1 und r_2	$a_x = a_1\,\frac{\cos\alpha}{\cos\alpha_x}$ mit $a_1 = r_1 + r_2 = r_1(1 + i)$ α_x aus $\mathrm{ev}\alpha_x = \frac{z_1(s_1 + s_2) - 2\pi r_1}{2 r_1 (z_1 + z_2)} + \mathrm{ev}\alpha$	34/2
Radius r_x für in Zahnlücke eingesetzte Meßrolle	$r_1,\ s_1,\ \alpha_1,\ W,\ z$	$r_x = r_1\,\frac{\cos\alpha_1}{\cos\alpha_x}$ mit α_x aus $\mathrm{ev}\alpha_x = \frac{s_1}{2r_1} + \mathrm{ev}\alpha_1 + \frac{W}{r_g} - \frac{\pi}{z}$	34/3

Tafel 35[1]. *Werte für* evα = (tgα − α)

$\alpha°$	,0	,2	,4	,6	,8
0	0,00000	0,00000	0,00000	0,00000	0,00000
1	0,00000	0,00000	0,00001	0,00001	0,00001
2	0,00001	0,00002	0,00003	0,00003	0,00004
3	0,00005	0,00006	0,00007	0,00008	0,00010
4	0,00011	0,00013	0,00015	0,00017	0,00020
5	0,00022	0,00025	0,00028	0,00031	0,00035
6	0,00038	0,00042	0,00047	0,00051	0,00056
7	0,00061	0,00067	0,00072	0,00078	0,00085
8	0,00091	0,00099	0,00106	0,00114	0,00122
9	0,00131	0,00139	0,00149	0,00159	0,00169
10	0,00179	0,00191	0,00202	0,00214	0,00227
11	0,00239	0,00253	0,00267	0,00281	0,00296
12	0,00312	0,00328	0,00344	0,00362	0,00379
13	0,00398	0,00416	0,00436	0,00456	0,00477
14	0,00498	0,00520	0,00543	0,00566	0,00590
15	0,00615	0,00640	0,00667	0,00693	0,00721
16	0,00749	0,00778	0,00808	0,00839	0,00870
17	0,00903	0,00936	0,00969	0,01004	0,01040
18	0,01076	0,01113	0,01152	0,01191	0,01231
19	0,01272	0,01313	0,01356	0,01400	0,01445
20	0,01490	0,01537	0,01585	0,01634	0,01684
21	0,01735	0,01787	0,01840	0,01894	0,01949
22	0,02005	0,02063	0,02122	0,02182	0,02243
23	0,02305	0,02368	0,02433	0,02499	0,02566
24	0,02635	0,02705	0,02776	0,02849	0,02922
25	0,02998	0,03074	0,03152	0,03232	0,03312
26	0,03395	0,03479	0,03564	0,03651	0,03739
27	0,03829	0,03920	0,04013	0,04108	0,04204
28	0,04302	0,04401	0,04502	0,04605	0,04710
29	0,04816	0,04925	0,05034	0,05146	0,05260
30	0,05375	0,05492	0,05612	0,05733	0,05856
31	0,05981	0,06108	0,06237	0,06368	0,06501
32	0,06636	0,06774	0,06913	0,07055	0,07199
33	0,07345	0,07493	0,07644	0,07797	0,07952
34	0,08110	0,08270	0,08432	0,08597	0,08764
35	0,08934	0,09107	0,09282	0,09459	0,09640
36	0,09822	0,10008	0,10196	0,10388	0,10581
37	0,10778	0,10978	0,11180	0,11386	0,11594
38	0,11806	0,12021	0,12238	0,12459	0,12683
39	0,12911	0,13141	0,13375	0,13612	0,13853
40	0,14097	0,14344	0,14595	0,14850	0,15108
41	0,15370	0,15636	0,15905	0,16178	0,16456
42	0,16737	0,17022	0,17311	0,17604	0,17901
43	0,18202	0,18508	0,18818	0,19132	0,19451
44	0,19774	0,20102	0,20435	0,20772	0,21114
45	0,21460	0,21812	0,22168	0,22530	0,22896
46	0,23268	0,23645	0,24027	0,24415	0,24808
47	0,25206	0,25611	0,26021	0,26436	0,26858
48	0,27285	0,27719	0,28159	0,28605	0,29057
49	0,29516	0,29981	0,30453	0,30931	0,31417
50	0,31909	0,32408	0,32915	0,33428	0,33949
51	0,34478	0,35014	0,35558	0,36110	0,36669
52	0,37237	0,37813	0,38397	0,38990	0,39592
53	0,40202	0,40821	0,41450	0,42087	0,42734
54	0,43390	0,44057	0,44733	0,45419	0,46115

[1] Ausführliche Tafel für evα bei Peters [63/*55*].

Für unterschnittfreie Verzahnung ist nach Bild 36:

$$e_1 = \varrho_{k1} - r_1 \sin\alpha; \quad \varrho_{k1}^2 = (r_1 + h_{k1})^2 - (r_1 \cos\alpha)^2;$$

entsprechend ist

$$e_1 = r_1 \left[\sqrt{\left(1 + \frac{h_{k1}}{r_1}\right)^2 - \cos^2\alpha} - \sin\alpha \right]$$

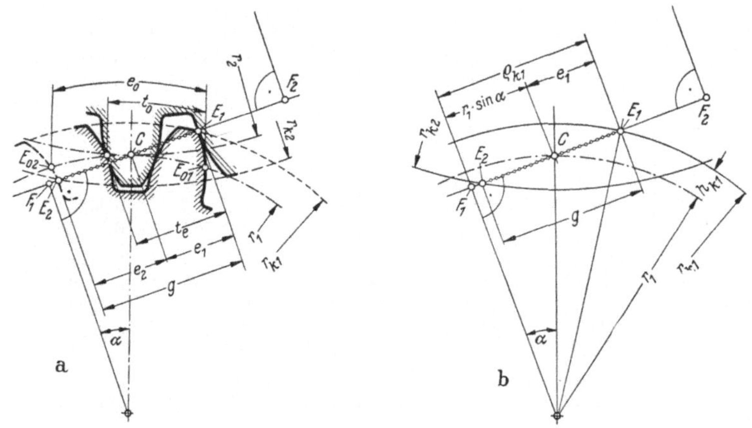

Bild 36. Zur Berechnung des theoretischen Überdeckungsgrads ε

oder

$$\boxed{\varepsilon_1 \pi = \frac{e_1}{m \cos\alpha} = 0{,}5\, z_1 \left[\sqrt{\left(\frac{z_1 + 2h_{k1}/m}{z_1 \cos\alpha}\right)^2 - 1} - \operatorname{tg}\alpha \right]} \qquad (36/1)$$

und

$$e_2 = r_2 \left[\sqrt{\left(1 + \frac{h_{k2}}{r_2}\right)^2 - \cos^2\alpha} - \sin\alpha \right]$$

oder

$$\boxed{\varepsilon_2 \pi = \frac{e_2}{m \cos\alpha} = 0{,}5\, z_2 \left[\sqrt{\left(\frac{z_2 + 2h_{k2}/m}{z_2 \cos\alpha}\right)^2 - 1} - \operatorname{tg}\alpha \right]} \qquad (36/2)$$

Für $z_2 = \infty$ ist $e_2 = \frac{h_{k2}}{\sin\alpha}$ oder $\varepsilon_2 \pi = \frac{h_{k2}}{m \sin\alpha \cos\alpha}$.

Ein Diagramm zur Ermittlung von ε s. S. 118.

6. Profilverschobene Evolventenverzahnung (*V*-Verzahnung)

Durch „Profilverschiebung", d. h. durch Abrückung der Profilmittellinie *2* des Werkzeugs um das Maß $x\,m$ vom Teilkreis *6* (Bild 37/1), ist es möglich, Zahnräder mit größerem mittlerem Pressungswinkel, mit kleinerer Mindest-Zähnezahl und mit größerer Tragfähigkeit mit dem gleichen Werkzeug herzustellen und ferner bestimmte Achsabstände bei Einhaltung eines bestimmten Moduls m genau zu erreichen. Dafür wird der Überdeckungsgrad meist etwas kleiner und die Querkraft (Lagerbelastung) etwas größer, sofern hierbei der Betriebseingriffswinkel α_b vergrößert wird.

Bei *positiver* Profilverschiebung (positives x) wird die Profilmittellinie *2* des Werkzeugs um das Maß $x\,m$ vom Teilkreis *6 abgerückt* (Bild 37/1a und b) und bei *negativer* Profilverschiebung (negatives x) um das Maß $x\,m$ in den Teilkreis *hinein*geschoben

(Bild 37/1d) und dann auf diesem abgewälzt. Hierbei bleibt der Grundkreishalbmesser $r_g = r_0 \cos\alpha$ unverändert. Der Einfluß der Profilverschiebung auf die Zahnform nimmt mit wachsender Zähnezahl ab; bei $z = \infty$ ist der Einfluß Null.

Einfluß positiver Profilverschiebung auf die Verzahnung. Der Unterschnitt nimmt ab, bzw. die Mindest-Zähnezahl ohne Unterschnitt wird kleiner, der Zahnfuß wird dicker und der Zahnkopf spitzer. Außerdem wird der Überdeckungsgrad größer, sofern vorher noch Unterschnitt vorhanden war, bzw. kleiner, sofern vorher kein Unterschnitt vorhanden war.

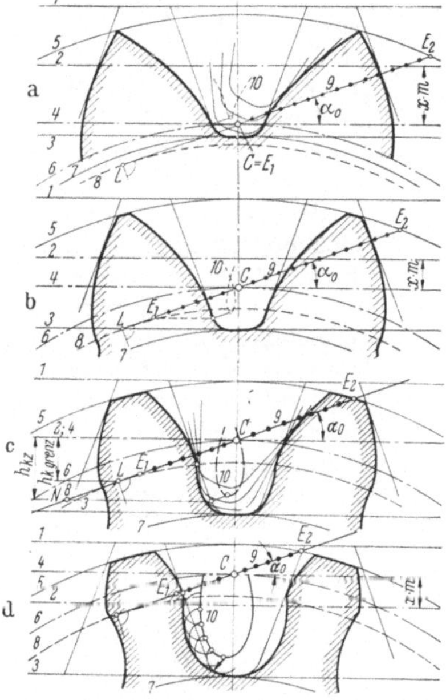

Bild 37/1. Einfluß der Profilverschiebung xm bei einem Rad mit 12 Zähnen

a) Ausgeführt mit $x = +1{,}0$
b) $x = +0{,}5$
c) $x = 0$ (Nullverzahnung = Normalverzahnung)
d) $x = -0{,}5$
2 Profilmitte des Werkzeugs; *6* Teilkreis; *8* Grundkreis

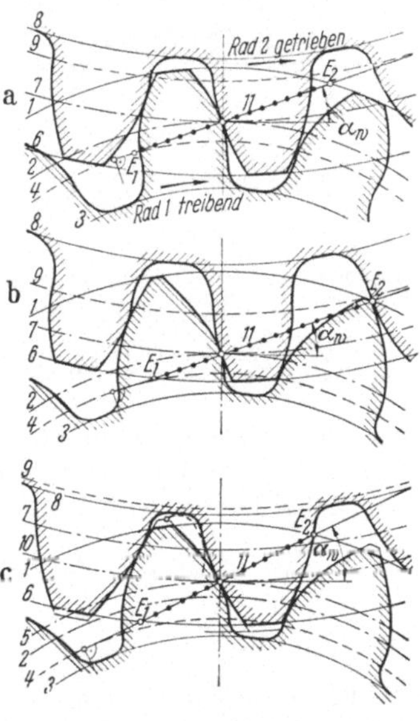

Bild 37/2. Zahnpaarung mit $z_1 = 12$, $z_2 = 25$ bei verschiedener Profilverschiebung. *1* und *6* Kopfkreise, *2* und *7* Teilkreise, *3* und *8* Fußkreise, *4* und *9* Grundkreise, *5* und *10* Wälzkreise[1]

a) Normalverzahnung $x_1 = x_2 = 0$; Betriebseingriffswinkel $\alpha_b = \alpha_0 = 20°$; Überdeckungsgrad $\varepsilon = 1{,}28$; b) *V*-Null-Verzahnung $x_1 = -x_2 = 0{,}5$; $\alpha_b = \alpha_0 = 20°$; $\varepsilon = 1{,}43$; c) *V*-Verzahnung $x_1 = x_2 = 0{,}5$; $\alpha_b = 25{,}15°$; $\alpha_0 = 20°$; $\varepsilon = 1{,}19$

V-Null-Verzahnung (Bild 37/2b). Hierbei ist die positive Profilverschiebung des einen Rads (meist des Kleinrads) gleich der negativen Profilverschiebung des Gegenrads. Achsabstand und Betriebseingriffswinkel ändern sich hierbei gegenüber der Normalverzahnung nicht. Sie wird vorwiegend angewendet bei größeren Übersetzungen um dickere Ritzelzähne bzw. eine kleinere Zähnezahl des Ritzels ohne nennenswerten Unterschnitt zu ermöglichen. Bei kleineren Übersetzungen würde durch diese Maßnahme die Verzahnung des Großrads meist unzulässig geschwächt.

V-Verzahnung (Bild 37/2c). Jede Radpaarung profilverschobener Evolventenzahnräder, die nicht die Bedingung der *V*-Null-Verzahnung erfüllt, wird als *V*-Verzahnung bezeichnet. Häufig erhält nur das Ritzel eine positive Profilverschiebung. Grundsätzlich haben sämtliche *V*-Verzahnungen im Betriebszustand einen andern Eingriffswinkel (α_b) und einen andern Achsabstand a als die mit dem gleichen Werkzeug hergestellte Normalverzahnung (mit α_0 und a_0) gleicher Zähnezahl. Achsabstand a ist stets kleiner als

[1] Im Bild ist Betriebseingriffswinkel α_b mit α_W (überholte Bezeichnung) eingetragen.

$a_0 + m(x_1 + x_2)$. Man sagt deshalb, daß die Räder nach der Herstellung etwas „zusammengeschoben“ werden müssen. Die Folge dieser „Zusammenschiebung“ ist, daß das Kopfspiel (s. Bild 38/1) kleiner wird. Durch Einzeichnen der Kopfeingriffspunkte am Gegenzahn kann man nachprüfen, ob eine Kopfkürzung notwendig ist, um falschen Eingriff (Quetschen) zu vermeiden. Letzteres tritt auf, wenn die Zahnflanken in Teilen zur Berührung kommen, die nicht mehr als Evolvente hergestellt sind[1]. Der Betriebseingriffswinkel α_b wächst mit größerem a/a_0.

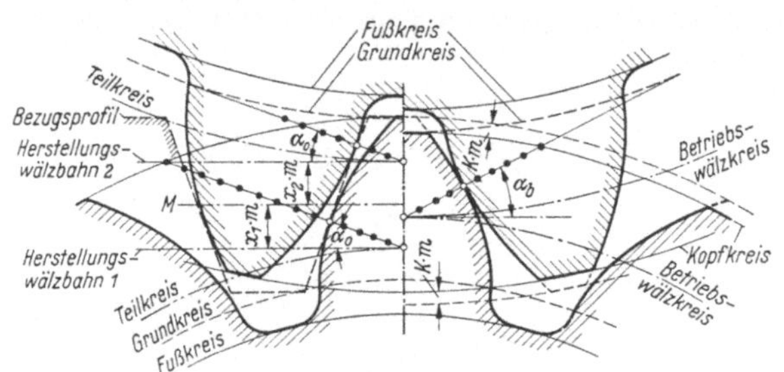

Bild 38/1. Profilverschobene Evolventenverzahnung (V-Verzahnung)

Linke Hälfte: Herstellung der Verzahnung für Rad und Gegenrad mit gemeinsamem 20°-Bezugsprofil unter Profilverschiebung $x_1 \cdot m$ für Rad *1* und $x_2 \cdot m$ für Rad *2*. *Rechte Hälfte:* Betriebsstellung der Verzahnung nach Zusammenschiebung und Kopfkürzung der Verzahnung um $K \cdot m$

Der Schnittpunkt der Betriebseingriffslinie (Tangente an die beiden unveränderten Grundkreise) mit der Mittenlinie ergibt den Betriebswälzpunkt und somit die Betriebswälzkreise (Bild 38/1).

Bei stärkerer Profilverschiebung ist noch zu prüfen, ob die Zähne zu spitz werden und daher eine Kopfkürzung vorgenommen werden soll. Grenzwerte s. Taf. 115/2.

Eine V-Verzahnung ist nicht identisch mit einer Normalverzahnung, deren Eingriffswinkel, Teilkreisdurchmesser und Teilung mit den entsprechenden Betriebswerten der V-Verzahnung übereinstimmen. Sie unterscheiden sich noch in der Zahndicke und in der Kopf- und Fußhöhe.

Praktische Anwendung und *Berechnung* der Profilverschiebung s. S. 98.

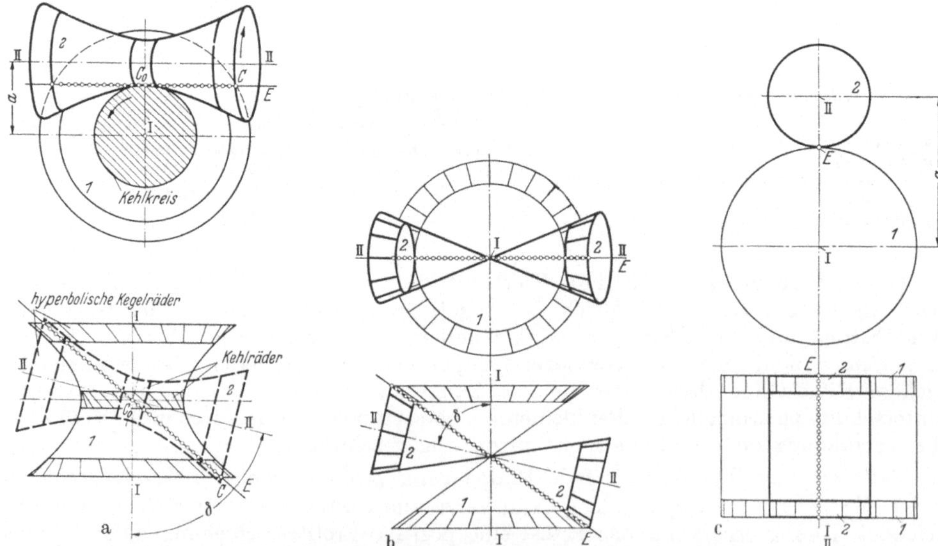

Bild 38/2. Paarung von Umdrehungs-Hyperboloiden mit gemeinsamer Erzeugenden (gepunktet) als Grundform für die Paarung von Schraubenrädern (Bild a, mittlere Abschnitte der Hyperboloide), von versetzten Kegelrädern (Bild a, äußere Abschnitte), von Kegelrädern (Bild b, äußere Abschnitte) und von Stirnrädern (Bild c)

[1] Nachprüfung des falschen Eingriffs siehe z. B. WINTER [63/*60*] und BOTKA [63/*46*].

21.4. Arten der Zahnräder

Die verschiedenen Zahnradpaarungen lassen sich hinsichtlich der Paarung ihrer *Grundkörper* zurückführen auf die Paarung von Hyperboloiden (Bild 38/2). Diese berühren sich in einer Geraden, die gleichzeitig die Erzeugende für beide Hyperboloide ist[1].

Im allgemeinen Fall (Bild 38/2a) kreuzen sich die Achsen I und II der beiden Hyperboloide im Abstand a mit dem Kreuzungswinkel δ. Die hervorgehobenen äußeren Abschnitte dieser Hyperboloide entsprechen der Grundkörperpaarung von versetzten Kegelrädern (Hypoidräder), und die hervorgehobenen Abschnitte an der Kreuzungsstelle entsprechen der Grundkörperpaarung von Globoid-Schneckentrieben (bei zylindrischer Begrenzung der von Schraubenrädern).

Im Grenzfall $a = 0$ (Bild 38/2b) entsprechen die hervorgehobenen Abschnitte der Grundkörper der Paarung von Kegelrädern mit dem Kreuzungswinkel δ und

im Grenzfall $\delta = 0$ (Bild 38/2c) der Paarung von Stirnrädern.

Die praktische Verwirklichung der hiernach möglichen verschiedenen Ausführungen von Zahnpaarungen zeigt die Zusammenstellung von Bild 2/1 bis 3/6.

21.5. Zahnschäden und Abhilfen

Die Kenntnis der möglichen Zahnschäden und ihrer Ursachen ist wesentlich für die richtige Gestaltung, Werkstoffwahl und Berechnung eines Zahnradgetriebes. Wir unterscheiden

1) Bruchschäden. a) Gewaltbruch am Zahnfuß durch Stoßbelastung des Getriebes.

Abhilfe. Durch Überlastschutz bzw. durch vorhergehende Klärung der möglichen Überlast im Ansatz des zulässigen Lastwerts.

b) *Dauerbruch am Zahnfuß* durch ständig wiederholte Überlastung oberhalb der Dauer- bzw. Zeitfestigkeit, wobei besondere Mängel des Werkstoffs, der Wärmebehandlung oder Herstellung und vor allem die mehr oder weniger große Kerbwirkung am Zahnfuß (zu geringe Ausrundung oder Riefen oder Härterisse oder Auslauf der Härtezone am Zahnfuß oder Grübchen am Zahnfuß) eine Rolle spielen.

Abhilfe. Erhöhung der Zahnfußtragfähigkeit, z. B. durch Vergüten oder Härten, durch größeren Modul oder größeren Betriebseingriffswinkel (Profilverschiebung), durch Verfestigen des Zahnfußübergangs (Strahlen mit Stahlkies [64/75]), durch Beseitigung der Kerbstellen, durch größere Abschrägung der Zähne zu den Stirnseiten hin (Bild 73), da die Zähne meist von der Stirnseite her anbrechen und dort entlastet werden sollten; schließlich durch Fernhalten oder Berücksichtigen von ständigen Zusatzkräften beim Ansatz des zulässigen Lastwerts.

c) *Zahn-Eckbruch* infolge ungleicher Lastverteilung über der Zahnbreite, z. B. durch Achsfehler, Zahnrichtungsfehler oder stärkere elastische Verformung (Durchbiegung und Verdrehung) des Ritzels unter Last.

Abhilfe. Durch Abstellung bzw. Berücksichtigung der angegebenen Fehler bei der Herstellung, durch seitliche Flankenrücknahme (Seitenballigkeit der Zähne), durch geringere Zahnbreite (besonders bei fliegenden Ritzeln) und durch Maßnahmen nach b).

d) *Absplitterungen* am Zahnkopf bei gehärteten Zahnrädern (besonders bei Schalträdern) oder durch schlagartige Belastung.

Abhilfe. Durch zäheren (entsprechend legierten) Werkstoff und durch Herabsetzung der Schlagkräfte.

2) Flankenschäden. Erstrebt wird ein gleichmäßig seidenartiges Aussehen der eingelaufenen Zahnflanken, worin die Wälzkreislinie nur schwach erkennbar ist. Sehr zu empfehlen ist das Einlaufen der Zahnflanken mit EP-Ölen (Hypoidölen), um ein gutes

---

[1] Die Oberfläche eines Hyperboloids wird beschrieben von einer Geraden als „Erzeugende", die um eine mit ihr fest verbundene Achse gedreht wird.

Tragbild und eine ausreichende Glättung der Zahnflanken zu erreichen. Die häufigsten Flankenschäden sind: Grübchenbildung, Riefen oder Freßzonen am Zahnkopf bzw. Zahnfuß, zu großer Gleitverschleiß und ferner Rißbildungen. Im einzelnen:

a) *Grübchenbildung* („pittings") (Bild 40). Es handelt sich um grübchenartige Ausbröckelungen inner- oder unterhalb der Wälzkreiszone infolge zu hoher örtlicher Pressung in Gegenwart von Schmierstoff. Man unterscheidet hierbei die während des Einlaufvorgangs häufiger auftretenden stecknadelkopfgroßen *Einlaufgrübchen* (initial pittings), die nicht fortschreiten, sofern der Einlaufvorgang die Druckverteilung genügend verbessert und die flankenzerstörenden *fortschreitenden Grübchen* (progressivepittings), die infolge fortgesetzter örtlicher Überlastung etwa im Zeitbereich von 0,1 bis 20 Millionen Vollbelastungen der Zähne auftreten und fortschreitend größere und zahlreicher werdende Ausbrüche an den Flanken hervorrufen.

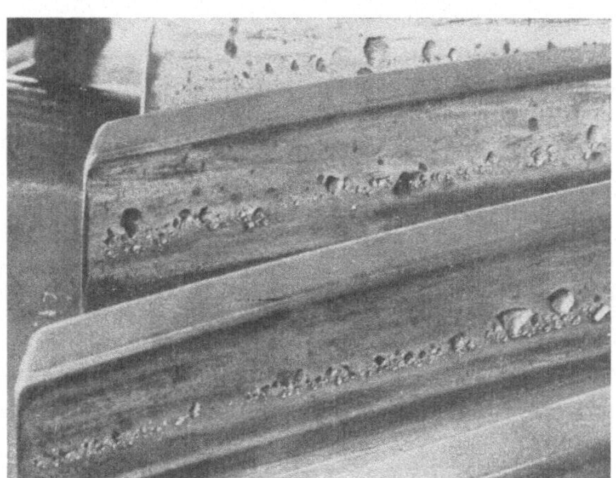

Bild 40. Grübchenbildung (Pittings) bei einem schrägverzahnten Turbinengetriebe aus vergütetem Stahl

Nach dem heutigen Stand der Forschung (s. Schrifttum S.125) ist die Grübchenbildung beim Wälzvorgang als Ermüdungserscheinung aufzufassen, bei der zu der Überschreitung der Schub-Wechselfestigkeit unter der Oberfläche noch die Einpressung des Schmierstoffs in die Haarrisse durch den Wälzvorgang hinzutreten muß, um die Materialstücke herauszusprengen[1]. Die Grübchenbildung ist besonders markant bei vergütetem und bei gehärtetem Stahl, während sie bei weicherem Stahl häufig durch Gleitverschleiß und plastische Verformung überdeckt wird. Die Grübchenbildung wird besonders gefördert durch negativen Schlupf (am Zahnfuß auftretend), wohl deshalb, weil hierbei die Zahnflanken unter tangentialer Zugspannung (von der Reibkraft erzeugt) in die Belastungszone einlaufen und das Einpressen des Schmierstoffs in feine Haarrisse ermöglichen.

Abhilfe. Durch Herabsetzung der örtlichen Überlastung (gleichmäßiges Tragen der Zahnflanken), durch Erhöhung der Flankenfestigkeit nach S. 42, Abschn. 1 u. 2, durch Vermindern der Reibkraft und ferner durch Verwendung von zäherem Öl[1].

b) *Rillenartige Zone im Wälzkreisgebiet*; vorwiegend bei zu weichem Stahl auftretend, z. B. bei Si-Mn-Stahl mit zu niedriger Fließgrenze.

c) *Rißbildung* an den Zahnflanken, wodurch weitergehende örtliche Ausbröckelungen und Zahnfußbrüche entstehen können.

Abhilfe. Entsprechend der jeweiligen Ursache (falsche Wärmebehandlung, Härterisse, Schleifrisse oder Werkstoffehler).

d) *Riefenbildung und Freßzonen* nach Bild 41/1 bis 41/3. Sie entstehen bei ständig wiederholter Durchbrechung des Schmierfilms, wobei auch der Kanteneingriff der Zähne bei Eingriffsbeginn eine Rolle spielt.

Abhilfe. Durch zäheres (z. B. besser gekühltes) Öl und besonders wirksam durch EP-Öle (Öle mit chemisch aktivem Zusatz); ferner durch Verwendung von Verzahnungen

[1] Als Generallinie läßt sich angeben: Je kleiner die tangentiale Reibkraft an den Zahnflanken, um so größer die Flankentragfähigkeit. Sie steigt etwa mit $(1/\mu)^2$, so daß bei halber Reibzahl μ die vierfache Tragfähigkeit zu erwarten ist. Entsprechend kann man eine höhere Tragfähigkeit durch kleinere Rauheit, größere Umfangsgeschwindigkeit und größere Nenn-Viskosität des Öls erreichen. Näheres siehe VDI-Z. (1963) S. 241—251 und Konstruktion (1960) S. 239, S. 269, S. 319, S. 397—402.

mit kleinerem v_G/v, z. B. durch Kürzung der Zahnköpfe bzw. entsprechende Flankenrücknahme am Zahnkopf oder durch Verwendung von kleinerem Modul.

e) *Heißlaufen der Zahnflanken* durch zu große Reibleistung bzw. ungenügende Kühlung.

Abhilfe. Durch wirksamere Schmierung und Kühlung (günstig angeordnete Strahlschmierung) und durch Verringerung der Reibleistung (Glätten der Zahnflanken und kleineres v_G/v), entsprechend Punkt c).

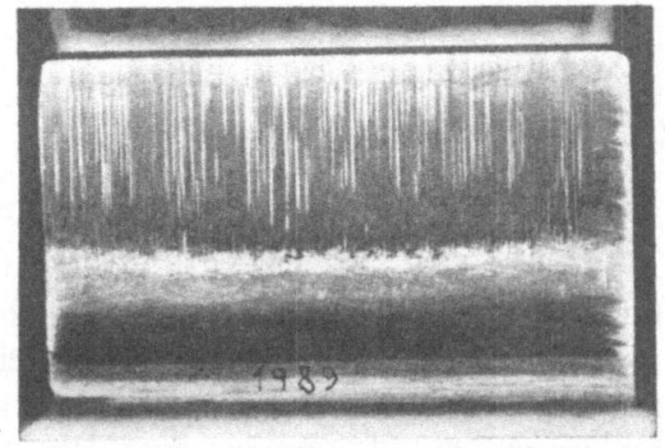

Bild 41/1. Riefenbildung am Zahnkopf infolge Durchbrechung des Schmierfilms

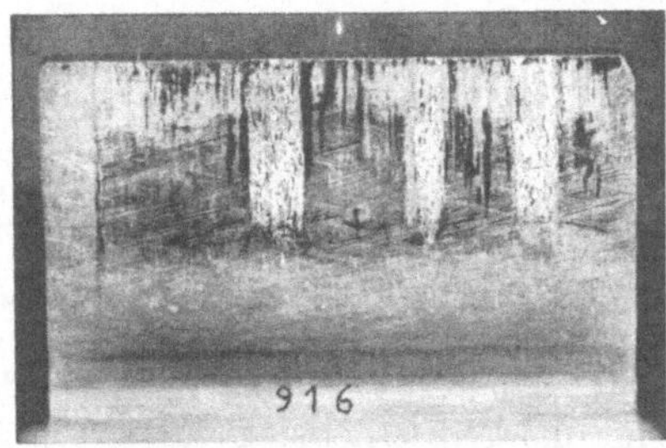

Bild 41/2. Freßzonen am Zahnkopf infolge Durchbrechung des Schmierfilms

f) *Gleitverschleiß*, d. h. zu großer Abrieb an den Zahnflanken infolge ungeeigneter Werkstoffpaarung, ungenügend geglätteter Zahnflanken oder unzureichender Schmierung. Besonders bei Zahnrädern mit relativ großem Modul und geringerer Umfangs-

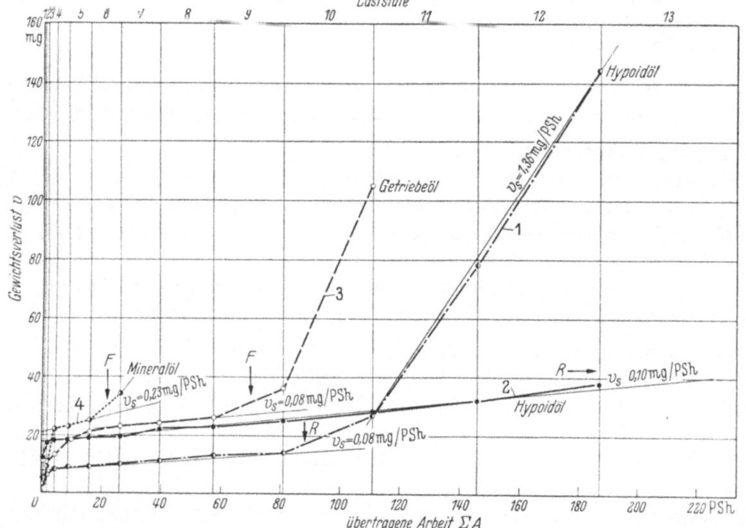

Bild 41/3. Verschleißdiagramme nach *FZG*-Zahnrad-Öltesten bei Verwendung verschiedener Ölarten [128/*192*]. Die Flankenschäden (*F* = Fressen, *R* = Riefenbildung) und der hierbei eintretende Übergang in die Verschleißhochlage werden bei den verschiedenen Ölarten bei verschieden hoher Laststufe erreicht

geschwindigkeit ist diese Erscheinung zu beobachten, wobei die geringe Schmierdruckbildung bei geringer Umfangsgeschwindigkeit eine Rolle spielt. Besonders groß wird der Gleitverschleiß bei mineralischen Verunreinigungen im Schmiermittel und bei rauhen Zahnflanken.

Abhilfe. Am geringsten ist der Verschleiß bei gehärteten Zahnflanken; er beträgt etwa das 2- bis 3fache bei Paarung von gehärteten mit ungehärteten Zahnrädern und etwa das 7- bis 10fache bei Paarung von ungehärteten Zahnrädern mit ungehärteten. Weitere Abhilfe ist durch Verwendung von zäherem Schmierstoff, von Glättungszusätzen und von EP-Ölen möglich.

g) *Gratbildung am Zahnkopf* oder sonstige plastische Verformungen, die auf zu geringe Härte des Werkstoffs gegenüber der Belastung hinweisen.

h) *Wellige Oberfläche* (soweit sie nicht von der Fertigung herrührt) oder größere Ausbrüche bei einsatzgehärteten Zahnflanken. Die Ursache ist meist eine Überschreitung der Fließgrenze in der Zone des Härteübergangs.

21.6. Erhöhung der Tragfähigkeit (neuere Tendenzen)

Nach dem heutigen Stand der Kenntnisse können hierzu folgende Maßnahmen angegeben werden (s. Schrifttum S. 63):

1) Übergang zu gehärteten Zahnrädern (auch im allgemeinen Maschinenbau). Die Wälzfestigkeit der Flanken beträgt hierbei das 3- bis 10fache, s. Taf. 120. Außer der Einsatzhärtung (der Härteverzug erfordert nachträgliches Schleifen der Flanken) kommt hierfür die *Nitrier*härtung (praktisch kein Härteverzug), die *Flammen-* und die *Induktions*härtung (geringer Verzug und kurze Behandlungszeit) in Frage. Bei letzteren muß auch der Zahnfußübergang mitgehärtet werden, wenn die Zahnfußfestigkeit ebenfalls hoch sein soll.

Ferner ist beachtlich, daß bei Übergang zu gehärteten und geschliffenen Ritzeln auch die Wälzfestigkeit der *ungehärteten Gegenräder* zunimmt (s. Bild 90/2 und Taf. 120).

2) Durch „Weichnitrieren" (Badtemperatur etwa 550 °C) kann die Wälzfestigkeit von ungehärteten Stahlzahnrädern in erstaunlichem Maße erhöht werden, obwohl hierbei die Nitrierschicht dünn ist[1].

3) Durch Kugelstrahlen des Zahnfußübergangs kann die Zahnfußfestigkeit beachtlich erhöht werden, besonders bei vergüteten und bei gehärteten Zahnrädern [64/*75*].

4) Tragfähigere Zahnformen. Hierzu gehören

4.1) Evolventenverzahnungen *mit größerem Betriebseingriffswinkel* (erreicht durch Profilverschiebung oder durch größere Herstellungseingriffswinkel, s. S. 100 u. S. 90);

4.2) *Überhöhte Evolventenverzahnungen* mit Stirnüberdeckungsgraden über 2 (es tragen mindestens 2 Zahnpaare);

4.3) *Konkavverzahnungen* mit Paarung konkaver gegen konvexe Flanken, z. B. *VBB*-Verzahnung von Vickers [63/*43*] und die *Nowikow*-Verzahnung [64/*69*].

5) Günstigeres Breitentragen der Zähne, erreicht durch

5.1) *Selbsteinstellung* des Ritzels oder Rads unter der Zahnkraft (Bild 69/2);

5.2) *Anpassung der Flankenrichtung* (des Schrägungswinkels) an die Verdrehung und Verbiegung des Ritzels unter Last, s. [63/*59*].

5.3) *Entlastung der Zahnenden* durch seitenballige Zähne oder seitliche Abschrägung der Zähne (Bild 73);

5.4) „Einlaufen" der Zahnflanken mit aktivem Öl oder Begünstigen des Einlaufs durch Phosphatieren der Zahnflanken.

6) Bei Zahnrädern mit Lastbegrenzung durch Riefenbildung kann die Tragfähigkeit durch Rücknahme der Kopfflanken, ferner durch geringere Zahnkopfhöhe (kleinerer Modul) und besonders durch Verwendung von EP-Öl erheblich erhöht werden.

---

[1] Nach Versuchen der FZG an weichnitrierten Zahnrädern aus Stahl 34 Cr 4 vergütet mit Brinellhärte $H_B = 250$: hierbei erzielte Dauerwälzfestigkeit $k_D = 2{,}4\ \mathrm{kg/mm^2}$ (statt 0,8) und $\sigma_D = 40\ \mathrm{kg/mm^2}$; weitere Angaben s. [64/*70*]. Vermutlich kann auch durch andere Flankenbehandlungen die Wälzfestigkeit erhöht werden, sofern sie ein Abdichten und Verfestigen der Flanken (Erhöhung der Haarriß-Festigkeit) bewirken. Weitere Mittel zur Erhöhung von k_D s. S. 90.

21.7. Getriebegeräusch

Schrifttum s. S. 64. Akustische Maße und Bezeichnungen siehe z. B. HÜTTE I, 28. Aufl., Berlin 1955, S. 365 und DIN 1320.

Die Minderung des Getriebegeräuschs findet heute erhöhtes Interesse, zumal außer dem eigentlichen Geräusch auch die vom Getriebe ausgehende Vibration (Körperschall) sehr störend sein kann, z. B. bei Werkzeugmaschinen, bei Kraftfahrzeugen und bei Schiffsantrieben. Als Ausgangspunkt für geeignete Maßnahmen zur Geräuschminderung dient die *Geräuschaufnahme* (Aufnahme von Schalldruck und Frequenzlage der Geräusche) bei verschiedenen Drehzahlen und Belastungen, um aus Lage und Verschiebung der hauptsächlichen Geräuschfrequenzen auf die jeweiligen Ursachen schließen zu können. Außerdem sind die *Eigenfrequenzen* der zu Schwingungen angeregten Feder-Massen-Systeme (Wellen, Zahnräder und Zahnfederung) festzustellen. Ferner ist bei schnellaufenden großen Zahnrädern mit Schrägverzahnung (z. B. Turbinengetrieben) noch die Kenntnis der Maschinenfehlerfrequenz (s. Abschn. 1) für die Auswertung von Bedeutung.

1. Geräuschart, Frequenzen und Impulse

Geräuschart. Der zeitliche Verlauf des Schalldrucks (Bild 43/1 und 43/2) entspricht dem Verlauf *gedämpfter Eigen*schwingungen, die *periodisch* durch *Impulse* erregt werden. In Bild 43/1 und 43/2 ist der schwingungsförmige Ablauf des Schalldrucks, die zeitliche Folge der Einzelschwingungen im Takt der Eigenfrequenz f_e und das periodische Auftreten maximaler Ausschläge gut zu erkennen. Die mit Suchtonanalysator (Bild 43/3) aufgenommenen Frequenzspektren zeigen meist einen klangartigen Aufbau der Zahnradgeräusche.

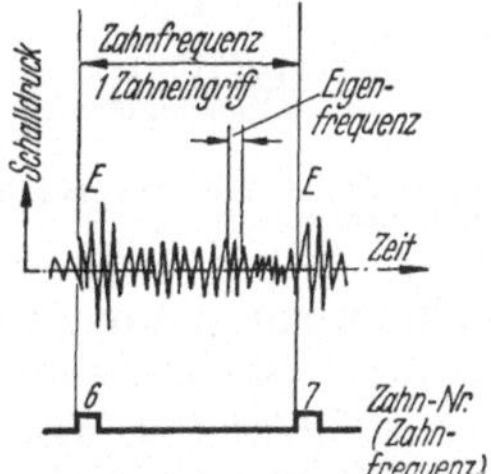

Bild 43/1. Oszillographischer Schalldruckverlauf beim Zahngeräusch (bei niedriger Drehzahl aufgenommen)[1]. Zu erkennen sind die Eingriffsimpulse bei *E*, die Eigenfrequenz und weitere kleinere Impulse zwischen *E* und *E*

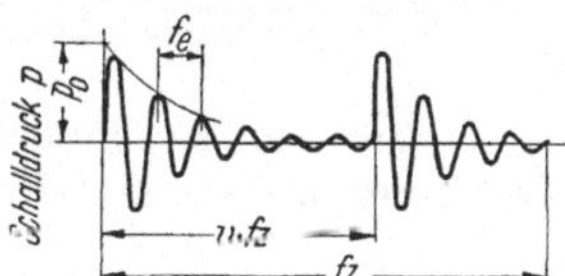

Bild 43/2. Idealisierter Schalldruckverlauf beim Zahngeräusch[1]. Abklingende Eigenschwingung, die durch Eintritts- und Wälzkreisimpuls (im Abstand $v \cdot f_z$) angeregt wird

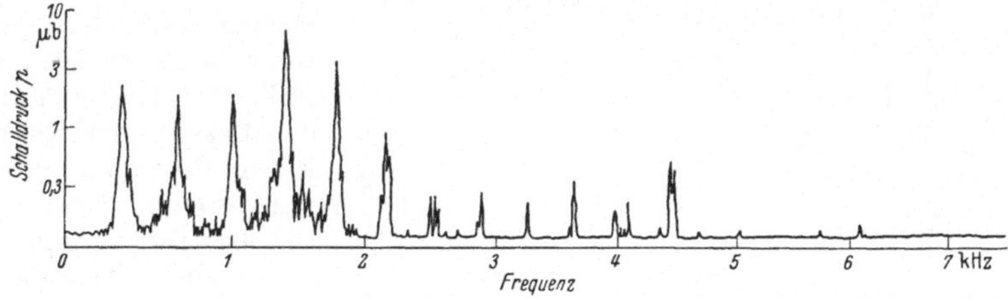

Bild 43/3. Suchton-Analyse[2] des Zahngeräuschs bei Drehzahl $n_1 = 800$ U/min und Drehmoment 12,2 mkg. Beachte die Resonanz bei der ersten bis sechsten Zahnfrequenz f_z, wobei $f_z = n_1 \cdot z_1/60 = 0{,}36$ kHz. Verzahnung: Geradverzahnte Stirnräder geschliffen, $z_1 = 27$, $z_2 = 34$, $m = 3$ mm, Qualität 5 bis 6

Impulsfrequenzen. Nach den bisherigen Erfahrungen können im Zahngeräusch je nach den Betriebsbedingungen Impulse mit folgenden Frequenzen (oder deren ganze Vielfache) hervortreten:

[1] Nach GLAUBITZ u. GÖSELE [64/*85*].

[2] Nach NIEMANN u. UNTERBERGER [64/*92*].

a) *Drehfrequenz* $f_n = n/60$ [Hz]; b) *Zahnfrequenz* $f_z = z \cdot n/60$ [Hz]; c) *Maschinenfehlerfrequenz* $f_M = n \cdot z_M/60$ [Hz] mit Zähnezahl z_M des Drehtisch-Zahnrades der Verzahnmaschine; d) *Werkzeugfrequenz* f_W (s. Werkzeugimpuls).

Resonanzfrequenzen. Die Impulsfrequenzen (f_n, f_z, f_M) und deren ganze Vielfache ergeben beim Zusammenfall mit einer Eigenfrequenz eine Zunahme der Lautstärke.

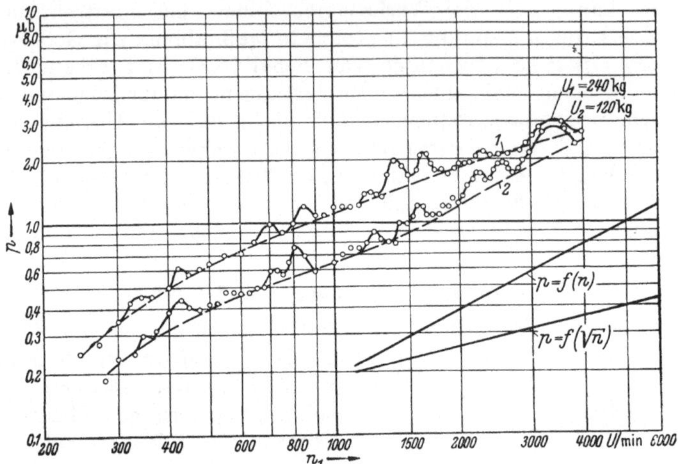

Bild 44/1. Einfluß der Drehzahl auf den Gesamtschalldruck der Stirnräder nach Bild 43/3 bei 2 Belastungen U[1]. Beachte die erhöhten Resonanzstellen bei bestimmten Drehzahlen

Entsprechend kann die Resonanzfrequenz beim Durchfahren eines Drehzahlbereichs an der charakteristischen Zunahme der Lautstärke an dieser Stelle erkannt werden (Bild 44/1 u. 44/2), da die Eigenfrequenzen unabhängig von der Drehzahl sind, während die Impulsfrequenzen linear mit der Drehzahl zunehmen. Als Eigenfrequenzen kommen für die Geräuschverstärkung besonders die der Räder und Wellen sowie der Gehäusewände in Frage. In manchen Fällen kann durch Änderung der Massen oder der Federkonstanten eine Verlegung von störenden Eigenfrequenzen erreicht werden.

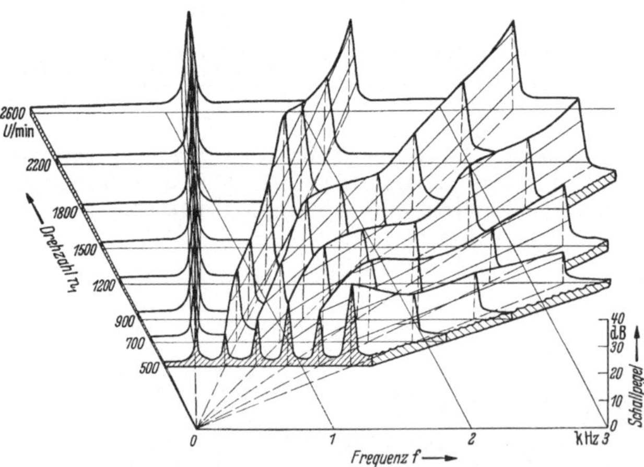

Bild 44/2. Schaubild für den Einfluß der Drehzahl n_1 auf das Frequenzspektrum des Zahngeräuschs[1]. Verzahnung s. Bild 43/3

Impulse. Als geräuscherregende Impulse wurden bisher ermittelt:

a) *Drehzahlimpuls*. Durch Rundlauffehler oder sonstige im Takt der Drehzahl wirkende Fehler der Zahnräder, der Kupplungen usw. ergeben sich Impulse mit der Frequenz f_n. Sie treten bei niedriger Drehzahl in Form von Vibrationen in Erscheinung und erst bei sehr hohen Drehzahlen als Geräusch. Abhilfe durch Beseitigung der Rundlauffehler bzw. der Einzelteilfehler bzw. durch Auswuchten der betreffenden Teile.

---

[1] Nach NIEMANN u. UNTERBERGER [64/92].

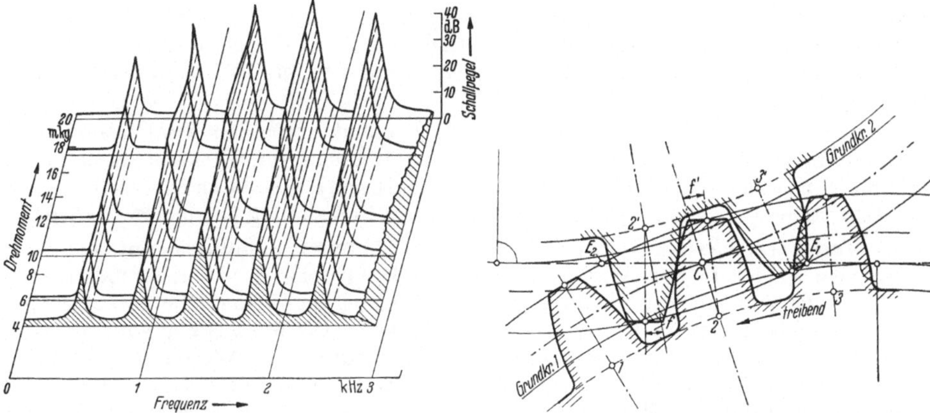

Bild 45/1. Schaubild für den Einfluß des Drehmoments auf das Frequenzspektrum des Zahngeräuschs[1]. Stirnräder geradverzahnt und geschliffen, Achsabstand 91,5 mm, Drehzahl 1000 U/min

Bild 45/2. Zur Erklärung des Zahn-Eintrittsstoßes. Die Zähne biegen sich unter der Belastung um das Maß f bzw. f (übertrieben gezeichnet) durch, so daß der unbelastete Zahn *3* vorzeitig gegen den Zahn *3'* stößt

b) *Eingriffsimpuls.* Nach Bild 45/2 treibt das untere Rad nach links. Unter dem Drehmoment verbiegen sich die belasteten Zähne *2'* und *2* um den Betrag f' bzw. f. Um diesen Betrag dreht sich das untere Rad nach links gegenüber dem festgehalten gedachten oberen Rad. Hierdurch käme der noch unbelastete Zahn *3* in den Flächenbereich des unbelasteten Gegenzahns *3'*. In Wirklichkeit stößt Zahn *3* schon vorher gegen die Kopfkante von *3'*. Im gleichen Sinne wirken Zahnfehler. Der dadurch erzeugte Impuls (Eingriffsimpuls) wächst mit der Verformung f, also mit der Belastung (s. Bild 47 u. 48/1) und mit dem Teilungsfehler (Bild 48/2). Er tritt mit der Zahnfrequenz f_z auf. Er kann durch günstig gewählte Kopfrücknahme (Bild 49/1), durch Übergang zu allmählichem Zahneingriff (Schrägverzahnung oder Maßnahmen nach Bild 50/2) und ferner durch Verkleinerung des Teilungsfehlers herabgedrückt werden.

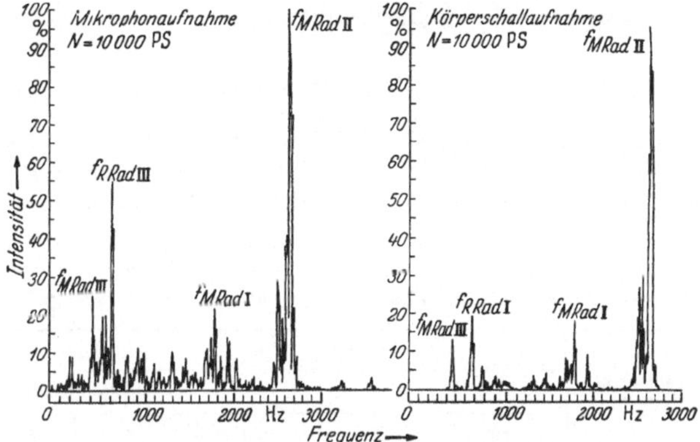

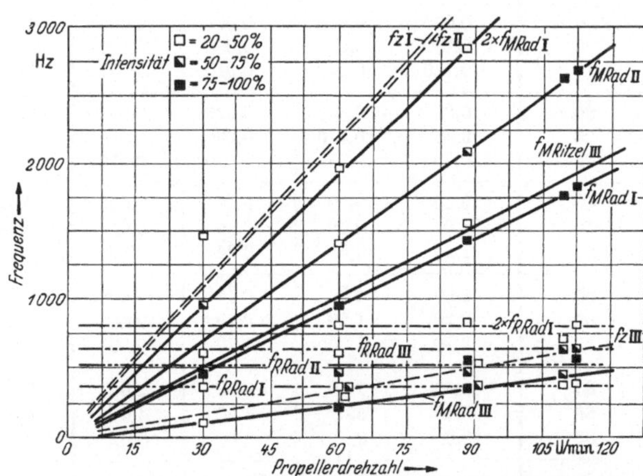

Bild 45/3. Geräuschaufnahme eines 10000-PS-Schiffsgetriebs nach ZINK [64/*101*]. Getriebedaten s. Bild 48/1. *Bild oben:* Geräuschintensität über der Frequenz bei Schraubendrehzahl 112 U/min. Beachte die Resonanzwirkung bei den Maschinenfrequenzen f_M und Radeigenfrequenzen f_R. *Bild unten:* Drehzahlabhängigkeit der Hauptfrequenzen

[1] Nach NIEMANN u. UNTERBERGER [64/*92*].

Beim Austritt eines Zahns aus dem Eingriff (im Punkt E_2, Bild 45/2) übernimmt der nachfolgende, bereits im Eingriff befindliche Zahn die ganze Last. Diese Unstetigkeit kann ebenfalls einen Impuls ergeben (Austrittsimpuls), der aber kleiner als der Eingriffsimpuls ist (s. Bild 43/1).

c) *Reibwechselimpuls* (*Wälzkreisimpuls*). Er entsteht durch den *Richtungswechsel* der Zahnreibkraft im Wälzpunkt und tritt in der Zahnfrequenz auf. Er kann durch glattere Zahnflanken (Bild 49/2), durch zäheren Schmierstoff und ferner durch Ausgleich des Reibwechsels (Schrägverzahnung) oder durch einseitige Verzahnung gemindert werden.

d) *Maschinenfehlerimpuls.* Beim Abwälzfräsen breiter Zahnräder entsteht durch periodische Fehler in der Winkeldrehung des Drehtischs der Verzahnmaschine ein „welliger" Verlauf der Zahnflanken in Längsrichtung der Zähne. Die entsprechenden Geräuschimpulse folgen in der Frequenz f_M (Bild 45/3). Die Auswirkung von f_M wird besonders groß bei Resonanz von f_M mit der Eigenfrequenz der Wellendrehschwingung. Nach ZINK [64/*101*] kann durch Besserung des Einlaufzustands der Zahnflanken und noch wirksamer durch vielfach wiederholte Nacharbeit der stärker tragenden Stellen an den Zahnflanken die Geräuschwirkung des Maschinenfehlers herabgedrückt werden.

e) *Werkzeugimpuls.* Außer den Zahnfehlern, die als Geräuschimpulse bei f_z und f_M zum Ausdruck kommen, können weitere Impulse durch Dreh- und Vorschubfehler des Werkzeugs mit der Fehlerfrequenz f_W auftreten. Untersuchungen hierüber fehlen noch.

2. Frequenz und Lautstärke

Bei gleicher Schalldruckgröße (gemessen in Mikrobar, $= \mu$b) nimmt die empfundene Lautstärke (phon) mit steigender Frequenz bis etwa 4000 Hertz zu und dann wieder ab, wie Taf. 46 zeigt. Entsprechend sind Geräusche mit kleiner Frequenz meist weniger

Tafel 46

Zusammenhang zwischen Lautstärke (phon) und Schalldruck (μb) bei verschiedener Schallfrequenz (Hertz)

Lautstärke [phon]	Schalldruck [μb] bei Schallfrequenz [Hertz] 50	100	200	500	1000	2000	5000	10000
0	0,090	0,016	0,003	0,0004	0,0002	0,00014	0,00012	0,0005
6	0,130	0,030	0,005	0,0008	0,0004	0,0003	0,00025	0,0012
12	0,180	0,040	0,010	0,0015	0,0008	0,0006	0,00065	0,0020
20	0,30	0,080	0,020	0,0040	0,002	0,0016	0,0013	0,0060
26	0,45	0,110	0,032	0,0064	0,004	0,0040	0,0032	0,0013
32	0,60	0,180	0,050	0,0100	0,008	0,0080	0,0080	0,0030
40	0,80	0,30	0,10	0,025	0,02	0,02	0,02	0,08
46	1,0	0,40	0,14	0,050	0,04	0,04	0,045	0,16
52	1,25	0,55	0,24	0,10	0,08	0,08	0,085	0,35
60	1,60	0,90	0,40	0,20	0,20	0,20	0,23	0,80
66	2,20	1,20	0,70	0,40	0,40	0,40	0,40	1,6
72	3,20	1,80	1,20	0,80	0,80	0,80	0,70	3,0
80	4,50	3,50	2,50	2,0	2,0	1,8	1,5	6,5
86	6,40	5,0	4,50	4,0	4,0	3,2	3,2	11,0
92	10,0	8,5	8,0	8,0	8,0	6,4	7,0	19,0
100	20	20	22	25	20	15	12	40
106	40	40	45	40	40	30	22	70
112	100	90	100	110	80	60	40	125
120	370	300	300	270	200	125	80	250

störend (Hörbereich geht von etwa 20 bis 16000 Hertz). Zur Umrechnung verschiedener Geräuschmaße s. Taf. 47.

Bei üblichen Stirnradgetrieben liegen die Spitzenwerte der Lautstärke meist im Frequenzbereich von 1000 bis 4000 Hertz (s. Bild 43/3 u. 45/3). Bei zusammengesetzten Geräuschen bestimmt das lautstärkste Teilgeräusch die Gesamtlautstärke. Entsprechend ist bei einem Mischgeräusch aus mehreren Frequenzen die lautstärkste Frequenz maßgebend. Erst wenn das Geräusch dieser Frequenz herabgedrückt ist, lohnen sich weitere Maßnahmen, um das Geräusch der nächstlautstarken Frequenz herabzudrücken. Auch bei schnelllaufenden, großen Getrieben sollte man erreichen, daß der Geräuschpegel nicht nennenswert über dem der benachbarten Maschinen, z. B. der Antriebsmaschine, liegt. Immerhin muß man heute bei Turbinengetrieben großer Leistung oft noch 100 phon zulassen (Schmerzgrenze bei 120 phon), da die Lautstärke mit der Leistung ansteigt. Durch Aufteilung der Leistung auf mehrere Getriebe und durch Leistungsverzweigung kann die Lautstärke generell gesenkt werden.

Tafel 47. *Vergleich der Geräuschmaße in Zahlenwerten*
dB = Dezibel, μb = Mikrobar

Schallstärke [W/cm²]	Schalldruck [μb]	Schallpegel [dB]	entsprechende Lautstärke (bei 1000 Hertz) [phon]
10^{-4}	200	120	120
10^{-6}	20	100	100
10^{-8}	2	80	80
10^{-10}	0,2	60	60
10^{-12}	0,02	40	40
10^{-14}	0,002	20	20
10^{-16}	0,0002	0	0

3. Wirkung verschiedener Einflußgrößen und Maßnahmen auf die Lautstärke

Nach den bis heute vorliegenden Versuchsergebnissen lassen sich hierzu folgende Angaben machen[1]:

a) *Umfangskraft U, Umfangsgeschwindigkeit v und übertragene Leistung N.* Nach Bild 44/1, 47 u. 48/1 ergibt sich eine eindeutige Abhängigkeit des Schalldrucks p von v und U und somit von N:

$$p = c \cdot v^x U^y.$$

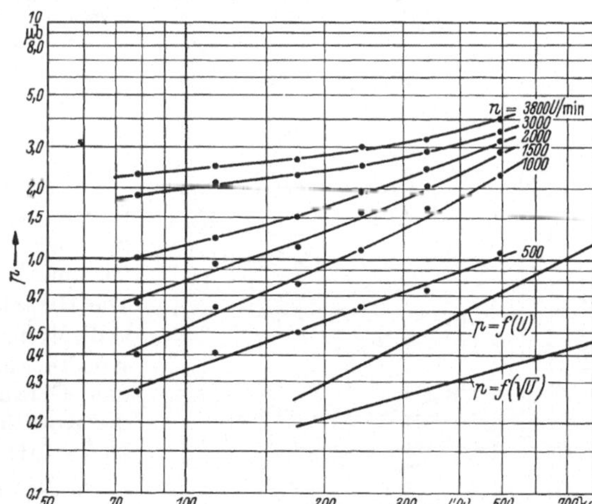

Bild 47. Einfluß der Umfangskraft und Drehzahl auf den Gesamtschalldruck der Stirnräder nach Bild 43/3[2]

Nach den Versuchen[1] ist $x = 0{,}6$ bis $1{,}2$, $y = 0{,}5$ bis $1{,}1$ und c eine Konstante des Getriebes. In erster Annäherung ist mit N in PS:

$$\text{Schalldruck } p \approx c_1 N \quad [\text{in } \mu\text{b}]$$

$$\text{oder Lautstärke } L \approx c_2 + 20 \log N \quad [\text{in phon}].$$

Hiernach bewirkt z. B. eine Verdoppelung der übertragenen Leistung im Mittel eine Erhöhung der Lautstärke um etwa 6 phon. Für das Versuchsgetriebe[1] betrugen die Konstanten $c_1 \approx 8{,}3/100$ und $c_2 \approx 52$; Umwertung auf andere Getriebe s. [64/*92*].

---

[1] Im wesentlichen nach Grundversuchen der Forschungsstelle für Zahnräder und Getriebebau, TH München; Näheres s. [64/*92*] u. [64/*98*].

[2] Nach NIEMANN u. UNTERBERGER [64/*92*].

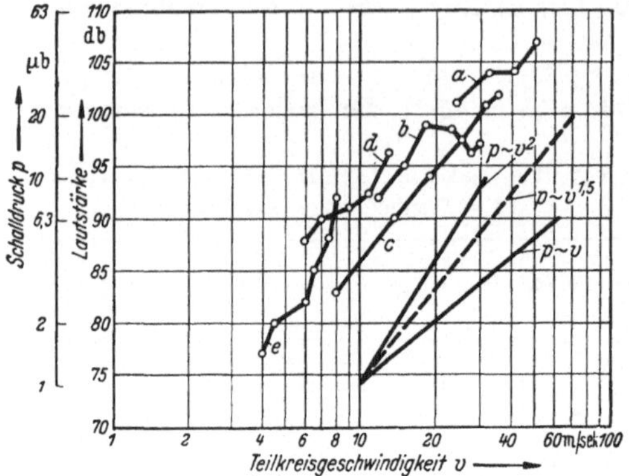

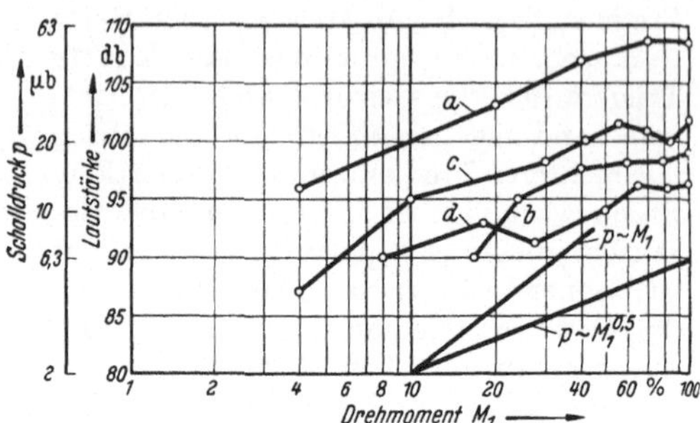

Bild 48/1. Geschwindigkeits- und Lastabhängigkeit der Lautstärke verschiedener schrägverzahnter Stirnradgetriebe nach ZINK [64/*101*]. Drehmoment bezogen auf Vollast

Betriebsdaten

Getriebe	Leistung PS	Drehzahl n_1	Achsabstand mm	Zahnbreite mm	z_1	i	β Grad
a 1. Stufe	10000	4795	1080	2 × 190	52	7,09	37,5
2. Stufe		675	1660	2 × 430	55	5,88	34
b	1200	6990	500	2 × 125	47	4,66	37
c	500	7000	224	2 × 110	40	3,5	36
d	25	6000	125	50	24	5,6	17
e	50	7550	200	100	15	4,2	16

b) *Zahnfehler und Kopfrücknahme.* Teilungsfehler verstärken das Geräusch proportional mit der Fehlergröße (Bild 48/2). Der Einfluß ist um so stärker, je größer die Drehzahl ist. Die Ursache liegt in der Vergrößerung des Eingriffsstoßes. Entsprechend kann durch optimale Kopfrücknahme (lastabhängig) nach Bild 49/1 eine Geräuschminderung erreicht werden, wenn die Kopfrücknahme etwa gleich der elastischen Deformation des Zahns ist.

c) *Bearbeitung und Einlaufzustand.* Mit besserer Oberflächengüte nimmt das Geräusch stetig ab, wie Bild 49/2 für verschiedene Bearbeitungsverfahren zeigt. Dabei sind geschliffene oder geschabte Räder am geräuschärmsten. Im gleichen Sinne wirkt ein flankenglättender Einlauf der Räder (z. B. mit aktivem Öl).

d) *Überdeckungsgrad.* Erreicht man bei Geradverzahnung einen Überdeckungsgrad $\varepsilon = 2$, so tritt ein Geräuschminimum auf (Bild 49/3). Die günstige Wirkung kann auf das Fehlen des

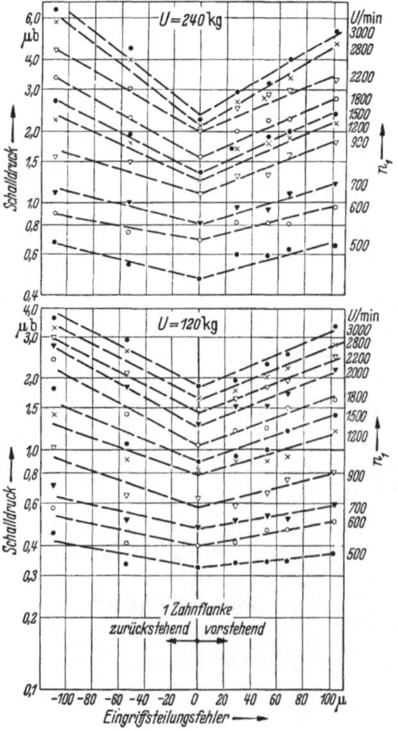

Bild 48/2. Einfluß des Teilungsfehlers auf das Zahngeräusch bei verschiedener Drehzahl n_1 und Umfangskraft U [1]

[1] Nach NIEMANN u. UNTERBERGER [64/*92*].

Einzeleingriffsgebietes (Eingriffsimpuls geschwächt) und auf den Ausgleich der Reibungskräfte (Wälzkreisimpuls verkleinert) zurückgeführt werden.

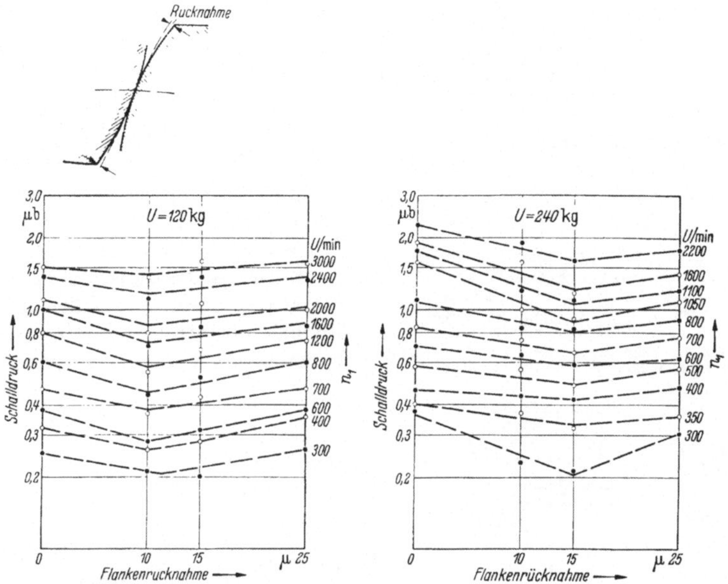

Bild 49/1. Einfluß der Kopfrücknahme auf das Zahngeräusch bei verschiedener Umfangskraft U und Drehzahl n_1[1]

e) *Schrägverzahnung.* Hiermit kann meist eine erhebliche Geräuschminderung gegenüber Geradverzahnung erreicht werden. Mit zunehmendem Schrägungswinkel verringert sich das Geräusch im Gebiet größerer Belastung nach Bild 50/1. Die Erklärung

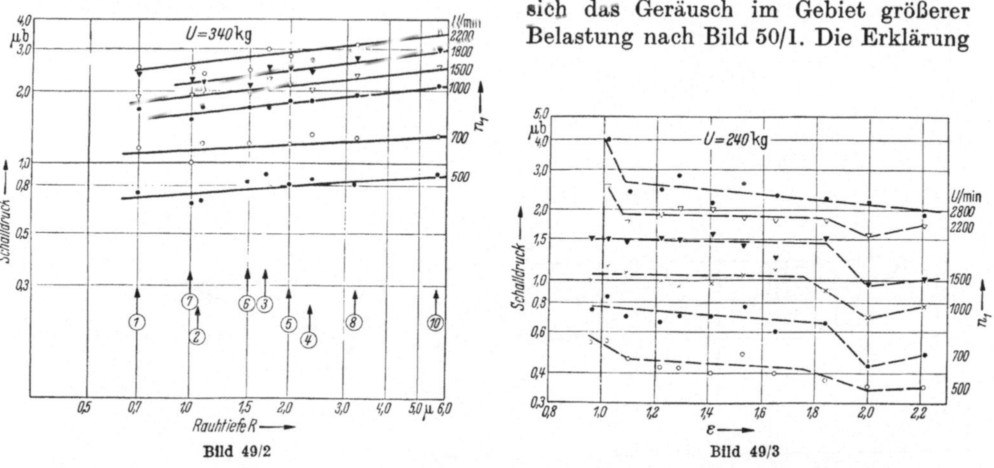

Bild 49/2. Einfluß der Flankenrauheit auf das Zahngeräusch bei verschiedener Bearbeitung[1] und Drehzahl n_1. Umfangskraft U = 340 kg

1 Glattschliff fein; *2* Glattschliff grob; *3* Kreuzschliff (Doppelschlichtschliff); *4* Kreuzschliff (Halbschlichtschliff); *5* Kreuzschliff (Schlichtschliff); *6* Kreuzschliff und elektropoliert; *7* gefräst und geschabt; *8* gefräst und geläppt; *10* gefräst und vergütet

Bild 49/3. Einfluß des theoretischen Überdeckungsgrads ε auf das Zahngeräusch geschliffener Stirnräder bei verschiedener Drehzahl n_1 und Umfangskraft U = 240 kg[1]

---

[1] Nach NIEMANN u. UNTERBERGER [64/*92*].

für das günstige Geräuschverhalten ist ähnlich wie bei d) in dem allmählichen Zahneingriff zu suchen. Grundsätzlich müßte ein solcher Effekt auch bei Geradverzahnung durch Maßnahmen nach Bild 50/2 erreichbar sein.

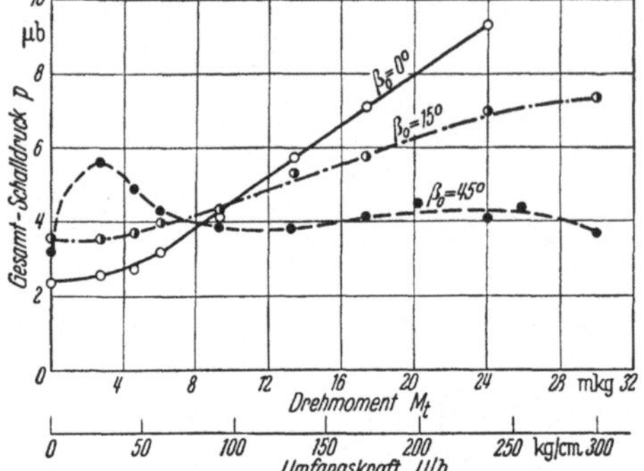

Bild 50/1. Einfluß des Schrägungswinkels β_0 auf das Zahngeräusch in Abhängigkeit vom Drehmoment [1]

f) *Ölzähigkeit und Ölstand.* Durch größere Ölzähigkeit, durch besondere Ölzusätze und auch durch höhere Ölfüllung kann das Getriebegeräusch durchweg nur in geringem Maße gesenkt werden (s. Bild 50/3).

g) *Geräuschdämpfende Werkstoffe.* Aus Bild 50/4 geht hervor, daß durch dämpfende Zwischenstoffe zwischen Zahnkranz und Radkörper das Geräusch gerade bei höherer Belastung gesenkt werden kann. Diese Möglichkeit erscheint mir besonders für Turbinengetriebe mit aufgesetzten Zahn-

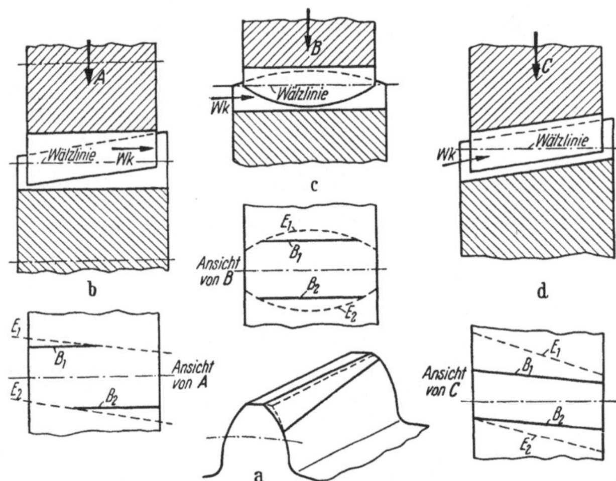

Bild 50/2. Maßnahmen zur Erzielung eines allmählichen Zahneingriffs bei geradverzahnten Stirnrädern [2]

B_1 und B_2 = Berührungslinien; $E_1 E_2$ = Grenzen des Eingriffsfeldes; Wk = Vorschubrichtung des Werkzeugs

a Abnehmende Kopfrücknahme über der Zahnbreite; b Außendurchmesser der Zahnräder kegelig begrenzt; c Außendurchmesser bogenförmig begrenzt; d Innen- und Außendurchmesser kegelig begrenzt (hergestellt durch Führung des Werkzeugs in Kegelrichtung bei unveränderter Lage der Wälzlinie)

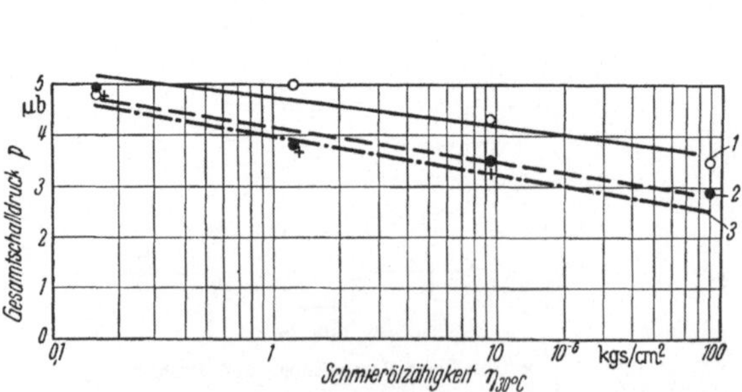

Bild 50/3. Einfluß der Ölzähigkeit auf das Zahngeräusch bei verschiedener Ölfüllung [1]

1 Zähne in Öl tauchend; *2* Ölfüllung bis Mitte Welle und *3* Zahnräder ganz in Öl

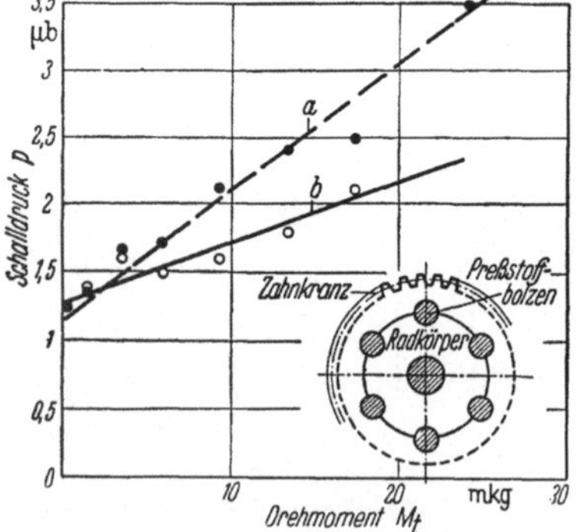

Bild 50/4. Einfluß der Zwischenschaltung von Preßstoffbolzen zwischen Zahnkranz und Radkörper auf das Zahngeräusch [2]

a Mit Vollrad; *b* Ausführung mit Preßstoffbolzen

[1] Nach NIEMANN u. GLAUBITZ [64/*93*]. [2] Nach NIEMANN [64/*91*].

kränzen beachtlich[1]. Die Zwischenstoffe bewirken eine Verringerung der Impulskräfte (Verringerung der wirksamen Masse) und der Impuls-Weiterleitung an Resonanzkörper (Radkörper, Wellen, Lager und Getriebekasten).

In gleichem Sinne wirken Zahnräder aus geräuschdämpfendem Werkstoff (aus Preßstoffen, plastischen Kunststoffen usw.) erheblich geräuschmindernd, wobei jedoch die übertragbare Zahnkraft beschränkt ist. Auch die Bewehrung von Gehäusen mit schalldämpfenden Stoffen ist in vielen Fällen von Vorteil[1].

h) *Mitschwingende Teile.* Da die Geräuschimpulse am Zahn durch Weiterleitung auch die mit dem Getriebe in schalleitender Berührung stehenden Teile, wie Wellen und Lager, Getriebekästen, Rohrleitungen und Ölpumpen, Grundplatte und Unterbau, zu Schwingungen (Körperschall) anregen können, ist — je nach den Umständen — eine starre Ausbildung der betroffenen Teile oder eine schallisolierende Trennung dieser Teile anzustreben.

4. Erfahrungen an großen Getrieben

Bei großen Getrieben treten entsprechend den veränderten Konstruktions- und Betriebsbedingungen (größere Leistungen, Umfangsgeschwindigkeiten, Zahnradmassen und Zahnbreiten) häufig andere Geräuschimpulse und Geräuschfrequenzen in den Vordergrund als bei kleinen Zahnrädern. Aus den bisher vorliegenden Geräuschmessungen an größeren Getrieben ist zu entnehmen[2].

a) *Anhaltswerte für Lautstärke im Abstand von 50 cm:*

bei sehr guten bis guten Schneckengetrieben	70 bis	75 phon
bei kleineren bis mittleren Stirnradgetrieben (Industriegetriebe mit niedriger Umfangsgeschwindigkeit)	75 bis	85 phon
bei stationären Turbinengetrieben: sehr gute	bis	85 phon
noch gute	95 bis	100 phon
bei großen Schiffsgetrieben: sehr gute	bis	100 phon
noch gute	bis	105 phon

b) *Lautstärke bei verschiedener Baugröße.* Hierzu zeigt Bild 48/1 einige Meßergebnisse an Stirnradgetrieben verschiedener Baugröße, aufgetragen über der Umfangsgeschwindigkeit bzw. über dem Drehmoment[3].

c) *Gruppierung der Geräuschspektren. 1. Gruppe:* Im Geräuschspektrum ist die Zahnfrequenz f_z ausschlaggebend, da der Eintrittsstoß vorherrschend ist und anderseits die Radmasse groß genug ist, um nicht in der Eigenfrequenz angeregt zu werden. Die Geräuschabstrahlung erfolgt aus dem Zahneingriff. In diese Gruppe fallen Getriebe mit geradverzahnten Stirnrädern, wobei die Teilfehler ausschlaggebend sind, und ferner Getriebe mit einseitig belasteter Schrägverzahnung. Abhilfe ist meist durch Einlauf-Läppen möglich.

2. Gruppe: Im Geräuschspektrum sind die zweifache Zahnfrequenz oder noch höhere ganze Vielfache von f_z vorherrschend. Hierbei schwingt meist die Radmasse mit. Die Ausstrahlung des Geräusches erfolgt auch hier aus dem Zahneingriff.

3. Gruppe: Außer f_z treten zahlreiche weitere Frequenzen in größerer Frequenzbreite auf. Die Geräuschursache sind meist Stöße, die weniger periodisch als bei 1 und 2 auf-

---

[1] Man muß sich klarmachen, daß zur Geräuscherzeugung nur sehr geringe Energiemengen gehören und daß selbst bei seriengefertigten Zahnrädern bester Qualität das Geräuschverhalten noch sehr unterschiedlich ist. Zur sicheren Erzielung weitgehender Geräuscharmut erscheint es daher notwendig, die restliche Schwingungsenergie durch Dämpfungsmittel aufzuzehren bzw. ihre Übertragung auf weitere Schallkörper zu unterbinden.

[2] Im wesentlichen nach ZINK [64/*102*].

[3] Ansatz für die Abschätzung der zu erwartenden Getriebelautstärke bei verschiedener Baugröße und Leistung s. [64/*92*].

treten, z. B. bei groben Teilfehlern unter größerer Last und bei nahezu Leerlauf, wobei sich die Flanken abheben (rattern). Hierunter fallen wenig belastete Vorschubgetriebe, Räderketten im Leerlauf und gehärtete Zahnräder mit nicht geschliffenen Zähnen bei größerer Umfangsgeschwindigkeit. Abhilfe ist durch Nachschleifen der Flanken möglich.

4. Gruppe: Hierbei ist die Hauptgeräuschfrequenz nicht die Zahnfrequenz, sondern die ebenfalls drehzahlabhängige Maschinenfrequenz f_M. Näheres hierzu s. S. **44** u. **46** **sowie** Bild **45/3.**

5. Gruppe: Vorherrschend ist die Drehfrequenz f_n bzw. ganze Vielfache davon. Die Ursache ist 1 Impuls je Drehung, z. B. durch einen Zahnfehler, durch Unrundlauf der Zahnräder oder durch Unwucht der Kupplung.

6. Gruppe: Das Getriebe läuft ruhig; die Frequenzen f_z und f_M treten nicht besonders hervor und die Lautstärke ist gering. Hierbei zeigt das Geräuschspektrum meist breite Frequenzbereiche, wobei die Teiltöne nahezu gleiche Amplituden haben.

21.8. Wirkungsgrad und Verlustleistung

Der Gesamtwirkungsgrad η_g eines Zahnradgetriebes ergibt sich aus der Antriebsleistung N_1 und der Abtriebsleistung $N_2 = N_1 - N_v$ bzw. der Verlustleistung N_v des Getriebes[1]

$$\eta_g = \frac{N_2}{N_1} = \frac{N_1 - N_v}{N_1} = 1 - \frac{N_v}{N_1} \leqq 1 \tag{52/1}$$

oder

$$\eta_g = \frac{N_2}{N_2 + N_v} = \frac{1}{1 + N_v/N_2} \leqq 1. \tag{52/2}$$

Die Aufgabe ist somit, die Gesamtverlustleistung

$$N_v = N_0 + N_z + N_L \tag{52/3}$$

zu bestimmen. Sie setzt sich aus der Leerlaufleistung N_0, der Zahnverlustleistung N_z unter Last und der Lagerverlustleistung N_L unter Last zusammen.

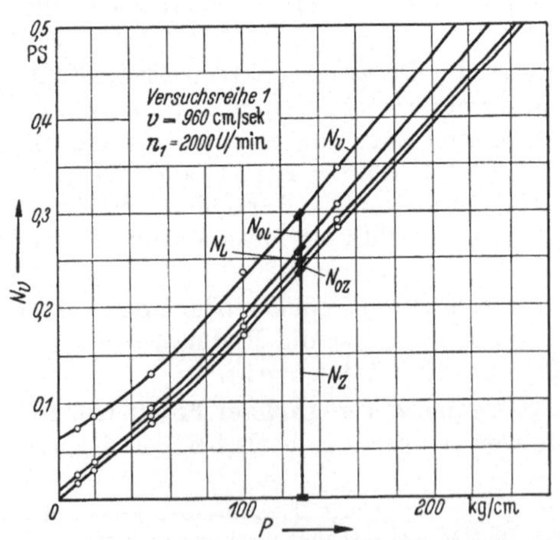

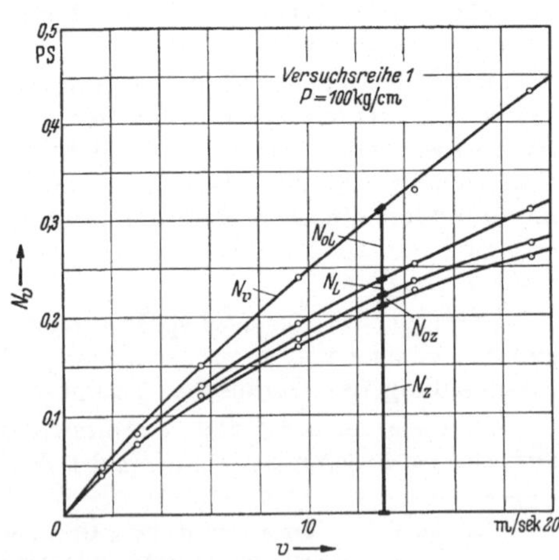

Bild 52. Verlauf und Zusammensetzung der Gesamtverlustleistung N_v über der Zahnnormalkraft P je cm Zahnbreite bzw. über der Umfangsgeschwindigkeit v[2]

---

[1] Hierbei ist angenommen, daß der Antrieb an der Ritzelwelle *1* erfolgt; bei umgekehrtem Antrieb von der Radwelle *2* her sind in obigen Gleichungen die Zeiger 1 und 2 zu vertauschen.

[2] Nach NIEMANN und OHLENDORF [65/*114*].

Die Leerlaufleistung $N_0 = N_{0z} + N_{Pl} + N_{0L}$

kann noch in die Leerlaufreibleistung N_{0z} der Zahnräder, die Plantschleistung N_{Pl} der

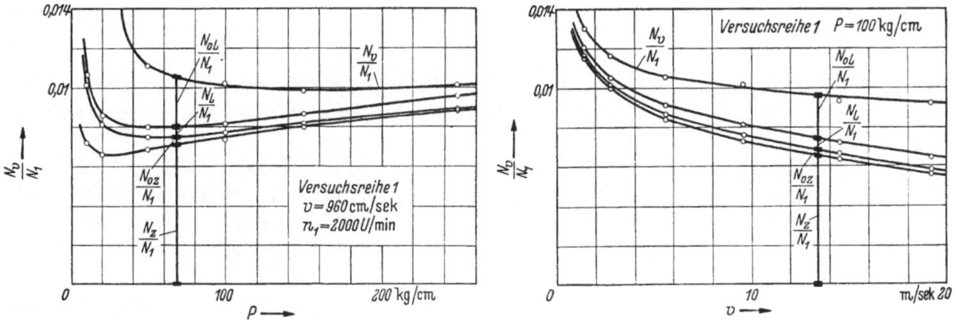

Bild 53/1. Verlauf und Zusammensetzung der relativen Verlustleistung N_v/N_1 über der Zahnnormalkraft P bzw. über der Umfangsgeschwindigkeit v[1]

Zahnräder (bei Tauchschmierung) und die Leerlaufleistung N_{0L} der Lager unterteilt werden.

Bild 52 und 53/1 zeigen für geradverzahnte Stirnräder den Einfluß von Belastung und Umfangsgeschwindigkeit auf die verschiedenen Verlustanteile und Bild 53/2 den Einfluß variierter Betriebsdaten auf N_z/N_1. Weitere Erfahrungsangaben für die Größenordnung von N_z/N_1 und N_v/N_1 bei verschiedenen Zahngetrieben s. Taf. 56/2 und Gl. (59/2).

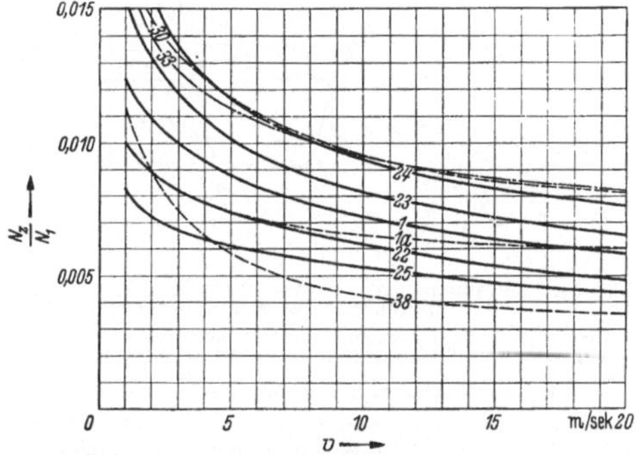

Bild 53/2. Verlauf der relativen Zahnverlustleistung N/N_1 über der Umfangsgeschwindigkeit bei variierten Betriebsbedingungen[1]

Kurve 1: Bei $z_1 = z_2 = 20$; $m = 4{,}5$; $\alpha_b = 22{,}43°$; $\varepsilon = 1{,}5$; Räder gehärtet mit Kreuzschliff fein ($G = 1{,}36\,\mu$ und $\mu_b = 0{,}108$), geschmiert mit Mineralöl B mit Ölzähigkeit $\eta_E = 0{,}4 \cdot 10^{-3}$ kgs/m², Zahnnormalkraft $P = 10$ kg je mm Zahnbreite

Kurve 1a: Gegenüber 1 ist $P = 2$ kg/mm

Kurve 22: Gegenüber 1 ist $\varepsilon = 1{,}1$ statt 1,5

Kurve 23: Gegenüber 1 ist $\varepsilon = 1{,}80$

Kurve 24: Gegenüber 1 ist $m = 6$ und $z_1 = z_2 = 15$

Kurve 25: Gegenüber 1 ist $m = 3$ und $z_1 = z_2 = 30$

Kurve 30: Gegenüber 1 ist $G = 7{,}4\,\mu$ (grober Kreuzschliff) statt 1,36

Kurve 33: Gegenüber 1 ist $G = 2{,}4\,\mu$ und $\mu_b = 0{,}124$ (ungehärtet, gefräst) statt $G = 1{,}36$ bzw. $\mu_b = 0{,}108$

Kurve 38: Gegenüber 1 Schmierung mit synthetischem Öl F (Polyätheröl, $\mu_b = 0{,}070$) statt mit Mineralöl B ($\mu_b = 0{,}108$)

1. Gleichungen für die Zahnverlustleistung[1]

Die Zahnräder laufen meist bei Mischreibung. Der Schmierspalt zwischen den Zahnflanken wird dabei von Rauheitsspitzen durchbrochen, die sich berühren. Hierbei wird nur ein Teil der Zahnnormalkraft P vom hydrodynamischen Schmierdruck übertragen (Zahnkraft P_h) und der Rest unmittelbar von den Berührungsstellen (Zahnkraft P_b). Ebenso kann man die Zahnverlustleistung N_z als Summe aus dem hydrodynamischen Anteil N_h und dem Berührungsanteil N_b ansetzen. Es sei je mm Länge der Berührungslinie:

Zahnnormalkraft $P = P_h + P_b$ [kg/mm],

somit $P_b = P - P_h$ und $\dfrac{P_b}{P} = 1 - \dfrac{P_h}{P}$.

Zahnverlustleistung $N_z = N_b + N_h$ [PS/mm],

übertragene Leistung $N_1 = P\,v \cos\alpha/75$ [PS/mm]

[1] Nach NIEMANN und OHLENDORF [65/*114*]. Die Gleichungen gelten für gleichmäßiges Tragen über der Zahnbreite.

mit Umfangsgeschwindigkeit am Wälzkreis v [m/s] und Betriebseingriffswinkel α [°]. Somit ist

$$\boxed{\frac{N_z}{N_1} = \frac{N_b}{N_1} + \frac{N_h}{N_1}} \tag{54/1}$$

Im Gebiet der flüssigen Reibung ist $P_h = P$, $P_b = 0$ und $N_b = 0$. Dieses Gebiet wird nur dann erreicht, wenn die Schmierfilmdicke h größer als die Glättungstiefe der Zahnflanken ist (Bild 56).

Mit Einführung der an der Verzahnung auftretenden Größen nach Bild 54, den Geschwindigkeiten v, w, v_G [m/s], den Längen r_1, r_2, ϱ_1, ϱ_2, e, e_1, e_2 [mm], der Schmierfilmdicke h [μ], der Glättungstiefe $G = G_1 + G_2$ [μ], der Reibzahl μ_b der metallischen Berührung und der dynamischen Ölzähigkeit[1] η [kg s/m²] ergeben sich die nachfolgenden Ansätze für N_b/N_1 und N_h/N_1.

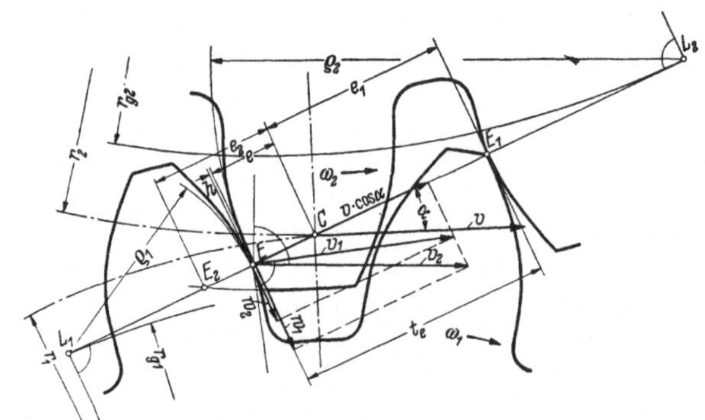

Bild 54. Verzahnung mit eingetragenen Maßen und Geschwindigkeiten zur Berechnung der Zahnverlustleistung N_z

Maße: ϱ_1, ϱ_2 Krümmungshalbmesser der Zahnflanken (im Wälzpunkt C ist $\varrho_1 = r_1 \sin\alpha$ und $\varrho_2 = r_2 \sin\alpha$); r_1, r_2 Wälzkreishalbmesser; z_1, z_2 Zähnezahlen; h Schmierfilmdicke; $t_e = m\,\pi \cos\alpha = \frac{2 r_1}{z_1}\pi\cos\alpha$; $\varepsilon_1 = e_1/t_e$; $\varepsilon_2 = e_2/t_e$

Geschwindigkeiten: v, $w = w_1 + w_2$; $v_G = w_2 - w_1$; $w_1 = v\,\varrho_1/r_1$; $w_2 = v\,\varrho_2/r_2$

(Im Bild ist w_1 und w_2 vertauscht)

Ansatz für N_b/N_1. Für den jeweiligen Eingriffspunkt E der Zähne ist

$$N_b = \mu_b P_b v_G/75 \quad \text{[PS/mm]}$$

$$\boxed{\frac{N_b}{N_1} = \mu_b\left(1 - \frac{P_h}{P}\right) f_b} \tag{54/2}$$

$$f_b = \frac{v_G}{v\cos\alpha} = \frac{e}{r_1\cos\alpha}\,\frac{i+1}{i}. \tag{54/3}$$

Ansatz für N_h/N_1. Für den jeweiligen Eingriffspunkt der Zähne ist[2]

$$N_h = 0{,}62\cdot 10^{-3}\sqrt{\eta\, w\, P_h}\, w\, q \quad \text{[PS/mm]},$$

$$q = 1 + 1{,}24\left(\frac{v_G}{w}\right)^2,$$

$$\boxed{\frac{N_h}{N_1} = \sqrt{\frac{\eta\, v}{10^3 P}}\,\sqrt{\frac{P_h}{P}}\, f_h} \tag{54/4}$$

$$f_h = 1{,}47\sqrt{\frac{w}{v}}\,\frac{w\,q}{v\cos\alpha}, \tag{54/5}$$

$$h = 2{,}45\,\eta\, w\,\frac{\varrho}{P_h} \quad [\mu].$$

Ansatz für die Mittelwerte über der Eingriffsstrecke. Im Bild 55 ist für die Verzahnung nach Bild 54 der Verlauf von P, e/t_e, N_b/N_1, N_h/N_1 und N_z/N_1 über der Lage

[1] Nach Bd. 1, S. 265 ist η [kg s/m²] $= 10^4\,\eta$ [kg s/cm²] $= 1{,}02\cdot 10^{-4}\,\eta$ [cP].

[2] Nach dem Ansatz von Niemann [65/*112*], bei dem die Paarung und Bewegung der Zahnflanken auf die Paarung und Bewegung zweier Walzen zurückgeführt und die Gleichungen der einfachen hydrodynamischen Schmiertheorie [65/*116*] benutzt werden.

des Eingriffspunktes auf der Eingriffsstrecke aufgetragen. Im Bereich des Doppeleingriffs ist die Zahnkraft P auf zwei Flankenpaare verteilt, deren 2 Eingriffspunkte im Abstand t_e gleichzeitig den linken bzw. rechten Abschnitt des Doppeleingriffs durchlaufen. Hierfür wurde die Zahnkraft für jeden der 2 Eingriffspunkte mit 0,5 P angesetzt.

Der integrierte Mittelwert ist für N_b/N_1 bzw. N_h/N_1 bzw. N_z/N_1 der Inhalt der schraffierten Fläche F_b bzw. F_h bzw. F_z in Bild 55 geteilt durch t_e, da sich nach dem Durchlaufen von t_e der gleiche Ablauf der Verlustleistungen wiederholt.

Endgleichungen für N_z/N_1.[1] Aus der angegebenen Integration erhält man die Endgleichungen für die *Mittelwerte* unter Verwendung der eingerahmten Gleichungen für N_z/N_1, N_b/N_1 und N_h/N_1 auf S. 54 mit Einsatz von[2]

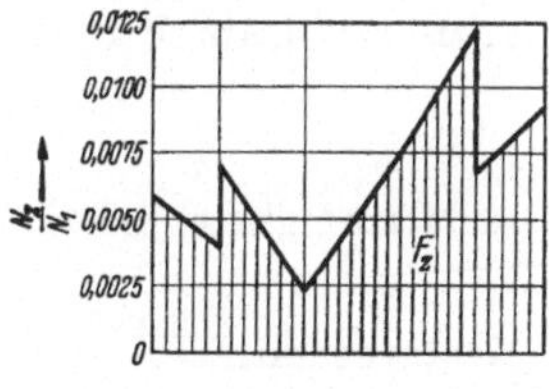

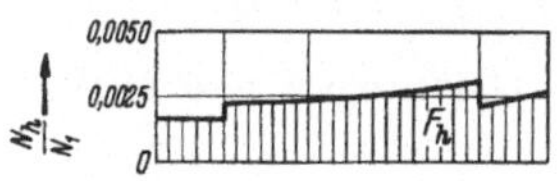

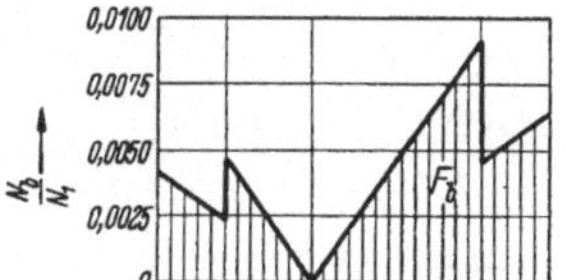

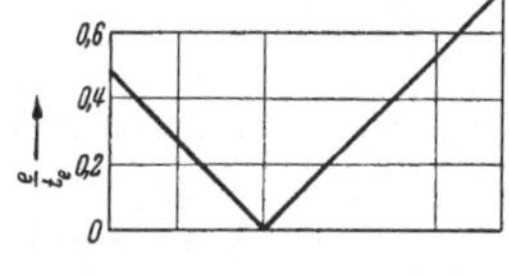

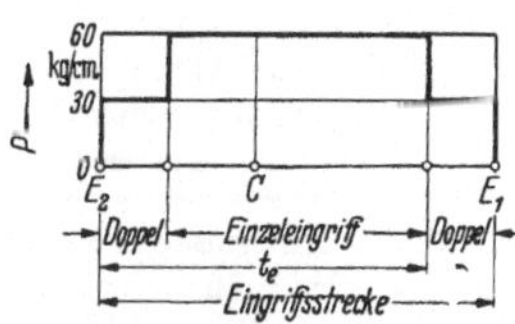

Bild 55. Zur Integration von N_z/N_1 über der Eingriffsstrecke. Verlauf von Zahnnormalkraft P, von e/t_e, N_b/N_1, N_h/N_1 und N_z/N_1 über der Eingriffsstrecke. Betriebsdaten siehe Bild 57/1, $P_h/P = 0{,}75$

$$f_b = f_{bm} = \frac{\pi}{z_1} \frac{i+1}{i} (1 - \varepsilon + \varepsilon_1^2 + \varepsilon_2^2) \tag{55/1}$$

$$f_h = f_{hm} \approx 4{,}16 \operatorname{tg}\alpha \sqrt{\varepsilon \sin\alpha} \left[1 + 1{,}36 \left(\frac{\varepsilon}{z_1 \operatorname{tg}\alpha} \frac{i+1}{i}\right)^2\right] \tag{55/2}$$

$$h \approx 4{,}9 \sin\alpha\, \eta\, v\, \varepsilon \frac{\varrho_e}{P} \frac{P}{P_h} \quad [\mu].$$

Für 20°-Nullverzahnung[3] ist

$$f_{bm} \approx 2{,}6 \frac{i+1}{z_2 + 5} \tag{55/3}$$

und

$$f_{hm} \approx 1{,}25 \tag{55/4}$$

Tafel 55. *Anhaltswerte für Reibzahl* μ_b *der metallischen Zahnberührung nach dem Einlauf*

Werkstoff	Bearbeitung	Schmieröl	μ_b
Gehärteter Stahl	geschliffen	Mineralöl synth. Öl	0,097 · · · 0,11 0,070
Vergüteter Stahl Stahl St 50 Hartgewebe/gehärteter Stahl	gefräst	Mineralöl	0,124 0,143 0,13

[1] Für schrägverzahnte Stirnräder sind in die Endgleichungen die Werte der Verzahnung *im Stirnschnitt* einzusetzen. Die hieraus für N_z/N_1 berechneten Werte sind dann mit $1/\cos\beta_g$ malzunehmen, wobei β_g der Schrägungswinkel am Grundkreis nach S. 91 ist.

[2] f_{bm} entspricht f_b nach Gl. (54/3) für $e = 0{,}5\, t_e(1 - \varepsilon + \varepsilon_1^2 + \varepsilon_2^2)$; f_{hm} entspricht $f_h \sqrt{\varepsilon}$ mit f_h nach Gl. (54/5) unter Einsatz von $w/v = 2 \sin\alpha$ für Wälzpunkt C und v_G/v für $e = t_e\, \varepsilon/3$.

[3] Ebenso lassen sich für andere definierte Verzahnungen vereinfachte Gleichungen oder Diagramme für f_{bm} und f_{hm} aufstellen.

Nach den Versuchen[1] *ist:*
Reibzahl μ_b der metallischen Berührung s. Taf. 55.

mittlere Ölzähigkeit $$\eta \approx \frac{\eta_E}{1+\sqrt{P\,v/3}}$$ [kg s/m²] (56/1)

mit Ölzähigkeit η_E bei Eingangs-Öltemperatur[2],

Kraftverhältnis[3] $$\frac{P}{P_h} \approx 1 + \frac{G^{0,5}\,\eta_E^{0,8}}{11,6\,\eta\,v\,\varepsilon\sin\alpha}$$ (56/2)

Glättungstiefe G s. Bild 56 und Taf. 56/1.

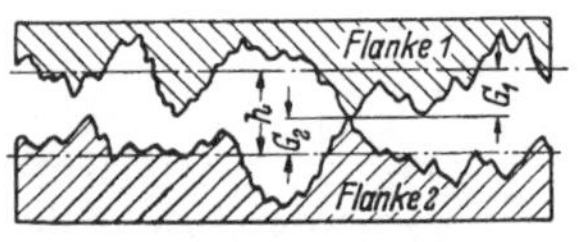

Bild 56. Glättungstiefe $G = G_1 + G_2$. Schmierfilmdicke $h = G$ bei Beginn der flüssigen Reibung

Tafel 56/1. *Anhaltswerte für Glättungstiefe G_1, G_2 nach dem Einlauf*

Bearbeitung	Raddurchmesser d_1, d_2 mm	G_1, G_2 μ
Sauber gehobelt, gefräst	100	1 ··· 3
	1000 ··· 4000	4 ··· 12
Produktions-Kreuzschliff	100	1 ··· 2
Glattschliff	100	0,5
	1000	2

Tafel 56/2. *Erfahrungswerte für N_z und N_v, nach Ausführungen*

Getriebe	Zahnräder	N_z [% von N_1]	N_v [% von N_1]	Bemerkung
Turbinen-				
Stirnrad-Getriebe . . .	vergütet und gefräst	0,3···0,5	2 ···2,8	Gleitlager und Ein-
Stirnrad-Getriebe . . .	gehärtet und geschliffen	0,2···0,33	1,9···2,6	spritzschmierung[4]
Planeten-Getriebe . . .	geschabt und nitriert	0,3···0,5	1 ···1,6	Ritzel lagerlos[5]
Kraftfahrzeug-				
Stirnräder	gehärtet und geschliffen	0,6···1,4	2,5···3	Wälzlager, Tauch-
Spiral-Kegelräder . . .	gehärtet und geläppt		3	schmierung
versetzte Kegelräder .	gehärtet und geläppt		4 ···6	
Schneckentrieb $i = 5$	Schnecke gehärtet		5···10	Wälzlager, Tauch-
Schneckentrieb $i = 11$	und geschliffen			schmierung
Lenkschnecke $i = 23$	Rad aus Bronze		34···48	

Berechnungsbeispiele für N_z/N_1. Im Bild 57/1 sind die Ergebnisse für N_z/N_1 aus Versuch und Berechnung bei verschiedener Umfangsgeschwindigkeit v für die Belastung $P = 6$ kg/mm gegenübergestellt. Für die angegebenen Betriebsdaten erhält man nach Gleichung bzw. Versuch:

Für v =	1	8	15 m/s
Berechnet:			
$10^2 \cdot \eta$ =	0,83	0,4	0,31 kg s/m
P/P_h =	2,60	1,42	1,29
N_z/N_1 =	0,0130	0,0083	0,0076
Versuch:			
N_z/N_1 =	0,0126	0,0082	0,0074

[1] Siehe Fußnote 1, S. 53.
[2] Ölzähigkeit η für Getriebeöle und Umrechnung in andere Maße der Zähigkeit, s. Bd. I, Schmierstoffe.
[3] P/P_h ergibt sich aus dem Verlauf von h/G über $\eta v/P$.
[4] Die Lagerverluste könnten durch Schmierung der Lager mit dünnerem Öl verringert werden.
[5] Ausführung nach STOECKICHT.

Auch für andere Zahnkräfte sind die Unterschiede zwischen Rechnung und Versuch gering. So ist für $P = 35{,}5$ kg/mm und $v = 11{,}5$ m/s nach Rechnung $N_z/N_1 = 0{,}0089$ und nach Versuch $= 0{,}0090$.

Günstige Maßnahmen: Die relative Zahnverlustleistung N_z/N_1 wird nach den Versuchen (Bild 53/2) und nach den Gleichungen im Mischreibungsgebiet um so kleiner, je kleiner die maximale Teil-Eingriffsstrecke e_1 bzw. e_2 (je kleiner der Modul) und die

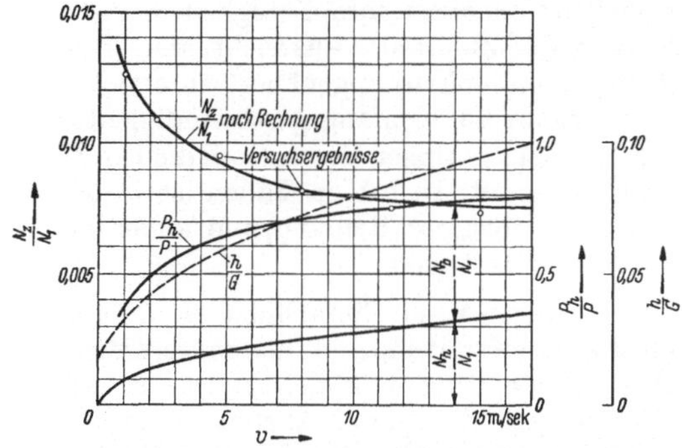

Bild 57/1. Vergleich von N_z/N_1 nach Versuch (Punkte) und nach Rechnung (Kurve)[1]. Ferner ist P_h/P nach Rechnung aufgetragen

Betriebsdaten: Gehärtete Zahnräder mit MAAG-Kreuzschliff, $z_1 = 16$; $z_2 = 24$; $m = 4{,}5$; $\alpha_b = 22{,}43°$; $\varepsilon_1 = 0{,}735$; $\varepsilon_2 = 0{,}475$; Achsabstand 91,5 mm; Glättungstiefe $G = G_1 + G_2 = 2{,}5\,\mu$; $P = 6$ kg/mm; Mineralöl mit $\eta_E = 2 \cdot 10^{-2}$ kg s/m²

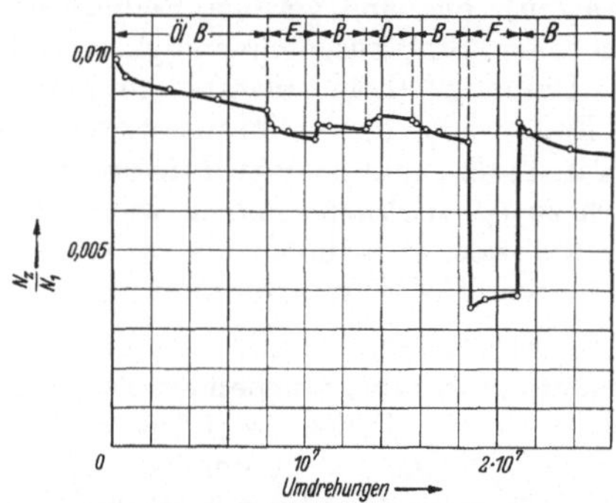

Bild 57/2. Einfluß des Schmierstoffs auf die relative Zahnverlustleistung N_z/N_1 bei gleichen Betriebsdaten[1]

Zahnräder gehärtet mit Kreuzschliff fein; $z_1 = z_2 = 20$; $m = 4{,}5$; Zahnnormalkraft $P = 25$ kg/mm Umfangsgeschwindigkeit $v = 9{,}6$ m/s; Ölzähigkeit $\eta_E = 0{,}4 \cdot 10^{-2}$ kgs/m²

B Mineralöl ohne Zusatz; *D* Mineralöl *B* mit Getriebeölzusatz; *E* Mineralöl *B* mit EP-Zusatz; *F* synthetisches Öl (Polyätheröl)

Glättungstiefe und je größer der Krümmungshalbmesser ϱ, Ölzähigkeit η, Umfangsgeschwindigkeit v und Flankenrücknahme gehalten werden. Außerdem kann mit synthetischem Öl die Verlustleistung beachtlich verkleinert werden (Bild 57/2).

2. Gleichung für die Plantschverlustleistung

Sie ist nach Versuchen[1] sehr gering und beträgt für jedes eintauchende Rad überschlägig

$$N_{PL} \approx \frac{b\,y}{2 \cdot 10^6}\,v^{3/2} \quad \text{[PS]}. \tag{57/1}$$

Dabei bedeutet

b [mm] Breite des tauchenden Rades,

y [mm] Eintauchtiefe,

v [m/s] Umfangsgeschwindigkeit des tauchenden Rades.

Bei kleinem v nimmt N_{PL} noch mit der Ölzähigkeit η etwas zu, bei größerem v ist der Einfluß von η umgekehrt.

3. Gleichung für die Lagerverlustleistung

Die Verlustleistungen der einzelnen Getriebelager sind zu addieren:

$$N_L = \sum \frac{\mu_L P_L d_L n}{1{,}43 \cdot 10^6} \quad \text{[PS]}. \tag{57/2}$$

Hierin ist μ_L Reibzahl der Gleit- bzw. Wälzlager (Erfahrungswerte s. Bd. I), P_L [kg] Lagerbelastung, d_L [mm] Wellendurchmesser, n [U/min] Wellendrehzahl.

[1] Nach NIEMANN und OHLENDORF [65/*114*].

21.9. Schmierung und Kühlung[1]

1) Schmierung und Schmierstoff. Die Schmierung soll Reibung und Verschleiß an den Zahnflanken weitgehend mindern und außerdem auch noch die Reibungswärme abführen. Der benutzte Schmierstoff darf ferner die Zahnräder, Lager und Dichtungen nicht schädigen und soll genügend beständig im Gebrauch sein.

Für diese Aufgabe eignen sich besonders *Mineralöle* (ohne oder mit Legierungszusätzen), die eine geringe Reibleistung ermöglichen, sofern ihre Zähigkeit bei der gegebenen Umfangsgeschwindigkeit und Belastung der Zahnräder ausreicht, um „flüssige Reibung" (keine metallische Berührung der Zahnflanken) angenähert zu erzielen. Erst wenn diese Voraussetzung fehlt (bei kleineren Umfangsgeschwindigkeiten s. Taf. 114/2), geht man zu *Fettschmierung* über; bei sehr geringer Geschwindigkeit u. U. auch zu *festen Schmierstoffen*, wie z. B. Molybdän-Disulfit. In beiden Fällen ist jedoch der Reibwert stets höher als bei Ölschmierung unter flüssiger Reibung, und außerdem ist hierbei die Wärmeabfuhr durch den Schmierstoff fast null.

2) Art der Schmierung. Im Vordergrund steht wegen ihrer Einfachheit die *Tauchschmierung*. Hierbei tauchen die Zahnräder selbst oder ein mit ihnen kämmendes Tauchrad, in andern Fällen besondere Spritzscheiben, Schöpfräder oder Schöpfarme in den Ölspiegel, wobei das Öl unmittelbar durch Berührung oder durch Anspritzen an die Zahnflanken gerät, oder mittelbar durch Abtropfen von den Wänden den Zahnflanken über Fangbleche und Leitkanäle zugeleitet wird. Die Eintauchtiefe der Zahnräder soll das Maß 6mal Modul nicht überschreiten[2]; Mindesteintauchtiefe etwa 1 Modul.

Als oberer Grenzwert für die Tauchschmierung werden 13 bis 15 m/s für die Umfangsgeschwindigkeit v des tauchenden Rades angegeben; bei kurzzeitig eingeschalteten Getrieben wird dieser Wert oft weit überschritten. Außerdem soll nach Blok [65/*125*], [65/*127*] die Fliehkraftbeschleunigung des Öles den Wert $\omega^2 r = v^2/r = 550\ \text{m/s}^2$ nicht überschreiten, da sonst der Ölfilm zu dünn wird. Bei FZG-Versuchen war die Tauchschmierung jedoch noch bei $v^2/r = 2500\ \text{m/s}^2$ einwandfrei, wobei r der Halbmesser des tauchenden Rades ist.

Bei größerer Umfangsgeschwindigkeit geht man zur *Einspritzschmierung* über. Hierbei wird das Öl mittels Pumpe mit breitem Strahl meist radial (seltener axial) an die Zahnflanken gespritzt, und zwar kurz vor oder unmittelbar in den Zahneingriff, bei sehr hohen Umfangsgeschwindigkeiten auch hinter den Zahneingriff. Bei Planetengetrieben kann die Zuführung des Öls auch von der Welle her durch Bohrungen im Zahngrund des Ritzels erfolgen.

Bei großer Umfangsgeschwindigkeit muß der Abstand zwischen Zahnkopf und Gehäuse besonders groß sein.

3) Ölwahl. Für viele Getriebe genügen reine Mineralöle; für höhere Anforderungen hinsichtlich Schmierfähigkeit nimmt man mild legierte Getriebeöle und, wo deren Tragfähigkeit nicht mehr ausreicht (Auftreten von Riefenbildung an den Zähnen), die stärker legierten EP-Öle (Extrem Pressure Öle, auch als Hypoidöle bekannt), die außerdem zum rascheren Einlauf der Getriebe dienlich sind. In vielen Fällen werden auch weitere Eigenschaften von den Ölen gefordert, z. B. gutes Alterungsverhalten, keine Neigung zum Legieren mit Wasser, Verhinderung von Schaumbildung, besonders flache Viskositäts-Temperaturkurve, geringer Aschegehalt und evtl. noch besondere Anforderungen hinsichtlich Flammpunkt-Tropfpunkt[3].

4) Ölzähigkeit und Freßlastgrenze. Allgemein gilt: Je kleiner die Umfangsgeschwindigkeit und je größer die Wälzpressung und Rauhtiefe der Zahnflanken, um so größer

---

[1] Schrifttum hierzu s. S. 65.

[2] Der Ölstand darf höher sein, wenn das tauchende Rad unten mit einem gelochten Blech abgeschirmt wird.

[3] Schmieröle für Getriebe s. DIN auf S. 62. Bei EP-Ölen ist darauf zu achten, daß ihre Zusätze für die betroffenen Werkstoffe (Zahnräder, Wälzlager und Dichtungen) verträglich sind.

muß die Ölzähigkeit (Viskosität) sein, die anderseits größere Leerlaufverluste mit sich bringt. Ferner ergibt eine höhere Ölzähigkeit eine größere hydrodynamische Tragfähigkeit und eine höhere Freßlastgrenze. Dort, wo aus andern Gründen eine geringere Viskosität erwünscht ist, kann dies hinsichtlich der Freßlastgrenze durch EP-Zusätze ausgeglichen werden. Anhaltswerte für die Wahl der Ölzähigkeit und Berechnung der Freßlastgrenze für Stirn- und Kegelräder s. S. 122 und 89, Ölwahl für Schneckentriebe s. S. 160.

5) Ölmenge. Mit größerer Ölfüllung Q (lt) im Getriebekasten bzw. im Umlaufsystem wächst die Wärmeabfuhr durch den Getriebekasten, die Lebensdauer des Öls und die Ölreinigung durch Absetzen von Abrieb und Schmutzteilen.

Bei *Tauchschmierung* gilt als Anhaltswert

$$\boxed{Q \approx 2{,}5 N_z \cdots 8 N_z} \quad [\mathrm{lt}]. \tag{59/1}$$

Die Verlustleistung der Verzahnung N_z beträgt nach Bild 53/2 bei Stirnrädern mit ausreichender Schmierung (Taf. 122/1) überschlägig

$$\boxed{N_z \approx N_1 \left(\frac{0{,}1}{z_1 \cos\beta} + \frac{0{,}03}{v+2}\right)} \quad [\mathrm{PS}] \tag{59/2}$$

mit Antriebsleistung N_1 [PS], Zähnezahl z_1 des Ritzels, Schrägungswinkel β und Umfangsgeschwindigkeit v [m/s].

Bei *Einspritzschmierung* beträgt die erforderliche Einspritzmenge Q_e bei voller Abführung der Verlustleistung N_z [PS] durch Mineralöl mit dem Temperaturunterschied Δt [°C] zwischen Öl-Eintritt und -Austritt nach der Gleichung für Wärmeabführung

$$\boxed{Q_e = 30 \frac{N_z}{\Delta t}} \quad [\mathrm{lt/min}]. \tag{59/3}$$

Außerdem soll die rechnerische *Umlaufzeit* $T = Q/Q_e$ [min] des Öls Q nicht zu klein sein, damit sich Abrieb und Schmutzteile absetzen können und die Ölalterung nicht zu schnell fortschreitet. Bei Einspritzschmierung aus dem Getriebekasten (kein äußerer Ölumlauf) erreicht man aus Platzmangel meist nur $T = 0{,}5$ bis $2{,}5$, während bei Ölumlauf durch Kühlung oder Sammeltank etwa $T = 4$ bis 30 üblich ist[1].

6) Ölwechsel. Erstwechsel nach etwa 200 bis 300 Laufstunden und dann weiterhin das Öl in Abständen von etwa 2500 Laufstunden filtern (nach Beuerlein [65/*125*]). Bei FZG-Versuchen mit $T = 25$ und Ansaugung des Öls durch Feinsieb wurde ohne Erstwechsel über 5000 Laufstunden bei Vollast ohne nachteilige Folgen gefahren.

7) Magnetfilter. Zum Abfangen und zur Kontrolle des metallischen Abriebs haben sich Dauermagnete im Ölsumpf bzw. im Ölumlauf sehr bewährt.

8) Kühlung. Die in Wärme umgesetzte Verlustleistung N_v muß durch Kühlung (Wärmeabgabe nach außen) so reichlich abgeführt werden, daß die Öltemperatur einen gewissen Grenzwert nicht überschreitet.

Das *Wärmegleichgewicht* wird erst nach mehreren Stunden erreicht. Hierbei ist die als Wärme abgehende Leistung, die *Kühlleistung* N_k, gleich N_v und die Getriebeleistung

$$N_1 = \frac{N_k}{N_v/N_1} \quad [\mathrm{PS}] \tag{59/4}$$

[1] Als Maß wird häufig auch die *Umwälzzahl* $W = 60/T$ benutzt.

Für *einstufige Stirnradgetriebe* mit Achsabstand a [mm], maximale Radbreite $b_{\max}$, Ritzelzähnezahl z_1, Schrägungswinkel β und Wälzkreisgeschwindigkeit v [m/s] ist bei gewöhnlicher *Luftkühlung*[1]:

$$N_1 = \frac{N_{k\,\text{Luft}}}{N_v/N_1} \quad [\text{PS}], \tag{60/1}$$

$$N_{k\,\text{Luft}} \approx \frac{t\ddot{u}}{374}\left(\frac{a}{100}\right)^{1,6}(0{,}27 + b_{\max}/a)\,(1 + 1{,}2v^{0,4}) \quad [\text{PS}], \tag{60/2}$$

$$\frac{Nv}{N_1} \approx \left(\frac{0{,}1}{z_1\cos\beta} + \frac{0{,}03}{v + 0{,}2} + \frac{v+5}{10000}\right). \tag{60/3}$$

Hierbei wurde $N_v \approx N_z + 0{,}5 N_L$ gesetzt mit N_z nach Gl. (59/2) und $N_L \approx 2(v + 5)/10000$ als Verlustleistung für 4 Wälzlager. Als Übertragungstemperatur $t\ddot{u}$ [°C] des Schmieröls zur Lufttemperatur wird jeweils 30 bis 70 zugelassen. *Beispiel*: Für $a = 400$, $b_{\max}/a = 0{,}3$, $z_1 = 16$, $v = 10$ und $t\ddot{u} = 50°$ ist nach Gl. (60/1) bis (60/3) $N_1 \approx 270$ PS zulässig.

Für *zweistufige Stirnradgetriebe* kann etwa gesetzt werden:

$$N_1 \approx 0{,}75(N_{1\,\text{I}} + N_{1\,\text{II}})\,0{,}5 \quad [\text{PS}] \tag{60/4}$$

mit $N_{1\,\text{I}}$ für die I. Stufe und $N_{1\,\text{II}}$ für die II. Stufe nach Gl. (60/1) bis (60/3).

Für *noch größere Leistungen* ist die restliche Kühlleistung

$$N_{kk} = N_k - N_{k\,\text{Luft}} = N_1\,(N_v/N_1) - N_{k\,\text{Luft}} = Q_d\,\beta_k\,\Delta t/632 \tag{60/5}$$

durch Öl-Umlaufkühlung oder Wasser-Durchflußkühlung zu erreichen. Hierbei ist Q_d [lt/min] die Durchflußmenge, β_k der Beiwert für die Wärmeaufnahme der Flüssigkeit und Δt der Temperaturunterschied zwischen Aus- und Einlauf.

Für Öl: $\beta_k \approx 21$, $\Delta t = 3 \cdots 5$ ohne Rückkühlung, $= 10 \cdots 20$ mit Rückkühlung.

Für Wasser: $\beta_k \approx 60$, $\Delta t = 10 \cdots 20$ und notwendige Oberfläche der Kühlschlange aus Kupfer

$$F_k \approx 1{,}48\,N_{kk}/t_d \quad [\text{m}^2] \tag{60/6}$$

für 0,5 m/s Durchflußgeschwindigkeit des Wassers und $t_d = 38$ °C Temperaturdifferenz zwischen Öl und Wasser.

21.10. Grundlagen der Zahnradherstellung

Schrifttum s. S. 66.

Die Wahl des Herstellungsverfahrens richtet sich nach Werkstoff, Baugröße, Stückzahl und Qualität der Verzahnung. Für Zahnräder des *Maschinenbaus* steht die *spangebende* Fertigung der Verzahnung durch Hobeln, Fräsen, Räumen, Schaben und Schleifen im Vordergrund. Die *spanlose* Fertigung durch Gießen, Spritzen, Prägen, Pressen, Gesenkschmieden oder Sintern der ganzen Zahnräder in einer profilierten Form und ferner durch Stanzen oder Profilziehen mit einem entsprechend profilierten Schnitt- oder Ziehwerkzeug kommt besonders für *kleinere* Zahnräder bei *großer Stückzahl* in Frage.

Die nachfolgende Übersicht läßt die Merkmale der hauptsächlichen Verfahren erkennen.

---

[1] Nach Untersuchungen der FZG. Die Gl. (60/2) gilt für Getriebe mit Tauchschmierung oder Einspritzschmierung mit Gehäuse aus Stahl, Stahlguß oder Grauguß mit einer Außenfläche $F\,[\text{m}^2] \approx 0{,}17\,(a\,[\text{mm}]/100)^{1,85}$ bei $b_{\max}/a = 0{,}3$ und ohne Bläser. Durch größeren Ölsumpf und durch verstärkte Wärmeabführung mittels Bläser und Kühlrippen in Richtung des Luftstroms kann $N_{k\,\text{Luft}}$ etwa bis auf 2,5fachen Wert von dem nach Gl.(60/2) gebracht werden. Der Einfluß der Baugröße auf $N_{k\,\text{Luft}}$ und N_v muß noch durch weitere Versuche genauer erfaßt werden. Für die hierzu von WELLAUER [65/*142*] vorliegenden Leistungsgrenzwerte fehlen die maßgeblichen Daten bezüglich Ausführung, $t\ddot{u}$, $N_{k\,\text{Luft}}$ und N_v/N_1.

1. Abwälzverfahren (Hüllschnittverfahren)

Das Werkzeug führt hierbei außer der Schneidbewegung (Hobel-, Stoß-, Fräs-, Schabe-, Schleifbewegung) und außer der Vorschubbewegung noch eine *Wälzbewegung* relativ zum herzustellenden Zahnrad Z_1 aus, ebenso wie es ein mit Z_1 kämmendes Zahnrad Z_2 — z. B. eine Zahnstange — tun würde[1]. Entsprechend muß das Werkzeug das Profil von Z_2 besitzen (im Grenzfall nur das Profil einer Zahnflanke von Z_2). Die Zahnflanken von Z_1 entstehen als Hüllschnitte der Werkzeugflanke. Wesentlicher Vorteil: nur *ein* Werkzeug für Zahnräder beliebiger Zähnezahl, aber gleicher Zahngröße (gleichem Zahnmodul); bei getrennter Herstellung der Links- und Rechtsflanken sogar nur ein Werkzeug für alle Zahngrößen und Zähnezahlen.

a) *Beim durchlaufenden Abwälzverfahren* erfolgt die Wälzbewegung stetig ohne Unterbrechung durch Teilvorgänge. Als Werkzeug dient ein Stoß-, Schabe- oder Prägerad, oder eine Fräs-, Schabe- oder Schleifschnecke. Vorteil: Pausenlose Herstellung ohne Teilbewegung von Zahn zu Zahn. Das Verfahren mit *Stoßrad* eignet sich auch zur Fertigung von Hohlrädern (Innenverzahnung) und ferner zur Herstellung von Pfeilverzahnungen ohne Unterbrechung der Zähne an der Pfeilspitze. Nachteil: Die Genauigkeit der Verzahnung hängt von Zwischenrädern der Verzahnmaschine ab (periodische Fehler!).

b) *Beim schrittweisen Abwälzverfahren* ist die Wälzbewegung des Werkzeugs nicht mehr durchlaufend, sondern hin- und hergehend; das Werkzeug wird nach dem Abwälzvorgang außer Eingriff gebracht, und nach Weiterschaltung des Zahnrades um einen Zahn (Teilvorgang) wird der nächste Arbeitsgang in gleicher Weise ausgeführt. Vorteil: Einfaches und genau herstellbares Werkzeug (Kammstahl oder Scheibenfräser oder Schleifscheibe mit *geraden* Flanken). Die Genauigkeit der Zahnteilung ist nicht mehr vom Antrieb des Drehtisches und des Werkzeugs, sondern nur noch von der Genauigkeit des Teilapparates abhängig; die Teilfehler treten also nicht periodisch auf. Nachteil: Hin- und hergehende Bewegung; Zeitverlust durch Rücklauf und Schaltbewegung.

2. Profilverfahren (Formgebung ohne Abwälzbewegung)

Das Werkzeug mit dem Profil der Zahnlücken wird in Richtung der Zahnlücken bewegt. Werkzeug und Zahnrad berühren sich im ganzen Profil.

a) *Beim Teil-Profilverfahren* schneidet bzw. schleift das profilierte Werkzeug (Scheiben- oder Fingerfräser, Stoß- oder Stanzwerkzeug, Räumnadel oder Schleifscheibe) *eine* Zahnlücke und nach erfolgter Weiterschaltung die nächste. Vorteil: Relativ einfaches Werkzeug (Einflanken- bzw. Einzahn-Werkzeug) und Genauigkeit nicht abhängig von Zwischenrädern; heute wieder aufgegriffen beim Zahnradschleifen, wobei die Profilierung der Schleifscheibe mittels Evolventenbewegung des Abritz-Diamanten erfolgt. Nachteil: Für jede Zähnezahl ein Werkzeug.

b) *Beim Komplett-Profilverfahren* wird ein Komplettschnitt des ganzen Zahnrades (Negativ des Zahnrades) als Stanz-, Zieh-, Räum- oder Preßwerkzeug zur Fertigung des Zahnrades verwendet. Vorteil: Einfaches Verfahren; geeignet zur Massenfertigung kleiner Zahnräder (z. B. Uhren-Zahnräder). Nachteil: Teures Werkzeug.

3. Räumliche Formverfahren

Zur Herstellung dient eine „Form", die eine vollständige *räumliche* Matrize des Zahnrades darstellt. Hierin werden die Zahnräder als Ganzes komplett mit den Zähnen gegossen, gesintert, gepreßt oder gespritzt. Hierzu gehört auch das neuerdings, besonders für hochfeste Kegelräder, angewendete Genauschmieden von Stahlzahnrädern in Gesenken [66/*170*].

[1] Die Wälzbewegung des Werkzeugs kann auch durch die Wälzbewegung des Zahnrades ersetzt werden.

21.11. Normen und Schrifttum

1. Normen, s. auch Abschn. 13, S. 67

Deutsche Normen:

DIN 37 Sinnbilder für Zahnräder.
780 Modulreihe.
781, 782 Wechselräder für Werkzeugmaschinen.
783 Wellenenden für Zahnräder mit Wälzlagern.
867 Zahnform für Stirn- und Kegelräder.
868 Kurzzeichen und Begriffe für Zahnräder.
869 Bestellung von Stirn- und Kegelrädern.
870 Profilverschiebung.
1821 Verzahnfräser der Feinmechanik.
1825—1829 Schneidräder mit geraden Zähnen.
3960 Bestimmungsgrößen und Fehler an Stirnrädern, Grundbegriffe.
3961, 3962, 3963, 3967 Toleranzen für Stirnräder.
3964 Achsabstands-Abmaße.
3971 Bestimmungsgrößen und Fehler an Kegelrädern, Grundbegriffe.
3972 Bezugsprofil für Verzahnungswerkzeuge.
3980—3989 .Geradzahn-Stirnräder $m = 3$ bis 12 mm
8000—8002 Wälzfräser für Stirnräder.
8866 Kegelräder für Kollergänge.
43225, 43226, 43233 Zahnräder für Straßenbahn-Motoren.
64005, 64006, 64150, 64525, 64530 Zahnräder für Textilmaschinen.

Getriebeschmierung:

DIN 51501 Normalschmieröle N.
51504 Schmieröle D.
51505 Dunkle Schmieröle und Achsenöle.
51509 Normalschmieröle für Getriebeschmierung.
51512 SAE-Viskositätsklassen für Kraftfahrzeuggetriebeöle.

Geräusch:

DIN 1320 Geräuschbezeichnungen und Einheiten.
1332 Formelzeichen der Akustik.

Britische Normen:

B. S. 436—1940 Stirnräder.
B. S. 545—1949 Kegelräder.
B. S. 721—1937 Schneckengetriebe.
B. S. 970— Schweißstahl.
B. S. 1498—1954 Schneidmaschinen für Turbinen- und ähnliche Getriebe.

USA-Normen:

B 61—1932 Zahnform.
B 65—1949 Bezeichnungen.
B 66—1946 Verzahnungs-Toleranzen.
B 67—1950 20°-Stirnräder.
B 68—1950 Kegelräder.
B 69—1950 Schnecken.
B 610—1950 Begriffe.
B 611—1951 Prüfung.
B 612—1954 Zahnrad-Schäden.

Ferner: AGMA-STANDARDS (Standards der Getriebe-Hersteller).

2. Handbücher und Schriftenreihen

[1] Buckingham, E.: Analytical Mechanics of Gears. New York/Toronto/London 1949.
[2] Dudley, D. W.: Practical Gear Design. New York: Graw Hill 1954.
[3] Henriot, G.: Traité théoretique et practique des Engrenages, Bd. I. Paris: Dunot 1949; Bd. II 1950.
[4] Keck, K. F.: Die Zahnradpraxis, Bd. 1 u. 2. München: Hanser 1956 u. 1958.
[5] Matschoss, C.: Geschichte des Zahnrades. Berlin: VDI-Verlag 1940.
[6] Mehl, C.: Die Evolventenzahnform der Stirnräder mit geraden Zähnen. Stuttgart 1951.
[7] Merritt, H. E.: Gears. London: Pitman 1955.
[8]*Niemann, G.: Zahntriebe. In: Hütte Bd. IIA, 28. Aufl., S. 152—189 Berlin 1954.
[9]*Niemann, G., u. H. Glaubitz: Fachtagung Zahnradforschung 1950. Braunschweig: Vieweg 1955.
[10]*Niemann, G., u. H. Winter: Zahnräder. In: Betriebshütte Bd. 1, Fertigung, 5. Aufl., S. 563—579. Berlin 1957.
[11] Reuleaux, F.: Die praktischen Beziehungen der Kinematik zur Geometrie und Mechanik. Braunschweig: Vieweg 1900.
[12] Ritter, R.: Zahnradgetriebe. Zürich: Leemann 1950.
[13] Schiebel/Lindner: Zahnräder, Bd. I: Stirn- und Kegelräder mit geraden Zähnen; Bd. II: Stirn- und Kegelräder mit schrägen Zähnen. Schraubgetriebe. Berlin/Göttingen/Heidelberg: Springer 1954 u. 1957.
[14] Thomas, A. K.: Die Tragfähigkeit der Zahnräder. München: Hanser 1957.
[15] —: Grundzüge der Verzahnung. München: Hanser 1957.
[16] Trier, H.: Die Zahnformen der Zahnräder, 5. Aufl. Berlin: Springer 1958.
[17] Tuplin, W.: Machinery's Gear Design Handbook. London: Machinery 1944.
[18] Zahnräder und Zahnradgetriebe. Braunschweig: Vieweg 1955.
[19] International Conference on Gearing 1958. Inst. of Mechan. Engrs. London 1959.

* Betrifft Arbeiten der FZG (Forschungsstelle für Zahnräder und Getriebebau, Techn. Hochschule München).

[20] Schriftenreihen Antriebstechnik. Braunschweig: Vieweg 1951 bis 1959.
[21] Fachhefte Getriebetechnik in VDI-Zeitschrift 1950 bis 1959.

3. Verzahnungsgeometrie

Profilverschiebung siehe auch bei 5 und S. 129.

[25] Altmann, F. G.: Zeichnerische Ermittlung von Zahnflanken zu einer gegebenen Eingriffslinie. Z. VDI Bd. 82 (1938) S. 165—168.
[26] Baier, O.: Über die Abstandsempfindlichkeit ebener Verzahnungen. Konstruktion Bd. 5 (1953) S. 243.
[27] Burbek, E.: Rechnerische Untersuchungen über die durch Wälzfräsen herstellbaren Profile parallelflankiger Keilwellen. Konstruktion Bd. 10 (1958) S. 144—147.
[28] Grodzinski, P.: Exzentrische Zahnradgetriebe. Machine Design Bd. 25 (1953) S. 141—149.
[29] Stirnräder als Ersatz elliptischer Stirnräder. Reuleaux-Mitt. 1933, S. 21—23 und 39—43.
[30] Hofer, H.: Genauere Berechnung des Unterschnitts an Zahnrädern. Z. VDI Bd. 99 (1957) S. 241—243.
[31] Liske, H.: Anwendung unrunder Zahnräder. Z. VDI Bd. 78 (1934) S. 199.
[32] Martin, L. D.: Eingriffswinkel bei Getriebezahnrädern. Machine Design Bd. 26 (1954) S. 129—135.
[33] Noch, R.: Netztafeln zur Bestimmung des Überdeckungsgrades in Wälzgetrieben. Konstruktion Bd. 6 (1954) S. 191—197.
[34] Schlegel, O.: Elliptische Stirnradgetriebe. Werkst. u. Betr. Bd. 87 (1954) S. 18 (hier weiteres Schrifttum!).
[35] Schnarbach, K.: Zahnradgetriebe mit ungleichförmig umlaufendem Abtrieb. In: VDI-Forsch.-Heft 461, Düsseldorf (1957).
[36] Walker, H.: Gear Tooth Deflection and Profile Modification. Engineer 1938, S. 409 u. 434.
[37] Wolfsstieg, W.: Stirnräder mit keilförmig ausgebildeten Zähnen. Z. VDI Bd. 94 (1952) S. 547, Bild 3.
[38] Wolkenstein, R.: Zahnstangengetriebe mit 0° Eingriffswinkel, ihre Anwendung in der Praxis. Werkst. u. Betr. Bd. 90 (1957) S. 134—136.
[39] Getriebe mit Sira-Verzahnung. The Oversea Engineer Bd. 28 (1954) 321, S. 64—65.

4. Zykloiden- und Triebstockverzahnung

[43] Kutzbach, K.: Einseitige Zykloidenverzahnung. Z. VDI Bd. 68 (1924) S. 788.
[44] Ernst, H.: Die Hebezeuge Bd. 1. Braunschweig: Vieweg 1958.

5. Evolventenverzahnung

Profilverschiebung siehe auch S. 129.

[46] Botka, J.: Die Interferenz von normalen Evolventenverzahnungen. Maschinenbautechnik Bd. 2(1953) S. 108/115.
[47] Hiersig, H. M.: Wege zur Weiterentwicklung der Stirnradverzahnung. Z. VDI Bd. 51 (1949) S. 29.
[48] Hofer, H.: Einfache und genaue Unterschnittberechnung. Z. VDI Bd. 83 (1941) S. 785.
[49] — : Verzahnungskorrekturen an Zahnrädern. Autom.-techn. Z. Bd. 49 (1947) S. 19—20; Bd. 50 (1948) S. 44—46.
[50] — : Genauere Berechnung des Unterschnitts an Zahnrädern. Z. VDI Bd. 99 (1957) S. 241—243.
[51] Korhammer, A.: Berechnung der Zahndicke von gerad- und schrägverzahnten Evolventenstirnrädern. Werkst. u. Betr. Bd. 90 (1957) S. 361—363.
[52] — : Grundsätzliches zur Evolventenverzahnung. Werkst. u. Betr. Bd. 91 (1958) S. 213—218.
[53] Mehl, C.: Die Evolventenzahnform der Stirnräder mit geraden Zähnen. Stuttgart: Frankh 1951.
[54] Noch, R.: Begriffe und Rechnungsgrundlagen für die Profilverschiebung bei Stirnradgetrieben mit Evolventenverzahnung. Konstruktion Bd. 7 (1955) S. 376—381.
[55] Peters, J.: Kreis- und Evolventenfunktionen. Bonn 1951.
[56] Talke, K.: Bestimmung des spezifischen Gleitens bei Zahnrädern mit Evolventenverzahnung. Konstruktion Bd. 3 (1951) S. 349—350.
[57] Vidéky, E.: Kinematic and geometrical Calculation on Involute Spur Gears. Acta techn. Acad. Sci. hung. Tomus XI, Fasc. 3—4. Budapest 1954.
[58] — : Tip Relief on Spur Gears. Acta techn. Acad. Sci. hung. Bd. 10, H. 1—2. Budapest 1955.
[59]*Weber, C., u. K. Banaschek: Formänderung und Profilrücknahme bei gerad- und schrägverzahnten Stirnrädern. Braunschweig: Vieweg 1953.
[60] Winter, H.: Eingriffstörungen bei profilverschobenen Verzahnungen. Industrieblatt Bd. 58 (1958) S. 520—524.

6. Zahnschäden und Abhilfe (s. auch bei 7 u. 12 und auf S. 127 u. 130)

[65] USA-Norm B 6.12—1954 / AGMA Standard 110.01—1944 } Designating Gear Tooth Wear and Failure.
[66] Johnson, Rankin, u. S. D. Craine: Causes and Prevention of Premature Gear Failures. Iron Steel-Engr. Sept. 1955, S. 118—125.

7. Erhöhung der Tragfähigkeit (s. auch [43] und bei 12)

[69] Fedjakin, R. W., u. A. W. Tsesnokow: Zahntriebe mit einer Verzahnung nach M. L. Nowikow. Auszug s. VDI-Z. Bd. 101 (1959) S. 212/213. — Beurteilung s. Product Engineering, August 31 (1959) S. 21.

[70] Finnern, B.: Badnitrieren (Weichnitrieren) — ein Verfahren zur Erhöhung der Verschleiß- und Wechselfestigkeit von Bauteilen. Maschinenschaden Bd. 32 (1959) S. 101—108.

[71]*Niemann, G., u. Rettig, H.: Gehärtete Zahnräder. Konstruktion Bd. 10 (1958) S. 213—223.

[72]*Rettig, H., u. H. Winter: Erhöhung der Tragfähigkeit von Zahnrädern durch Härtung. Industrie-Rdsch. Jg. 8 (1953) Nr. 12, S. 55—64.

[73] Straub, J. C.: Shot Peening in the Design of Gears. Agma-Report 101.05 (1953).

[74] Ulrich, M.: Steigerung der Dauerschwingungsfestigkeit von Zahnrädern durch besondere Gestaltung, Härtung und Bearbeitung des Zahngrundes. Z. Luftwesen Bd. 9 (1942) S. 11—13.

[75]*Winter, H.: Tragfähigkeitssteigerung durch Kugelstrahlen bei Zahnrädern. Werkstattstechn. u. Maschinenbau Bd. 46 (1956) S. 342—348.

8. Zahngeräusch

[77] Büttner, P.: Zahnradgetriebe für außergewöhnlich hohe Drehzahlen. Mitt. Forsch.-Anst. Gutehoffn.-Konzerns Bd. 8 (1940) S. 44.

[78] Büttner, P.: Bekämpfung des Geräusches bei Getriebeturbinen. Z. Wärme (1938) S. 323.

[79] Couling, S. A.: The Production of High Speed Helical Gears .... Proc. Inst. mech. Engrs. Bd. 150 (1943) S. 172.

[80] Dietrich, G.: Reibungskräfte, Laufunruhe und Geräuschbildung an Zahnrädern. Dtsch. Kraftfahrtforsch. H. 25. VDI-Verlag 1939.

[81] Ehrlich, W.: Geräuschuntersuchungen an Kraftfahrzeug-Treibachsen. Automobiltechn. Z. Bd. 58 (1957) S. 68—75.

[82] Freman, E. C.: Precise Machining Produces quiet Gears. Automot. Ind. S. 50—52 u. 82.

[83] Glaubitz, H.: Das Problem des Zahnradgeräusches. Konstruktion Bd. 9 (1957) S. 388—397.

[84] Glaubitz, H., u. K. Gösele: Stand der Zahnradgeräuschforschung. Dtsch. Kraftfahrtforsch. H. 83. VDI-Verlag 1944.

[85] Glaubitz, H., u. K. Gösele: Entstehung und Frequenzzusammensetzung der Geräusche von Kraftwagengetrieben. Dtsch. Kraftfahrtforsch. H. 64. VDI-Verlag 1942.

[86] Genkin, M. D.: Herstellung geräuschloser Zahnräder. Werkbänke u. Instrumente, Moskau Nr. 7 (1950) und Nr. 1 und 2 (1951).

[87] Harz, H.: Zahnradgeräusche. Dtsch. Kraftfahrtforsch. H. 69. VDI-Verlag 1942.

[88] Hofer, H.: Laufruhe von Zahnrädern und ihre Abhängigkeit von der Verzahnung. Werkstattstechnik Bd. 29 (1935) S. 92.

[89] Meldahl, A.: Weshalb pfeift ein Getriebe? Wie wird das Pfeifen vermieden? Brown Boveri Mitt. Bd. 29 (1942) S. 284—298.

[90] Meister, F. J.: Schallpegel, Lautheit, Lästigkeit und Geräuschbelastung des Ohres. Z. VDI Bd. 99 (1957) S. 329—334.

[91]*Niemann, G.: Geräuschbildung an Zahnradgetrieben. VDI-Tagungsheft 2: Antriebselemente S. 179 bis 182. Düsseldorf 1953.

[92]*Niemann, G., u. M. Unterberger: Geräuschminderung bei Zahnrädern. VDI-Z. 101 (1959) S. 213 bis 223.

[93]*Niemann, G., u. H. Glaubitz: Schrägverzahnte schmale Stirnräder. Z. VDI Bd. 93 (1951) S. 215—222.

[94]*Rettig, H., u. H. Winter: Zahnradgeräusche. Industrie-Rdsch. Jg. 8 (1953) Nr. 7, S. 12—20.

[95] Soden, A. v.: Das Zahnrad als Lärmquelle. Z. VDI Bd. 77 (1933) S. 331.

[96] Strelow, H.: Zusammenhänge zwischen Geräusch und Herstellungsverfahren bei Getrieben. In: Schriftenreihe Antriebstechnik Bd. 18, S. 230—250. Braunschweig: Vieweg 1957.

[97] Sykes, W. E.: Zahnradgeräusche, ihre Ursache und Abhilfe. Werkzeugmaschine 1937, S. 267.

[98] Taggart, R.: Noise in Reduction Gears. I. Amer. Nav. Engrs. Bd. 66 (1954) S. 829.

[99]*Unterberger, M.: Geräuschuntersuchungen an geradverzahnten Zahnrädern. Dissertation TH. München 1958.

[100] Zeller, W.: Technische Lärmabwehr, S. 120—125. Stuttgart 1950.

[101] Zink, H.: Geräuschmessungen an Zahnradgetrieben. In: Zahnräder, Zahnradgetriebe, S. 253—262. Braunschweig: Vieweg 1955.

[102] Zink, H.: Geräuschuntersuchungen an Zahnradgetrieben. Z. VDI Bd. 98 (1956) S. 297—303.

[103] Zink, H.: Die Messung von Geräuschen und Schwingungen an Getrieben und ihre Auswertung. In: VDI-Berichte Bd. 32, S. 5—15. Düsseldorf 1958.

9. Wirkungsgrad und Verlustleistung

[106] Cameron, A.: Versuche an Schiffsgetrieben. In: Zahnräder, Zahnradgetriebe, S. 202—215. Braunschweig: Vieweg 1955.

[107] Cameron, A., u. A. D. Newman: Back-to-Back Testing of Marine Reduction Gears. Shipbuild. Mar. Engine-Builder Bd. 60 (1953) S. 306—311.

[108] HAGEN, W.: Oberflächengüte der Zahnflanken. Z. VDI Bd. 97 (1955) S. 849—859.
[109] KARAS, F.: Die äußere Reibung beim Walzendruck. Forsch. Ing.-Wes. Bd. 12 (1941) S. 266—274.
[110] KLUGE, H., u. H. BÖLLINGER: Wirkungsgradmessungen an Zahnradwechselgetrieben. Automobiltechn. Z. Bd. 37 (1934) S. 3—8.
[111] KUTZBACH, K.: Reibung und Abnützung von Zahnrädern. Z. VDI Bd. 70 (1926) S. 999.
[112]*NIEMANN, G.: Schmierfilmbildung, Verlustleistung und Schadensgrenzen bei Zahnrädern mit Evolventenverzahnung. Z. VDI Bd. 97 (1955) S. 305—308.
[113]*NIEMANN, G., u. K. BANASCHEK: Der Reibwert bei geschmierten Gleitflächen. Z. VDI Bd. 95 (1953) S. 167—173.
[114]*NIEMANN, G., u. H. OHLENDORF: Verlustleistung und Erwärmung bei Stirnradgetrieben. Z. VDI Bd. 102 (1960) Heft 6.
[115]*OHLENDORF, H.: Verlustleistung und Erwärmung von Stirnrädern. Dissertation T.H. München 1958.
[116] PEPPLER, W.: Druckübertragung an geschmierten, zylindrischen Gleit- und Wälzflächen. VDI-Forsch.-Heft 391. Berlin 1938.
[117] RADZIMOVSKY, E. J.: Näherungswerte der Wirkungsgrade von Planetengetrieben. Konstruktion Bd. 8 (1956) S. 434—435.
[118] RIKLI, H.: Methode zur Bestimmung des Wirkungsgrades von Zahnrädern. Z. VDI 1911, S. 1435.
[119] TOBLER: Verfahren zur experimentellen Bestimmung des Gesamtverlustes eines Zahnradgetriebes. Schweiz. Bauztg. Bd. 121 (1943) S. 313—314.
[120] VIDÉKY, E.: Analysis of Gear Friction. Acta techn. Acad. Sci. hung. Bd. 6, H. 3/4. Budapest 1953.

10. Schmierung (s. auch Freßlastgrenze S. 127)

[124] BAUFORTH, M.: Getriebeschmierung. Power Transmission Febr. 1954, S. 155—161.
[125] BEUERLEIN, P.: Moderne Schmierungsfragen bei großen Getrieben. Erdöl u. Kohle Bd. 8 (1955) S. 473. bis 478.
[126] BEUERLEIN, P.: Abschnitte Schmiermittel und Schmiertechnik. In: Kröners Taschenbuch der Maschinentechnik. Stuttgart 1955.
[127] BLOK, H.: Getriebeschmierstoff ein Getriebebaustoff. Fachtagung Zahnradforschung 1950, S. 153—185. Braunschweig: Vieweg 1951.
[128] CAMERON, A.: The Determination of the Pressure Viscosity. J. Inst. Petroleum Bd. 31 (1945) Nr. 262.
[129] CAMERON, A.: Hydrodynamic Theory in Gear Lubrication. Gear Lubrication. Symposium. J. Inst. Petroleum London 1952.
[130] CAMERON, A.: Theorie der Zahnradschmierung. In: Zahnräder, Zahnradgetriebe, S. 71—80. Braunschweig: Vieweg 1955.
[131] GATCOMBE, E. K.: Lubrication Characteristics of Involute Spur Gears. Trans. ASME Bd. 67 (1945) Nr. 3.
[132] GATCOMBE, E. K.: Non Steady State Load-Supporting Capacity of Fluid Wedge-Shape Films. Trans. ASME 1951, H. 73, S. 1065.
[133] HERSEY, M. D., u. HOPKINS: Viscosity of lubricants under pressure. Trans. ASME S. 64—67. New York 1954.
[134] LARSON, R. G., u. A.. BONDI: Functional Selection of Synthetic Lubricants. Industr. Engng. Chem. Bd. 42 (Dez. 1950) S. 2421.
[135] PIETSCH, E.: Das Schmiermittel im Zahnradgetriebe unter besonderer Berücksichtigung der Grenzreibung. Dtsch. Kraftfahrtforsch. H. 59. Berlin: VDI-Verlag 1941.
[136]*RETTIG, H.: Ermittlung der Schmierstoffeigenschaften im Zahnradtest. In: Zahnräder, Zahnradgetriebe, S. 58—70. Braunschweig: Vieweg 1955.
[137] Lubricants, Specification and Classification. Lubrication Okt. 1950, S. 117.
[138] Getriebeschmierung; verschiedene Abhandlungen siehe in: Gear Lubrication Symposium Inst. Pet. Febr. 1952, Teil 1.
[139] Getriebeschmierung. Sci. Lubrication Bd. 6 (1954) S. 10—13 u. 25—31.
[140] TUPLIN, W. A.: Gear Tooth Lubrication. Machine Design Bd. 26 (1954) Nr. 8, S. 125—131. Auszug: Konstruktion Jg. 7 (1955) S. 31—32.
[141] WATSON, H. J.: Testing and Selection of Lubricants. Petrol. Times 24. VI. 1953, S. 662—664.
[142] WELLAUER, E. J.: Wärmeabgabe von Zahnrad-Getriebegehäusen bei Tauchschmierung. Auszug s. Konstruktion Jg. 5 (1953) S. 165.

11. Zahnradfertigung

[145] BOHLE, F.: Zahnradfertigung; Ein neues Verfahren zur Endbearbeitung. Z.VDI Bd. 100 (1958) S. 227/29.
[146] BUDNIK, A.: Stirn- und Schneckenradbearbeitung. In: Betriebshütte Bd. 1, Fertigung, 5. Aufl., S. 380 bis 385. Berlin 1957.
[147] BUDNIK, A.: Diagonal-Wälzfräsverfahren. Z. Werkstattstechn. u. Maschinenbau Bd. 48 (1958) S. 31—37.
[148] CHARCHUT, W.: Fertigungsfehler und ihre Ursachen beim Wälzfräsen von Verzahnungen. Z. VDI Bd. 100 (1958) S. 231—233.
[149] GABLER, H.: Zahnradschaben. Stuttgart: Verlag Das Industrieblatt 1957.

[150] GARY, M.: Profilberechnung für Scheibenfräser zu Evolentenschnecken und ... Schrägstirnräder. Z. Werkstattstechn. u. Maschinenbau Bd. 48 (1958) S. 153—156.
[151] GLAUBITZ, H.: Das spanlose Formen von Verzahnungen, insbesondere das Warmpressen. Z. VDI Bd. 99 (1957) S. 1209—1215.
[152] GROSSMANN, W. D.: Zahnflankenschleifen. Stuttgart: Verlag Das Industrieblatt, 1954.
[153] HAGEN, W.: Der Einfluß von Werkstoff, Maschine und Werkzeug auf die Oberflächengüte der Zahnflanken. Z. VDI Bd. 97 (1955) Nr. 25 u. 27, S. 849—859 u. 956—959.
[154] HEYES, J.: Elektropolieren von Zahnrädern. Metalloberfläche Bd. 3 (1951) H. 12, S. B 177.
[155] —: Elektrolytisches Polieren und Entgraten von Zahnrädern. Z. VDI Bd. 97 (1955) S. 313—315.
[156] —: Elektropolieren und Werkstoff. Werkstattstechn. u. Maschinenbau Bd. 43 (1953) S. 122—126.
[157] HÖFLER, W.: Die Ursachen von Verzahnungsfehlern beim Wälzfräsen. Maschinenmarkt Bd. 64 (1958) Nr. 19.
[158] KLEMMING, S. G.: Schaben großer Zahnräder. In: Getriebe — Kupplungen — Antriebselemente. Braunschweig: Vieweg 1957.
[159] KRUMME, W.: Praktische Verzahnungstechnik. München: Hanser 1952.
[160] KRÜGER, F.: Die Länge der Wälzwege von Verzahnungen als Funktion der Schleifscheibenwinkel. Z. Werkstattstechn. Maschbau Bd. 48 (1958) S. 636—640.
[161] KUTZBACH, K.: Grundlagen und Fortschritt der Zahnraderzeugung. Berlin: VDI-Verlag 1925.
[162] Gleitbondern von Zahnrädern. Metalloberfläche Bd. 4 (1952) H. 6.
[163] LÖBELL, D. Wälzfräsmaschinen zum Fräsen von Turbinenrädern. Maschinenmarkt Bd. 64 (1958) Nr. 11.
[164] NAKADA, T., u. Y. FUKUDA: Zur Messung der Drehungsfehler bei Drehtischen von Wälzfräsmaschinen. Konstruktion Bd. 10 (1958) S. 201—205.
[165]*NIEMANN, G., u. H. RETTIG: Untersuchungen an Blechzahnrädern. Mitt. Forsch.-Ges. Blechverarb. Sept. 1956.
[166] VAN OS, G. J.: Sound Production and Vibrations of Marine Reduction Gears. In: Proc. Round Table Discussion on Marine Gears. Delft 1957.
[167] Abwälzfräsen elliptischer Zahnräder. Konstruktion Bd. 8 (1956) S. 165.
[168] POHL, F.: Kegelradbearbeitung. In: Betriebshütte Bd. 1, Fertigung, 5. Aufl., S. 385—390. Berlin 1957.
[169] RIECKHOFF, O.: Über wirtschaftliche und zweckmäßige Verzahnung durch Pressen. Werkstattstechn. u. Maschinenbau Bd. 44 (1954) S. 371.
[170] —: Neue Versuche mit dem Warmpressen von Zahnrädern mit Stirnverzahnung. Werkstattstechn. u. Maschinenbau Bd. 47 (1957) S. 89—93.
[171] RITTER, R.: Zahnradgetriebe. Zürich: Leemann-Verlag 1950.
[172] ROGG, O.: Beitrag zur Frage des Zahnradschabens. Z. VDI Bd. 98 (1956) S. 311—318.
[173] SYKES, A.: Progress in Turbine Gear Manufacture. Instn. mech. Engr., Proc. Bd. 159 (1947).
[174] THIEMIG, W.: Schaben, Schleifen, Stoßen und Fräsen von Verzahnungen. In: VDI-Tagungsheft 2. Düsseldorf 1953.
[175] UFERT, O., u. H. JUNKLEWITZ: Das Schaben von Großgetrieberädern. Z. VDI Bd. 100 (1958) S. 209—215.
[176]*WEBER, C.: Profilbeziehungen bei der Herstellung von zylindrischen Schnecken, Schneckenfräsern und Gewinden. Braunschweig: Vieweg 1954.

12. Zahnradhärtung und Flankenbehandlung

Tragfähigkeit siehe auch S. 63, 124 u. 125

[179] BAGH, P.: Erfahrungen mit 58 CrV 4 als Zahnradwerkstoff. Konstruktion Bd. 4 (1952) S. 333.
[180] BEISSWÄNGER, H.: Das Jonitrieren. Industrieblatt 58 (1958) S. HT 40/43.
[181]*GLAUBITZ, H.: Oberflächenhärtung und Bauteilfestigkeit von Zahnrädern. Werkst. u. Betr. Bd. 80 (1947) S. 249 u. 277.
[182] GLAUBITZ, H.: Die zweckmäßige Einhärtetiefe bei oberflächengehärteten Getriebezähnen. Z. VDI Bd. 100 (1958) S. 216—226.
[183] HEISE, C. H.: Formelbeständigkeit umlaufgehärteter Zahnräder. Werkstattstechn. u. Maschinenbau Bd. 44 (1954) S. 489—493.
[184] HÖHNE, E.: Oberflächenhärten von Zahnrädern. Z. VDI Bd. 100 (1958) S. 241—248.
[185] KEGEL, K.: Die Durchführung der induktiven Zahnradhärtung und ihre betrieblichen Voraussetzungen. In: Zahnräder, Zahnradgetriebe, S. 170—175. Braunschweig: Vieweg 1955.
[186] MÜLLER, J.: Das Weichnitrieren und das Sulf-Inuzieren ... zum Behandeln verzahnter Bauteile. Z. VDI Bd. 100 (1958) S. 235—239.
[187]*NIEMANN G., u. H. RETTIG: Gehärtete Zahnräder. Konstruktion Bd. 10 (1958) S. 213—223.
[188] OESEN, H. v.: Erfahrungsaustausch über neuzeitliche Oberflächenhärteverfahren für Zahnräder. In: Zahnräder, Zahnradgetriebe, S. 162—163. Braunschweig: Vieweg 1955.
[189]*RETTIG, H.: Werkstoff- und Härteeinfluß auf Festigkeit und Verschleiß von gehärteten Zahnrädern. Zahnräder, Zahnradgetriebe, S. 164—169. Braunschweig 1955.

[190]*RETTIG, H., u. H. WINTER: Erhöhung der Tragfähigkeit von Zahnrädern durch Härtung. Industrie-Rdsch. Bd. 8 (1953) Nr. 12, S. 55—64.
[191] ULRICH, M., u. H. GLAUBITZ: Festigkeits- und Verschleißverhalten brenngehärteter Zahnräder. Z. VDI Bd. 91 (1949) S. 584—587 — Stand der Induktionshärtung S. 577.
[192] WAHL, C. G.: Zahnradgetriebe mit nitrierten Verzahnungen für hohe Umfangsgeschwindigkeiten. Z. VDI Bd. 100 (1958) S. 252—254.
[193]*WINTER, H., u. H. RETTIG: Induktionshärtung. Maschinenmarkt 1954, Nr. 70/71, S. 73—80.

13. Zahnfehler und Fehlermessungen (s. auch 11)

[198] APITZ, G., BUDNICK, A., KECK, K. FR., u. W. KRUMME: Die DIN-Verzahnungstoleranzen und ihre Anwendung. Braunschweig: Vieweg 1954.
[199] BUDNICK, A.: Probleme um die Verzahntoleranzen. In: VDI-Tagungsheft 2, Antriebselemente, S. 117 bis 128. Düsseldorf 1953.
[200] BUDNICK, A.: Die Tolerierung von Schrägzahn-Stirnrädern. Werkstattstechn. u. Maschinenbau Bd. 44 (1954) S. 543—546.
[201] CHARCHUT, W.: Fertigungsfehler und ihre Ursachen beim Wälzfräsen von Verzahnungen. Z. VDI Bd. 100 (1958) S. 231/233.
[202] HÖFLER, W.: Die Ursachen der Verzahnungsfehler beim Wälzfräsen und Wälzstoßen. Diss. Karlsruhe 1956.
[203] KECK, K. FR.: Hinweise zur Anwendung der DIN-Verzahnungstoleranzen. Werkstattstechn. u. Maschinenbau Bd. 44 (1954) S. 329—331; 1955, S. 110—112.
[204] KRÜGER, F.: Das Zweiflanken-Wälzdiagramm und die Fehler im Betriebszustand. Werkstattstechn. u. Maschinenbau Bd. 48 (1958) S. 259—261.
[205] LEHNERT, G.: Qualitative Bestimmung von Verzahnungsfehlern durch Messen der Zahnverformung im Eingriff unter Betriebslast. Z. VDI Bd. 96 (1954) S. 213—220.
[206] NOCH, R.: Normung, Tolerierung und Messen von Verzahnungen. Konstruktion Bd. 8 (1956) S. 406—412.
[207] Pohl, F.: Das Messen großer Zahnräder. In: Getriebe — Kupplungen — Antriebselemente. Braunschweig: Vieweg 1957.
[208] SAWYER u. MCCUBBIN: Bestimmung von Oberflächenbeschaffenheit und Verschleiß an Zahnflanken Machinery 1950, Nr. 12, S. 135—142.
[209] THIEMIG, W.: Praktische Erfahrungen mit den Verzahnungsnormen. Z. VDI Bd. 97 (1955) S. 205/06.
[210] ZIEHER, G.: Die Einzelfehler von Evolventen-, Stirn- und Kegelrädern im Fehlerschaubild der Ein- und Zweiflankenprüfung. Werkstattstechn. u. Maschinenbau Bd. 42 (1952) S. 242.
[211] Messen an Zahnrädern und Getrieben. VDI-Berichte Bd. 32. Düsseldorf 1959.

22. Stirnräder, Gestaltung und Berechnung

Schrifttum hierzu s. S. 123; Bezeichnungen s. S. 113; Erfahrungsangaben für übertragbare Leistung, Baugröße und Preis s. S. 6 bis 13.

22.1. Gestaltung

Bereits vor der Berechnung des Getriebes sind einige Fragen zu klären, die mit dem Verwendungszweck, mit der Gestaltung, mit der Stückzahl und mit der Fertigung zusammenhängen.

1. Wahl der Gesamtanordnung

Bevorzugt wird eine waagrechte Lage der Wellen, wobei die Teilfugen des Getriebekastens in den Wellenebenen vorgesehen werden (Bild 68/1 u. 74). Für kleinere bis mittlere Getriebe kommen auch ungeteilte Getriebekästen mit großen seitlichen Flanschdeckeln für den Ein- und Ausbau in Frage (Bild 68/2).

Mit zunehmender Baugröße lohnt sich die Anwendung der Leistungsverzweigung mittels Mehrweg-Getriebe, z. B. die Übertragung des Drehmomentes von einem Ritzel auf mehrere Räder, die unmittelbar oder über angeschlossene Ritzel auf ein großes Abtriebsrad wirken (Bild 69/1 u. 69/2). Hierbei muß die Verteilung der Leistung (Ausgleich der Zahnkräfte) durch elastische Zwischenglieder oder Selbsteinstellung des Ritzels gesichert werden (Bild 69/2). Besonders klein und gewichtssparend bauen Planetengetriebe mit mehreren Zwischenrädern (Bild 69/2).

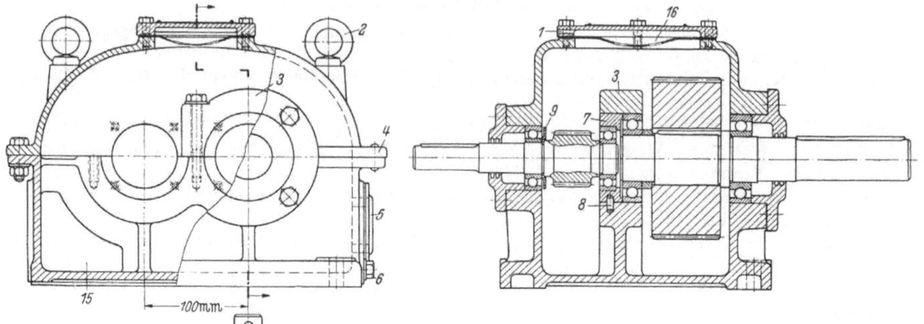

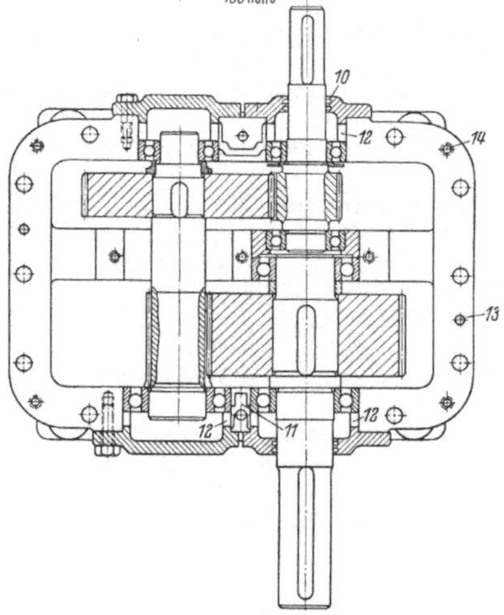

Bild 68/1. Zweistufiges Stirnradgetriebe (Flender)

1 Entlüftungsschlitz; *2* Ringschraube; *3* Lagerbügel für Zwischenlager; *4* überstehende Kante ermöglicht leichteres Abheben des Gehäusedeckels; *5* Ölstandzeiger; *6* Ölablaß; *7* Zwischenring (Vorteil: durchgehende Bohrung im Gehäuse); *8* Haltestift verhindert Verdrehen des Zwischenringes *7*; *9* Spritzscheibe; *10* Ölfangrillen; *11* Ölfangnuten zur Lagerschmierung im Gehäuseunterteil; *12* Schlitz im Deckel für die Ölzuführung zum Lager; *13* zwei Paßstifte für die Zuordnung von Gehäuseober- und -unterteil; *14* Gewindelöcher für Abdrückschrauben; *15* Aussparung für Öldurchgang; *16* Fangblech für Spritzöl

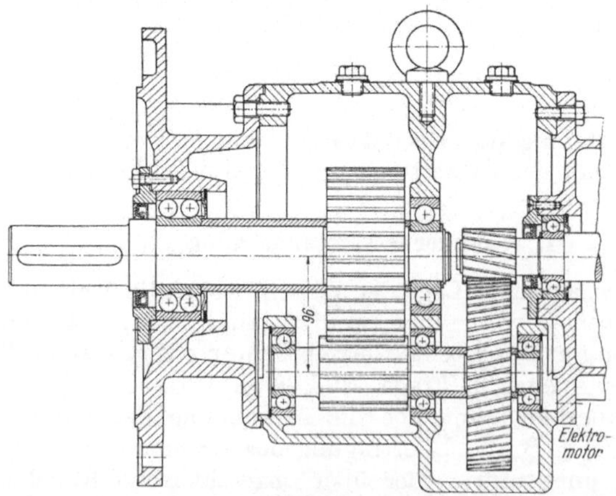

Bild 68/2
Flanschgetriebe für Elektromotor (Süddeutsche Elektromotorenwerke)

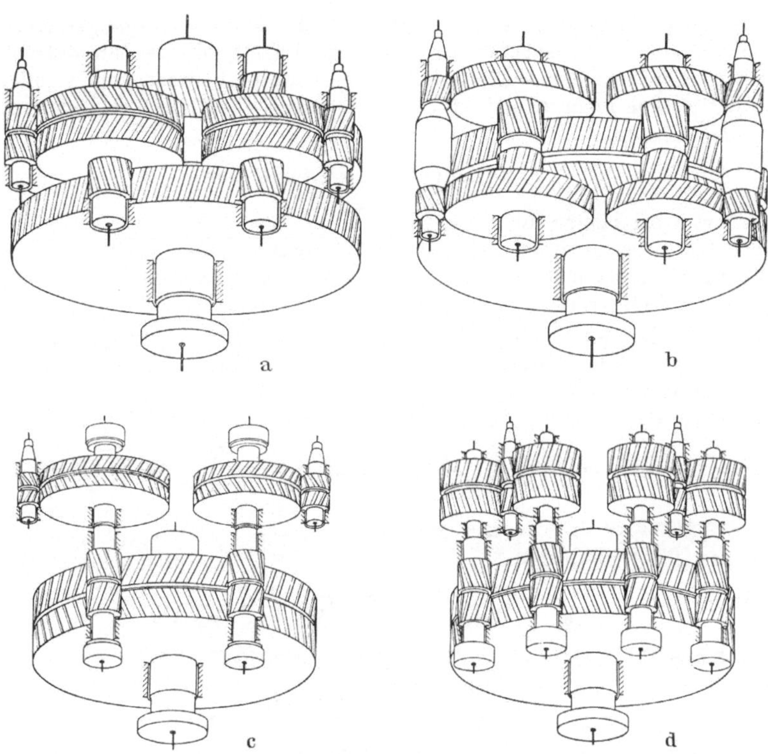

Bild 69/1. Verschiedene Anordnungen für Schiffs-Turbinengetriebe mit je einem Antriebsritzel von Hoch- und Niederdruckturbine, nach NEUFELD [123/*40*]; a) „nested type“ mit I. Stufe zwischen der II.; b) „nested type“ mit II. Stufe zwischen der I.; c) „articulated type“; d) „locked traintype“

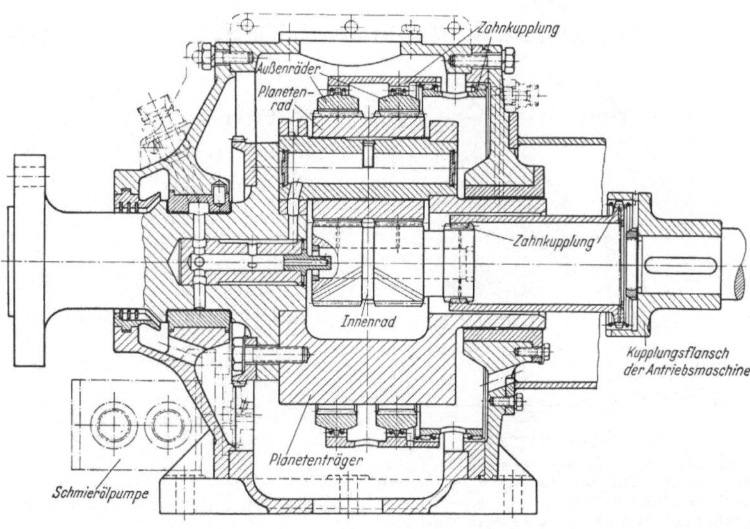

Bild 69/2
Stoeckicht-Planetengetriebe mit Pfeilverzahnung (Turbinengetriebe) mit 3 Planetenrädern; Selbsteinstellung des Ritzels (Innenrad) und der hohlverzahnten Außenräder, wobei das Drehmoment über Doppelzahnkupplungen aufgenommen wird, s. [123/*21*].

Bei mehreren Übersetzungsstufen ist zu entscheiden, ob Ausgangs- und Eingangswelle fluchten sollen (Achsabstand $a_{\rm I} = a_{\rm II}$, Bild 68/1), ob die Zahnradstufen nebeneinander (in Richtung der Wellenachsen) oder hintereinander liegen sollen. Im allgemeinen ergibt eine mehr quadratische Ausdehnung des Getriebes geringere Gesamtgewichte und Kosten.

2. Aufteilung der Getriebestufen

Ausgeführt wird bisher für Getriebe
mit 1 Stufe: Gesamtübersetzung i bis 8 (extrem bis 18),
2 Stufen: Gesamtübersetzung i bis 45 (extrem bis 60),
3 Stufen: Gesamtübersetzung i bis 200 (extrem bis 300).

Für mehrere Getriebestufen I, II, ... mit den Übersetzungen $i_{\rm I}, i_{\rm II} \ldots$, den Achsabständen $a_{\rm I}, a_{\rm II} \ldots$, den Zahnbreiten $b_{\rm I}, b_{\rm II}$ und den Wälzfestigkeiten $k_{\rm I}, k_{\rm II} \ldots$ gilt[1]:

1) Gesamtübersetzung $i = i_{\rm I}\, i_{\rm II} \ldots$ (70/1)

2) Gleichheit der übertragbaren Leistung N für alle Stufen:

$$N = N_{\rm I} = N_{\rm II} = \ldots \sim k_{\rm I} \frac{i_{\rm I}}{(i_{\rm I}+1)^3} n_{\rm I}\, b_{\rm I}\, a_{\rm I}^2 = k_{\rm II} \frac{i_{\rm II}}{(i_{\rm II}+1)^3} n_{\rm II}\, b_{\rm II}\, a_{\rm II}^2 = \ldots \tag{70/2}$$

3) Ritzeldrehzahlen $n_{\rm I} = i_{\rm I}\, n_{\rm II} = i_{\rm I}\, i_{\rm II}\, n_{\rm III} = \ldots$ (70/3)

Wählt man die Verhältnisse

$$f_a = \frac{k_{\rm II}}{k_{\rm I}} \frac{b_{\rm II}}{b_{\rm I}} \left(\frac{a_{\rm II}}{a_{\rm I}}\right)^2 \quad \text{und} \quad f'_a = \frac{k_{\rm III}}{k_{\rm II}} \frac{b_{\rm III}}{b_{\rm II}} \left(\frac{a_{\rm III}}{a_{\rm II}}\right)^2 \tag{70/4}$$

so ergibt sich aus 1) bis 3) für die Aufteilung der Übersetzung beim *zweistufigen* Getriebe

$$i_{\rm I} = \frac{i - (i\, f_a)^{1/3}}{(i\, f_a)^{1/3} - 1} \quad \text{und} \quad i_{\rm II} = \frac{i}{i_{\rm I}} \tag{70/5}$$

Beim *dreistufigen* Getriebe läßt sich das Ergebnis nicht explizit ausdrücken. Man wählt daher $i'_{\rm I}$ und berechnet

$$i'_{\rm II} = \frac{i/i_{\rm I} - (f'_a\, i/i_{\rm I})^{1/3}}{(f'_a\, i/i_{\rm I})^{1/3} - 1} \quad \text{und} \quad i''_{\rm I} = \frac{i'_{\rm I}\, i'_{\rm II} - (f_a\, i'_{\rm I}\, i'_{\rm II})^{1/3}}{(f_a\, i'_{\rm I}\, i'_{\rm II})^{1/3} - 1} \tag{70/6}$$

und wiederholt die Rechnung mit $i''_{\rm I}$. Mit dem rasch konvergierenden Ergebnis für $i_{\rm I}$ und $i_{\rm II}$ ergibt sich $i_{\rm III} = \dfrac{i}{i_{\rm I}\, i_{\rm II}}$.

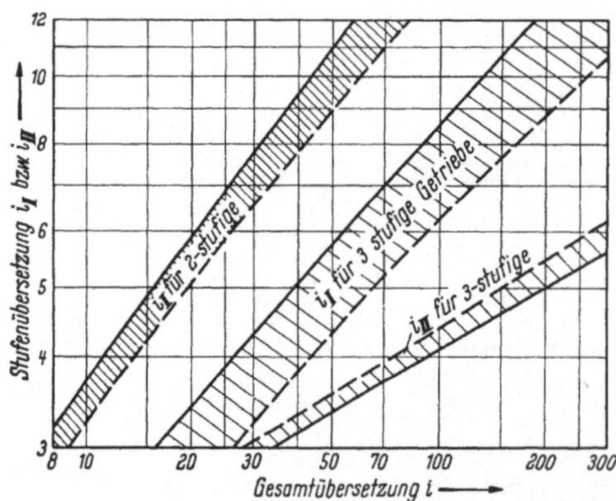

Bild 70. Aufteilung von i für zwei- und dreistufige Getriebe. *Ausgezogene* Kurven für V = Minimum und $k_{\rm I} = k_{\rm II} = k_{\rm III}$; *gestrichelte* Kurven für N-Gleichheit und $a_{\rm I} = a_{\rm II}$, $b_{\rm II} = 2\, b_{\rm I}$ und $k_{\rm II} = i_{\rm I}^{1/3}\, k_{\rm I}$ (entsprechend für 3. Stufe); *schraffierter* Bereich = Empfehlung

Wählt man umgekehrt die Übersetzungen $i_{\rm I}, i_{\rm II} \ldots$, so erhält man

$$f_a = \left(\frac{i_{\rm II}+1}{i_{\rm I}+1}\right)^3 \frac{i_{\rm I}^2}{i_{\rm II}}$$

bzw.

$$f'_a = \left(\frac{i_{\rm III}+1}{i_{\rm II}+1}\right)^3 \frac{i_{\rm II}^2}{i_{\rm III}} \tag{70/7}$$

Soll das Gesamtvolumen der Räder

$$V = V_{\rm I} + V_{\rm II} + \cdots \sim b_{\rm I}\, a_{\rm I}^2 \frac{i_{\rm I}^2+1}{(i_{\rm I}+1)^2} + b_{\rm II}\, a_{\rm II}^2 \frac{i_{\rm II}^2+1}{(i_{\rm II}+1)^2} + \cdots$$

ein Minimum werden, so kann für die Aufteilung der Übersetzung empfohlen werden (nach FZG):

---

[1] Nach Niemann [20/2]. Bei gehärteten Zahnrädern ist statt $k_{\rm I}$, $k_{\rm II}$ die Zahnfußfestigkeit $\sigma_{\rm I}$, $\sigma_{\rm II}$ einzusetzen.

beim zweistufigen Getriebe

$$i_{\mathrm{I}} \approx 0{,}8\,(i^2\,k_{\mathrm{I}}/k_{\mathrm{II}})^{1/3} \tag{71/1}$$

beim dreistufigen Getriebe

$$\left.\begin{aligned} i_{\mathrm{I}} &\approx 0{,}6\left[i^4\left(\frac{k_{\mathrm{I}}}{k_{\mathrm{II}}}\right)\left(\frac{k_{\mathrm{I}}}{k_{\mathrm{III}}}\right)^2\right]^{1/7} \\ i_{\mathrm{II}} &\approx 1{,}1\left[i^2\left(\frac{k_{\mathrm{II}}}{k_{\mathrm{I}}}\right)^2\frac{k_{\mathrm{II}}}{k_{\mathrm{III}}}\right]^{1/7} \end{aligned}\right\} \tag{71/2}$$

Hierzu ergeben sich f_a und f_a' nach Gl. (70/7) und daraus die Achsabstands- bzw. Breitenverhältnisse nach Gl. (70/4). Das Minimum verläuft jedoch recht flach, so daß Abweichungen von Gl. (71/1) und (71/2) zulässig sind (s. Bild 70).

Man beachte bei der Wahl der Breite, daß das Verhältnis $b/d_1 \leqq f_b$ in keiner Stufe den Grenzwert, z. B. $f_b = 1{,}2$ überschreitet. Es gilt daher

$$\frac{b_{\mathrm{I}}}{a_{\mathrm{I}}} \leqq \frac{2f_b}{i_{\mathrm{I}}+1} \quad \text{bzw.} \quad \frac{b_{\mathrm{II}}}{a_{\mathrm{II}}} \leqq \frac{2f_b}{i_{\mathrm{II}}+1} \quad \text{bzw.} \quad \frac{b_{\mathrm{III}}}{a_{\mathrm{III}}} \leqq \frac{2f_b}{i_{\mathrm{III}}+1}$$

Bei Getrieben mit $a_{\mathrm{I}} = a_{\mathrm{II}} = \ldots$ ist f_b meist für die letzte Stufe maßgebend.

3. Wahl der Verzahnung

Die verschiedenen Ausführungsformen für die Verzahnungen zeigen Bild 2/1 bis 2/6. Am meisten verwendet werden *außenverzahnte* Stirnräder (Vollräder) mit *Gerad*verzahnung, da hierbei keine Axialkräfte aufzunehmen sind und eine beiderseitige Lagerung der Zahnräder einfach zu verwirklichen ist. Bei einseitig gelagerten Ritzeln oder Rädern ist die Zahnbreite — und somit die übertragbare Leistung — wegen der elastischen Verbiegung der Welle durch die Zahnkräfte begrenzt (Anhaltswerte s. S. 73).

Mit zunehmender Umfangsgeschwindigkeit (zunehmendes Geräusch) geht man zur *Schräg*verzahnung über, wobei die erhöhten Anforderungen an die Genauigkeit der Verzahnung und die Aufnahme der entstehenden Axialkräfte zu beachten sind. Bei *Doppel*-Schrägverzahnung (Pfeilverzahnung) heben sich die Axialkräfte auf und die zulässige Gesamtzahnbreite ist gegenüber der einfachen Schrägverzahnung verdoppelt. Sie eignet sich demnach besonders für große Getriebe.

Für *Planeten*getriebe und für andere raumsparende Stirnradgetriebe kann das Großrad auch als Hohlrad mit gerader oder schräger Innenverzahnung ausgeführt werden (s. Bild 2/2 u. 69/2)

Wahl der Zähnezahl s. Taf. 115/2. Für schnellaufende Getriebe aus Vergütungsstahl nimmt man z_1 über 25 und für *gehärtete* Zahnräder etwas geringere Zähnezahlen, um mit größerem Modul bei gleichem Durchmesser eine größere Zahnfuß-Tragfähigkeit zu erreichen. Bei gegebenem Durchmesser kann die Zähnezahl so weit vergrößert werden, daß die verlangte Sicherheit gegen Zahnbruch (z. B. $S_B = 2$) gerade noch erreicht wird. *Tragfähigere Ausbildung* der Verzahnung s. S. 42.

4. Wahl der Werkstoffpaarung

Die Tragfähigkeit der verschiedenen Zahnradwerkstoffe geht aus Taf. 120 hervor. Die größte Tragfähigkeit erreicht man mit *gehärteten* Zahnrädern (Zahnräder für Kraftfahrzeuge, Flugzeuge und Werkzeugmaschinen).

Für große Getriebe, z. B. Walzwerks- und Turbinengetriebe, verwendet man bisher vorwiegend *vergütete Stähle* und geht nur zögernd zu gehärteten Zahnrädern über. Dabei werden die Großräder mit Ringen (Bandagen) aus Vergüte- bzw. Härtestahl versehen, die vorzugsweise mit Preßsitz auf die Großräder aufgezogen und dann verzahnt werden. Die Kleinräder (Ritzel) nimmt man in der Zugfestigkeit durchweg etwa 5 kg/mm² höher oder aus gehärtetem Stahl.

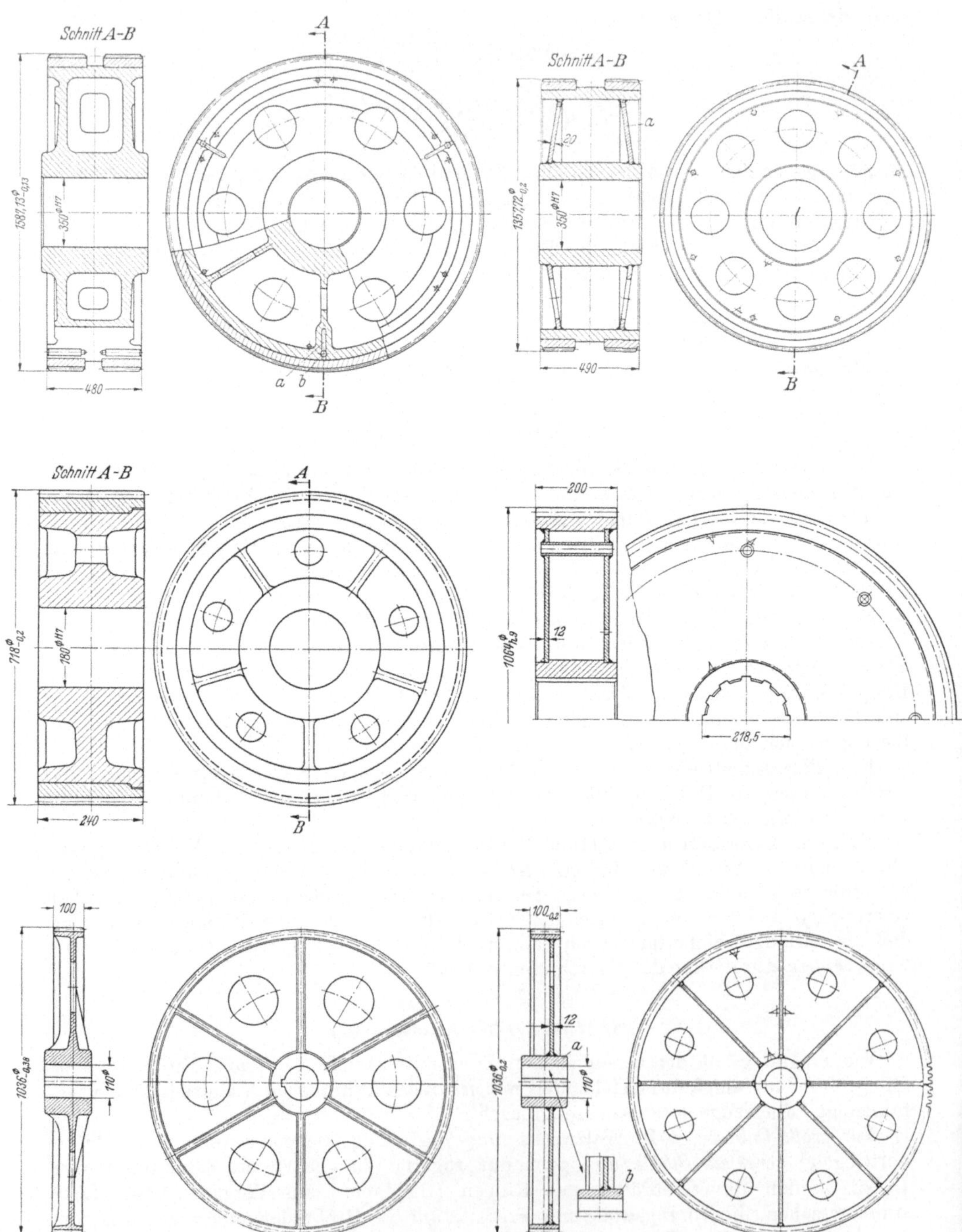

Bild 72. Gestaltung der Großräder; links mit gegossenem und rechts mit geschweißtem Radkörper

Die Bandagen-Maße und Preßsitz-Übermaße ausgeführter Großräder betragen für Teilkreisdurchmesser $d_{02} = 1800$ bis 3000 mm und Fußkreisdurchmesser d_f:

Innen-Durchmesser $D_i = 0{,}91\, d_f$ bis $0{,}96\, d_f$;
Kleinst-Übermaß $ü = 1{,}0\, D_i/1000$ bis $1{,}12\, D_i/1000$;
Größt-Übermaß $ü = 1{,}1\, D_i/1000$ bis $1{,}4\, D_i/1000$.

(Die $ü$-Werte rechts gelten für die D_i-Werte rechts).

5. Gestaltung der Zahnräder

Kleinere werden als *Vollräder* (Bild 68/1) ausgeführt (Vollräder aus St bis etwa 500 mm Durchmesser), größere als einwandige Scheibenräder und sehr große, breite Räder als zweiwandige Scheibenräder, und zwar gegossen oder geschweißt (Bild 72). Bei höher beanspruchten Rädern wird der Zahnkranz mit dem Radkörper durch Preßsitz, durch Paßstifte, Paßfedern, Schrauben oder Vielnuten verbunden. Weitere Einzelheiten für die konstruktive Ausbildung von gegossenen bzw. geschweißten Zahnrädern s. Bild 72.

Die Kleinräder (Ritzel) müssen bei großen Übersetzungen häufig in einem Stück mit der Welle ausgeführt werden. Bei aufgesetzten Kleinrädern, Großrädern und auch bei Zahnkränzen soll die restliche Wanddicke zwischen Zahnfuß und Bohrung (bzw. Nut) über 1,5 Modul betragen.

Bild 73/1. Seitliche Zahnabschrägung

Zahn-Abschrägung. Da Dauerbrüche an den Zähnen fast immer von den Zahnenden ausgehen, sucht man diese zu entlasten durch seitliche Abschrägung (Bild 73/1) oder durch seitliche Verjüngung der Zähne (z. B. durch Balligschaben).

6. Zahnbreite, Wellen und Getriebekasten

Mit zunehmender Zahnbreite, also bei großen Getrieben, tritt die Sorge für ein gleichmäßiges Tragen der Zähne auf der ganzen Zahnbreite in den Vordergrund. Entsprechend sind hierbei die Ritzelwellen (Bild 69/1b) und die Getriebekästen möglichst starr auszuführen, und ferner Achsfehler (Abweichung in der Parallelität der Wellen) und Flankenrichtungsfehler sehr klein zu halten. Die beste Abhilfe gegen ungleichmäßiges Tragen wird durch eine selbsttätige Einstellmöglichkeit für die Verzahnung unter Last erreicht (Bild 69/2).

Anhaltswerte für die Zahnbreite b:

bei starrer beidseitiger Lagerung . . . . $b/d_{b1} \leqq 1{,}2$
bei einseitiger (fliegender) Lagerung . . . . $b/d_{b1} \leqq 0{,}75$

Bei Pfeilverzahnung beträgt die Gesamtzahnbreite $2b$.

Bei Seriengetrieben für allgemeine Verwendung im Maschinenbau ist für einstufige Getriebe durchweg die Ausführungsmöglichkeit für $b = 0{,}5\, a$ vorgesehen (mit a = Achsabstand); für zweistufige Getriebe für die erste Stufe $b_{\mathrm{I}} = a/3$ und für die zweite Stufe $b_{\mathrm{II}} = 2 b_{\mathrm{I}}$. Man kann aber auch für alle Stufen das Verhältnis b/a gleichhalten und die Achsabstände nach Normzahlen abstufen, z. B. $a_{\mathrm{I}} : a_{\mathrm{II}} : a_{\mathrm{III}} = 100 : 125 : 160$.

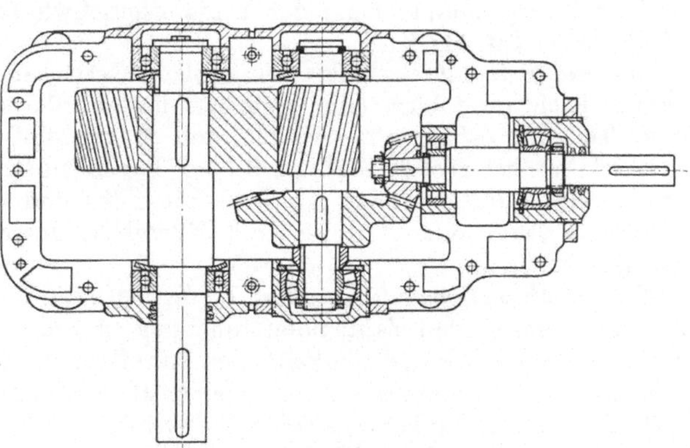
Bild 73/2. Getriebe mit Kegel- und Stirnradstufe (Wülfel). Beachte die axiale Einstellmöglichkeit des Kegelritzels und -rades mittels Gewindering an der Lagerbüchse

Die Getriebekästen (gegossen oder geschweißt) werden bei kleinen bis mittleren Baugrößen einwandig ausgeführt (Bild 68/1 u. 74); bei sehr großen Getrieben, z. B. Schiffs-Turbinengetrieben, werden doppelwandige Gehäuse bevorzugt.

7. Bohrungen und Büchsen

Für die Lagerung der Wellen werden *durchgehende* Bohrungen im Gehäuse (Bild 73/2) besonders für Seriengetriebe bevorzugt. Die axiale Festlegung der Wellen bzw. Lager erfolgt hierbei durch die vorgesetzten oder eingesetzten Deckel oder durch Sprengringe. Für den wahlweisen Einbau größerer oder kleinerer Lager dienen Zwischenbuchsen.

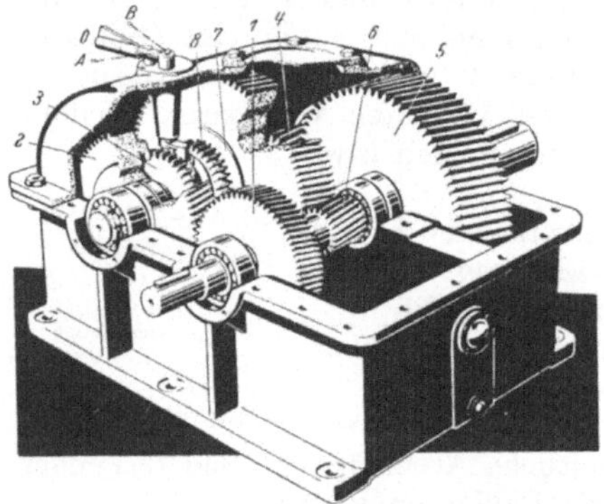

Bild 74. Schaltgetriebe (Renk). In Schaltstellung *0*: Leerlauf, die beiden Zahnkränze *3* und *8* der Zahnkupplung sind außer Eingriff. In Stellung *A*: Kraftfluß von Ritzel *6* über Rad *7*, Zahnkupplung *8* und Ritzel *4* auf Abtriebsrad *5*. In Stellung *B*: Kraftfluß von Rad *1* über Rad *2*, Zahnkupplung *3* und Ritzel *4* auf Abtriebsrad *5*

8. Verbindung von Rad und Welle

Sie wird zur Zeit am meisten ausgeführt mit Haftsitz und Paßfeder (Bild 73/2) und zunehmend mit Preßsitz, aber auch mit andern drehfesten Verbindungen, wie Vielnut-, Kerbzahn-, K-Profil usw. (s. Verbindung von Welle und Nabe im Bd. I).

9. Wahl der Lagerart

Bei kleinen bis mittleren Getriebegrößen werden vorwiegend Wälzlager verwendet, zumal bei diesen die Schmierung durch das Spritzöl der Zahnräder meist ausreicht (Spritzscheiben vor den Lagern vorsehen! Bild 73/2). Anhaltswerte für die einzusetzende rechnerische Lebensdauer s. Taf. 75. Bei großen Getrieben tritt die Ausführung mit Gleitlagerung und Umlaufschmierung mit Ölpumpe in den Vordergrund.

10. Anforderungen an die Zahnradherstellung

Mit zunehmender Umfangsgeschwindigkeit der Zahnräder wächst die dynamische Wirkung der Zahnfehler, d. h. die zusätzliche dynamische Zahnkraft, der Körperschall und der Luftschall. Entsprechend ist bei größerer Umfangsgeschwindigkeit die Einhaltung kleinerer Fehlertoleranzen erforderlich. Anhaltswerte für die Wahl der „Qualität" der Verzahnung entsprechend der Umfangsgeschwindigkeit und die hierfür zulässigen Zahnfehler s. Taf. 114/2.

Bei großer Zahnbreite, also bei großen Getrieben, ist es besonders wichtig, den Flanken-Richtungsfehler sehr klein zu halten, da sonst die Zahnflanken nur auf einem Teil der Zahnbreite wirklich voll tragen und dort überlastet werden[1]. Entsprechend ist bei großem b/d_1 (z. B. bei Turbinengetrieben) auch die elastische Verdrehung des Ritzels infolge des Drehmomentes und die elastische Durchbiegung der Ritzelwelle durch eine entsprechende Korrektur des Schrägungswinkel β_1 des Ritzels auszugleichen.

Weitere Maßnahmen bei großen Turbinengetrieben (Schiffsgetrieben): Verringerung der Zahndicke an den Zahnenden um etwa 25 μ durch entsprechendes Balligschaben der Zahnflanken. Die „Welligkeit" der Zahnflanken, die durch periodische Fehler der Abwälzfräsmaschinen entsteht, soll kleiner als 5 bis 20 μ sein, um die Laufruhe nicht zu gefährden. Das Zahnflankenspiel soll etwa 0,1 bis 0,15 mm betragen. Eine Flankenrücknahme am Zahnkopf (Eintritts-Flankenspiel) erhöht die Freßlastgrenze und ver-

[1] Empfehlung für Richtungsfehler f_R s. Tafel 114/2.

Tafel 75. *Geforderte Lebensdauer von Wälzlagern für Getriebe,* nach [123/27]

Verwendungszweck	Lebensdauer h			
Ortsfeste Getriebe bei einer täglichen Betriebszeit von				
3 h	4000 ··· 8000			
8 h	15000 ··· 20000			
24 h	50000 ··· 60000			
24 h bei sehr großer Betriebssicherheit	über 60000			
Getriebe und Achsantriebe für Schienenfahrzeuge (bezogen auf die mittlere Teillast)				
Diesellokomotiven und Triebwagen	20000			
schwer zugängliche Einbaustellen	40000			
Schienenomnibusse	10000			
Schiffs- und Bootsgetriebe				
bezogen auf Vollast	5000 ··· 40000[1]			
bezogen auf Teillast	10000 ··· 60000			
Kraftfahrzeuggetriebe	1. Gang	2. Gang	3. Gang	4./5. Gang
PKW oder leichter LKW mit Vierganggetriebe	20	80	180/240	—
Schwere LKW mit Sechsganggetriebe	100	250	500	1000
(Für Achsantriebe gelten etwa um 50% höhere Werte)				

bessert die Laufruhe, sofern sie nicht zu groß gewählt wird. Das Ritzel sollte erst nach Fertigstellung und Vermessung des Großrades mit entsprechend angepaßter Korrektur gefertigt werden.

Gehärtete Zahnräder: Die Härtung von Zahnrädern erfordert für jede Härtungsart besondere Erfahrungen hinsichtlich der Wahl der Werkstoffe und der Ausführung, wenn die erzielbaren hohen Tragfähigkeitswerte laufend erreicht werden sollen. Näheres s. Schrifttum S. 66 und Zahnfußfestigkeit S. 124.

Härtetiefe: Bei voller Durchhärtung der Zähne fehlt die erwünschte Druckvorspannung[2] in der Randzone, so daß die Zahnfußfestigkeit auf etwa 75% der bei Randhärtung erreichbaren abfällt. Bei letzterer muß auch die Ausrundung am Zahnfuß mitgehärtet werden, wenn die Zahnfußfestigkeit hoch sein soll. Besonders ungünstig ist der Auslauf der Härtezone im bruchgefährdeten Gebiet am Zahnfuß. Als Anhalt für die anzustrebende Härtetiefe t_H bei verschiedener Randhärtung sei angegeben:

Randhärtung	Härtetiefe t_H
Einsatzhärtung	$0{,}25\, m_n$ für $m_n = 1{,}5 \cdots 4$ mm $0{,}5\, \sqrt{m_n}$ für $m_n = 4 \cdots 30$ mm
Induktions- und Brennhärtung	$0{,}3\, m_n$
Nitriert	$0{,}1 \cdots 0{,}6$ mm
Weichnitriert	0,015 mm
Cyanbadhärtung	bis 0,4 mm

[1] Unterer Bereich für Schnellboote, mittlerer Bereich für Binnenschiffe und oberer Bereich für Hochseeschiffe.

[2] Die Druckvorspannung beruht auf der Volumenzunahme in der gehärteten Randzone.

11. Häufige Schadensursachen und Beanstandungen

1. Ungleiches Tragen über die Zahnbreite (Grübchenbildung, Zahnbruch).
2. Überlastung durch unzulässige Kraftwirkungen von außen: stark schwankendes Drehmoment, Massenbeschleunigungen, kritische Drehzahlen im Betriebsbereich, zusätzliche axiale oder Biegebelastung der Getriebeteile oder Verwindung des Getriebekastens durch äußere Kräfte. (Wahl der Kupplung.)
3. Freßerscheinungen oder zu großer Zahnverschleiß: durch unzureichenden Einlauf der Zahnflanken, durch unzureichende Schmierung oder Schmierstoffeigenschaften (s. S. 58 u. 89).
4. Werkstoffmängel: unzureichende Werkstoffeigenschaften, Fehler bei der Wärmebehandlung oder Härtung (s. S. 75).
5. Verzahnungsmängel: zu große Zahnfehler, mangelnde Flankengüte, zu kleine Ausrundung am Zahnfuß (Kerbwirkung) oder Eingriffsstörungen am Zahnfuß, zu kleines oder großes Flankenspiel.
6. Zu großes Zahngeräusch: Abhilfen (s. S. 44 bis 51).
7. Wanderung des Zahnkranzes (der Bandage) auf dem Radkörper (s. S. 73).

22.2. Grundlagen zur Berechnung der Stirnräder

Schrifttum hierzu s. S. 124; Bezeichnungen und Dimensionen s. S. 113; Zusammenstellung der Gleichungen für die praktische Berechnung s. S. 103.

Die nachfolgenden Berechnungsangaben gelten für gerad- und schrägverzahnte Stirnräder mit und ohne Profilverschiebung.

1. Arten, Aufbau und Treffsicherheit der Berechnung

Die überschlägige Bestimmung der Hauptabmessungen aus den Betriebsdaten und Erfahrungswerten kann nach S. 103 erfolgen.

Die geometrische Festlegung der einzelnen Zahnradmaße ergibt sich aus den Maßbeziehungen auf S. 103 u. 92.

Die Berechnung der Profilverschiebung und der hiermit zusammenhängenden Maße zeigt S. 100 bis 103.

Die Berechnung der Tragfähigkeit wird als „Nachweis der Tragfähigkeit" behandelt. Hierunter wird der Nachweis der rechnerischen *Sicherheiten* S_B gegenüber Zahnbruch, S_G gegenüber Grübchenbildung und S_F gegenüber Fressen der Zahnflanken verstanden; ferner bei Sicherheiten unter 1 (bei zeitfesten Getrieben) der Nachweis der *Vollast-Lebensdauer* L_h. Die Gleichungen für die Berechnung der Sicherheiten sind auf S. 105 zusammengestellt.

Die Berechnung geht in folgenden Punkten über die bisher übliche hinaus[1]. Sie berücksichtigt entsprechend dem heutigen Stand der Zahnradforschung:

1) die Möglichkeit einheitlicher Berechnungsgleichungen für Gerad- und Schrägverzahnung mit und ohne Profilverschiebung, wobei die Verzahnung im Normalschnitt als Grundlage dient;

2) den Unterschied zwischen äußerer Nennbelastung und wirklicher äußerer Belastung mittels Stoßfaktor C_S;

3) die dynamische Zusatzbelastung durch Zahnfehler und schwankende Zahnfederkonstante mittels Faktor C_D nach Versuchen;

4) die ungleiche Zahnbelastung über der Zahnbreite durch Flanken- und Achsrichtungsfehler mittels Beiwert C_T nach Versuchen;

[1] Der Aufbau der neuen Berechnung ermöglicht auch den Rückgriff auf die einfachere alte Berechnungsweise, indem man die neuen Beiwerte in der Rechnung vernachlässigt. Den besseren Weg zur Vereinfachung der Berechnung sehe ich jedoch in der Aufstellung von *Leistungsdiagrammen* nach der neuen Rechnung für definierte Abmessungen, Werkstoffpaarungen, Zahnqualitäten und Betriebsdaten.

5) bei Schrägverzahnung die ungleiche Zahnfederkonstante längs der schräg über den Zahn liegenden B-Linien und die ungleiche Gesamtlänge der gleichzeitigen B-Linien gegenüber der Zahnbreite mittels Beiwert C_β;

6) die Berechnung der Zahnfußbeanspruchung σ bzw. der Flankenpressung k, mittels der für alle Verzahnungen einfach zu tabellierenden Beiwerte q_k für Kopfangriff der Zahnkraft bzw. y_c für Wälzpunkt C und ihre Umwertung auf die maßgeblichen Eingriffspunkte mittels des „wirksamen" Überdeckungsgrades ε_w nach Versuchen;

7) die Nachprüfung der Freßsicherheit, um die erforderliche Schmierstoffqualität im voraus festzulegen;

8) die Abstützung der Zahnrad-Festigkeitswerte σ_0 und k_0 auf die Ergebnisse von Testläufen mit den betreffenden Zahnrad-Werkstoffpaarungen und ihre Umwertung in σ_D und k_D, entsprechend den jeweiligen Abweichungen von den Voraussetzungen.

Die hiernach berechnete Sicherheit bzw. Vollast-Lebensdauer nähert sich der wirklich vorliegenden, sofern die gemachten Voraussetzungen im Betrieb erfüllt sind: Stoßbeiwert C_S, Verzahnqualität und Zahnfehler, Zahnfestigkeit σ_D und k_D und Schmierstoff-Testwert M_{Test}. Die Höhe der Sicherheiten ist demnach entsprechend den zu erwartenden *Abweichungen* von den Voraussetzungen und auch entsprechend den Folgewirkungen eines Getriebeschadens anzusetzen. Anhaltswerte für die Sicherheiten s. S. 114.

In den nachfolgenden Abschnitten 2—8 werden die für den Nachweis der Tragfähigkeit benutzten Größen, Beanspruchungen und Beiwerte näher erläutert und begründet.

2. Hauptabmessungen und Lastwerte B und B_w

Aus dem Zusammenhang der *Abmessungen:*

Achsabstand $a = 0{,}5\,(d_{b1} + d_{b2}) = 0{,}5\,d_{b1}\,(1 + i)$,

Wälzkreis-Durchmesser $d_{b1} = \dfrac{2a}{1+i}$,

Übersetzung $i = \dfrac{z_2}{z_1} = \dfrac{d_{b2}}{d_{b1}} = \dfrac{2a}{d_{b1}} - 1$,

Verhältniswert b/d_{b1} und b/a

und den *Nennwerten der Belastung:*

Umfangskraft $U = \dfrac{2\,M_1\,10^3}{d_{b1}}$,

Drehmoment $M_1 = 716\,N_1/n_1$

ergibt sich der *Nenn-Lastwert* in kg/mm²:

$$\boxed{B = \frac{U}{d_{b1}\,b} = \frac{2\cdot 10^3\,M_1}{d_{b1}^2\,b} = \frac{1{,}43\cdot 10^6\,N_1}{d_{b1}^2\,b\,n_1} = \frac{10^6\,N_1\,(i+1)^2}{2{,}8\,n_1\,a^2\,b}} \qquad (77/1)$$

Zur Berechnung der wirklich auftretenden Zahnbeanspruchungen dient dann der *wirksame Lastwert*

$$B_w = B\,C_S\,C_D\,C_T\,C_\beta. \qquad (77/2)$$

Hierin ist C_S der Stoßbeiwert (S. 116), C_D der dynamische Beiwert (S. 116), C_T der Tragfehlerbeiwert (S. 117) und C_β der Beiwert für Schrägverzahnung (S. 117).

3. Dynamische Zusatzkraft und Beiwerte C_D und ε_w

Schrifttum s. S. 127 u. 128

Für die Vorstellung: a) Beim *langsamen Abrollen* einer mit der Umfangskraft U belasteten Zahnradpaarung treten beim Durchlaufen der Eingriffsstrecke kleine Unterschiede Δs_0 im Drehweg der beiden Räder (gemessen auf dem Wälzkreis) auf (s. Bild 78/1). Sie werden hervorgerufen durch den Schwankungsbereich ΔC_z der Zahnfederkonstanten C_z und durch Abweichungen der Zahnflanken von der Sollform (Verzahnungsfehler f). Es wird dabei in jeder Eingriffsstellung genau die Umfangskraft U übertragen.

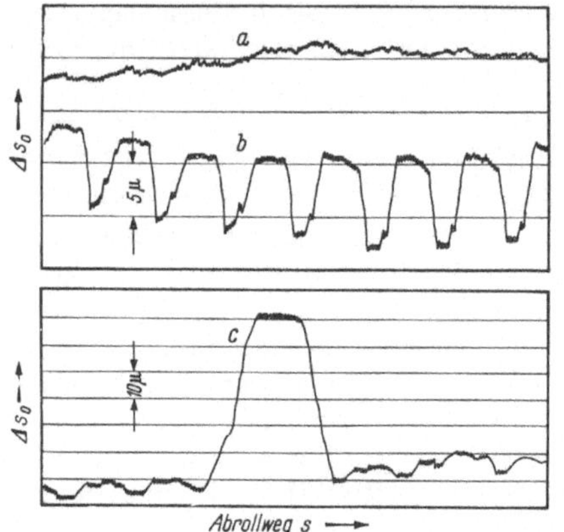

Bild 78/1. Unterschiede Δs_0 im Drehweg bei langsamem Abrollen der Zahnradpaarung unter Last nach FZG-Messungen $a = 91{,}5$; $b = 10$; $m = 3$ mm; $i = 1$ bzw. 1,26; Qualität 5 bis 6; Kurve a für $u = U/b = 2{,}2$ kg/mm; b für $u = 55$ kg/mm; c für $u = 49$ kg/mm bei Einzelfehler $f_e = 70\,\mu$

b) Bei *hoher Umfangsgeschwindigkeit* ist die kinetische Energie der Räder so groß, daß die Unterschiede Δs_0 im Drehweg der beiden Räder fast null werden und die Störgrößen ΔC_z und f die Umfangskraft U entsprechend verändern.

c) *Schwingungsablauf* (Bild 78/2): Die Störgrößen ergeben einen Schwingungsimpuls, wobei eine Schwingung mit der Eigenfrequenz f_E auftritt. Mit zunehmender Geschwindigkeit verschiebt sich der maximal beanspruchte Eingriffspunkt in Richtung Eingriffsende.

Für die Berechnung: Maßgebend hierfür sind die bei dem angegebenen Schwingungsvorgang maximal auftretenden Zahnfuß- und Flankenbeanspruchungen. Ihre Größe hängt nicht allein von der je mm Zahnbreite maximal wirksamen Kraft $u_w = u + u_{dyn}$ ab.

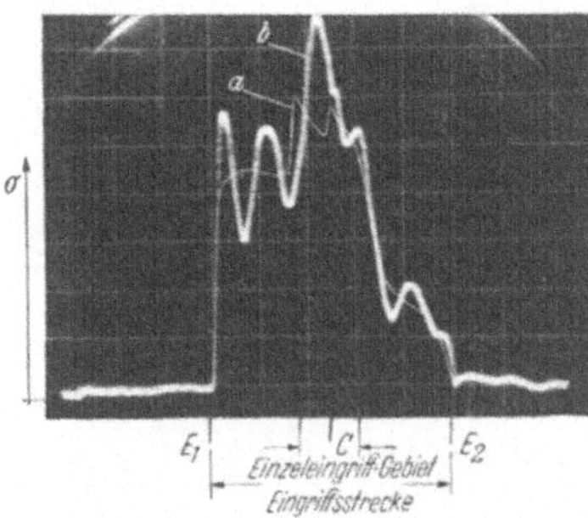

Bild 78/2. Verlauf der Zahnfußspannung während des Zahneingriffes, nach Messungen der FZG (RETTIG). Links Eintrittsbeginn am Zahnkopf. Betriebsdaten: $a = 140$; $b = 10$; $m = 6$ mm; $i = 1$; $u = 47$ kg/mm. Kurve a: $v = 0{,}5$ m/s (langsames Durchdrehen); Kurve b: $v = 15$ m/s (Schwingungsverlauf mit Verschiebung des Punktes maximaler Beanspruchung)

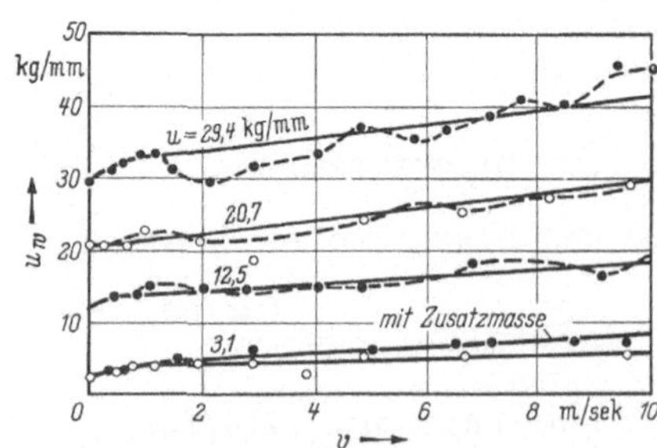

Bild 78/3. Verlauf der wirksamen Umfangskraft u_w über der Umfangsgeschwindigkeit v bei verschieden großer statischer Umfangskraft u und Zahnfehler $f_e = 40\,\mu$; nach Messungen der FZG [127/*208*]. Versuchsräder mit $a = 91{,}5$; $b = 10$; $m = 3$ mm und $i = 1$

Ebenso wesentlich ist die Eingriffsstellung, in der diese Kraft wirkt. Zu ihrer Bestimmung dient der wirksame Überdeckungsgrad ε_w. Strenggenommen müßten für jede der beiden Beanspruchungen und für jedes der beiden Räder sowohl u_{dyn} als auch ε_w getrennt bestimmt werden, da diese vier Maximalbelastungen nicht in der gleichen Eingriffsstellung auftreten. Es zeigt sich jedoch, daß durch zweckmäßige Aufstellung der Berechnungsgleichungen die Bestimmung je eines Wertes für u_{dyn} und ε_w genügt.

Nach den vorliegenden Messungen steigt u_{dyn} und somit auch $u_w = u + u_{dyn}$ fast linear mit der Umfangsgeschwindigkeit v, sofern man die durch Resonanzen verursachten

Abweichungen (Bild 78/3) vernachlässigt. Besonders ungünstig und zu vermeiden ist die Resonanz der Zahnfrequenz mit der Eigenfrequenz aus resultierender Radmasse und Zahnfederkonstante und auch Wellenfederkonstante; oberhalb der Resonanzdrehzahl ist u_{dyn} wieder kleiner (s. Bild 79/1).

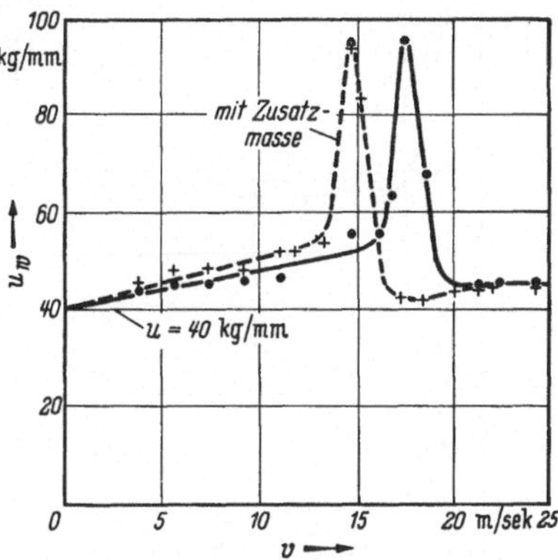

Bild 79/1. Verlauf der wirksamen Umfangskraft u_w über v vor und nach Erreichung der Maximalwerte an den Resonanzstellen, nach Messungen von RETTIG (FZG). Versuchsräder mit $a = 140$; $b = 10$; $m = 6$ mm; $i = 1$

Der lineare Anstieg ergibt sich auch für die Zahnfuß- und Flankenbeanspruchung (Bild 79/2), wobei sich allerdings die Neigung der Geraden durch die Verschiebungen des Kraftangriffspunktes ändert. Bemerkenswert ist außerdem, daß sowohl für die Kraft als auch für Zahnfuß- und Flankenbeanspruchung das Verhältnis der Gesamtbeanspruchung zur statischen Beanspruchung mit zunehmender Belastung kleiner wird (Bild 80) und bei geringen Belastungen sehr hohe Werte annimmt.

Ferner zeigen die Versuche: Die Angriffstelle der maßgeblichen Zahnkraft verschiebt sich beachtlich gegenüber dem theoretischen Einzel-Eingriffspunkt, und zwar

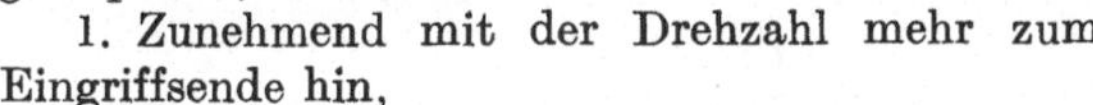

1. Zunehmend mit der Drehzahl mehr zum Eingriffsende hin,

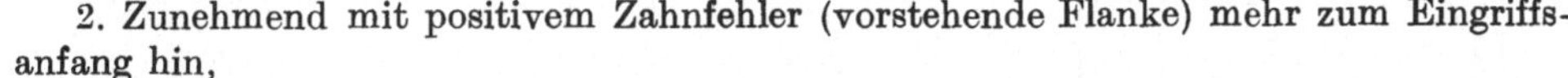

2. Zunehmend mit positivem Zahnfehler (vorstehende Flanke) mehr zum Eingriffsanfang hin,
3. Zunehmend mit der Belastung mehr zum Eingriffsende hin (das Gebiet des Einzel-Eingriffs wird kleiner).

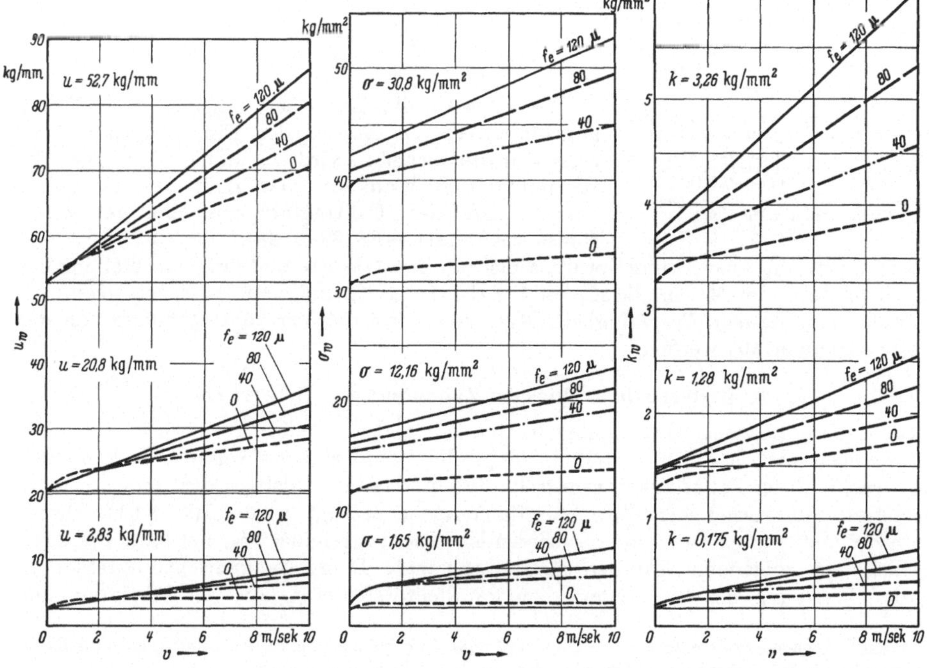

Bild 79/2. Wirksame Beanspruchungen u_w, σ_w und k_w in Abhängigkeit von Eingriffsteilungsfehler f_e und Umfangsgeschwindigkeit v bei verschiedenen statischen Belastungen u, nach Messungen der FZG [127/*208*], Versuchsräder s. Bild 78/3

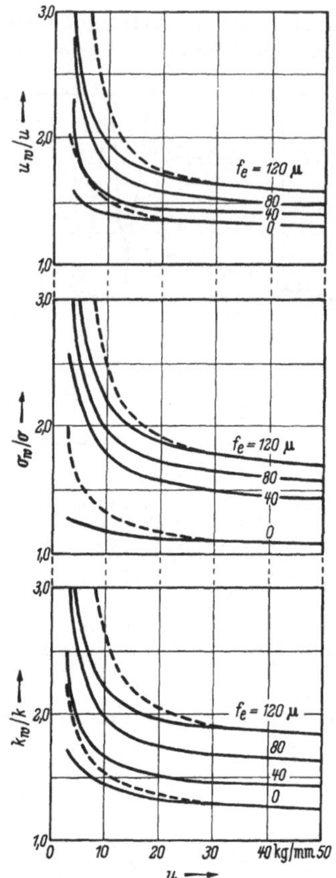

Bild 80. Verhältnis der wirksamen Beanspruchung u_w, σ_w, k_w zur statischen Beanspruchung u, σ, k in Abhängigkeit von statischer Last u und Eingriffsteilungsfehler f_e nach den Versuchen der FZG [127/*207*]; gestrichelte Kurven für erhöhte Radmasse; Versuchsräder s. Bild 78/3

Beiwert C_D[1]: Im Bild 116 ist u_{dyn} über v aufgetragen, wobei die Abhängigkeit von Last und Fehler nach dem heutigen Stand der Forschung in 1. Annäherung durch den Parameter $u\,C_S + 0{,}26\,f$ erfaßt wird. Hierbei ist f der maximale Teilungs-, Flankenform- oder Wälzfehler in μ. Zu beachten ist der Grenzwert für u_{dyn}. In 1. Annäherung ist

$$u_{\text{dyn}} \leqq 0{,}3\; u\,C_S + f\,. \tag{80/1}$$

Bei Einbeziehung der Schrägverzahnung, mit Sprungüberdeckung ε_{sp} kann man setzen

$$u_D = u_{\text{dyn}}/(\varepsilon_{\text{sp}} + 1) \tag{80/2}$$

und somit den dynamischen Zusatz-Lastwert $B_D = u_D/d_{1b}$. Aus dem Ansatz $B\,C_S\,C_D = B\,C_S + B_D$ erhält man dann den Ausdruck für den dynamischen Beiwert:

$$C_D = 1 + \frac{B_D}{B\,C_S} = 1 + \frac{u_{\text{dyn}}}{u\,C_S\,(\varepsilon_{\text{sp}} + 1)}$$

$$\leqq 1 + \frac{0{,}3\,u\,C_S + f}{u\,C_S(\varepsilon_{\text{sp}} + 1)}\,. \tag{80/3}$$

Beiwert ε_w: Zur Bestimmung des Angriffspunktes der Maximalkraft am Zahn dient der wirksame Überdeckungsgrad ε_w. Er beträgt in 1. Annäherung:

$$\varepsilon_w = 1 + (\varepsilon_n - 1)\,\frac{m_n + v/4}{m_n + f/6}\,. \tag{80/4}$$

Mit ε_w wird die Lage des ungünstigsten Kraftangriffspunktes *zu Beginn* des Einzeleingriffes festgelegt. Entsprechend wird ε_w daher nur zur Bestimmung der Flankentragfähigkeit des *treibenden* Ritzels und der Fußtragfähigkeit des *getriebenen* Rades verwendet (s. S. 88 u. 85).

Die praktische Auswirkung der dynamischen Zusatzkräfte und der Verschiebung des Angriffspunktes der Maximalkraft zeigt Taf. 81 auf Grund von Dauerversuchen zur Zahnfuß- und Flanken-Tragfähigkeit. Man sieht, daß die Versuchsergebnisse von der Rechnung gut erfaßt werden.

4. Lastverteilung längs der Zahnbreite und Beiwert C_T

Die Zahnradpaarung wird im eingebauten Zustand unter der Betriebslast eine mehr oder weniger ungleiche Lastverteilung längs der Zahnbreite aufweisen. Sie kann aus dem Druckbild der Zahnflanken ermittelt werden, das im Stillstand der Räder an dem belasteten und vorher berußten Zahnflankenpaar erzeugt wird (Bild 82/1). Dieser Lastverteilung entspricht ein resultierender Richtungsfehler f_R der Zahnflanken, der sich aus folgenden Anteilen zusammensetzt[2]: Dem Flankenrichtungsfehler f_β aus der Fertigung der Zahnräder, dem Parallelitätsfehler f_p aus der Fertigung der

[1] Nähere Angaben zu dem Ansatz von C_D s. [127/*208*]. In der Gleichung für u_{dyn} und ε_w steckt indirekt der nach dem Einlauf wirksame Zahnfehler f_w, der mit $f_w \approx f^{0,9}$ eingesetzt wurde.

[2] Der Richtungsfehler f_R in Mikron ist auf die Zahnbreite b bezogen.

Tafel 81. *Ergebnisse aus Dauerversuchen I und II zur Wirkung der dynamischen Zahnkräfte.* (Nach NIEMANN und RETTIG [127/*208*])

		allgemein $a = 91{,}5$ mm; $b = 10$ mm; $\alpha_0 = 20°$											
Verzahnung	m [mm]	3		3		3		3		3		4,5	
	z_2/z_1	42/19		39/19		34/27		34/37		34/27		24/16	
	α_b [°]	20		26,69		20		20		20		22,44	
	ε	1,24		1,16		1,65		1,65		1,65		1,47	
Werkstoff	Ritzel	20 MnCr 5		20 MnCr 5		GG 18		16 MnCr 5		16 MnCr 5		37 MnSi 5	
	Rad					16 MnCr 5		34 Cr 4		34 Cr 4			
	HV [kg/mm²]	730		730		230/780		334/780		780/334		260/240	
Versuche zur		Zahnfuß-Tragfähigkeit						Flanken-Tragfähigkeit					
Einfluß	Versuch-Nr.	I	II	I	II	I	II	I	II	I	II	I	II
	v [m/s]	5,0	19,8	4,8	19,3	6,15		6,15	17	6,15		11,5	
	f_{e1} [μ]	6		6		12		6		6	60	6	
	f_{e2} [μ]	6		6		6	160	8		8		6	
	es treibt	Rad		Rad		Rad		Rad		Rad		Ritzel	Rad
Dauer-Tragfähigkeit	u [kg/mm]	47,2	37,6	75,0	59,0	10,52	0,94	4,79	4,30	4,79	2,63	11,7	9,3
Verhältnis	$u_{\mathrm{I}}/u_{\mathrm{II}}$	1,25		1,27		11,2		1,11		1,82		1,26	
nach Rechnung	[1]) f, (f_w) [μ]	6		6		12	(118)	8		8	(46)	6	
	[2]) u_{dyn} [kg/mm]	7,27	22,9	11,16	34,9	3,5	9,62	2,34	3,00	2,34	4,67	5,06	4,42
	u_w [kg/mm]	54,47	60,5	86,16	93,9	14,0	10,56	7,13	7,30	7,13	7,24	16,76	13,72
	ε_w	1,26	1,48	1,17	1,31	1,59	1,08	1,68	2,09	1,68	1,20	1,62	
	[3]) $\sigma_{w\mathrm{I}}/\sigma_{w\mathrm{II}}$	1,02		1,00		0,988		—		—		—	
	[3]) $k_{w\mathrm{I}}/k_{w\mathrm{II}}$	—		—		—		0,976		0,985		1,01	

[1] Zur Berechnung von ε_w und u_{dyn} wurde f bzw. $f = f_w^{1/0,9}$ benutzt.

[2] Für die Versuchsräder ist wegen der größeren Massenwirkung der großen Nabenbreite von 30 mm (bei $b = 10$ mm) für u_{dyn} der 1,3fache Wert von Bild 116 eingesetzt.

[3] Bei genauem Zutreffen der Rechnung müßte das Verhältnis $\sigma_{w\mathrm{I}}/\sigma_{w\mathrm{II}}$ bzw. $k_{w\mathrm{I}}/k_{w\mathrm{II}}$ den Wert 1 annehmen.

Lagerbohrungen und aus der Betriebsverformung des Getriebekastens, dem Richtungsfehler aus der Verbiegung der Zahnradwellen unter Last und bei Wellenritzeln mit großen b/d_{b1} auch noch aus der Verdrehung des Ritzels unter dem Drehmoment. Unsere Untersuchungen hierzu zeigten (Bild 82/2), daß die im Anfang vorhandene ungleiche Lastverteilung durch den *Einlaufvorgang* ungleich abgebaut wird, so daß nach dem Einlaufen nicht mehr die bisher *linear* angenommene Lastverteilung besteht, sondern eine etwa *parabelförmige* mit kleinerem Größtwert zustande kommt. Da die ungleiche Lastverteilung für die Tragfähigkeit erst dann von Interesse ist, wenn die Größtbeanspruchung den Bereich der *Grenzbeanspruchung* erreicht, kann man davon ausgehen, daß im Grenzbereich der Abbau der Belastungsspitze durch den Einlaufvorgang (Wirkung der plastischen Verformung und des Gleitabriebs) auch bei verschiedenen Stahlpaarungen in erster Annäherung etwa *proportional dem Fehler* f_R [1] sein wird. Hiermit ergibt sich die „Lastverteilung

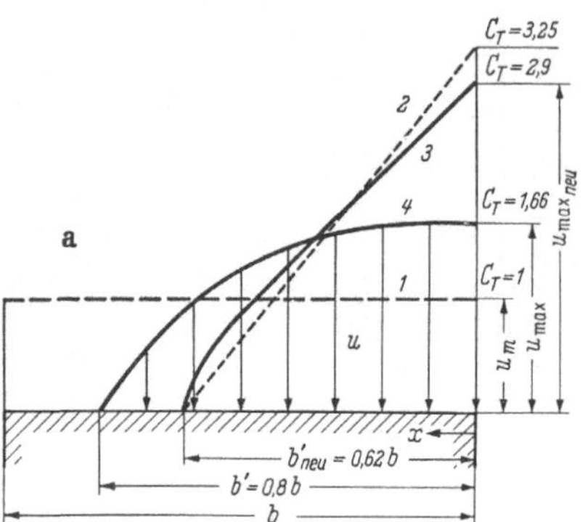

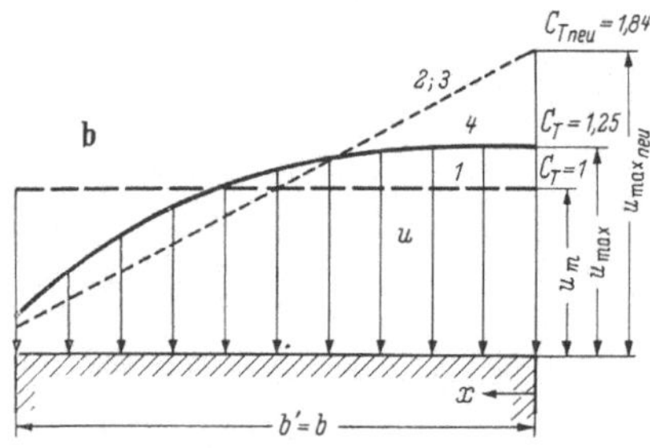

Bild 82/2. Ungleiche Lastverteilungen infolge von Richtungsfehlern f_R
a) Tragbreite $b' < b$; b) Tragbreite $b' = b$.
Kurve *1*: Ideale Lastverteilung mit $u_{max} = u_m = U/b$ und $C_T = 1$; Kurve *2*: Lineare Lastverteilung nach DUDLEY; Kurve *3*: Wirkliche Lastverteilung *vor* dem Einlauf nach NIEMANN; Kurve *4*: Wirkliche Lastverteilung *nach* bestem Einlauf ($f_{Rw} = 0{,}6 f_R$) nach NIEMANN

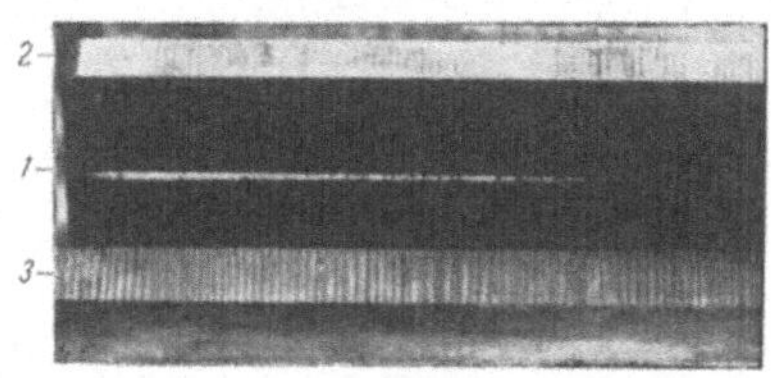

Bild 82/1. Drucklinie *1* auf der berußten Zahnflanke einer einseitig tragenden Verzahnung; *2* Zahnkopf (Draufsicht) *3* Zahnkopf vom Vorzahn

nach dem Einlauf" nach Bild 82/2, wobei als erste Annäherung an die wirkliche Lastverteilung ein Verlauf nach der *kubischen Parabel* angenommen werden kann.

Beiwert C_T. Der Tragfehler-Beiwert ist $C_T = \frac{u_{max}}{u_m}$, wobei $u_m = \frac{U}{b}$ die mittlere und u_{max} die örtliche maximale Umfangskraft je mm Zahnbreite b ist. Nach Bild 82/2 sind für den Rechnungsansatz zwei Fälle zu unterscheiden: 1) die *tragende* Zahnbreite b' ist kleiner als b; 2) $b' = b$.

Für 1) ist nach Bild 82/2a bei Lastverteilung nach der kubischen Parabel mit $u = u_{max}[1 - (x/x_0)^3]$ und $x_0 = b'$:

Umfangskraft

$$U = u_m\, b = \int_0^b u\, dx = u_{max} \frac{3}{4} b' \qquad (82/1)$$

[1] Der Richtungsfehler f_R in Mikron ist auf die Zahnbreite b bezogen.

und somit

$$\boxed{C_{T\,(\text{par})} = \frac{u_{\max}}{u_m} = \frac{4\,b}{3\,b'}} \tag{83/1}$$

Mit Einführung der Zahn-Federkonstante C_z als Zahnkraft je mm Zahnbreite für 1 Mikron Zahndurchbiegung erhält man für den Richtungsfehler $f_{R\,w}$ *nach* dem Einlauf:

$$u_{\max} = C_z\, f_{R\,w} \frac{b'}{b}. \tag{83/2}$$

Nach Gl. (82/1) u. (83/1) ist

$$u_{\max} = u_m\, C_T = \frac{4}{3}\,\frac{U}{b'} \tag{83/3}$$

und somit nach Gl. (83/2 u. /3)

$$b' = \sqrt{\frac{4}{3}\,\frac{U\,b}{f_{R\,w}\,C_z}}. \tag{83/4}$$

Aus Gl. (83/1) u. (83/4) ergibt sich mit $T = f_{R\,w}\,C_z\,b/U$

$$\boxed{C_{T\,(\text{par})} = \sqrt{\frac{4\,b\,f_{R\,w}\,C_z}{3\,U}} = \sqrt{\frac{4}{3}\,T}} \tag{83/5}$$

Im Grenzfall ist $b' = b$ und $C_T = 1{,}33$ nach Gl. (83/1).

Für 2) ist nach Bild 82/2b mit $u = u_{\max}[1 - (x/b)^3] + u_{\min}(x/b)^3$:

$$U = \int_0^b u\,dx = u_{\max}\frac{3b}{4} + u_{\min}\frac{b}{4}, \tag{83/6}$$

$$u_{\max} = C_z\, f_{R\,w} + u_{\min}. \tag{83/7}$$

Aus Gl. (83/6 u. /7):

$$u_{\max} = \frac{U}{b} + \frac{f_{R\,w}\,C_z}{4} \tag{83/8}$$

und somit

$$\boxed{C_{T\,(\text{par})} = \frac{u_{\max}}{u_m} = 1 + \frac{f_{R\,w}\,C_z\,b}{4\,U} = 1 + \frac{1}{4}\,T} \tag{83/9}$$

Im Grenzfall ist $u_{\min} = 0$ und somit $C_T = 1{,}33$ nach Gl. (83/6).
Für *lineare* Lastverteilung (Linie *2* in Bild 82/2) ist

für $b'/b < 1$:

$$\boxed{C_{T\,(\text{lin})} = \sqrt{2T} = 2b/b' \geqq 2}$$

für $b'/b = 1$:

$$\boxed{C_{T\,(\text{lin})} = 1 + 0{,}5\,T = 1 \cdots 2}$$

Für beide Lastverteilungen kann C_T aus Tafel 117/1 entnommen werden. Hierbei ist berücksichtigt, daß als wirkliche Belastung $U\,C_S\,C_D$ statt U bzw. $B\,C_S\,C_D$ statt B auftritt. *Anhaltswerte* für Flanken-Richtungsfehler f_R vor dem Einlauf und $f_{R\,w}$ nach gutem Einlauf s. Tafel 114/2.

Beiwert C_β. Bei Schrägverzahnung wird die Lastverteilung noch durch die Gesamtlänge der gleichzeitig im Eingriff befindlichen Zahnbreiten gegenüber der Zahnbreite b verändert und ferner durch die ungleiche Zahnfederkonstante an den schräg über die Zähne laufenden Berührungslinien. Dieser Einfluß wird nach den Ableitungen auf S. 93 bis 95 durch den Beiwert C_β berücksichtigt.

5. Zahnfußbeanspruchung σ und Bruchsicherheit S_B

Schrifttum hierzu s. S. 124.

Rechnungsansatz: Nach Bild 84/1 wird für Geradverzahnung die Zahn-Normalkraft $P = \frac{U}{\cos\alpha_b} = \frac{B d_{b1} b}{\cos\alpha_b}$ im Schnittpunkt mit der Symmetrielinie des Zahnes in die tangentiale Komponente $P\cos\alpha'$ und in die radiale $P\sin\alpha'$ zerlegt. Aus diesen werden für die Anbruchstelle am Zahn an der *Zug*seite des Zahnes die Biegespannung σ_b, die Druckspannung σ_d und die mittlere Schubspannung τ_m berechnet und **mit Hilfe der Vergleichszahl** $\mu = \sigma_{\text{grenz}}/\tau_{m\,\text{grenz}}$ zur Vergleichsspannung σ zusammengesetzt[1]:

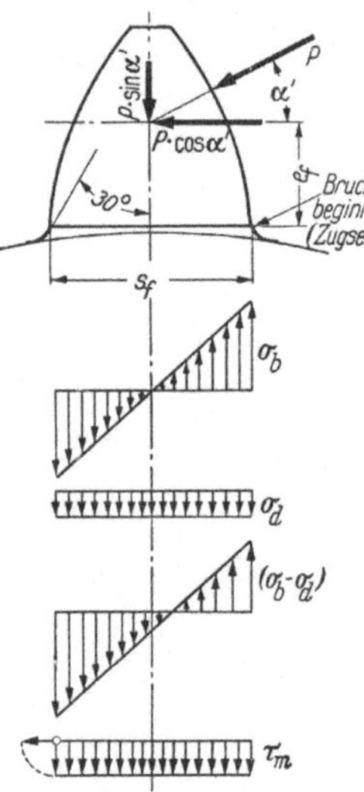

Bild 84/1. Zur Berechnung der Spannungen im Zahnfuß

$$\sigma = \sqrt{(\sigma_b - \sigma_d)^2 + (\mu\,\tau_m)^2} \qquad (84/1)$$

Die einzusetzenden Einzelspannungen betragen nach Bild 84/1:

$$\sigma_b = \frac{M_b}{W_b} = \frac{P e_f \cos\alpha'}{b\, s_f^2/6}; \quad \sigma_d = \frac{P\sin\alpha'}{b\, s_f}; \quad \tau_m = \frac{P\cos\alpha'}{b\, s_f}. \qquad (84/2)$$

Mit dem Ansatz

$$\sigma = z_1 q\, B = z_1 q \frac{U}{b\, d_{b1}} = z_1 q \frac{P\cos\alpha_b}{b\, d_{b1}} \qquad (84/3)$$

ergibt sich aus Gl. (84/1 bis /3) für Geradverzahnungen:

$$q = \frac{\sigma}{(P/b)\cos\alpha_b}\,\frac{d_{b1}}{z_1} = \frac{\cos\alpha'}{\cos\alpha_b}\,\frac{m_b}{s_f}\sqrt{\left(\frac{6\,e_f}{s_f} - \operatorname{tg}\alpha'\right)^2 + \mu^2} \qquad (84/4)$$

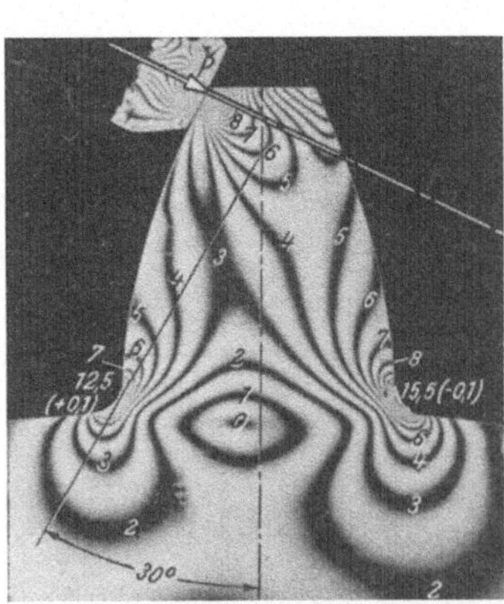

Bild 84/2. Spannungsoptische Aufnahme der Zahnfußbeanspruchung. Die eingetragenen Zahlen 1 bis 15,5 für Linien gleicher Hauptschubspannung sind proportional der Spannung. Der Anbruch des Zahnes ist an der Zugseite des Zahnes (Randspannung 12,5) zu erwarten. Nach [125/87]

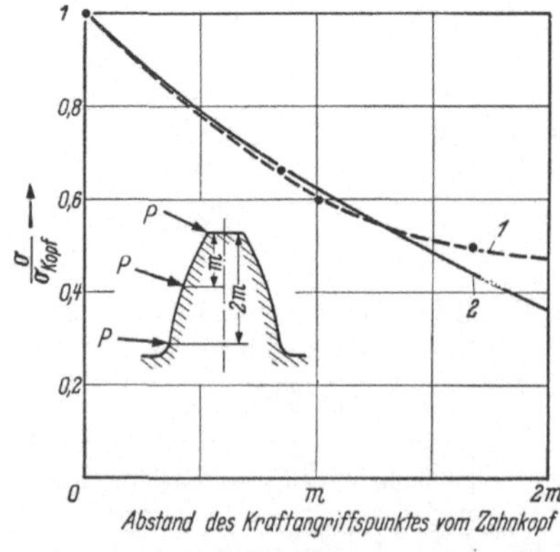

Bild 84/3. Einfluß des Kraftangriffspunktes auf die Zahnfußspannung nach spannungsoptischen Versuchen [125/87] (Kurve *1*) und nach Näherungsgleichung $\sigma/\sigma_{\text{Kopf}} = 1{,}4/(\varepsilon + 0{,}4)$ (Kurve *2*), wobei ε die Profilüberdeckung ist

[1] Bei Berechnung von σ ohne Berücksichtigung der Schubspannung erhält man z. B. für profilverschobene Verzahnungen eine vergleichsweise zu große Tragfähigkeit. Die Erklärung hierfür brachten spannungsoptische und Laufversuche an Zahnrädern mit variierter Kraftangriffsstelle: Die Zahnfußbeanspruchung nimmt hiernach nicht linear mit dem Biege-Hebelarm e_f ab, sondern entsprechend der verbleibenden Schubspannung weit weniger. Näheres s. Bild 84/3 und [125/87].

Die entsprechende Gleichung für Schrägverzahnungen erhält man mit Einsatz der Werte d_{b1n}, e_{fn}, s_{fn}, α'_n der Verzahnung im Normalschnitt:

$$q = \frac{\cos\alpha'_n}{\cos\alpha_{bn}} \frac{m_{bn}}{s_{fn}} \sqrt{\left(\frac{6e_{fn}}{s_{fn}} - \operatorname{tg}\alpha'_n\right)^2 + \mu^2} \tag{85/1}$$

Beiwert μ*:* Nach den spannungsoptischen (Bild 84/2 u. /3) und nach den Pulsator-Versuchen [125/*87*] mit variierter Kraftangriffsstelle am Zahn beträgt[1] $\mu \approx 2{,}5$, also $\mu^2 \approx 6{,}25$.

Beiwert q_{w1} und q_{w2}: Der Beiwert q kann hiernach für jede festgelegte Verzahnung für Ritzel 1 und Rad *2* im voraus berechnet und tabelliert werden, z. B. als Beiwert q_E für den Kraftangriff im Einzel-Eingriffspunkt B_2 für Rad *1* (s. Bild 85) und im Einzel-Eingriffspunkt B_1 für Rad *2* oder als Beiwert q_k für den Kraftangriff am Zahnkopf.

Angenäherte Beziehung (vgl. Bild 84/3): $q_E = q_k\, q_\varepsilon$ und $q_\varepsilon \approx \dfrac{1{,}4}{\varepsilon_n + 0{,}4}$, wobei ε_n die Profilüberdeckung im Normalschnitt der Verzahnung ist (Bild 118).

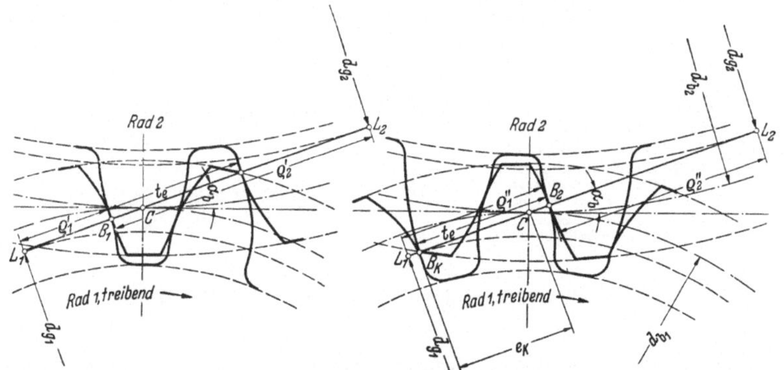

Bild 85. Stellung der Zahnpaarung bei Kraftangriff im Einzel-Eingriffspunkt. Links: Einzel-Eingriffspunkt B_1 (Zahnkopf von Rad *1* tritt außer Eingriff); rechts: Einzel-Eingriffspunkt B_2 (Zahnkopf von Rad *2* tritt in Eingriff)

Berücksichtigt man noch die Verschiebung des Angriffspunktes der maßgeblichen Zahnkraft gegenüber dem theoretischen Einzel-Eingriffspunkt nach S. 80, so erhält man für Gerad- und Schrägverzahnung den *wirksamen* Beiwert

$$\text{für Rad 1: } q_{w1} = q_{k1}\, q_{\varepsilon 1} \quad \text{und} \quad \text{für Rad 2: } q_{w2} = q_{k2}\, q_{\varepsilon 2}. \tag{85/2}$$

Hierbei ist, wenn *Rad 1 treibt:* $q_{\varepsilon 1} \approx 1{,}4/(\varepsilon_n + 0{,}4)$ und $q_{\varepsilon 2} \approx 1{,}4/(\varepsilon_w + 0{,}4)$. (85/3)

Für den Fall, daß *Rad 2 treibt:* $q_{\varepsilon 1} \approx 1{,}4/(\varepsilon_w + 0{,}4)$ und $q_{\varepsilon 2} \approx 1{,}4/(\varepsilon_n + 0{,}4)$. (85/4)

ε_w s. Gl. (80/4).

Zahnquerschnitt s_f*:* Der gefährdete Zahnquerschnitt verschiebt sich mit einer am Zahn tiefer angreifenden Zahnkraft etwas nach unten. Für die praktische Vergleichsrechnung macht es aber wenig Unterschied, ob man diesen oder einen in der Nähe liegenden festen Querschnitt zugrunde legt, der z. B. durch die Zahnhöhe oder durch die Berührungstangente unter 30° (s. Bild 84/1) oder eine ähnliche Festlegung definiert wird. Die Hauptsache bleibt, daß die zum Vergleich herangezogenen Grenzwerte der Vergleichsspannung (σ_D) nach der gleichen Rechnungsweise ermittelt werden[2].

Zahnfuß-Ausbildung und -Festigkeit: Nach Bild 86 ändert sich bei einer Fußausrundung über $r_f = 0{,}2\,m$ der Verhältniswert f_k und somit die Zahnfußfestigkeit $\sigma_D = \sigma_0/f_k$

[1] Der relativ hohe Wert für μ nach den Messungen ist spannungsgeometrisch dadurch begründet, daß die Schubspannung τ am Zahnfuß-Übergang erheblich größer als der eingesetzte Mittelwert τ_m ist. Man kann daher auch schreiben: $\mu\,\tau_m = 1{,}5\,\tau$ und $\tau = 1{,}67\,\tau_m$. Ein Beispiel für die spannungsoptische Ermittlung der Zahnfußbeanspruchung und ihre Auswertung zeigt Bild 84/2.

[2] Auf Empfehlung des Deutschen Normenausschusses sind die hier gebrachten q_k-Werte (s. S. 119) und die Festigkeitswerte σ_D (s. S. 121) mit dem Querschnitt an der 30°-Tangente berechnet.

nur noch wenig, und zwar auch bei *gehärteten* Zahnrädern. Entsprechend wurden die Grenzwerte σ_0 für $r_f = 0{,}2\,m$ angegeben (s. S. 120), so daß sich eine Umrechnung mit f_k erübrigt, wenn $r_f \geqq 0{,}2\,m$ eingehalten wird. Außerdem wird vorausgesetzt, daß im Gebiet des Zahnfuß-Überganges schärfere Riefen und Schleifabsätze vermieden werden und auch die Härteschicht nicht gerade im Fußübergang endet.

Anderseits kann durch *Verdichten* des Zahnfuß-Überganges, z. B. durch Bestrahlen mit Stahlsand, die Zahnfuß-Dauerfestigkeit sehr gesteigert werden, z. B. bei gehärteten Zahnrädern bis auf 160 % [64/75].

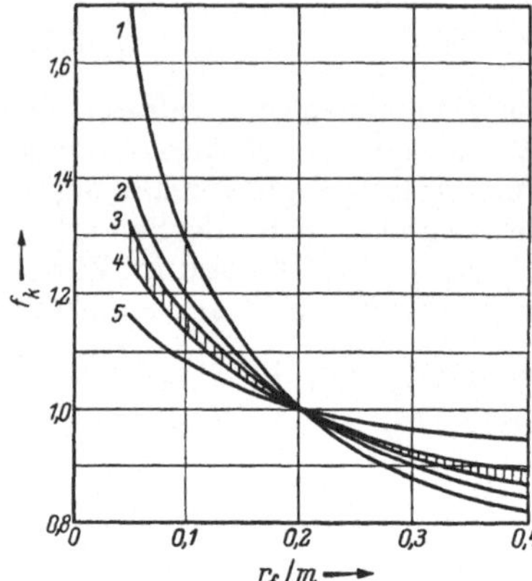

Bild 86. Verhältniswert f_k für den Einfluß der Zahnfußausrundung r_f auf die Zahnfuß-Dauerfestigkeit, nach Versuchen der FZG. *1* nach spannungsoptischen Versuchen; *2* für hochvergütete Zahnräder ($\sigma_B = 90$ kg/mm²); *3* bis *4* für einsatzgehärtete Zahnräder; *5* für Zahnräder aus St 60 ohne Vergütung; m = Zahnmodul

Zahnbruchsicherheit S_B: Mit Einführung der Zahnfuß-Dauerfestigkeit σ_D (S. 121) und der *wirksamen* Größen (Index w) für q, σ und B beträgt die Bruchsicherheit

für Rad *1*:

$$S_{B1} = \frac{\sigma_{D1}}{\sigma_{w1}} = \frac{\sigma_{D1}}{B_w z_1 q_{w1}}, \qquad (86/1)$$

für Rad *2*:

$$S_{B2} = \frac{\sigma_{D2}}{\sigma_{w2}} = \frac{\sigma_{D2}}{B_w z_1 q_{w2}}. \qquad (86/2)$$

6. Flankenpressung k und Grübchensicherheit S_G

Schrifttum hierzu s. S. 125.

Rechnungsansatz (für Geradverzahnung): Nach Bild 87/1 wird die Beanspruchung an der Berührungslinie der Zahnflanken ersatzweise als Druckbeanspruchung von zwei parallelen Walzen berechnet, die mit der Zahnpaarung in folgenden Punkten übereinstimmen: Länge b der Berührungslinie, Krümmungshalbmesser ϱ_1 und ϱ_2 in der Schnittebene normal zur Berührungslinie (ϱ_1 und ϱ_2 gemessen am Berührungspunkt der unbelasteten Flanken), Werkstoffpaarung und Oberflächengüte.

Für derartige Wälzpaarungen (s. Bd. I) beträgt die bezogene Belastung (k-Wert nach Stribeck)[1]:

$$\boxed{k = \frac{P}{2\,\varrho\,b} = 2{,}86\,\frac{p_H^2}{E}} \quad [\text{kg/mm}^2]. \qquad (86/3)$$

Hierbei ist $\dfrac{1}{\varrho} = \dfrac{1}{\varrho_1} + \dfrac{1}{\varrho_2}$ oder $\varrho = \dfrac{\varrho_1\,\varrho_2}{\varrho_1 + \varrho_2}$ (für konkave Flanken ist ϱ_2 negativ), p_H [kg/mm²] die Hertzsche Pressung und $E = \dfrac{2\,E_1\,E_2}{E_1 + E_2}$ [kg/mm²] berechnet aus den Elastizitäts-Moduln E_1 und E_2 der gepaarten Werkstoffe.

Für die Vorstellung ist von Interesse: 1) Der k-Wert ist nach Bild 87/1 die auf die Projektionsfläche $2\,\varrho\,b$ der Ersatzwalze bezogene Belastung;

[1] *Umrechnungen:* Für Stahl gegen Stahl ist $E = 2{,}1 \cdot 10^4$ kg/mm², so daß hierfür $p_H = 85{,}7\,\sqrt{k}$ ist. Im englischen Schrifttum wird die Hertzsche Pressung mit S_{max} bezeichnet (Abkürzung von max. stress) und in Pfund pro Quadratzoll (lbs./sq. in) gemessen; ferner wird dort der k-Wert mal 2 mit „Sc" bezeichnet (Abkürzung von contact stress) und in lbs./sq. in gemessen. Umrechnung:

$$p_H\,[\text{kg/mm}^2] = \frac{S_{max}}{1420}\,[\text{lbs./sq. in}],$$

$$k\,[\text{kg/mm}^2] = \frac{Sc}{2840}\,[\text{lbs./sq. in}].$$

2) die HERTZsche Pressung p_H ist nach Bild 87/1 die an der elastisch abgeplatteten Berührungslinie auftretende maximale Pressung, wenn die Walzen *ruhen* und die Belastung im *elastischen* Bereich liegt;

3) bei Zahnrädern stimmt die wirkliche Flächenpressung nicht mit p_H überein, da der hinzukommende Wälzvorgang, die hinzukommende Gleitbewegung (tangentiale Reibungskraft) und der hinzukommende Schmierdruck erhebliche Änderungen in der Verteilung und Größe der Beanspruchung hervorrufen (Bild 87/2). Trotz dieser Unterschiede behält p_H auch bei Zahnrädern seinen Wert für die erste Vorstellung der Flächenpressung und als Vergleichgröße für die nicht genauer erfaßte örtliche Beanspruchung.

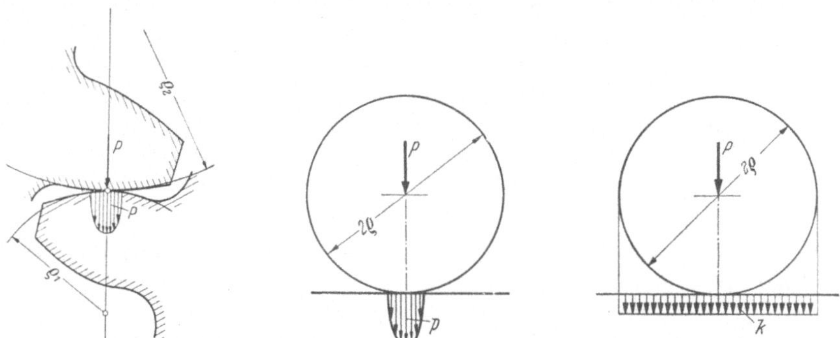

Bild 87/1. Zur Berechnung der HERTZschen Pressung p und des k-Wertes nach STRIBECK für Zahnflanken

Für die *praktische* Zahnradberechnung benutzt man mit Vorteil den k-Wert, da man hierbei den E-Modul nicht benötigt und der k-Wert dem Lastwert B proportional ist[1].

Maßgeblicher k-Wert[2]*:* Da die Grübchenbildung erfahrungsgemäß am Zahn*fuß* einsetzt (Gebiet des negativen Schlupfes), berechnet man den hier auftretenden größten k-Wert für das *Kleinrad 1* am Einzel-Eingriffspunkt B_1 (Bild 85)

$$k_1 = \frac{i+1}{i} y_1 B \qquad (87/1)$$

und für das *Großrad 2* am Wälzpunkt C [3]

$$k_2 = k_C = \frac{i+1}{i} y_C B \qquad (87/2)$$

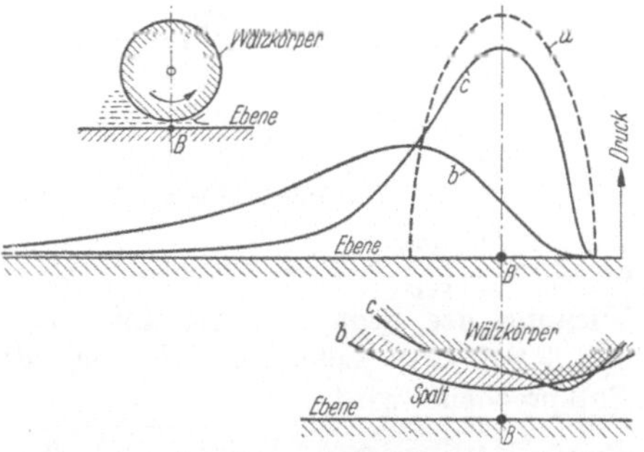

Bild 87/2. Einfluß des Schmierdruckes auf Verformung und Pressung der Zahnflanken nach C. WEBER [123/*11*]. a) Druckverteilung nach HERTZ; b) hydrodynamische Druckverteilung ohne Verformung; c) Verformung des Wälzkörpers und zugehörige Druckverteilung

[1] Weitere Gründe sind: 1. der E-Modul ändert sich z. B. bei Grauguß auch mit der Höhe der Belastung; 2. der Grenzwert für k kann für alle Werkstoffpaarungen ohne Kenntnis von E unmittelbar im Versuch bestimmt werden; 3. die bequemere Rechnung mit k führt zu dem gleichen Ergebnis, wie die Rechnung mit p_H^2/E.

[2] In USA [62/*1* u. /*2*] wird statt des k-Wertes der „K-Faktor" verwendet:

$$K\text{-Faktor [lbs./sq. in]} = 1420 \frac{i+1}{i} B \text{ [kg/mm}^2\text{]}; \quad k_1 \text{ [kg/mm}^2\text{]} = y_1 \frac{K\text{-Faktor}}{1420} \text{ [lbs./sq. in]};$$

$$k_2 \text{ [kg/mm}^2\text{]} = y_C \frac{K\text{-Faktor}}{1420} \text{ [lbs./sq.in]}.$$

[3] Nur bei sehr kleinen Übersetzungen im Bereich von $i \approx 1$ ist k_2 am Einzel-Eingriffspunkt B_2 (siehe Bild 85) noch größer.

Bestimmung von y_C: Mit Einsatz von $B = \frac{U}{d_{b1} b} = \frac{P \cos\alpha_b}{d_{b1} b}$ und $k_C = \frac{P}{2 \varrho_C b}$ in Gl. (87/2) erhält man $y_C = \frac{i}{i+1} \frac{d_{b1}}{2 \varrho_C \cos\alpha_b}$. Nach Bild 85 ist für den Wälzpunkt C der Krümmungshalbmesser

$$\varrho_{1C} = \overline{L_1 C} = 0{,}5\, d_{b1} \sin\alpha_b; \qquad \varrho_{2C} = \overline{L_2 C} = 0{,}5\, d_{b2} \sin\alpha_b = 0{,}5\, i\, d_{b1} \sin\alpha_b$$

und somit

$$\varrho_C = \frac{\varrho_{1C}\, \varrho_{2C}}{\varrho_{1C} + \varrho_{2C}} = 0{,}5 \sin\alpha_b\, d_{b1} \frac{i}{i+1}$$

und

$$\boxed{y_C = \frac{1}{\sin\alpha_b \cos\alpha_b}} \qquad (88/1)$$

Bestimmung von y_1: Aus Gl. (87/1 u. /2) und ferner erhält man mit Einführung von $y_\varepsilon = \varrho/\varrho_C$:

$$\boxed{y_1 = y_C \frac{k_1}{k_C} = y_C \frac{\varrho_C}{\varrho} = y_C \frac{\varrho_{1C}\, \varrho_{2C}}{\varrho_1' \varrho_2'} = \frac{y_C}{y_\varepsilon}} \qquad (88/2)$$

Nach Bild 85 links ist für den Einzel-Eingriffspunkt B_1 (der vorhergehende Zahn tritt gerade außer Eingriff):

$$\varrho_1' = \overline{L_1 B_1} = \varrho_{1C} + e_1 - t_e = \varrho_{1C} - t_e (1 - \varepsilon_1)$$

mit Kopf-Eingriffsstrecke e_1 und $\varepsilon_1 = e_1/t_e$;

$$\varrho_2' = \overline{L_2 B_1} = \varrho_{2C} - e_1 + t_e = \varrho_{2C} + t_e (1 - \varepsilon_1)$$

und somit

$$\frac{\varrho_1'}{\varrho_{1C}} = 1 - \frac{t_e (1 - \varepsilon_1)}{0{,}5\, d_{b1} \sin\alpha_b} = 1 - \frac{2\pi (1 - \varepsilon_1)}{z_1 \operatorname{tg}\alpha_b}; \qquad \frac{\varrho_2'}{\varrho_{2C}} = 1 + \frac{2\pi (1 - \varepsilon_1)}{z_2 \operatorname{tg}\alpha_b}.$$

Setzt man $\frac{\varrho_2'}{\varrho_{2C}} \approx 1$, so berücksichtigt man dadurch wenigstens in etwa die ungünstige Wirkung des negativen Schlupfes auf die Wälzfestigkeit (der Schlupf nimmt mit $\varrho_2'/\varrho_{2C} > 1$ zu); außerdem läßt sich dann y_ε unabhängig vom Gegenrad berechnen. Entsprechend wird

$$\boxed{y_\varepsilon = \frac{\varrho_1'}{\varrho_{1C}} = 1 - \frac{2\pi (1 - \varepsilon_1)}{z_1 \operatorname{tg}\alpha_b}} \qquad (88/3)$$

Beiwert y_{w1} und y_{w2}: Berücksichtigt man noch die Verschiebung der maßgeblichen Zahnkraft gegenüber dem theoretischen Einzel-Eingriffspunkt nach S. 80, und die Schrägverzahnung nach S. 97 mit y_C und y_β nach S. 98, so erhält man als den *wirksamen* Beiwert für Rad *1*: $\boxed{y_{w1} = y_C \cdot y_\beta / y_\varepsilon}$ und für Rad *2*: $\boxed{y_{w2} = y_C \cdot y_\beta}$. (88/4)

$$\boxed{y_\varepsilon = 1 - \frac{2\pi}{z_{1n} \operatorname{tg}\alpha_{bn}} (1 - \varepsilon_{1w})} \qquad (88/5)$$

$\varepsilon_{1w} \approx \varepsilon_{1n} \frac{\varepsilon_w}{\varepsilon_n}$, wenn Rad *1* treibt,

$\varepsilon_{1w} \approx \varepsilon_{1n}$, wenn Rad *2* treibt, ε_w nach Gl. (80/4).

Grübchensicherheit S_G: Mit Einführung der Dauer-Wälzfestigkeit k_D (S. 121) und der *wirksamen* Größen (Index w) für k, y und B beträgt die Grübchensicherheit

für Rad *1*:
$$S_{G1} = \frac{k_{D1}}{k_{w1}} = \frac{k_{D1}}{B_w y_{w1}} \frac{i}{i+1}; \tag{89/1}$$

für Rad *2*:
$$S_{G2} = \frac{k_{D2}}{k_{w2}} = \frac{k_{D2}}{B_w y_{w2}} \frac{i}{i+1}. \tag{89/2}$$

7. Freßlast-Flankenpressung k_F und Freßsicherheit S_F

Schrifttum hierzu s. S. 126.

Die Freßlastgrenze, d. h. die Belastung, bei der „Riefenbildung" oder „Fressen" der Zahnflanken einsetzt (s. S. 40), ändert sich vor allem mit der Wahl des Schmierstoffes, mit der Umfangsgeschwindigkeit und mit den Abmessungen der Zahnradpaarung und ferner noch mit der Flankenoberfläche (Rauhigkeit und Werkstoffpaarung) und der Temperatur des Schmierstoffes. Durch entsprechende Schmierstoffwahl kann die Freßlastgrenze fast immer über die anderen Belastungsgrenzen angehoben werden. Die Nachprüfung der Freßlast-Sicherheit dient somit vor allem zur Bestimmung des erforderlichen Schmierstoffes.

Rechnungsansatz[1]. Für die Berechnung der Freßlastgrenze (Index F) kann man den k-Wert im Wälzpunkt benutzen, dessen Größe von Schmierstoffkennwert k_{Test} und vom Verzahnungskennwert y_F abhängt:

$$k_F = \frac{k_{\text{Test}} \cos\beta_0 \, y_\beta}{y_F}. \tag{89/3}$$

Hierbei ist:

$$y_F \approx \left(\frac{12{,}7}{d_{b1}} \frac{i+1}{i}\right)^2 \left[1 + \left(\frac{e_{\max}}{10}\right)^4\right] \sqrt{m_n}. \tag{89/4}$$

$e_{\max} = e_1$ bzw. $= e_2$ die Kopf-Eingriffsstrecke des Rades *1* bzw. *2* im Stirnschnitt (maßgebend ist der größere Wert!);

k_{Test} der Freßlast-Testwert des Schmierstoffes bei der betreffenden Umfangsgeschwindigkeit v nach Bild 122; es ist der für die Abmessungen der Testräder zu erwartende k_F-Wert, wenn der Eingriffsbeginn mit $e_{\max}$ erfolgt.

Bild 122 zeigt die Abhängigkeit des Wertes k_{Test} von v und von dem im FZG-Normaltest A[1] ermittelten Freßlast-Drehmoment M_{Test} der Getriebeöle. Anhaltswerte für M_{Test} verschiedener Getriebeöle s. Taf. 122/2.

Freßsicherheit S_F: Mit Einführung des wirksamen k-Wertes im Wälzpunkt

$$k_w = k_{w2} = \frac{i+1}{i} y_C \, y_\beta \, B_w \tag{89/5}$$

ergibt sich für die Freßsicherheit

$$S_F = \frac{k_F}{k_{w2}} = \frac{k_{\text{Test}} \cos\beta_0}{B_w y_C y_F} \frac{i}{i+1}. \tag{89/6}$$

---

[1] Der Ansatz setzt voraus, daß für das betreffende Öl der im FZG-Zahnradtest ermittelte Grenzwert M_{Test} bzw. k_{Test} vorliegt. Der Ansatz für y_F zur Umrechnung der Freßlastgrenze der Testräder auf die der jeweiligen Zahnradpaarung fußt auf noch unvollständigen Freßlast-Vergleichsversuchen der FZG mit variierten Verzahnungen, Geschwindigkeiten und Schmierstoffen. Ermittlung der Freßlastgrenze im FZG-Test und in anderen Zahnradtesten s. [127/*194* bis /*197*]. Andere Berechnungen der Freßlastgrenze s. Almen [126/*158*], Blok [126/*162*] und Dudley [123/*6*].

8. Festigkeitswerte der Zahnräder

Die für den Nachweis der Tragfähigkeit benötigten Dauerfestigkeitswerte σ_D und k_D der Zahnräder sollen an Zahnradpaarungen in Laufversuchen ermittelt sein (Bild 90/1). Aus den hierbei im Bereich der Dauerfestigkeit (etwa bei $5 \cdot 10^7$ Lastwechsel) als Lastwert B ermittelten Grenzwerten ist σ_D bzw. k_D nach denselben Gleichungen zu berechnen, die später für die Nachrechnung der Tragfähigkeit eines vorliegenden Getriebes benutzt werden, denn die absolute Höhe der Festigkeitswerte hängt mit der Rechnungsweise zusammen. Da für die Umwertung von B in die Festigkeitswerte auch der Tragfehlerbeiwert C_T und der dynamische Beiwert C_D benötigt werden, müssen auch diese bei den Laufversuchen bekannt sein.

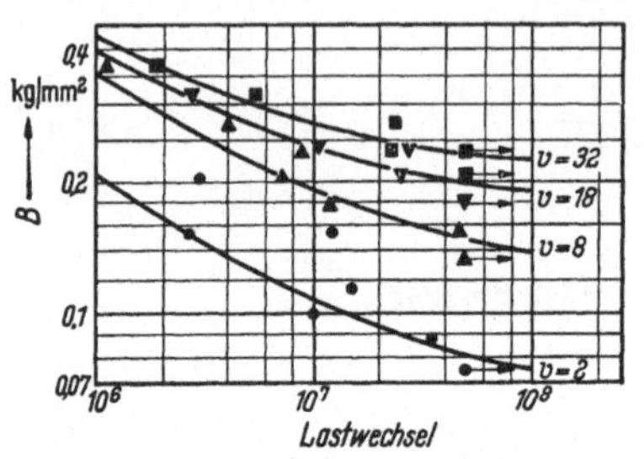

Bild 90/1. Einfluß der Umfangsgeschwindigkeit v [m/s] auf die Flanken-Tragfähigkeit (Lastwert B). Versuche der FZG mit Stahl 53 MnSi 4 ($HV \approx 260$), $b = 22$, $m = 3$, $z_1 = 23$, $z_2 = 37$, $\alpha_0 = 20°$, $\alpha_b = 22{,}4°$, Glattschliff, Öl DTE mit 50 cSt bei 67° C Öltemperatur

Als erste Anhaltswerte sollen die auf S. 120 für verschiedene Zahnradwerkstoffe angegebenen k_0 und σ_0-Werte dienen. Es sind die für bestimmte Voraussetzungen geltenden k_D- und σ_D-Werte. Sie können nach S. 121 angenähert auf andere Betriebsverhältnisse umgewertet werden. Die Angaben zeigen, daß für σ_D die Belastungsart (normal ist Schwellast; bei Zwischenrädern Wechsellast) und besonders die Ausführung des Zahnfußübergangs zu beachten sind (günstig ist Druckvorspannung durch Randhärtung oder Kugelstrahlen [64/75], ungünstig ist Kerbwirkung durch Riefen, durch schroffen Fußübergang und durch Endung der Härtezone im Fußübergang). Anderseits ist für k_D der Einfluß vom Gegenwerkstoff (Bild 90/2), von Ölart[1] und Ölzähigkeit, von Umfangsgeschwindigkeit v (Bild 90/1) und Flankenbehandlung (Einfluß von Randgefüge und Reibungszahl, s. S. 42) zu berücksichtigen. Für häufig benutzte Werkstoffpaarungen ist daher die Ermittlung von k_D im Laufversuch anzuraten, zumal der Gegenwerkstoff, das Werkstoffgefüge und die Flankenbehandlung sich bei verschiedenen Zahnradwerkstoffen unterschiedlich auf den k_D-Wert auswirken (s. Bild 90/2 u. S. 42).

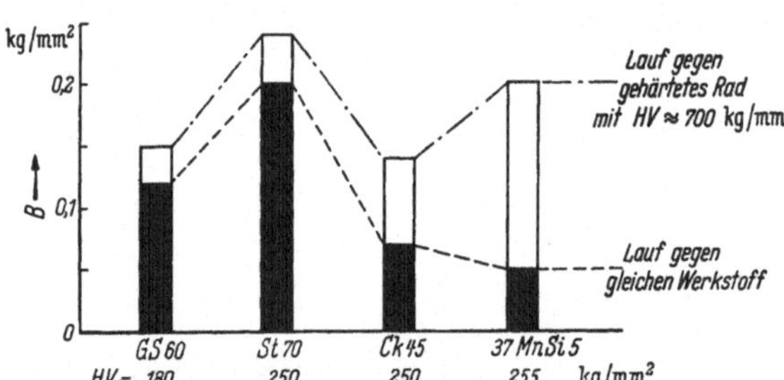

Bild 90/2. Einfluß der Glätte und Härte des Gegenrads auf die Flanken-Tragfähigkeit (Lastwert B bei 10^8 Lastwechseln) für einige ungehärtete Zahnradwerkstoffe. Versuche der FZG mit $a = 91{,}5$ mm; $m = 3$ mm; $b = 10$ mm; $i = 1{,}26$; $n_1 = 3000$ U/min; geschliffen in Qualität 4; Einspritzschmierung mit DTE schwer (Mineralöl) bei 60° C ≙ 32 cSt; HV ist die Vickershärte der Zahnflanken[1]

22.3. Schrägverzahnung

Beachte: Schrifttum hierzu s. S. 128; Bezeichnungen und Dimensionen S. 113.

Für Größen im *Stirnschnitt* (Schnitt normal zur Radachse): Bezeichnungen der Geradverzahnung.
Für Größen im *Normalschnitt N* (Schnitt normal zur Flankenlinie F): Bezeichnungen mit Index n.
Für Größen im *Normalschnitt B* (Schnitt normal zur B-Linie): Bezeichnungen mit Index B.
Für Größen am Teilkreis: mit Index $_0$.
Für Größen am Wälzkreis: mit Index b.

[1] Bei FZG-Versuchen wurde für Stahl 37 MnSi 5 ($HV = 305$) der fünffache k_D-Wert beim Lauf mit einem synthetischen Öl gegenüber dem Lauf mit Mineralöl erreicht. Begründung der Auswirkung der verschiedenen Einflußgrößen auf k_D s. Fußnote S. 40.

1. Merkmale und Eigenschaften

Bei schrägverzahnten Stirnrädern mit Schrägungswinkel β (β_0 am Teilkreis, β_g am Grundkreis, Bild 91/1 u. /2) zeigen die Stirnschnitte im beliebigen Abstand Δb gleiche Verzahnungen, die jedoch um den Betrag $\Delta b \operatorname{tg}\beta_0$ auf dem Teilkreis verschoben sind.

Beim Drehen der Räder durchlaufen die Zahnflanken die *ruhende Eingriffsfläche E* (Bild 91/2). Diese ist bei *Evolventen-Verzahnung*[1] *eine Ebene*, welche die Grundkreis-Zylinder von Rad und Gegenrad tangiert und welche bei unterschnittsfreier Verzahnung von den Kopfkreis-Zylindern begrenzt wird.

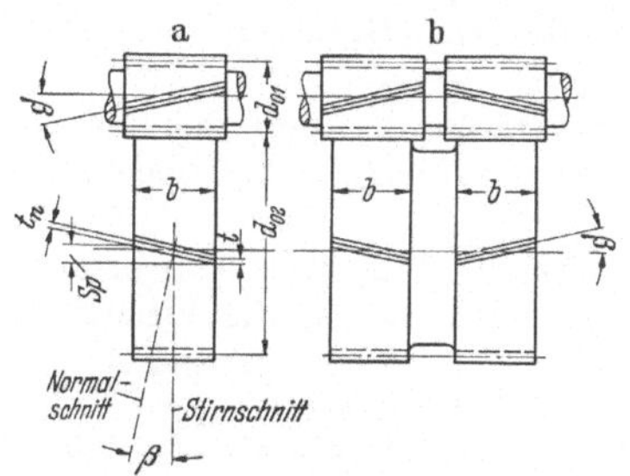

Bild 91/1. a) Schrägverzahnte Stirnräder
b) Pfeilverzahnte Stirnräder

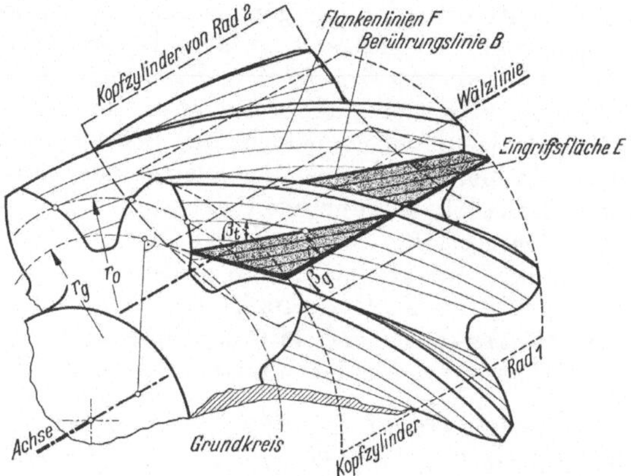

Bild 91/2. Schrägverzahntes Stirnrad mit Eingriffsfläche E und Berührungslinie B

Die jeweiligen *Berührungslinien* (B-Linien) mit den (nicht gezeichneten) Gegenflanken sind die jeweiligen Schnittlinien der Zahnflanken mit der Eingriffsfläche. Die B-Linien sind auch bei schrägverzahnten Stirnrädern *gerade*, sofern β über der Zahnbreite konstant ist. Im Gegensatz zur Geradverzahnung verlaufen sie jedoch *schräg* über die Zahnflanke (siehe Bild 91/2), wobei sie in der Eingriffsfläche den Winkel β_g zur Radachse einschließen und auf der Zahnflanke der Planverzahnung den Winkel β_t zur Flankenlinie F. Die *Flankenlinien* F (Schnittlinien der Zahnflanken mit den Teilkreis-Zylindern) sind Schraubenlinien, deren Tangenten im Winkel β_0 zur Schnitt-Parallelen der Radachse liegen.

Der *Krümmungshalbmesser* ϱ_B der Zahnflanken im Normalschnitt B liegt in der Eingriffsfläche und ist nach Bild 91/3 für jeden Eingriffspunkt größer als der entsprechende Krümmungshalbmesser ϱ im Stirnschnitt: $\varrho_B = \varrho/\cos\beta_g$.

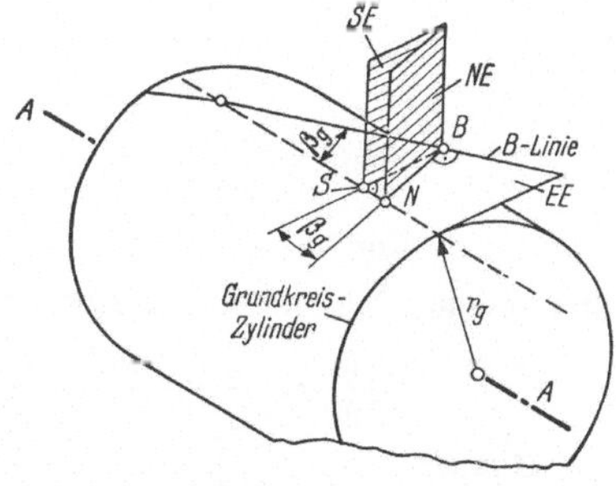

Bild 91/3. Zusammenhang der Flankenkrümmungsradien ϱ und ϱ_B
ϱ = Strecke BS in Stirnschnittebene SE
ϱ_B = Strecke BN in Normalschnittebene NE normal zur B-Linie

Hieraus ergeben sich für die Schrägverzahnung folgende *Besonderheiten:*

1) *Lastaufnahme.* Längs der B-Linien ändert sich der Abstand zum Zahnfuß, also der Biegehebelarm der Zahnkraft und somit die Federkonstante der Zahnpaarung je mm Zahnbreite. Entsprechend ist auch die Lastaufnahme längs der B-Linie ungleich groß (s. S. 94).

[1] Die weiteren Angaben beziehen sich auf die übliche Ausführung mit *Evolventen-Verzahnung:* Hierbei besitzen die Zahnflanken im *Stirnschnitt* Evolventenprofil, im *Normalschnitt* N nur angenäherte Evolventen, da der Schnitt des Grundkreis-Zylinders im Normalschnitt N kein Kreis, sondern eine Ellipse ist. Ihre Bezugsverzahnung, d. h. die Planverzahnung, mit der Rad und Gegenrad kämmen können, ist ebenso wie bei der Geradverzahnung eine Zahnstange mit Trapezprofil der Zähne.

2) *Einzel-Eingriffsstellung.* In jeder Zahnstellung sind *mehrere* Zähne im Eingriff, wenn man von sehr schmalen Rädern absieht. Es gibt also keine Einzel-Eingriffsstellung wie bei der Geradverzahnung.

3) *Gesamtlänge der B-Linien.* Sie ändert sich mit der Zahnstellung (s. Bild 95) und somit ändert sich auch die mittlere Belastung je mm Länge, sofern nicht die Sprungüberdeckung ε_{sp} nach Gl. (93/4) ganzzahlig ist (= 1, = 2, = 3, ...).

4) *Zahneingriff und Laufruhe.* Der Eintritt eines Zahnes in den Eingriff und ebenso der Austritt erfolgt nicht gleichzeitig auf der ganzen Zahnbreite, sondern allmählich fortschreitend, so daß eine größere Laufruhe erreicht wird.

5) *Wirkung von Zahnfehlern.* Zahn- und Achs-*Richtungs*fehler verändern die Lastverteilung über der Zahnbreite etwa im gleichen Maße wie bei Geradverzahnung; *Teilungs*fehler ergeben jedoch bei Schrägverzahnung eine größere Zahn-Eckbruchgefahr, da hierbei der ein- oder austretende Zahn evtl. die ganze Umfangskraft nur auf einem Teilstück aufzunehmen hat[1].

6) *Konstanz der Drehbewegung.* Sie ist bei Schrägverzahnung bei gleicher Verzahnungsqualität größer, da die größere Gesamtüberdeckung (mehr Zähne gleichzeitig im Eingriff) die Fehlerwirkung zum Teil ausgleicht[2].

7) *Mindest-Zähnezahl.* Mit zunehmendem Schrägungswinkel β_0 wird die erforderliche Zähnezahl z_1 kleiner, und zwar proportional $\cos^2\beta_g \cos\beta_0$, da für die Vermeidung von Unterschnitt die Ersatz-Zähnezahl $z_{1n} = \dfrac{z_1}{\cos^2\beta_g \cos\beta_0} \geqq \dfrac{2}{1{,}2 \sin^2\alpha_{0n}} \dfrac{h_{k\,\mathrm{Werkzeug}}}{m_n}$ maßgebend ist (s. Taf. 118). So wird bei 20°-Verzahnung für $\beta_0 = 45°$ und $x = 0$ (= 0,5) die Mindest-Zähnezahl $z_1 = 6$ (= 3).

2. Geometrische Beziehungen

Zwischen den Größen im Stirnschnitt und im Normalschnitt bestehen folgende Beziehungen:

Winkelbeziehungen:

$$\operatorname{tg}\alpha_0 = \frac{\operatorname{tg}\alpha_{0n}}{\cos\beta_0}; \qquad \sin\beta_g = \sin\beta_0 \cos\alpha_{0n}; \tag{92/1}$$

$$\cos\beta_g = \frac{\sin\alpha_{0n}}{\sin\alpha_0} = \cos\beta_0 \frac{\cos\alpha_{0n}}{\cos\alpha_0}; \qquad \operatorname{tg}\beta_g = \operatorname{tg}\beta_0 \cos\alpha_0; \tag{92/2}$$

$$\operatorname{tg}\beta_t = \sin\beta_g \operatorname{tg}\alpha_0 = \operatorname{tg}\beta_0 \sin\alpha_{0n}. \tag{92/3}$$

Die obigen Beziehungen gelten auch mit α_b, α_{bn} und β_b an Stelle von α_0, α_{0n} und β_0

$$\frac{\operatorname{tg}\beta_b}{\operatorname{tg}\beta_0} = \frac{d_b}{d_0} = \frac{d_{b1}}{d_{01}} = \frac{\cos\alpha_0}{\cos\alpha_b} = \frac{\cos\alpha_{0n}}{\cos\alpha_{bn}} \frac{\cos\beta_0}{\cos\beta_b}; \qquad \frac{\sin\beta_b}{\sin\beta_0} = \frac{\cos\alpha_{0n}}{\cos\alpha_{bn}}. \tag{92/4}$$

Modul[3]

$$\frac{m_n}{m} = \cos\beta_0; \qquad \frac{m_{en}}{m_e} = \cos\beta_g; \qquad \frac{m_e}{m} = \cos\alpha_0; \qquad \frac{m_{en}}{m_n} = \cos\alpha_{0n}, \tag{92/5}$$

Ersatz-Durchmesser (s. Taf. 118):

$$d_{01n} = \frac{d_{01}}{\cos^2\beta_g} = z_{1n} m_n; \qquad d_{02n} = \frac{d_{02}}{\cos^2\beta_g} = z_{2n} m_n; \tag{92/6}$$

$$d_{b1n} = \frac{d_{b1}}{\cos^2\beta_g}; \qquad d_{b2n} = \frac{d_{b2}}{\cos^2\beta_g}, \tag{92/7}$$

---

[1] Entsprechend sind bei Schrägverzahnung die zulässigen Teilungsfehler kleiner zu wählen und bei großen Zahnbreiten die Zahnflanken zu den Stirnseiten hin möglichst um einige μ zurückzunehmen (seitenballige Flanken s. S. 74), oder die Abschrägung der Zähne an den Radseiten ist noch zu vergrößern (s. Bild 73).

[2] Im Abrolldiagramm zeigen schrägverzahnte Räder mit zunehmendem axialem Ineinanderschieben eine Abnahme der Abrollfehler.

[3] $m_e = t_e/\pi = m \cos\alpha_0$ ist Eingriffs-Modul; Eingriffsteilung t_e s. S. 31.

Ersatz-Zähnezahl (s. Taf. 118):

$$z_{1n} = \frac{z_1}{\cos^2\beta_g \cos\beta_0} = z_1\,(z_n/z)\,; \qquad z_{2n} = i\,z_{1n} = \frac{z_2}{\cos^2\beta_g \cos\beta_0} = z_2\,(z_n/z)\,, \tag{93/1}$$

Mindest-Zähnezahl:

$$z_1 = z_{1n}\cos^2\beta_g\cos\beta_0 \geqq \frac{2}{\sin^2\alpha_{0n}}\,\frac{h_{k\,\mathrm{Werkzeug}}}{m_n\,1{,}2}\cos^2\beta_g\cos\beta_0 = \frac{(z_{1n})_{\min}}{z_n/z} \tag{93/2}$$

mit Faktor 1/1,2 für praktische Unterschnittsgrenze, $(z_{1n})_{\min}$ s. Taf. 115/2.

Profilüberdeckung (s. Bild 118):

$$\varepsilon = \frac{e_1 + e_2}{m\,\pi\cos\alpha_0} = \varepsilon_n\cos^2\beta_g = \frac{e_{1n} + e_{2n}}{m_n\,\pi\cos\alpha_{0n}}\cos^2\beta_g\,, \tag{93/3}$$

Sprungüberdeckung:

$$\varepsilon_{\mathrm{sp}} = \frac{b\,\mathrm{tg}\beta_0}{m\,\pi} = \frac{b\sin\beta_0}{m_n\,\pi}\,, \tag{93/4}$$

Ganghöhe:

$$H = \frac{\pi\,d_0}{\mathrm{tg}\beta_0} = \frac{\pi\,d_b}{\mathrm{tg}\beta_b}\,, \tag{93/5}$$

Krümmungshalbmesser der Flankenprofile:

$$\frac{\varrho_B}{\varrho} = \frac{1}{\cos\beta_g} = \frac{\sin\alpha_b}{\sin\alpha_{bn}} = \frac{d_{b1n}\sin\alpha_{bn}}{d_{b1}\sin\alpha_b} = \frac{\varrho_n}{\varrho}\,, \tag{93/6}$$

Profilverschiebung:

$$(x_1 + x_2)\,m_n = (x_1 + x_2)\,m\cos\beta_0\,, \tag{93/7}$$

$$\frac{a}{a_0} = \frac{\cos\alpha_0}{\cos\alpha_b}\,, \tag{93/8}$$

Kopfkürzung (Bild 38/1): $K\,m = K_n\,m_n$. (93/9)

3. Lastverteilung längs der *B*-Linien und Beiwert C_β

Bild 94/1 zeigt die ungleiche Lastverteilung längs der Berührungslinien von schrägverzahnten Stirnrädern nach spannungsoptischen Versuchen[1], Bild 94/2 die Lastverteilung bei variierter Zahnbreite und variiertem Schrägungswinkel, entsprechend den Versuchsergebnissen an Zahnradpaarungen aus gehärtetem Stahl mit verschiedenen Schrägungswinkeln[1,2]. Aus den Versuchen geht hervor:

1) die Lastverteilung ist sinusförmig;

2) das Maximum liegt etwa in der Mitte und das Minimum an den Enden der Eingriffsstrecke;

3) mit zunehmendem Schrägungswinkel (mit steiler auf der Zahnflanke liegender *B*-Linie) nimmt die Ungleichförmigkeit stark ab; bei $\beta = 45°$ ist sie praktisch null;

4) bei mehreren gleichzeitigen *B*-Linien tragen die *kurzen* relativ mehr, als ihrer Lage auf der Eingriffsstrecke entspricht (mittragende Wirkung der weiter reichenden Zahnlänge).

---

[1] Siehe NIEMANN und RICHTER [128/*225*].

[2] Bei diesen Versuchen wurde die Zahnflanke vor der Belastung fein angerußt und nach der Belastung die Breite der sich abzeichnenden Drucklinie punktweise über der Zahnbreite mit Mikroskop ausgemessen und hieraus die Belastung je mm *B*-Linie nach der HERTZschen Gleichung berechnet (Versuche von W. RICHTER, FZG, München), s. [128/*225*].

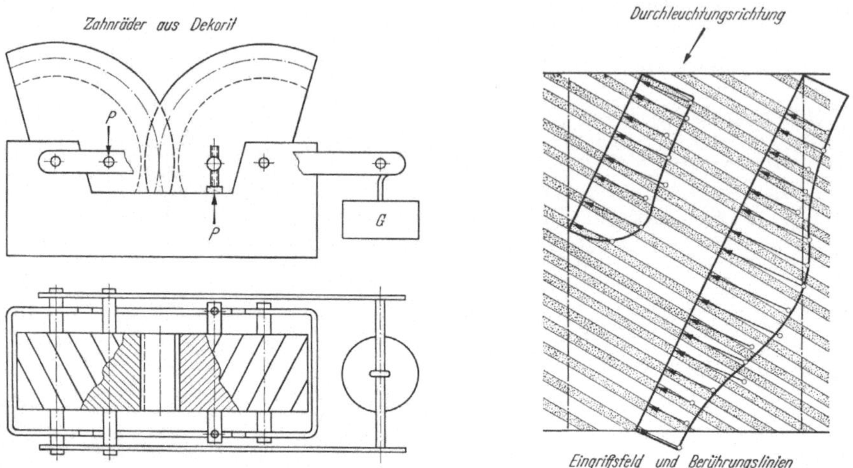

Bild 94/1. Spannungsoptisch gemessene Lastverteilung für schrägverzahntes Stirnradpaar; links: Belastungsvorrichtung; rechts: Lastverteilung längs der *B*-Linien, ermittelt an den schraffierten herausgeschnittenen Scheiben [128/225]

Die Lastverteilung längs der *B*-Linien bzw. ihrer Projektion auf der Eingriffsstrecke läßt sich mit Hilfe der örtlichen Umfangskraft u angeben, die je mm Zahnbreite an der *B*-Linie auftritt. Nach der Auswertung von W. RICHTER ist entsprechend Bild 94/2

$$u = u_m [1 + 0{,}4 \cos 2 \beta_g \cos(\pi x)] \tag{94/1}$$

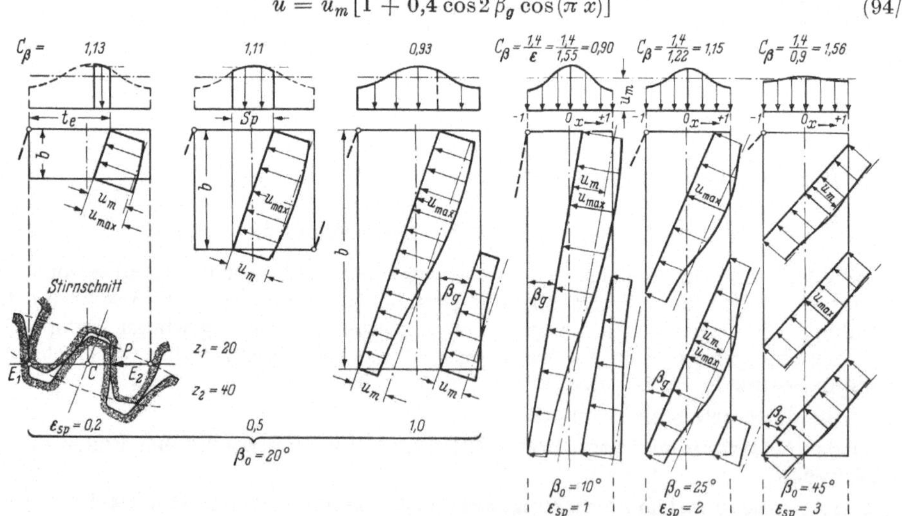

Bild 94/2. Lastverteilung längs der *B*-Linien; links: in Abhängigkeit von der Sprungüberdeckung ε_{sp}; rechts: in Abhängigkeit vom Schrägungswinkel β_0 [128/225]

mit Maximum $u_{\max}$ bei $x = 0$ auf Mitte Eingriffsstrecke und Minimum bei $x = +1$ bzw. -1 an den Endpunkten E_1 bzw. E_2 der Eingriffsstrecke.

Der Mittelwert ist

$$u_m = \frac{U}{b} \frac{b}{b_N}, \tag{94/2}$$

wobei $b_N = \sum l \cos \beta_g$ die minimale Gesamtlänge $\sum l$ der gleichzeitigen *B*-Linien, projiziert auf die Zahnbreite b, ist (Bild 95).

Für *ganzzahlige* Sprungüberdeckung liegen die B-Linien gleichmäßig verteilt über der Eingriffsstrecke, und ihre Gesamtlänge ist konstant (Bild 95). Hierfür ist

$$b_N = \varepsilon b \quad \text{und} \quad u_m = \frac{U}{b\,\varepsilon}, \qquad (95/1)$$

wobei ε die Profilüberdeckung im Stirnschnitt ist. Entsprechend ist nach Gl. (94/1) und (95/1) für $x = 0$:

$$u_{\max} = u_m\,(1 + 0{,}4\cos 2\,\beta_g) \approx u_m\,1{,}4\cos\beta_g$$

$$= 1{,}4\cos\beta_g\,\frac{U}{b\,\varepsilon}. \qquad (95/2)$$

Für *nicht* ganzzahlige Sprungüberdeckung ist nach Bild 95 die Länge und die Lage der B-Linie relativ zur Mitte der Eingriffsstrecke von der Zahnstellung abhängig, und somit ist $u_{\max}/u_m$ als Integrationswert für jede Zahnstellung zu ermitteln. Für die jeweils ungünstigste Zahnstellung beträgt:

$$u_{\max} = \frac{U}{b}\,C_\beta\cos\beta_g. \qquad (95/3)$$

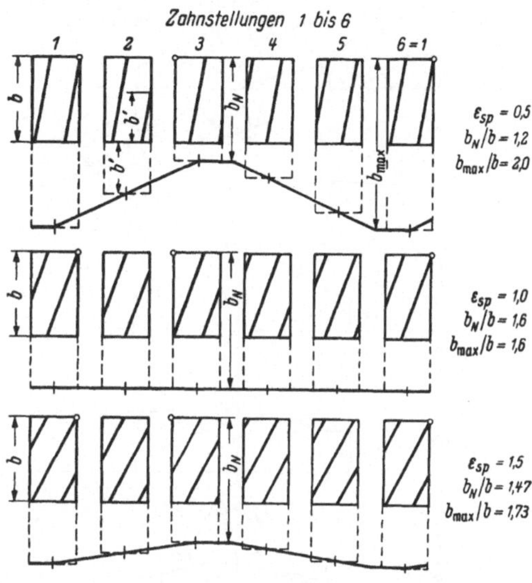

Bild 95. Gesamtlänge der gleichzeitigen B-Linien in Abhängigkeit von Eingriffsstellung und Sprungüberdeckung ε_{sp} bei Stirnüberdeckung $\varepsilon = 1{,}6$

Der Integrationswert

$$C_\beta = \frac{u_{\max}\,b}{U\cos\beta_g} = \frac{2\,\varepsilon_{sp}}{\varepsilon}\;\frac{[1 + 0{,}4\cos(\pi\,x)]\max}{\int[1 + 0{,}4\cos(\pi\,x)]\,d\,x} \qquad (95/4)$$

ist nur von ε und ε_{sp} abhängig und in Bild 117/2 dargestellt. Für *ganzzahlige* Sprungüberdeckung ($\varepsilon_{sp} = 1, = 2, \ldots$) ist $C_\beta = \frac{1{,}4}{\varepsilon}$; für $\varepsilon_{sp} \geqq 1$ ist $C_\beta \approx \frac{1{,}4}{\varepsilon}$.

4. Maßgebliche Eingriffspunkte

Zur Beantwortung der Frage, welche Eingriffspunkte jeweils für die Berechnung der Beanspruchung in Frage kommen, wurden für eine Serie von Zahnradpaarungen mit variiertem Schrägungswinkel folgende Größen über der Eingriffsstrecke aufgetragen (Bild 96): Die Lastaufnahme u (Umfangskraft je mm Zahnbreite), die Flankenpressung k und die Zahnfußbeanspruchung σ für die betreffende Lage des Eingriffspunktes auf der Eingriffsstrecke.

Außerdem sind die Einzel-Eingriffspunkte E im Stirnschnitt und E_n im Normalschnitt eingetragen und mit E_1 (E_{1n}) bezeichnet, sofern sie für Rad *1* von Interesse sind, und entsprechend E_2 (E_{2n}) für Rad *2*. Die eingetragenen Zahlenwerte für u, k und σ im Wälzpunkt C sind Verhältniswerte zu den entsprechenden Werten der Geradverzahnung.

Ergebnis: 1) Für Schrägwinkel bis 30° macht es wenig Unterschied, ob man k und σ für die Zahnstellung im Einzel-Eingriffspunkt E (Stirnschnitt) oder E_n (Normalschnitt) berechnet; man kann auch angenähert mit der Zahnstellung im Wälzpunkt rechnen, wenn $z_1 \geqq 20$ ist und der Wälzpunkt ungefähr auf Mitte Zahnhöhe liegt.

2) Für noch größere Schrägungswinkel liegt das Maximum für k_1, σ_1 und σ_2 in den Endpunkten der Eingriffsstrecke. Bei den dort herrschenden großen Gleitgeschwindigkeiten wird es jedoch durch den Verschleiß abgebaut und rückt weiter zur Mitte der Eingriffsstrecke.

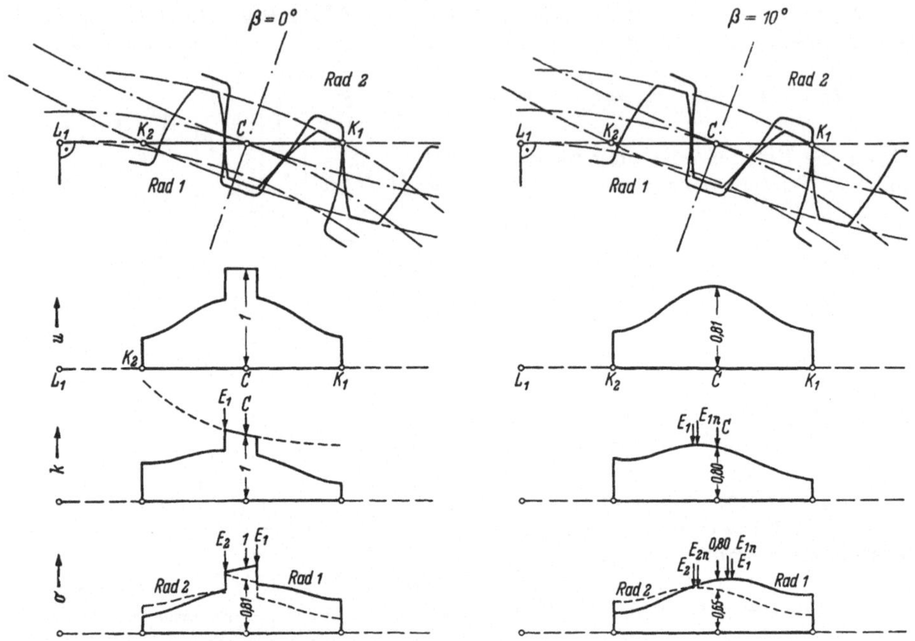

Bild 96. Lastaufnahme u, Flankenpressung k und Zahnfußbeanspruchung σ, abhängig von der Lage des Eingriffs- drei Schrägverzahnungen mit ganzzahliger Sprungüberdeckung. Die Werte für $i = 2{,}5$

3) Der Größtwert für die Flankenpressung k_2 im Zahnfußgebiet (negativer Schlupf) von Rad *2* liegt auch bei Schrägverzahnung im Wälzpunkt C, so daß es nicht nur bequemer, sondern auch richtiger ist, k_2 für die Zahnstellung im Wälzpunkt zu berechnen[1].

4) Entsprechend den Ergebnissen nach 1)...3) werden die Berechnungsbeiwerte für Gerad- und Schrägverzahnung einheitlich für die Verzahnung im *Normalschnitt* ermittelt.

Eine geringe zusätzliche Sicherheit ist bei der praktischen Berechnung dadurch gegeben, daß die Lastaufnahme im Einzel-Eingriffspunkt E_n, je nach Lage von E_n, etwas kleiner sein kann als der Größtwert $u_{\max}$ auf Mitte Eingriffsstrecke, der in der praktischen Berechnung berücksichtigt wird.

5. Zahnfußbeanspruchung σ und Bruchsicherheit S_B

Zur Bestimmung der Vergleichsspannung σ wird analog zur Gl. (84/3) der Geradverzahnung angesetzt:

$$\sigma = z_1 q \, B \, C_\beta = z_1 q \frac{U}{b \, d_{b1}} C_\beta .$$

Daraus ergibt sich mit C_β nach Gl. (95/3)

$$q = \frac{\sigma \cos\beta_g}{u_{\max}} \frac{d_{b1}}{z_1} = \frac{\sigma \cos\beta_g}{(P/b)_{\max} \cos\alpha_b} m_b .$$

Ersetzt man die Stirnschnittswerte α_b, d_{b1} und z_1 durch die entsprechenden Normalschnittswerte α_{bn}, d_{bn1} und z_{1n}, so ergibt sich

$$q = \frac{\sigma}{(P/b)_{\max} \cos\alpha_{bn}} \frac{d_{b1n}}{z_{1n}} \frac{\cos^2\beta_g}{\cos^2\beta_0} \approx \frac{\sigma}{(P/b)_{\max} \cos\alpha_{bn}} m_{bn} .$$

[1] Nur bei sehr kleinen Übersetzungen ($i \approx 1$ bis 1,5) kann k_2 im Einzel-Eingriffspunkt E_2 noch größer sein.

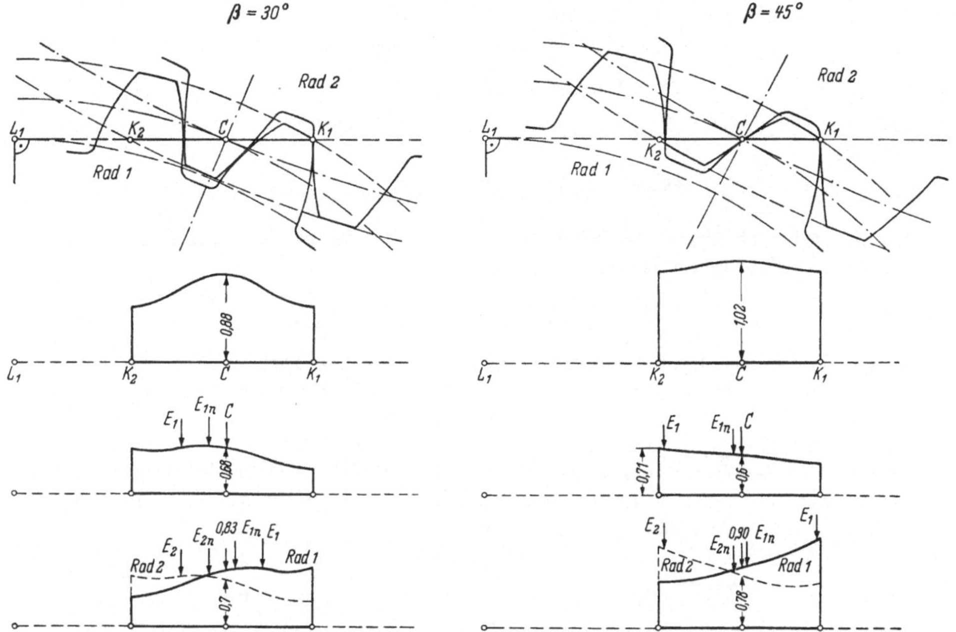

punktes auf der Eingriffsstrecke $K_1 K_2$ des Stirnschnittes. Aufgetragen für Geradverzahnung (mit Einzel-Eingriffsgebiet) und a, b, m_n und Lastwert B sind für alle Verzahnungen gleich groß. Weiteres s. Abschnitt 4

Damit gilt für q wieder Gl. (84/4) der Geradverzahnung, wenn hierin die Werte der Verzahnung im Normalschnitt eingesetzt werden, s. Gl. (85/1). Die Vernachlässigung des Gliedes $\cos^2 \beta_g / \cos^2 \beta_0$ macht sich erst bei großen Schrägungswinkeln bemerkbar und dürfte wegen der dort größeren Zahneckbruchgefahr gerechtfertigt sein.

Die Berücksichtigung von Verzahnungsfehlern und damit die Bestimmung von q_w erfolgt ebenso wie bei Geradverzahnung (s. S. 85), wobei vom Überdeckungsgrad ε_n der Verzahnung im Normalschnitt ausgegangen wird. Damit gelten auch für die Zahnbruchsicherheit S_B die Gleichungen der Geradverzahnung (S. 86):

$$S_{B1} = \frac{\sigma_{D1}}{B_w z_1 q_{w1}} \quad \text{bzw.} \quad S_{B2} = \frac{\sigma_{D2}}{B_w z_1 q_{w2}}.$$

6. Flankenpressung k und Grübchensicherheit S_G

Zur Berechnung der Flankenpressung k wird sinngemäß zu den Gl. (87/1 u. 87/2) der Geradverzahnung angesetzt:

$$k_1 = \frac{i+1}{i} y_1 y_\beta B C_\beta \quad \text{und} \quad k_2 = \frac{i+1}{i} y_C y_\beta B C_\beta.$$

Dabei gilt für den k_2-Wert im Wälzpunkt C

$$k_2 = k_C = \left(\frac{P}{b}\right)_{\max} \frac{1}{2 \varrho_{CB}}.$$

Mit Gl. (95/3) und (93/6) folgt somit für die Beiwerte $y_C y_\beta$

$$y_C y_\beta = \frac{i}{i+1} \frac{d_{b1} \cos \beta_g}{2 \varrho_{BC} \cos \alpha_b} = \frac{i}{i+1} \frac{d_{b1} \cos^2 \beta_g}{2 \varrho_C \cos \alpha_b}.$$

Gemäß der Ableitung für Geradverzahnung ist

$$\frac{i}{i+1}\,\frac{d_{b1}}{2\,\varrho_C\cos\alpha_b} = \frac{1}{\sin\alpha_b\cos\alpha_b}\,,$$

so daß sich bei anschließendem Ersatz von α_b im Stirnschnitt durch α_{bn} im Normalschnitt ergibt:

$$y_C\,y_\beta = \frac{\cos^2\beta_g}{\sin\alpha_b\cos\alpha_b} = \frac{1}{\sin\alpha_{bn}\cos\alpha_{bn}}\,\frac{\cos^4\beta_g}{\cos\beta_0}\,.$$

Damit verbleibt für y_C der Wert für die Verzahnung im Normalschnitt und für y_β ein nur von β abhängiger Beiwert:

$$y_C = \frac{1}{\sin\alpha_{bn}\cos\alpha_{bn}}\,,\qquad y_\beta = \frac{\cos^4\beta_g}{\cos\beta_0}\,. \tag{98/1}$$

In gleicher Weise kann die Ableitung für k_1 durchgeführt werden. Es ergibt sich dabei derselbe Wert für y_β wie vorher und für y_1 der Wert für die Verzahnung im Normalschnitt.

Die Berücksichtigung von Verzahnungsfehlern und damit die Bestimmung von y_w erfolgt wie bei der Geradverzahnung (s. S. 88), wobei vom Überdeckungsgrad ε_n der Verzahnung im Normalschnitt ausgegangen wird. Damit gelten auch für die Grübchensicherheit S_G die Gleichungen der Geradverzahnung:

$$S_{G1} = \frac{k_{D1}}{B_w\,y_{w1}}\,\frac{i}{i+1}\quad\text{bzw.}\quad S_{G2} = \frac{k_{D2}}{B_w\,y_{w2}}\,\frac{i}{i+1}\,.$$

22.4. Profilverschiebung, Anwendung und Berechnung

Grundlagen und Arten der Profilverschiebung s. S. 36; Mindest-Zähnezahlen bei Profilverschiebung s. S. 115; Tragfähigkeits-Beiwerte q und y für profilverschobene Verzahnungen s. S. 119; Schrifttum s. S. 128.

1. Anwendung und Auswahl[1])

Profilverschobene Verzahnungen werden zur Vermeidung von Unterschnitt bei kleineren Zähnezahlen, zur Anpassung an vorgegebene Achsabstände, und vor allem zur Erhöhung der Tragfähigkeit und der Freßsicherheit angewendet. Für die Wahl der Profilverschiebungen wird angegeben:

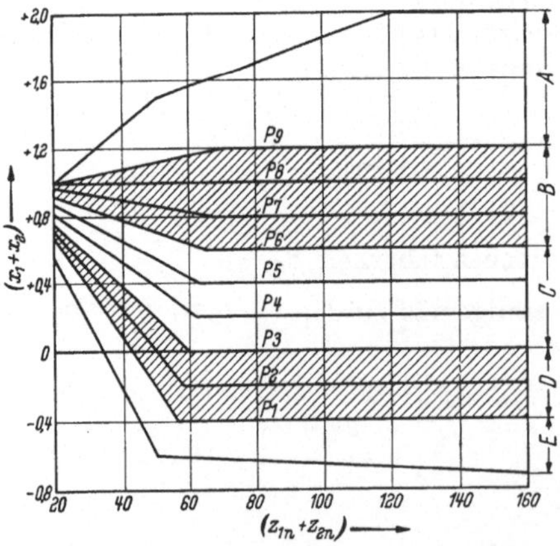

1) *Empfehlungen nach DIN 3992 (Entwurf 1959).* Wahl der Summe der Profilverschiebung $m_n(x_1 + x_2)$ mit $(x_1 + x_2)$ aus den variierten Bereichen nach Bild 98; Aufteilung der Summe auf Kleinrad *1* und Großrad *2* nach weiteren Diagrammen entsprechend einer etwas größeren Gleitgeschwindigkeit am Kopf des treibenden Rades gegenüber der am Kopf des getriebenen. Man erhält hiernach gut ausgeglichene Verzahnungen hinsichtlich Gleitgeschwindigkeit und Zahnfußbeanspruchung.

2) *0,5-Verzahnung nach DIN 3994 und 3995 (Entw. 1959).* Hierbei ist $x_1 = x_2 = +0{,}5$ und Achsabstand $a = F(z_1 + z_2)m$; Zahl F liegt mit $(z_1 + z_2)$ und β_0 fest. Für diese Allgemeinverzahnung mit Satzrädereigenschaft

Bild 98
Übersicht für die Wahl von $(x_1 + x_2)$, nach DIN 3992. Gebiet *A* und *E* für Sonderfälle; *B* für hohe Zahnfuß- und Flankentragfähigkeit; *C* für ausgewogene Verzahnungen; *D* für große Profilüberdeckung

[1] Eine umfassende Untersuchung der zahlreichen Möglichkeiten und ihre Auswirkung auf die Tragfähigkeit s. WINTER [128/*246*].

und größerer Tragfähigkeit als die 20°-Nullverzahnung (s. Bild 100) können die wichtigsten Verzahnungsdaten aus Tafeln und Diagrammen (DIN 3995) entnommen und auch die Tragfähigkeitsbeiwerte q und y im voraus festgelegt werden [128/*247*].

3) *V-Nullverzahnung*, bei der die Profilverschiebung $m_n x_2 = -m_n x_1$ ist und der Achsabstand unverändert bleibt, da $x_1 + x_2 = 0$ ist. Hierbei wird die Tragfähigkeit des Ritzels, zum Teil auf Kosten der des Rades, erhöht [128/*246*];

4) *belgischer Normvorschlag.*[1] V-Nullverzahnung für $z_1 + z_2 \geqq 60$, mit $x_1 = -x_2 = 0{,}03\,(30 - z_1)$; ferner V-Verzahnung für $z_1 + z_2 = 30$ bis 60 $(z_1 \geqq 10)$, mit $x_1 = 0{,}03\,(30 - z_1)$ und $x_2 = 0{,}03\,(30 - z_2)$. Hierbei ist $a = F\,(z_1 + z_2)\,m$, so daß die Eignung für Wechselräder erhalten bleibt [128/*246*];

5) *V_3-Verzahnung.* Hierbei werden 3 Zähne weniger genommen als bei der Normalverzahnung mit gleichem a (meist einer weniger am Ritzel und zwei weniger am Rad). Die Profilverschiebung $(x_1 + x_2)\,m_n$ wird dann für $a = 0{,}5\,m\,(z_1 + z_2 + 3)$ berechnet (keine Satzräder-Eigenschaft) [128/*246*];

6) *MAAG-Verzahnung*, bei der die Profilverschiebung für Ritzel und Rad für jede Zahnpaarung nach Tabellen besonders festgelegt ist (V-Verzahnung ohne Satzräder-Eigenschaft) [128/*246*];

7) *V-Verzahnung mit Zusatzbedingungen.*

a) mit gleicher Gleitgeschwindigkeit oder gleicher Freßlastgrenze für Ritzel- und Radkopf [128/*246* u. /*233*],

b) mit gleicher Zahnfußdicke für Ritzel und Rad [123/*9*],

c) mit größter und gleicher Zahnfußtragfähigkeit (s. Bild 100 und [128/*246*]),

d) mit Mindest-Zahnkopfdicke.

8) *V-Verzahnung nach FZG-Empfehlung.* Zur Erzielung einer großen Tragfähigkeit, einer Mindestkopfdicke, $\varepsilon_n > 1$ und für etwa gleiche Gleitgeschwindigkeit wählt man

$$(x_1 + x_2) \approx 3{,}5 - \frac{80}{z_{1n} + z_{2n} + 10}, \tag{99/1}$$

$$x_1 \approx \frac{x_1 + x_2}{i + 1} + \frac{i - 1}{i + 1 + 0{,}4 z_{2n}}. \tag{99/2}$$

Hiernach wird z. B. für $z_{1n} = 9$ und $i = z_{2n}/z_{1n} = 5$:

$$x_1 + x_2 = 2{,}25; \quad x_1 = 0{,}516 \text{ und } x_2 = 1{,}734.$$

Bei Anwendung der Profilverschiebung bleibt zu beachten, daß bei $z_2 = \infty$ (Zahnstange) auch die größte Profilverschiebung das Profil nicht verändert. Hieraus geht schon hervor, daß eine Profilverschiebung beim Großrad (bei größerer Zähnezahl) nicht viel einbringt. In solchen Fällen verhilft jedoch der Übergang zu größeren Herstellungs-Eingriffswinkeln, z. B. zur 26°- oder 28°-Nullverzahnung, zu weiteren Möglichkeiten, verbunden mit den Vorteilen der Nullverzahnung (s. Bild 100).

Zur Frage, ob durch Profilverschiebung auch bei *Schräg*verzahnung eine größere Tragfähigkeit erreicht werden kann, liegen bisher nur Teilergebnisse vor. Fest steht,

[1] Auch bei Schrägverzahnung ist hierbei z und nicht z_n einzusetzen.

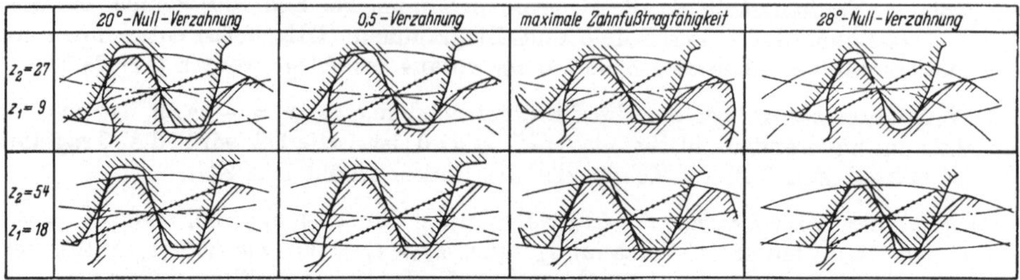

Bild 100. Tragfähigkeitssteigerung durch Profilverschiebung und Eingriffswinkeländerung bei Geradverzahnung

	Zahnfußtragfähigkeit		Flankentragfähigkeit	
für z_2/z_1 =	27/9	54/18	27/9	54/18
20° ' Null-Verzahnung	100%	100%	100%	100%
0,5-Verzahnung	203%	126%	160%	133%
Verzahnung max. Zahnfußtragfähigkeit	220%	124%	182%	128%
28°-Null-Verzahnung	153%	112%	168%	129%

daß die Tragfähigkeit mit α_b und ε wächst. Da bei Profilverschiebung eine Vergrößerung von α im allgemeinen mit einer Verkleinerung von ε verbunden ist, hängt die Tragfähigkeit im Einzelfall davon ab, welcher Einfluß überwiegt. Als 1. Anhalt können Verzahnungen mit fast spitzem Zahn und Verzahnungen mit $\varepsilon_n > 2$ als besonders tragfähig empfohlen werden.

2. Berechnung der Profilverschiebung[1]

Tafel für ev α s. S. 35; Tafel für B_x und B_v (nur für $\alpha_{0n} = 20°$) s. S. 101.

1) Wenn *gegeben:* Summe der Profilverschiebung $m_n(x_1 + x_2)$, ferner z_1, z_2, β_0, m_n, α_{0n};
gesucht: Betriebs-Achsabstand a, ferner α_{bn}, β_b und notwendige Kopfkürzung $K\,m_n$ (Bild 38/1);
berechnet: mit Einsatz der Werte im Stirnschnitt oder im Normalschnitt.[2]

Im Stirnschnitt:

α_b aus ev-Tafel (S. 35) für

$$\text{ev}\,\alpha_b = \text{ev}\,\alpha_0 + \frac{2(x_1 + x_2)\,\text{tg}\,\alpha_{0n}}{z_1 + z_2},$$

mit α_0 aus $\text{tg}\,\alpha_0 = \text{tg}\,\alpha_{0n}/\cos\beta_0$

$$a = a_0 \frac{\cos\alpha_0}{\cos\alpha_b}; \quad \text{mit} \quad a_0 = \frac{(z_1 + z_2)\,m_n}{2\cos\beta_0},$$

ferner α_{bn} aus $\sin\alpha_{bn} = \sin\alpha_b \dfrac{\sin\alpha_{0n}}{\sin\alpha_0}$;

im Normalschnitt:

α_{bn} aus ev-Tafel (S. 35) für

$$\text{ev}\,\alpha_{bn} = \text{ev}\,\alpha_{0n} + \frac{2(x_1 + x_2)\,\text{tg}\,\alpha_{0n}}{z_1 + z_2}\cos^3\beta_0,$$

oder α_{bn} aus Tafel 101 ($\alpha_{0n} = 20°$) für

$$B_x = \frac{2(x_1 + x_2)}{z_1 + z_2}\cos^3\beta_0;$$

$$a = a_0 + \frac{a_0}{\cos^2\beta_0}\left(\frac{\cos\alpha_{0n}}{\cos\alpha_{bn}} - 1\right) = a_0 + \frac{a_0}{\cos^2\beta_0} B_v;$$

---

[1] Die Berechnung erfolgt für die Verzahnung ohne Zahnspiel; das Zahnspiel oder die Zahndicke werden zusätzlich angegeben. Nach DIN 870 wird x stets auf den Modul m_n im Normalschnitt bezogen. Weitere Tafeln und Diagramme für die praktische Rechnung s. A. KORHAMMER [128/*238*].

[2] Die Berechnung mit den Verzahnungsdaten im Stirnschnitt ist mathematisch genau, während die Berechnung mit den Verzahnungsdaten im Normalschnitt bei sehr kleinen Zähnezahlen und großen β_0 praktisch bemerkbare Abweichungen ergibt (die Verzahnung im Normalschnitt weicht von der Evolvente etwas ab).

Tafel 101[1] für $B_x = \frac{(\text{ev}\,\alpha_{bn} - \text{ev}\,\alpha_{0n})}{\text{tg}\,\alpha_{0n}}$ und $B_v = \frac{\cos\alpha_{0n}}{\cos\alpha_{bn}} - 1$

α_{bn}	0		2		4		6		8	
($\alpha_{0n} = 20°$)	B_x	B_v	B_x	B_v	B_x	B_v	B_x	B_v	B_x	B_v
20,0	0,00000	00000	00013	00013	00026	00026	00038	00038	00051	00051
1	00064	00064	00077	00077	00090	00089	00103	00102	00115	00115
2	00128	00128	00141	00141	00155	00154	00168	00167	00181	00179
3	00194	00192	00207	00205	00220	00218	00233	00231	00246	00244
4	00260	00257	00273	00270	00286	00283	00300	00296	00313	00309
5	00326	00322	00340	00336	00353	00349	00367	00362	00380	00375
6	00394	00388	00407	00401	00421	00415	00435	00428	00448	00441
7	00462	00454	00476	00467	00489	00481	00503	00494	00517	00507
8	00531	00521	00545	00534	00558	00547	00572	00561	00586	00574
9	00600	00587	00614	00601	00628	00614	00642	00628	00656	00641
21,0	00671	00655	00685	00668	00699	00682	00713	00695	00727	00709
1	00742	00722	00756	00736	00770	00749	00785	00763	00799	00777
2	00813	00790	00828	00804	00842	00818	00857	00831	00871	00845
3	00886	00859	00900	00873	00915	00886	00930	00900	00944	00914
4	00960	00928	00974	00941	00989	00955	01003	00969	01018	00983
5	01033	00997	01048	01011	01063	01025	01078	01039	01093	01053
6	01108	01067	01123	01081	01138	01095	01153	01109	01168	01123
7	01184	01137	01199	01151	01214	01165	01229	01179	01245	01193
8	01260	01207	01275	01221	01291	01235	01306	01250	01321	01264
9	01337	01278	01352	01292	01368	01306	01384	01321	01399	01335
22,0	01415	01349	01431	01363	01446	01378	01462	01392	01478	01406
1	01494	01421	01509	01435	01525	01450	01541	01464	01557	01478
2	01573	01403	01589	01507	01605	01522	01621	01536	01637	01551
3	01653	01565	01669	01580	01686	01595	01702	01609	01718	01624
4	01734	01638	01751	01653	01767	01668	01783	01682	01800	01697
5	01816	01712	01833	01726	01849	01741	01866	01756	01882	01771
6	01899	01785	01915	01800	01932	01815	01949	01830	01966	01845
7	01982	01860	01999	01874	02016	01889	02033	01904	02050	01919
8	02066	01934	02084	01949	02101	01964	02118	01979	02135	01994
9	02152	02009	02169	02024	02186	02039	02203	02054	02221	02069
23,0	02238	02085	02255	02100	02272	02115	02290	02130	02307	02145
1	02325	02160	02342	02176	02360	02191	02377	02206	02395	02221
2	02412	02237	02430	02252	02448	02267	02465	02283	02483	02298
3	02501	02313	02519	02329	02536	02344	02554	02360	02572	02375
4	02590	02390	02608	02406	02626	02421	02644	02437	02662	02452
5	02680	02468	02699	02484	02717	02499	02735	02515	02753	02530
6	02771	02546	02790	02562	02808	02577	02827	02593	02845	02609
7	02863	02624	02882	02640	02900	02656	02919	02672	02938	02687
8	02956	02703	02975	02719	02993	02735	03012	02751	03031	02767
9	03050	02783	03069	02798	03088	02814	03107	02830	03126	02846
24,0	03145	02862	03163	02878	03183	02894	03202	02910	03220	02926
1	03240	02942	03259	02958	03279	02975	03298	02991	03317	03007
2	03337	03023	03356	03039	03375	03055	03395	03072	03414	03088
3	03434	03104	03453	03120	03473	03137	03493	03153	03512	03169
4	03532	03185	03552	03202	03572	03218	03591	03235	03611	03251
5	03631	03267	03651	03284	03671	03300	03691	03317	03711	03333
6	03731	03350	03751	03366	03772	03383	03792	03399	03812	03416
7	03832	03433	03853	03449	03873	03466	03893	03482	03914	03499
8	03934	03516	03955	03532	03975	03549	03996	03566	04016	03583
9	40037	03600	04058	03616	04078	03633	04099	03650	04120	03667

[1] Eine sechsstellige Tafel für B_x und B_v für $\alpha_{bn} = 20{,}00° = 20{,}01°$ usw. mit der Basis $\alpha_{0n} = 20°$ und auch 15° bietet BERGSTRÄSSER: VDI-Forsch.-Heft 436 [128/*231*].

Fortsetzung s. S. 102

Tafel für B_x und B_v (Fortsetzung)

α_{bn}	0		2		4		6		8	
($\alpha_{0n} = 20°$)	B_x	B_v	B_x	B_v	B_x	B_v	B_x	B_v	B_x	B_v
25,0	0,04141	03684	04162	03701	04183	03717	04204	03734	04224	03751
1	04246	03768	04267	03785	04288	03802	04309	03919	04330	03836
2	04351	03853	04372	03870	04394	03887	04415	03905	04436	03922
3	04458	03939	04479	03956	04501	03973	04522	03990	04544	04008
4	04566	04025	04587	04042	04609	04059	04631	04077	04652	04094
5	04674	04111	04696	04129	04718	04146	04740	04163	04762	04180
6	04784	04198	04806	04216	04828	04233	04850	04251	04872	04268
7	04894	04286	04916	04303	04939	04321	04961	04338	04983	04356
8	05006	04373	05028	04391	05051	04409	05073	04426	05096	04444
9	05118	04462	05141	04479	05164	04497	05186	04515	05209	04533
26,0	05232	04550	05255	04568	05278	04586	05301	04604	05324	04622
1	05347	04640	05370	04658	05393	04675	05416	04693	05439	04711
2	05462	04729	05485	04747	05509	04765	05532	04783	05555	04801
3	05579	04820	05602	04838	05626	04856	05649	04874	05673	04892
4	05696	04910	05720	04928	05744	04947	05767	04965	05791	04983
5	05815	05001	05839	05020	05863	05038	05887	05056	05911	05075
6	05935	05093	05959	05111	05983	05130	06007	05148	06031	05167
7	06056	05185	06080	05204	06104	05222	06129	05241	06153	05259
8	06177	05278	06202	05296	06226	05315	06251	05333	06276	05352
9	06300	05371	06325	05389	06350	05408	06375	05427	06399	05445
27,0	06424	05464	06449	05483	06474	05502	06499	05521	06524	05539
1	06549	05558	06574	05577	06600	05596	06625	05615	06650	05634
2	06675	05653	06701	05672	06726	05691	06752	05710	06777	05729
3	06803	05748	06828	05767	06854	05786	06879	05805	06905	05824
4	06931	05843	06957	05862	06983	05882	07008	05901	07034	05920
5	07060	05939	07086	05959	07112	05978	07138	05997	07165	06016
6	07191	06036	07217	06055	07243	06075	07270	06094	07296	06113
7	07322	06133	07349	06152	07375	06172	07402	06191	07429	06211
8	07455	06230	07482	06250	07509	06269	07535	06289	07562	06309
9	07589	06328	07616	06348	07643	06368	07670	06387	07697	06407
28,0	07724	06427								

Im Stirnschnitt:

$$K m_n = (x_1 + x_2)\, m_n - a_0 \left[\frac{\cos\alpha_0}{\cos\alpha_b} - 1\right].$$

im Normalschnitt:

$$K_n m_n = (x_1 + x_2)\, m_n - \frac{a_0}{\cos^2\beta_0} \left[\frac{\cos\alpha_{0n}}{\cos\alpha_{bn}} - 1\right]$$

$$= \frac{a_0}{\cos^2\beta_0}\,(B_x - B_v)$$

mit B_v für α_{bn}-Wert; außerdem β_b aus

$$\operatorname{tg}\beta_b = \operatorname{tg}\beta_0 \frac{a}{a_0}.$$

2) Wenn *gegeben:* z_1, z_2, β_0, α_{0n}, m_n und gewünschter Achsabstand a;

gesucht: notw. Profilverschiebung, um a zu erreichen, ferner α_{bn}, β_b und notw. Kopfkürzung;

berechnet: mit Einsatz der Werte im Stirnschnitt oder Normalschnitt;

im Stirnschnitt:

$$a_0 = \frac{(z_1 + z_2)\, m}{2},$$

α_b aus

$$\cos\alpha_b = \frac{a_0}{a} \cos\alpha_0,$$

und

$$x_1 + x_2 = \frac{(\mathrm{ev}\,\alpha_b - \mathrm{ev}\,\alpha_0)\,(z_1 + z_2)}{2\,\mathrm{tg}\,\alpha_{0n}};$$

mit $\mathrm{ev}\,\alpha$ aus Tafel 35;

α_0, $K\,m_n$ (sowie α_{bn} und β_b) wie unter 1) berechnet.

im Normalschnitt:

$$a_0 = \frac{(z_1 + z_2)\, m_n}{2 \cos\beta_0},$$

α_{bn} aus

$$\cos\alpha_{bn} = \frac{\cos\alpha_{0n}}{1 + \cos^2\beta_0\,(a - a_0)/a_0}$$

oder α_{bn} aus Tafel 101 für

$$B_v = \frac{a - a_0}{a_0} \cos^2\beta_0;$$

und

$$x_1 + x_2 = \frac{(\mathrm{ev}\,\alpha_{bn} - \mathrm{ev}\,\alpha_{0n})\,(z_1 + z_2)}{2\,\mathrm{tg}\,\alpha_{0n} \cos^3\beta_0} = \frac{B_x (z_1 + z_2)}{2 \cos^3\beta_0}$$

mit $\mathrm{ev}\,\alpha_{bn}$ bzw. B_x aus Tafel für α_{bn}-Wert;

$K\,m_n$ und β_b wie unter 1) berechnet.

22.5. Praktische Berechnung der Stirnräder[1]

Hinweise: Grundlage, Aufbau der Berechnung und Ableitung der Berechnungsgrößen s. S. 76

1. Festlegung der Hauptabmessungen

Mit Hilfe der Anhaltswerte für B_{zul}, und $\frac{b}{a}$ bzw. $\frac{b}{d_{b1}}$ können die Hauptabmessungen zunächst überschlägig bestimmt werden:

Achsabstand a

$$a \geqq 71 \sqrt[3]{(i+1)^2 \frac{a}{b} \frac{N_1}{n_1 B_{\mathrm{zul}}}} = 56{,}4\,(i+1) \sqrt[3]{\frac{d_{b1}}{b} \frac{N_1}{n_1 B_{\mathrm{zul}}}} \tag{103/1}$$

oder Ritzeldurchmesser

$$d_{b1} = \frac{2a}{i+1} \geqq 113 \sqrt[3]{\frac{d_{b1}}{b} \frac{N_1}{n_1 B_{\mathrm{zul}}}} \tag{103/2}$$

oder Gesamtzahnbreite

$$b = \frac{b}{d_{b1}} d_{b1} = \frac{b}{a} a = 1{,}43 \cdot 10^6 \frac{N_1}{d_{b1}^2 n_1 B_{\mathrm{zul}}} = \frac{10^6}{2{,}8} \frac{N_1}{n_1} \frac{(i+1)^2}{a^2 B_{\mathrm{zul}}}. \tag{103/3}$$

2. Maße für die Tragfähigkeitsrechnung

Zahnqualität und größte Zahnfehler f und f_R (s. Taf. 114/2).

Im Stirnschnitt:

gegeben

$$a,\ b,\ z_1,\ z_2,\ d_{k1} \text{ und } d_{k2};$$

---

[1] Die griffbereit zusammengestellten Berechnungsunterlagen begünstigen eine schematische Arbeitsweise. Die Hauptaufgabe des verantwortlichen Ingenieurs liegt aber in der Abwägung und zutreffenden Berücksichtigung der jeweiligen Umstände (Betriebsbedingungen, mögliche Werkstoff- und Fertigungsschwankungen usw.); sie erfordert einen genügenden Einblick in die Berechnungsgrundlage und in die hierbei gemachten Voraussetzungen und Vereinfachungen (s. S. 76).

berechnet

am Wälzkreis:

$$d_{b1} = 2a\frac{z_1}{z_1+z_2}; \qquad d_{b2} = d_{b1}\frac{z_2}{z_1};$$

$$h_{k1} = 0{,}5\,(d_{k1} - d_{b1}); \qquad h_{k2} = 0{,}5\,(d_{k2} - d_{b2}),$$

am Teilkreis:

$$d_{01} = z_1 m = \frac{z_1 m_n}{\cos\beta_0}; \qquad d_{02} = d_{01}\frac{z_2}{z_1};$$

$$m = \frac{d_{01}}{z_1} = \frac{m_n}{\cos\beta_0}.$$

Profilüberdeckung:

$$\varepsilon = \frac{e_1 + e_2}{m\,\pi\cos\alpha_0} = \varepsilon_n\cos^2\beta_g,$$

Sprungüberdeckung:

$$\varepsilon_{sp} = \frac{b\,\mathrm{tg}\,\beta_0}{m\,\pi} = \frac{b\sin\beta_0}{m_n\,\pi}.$$

Diagramm für ε bzw. ε_n s. S. 118.

Im Normalschnitt:

gegeben

am Teilkreis: m_n, α_{0n}, β_0

berechnet

am Wälzkreis: α_{bn} aus $\cos\alpha_{bn} = \cos\alpha_{0n}\frac{\sin\beta_0}{\sin\beta_b} = \frac{\sin\beta_g}{\sin\beta_b}$,

$$\beta_b \text{ aus } \mathrm{tg}\,\beta_b = \mathrm{tg}\,\beta_0\frac{d_{b1}}{d_{01}}.$$

Ersatzdurchmesser:

$$d_{b1n} = \frac{d_{b1}}{\cos^2\beta_g}; \qquad d_{b2n} = \frac{d_{b2}}{\cos^2\beta_g} \quad \text{(s. Tafel 118);}$$

$$\beta_g \text{ aus } \sin\beta_g = \sin\beta_0\cos\alpha_{0n},$$

am Teilkreis: Ersatzzähnezahl

$$z_{1n} = \frac{z_1}{\cos^2\beta_g\cos\beta_0};$$

$$z_{2n} = z_{1n}\frac{z_2}{z_1} = \frac{z_2}{\cos^2\beta_g\cos\beta_0} \quad \text{(s. Tafel 118),}$$

Profilüberdeckung:

$$\varepsilon_n = \varepsilon_{1n} + \varepsilon_{2n} = \frac{e_{1n} + e_{2n}}{m_n\,\pi\cos\alpha_{0n}} \quad \text{(Diagramm s. S. 118).}$$

3. Maße für die Fertigung

Zahnqualität (s. Taf. 114/2).

Im Stirnschnitt: Teilkreis d_{01}, d_{02}.

Grundkreis: $d_{g1} = d_{01}\cos\alpha_0 = d_{b1}\cos\alpha_b$,

$d_{g2} = d_{02}\cos\alpha_0 = d_{b2}\cos\alpha_b$;

ferner d_{k1}, d_{k2}, z_1, z_2 und b.

Im Normalschnitt: Im Teilkreis m_n, α_{0n}, Profilverschiebungswerte x_1 und x_2 (Berechnung s. S. 100), Schrägungswinkel $\beta_{01} = -\beta_{02}$, Zahnspiel S_{0n} oder Zahndicke s_{0n}.

Eventuell noch *Zusatzangaben*, wie Zahnfußdurchmesser d_f, Zahnfußausrundung, Schliffart, Härtetiefe usw.

4. Nachweis der Tragfähigkeit und der Vollast-Lebensdauer

Zunächst wird aus den Betriebs-Nennwerten U bzw. M_1 bzw. N_1 und n_1 und den Hauptabmessungen der *Nenn-Lastwert* B berechnet:

$$B = \frac{U}{b\,d_{b1}} = \frac{2 \cdot 10^3 M_1}{b\,d_{b1}^2} = \frac{1{,}43 \cdot 10^6 N_1}{b\,d_{b1}^2\,n_1} = \frac{10^6 (i+1)^2 N_1}{2{,}8\,b\,a^2\,n_1} \quad [\text{kg/mm}^2]. \qquad (105/1)$$

Ferner werden aus den Diagrammen und Tafeln S. 114 bis 122 folgende Beiwerte und Grenzwerte entnommen bzw. berechnet:

Belastungsbeiwerte

$$C_S,\ C_D,\ C_T,\ C_\beta. \qquad (105/2)$$

Hiermit ergibt sich

$$B_w = B\,C_S\,C_D\,C_T\,C_\beta. \qquad (105/3)$$

Beiwerte für Zahnfußbeanspruchung

$$q_{w1} = q_{k1}\,q_{\varepsilon 1}; \qquad q_{w2} = q_{k2}\,q_{\varepsilon 2}, \qquad (105/4)$$

Beiwerte für Flankenpressung

$$y_{w1} = y_C \frac{y_\beta}{y_\varepsilon}; \qquad y_{w2} = y_C\,y_\beta, \qquad (105/5)$$

Beiwert für Freßlastgrenze

$$y_F = \left(\frac{12{,}7}{d_{b1}}\,\frac{i+1}{i}\right)^2 \left[1 + \left(\frac{e_{\max}}{10}\right)^4\right] \sqrt{m_n},$$

Grenzwerte für Zahnfußfestigkeit σ_{D1} und σ_{D2},

Grenzwerte für Flankenpressung k_{D1} und k_{D2},

Freßlast-Testwert k_{Test}.

Hieraus ergeben sich dann die Sicherheiten gegen Zahnbruch, Grübchen und Fressen entsprechend der Zusammenstellung in Taf. 105. Anhaltswerte für S s. S. 114.

Für den geordneten Nachweis der Tragfähigkeit ist ein *Vordruck* in Größe DIN A 4 zweckmäßig; als Beispiel hierfür kann S. 107 dienen.

Tafel 105. *Berechnung der Sicherheiten S*

Sicherheit gegen	Für Kleinrad *1*	Für Großrad *2*
Zahnbruch	$S_{B1} = \frac{\sigma_{D1}}{\sigma_{w1}} = \frac{\sigma_{D1}}{B_w z_1 q_{w1}}$	$S_{B2} = \frac{\sigma_{D2}}{\sigma_{w2}} = \frac{\sigma_{D2}}{B_w z_1 q_{w2}}$
Grübchen	$S_{G1} = \frac{k_{D1}}{k_{w1}} = \frac{k_{D1}}{B_w y_{w1}}\,\frac{i}{i+1}$	$S_{G2} = \frac{k_{D2}}{k_{w2}} = \frac{k_{D2}}{B_w y_{w2}}\,\frac{i}{i+1}$
Fressen	$S_F = \frac{k_F}{k_w} = \frac{k_{\text{Test}} \cos\beta_0}{B_w y_C y_F}\,\frac{i}{i+1}$	

In Verbindung mit der Sicherheit S soll der zugrunde gelegte Stoßbeiwert C_S angegeben werden.

Für Zahnräder im Bereich der *Zeitfestigkeit* ist außerdem die *Vollast-Lebensdauer* L_h [h] nachzuweisen. Sie beträgt für die Zahnflanke (falls $S_G < 1$):

$$L_h = \frac{L_w}{n\,60} \approx \frac{167 \cdot 10^3 k_D}{n} S_G^2 \quad [\text{h}] \qquad (105/6)$$

und für den Zahnfuß (falls $S_B < 1$):

$$L_h = \frac{L_w}{n\,60} \approx \frac{33 \cdot 10^8}{n} S_B^5 \quad [\text{h}]. \tag{106/1}$$

Hierbei ist S_G bzw. S_B die für den *Dauer*festigkeitswert k_D bzw. σ_D berechnete Sicherheit S nach Taf. 105. Erfahrungswerte für L_h s. S. 114.

5. Lagerkräfte

Bei gerad- oder schrägverzahnten Stirnrädern werden nach Bild 106 die *Querlager* bei A und B zusammen belastet durch:

$$P = \sqrt{U^2 + P_R^2} = \frac{U}{\cos\alpha_b}$$

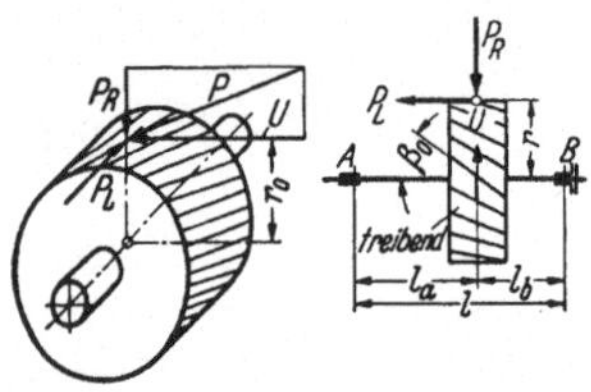

Bild 106. Zur Berechnung der Lagerkräfte beim schrägverzahnten Stirnrad

und ferner durch das Moment

$$P_L\, r = U\, r \operatorname{tg}\beta_b.$$

Hieraus ergeben sich die Auflagekräfte A und B:

$$A = U\sqrt{\left(\frac{l_b}{l}\right)^2 + \left(\frac{l_b}{l}\operatorname{tg}\alpha_b \pm \frac{r}{l}\operatorname{tg}\beta_b\right)^2}, \tag{106/2}$$

$$B = U\sqrt{\left(\frac{l_a}{l}\right)^2 + \left(\frac{l_a}{l}\operatorname{tg}\alpha_b \mp \frac{r}{l}\operatorname{tg}\beta_b\right)^2}. \tag{106/3}$$

Obere Vorzeichen zu Bild 106, untere Vorzeichen für gegensinnigen Antrieb.

Das *Längslager* bei B ist belastet durch $P_L = U \operatorname{tg}\beta_b$. (106/4)

22.6. Berechnungsbeispiele

Die auf S. 107 bis 112 gebrachten 6 Berechnungsbeispiele für den Nachweis der Tragfähigkeit zeigen an Hand von erprobten Getrieben, zu welchen Ergebnissen die Berechnung bei ganz verschieden ausgeführten und verwendeten Getrieben führt, und zwar bei Zeit- und Dauergetrieben, bei kleinen und großen, bei gehärteten und ungehärteten Zahnrädern.

Beispiel 1 und 2: Getriebe für Elektrozug, 1. u. 2. Stufe, auf S. 107 u. 108,
Beispiel 3 und 4: Kraftfahrzeugschaltgetriebe, 1. u. 3. Gang, auf S. 109 u. 110,
Beispiel 5 und 6: Schiffsturbinengetriebe, 1. u. 2. Stufe, auf S. 111 u. 112.

Als Beispiel für die Berechnung der Verzahnungsdaten einer *profilverschobenen Schrägverzahnung* seien noch die Werte für die Zahnradpaarung, Beispiel 4 (S. 110) nachgerechnet.

Gegeben: $\alpha_{0n} = 20°$, $\beta_0 = 23°$, $\cos\beta_0 = 0{,}9205$, $m_n = 2{,}75$, $d_{01} = 89{,}625$, $d_{02} = 98{,}587$, $z_1 = 30$, $z_2 = 33$, $a = 95{,}0$ mm.

Gesucht: notw. $(x_1 + x_2)$ und α_{bn} zur Erreichung von a.

Berechnet (s. Gleichung auf S. 103 rechts oben):

$$a_0 = 0{,}5\,(d_{01} + d_{02}) = 94{,}106$$

$$B_v = \frac{a - a_0}{a_0}\cos^2\beta_0 = \frac{0{,}894}{94{,}106}\, 0{,}92050^2 = 0{,}0080493\,.$$

Für B_v-Wert aus Taf. 101:

$$\alpha_{bn} = 21{,}2213° \quad \text{und} \quad B_x = 0{,}008287,$$

somit

$$x_1 + x_2 = \frac{B_x\,(z_1 + z_2)}{2\cos^3\beta_0} = \frac{B_x\,(63)}{2 \cdot 0{,}9205^3} = \underline{0{,}3347}.$$

Tafel 107. *Nachweis der Tragfähigkeit für Stirnradgetriebe*[1], *Beispiel 1*

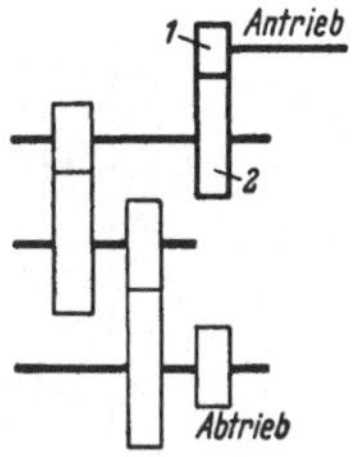

1	Getriebe für	***Elektrozug, 1. Stufe***	
2	*Betriebsdaten:*	$N_1 = 8,5$ $M_1 = 4,5$ $B = 0,139$ $n_1 = 1350$ $v = 2,54$	1 Antrieb, 2, Abtrieb Skizze des Getriebes
3	*Hauptmaße:*	$a = 81$ $b = 50$ $d_{b1} = 36$ $z_1 = 18$ $z_2 = 63$ $i = 3,5$ $d_{k1} = 40$ $d_{k2} = 130$ $\beta_0 = 0$	
4	*Verzahnung:*	***20°-Null-Geradverzahnung***	
5	*Zahnfehler*[2]*:*	Qualität (DIN 3961): *9* $f_e \leqq 24$ $f_f \leqq$ $f_i' \leqq 12$ $f_R \leqq 14$ $f_{Rw} \leqq 10,5$	
6	*Überdeckung:*	$\varepsilon_{1n} = 0,77$ $\varepsilon_n = 1,66$ $\varepsilon = 1,66$ $\varepsilon_{1w} = 0,598$ $\varepsilon_w = 1,29$ $\varepsilon_{sp} = 0$	
7	*Radmaße:*	im Stirnschnitt	im Normalschnitt
	Teilkreis	$\alpha_0 = 20°$ $m = 2$ $d_{01} = 36$ $d_{02} = 126$	$\alpha_{0n} =$ $m_n =$ $x_1 = 0$ $x_2 = 0$ $z_{1n} =$ $z_{2n} =$
	Wälzkreis	$d_{b1} = 36$ $d_{b2} = 126$ $h_{k1} = 2$ $h_{k2} = 2$	$\alpha_{bn} =$ $m_{bn} =$ $d_{1n} =$ $d_{2n} =$
8	*Lastwert:*	$B_w = B \cdot C_S \cdot C_D \cdot C_T \cdot C_\beta = 0,139 \cdot 1 \cdot 1,26 \cdot 1,47 \cdot 1 = 0,257$ $u = 5,0$ $u_{dyn} = 1,3$ $C_D = 1,26 \leqq 6,1$	
9	*Beiwerte:*	Nachweis für Kleinrad *1*	Nachweis für Großrad *2*
	q_w	$q_{w1} = q_{k1} \cdot q_{e1} = 2,88 \cdot 0,68 = 1,96$	$q_{w2} = q_{k2} \cdot q_{e2} = 2,35 \cdot 0,83 = 1,95$
	y_w	$y_{w1} = y_C \cdot y_\beta / y_\varepsilon = 3,11 \cdot 1/0,614 = 5,06$	$y_{w2} = y_C \cdot y_\beta = 3,11 \cdot 1 = 3,11$
	y_F	$y_F = 0,31$ mit $e_{max} = 5,25$	
10	*Werkstoff:*	Nr. *10* ***St 70.11*** $H_B = 220$	Nr. *10* ***St 70.11*** $H_B = 220$
	σ_D	$\sigma_{D1} = 1 \cdot \sigma_{01} = 24$	$\sigma_{D2} = 1 \cdot \sigma_{02} = 24$
	k_D	$k_{D1} = y_G \cdot y_H \cdot y_S \cdot y_V \cdot k_{01}$ $k_{D1} = 1 \cdot 1,12 \cdot 1,27 \cdot 0,754 \cdot 0,70 = 0,75$	$k_{D2} = y_G \cdot y_H \cdot y_S \cdot y_V \cdot k_{02}$ $k_{D2} = 1 \cdot 1,12 \cdot 1,27 \cdot 0,754 \cdot 0,70 = 0,75$
11	*Schmierstoff:*	***Shell Getriebeöl 90*** $V_{50} = 125$ cSt bei 50° C $V = 240$ cSt bei *40*° C Betr. Temp. $y_s = 1,27$ $M_{Test} = —$ $k_{Test} = —$	
12	*Sicherheiten:*	für $C_S = 1$	
	Zahnbruch	$S_{B1} = \frac{\sigma_{D1}}{B_w \cdot z_1 \cdot q_{w1}} = 2,65$	$S_{B2} = \frac{\sigma_{D2}}{B_w \cdot z_1 \cdot q_{w2}} = 2,66$
	Grübchen	$S_{G1} = \frac{k_{D1}}{B_w \cdot y_{w1}} \cdot \frac{i}{i+1} = 0,45$	$S_{G2} = \frac{k_{D2}}{B_w \cdot y_{w2}} \cdot \frac{i}{i+1} = 0,73$
	Fressen	$S_F = \frac{k_{Test} \cdot \cos\beta_0}{B_w \cdot y_C \cdot y_F} \cdot \frac{i}{i+1} = —$ (entfällt, da v sehr klein)	
13	*Vollast-Lebensdauer:*	$L_{h1} = 18,8$ begrenzt durch ***Grübchenbildung***	$L_{h2} = 173$ begrenzt durch ***Grübchenbildung***

[1] Bezeichnungen und Dimensionen nach S. 113; berechnete Werte fett gedruckt.
[2] Maßgebend ist jeweils der größere Fehler am Ritzel bzw. Rad.

Tafel 108. *Nachweis der Tragfähigkeit für Stirnradgetriebe, Beispiel 2*

Nr.			
1	Getriebe für	***Elektrozug, 2. Stufe***	
2	*Betriebsdaten:*	$N_1 = 8,35$ $M_1 = 15,5$ $B = 0,206$ $n_1 = 386$ $v = 1,03$	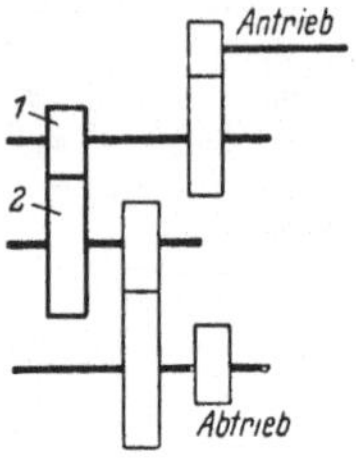 Skizze des Getriebes (1, 2, Antrieb, Abtrieb)
3	*Hauptmaße:*	$a = 133,5$ $b = 58$ $d_{b1} = 51$ $z_1 = 17$ $z_2 = 72$ $i = 4,24$ $d_{k1} = 57$ $d_{k2} = 222$ $\beta_0 = 0$	
4	*Verzahnung:*	***20°-Null-Geradverzahnung***	
5	*Zahnfehler*[1]*:*	Qualität (DIN 3961): *9* $f_e \leqq 27$ $f_f \leqq$ $f_i' \leqq$ $f_R \leqq 15,2$ $f_{Rw} \leqq 11,4$	
6	*Überdeckung:*	$\varepsilon_{1n} = 0,755$ $\varepsilon_n = 1,665$ $\varepsilon = 1,665$ $\varepsilon_{1w} = 0,583$ $\varepsilon_w = 1,288$ $\varepsilon_{sp} = 0$	
7	*Radmaße:*	im Stirnschnitt	im Normalschnitt
	Teilkreis	$\alpha_0 = 20°$ $m = 3$ $d_{01} = 51$ $d_{02} = 216$	$\alpha_{0n} =$ $m_n =$ $x_1 = 0$ $x_2 = 0$ $z_{1n} =$ $z_{2n} =$
	Wälzkreis	$d_{b1} = 51$ $d_{b2} = 216$ $h_{k1} = 3$ $h_{k2} = 3$	$\alpha_{bn} =$ $m_{bn} =$ $d_{1n} =$ $d_{2n} =$
8	*Lastwert:*	$B_w = B \cdot C_S \cdot C_D \cdot C_T \cdot C_\beta = 0,206 \cdot 1 \cdot 1,057 \cdot 1,25 \cdot 1 = 0,272$ $u = 10,5$ $u_{dyn} = 0,60$ $C_D = 1,057 \leqq 3,88$	
9	*Beiwerte:*	Nachweis für Kleinrad *1*	Nachweis für Großrad *2*
	q_w	$q_{w1} = q_{k1} \cdot q_{\varepsilon 1} = 2,92 \cdot 0,678 = 1,98$	$q_{w2} = q_{k2} \cdot q_{\varepsilon 2} = 2,32 \cdot 0,83 = 1,93$
	y_w	$y_{w1} = y_C \cdot y_\beta / y_\varepsilon = 3,11 \cdot 1/0,577 = 5,40$	$y_{w2} = y_C \cdot y_\beta = 3,11 \cdot 1 = 3,11$
	y_F	$y_F = 0,233$ mit $e_{max} = 8,06$	
10	*Werkstoff:*	Nr. *10* *St 70.11* $H_B = 220$	Nr. *10* *St 70.11* $H_B = 220$
	σ_D	$\sigma_{D1} = 1 \cdot \sigma_{01} = 24$	$\sigma_{D2} = 1 \cdot \sigma_{02} = 24$
	k_D	$k_{D1} = y_G \cdot y_H \cdot y_s \cdot y_v \cdot k_{01}$ $k_{D1} = 1 \cdot 1,12 \cdot 1,27 \cdot 0,71 \cdot 0,70 = 0,705$	$k_{D2} = y_G \cdot y_H \cdot y_s \cdot y_v \cdot k_{02}$ $k_{D2} = k_{D1} = 0,705$
11	*Schmierstoff:*	***Shell Getriebeöl 90*** $V_{50} = 125$ cSt bei 50° C $V = 240$ cSt bei *40°* C Betr. Temp. $y_s = 1,27$ $M_{Test} = —$ $k_{Test} = —$	
12	*Sicherheiten:*	für $C_S = 1$	
	Zahnbruch	$S_{B1} = \frac{\sigma_{D1}}{B_w \cdot z_1 \cdot q_{w1}} = 2,62$	$S_{B2} = \frac{\sigma_{D2}}{B_w \cdot z_1 \cdot q_{w2}} = 2,7$
	Grübchen	$S_{G1} = \frac{k_{D1}}{B_w \cdot y_{w1}} \cdot \frac{i}{i+1} = 0,388$	$S_{G2} = \frac{k_{D2}}{B_w \cdot y_{w2}} \cdot \frac{i}{i+1} = 0,674$
	Fressen	$S_F = \frac{k_{Test} \cdot \cos\beta_0}{B_w \cdot y_C \cdot y_F} \cdot \frac{i}{i+1} = —$ (entfällt, da v sehr klein)	
13	*Vollast-Lebensdauer:*	$L_{h1} = 46$ begrenzt durch ***Grübchenbildung***	$L_{h2} = 585$ begrenzt durch ***Grübchenbildung***

[1] Maßgebend ist jeweils der größere Fehler am Ritzel bzw. Rad.

Tafel 109. *Nachweis der Tragfähigkeit für Stirnradgetriebe, Beispiel 3*

Nr.			
1	Getriebe für	***Kraftfahrzeug, 1. Gang, Schaltgetriebe***	
2	*Betriebsdaten:*	$N_1 = 29$ $M_1 = 24{,}2$ $B = 0{,}98$ $n_1 = 858$ $v = 2{,}24$	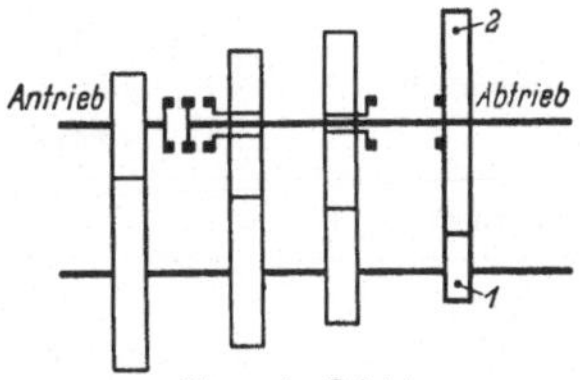 Antrieb, Abtrieb, 1, 2 Skizze des Getriebes
3	*Hauptmaße:*	$a = 95$ $b = 20$ $d_{b1} = 49{,}762$ $z_1 = 11$ $z_2 = 31$ $i = 2{,}818$ $d_{k1} = 61{,}322$ $d_{k2} = 146{,}70$ $\beta_0 = 0$	
4	*Verzahnung:*	***20°-V-Geradverzahnung***	
5	*Zahnfehler*[1]*:*	Qualität (DIN 3961): ***6*** $f_e \leqq 9{,}4$ $f_f \leqq$ $f_i' \leqq$ $f_R \leqq 4{,}5$ $f_{Rw} \leqq 3{,}4$	
6	*Überdeckung:*	$\varepsilon_{1n} = 0{,}835$ $\varepsilon_n = 1{,}44$ $\varepsilon = 1{,}44$ $\varepsilon_{1w} = 0{,}792$ $\varepsilon_w = 1{,}367$ $\varepsilon_{sp} = 0$	
7	*Radmaße:*	im Stirnschnitt	im Normalschnitt
	Teilkreis	$\alpha_0 = 20°$ $m = 4{,}5$ $d_{01} = 49{,}5$ $d_{02} = 139{,}5$	$\alpha_{0n} =$ $m_n =$ $x_1 = 0{,}3136$ $x_2 = -0{,}200$ $z_{1n} =$ $z_{2n} =$
	Wälzkreis	$d_{b1} = 49{,}762$ $d_{b2} = 140{,}238$ $h_{k1} = 5{,}78$ $h_{k2} = 3{,}23$	$\alpha_{bn} = 20{,}81$ $m_{bn} =$ $d_{1n} =$ $d_{2n} =$
8	*Lastwert*	$B_w = B \cdot C_S \cdot C_D \cdot C_T \cdot C_\beta = 0{,}9 \cdot 1 \cdot 1{,}054 \cdot 1{,}01 \cdot 1{,}0 = 1{,}043$ $u = 48{,}7$ $u_{dyn} = 2{,}6$ $C_D = 1{,}054 \leqq 1{,}50$	
9	*Beiwerte:*	Nachweis für Kleinrad *1*	für Großrad *2*
	q_w	$q_{w1} = q_{k1} \cdot q_{\varepsilon 1} \cdot 2{,}60 \cdot 0{,}761 = 1{,}98$	$q_{w2} = q_{k2} \cdot q_{\varepsilon 2} \cdot 2{,}82 \cdot 0{,}792 = 2{,}24$
	y_w	$y_{w1} = y_C \cdot y_\beta / y_\varepsilon = 3{,}0 \cdot 1/0{,}688 = 4{,}37$	$y_{w2} = y_C \cdot y_\beta = 3{,}0 \cdot 1 = 3{,}0$
	y_F	$y_F = 0{,}386$ mit $e_{max} = 11{,}1$	
10	*Werkstoff:*	Nr. ***20*** ***20 MnCr 5*** $H_B = 650$	Nr. ***20*** ***20 MnCr 5*** $H_B = 650$
	σ_D	$\sigma_{D1} = 1 \cdot \sigma_{01} = 47$	$\sigma_{D2} = 1 \cdot \sigma_{02} = 47$
	k_D	$k_{D1} = y_G \cdot y_H \cdot y_s \cdot y_v \cdot k_{01}$ $k_{D1} = 1 \cdot 1 \cdot 0{,}75 \cdot 0{,}744 \cdot 5{,}0 = 2{,}79$	$k_{D2} = y_G \cdot y_H \cdot y_s \cdot y_v \cdot k_{02}$ $k_{D1} = 2{,}79$
11	*Schmierstoff:*	***Shell Macoma 68*** $V_{50} = 76$ cSt bei 50° C $y_s = 0{,}75$ $M_{Test} = —$	$V = 21$ cSt bei ***80°*** C Betr. Temp. $k_{Test} = —$
12	*Sicherheiten:*	für $C_S = 1$	
	Zahnbruch	$S_{B1} = \dfrac{\sigma_{D1}}{B_w \cdot z_1 \cdot q_{w1}} = 2{,}07$	$S_{B2} = \dfrac{\sigma_{D2}}{B_w \cdot z_1 \cdot q_{w2}} = 1{,}83$
	Grübchen	$S_{G1} = \dfrac{k_{D1}}{B_w \cdot y_{w1}} \cdot \dfrac{i}{i+1} = 0{,}57$	$S_{G2} = \dfrac{k_{D2}}{B_w \cdot y_{w2}} \cdot \dfrac{i}{i+1} = 0{,}658$
	Fressen	$S_F = \dfrac{k_{Test} \cdot \cos\beta_0}{B_w \cdot y_C \cdot y_F} \cdot \dfrac{i}{i+1} = —$ (entfällt, da v sehr klein)	
13	*Vollast-Lebensdauer:*	$L_{h1} = 176$ begrenzt durch ***Grübchenbildung***	$L_{h2} = 647$ begrenzt durch ***Grübchenbildung***

[1] Maßgebend ist jeweils der größere Fehler am Ritzel bzw. Rad.

Tafel 110. *Nachweis der Tragfähigkeit für Stirnradgetriebe, Beispiel 4*

1	Getriebe für	***Kraftfahrzeug, 3. Gang, Schaltgetriebe***	
2	*Betriebsdaten:*	$N_1 = 29$ $M_1 = 24{,}2$ $B = 0{,}338$ $n_1 = 858$ $v = 4{,}07$	Antrieb, Abtrieb, 1, 2 Skizze des Getriebes
3	*Hauptmaße:*	$a = 95{,}0$ $b = 17{,}5$ $d_{b1} = 90{,}476$ $z_1 = 30$ $z_2 = 33$ $i = 1{,}1$ $d_{k1} = 96{,}28$ $d_{k2} = 104{,}775$ $\beta_0 = 23°$	
4	*Verzahnung:*	***20°-V-Schrägverzahnung***	
5	*Zahnfehler*[1]*:*	Qualität (DIN 3961): ***6*** $f_e \leqq 8{,}25$ $f_f \leqq 6$ $f_i' \leqq$ $f_R \leqq 4{,}2$ $f_{Rw} \leqq 3{,}15$	
6	*Überdeckung:*	$\varepsilon_{1n} = 0{,}85$ $\varepsilon_n = 1{,}64$ $\varepsilon = 1{,}42$ $\varepsilon_{1w} = 0{,}82$ $\varepsilon_w = 1{,}585$ $\varepsilon_{sp} = 0{,}79$	
7	*Radmaße:*	im Stirnschnitt	im Normalschnitt
	Teilkreis	$\alpha_0 = 21{,}6°$ $m = 2{,}99$ $d_{01} = 89{,}625$ $d_{02} = 98{,}587$	$\alpha_{0n} = 20°$ $m_n = 2{,}75$ $x_1 = 0{,}210$ $x_2 = 0{,}125$ $z_{1n} = 37{,}7$ $z_{2n} = 41{,}5$
	Wälzkreis	$d_{b1} = 90{,}476$ $d_{b2} = 99{,}524$ $h_{k1} = 2{,}902$ $h_{k2} = 2{,}625$	$\alpha_{bn} = 21{,}23$ $m_{bn} = 2{,}77$ $d_{1n} = 104{,}57$ $d_{2n} = 115{,}03$
8	*Lastwert:*	$B_w = B \cdot C_S \cdot C_D \cdot C_T \cdot C_\beta = 0{,}338 \cdot 1{,}25 \cdot 1{,}057 \cdot 1{,}02 \cdot 1{,}01 = 0{,}460$ $u = 30{,}6$ $u_{dyn} = 3{,}9$	$C_D = 1{,}057 \leqq 1{,}288$
9	*Beiwerte:*	Nachweis für Kleinrad *1*	für Großrad *2*
	q_w	$q_{w1} = q_{k1} \cdot q_{\varepsilon 1} = 2{,}30 \cdot 0{,}687 = 1{,}58$	$q_{w2} = q_{k2} \cdot q_{\varepsilon 2} = 2{,}35 \cdot 0{,}705 = 1{,}66$
	y_w	$y_{w1} = y_C \cdot y_\beta / y_\varepsilon = 2{,}96 \cdot 0{,}813/0{,}923 = 2{,}61$	$y_{w2} = y_C \cdot y_\beta = 2{,}96 \cdot 0{,}813 = 2{,}41$
	y_F	$y_F = 0{,}14$ mit $e_{max} = 6{,}4$	
10	*Werkstoff:*	Nr. ***19*** ***16 MnCr 5*** $H_B = 650$	Nr. ***19*** ***16 MnCr 5*** $H_B = 650$
	σ_D	$\sigma_{D1} = 1 \quad \cdot \sigma_{01} = 42$	$\sigma_{D2} = 1 \quad \cdot \sigma_{02} = 42$
	k_D	$k_{D1} = y_G \cdot y_H \cdot y_s \cdot y_v \cdot k_{01}$ $k_{D1} = 1 \cdot 1 \cdot 0{,}75 \cdot 0{,}823 \cdot 5{,}0 = 3{,}09$	$k_{D2} = y_G \cdot y_H \cdot y_s \cdot y_v \cdot k_{02}$ $k_{D2} = k_{D1} = 3{,}09$
11	*Schmierstoff:*	***Shell Macoma 68*** $V = 76$ cSt bei 50° C $y_s = 0{,}75$ $M_{Test} = 30$	$V = 21$ cSt bei ***80***° C Betr. Temp. $k_{Test} = 7{,}0$
12	*Sicherheiten:*	für $C_S = 1{,}25$	
	Zahnbruch	$S_{B1} = \dfrac{\sigma_{D1}}{B_w \cdot z_1 \cdot q_{w1}} = 1{,}92$	$S_{B2} = \dfrac{\sigma_{D2}}{B_w \cdot z_1 \cdot q_{w2}} = 1{,}84$
	Grübchen	$S_{G1} = \dfrac{k_{D1}}{B_w \cdot y_{w1}} \cdot \dfrac{i}{i+1} = 1{,}35$	$S_{G2} = \dfrac{k_{D2}}{B_w \cdot y_{w2}} \cdot \dfrac{i}{i+1} = 1{,}46$
	Fressen	$S_F = \dfrac{k_{Test} \cdot \cos\beta_0}{B_w \cdot y_C \cdot y_F} \cdot \dfrac{i}{i+1} = 17{,}1$	
13	*Vollast-Lebensdauer:*	$L_{h1} = \infty$ begrenzt durch —	$L_{h2} = \infty$ begrenzt durch —

[1] Maßgebend ist jeweils der größere Fehler am Ritzel bzw. Rad.

Tafel 111. *Nachweis der Tragfähigkeit für Stirnradgetriebe, Beispiel 5*

1	Getriebe für	***Schiffsturbine, 1. Stufe***	
2	*Betriebsdaten:*	$N_1 = 8230$ $M_1 = 1045$ $B = 0{,}0433$ $n_1 = 5646$ $v = 85{,}3$	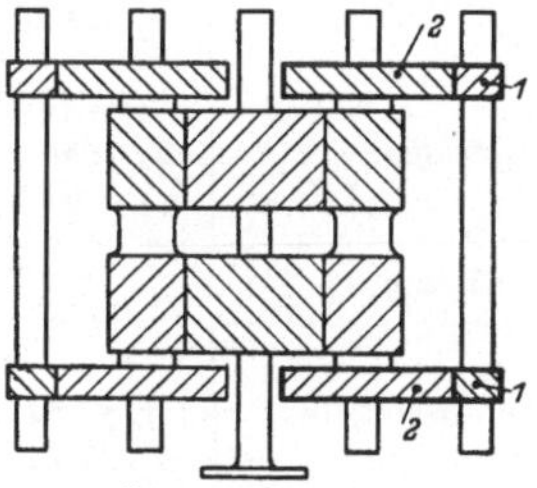 Skizze des Getriebes
3	*Hauptmaße:*	$a = 1134{,}71$ $b = 2\times 290$ $d_{b1} = 288{,}71$ $z_1 = 43$ $z_2 = 295$ $i = 6{,}86$ $d_{k1} = 302{,}48$ $d_{k2} = 1988{,}94$ $\beta_0 = 35$	
4	*Verzahnung:*	***20°-V-Null-Pfeilverzahnung***	
5	*Zahnfehler*[1]*:*	Qualität (DIN 3961): ***5···6*** $f_e \leqq 17$ $f_f \leqq$ $f_i' \leqq$ $f_R \leqq 16$ $f_{Rw} \geqq 12$	
6	*Überdeckung:*	$\varepsilon_{1n} = 1{,}115$ $\varepsilon_n = 1{,}85$ $\varepsilon = 1{,}31$ $\varepsilon_{1w} = 1{,}20$ $\varepsilon_w = 2$ $\varepsilon_{sp} = 9{,}63$	
7	*Radmaße:*	im Stirnschnitt	im Normalschnitt
	Teilkreis	$\alpha_0 = 23{,}95°$ $m = 6{,}714$ $d_{01} = 288{,}71$ $d_{02} = 1980{,}72$	$\alpha_{0n} = 20°$ $m_n = 5{,}5$ $x_1 = 0{,}25$ $x_2 = -0{,}25$ $z_{1n} = 74$ $z_{2n} = 508$
	Wälzkreis	$d_{b1} = 288{,}73$ $d_{b2} = 1980{,}69$ $h_{k1} = 6{,}875$ $h_{k2} = 4{,}125$	$\alpha_{bn} = 20°$ $\beta = 35°$ $d_{1n} = 406{,}92$ $d_{2n} = 2791{,}71$
8	*Lastwert:*	$B_w = B \cdot C_S \cdot C_D \cdot C_T \cdot C_\beta = 0{,}0433 \cdot 1{,}75 \cdot 1{,}10 \cdot 1{,}12 \cdot 1{,}07 = 0{,}10$ $u = 12{,}5$ $u_{dyn} = 22{,}7$ $C_D \leqq 1{,}10$	
9	*Beiwerte:*	Nachweis für Kleinrad *1*	Nachweis für Großrad *2*
	q_w	$q_{w1} = q_{k1} \cdot q_{e1} = 2{,}33 \cdot 0{,}623 = 1{,}39$	$q_{w2} = q_{k2} \cdot q_{e2} = 2{,}30 \cdot 0{,}583 = 1{,}282$
	y_w	$y_{w1} = y_C \cdot y_\beta / y_e = 3{,}11 \cdot 0{,}615/1 = 1{,}92$	$y_{w2} = y_C \cdot y_\beta = 3{,}11 \cdot 0{,}615 = 1{,}92$
	y_F	$y_F = 0{,}038$ mit $e_{max} = 15{,}2$	
10	*Werkstoff:*	Nr. ***53 Mn Si 4*** $H_B = 260$	Nr. ***38 Mn Si 4*** $H_B = 200$
	σ_D	$\sigma_{D1} = 1 \cdot \sigma_{01} = 31{,}5$	$\sigma_{D2} = 1 \cdot \sigma_{02} = 24{,}5$
	k_D	$k_{D1} = y_G \cdot y_H \cdot y_s \cdot y_v \cdot k_{01}$ $k_{D1} = 1 \cdot 1 \cdot 0{,}76 \cdot 1{,}295 \cdot 0{,}69 = 0{,}678$	$k_{D2} = y_G \cdot y_H \cdot y_s \cdot y_v \cdot k_{02}$ $k_{D2} = 1 \cdot 1 \cdot 0{,}76 \cdot 1{,}295 \cdot 0{,}41 = 0{,}402$
11	*Schmierstoff:*	***Esso Mar 56 EP,*** $V_{50} = 38$ cSt bei 50° C $V = 25$ cSt bei $60°$ C Betr. Temp. $y_s = 0{,}76$ $M_{Test} = 9{,}4$ $k_{Test} = 0{,}27$	
12	*Sicherheiten:*	für $C_S = 1{,}75$	
	Zahnbruch	$S_{B1} = \dfrac{\sigma_{D1}}{B_w \cdot z_1 \cdot q_{w1}} = 5{,}27$	$S_{B2} = \dfrac{\sigma_{D2}}{B_w \cdot z_1 \cdot q_{w2}} = 4{,}43$
	Grübchen	$S_{G1} = \dfrac{k_{D1}}{B_w \cdot y_{w1}} \cdot \dfrac{i}{i+1} = 3{,}1$	$S_{G2} = \dfrac{k_{D2}}{B_w \cdot y_{w2}} \cdot \dfrac{i}{i+1} = 1{,}82$
	Fressen	$S_F = \dfrac{k_{Test} \cdot \cos\beta_0}{B_w \cdot y_C \cdot y_F} \cdot \dfrac{i}{i+1} = 16$	
13	*Vollast-Lebensdauer:*	$L_{h1} = \infty$ begrenzt durch —	$L_{h2} = \infty$ begrenzt durch —

[1] Maßgebend ist jeweils der größere Fehler am Ritzel bzw. Rad.

Tafel 112. *Nachweis der Tragfähigkeit für Stirnradgetriebe. Beispiel 6*

1	Getriebe für	***Schiffsturbine, 2. Stufe***	
2	*Betriebdaten:*	$N_1 = 8575$ $M_1 = 7460$ $B = 0{,}0398$ $n_1 = 823$ $v = 25{,}2$	Skizze des Getriebes
3	*Hauptmaße:*	$a = 2419{,}67$ $b = 2 \times 550$ $d_{b1} = 584{,}28$ $z_1 = 46$ $z_2 = 335$ $i = 7{,}28$ $d_{k1} = 611{,}12$ $d_{k2} = 4272{,}23$ $\beta_0 = 30°$	
4	*Verzahnung:*	***20°-V-Null-Pfeilverzahnung***	
5	*Zahnfehler*[1]*:*	Qualität (DIN 3961): ***5...6*** $f_e \leqq 24$ $f_f \leqq$ $f_i' \leqq$ $f_R \leqq 22$ $f_{Rw} \leqq 16{,}5$	
6	*Überdeckung:*	$\varepsilon_{1n} = 1{,}075$ $\varepsilon_n = 1{,}84$ $\varepsilon = 1{,}435$ $\varepsilon_{1w} = 1{,}15$ $\varepsilon_w = 1{,}97$ $\varepsilon_{sp} = 7{,}95$	
7	*Radmaße:*	im Stirnschnitt	im Normalschnitt
	Teilkreis	$\alpha_0 = 22{,}8°$ $m = 12{,}702$ $d_{01} = 584{,}28$ $d_{02} = 4255{,}07$	$\alpha_{0n} = 20°$ $m_n = 11$ $x_1 = 0{,}22$ $x_2 = -0{,}22$ $z_{1n} = 68{,}2$ $z_{2n} = 477$
	Wälzkreis	$d_{b1} = 584{,}28$ $d_{b2} = 4255{,}07$ $h_{k1} = 13{,}42$ $h_{k2} = 8{,}58$	$\alpha_{bn} = 20°$ $m_{bn} = 11$ $d_{1n} = 750$ $d_{2n} = 5455$
8	*Lastwert:*	$B_w = B \cdot C_S \cdot C_D \cdot C_T \cdot C_\beta = 0{,}0398 \cdot 1{,}75 \cdot 1{,}07 \cdot 1{,}09 \cdot 0{,}98 = 0{,}0795$ $u = 23{,}2$ $u_{dyn} = 25{,}4$ $C_D = 1{,}07 \leqq 1{,}10$	
9	*Beiwerte:*	Nachweis für Kleinrad *1*	Nachweis für Großrad *2*
	q_w	$q_{w1} = q_{k1} \cdot q_{\varepsilon 1} = 2{,}25 \cdot 0{,}625 = 1{,}40$	$q_{w2} = q_{k2} \cdot q_{\varepsilon 2} = 2{,}23 \cdot 0{,}59 = 1{,}315$
	y_w	$y_{w1} = y_C \cdot y_\beta / y_\varepsilon = 3{,}11 \cdot 0{,}701/1 = 2{,}18$	$y_{w2} = y_C \cdot y_\beta = 3{,}11 \cdot 0{,}701 = 2{,}18$
	y_F	$y_F = 0{,}19$ mit $e_{max} = 31{,}0$	
10	*Werkstoff:*	Nr. ***53 Mn Si 4*** $H_B = 260$	Nr. ***38 Mn Si 4*** $H_B = 186$
	σ_D	$\sigma_{D1} = 1 \cdot \sigma_{01} = 31{,}5$	$\sigma_{D2} = 1 \cdot \sigma_{02} = 23$
	k_D	$k_{D1} = y_G \cdot y_H \cdot y_s \cdot y_v \cdot k_{01}$ $k_{D1} = 1 \cdot 1 \cdot 0{,}76 \cdot 1{,}245 \cdot 0{,}69 = 0{,}652$	$k_{D2} = y_G \cdot y_H \cdot y_s \cdot y_v \cdot k_{02}$ $k_{D2} = 1 \cdot 1 \cdot 0{,}76 \cdot 1{,}245 \cdot 0{,}36 = 0{,}34$
11	*Schmierstoff:*	***Esso Mar 56 EP*** $V_{50} = 38$ cSt bei 50° C $y_s = 0{,}76$ $M_{Test} = 9{,}4$	$V = 25$ cSt bei Betr. Temp. ***60°*** C $k_{Test} = 0{,}32$
12	*Sicherheiten:*	für $C_S = 1{,}75$	
	Zahnbruch	$S_{B1} = \frac{\sigma_{D1}}{B_w \cdot z_1 \cdot q_{w1}} = 6{,}1$	$S_{B2} = \frac{\sigma_{D2}}{B_w \cdot z_1 \cdot q_{w2}} = 4{,}80$
	Grübchen	$S_{G1} = \frac{k_{D1}}{B_w \cdot y_{w1}} \cdot \frac{i}{i+1} = 3{,}3$	$S_{G2} = \frac{k_{D2}}{B_w \cdot y_{w2}} \cdot \frac{i}{i+1} = 1{,}70$
	Fressen	$S_F = \frac{k_{Test} \cdot \cos\beta_0}{B_w \cdot y_C \cdot y_F} \cdot \frac{i}{i+1} = 5{,}2$	
13	*Vollast-Lebensdauer:*	$L_{h1} = \infty$ begrenzt durch —	$L_{h2} = \infty$ begrenzt durch —

[1] Maßgebend ist jeweils der größere Fehler am Ritzel bzw. Rad.

22.7. Tafeln und Diagramme zur Stirnradberechnung[1]

1. Übersicht der Tafeln und Diagramme

2. Bezeichnungen und Dimensionen zu 22

a, a_0 [mm]	Achsabstand $a = 0{,}5\,(d_{b1} + d_{b2})$; $a_0 = 0{,}5\,(d_{01} + d_{02})$
b [mm]	Zahnbreite
B [kg/mm²]	Nenn-Lastwert $= U/(b\,d_{b1})$
B_w [kg/mm²]	wirksamer Lastwert
C_z [kg/mm μ]	Zahn-Federkonstante, bezogen auf U
C_S, C_D, C_T, C_β	Beiwerte für Belastungseinflüsse
d_{01}, d_{02} [mm]	Teilkreisdurchmesser (Stirnschnitt)
d_{b1}, d_{b2} [mm]	Wälzkreisdurchmesser (Stirnschnitt)
d_{01n}, d_{02n} [mm]	Teilkreisdurchmesser (Normalschnitt)
d_{b1n}, d_{b2n} [mm]	Wälzkreisdurchmesser (Normalschnitt)
e_1, e_2 [mm]	Kopfeingriffsstrecken (Stirnschnitt)
e_{1n}, e_{2n} [mm]	Kopfeingriffsstrecken (Normalschnitt)
E, E_G [kg/mm²]	Elastizitätsmodul für Rad, Gegenrad
f, f_w [μ]	Größtwert von f_e, f_f, f_i'; nach Einlauf
f_e [μ]	Eingriffsteilungs-Fehler
f_f [μ]	Flankenform-Fehler
f_i' [μ]	Wälzsprung
f_k	Kerbfaktor
f_R, f_{Rw} [μ]	Flankenrichtungs-Fehler, nach Einlauf unter Last
h_{k1}, h_{k2} [mm]	Zahnkopfhöhe ab Wälzkreis
H_B [kg/mm²]	Brinellhärte
i	Übersetzung $= z_2/z_1$
k, k_C, k_w [kg/mm²]	Flankenpressung allg., im Wälzpunkt C, wirksame Flankenpressung
k_0, k_D [kg/mm²]	Dauer-Flankenfestigkeit
k_F, k_{Test} [kg/mm²]	Flankenpressung im Wälzpunkt bei Freßlast, im FZG-Test A 8,3
K, K_n	Faktor für Kopfkürzung im Stirnschnitt, im Normalschnitt
L_h [h]	Vollast-Lebensdauer in Stunden
L_w	Vollast-Lebensdauer als Zahl der Lastwechsel
m, m_n [mm]	Modul für Teilkreis
m_b, m_{bn} [mm]	Modul für Wälzkreis
M_1 [mkg]	Nenndrehmoment am Kleinrad
M_{Test} [mkg]	Freßlastdrehmoment im FZG-Test A 8,3
N_1 [PS]	Nennleistung am Kleinrad
n_1 [Uml/min]	Nenndrehzahl am Kleinrad
p_H [kg/mm²]	Hertzsche Pressung
q, q_k, q_e, q_w	Beiwerte für Zahnfußbeanspruchung
S_B, S_G, S_F	Sicherheiten
U [kg]	Nennumfangskraft am Wälzkreis
u [kg/mm]	Umfangskraft je mm Zahnbreite $= B\,d_{b1}$
u_{dyn}, u_D [kg/mm]	dyn. Umfangskraft je mm Zahnbreite für Geradverzahnung, für Schrägverzahnung
v [m/s]	Umfangsgeschwindigkeit im Wälzkreis
V, V_{50} [cSt]	Ölzähigkeit, bei 50 °C
x_1, x_2	Profilverschiebungsfaktoren bezogen auf m_n
y, y_e, y_C, y_β, y_w	Beiwerte für Flankenpressung
y_G, y_H, y_S, y_v	Beiwerte für k_D
y_F	Beiwerte für Freßlast
z_1, z_2	Zähnezahl im Stirnschnitt
z_{1n}, z_{2n}	Ersatzzähnezahl (Normalschnitt)
α_{0n}, α_{bn}	Eingriffswinkel am Teilkreis, Wälzkreis (Normalschnitt)
α_0, α_b	Eingriffswinkel am Teilkreis, Wälzkreis (Stirnschnitt)
β_0, β_b, β_g	Schrägungswinkel am Teilkreis, Wälzkreis, Grundkreis
ε_1, ε_2	Teile der Profilüberdeckung im Stirnschnitt
ε_{1n}, ε_{2n}	Teile der Profilüberdeckung im Normalschnitt
ε, ε_n	Profilüberdeckung im Stirnschnitt, Normalschnitt
ε_w	wirksamer Überdeckungsgrad
ε_{sp}	Sprungüberdeckung
ϱ, ϱ_1, ϱ_2, ϱ_C, ϱ_B [mm]	Krümmungshalbmesser
σ, σ_w [kg/mm²]	Zahnfußspannung, allg., wirksame Zahnfußspannung
σ_0, σ_D [kg/mm²]	Zahnfuß-Dauerfestigkeit

Index:

Index	Bedeutung
1, 2	für Größen am Kleinrad, Großrad
0	für Größen am Teilkreis
b	für Größen am Wälzkreis (Betriebszustand)
e	für Größen auf der Eingriffsstrecke
g	für Größen am Grundkreis
n	für Größen im Normalschnitt
ohne n	für Größen im Stirnschnitt

[1] Tafeln und Diagramme nach Unterlagen der FZG.

Tafel 114/1. *Anhalt für* B_{zul} [kg/mm²] für Stirnräder mit $\alpha_{bn} \approx 20°$

für $S_G \geqq 1$:	$B_{zul} = B_0$	$B_0 = \dfrac{0{,}35 k_D\, i}{\sqrt{\cos^3 \beta_0}\, C_S\, S_G (i + 1)}$
für $S_G < 1$:	$B_{zul} = B_0$ bis $3 B_0$ mit Einsatz von $S_G = 1$	
k_D nach Tafel 121/1	C_S nach Tafel 116	S_G nach Tafel 114/3

Tafel 114/2. *Anhalt für Schmierung und Zahnqualität, Zahnfehler* f_e *und* f_R

Umfangsgeschwindigkeit v [m/s]	Schmierung	Zahnflanken	Qualität DIN 3962	Faktoren g_e	Faktoren g_R	Rauhtiefe R_t* µm
0 ··· 0,8	Fett aufgetragen	gegossen	12	16	4	
			11	10	3,2	
		geschruppt	10	6,3	2,6	
0,8 ··· 4	Fett- bzw. Öltauchschmierung	schlicht-gefräst	9	4	2,0	6 ··· 9
		grob geschliffen	8	2,8	1,6	
4 ··· 12	Öltauchschmierung	feingeschlichtet	7	2	1,3	3 ··· 5
		geschabt	6	1,4	1,0	2 ··· 3
12 ··· 60	Spritzschmierung	feingeschliffen	5	1	0,8	1,5 ··· 2
		Lehrzahnrad	4	0,7	0,64	

Eingriffs-Teilungsfehler nach DIN 3961: $f_e \leqq g_e\ (3 + 0{,}3\, m + 0{,}2 \sqrt{d_0})$ [μ]; Flanken-Richtungsfehler nach Vorschlag der FZG: $f_R \leqq g_R \sqrt{b}$ [μ]; b = Zahnbreite [mm]. Wirksamer Flankenrichtungsfehler (nach gutem Einlauf): $f_{Rw} \approx 0{,}75 f_R + g_K \cdot u \cdot C_S$ mit $g_K = 0$ für beiderseitig gelagerte Stirnräder, $= 0{,}3$ für einseitig gelagerte Stirnräder, $= 1{,}2$ für Kegelräder einseitig gelagert ohne seitenballige Flanken, $= 0{,}6$ mit seitenballigen Flanken, $= 0{,}3$ mit seitenballigen Flanken und beiderseitig gelagertem Kegelritzel.

Tafel 114/3. *Anhalt für erforderliche Sicherheit*

Sicherheit gegenüber	Dauergetriebe	Zeitgetriebe
Zahnbruch $S_B \geqq$	1,8 ··· 4	1,5 ··· 2
Grübchen S_G	1,3 ··· 2,5	0,4 ··· 1
Fressen S_F	3 ··· 5	3 ··· 5

Tafel 114/4. *Anhalt für Vollast-Lebensdauer* L_h

Zeitgetriebe	L_h [h]		
Werkzeugmaschinen	100 ··· ∞		
Hebezeuge:			
Handwinden, Elektrozüge . .	10 ··· 80		
Stückgutwinden	40 ··· 200		
Greiferwinden	320 ··· ∞		
	Pkw	Lkw	Schlepper
Kraftfahrzeuge:			
1. und Rückwärtsgang	10 ··· 40	40 ··· 200	200 ···
Obere Gänge	∞	∞	∞

* Die Rauhtiefe ist in DIN 3962 nicht festgelegt, obwohl sie großen Einfluß auf die Flankentragfähigkeit hat (s. Fußnote S. 40). Für die Paarung der Flanken 1 u. 2 ist $R_t = (R_{t1} + R_{t2})\, 0{,}5$.

Tafel 115/1. *Modulreihen*

DIN 780		Diametral-Pitch[1]			Circular-Pitch[1]		
m_n mm		D_p 1/Zoll	m_n mm	t_n mm	C_p Zoll	m_n mm	t_n mm
0,3	6,5	28	0,9071	2,8499	$^{1}/_{16}$	0,5053	1,5875
(0,35)	7	26	0,9769	3,0691	$^{1}/_{8}$	1,0106	3,1750
0,4	8	24	1,0583	3,3249	$^{3}/_{16}$	1,5160	4,7625
(0,45)	9	22	1,1545	3,6271	$^{1}/_{4}$	2,0213	6,3500
0,5	10	20	1,2700	3,9898	$^{5}/_{16}$	2,5266	7,9375
(0,55)	11	18	1,4111	4,4331	$^{3}/_{8}$	3,0319	9,5250
0,6	12	16	1,5875	4,9873	$^{7}/_{16}$	3,5372	11,1125
(0,65)	13	14	1,8143	5,6997	$^{1}/_{2}$	4,0425	12,7000
0,7	14	12	2,1167	6,6497	$^{9}/_{16}$	4,5479	14,2875
0,8	15	11	2,3091	7,2542	$^{5}/_{8}$	5,0532	15,8750
0,9	16	10	2,5400	7,9796	$^{11}/_{16}$	5,5585	17,4625
1,0	18	9	2,8222	8,8663	$^{3}/_{4}$	6,0638	19,0500
1,25	20	8	3,1750	9,9746	$^{13}/_{16}$	6,5691	20,6375
1,5	22	7	3,6286	11,3995	$^{7}/_{8}$	7,0744	22,2250
1,75	24	6	4,2333	13,2994	$^{15}/_{16}$	7,5798	23,8125
2,0	27	5	5,0800	15,9593	1	8,0851	25,4000
2,25	30	4	6,3500	19,9491	$1^{1}/_{16}$	8,5904	26,9875
2,5	33	$3^{1}/_{2}$	7,2571	22,7988	$1^{1}/_{8}$	9,0957	28,5750
2,75	36	3	8,4667	26,5988	$1^{3}/_{16}$	9,6010	30,1625
3,00	39	$2^{3}/_{4}$	9,2364	29,0169	$1^{1}/_{4}$	10,1063	31,7500
3,25	42	$2^{1}/_{2}$	10,1600	31,9186	$1^{5}/_{16}$	10,6117	33,3375
3,5	45	$2^{1}/_{4}$	11,2889	35,4652	$1^{3}/_{8}$	11,1170	34,9250
3,75	50	2	12,7000	39,8982	$1^{7}/_{16}$	11,6223	36,5125
4,0	55	$1^{3}/_{4}$	14,5143	45,5980	$1^{1}/_{2}$	12,1276	38,1000
4,5	60	$1^{1}/_{2}$	16,9333	53,1976	$1^{5}/_{8}$	13,1382	41,2750
5	65	$1^{1}/_{4}$	20,3200	63,8372	$1^{3}/_{4}$	14,1489	44,4500
5,5	70	1	25,4000	79,7965	$1^{7}/_{8}$	15,1595	47,6250
6	75				2	16,1701	50,8000

Tafel 115/2. *Mindest-Zähnezahl z_n im Normalschnitt*

Für 20°-Null-Verzahnung: $z_{1n} + z_{2n} \geqq 24$

$z_n \geqq 12$ bei sehr kleiner Geschwindigkeit; $z_n \geqq 14$ bei mittlerer Geschwindigkeit

$z_n \geqq 18$ bei großer Geschwindigkeit

Für 20°-Verzahnung (bei mittlerer Geschwindigkeit)

	z_n begrenzt durch Unterschnitt															begrenzt durch spitzen Zahn					
$z_n \geqq$ . . .	28,3	26,9	25,5	24	22,6	21,2	19,8	18,5	17	15,6	14,3	12,8	11,4	10	8,6	7,2	8,8	10,4	12,2	14,1	16,1
Für $x =$	−1	−0,9	−0,8	−0,7	−0,6	−0,5	−0,4	−0,3	−0,2	−0,1	0	0,1	0,2	0,3	0,4	0,5	0,6	0,7	0,8	0,9	1,0

Tafel 115/3. *Mindestwerte*[2] *von m_n, d_{b1} und s_{Rest} (= Rest-Wanddicke des Zahnkranzes)*

$m_n \geqq b/10$ Verzahnung sauber gegossen

$m_n \geqq b/15$ geschnitten, Lagerung auf Stahlkonstruktion oder Ritzel fliegend

$m_n \geqq b/25$ genau geschnitten, bei guter Lagerung in Getriebekästen

$m_n \geqq b/30$ genau geschnitten, bei genau paralleler starrer Lagerung

$m_n \geqq b/50$ genau geschnitten, $b/d_{b1} \leqq 1$, bei genau paralleler starrer Lagerung

$b/d_{b1} \leqq 0{,}7$ bei „fliegendem" Ritzel

$b/d_{b1} \leqq 1{,}2$ bei starrer, beiderseitig gelagerter Ritzelwelle

$s_{Rest} \geqq 2\,m_n$

[1] $m_n = 25{,}4/D_p = 25{,}4\;C_p/\pi$; $t_n = 25{,}4\;\pi/D_p = 25{,}4\;C_p$; ($\pi = 3{,}141593$; $1'' = 25{,}4$ mm nach DIN 4890).

[2] Bei Pfeilverzahnung ist b die Zahnbreite einer Pfeilseite.

Tafel 116. *Anhalt für Stoßbeiwert* C_S[1]

Arbeitsmaschine	Antrieb		
	Elektromotor	Turbine, mehrzylindr. Kolbenmaschine	einzylindr. Kolbenmaschine
Stromerzeuger, Vorschubgetriebe, Gurtförderer, leichte Aufzüge und Hubwinden, Turbogebläse und Verdichter, Rührer und Mischer für gleichmäßige Dichte	1,1	1,25	1,5
Hauptantriebe von Werkzeugmaschinen, schwere Aufzüge, Drehwerke von Kranen, Grubenlüfter, Rührer und Mischer für unregelmäßige Dichte, Kolbenpumpen mit mehreren Zylindern, Zuteilpumpen	1,25	1,5	1,75
Stanzen, Scheren, Gummikneter, Walzwerks- und Hüttenmaschinen, Löffelbagger, schwere Zentrifugen, schwere Zuteilpumpen	1,75	2,0	2,25

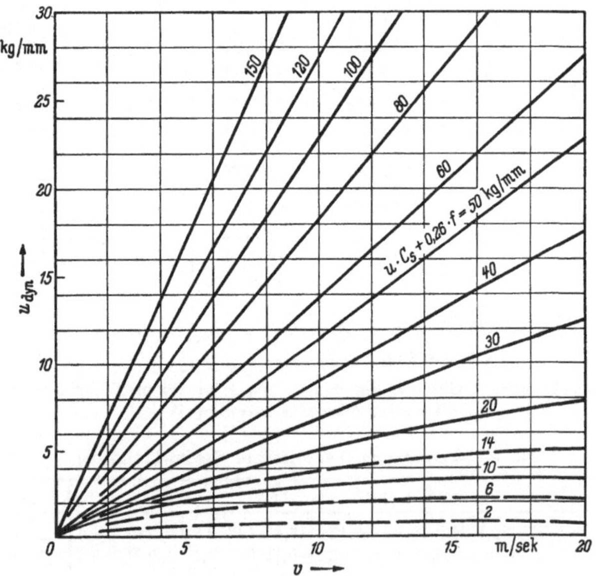

Bild 116. Dynamischer Beiwert C_D und u_{dyn}

$$C_D = 1 + \frac{u_{dyn}}{u\,C_S(\varepsilon_{sp}+1)} \leq 1 + \frac{0{,}3\,u\,C_S + f}{u\,C_S(\varepsilon_{sp}+1)}; \qquad u = U/b = B\,d_{b1}$$

$f\,[\mu]$ = größter der vorhandenen Zahnfehler f_e, f_t, f_t'

[1] $C_S = M_{wirkl}/M_1$, wobei M_{wirkl} das wiederholt auftretende größte äußere Drehmoment und M_1 das Nenndrehmoment in der Rechnung ist. Wenn Anlauf-Drehmoment M_A maßgebend, dann $M_{wirkl} = M_A$ nach S. 20 berechnen.

Tafel 117/1. *Tragfehler C_T für $T = C_Z f_{Rw} b/(U C_S C_D)$*, nach S. 82 u. 83

$C_Z \approx 1$ für Paarung St/St; $\approx 0{,}74$ für St/GG; $\approx 0{,}55$ für GG/GG; f_{Rw} s. Tafel 114/2;
C_T (lin) für *lineare* Lastverteilung (gilt, wenn C_T (par) nicht gesichert);
C_T (par) für *parabel*förmige Lastverteilung (nach bestem Einlauf bei Vollast).

T =	0	0,2	0,3	0,4	0,5	1,0	1,5	2,0	2,5	3,0	4,0	5,0	6	7
C_T (lin) =	1,0	1,1	1,15	1,20	1,25	1,5	1,75	2,0	2,24	2,45	2,83	3,17	3,47	3,75
C_T (par) =	1,0	1,05	1,075	1,10	1,125	1,25	1.41	1,63	1,82	2,0	2,31	2,59	2,83	3,05

Tafel 117/2. *Bestimmung von f_{Rw} und C_T für Betriebs-Umfangskraft $U C_S C_D$, wenn die tragende Zahnbreite b' (am Wälzkreis) aus „Tragbild" bei Umfangskraft U_p bekannt ist*

Entnehme aus Tafel 117/2: T_p für $(b/b')^2$; $f_{Rw} = T_p U_p/(C_Z b)$,
aus Tafel 117/1: C_T für $T = T_p U_p/(U C_S C_D)$.

T_p (lin) gilt für *lineare* Lastverteilung über b'
T_p (par) gilt für *parabel*förmige Lastverteilung über b' $\Big\}$ $T_p = C_Z f_{Rw} b/U_p$.

Beispiel: Für $(b/b')^2 = 3$; $U_p/b\, C_Z = 4$ kg/mm; $U/(b\, C_S C_D) = 16$ erhält man T_p (lin) $= 6$, $f_{Rw} = 24\,\mu$; $T = 1{,}5$; C_T (lin) $= 1{,}75$.

$(b/b')^2$ =	1	1,2	1,3	1,4	1,5	2	2,5	3	4	5	6	7	8	9
T_p (lin) =	bis 2	2,4	2,6	2,8	3	4	5	6	8	10	12	14	16	18
T_p (par) =	bis 1,33	1,6	1,73	1,86	2	2,66	3,33	4	5,33	6,66	8	9,33	10,7	12

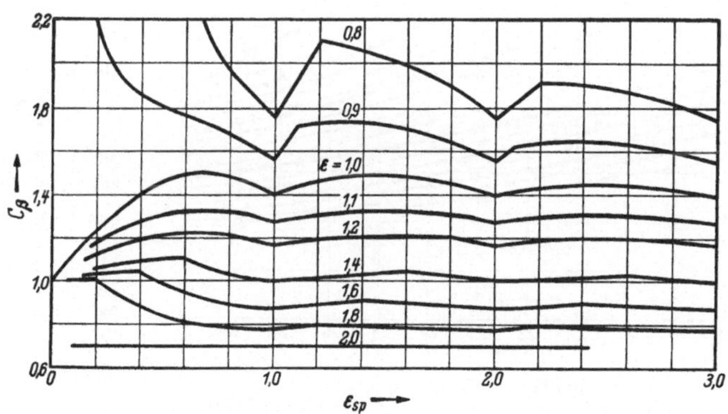

Bild 117/1. Beiwert C_β für Schrägverzahnung mit $\alpha_{0n} \approx 20°$
für $\beta = 0$ ist $C_\beta = 1$; für $\varepsilon_{sp} = 1, 2, 3 \ldots$ ist $C_\beta = 1{,}4/\varepsilon$; für $\varepsilon_{sp} \geqq 1$ ist $C_\beta \approx 1{,}4/\varepsilon$

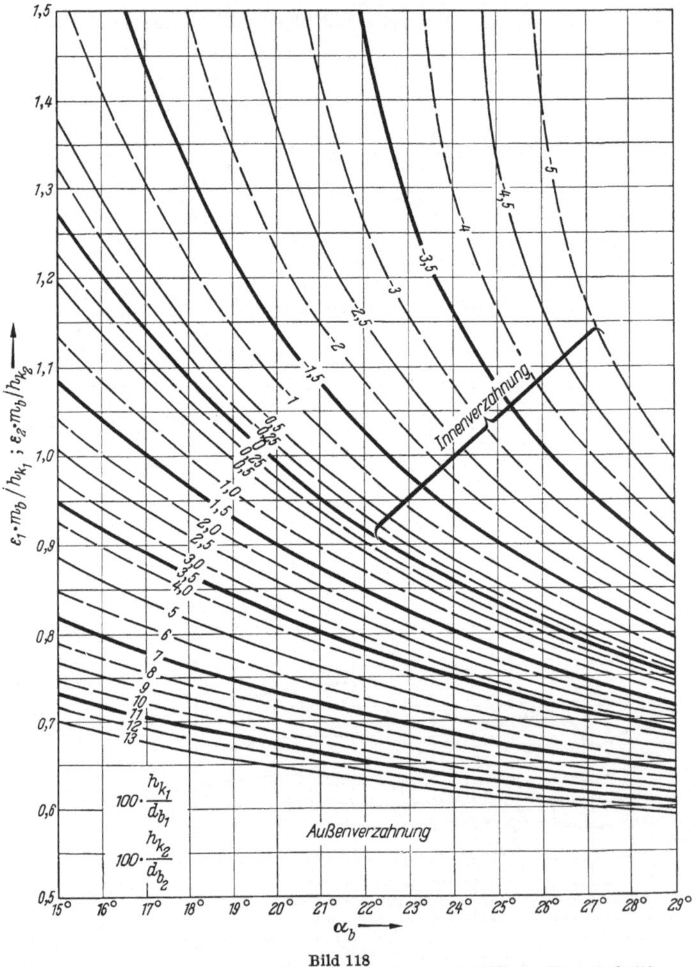

Tafel 118. *Rechnungsgrößen abhängig vom Schrägungswinkel β_0 für $\alpha_{0n} = 20°$*

β_0	$\cos^2\beta_g$	z_n/z n. Gl. (93/1)
0°	1,000	1,000
1	0,9997	1,000
2	0,9989	1,002
3	0,9976	1,004
4	0,9957	1,007
5°	0,9933	1,011
6	0,9904	1,015
7	0,9869	1,021
8	0,9829	1,027
9	0,9784	1,035
10°	0,9734	1,043
11	0,9679	1,053
12	0,9618	1,063
13	0,9553	1,074
14	0,9483	1,087
15°	0,9408	1,100
16	0,9329	1,115
17	0,9245	1,131
18	0,9157	1,148
19	0,9064	1,167
20°	0,8967	1,187
21	0,8866	1,208
22	0,8761	1,231
23	0,8652	1,256
24	0,8539	1,282
25°	0,8423	1,310
26	0,8303	1,340
27	0,8180	1,372
28	0,8054	1,406
29	0,7925	1,443
30°	0,7792	1,482
31	0,7658	1,523
32	0,7520	1,568
33	0,7381	1,616
34	0,7239	1,666
35°	0,7095	1,721
36	0,6949	1,779
37	0,6802	1,841
38	0,6653	1,907
39	0,6503	1,979
40°	0,6352	2,055
41	0,6199	2,137
42	0,6046	2,226
43	0,5893	2,320
44	0,5739	2,422
45°	0,5585	2,532

Bild 118

Profilüberdeckung $\varepsilon = \varepsilon_1 + \varepsilon_2$ im Stirnschnitt und $\varepsilon_n = \varepsilon/\cos^2\beta_g$ im Normalschnitt. ε_1 und ε_2 aus dem Diagramm mit $m_b = d_{b1}/z_1 = d_{b2}/z_2$ und $h_{k1} = 0{,}5(d_{k1} - d_{b1})$ bzw. $h_{k2} = 0{,}5(d_{k2} - d_{b2})$. Gleichung für Diagramm: $\varepsilon_1 \frac{m_b}{h_{k1}} = \frac{d_{b1}(\operatorname{tg}\alpha_{k1} - \operatorname{tg}\alpha_b)}{2\pi h_{k1}}$; α_{k1} aus $\cos\alpha_{k1} = \cos\alpha_b\, d_{b1}/d_{k1}$; α_b aus $\sin\alpha_b = \sin\alpha_{bn}/\cos\beta_g$

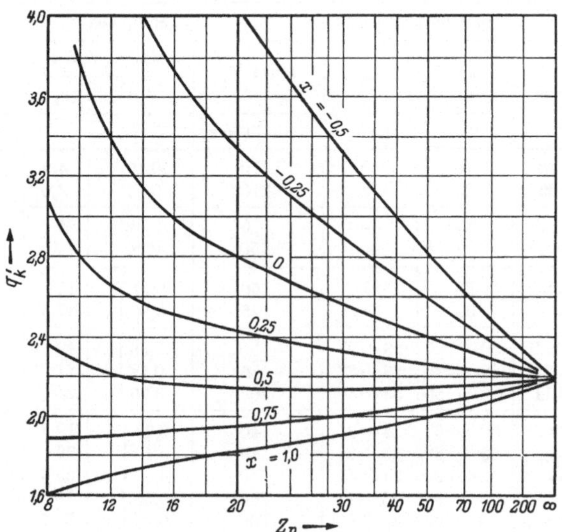

Bild 119. Zahnfußbeiwert q_k. Gültig für Kraftangriff am Zahnkopf bei 2,25 m_n Zahnhöhe; $\alpha_{0n} = 20°$; Flankenspiel Null; Zahnfußquerschnitt im Berührungspunkt der 30°-Tangente; Herstellung mit Zahnstange mit 0,38 m_n Kopfabrundung und Kopfspiel $s_k = 0{,}25\, m_n$

Tafel 119/1. *Beiwerte q_s und y_s*

Rad *1* treibt an:

$$q_{s1} = 1{,}4/(\varepsilon_n + 0{,}4)$$
$$q_{s2} = 1{,}4/(\varepsilon_w + 0{,}4)$$
$$y_s = 1 - \frac{2\pi}{z_{1n}\,\mathrm{tg}\,\alpha_{bn}}\left(1 - \varepsilon_{1n}\frac{\varepsilon_w}{\varepsilon_n}\right) \leqq 1$$

Rad *2* treibt an:

$$q_{s1} = 1{,}4/(\varepsilon_w + 0{,}4)$$
$$q_{s2} = 1{,}4/(\varepsilon_n + 0{,}4)$$
$$y_s = 1 - \frac{2\pi}{z_{1n}\,\mathrm{tg}\,\alpha_{bn}}(1 - \varepsilon_{1n}) \leqq 1$$

ε_n = Profilüberdeckung im Normalschnitt nach Bild 118/1 bzw. 118/2

$$\varepsilon_w = 1 + (\varepsilon_n - 1)\frac{m_n + v/4}{m_n + f/6} \leqq 2$$

mit v in [m/s]; m_n in [mm] und f in [μ] = größter der vorhandenen Zahnfehler f_e, f_f, f'_i.

Tafel 119/2
Beiwert y_C

α_{bn}	y_C n. Gl. (98/1)
10°	5,85
11	5,34
12	4,91
13	4,56
14	4,26
15°	4,00
16	3,77
17	3,58
18	3,40
19	3,25
20°	3,11
21	2,99
22	2,88
23	2,78
24	2,69
25°	2,61
26	2,54
27	2,47
28	2,41
29	2,36
30°	2,31
31	2,27
32	2,23
33	2,19
34	2,16
35°	2,13

Tafel 119/3
Beiwert y_β für $\alpha_{0n} = 20°$

β_0	y_β n. Gl. (98/1)
0°	1,0
1	0,999
2	0,998
3	0 997
4	0,994
5°	0,990
6	0,986
7	0,981
8	0,976
9	0,969
10°	0,962
11	0,954
12	0,946
13	0,937
14	0,927
15°	0,916
16	0,905
17	0,894
18	0,882
19	0,869
20°	0,856
21	0,842
22	0,828
23	0,813
24	0,798
25°	0,783
26	0,767
27	0,751
28	0,735
29	0,718
30°	0,701
31	0,684
32	0,667
33	0,650
34	0,632
35°	0,615
36	0,597
37	0,579
38	0,562
39	0,544
40°	0,527
41	0,509
42	0,492
43	0,475
44	0,458
45°	0,441

Tafel 120. *Werkstoffangaben*** (Umrechnung für andere Betriebsverhältnisse s. S. 121)

Nr.	Werkstoff: Art und Behandlung	Werkstoff: Bezeichnung	Probe im Endzustand: σ_B kg/mm²	Probe im Endzustand: σ_{bw} kg/mm²	Am Zahnrad[1]: Härte H_B Kern	Härte H_B Flanke	Dauerfestigkeit k_0[7] kg/mm²	Dauerfestigkeit σ_0[4] kg/mm²	statische Festigkeit σ_{0B} kg/mm²	Rauhtiefe R_t* μm
1	Grauguß	GG 18	18	9	170		0,19	4,5	18	6,0
2		GG 26	26	12	210		0,33	6,0	26	
3	Sphärolithguß	ferritisch	60	—	170		0,32	25	100	6,0
4		perlitisch	70 ⋯ 75	—	250		0,64	25	140	
5	Stahlguß	GS 52	52	21	150		0,21 } [2]	15	47	4,5
6		GS 60	60	24	175		0,30	17,5	52	
8	Maschinenstahl	St 50.11	50 ⋯ 60	23 ⋯ 28	150		0,36 }	19	55	3,0
9		St 60.11	60 ⋯ 70	28 ⋯ 33	180		0,52 } [2]	21	65	
10		St 70.11	70 ⋯ 85	33 ⋯ 40	208		0,70 }	24	80	
11	Vergüteter Stahl	C 22	50 ⋯ 60	22 ⋯ 27	140		0,23 }	19,3	60	3,0
12		C 45	65 ⋯ 80	30 ⋯ 34	185		0,40 }	23	80	
13		C 60	75 ⋯ 90	34 ⋯ 41	210		0,51 } [2]	25,6	90	
14		34 Cr 4	75 ⋯ 90	36 ⋯ 44	260		0,80 }	30	90	
15		37 Mn Si 5	80 ⋯ 95	38 ⋯ 46	260		0,70 }	31,5	95	
16		42 CrMo 4	95 ⋯ 110	46 ⋯ 54	300		0,80 }	31,5	110	
18	Einsatzgehärteter Stahl	C 15	50 ⋯ 65	27	190	736	4,9	22	95	2 ⋯ 3
19		16 MnCr 5	80 ⋯ 110	—	270	650	5,0	42	140	
20		20 MnCr 5	100 ⋯ 130	—	360	650	5,0	47	160	
21		15 CrNi 6	90 ⋯ 120	—	310	650	5,0	44	160	
22		18 CrNi 8	120 ⋯ 145	—	400	650	5,0	47	170	
23	Flammen- oder induktionsgehärteter Stahl	Ck 45	65 ⋯ 80	—	220	595	4,3	31,5 }	140	3,0
24		37 MnSi 5	90 ⋯ 105	—	270	560	3,7	34 } [5]	125	
25		53 MnSi 4	90 ⋯ 110	—	275	615	4,5	35 }	110	
27	Zyanbadgehärteter Stahl	41 Cr 4	140 ⋯ 180	—	460	595	4,3	32	190	3,0
28		37 MnSi 5	150 ⋯ 190	—	470	550	3,6	35	200	
29	Hartgewebe	grob	—	—	—	—	0,18 } [3]	5,6 } [6]	17	6,0
30		fein	—	—	—	—	0,23 }	5,6 }	17	4,0
31	Kugelgraphitguß	GGG 90	80 ⋯ 90	—	300		1,8	22	140	3,0
32	Bad-nitriergehärteter Stahl	C 45	55 ÷ 60	—	450		1,8	31,8	110	
33	Bad-nitriergehärteter Stahl	42 CrMo 4	85 ÷ 90	—	660		2,7	58,0	150	
34	Gas-nitriergehärteter Stahl	31 CrMoV 9	70 ÷ 85	—	700		3,5	45,0	150	
35	Flammen- oder induktionsgehärteter Stahl	42 CrMo 4	90 ÷ 110	—	275	615	4,5	35	110	

[1] Die Versuchsräder hatten meist folgende Abmessungen: $m = 3$ mm; $z_1 = 27$; $z_2 = 34$; $b = 10$ mm; 20°-Normalverzahnung; $v \approx 8$ m/s. Beeinflussung der Tragfähigkeit s. S. 90 u. 42.

[2] Bei Lauf gegen gehärteten Stahl mit Feinschliff bis 35% größer.

[3] Für $v = 12$ m/s und bei geschliffenem Gegenrad aus Stahl.

[4] Gilt für Zahnfußausrundung $r_f \geqq 0{,}2\,m$.

[5] Gilt für Randhärtung bis über Zahnfuß; bei Durchhärtung etwa 20% kleiner; bei Randhärtung nur an Zahnflanke ist $\sigma_0 < 25$ kg/mm².

[6] Entspricht dem bisher gebräuchlichen C-Wert $= U/bt = 0{,}8$ kg/mm².

[7] Für Lauf gegen Rad aus Stahl etwa gleicher Härte, Öl mit Visk. 100 cSt und Flankenrauheit nach Tafel.

* Für die Paarung der Flanken 1 und 2 ist $R_t = 0{,}5(R_{t1} + R_{t2})$; Einfluß von R_t auf k_0 s. S. 40, Fußnote.

** Im 2. Neudruck wurden die Werkstoffe 31 bis 35 neu aufgenommen und die weniger benutzten Werkstoffe Nr. 7, 17 u. 26 fortgelassen.

Tafel 121/1. *Flankenfestigkeit k_D*[1] *und Vollast-Lebensdauer L_h*

$$k_D = y_G\, y_H\, y_S\, y_v\, k_0$$

mit k_0 nach Taf. 120, zur Berechnung der Sicherheit S_G,
mit k_0 nach Bild 121/1, bei vorgegebener Lebensdauer L_h.

Beiwert $y_G = 1$ für Lauf der Werkstoffe nach Taf. 120 gegen Stahl,

$y_G = 1{,}5$ für Lauf gegen *GG*

$y_G = 0{,}5 + 2{,}1 \cdot 10^4/(2\,E_G)$ für Lauf gegen Werkstoff mit *E*-Modul E_G [kg/mm²]

$y_H = (H/H_B)^2$, wenn Flankenhärte *H* von H_B nach Taf. 120 abweicht und unter 650 bleibt, andernfalls $y_H = 1$

y_S abhängig von Ölzähigkeit *V* bei Betriebstemperatur

V [cSt] =	6,3	21	37	68	
y_S =	0,7	0,75	0,8	0,9	
V =	100	145	200	265	300
y_S =	1,0	1,1	1,2	1,3	1,35

y_v abhängig von Umfangsgeschwindigkeit v [m/s]

$$y_v \approx 0{,}7 + \frac{0{,}6}{1 + (8/v)^2}$$

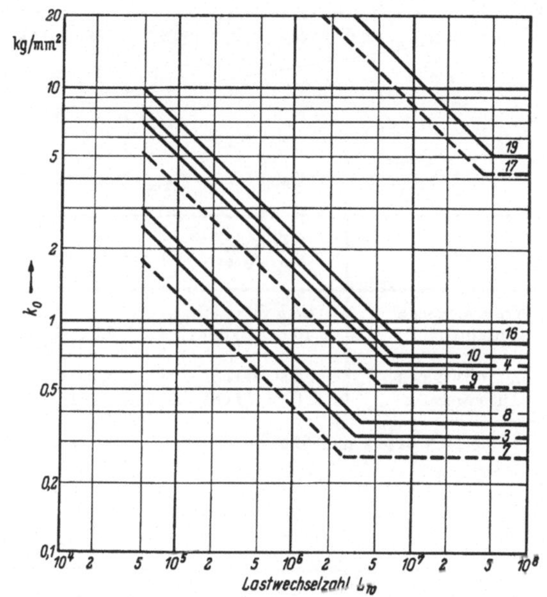

Bild 121/1. Lebensdauerkurven für Flankenfestigkeit k_0. Zahlen in den Kurven = Werkstoffnummern nach Taf. 120. Für andere Werkstoffe Kurven entsprechend dem Dauerwert k_0 nach Taf. 120 einordnen. Vollast-Lebensdauer bei $S_G < 1$

$$L_h = \frac{L_w}{n\,60} \approx \frac{167 \cdot 10^3\, k_D}{n}\, S_G^2 \quad \text{[h]}.$$

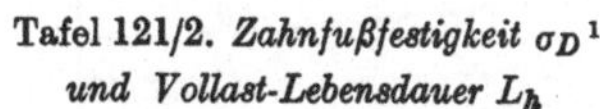

Tafel 121/2. *Zahnfußfestigkeit σ_D*[1] *und Vollast-Lebensdauer L_h*

$\sigma_D = \sigma_0$ nach Taf. 120, zur Berechnung der Sicherheit S_B

$\sigma_D = \sigma_0$ nach Bild 121/2, bei vorgegebener Lebensdauer L_h

$\sigma_D = \sigma_{0\,B}$ nach Taf. 120, zur Berechnung der Sicherheit gegen Gewaltbruch

$\sigma_D = 0{,}7\, \sigma_0$ für Zwischenräder (Wechsellast)

$\sigma_D = \sigma_0/f_k$, wenn Zahnfußausrundung $r_f < 0{,}2\, m$, f_k s. Bild 86

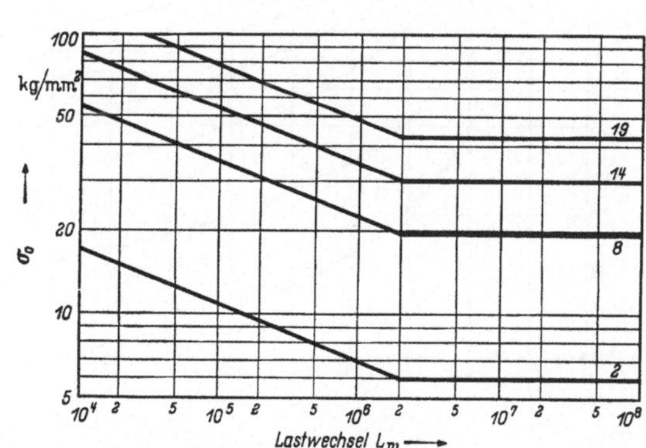

Bild 121/2. Lebensdauerkurven für Zahnfußfestigkeit σ_0. Zahlen in den Kurven = Werkstoffnummern nach Taf. 120. Für andere Werkstoffe Kurven entsprechend dem Dauerwert σ_0 nach Taf. 120 einordnen. Vollast-Lebensdauer bei $S_B < 1$

$$L_h = \frac{L_w}{n\,60} \approx \frac{33 \cdot 10^3}{n}\, S_B^5 \quad \text{[h]}.$$

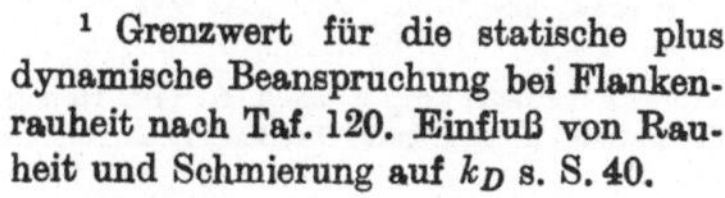

[1] Grenzwert für die statische plus dynamische Beanspruchung bei Flankenrauheit nach Taf. 120. Einfluß von Rauheit und Schmierung auf k_D s. S. 40.

Tafel 122/1. *Anhalt für Ölzähigkeit V_{50} [cSt bei 50° C] für geschlossene Getriebe mit 45 bis 90° C Öltemperatur*

$$V_{50} = 100/v^{0,4} \text{ bis } 200/v^{0,4}$$

	v [m/s] =	0,25	0,4	0,63	1,0	1,6	2,5	4,0	6,3	10	16	25	40	63
V_{50}	von	175	145	120	100	83	69	57	47	39	32	27	22	18
	bis	350	290	240	200	166	138	114	94	78	64	54	44	36

Tafel 122/2. M_{Test}-*Werte für übliche Getriebeöle*

Getriebe für	SAE-Klasse[1] bzw. V_{50} [cSt]	M_{Test} [kgm] für Mineralöle		
		unlegiert	mild legiert	mit EP-Zusatz
Kraftfahrzeuge	SAE 80 ··· 90	—	30,8 ··· 54,5	46,1 ··· über 54,5
Industrie	40 ··· 120 cSt	6,0 ··· 17,4	17,4 ··· 39,3	46,1 ··· über 54,5
Dampfturbinen	30 ··· 60 cSt	3,5 ··· 9,4	13,4 ··· 30,8	39,3 ··· 54,5
Turbowandler	10 ··· 28 cSt	1,4 ··· 6,0	9,4 ··· 24,1	30,8 ··· 46,1

[1] Siehe DIN 51511 und 51512.

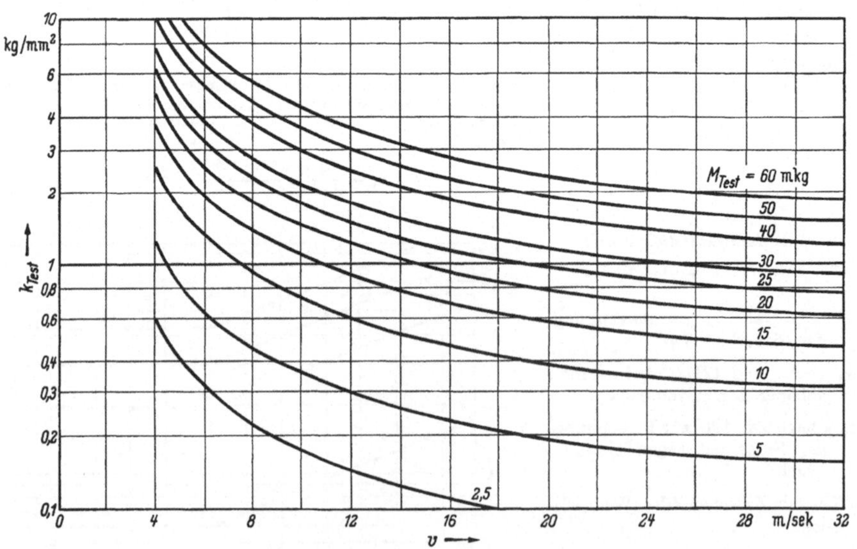

Bild 122. Anhalt für Freßlast-Testwert k_{Test} verschiedener Getriebeöle, abhängig von M_{Test} [mkg] und v

Beiwert $y_F = \left(\frac{12,7}{d_{b1}} \cdot \frac{i+1}{i}\right)^2 \left[1 + \left(\frac{e_{\max}}{10}\right)^4\right] \sqrt{m_n}$ mit $e_{\max} = \varepsilon_{1n} \cos^2 \beta_g \pi m \cos \alpha_0$ bzw. $= \varepsilon_{2n} \cos^2 \beta_g \pi m \cos \alpha_0$

Größtwert nehmen! Überschläglich ist $e_{\max} \leq h_{k\max} \cos \beta_0 / \sin \alpha_{0n}$. Für versetzte Kegelräder $e_{s\max}$ nach Gl. (149/1), für Schraubenräder $e_{\max}$ nach Gl. (195/4) einsetzen. M_{Test} ist das im FZG-Normaltest *A* ermittelte Freßlast-Drehmoment [127/*193* u. /*194*]

22.8. Schrifttum

1. Normen siehe S. 62

[1] Budnik, A.: Stand der Verzahnungsnormung und ihre Entwicklung. Z. VDI 97 (1957) S. 339—343.

2. Handbücher, s. auch S. 62

[2] Budnik, A.: International Conference on Gearing Sept. 1958. The Inst. Mech. Engs. London 1959.
[3] Bergere, J.: Résistance et encombrement des engrenages. Paris: Dunot 1948.
[4] Buckingham, E.: Analytical Mechanic of Gears. New York/Toronto/London 1949.
[5] Dietrich, G.: Berechnung von Stirnrädern mit geraden Zähnen. Düsseldorf: VDI-Verlag 1952.
[6] Dudley, D. W.: Practical Gear Design. New York 1954.
[7] Henriot, G.: Traité théoretique et practique des Engrenages, Bd. I 1949; Bd. II 1950. Paris: Dunot.
[8] Keck, K. F.: Die Zahnradpraxis. Teil I: Geradzahnstirnräder. München 1956.
[9] Lentz, A.: Zahnräder- und Getriebeberechnung. Bd. 2 der Lanz-Forschung. Mannheim 1951.
[10] Merritt, H.: Gears. London 1955.
[11]*Niemann, G., u. H. Glaubitz: Fachtagung Zahnradforschung 1950. Braunschweig: Vieweg 1951.
[12] Ritter, R.: Zahnradgetriebe, 2. Aufl. Zürich: Leemann-Verlag 1952.
[13] —: Zahnräder in der Werkstatt. Zürich 1952.
[14] Schiebel, A., u. W. Lindner: Zahnräder, 1. Bd.: Stirn- und Kegelräder. Berlin/Göttingen/Heidelberg Springer 1954; 2. Bd.: Stirn- und Kegelräder mit schrägen Zähnen, Schraubgetriebe. Berlin: Springer 1957.
[15] Thomas, A. K.: Die Tragfähigkeit der Zahnräder, 2. Aufl. München 1954.
[16] Trier, H.: Die Kraftübertragung durch Zahnräder, 3. Aufl. Berlin 1955.

3. Gestaltung und Konstruktion, s. auch S. 67 u. 130

[19] Abt, E. H.: Hardened and ground marine gears. Marine Eng. and Naval Arch. (1958) S. 482—488.
[20] Altmann, F. G.: Zahnradumformer für außergewöhnlich große Übersetzungen. In: Getriebe. Berlin: VDI-Verlag 1928.
[21] Barwig, H.: Stoeckicht-Planetengetriebe. Konstruktion Bd. 6 (1954) S. 377—381.
[22] Gasparovic, N.: Die günstigste Aufteilung des Übersetzungsverhältnisses bei mehrstufigen Stirnradgetrieben. Masch.-Bau u. Wärmewirtschaft Bd. 12 (1957) S. 286.
[23] Gaunitz: Duo-Umlaufgetriebe mit großer Übersetzung. Konstruktion Bd. 4 (1952) S. 149.
[24] Greuda, H.: Verzahnung in Uhren und feinmechanischen Geräten. Z. VDI Bd. 78 (1934) S. 1174.
[25] Hänchen: Gewichts- und Kostenvergleich von Getriebewellen. Werkst. u. Betr. Bd. 91 (1958) S. 30—32.
[26] Hansen, D. C.: Getriebe aus Normelementen. Z. VDI Bd. 97 (1955) S. 203—204.
[27] Hampp, W.: Wälzlager in Getrieben. Z. VDI Bd. 97 (1955) S. 861—868.
[28] Hiersig, H. M.: Leistungssteigerung an hochbelasteten Zahnrädern. Stahl u. Eisen 1949, S. 695.
[29] —: Wege zur Weiterentwicklung der Stirnradverzahnung. Z. VDI Bd. 51 (1949) S. 559—566.
[30] Howard, R.: Erhöhung der Widerstandsfähigkeit gegen Oberflächenermüdung durch Balligkeit. Machine mod. Bd. 44 (Juli 1950) S. 15—16. (Auszug siehe Werkstattstechn. u. Maschinenbau 1952, S. 301.)
[31] Jungkunz, E.: Zahnradgetriebe für die Hauptantriebe in Walzwerken. Z. VDI Bd. 98 (1956) S. 346—348.
[32] Kaiser, W.: Neuere Entwicklungen im Bau von Zahnradgetrieben. Techn. Mitt. Krupp, Techn. Ber. Bd. 8 (1940) S. 37.
[33] Knibbe, K.: Entwurf hochtouriger Zahnräder. J. aeronaut. Soc. Dez. 1939, S. 67—71.
[34] Lehr, E.: Dauerhaltbarkeit von Ritzelwellen. Z. VDI Bd. 81 (1937) S. 117.
[35] Maier, A.: Neuere Entwicklungen im PKW-Getriebebau. Automobiltechn. Z. Bd. 55 (1953) S. 205—213.
[36] —: Entwicklungen im Nutzfahrzeug-Getriebebau. Automobiltechn. Z. Bd. 57 (1955) S. 241—253.
[37] McFarland, F.R.: Aircraft Engine Gears. S. A. E. Journ. Bd. 53 (1945) Nr. 9.
[38] Federnder Ritzelantrieb. Konstruktion Bd. 1 (1949) S. 191.
[39] Schiffsturbinengetriebe (auch Planetengetriebe). Jb. schiffbautechn. Ges. (April 1952). Auszug siehe: Z. VDI Bd. 94 (1952) S. 219.
[40] Neufeld, J.: Bauarten, Berechnung, Konstruktion und Herstellung großer Schiffs-Zahnradgetriebe. Konstruktion Bd. 6 (1954) S. 417—428.
[41] Noack, G.: Grundsätze bei der Ausbildung von Bahngetrieben. AEG-Mitt. Bd. 42 (1952) S. 268—271.
[42] Oelschig, W.: Grundsätze für den Bau von Schiffszahnradgetrieben, insbesondere für Turbinenanlagen. Schiffbautechn. Bd. 5 (1955) S. 281—284.
[43] Perret, W.: Wechselgetriebe mit Umlaufrädern. Forsch. Ing.-Wes. 23 (1957) S. 102—106 u. 149—156.

* Betrifft Arbeiten der FZG (Forschungsstelle für Zahnräder und Getriebebau, T. H. München).

[44] REICHENBÄCHER, H.: Gestaltung von Fahrzeuggetrieben. Berlin: Springer 1955.
[45] ROGERSON, J.: Betrachtungen über Schiffsgetriebe. Power Transmission Bd. 24 (1955) S. 286 u. 916 bis 921.
[46] —: Some Observations on Marine Gearing. Trans. Inst. Marine Engr. Bd. 67 (Aug. 1955) Nr. 8.
[47] SCHMIDT, H.: Geschweißte Zahnräder und Getriebkästen. Elektroschweißung 1940, S. 73—77.
[48] SELL, W.: Dichtringe in Getrieben. Z. VDI Bd. 97 (1955) S. 226—230.
[49] STEPHAN, E.: Stufengetriebe mit der kleinsten Zähnezahlsumme. Werkstattstechn. u. Maschinenbau H. 1, S. 1—6.
[50] STOECKICHT, W.: Planetengetriebe, Kraftübertragung bei großen Leistungen. VDI-Tagungsheft 2, Antriebselemente, S. 139—148. Düsseldorf 1953.
[51] STUMPF, E.: Entwicklungsmerkmale des Nutzfahrzeugbaus. Z. VDI Bd. 96 (1954) S. 871—884.
[52] —: Zahnräder aus hochwertigem Gußeisen. Werkst. u. Betr. 1949, S. 178.
[53] THOMAS, W.: Der Aufbau von Zahnradgetrieben nach dem Baukastenprinzip. Z. VDI Bd. 97 (1955) S. 199—203.
[54] WACKER, F.: Schrägzahnräder mit sehr kleinen Zähnezahlen. Z. DVI Bd. 95 (1953) S. 166.
[55] WAHL, C. G.: Zahnradgetriebe mit nitrierten Verzahnungen für hohe Umfangsgeschwindigkeiten. VDI-Z. Bd. 100 (1958) S. 252—254. Ferner: Schiffsgetriebe, Stand und Entwicklungstendenzen. BBC-Nachr. Bd. 41 (1959) S. 102—109.
[56] WAHL, C. G., u. M. WEHRLIN: Brown Boveri-Zahnradgetriebe. Brown Boveri Mitt. Bd. 42 (1955) S. 417 bis 425.
[57] WALKER, H.: Gear Tooth Deflection and Profile Modification. Engineer 1938, S. 409 u. 434.
[58] —: Trends in Gearing. Engineer Bd. 187 (1949) S. 290—292.
[59]* WEBER, C., u. K. BANASCHEK: Formänderung und Profilrücknahme bei gerad- und schrägverzahnten Stirnrädern. Braunschweig: Vieweg 1953.
[60] WIELAND, H.: Vorteile bei der Wahl der Übersetzungsverhältnisse nach der geometr. Reihe ZN 600. Industrieblatt Bd. 55 (1955) S. 587—590.
[61] WINTER, F. W.: Zahnradgetriebe für die Übertragung großer Leistungen. Industr. Kurier, Technik und Forschung (1959) S. 477—478.
[62] WISSMANN, K.: Wirtschaftliche Gestaltung brenngehärteter Zahnräder. Industrieblatt 57 (1957) S. 553 bis 556.
[63] WOLF, A.: Die Grundgesetze der Umlaufgetriebe. Braunschweig: Vieweg 1954.
[64] —: Zur Normung von Hüttenkrangetrieben. Stahl u. Eisen Bd. 77 (1957) S. 33—36.
[65] —: Zahnrädergetriebe in der Feinwerktechnik. Stuttgart 1954.
[66] WOLFSTIEG, W.: Stirnräder mit keilförmig ausgebildeten Zähnen. Z. VDI Bd. 94 (1952) S. 547, Bild 3.
[67] WOLKENSTEIN, R.: Zur Frage der konstruktiven Gestaltung von Planetengetrieben. Z. VDI Bd. 99 (1957) S. 1245—1249.

4. Zahnfußfestigkeit, s. auch S. 67 Zahnradhärtung

[73] ALMEN, J. O.: Durability of Automobile Gears. Automot. Ind. 16. u. 23. Nov. 1935.
[74] —: Dauerhaltbarkeit von Zahnrädern von Kraftwagengetrieben. Automot. Ind. Sept. u. Okt. 1937, S. 426—432 u. 488—493.
[75] BAGH, P.: Erfahrungen mit 58 Cr V 4 als Zahnradwerkstoff. Konstruktion Bd. 4 (1952) S. 333.
[76] BRUGGER, H.: Das höchstbelastbare Zahnrad im Flugzeugbau. Z. VDI Bd. 100 (1958) S. 353—356.
[77] —: Die Prüfung von Zahnradwerkstoffen. Automobiltechn. Z. Bd. 51 (1949) S. 29.
[78] —: Laufversuche an gehärteten Zahnrädern. Automobiltechn. Z. Bd. 57 (1955) S. 128—132.
[79] CANDEE, A. H.: Tabellen zur Berechnung der Dicke von Evolventenzähnen. Z. Konstruktion Bd. 9 (1957) S. 36—37.
[80] DOLAN, Th. J., u. E. BROGHAMER: Eine fotoelastische Studie der Spannungen in Hohlkehlen von Radzähnen. AGMA-Meeting Okt. 1941.
[81] GLAUBITZ, H.: Beurteilung von Spannungen in Getriebezähnen auf Grund spannungsoptischer Messungen. Werkstattstechn. u. Maschinenbau 48 (1958) S. 216—222.
[82] JACOBSEN, M. A.: Biegespannung in Stirnradzähnen. Chartered Mechan. Engr. Bd. 2 (1955) S. 141—143.
[83] KELLEY, B. W., u. R. PEDERSEN: Zahnfußfestigkeit bei neuzeitlichen Getriebekonstruktionen. In: Getriebe-Kupplungen, Antriebselemente. Braunschweig: Vieweg 1957.
[84] MEINGAST, H. M., u. H. GLAUBITZ: Einfluß von Wärmebehandlung, Werkstoff und Chargeneigenschaften auf die Festigkeitseigenschaften des Zahnrades. Härtereitechn. Mitt. Bd. 4 (1950) S. 127—144.
[85] MERRIT, H. E.: Gear Tooth Stresses and Rating Formulae. Engineer Bd. 193 (1952) S. 341—343 u. 384 bis 387.
[86]* NIEMANN, G.: Zu Fragen der Zahnfußbeanspruchung S 154—158 in: Getriebe — Kupplungen — Antriebselemente. Braunschweig: Vieweg 1957.

[87]*NIEMANN, G., u. H. GLAUBITZ: Zahnfußfestigkeit geradverzahnter Stirnräder. Z. VDI Bd. 92 (1950) S. 923—932.

[88]*NIEMANN, G., u. H. RETTIG: Untersuchungen an Blechzahnrädern. Mitt. Forsch.-Ges. Blechverarb. Sept. 1956.

[89] STRAUB, J. C.: Oberflächenverdichtung von Zahnrädern. Mechan. Engng. Bd. 73 (1951) Nr. 7, S. 565 (Auszug: Konstruktion 1952, S. 155).

[90] STUMPF, E.: Entwicklungsmerkmale des Nutzfahrzeugbaus. Z. VDI Bd. 96 (1954) S. 871—884 (hierin Tragfähigkeit von Kraftfahrzeug-Zahnrädern S. 879—881).

[91] THIEMIG, W.: Zahnflanken-Zurücklegungen. Automobiltechn. Z. Bd. 56 (1954) S. 99—101.

[92] THUM, A., u. K. RICHARD: Betriebsbeanspruchung beim Zahnrad und Ermittlung seiner werkstoffgerechten Belastungswerte. Schweizer Arch. angew. Wiss. Techn. Bd. 18 (1952) S. 309—321 [Auszug: Konstruktion Bd. 6 (1954) S. 36].

[93] —: Gestaltfestigkeit und Verschleißverhalten hochfester Getriebezahnräder. Schweizer Arch. angew. Wiss. Techn. Bd. 19 (1953) S. 267—278.

[94] ULRICH, M.: Steigerung der Dauerschwingungsfestigkeit von Zahnrädern durch besondere Gestaltung, Härtung und Bearbeitung des Zahngrundes. Luftwissen Bd. 9 (1942) S. 11—13.

[98] WITT, A.: Ermittlung des Zahnfußbeiwertes zur Berechnung der Zahnfußbeanspruchung profilverschobener Zahnräder. Automobiltechn. Z. Bd. 59 (1957) S. 76.

5. Flankenfestigkeit, s. auch S. 67 Zahnradhärtung

[104] ALMEN, J. O.: Die Bestimmung der Spannungen aus Ermüdungsprüfungen. J. Soc. automot. Engrs. Febr. 1942, S. 52—61.

[105] BALJIMOW, P. F.: Zur Berechnung von Zahnrädern mit Schräg- und Pfeilverzahnung. Nachrichtenbl. Metallind. (russisch) 1940, Nr. 3.

[106] BEECHING, R., u. W. NICHOLLS: A Theoretical Discussion of Pitting Failures in Gears. Instn. mechan. Engr. Bd. 148 (1948) S. 317—326.

[107] BLOK, H.: Gear wear as related to viscosity of oil. In: J. T. BURWELL: Mechanical Wear; Amer. Soc. Metal, Cleveland/Ohio 1950.

[108] BRAND, R. V.: Contact Stresses in Gears. Trans. ASME Bd. 53 (1931) S. 667.

[109] BUCKINGHAM, E.: Surface Fatigue of Plastic Material, Progress Report. Trans. ASME Bd. 66 (1944) S. 279—310.

[110] BUCKINGHAM, E., u. G. I. TALBOURDET: Recent Roll Tests on Endurance Limits of Materials. In: J. T. BURWELL JR.: Mechanical Wear; Amer. Soc. Metals, Cambridge 1950.

[111] ERMANN-JESNITZER, F., u. K. WEIGEL: Untersuchungen zur Pittingbildung. Werkst. u. Betr. Bd. 91 (1958) S. 461—469.

[112] FINK, W., u. U. HOFFMANN: Abnützung von Zahnrädern. Z. VDI Bd. 77 (1933) S. 978.

[113] FÖPPL, L., u. K. HUBER: Der Gültigkeitsbereich der Elastizitätstheorie. Forsch.-Arb. Ing.-Wes. Bd. 12 (1941) S. 261—266.

[114] GLAUBITZ, H.: Walzenpressungsformeln für normale Gradstirnräder. Automobiltechn. Z. Bd. 45 (1942) S. 515—523.

[115] —: Über die Bedeutung des hydrodynamischen Schmieröldruckes auf die Beanspruchung von Zahnflanken. Öl u. Kohle. Bd. 39 (1943) S. 980—999.

[116] —: Zahnrad-Versuchsergebnisse zum Schlupfeinfluß auf die Walzenfestigkeit von Zahnflanken. Forsch. Ing.-Wes. Bd. 14 (1943) S. 24—29.

[117] HEITGER, H. J.: Beiträge zum Problem des Verschleißes durch Grübchenbildung. Diss. TH. Aachen 1957.

[118] HELBIG, F.: Grübchenbildung an Wälzflächen. Z. Werkstattstechn. u. Maschinenbau 39 (1949) S. 111—115 (s. auch Diss. TH. Braunschweig 1943).

[119] HERMANN, H.: Das Eindringen einer Walze in eine ebene Unterlage. Phys. Z. Bd. 42 (1941) S. 337—381.

[120] HOWARD, R.: Erhöhung der Widerstandsfähigkeit gegen Oberflächenermüdung durch Balligkeit. Machine mod. Bd. 44 (Juli 1950) S. 15—16 (Auszug: Werkstattstechn. u. Maschinenbau 1952, S. 30).

[121] KANOS, F.: Dauerfestigkeit von Laufflächen gegenüber Grübchenbildung. Z. VDI Bd. 85 (1941) S. 341 bis 344.

[122] KARAS, F.: Werkstoffanstrengung beim Druck achsparalleler Walzen nach den gebräuchlichen Festigkeitshypothesen. Forsch. Ing.-Wes. Bd. 11 (1940) S. 334—339.

[123] —: Der Ort größter Beanspruchung in Walzverbindungen mit verschiedenen Druckfiguren. Forsch. Ing.-Wes. Bd. 12 (1941) S. 237.

[124] —: Elastische Formänderung und Lastverteilung beim Doppeleingriff gerader Stirnräder. VDI-Forschungsh. 406 (1941).

[125] —: Dauerfestigkeit von Laufflächen gegenüber Grübchenbildung. Z. VDI Bd. 85 (1941) S. 341—344.

[126] —: Berechnung der Walzenpressung an Schrägzähnen von Stirnrädern. Halle 1949.

[127] Löffler, J.: Die Spannungsverteilung in der Berührungsfläche gedrückter Zylinder auf Grund spannungsoptischer Messungen. Diss. TH. Dresden 1938.
[128] Meldahl, A.: The Brown Boveri Testing Apparatus for Gear Wheel Material. Engineering Bd. 148 (Juli 1939) S. 63—66.
[129] —: Prüfung von Zahnradmaterial mit dem Brown-Boveri-Apparat. BBC-Mitt. 1939, S. 230. Schweizer Arch. angew. Wiss. Techn. Bd. 6 (1940) S. 285.
[130] —: Testing Gear Material. Autom. Engr. Bd. 31 (März 1941) S. 97—99.
[131] Merrit, H. E.: Worm Gear Performance. Proc. Instn. mech. Engrs. Bd. 129 (1935) S. 127—194.
[132] —: Gear Tooth Stresses and Rating Formulae. Engineer Bd. 193 (1952) S. 341—343 u. 384—387.
[133]*Niemann, G.: Zahnräder auf Walzenpressung und Lebensdauer berechnet. Werkst. u. Betr. Bd. 71 (1938) S. 29—31.
[134]*—: Walzenpressung und Grübchenbildung bei Zahnrädern. In: Maschinenelemente-Tagung Düsseldorf 1938, S. 38—42. Berlin: VDI-Verlag 1940.
[135]*—: Walzenfestigkeit und Grübchenbildung von Zahnrad- und Wälzlagerwerkstoffen. Z. VDI Bd. 87 (1943) S. 521—523.
[136]*Niemann, G., u. H. Glaubitz: Zahnflankenfestigkeit geradverzahnter Stirnräder. Z. VDI 1951, S. 121 bis 126.
[137] Nishihara, T., u. T. Kobayashi: Pitting of steel under lubricated rolling contact and allowable pressure on tooth profiles. Trans. Soc. mechan. Engr. Japan Bd. 3 (1937) S. 292—298.
[138] Osipjan, A. F.: Die Erforschung der Entstehung der Pittings in Zahnrädern. Westnik Metallopromyschlennosti 1939, Nr. 1.
[139] Petrusevich, A. J.: Berechnung von Getrieben auf Lebensdauer. Nachrichtenbl. Maschinenbau 1942, Nr. 1 (russisch).
[140] —: Einige Besonderheiten der Kontaktermüdung. In: Weibull, Odquist: Kolloquium über Ermüdungsfestigkeit, S. 197. Berlin: Springer 1956.
[141] Rasmussen, A. C.: Gear Calculations Based on Dynamic Loading and Wear Resistance. Mechanist Aug. 1939, S. 372—374.
[142] Sawerin, M. M.: Die Kontaktfestigkeit des Materials. Moskau 1946.
[143] Schmidt, H.: Vermeidung von Grübchenbildung bei ungehärteten Zahnrädern für Schiffsgetriebe. Maschinenbautechn. 5 (1956) S. 144—148.
[144] Thum, A., u. K. Richard: Betriebsbeanspruchung beim Zahnrad und Ermittlung seiner werkstoffgerechten Belastungswerte. Schweizer Arch. angew. Wiss. Techn. Bd. 18 (1952) S. 309—321. (Auszug: Konstruktion Bd. 6 (1954) S. 36).
[145] —: Gestaltfestigkeit und Verschleißverhalten hochfester Getriebezahnräder. Schweizer Arch. angew. Wiss. Techn. Bd. 19 (1953) S. 267—278.
[146] Trubin, K. G.: Pittings von Zahnrädern, ihr Entstehungsgrund und ihre Verhütung. Westnik Metallopromyschlennosti 1940, Nr. 2, S. 28—45.
[147] —: Die Kontaktermüdung der geradzähnigen Zahnräder. Moskau 1952.
[148] Tuschy, H.: Gleit-Wälz-Versuche an Stahlrollen. Diss. TH. Danzig 1937.
[149] Uggla, W. R.: Det Hertzka och det hydrauliska kuggtrycket. Tekn. Tidskr. Stockholm 21. 1. 1939.
[150] Ulrich, M.: Zur Frage der Grübchenbildung bei Zahnrädern. Z. VDI Bd. 78 (1934) S. 53—55.
[151] Way, S.: Pitting Due Rolling Contact. J. appl. Mechan. Bd. 2 (1935) S. A 49—58 u. A 110.
[152] —: Pitting of gears due to rolling contact. Trans. Amer. Soc. mech. Engrs. 1935, S. A 49.
[153] Way, St.: Westinghouse Roller and Gear Pitting Tests, AGMA, Annual Meeting Mai 1940, Pittsburgh (USA).

6. Freßlastgrenze, s. auch S. 65 Schmierung

[158] Almen, J. O.: Surface Deterioration of Gear Teeth. In: Mechanical Wear. Published by the American Society for Metals, Cleveland 1950.
[159] Archer, S.: Some Teething Troubles in Post-War Reduction Gears. Trans. Inst. Mar. Eng. Sept. 1956.
[160] Arndt, W.: Der VKA-Stufentest. Diss. TH. Hannover 1957.
[161] Black, A. R., u. T. W. Havely: Development an Application of Anti-Wear Turbine Oil. ASME 1953.
[162] Blok, H.: Measurement of Temperature Flashes on Gear Teeth under Extreme Pressure Conditions. Proceedings of the General Discussion of Lubrication and Lubricants, Bd. 2. London: Instit. of Mechan. Engin. 1937.
[163] —: Grenzen der Getriebeentwicklung, bedingt durch die Freßgefahr des Zahnradwerkstoffes. In: Zahnräder, Zahnradgetriebe, S. 81—104. Braunschweig: Vieweg 1955.
[164] Borsoff, V. N., J. B. Accinelli, u. A. G. Cattaneo: The Effect of Oil Viscosity on the Power Transmitting Capacity of Spur Gears. Trans. ASME Bd. 73 (Juli 1951) Nr. 5, S. 687.
[165] Borsoff, V. N., u. Sorem: Effect of Lubricant on Gear Performance. Iron Steel Engr. Febr. 1953.

[166] Borsoff u. Sorem: Getriebeschmierung und Zahnradschäden. Machine design Juni 1953. S. 304—316.
[167] Borsoff, V. N., u. F. C. Younger: Scoring and Wear of Spur Gears. Shell Development Company, Emeryville, California (USA), Paper P-311.
[168] —: Scoring and Wear of Spur Gears. Lubrication Engineering Bd. 9 (1953) S. 259.
[169] Darlington, W. H.: Some Considerations of Wear in Marine Gearing. Trans. Inst. Mar. Eng. Scot. 1956.
[180] Hughes, J. R., u. R. Tourret: Mechanische Prüfung von Schmierstoffen für Getriebe. Engineering Bd. 175 (1953) Nr. 4542 (Auszug: Konstruktion 1954, S. 200—203 u. 314).
[181] Hughes, J. R., u. F. H. Waight: Die Schmierung von Stirnradgetrieben. Erdöl u. Kohle Bd. 12 (1959) S. 630—635.
[182] Hutt, E. T.: Lubrication and the Load Carrying Capacity of Gears. Lubrication Engineering 1952, H. 8, S. 180.
[183] Kelley, B. W.: Eine neue Betrachtung der Freßvorgänge bei Zahnrädern. S. A. E.-Trans. 1953, S. 154—164.
[184] —: Die mechanische Prüfung der Zahnrad-Schmiermittel. Engineering 1953.
[185] Lane, T. B., u. J. R. Hughes: A Study of the Oil Film Formation in Gears by Electrical Resistance Measurements. Brit. J. appl. Physics Bd. 3 (1952) Nr. 10.
[186] Mackrodt, W.: Untersuchungen und Erfahrungen mit modernen Bahngetrieben. Braunkohle, Wärme u. Energie Bd. 4 (1952) S. 147.
[187] McBride, u. H. D. Mansion: The Effect of Oil Viscosity on Gear Scuffing. The Motor Industry Research Association Nr. 1946/R/2.
[188] McEwen, E.: Effect of Variation of Viscosity with Pressure on the Load Carrying Capacity of the Oil Film between Gear Teeth. Gear Lubrication Symposium Inst., Pet. London 1952.
[189] Mansion, H. D.: Some Factors Affecting Gear Scuffing. J. Inst. Petroleum Bd. 38 (1952) Nr. 344.
[190] —: Some Factors Affecting Gear Scuffing. Gear Lubrication Symposium Pet., London 1952.
[191] Monk, J., L. J. Thomas u. C. C. Atkinson: Recent Developments in Naval Propulsion Gears. The Society of Naval Architects and Marine Engineers Nr. 6, 1952.
[192]*Niemann, G., u. H. Rettig: Der FZG-Zahnrad-Kurztest zur Prüfung von Getriebeölen. Erdöl u. Kohle Jg. 7 (1954) S. 640—642.
[193]*—: Die Schmierung als Belastungsgrenze bei Zahnradgetrieben. In: VDI-Berichte (Reibung und Schmierung) Bd. 20 (1957) S. 133—140.
[194]*Niemann, Rettig, Lechner: Zur Prüfung von Getriebeölen im Zahnrad-Verspannungsprüfstand, Stand der Erfahrungen. Erdöl u. Kohle 12 (1959) S. 472—480.
[195]*Rettig, H.: Verschleiß- und Freßkennwerte von Zahnrädern. Das Industrieblatt, S. 497—503. Dez. 1954.
[196] Ryder, E. A.: A Test for Aircraft Gear Lubricants. ASTM Bull. Sept. 1952, Nr. 184, S. 41.
[197] Schneider, A.: Beobachtungen bei der Prüfung von Hochdruck-Schmiermitteln. Automobiltechn. Z. 56 (1954) S. 309—312.
[198] Steinbach, H. L.: Die Entwicklung von EP-Ölen für Reduktionsgetriebe an Dampfturbinen und hydr. Drehmomentwandler. Erdöl u. Kohle Bd. 12 (1959) S. 297—406.
[199] Tuplin, W. A.: Gleit-Wälz-Verhältnis und Wahl der Kopfhöhe für günstigste Zahnradschmierung. Machine Design Bd. 26 (1954) S. 125—131.

7. Dynamische Zahnkräfte

[204] Attia, A.: Dynamische Kräfte bei geradverzahnten Stirn-Stirnrädern. Auszug s. Konstruktion Bd. 11 (1959) S. 367—368.
[205] Duncan, J. P.: Untersuchung der Drehschwingungsverhältnisse von Schiffsgetrieben. Engineering Bd. 179 (1955) S. 404—409 u. 4653.
[206] Harris, S. : Dynamische Zahnkräfte geradverzahnter Stirnräder. Ist. Mechan. Eng. Proc. 172 (1958) Nr. 2, S. 87—112.
[207]*Niemann, G., u. H. Rettig: Dynamische Zahnkräfte. Z. VDI 1957, S. 89—96 u. 131—138.
[208]*—: Errors induced dynamic gear tooth loads. International conference on gearing. Sept. 1958. The Inst. Mech. Engs. London 1959.
[209] Petrussevich, Genkin, Grinkiewicz: Dynamische Zusatzkräfte in den Zahnrädern mit geraden Zähnen. Moskau, Verlag Akad. d. Wissenschaften 1955.
[210] Rasmussen, A. C.: Zahnradberechnung nach der dynamischen Belastung und dem Verschleißwiderstand. Machinist Aug. 1939, S. 372—375 u. 391—392.
[211] Reswick, J. B.: Dynamische Belastungen von Stirnrädern mit Gerad- und Schrägverzahnung. Trans. ASME Bd. 77 (1955) S. 635—644.
[212]*Rettig, H.: Dynamische Zahnkraft. Diss. TH. München 1956.

[213] THIEL, R.: Messen dynam. Vorgänge in Getrieben. Z. VDI Bd. 99 (1957) S. 231—237.
[214] TUPLIN, W. A.: Dynamische Belastung von Getriebezähnen. Machine Design Bd. 25 (1953) Nr. 10, S. 203—211 [Auszug: Konstruktion Bd. 6 (1953) S. 314].
[215] —: Gear-Tooth Stresses at high Speed. Proc. Instn. mechan. Engr. Bd. 163 (1950) Nr. 59, S. 162—175.
[216] ZEMAN, J.: Dynamische Zusatzkräfte in Zahnradgetrieben. Z. VDI Bd. 99 (1957) S. 244—254.

8. Schrägverzahnung

[221] DIETRICH, G.: Berechnung von Stirnrädern mit geraden und schrägen Zähnen. Düsseldorf 1952.
[222] KARAS, F.: Berechnung der Walzenpressung an Schrägzähnen von Stirnrädern. Halle 1949.
[223] MÖNCH u. ROY: Spannungsoptische Untersuchung eines schrägverzahnten Stirnrades. Z. Konstruktion Bd. 9 (1957) S. 429—438.
[224]*NIEMANN, G., u. H. GLAUBITZ: Schrägverzahnte schmale Stirnräder. Z. VDI Bd. 93 (1951) S. 215.
[225]*NIEMANN, G., u. W. RICHTER: Tragfähigste Evolventen-Schrägverzahnung. In: Zahnräder, Zahnradgetriebe. Braunschweig: Vieweg 1954.
[226] SCHMITTER, W. P.: Determing Capacity of helical and herringbone Gearing. Machine Design 1934, Nr. 6/7.
[227] TUPLIN, W. A.: Tragfähigkeit bei Schrägverzahnung. Machine Design April 1951, S. 173.

9. Profilverschiebung und tragfähigste Verzahnung s. auch S. 63, Evolventenverzahnung

[231] BERGSTRÄSSER, M.: Evolventengeometrie für Stirnradgetriebe. VDI-Forschungsh. 436. Düsseldorf 1952
[232] —: Evolventen-Geradverzahnung mit genormtem 20°-Werkzeug. In: Zahnräder, Zahnradgetriebe S. 23—28. Braunschweig: Vieweg 1955.
[233] —: Zahnräder mit Profilverschiebungen. Z. Konstruktion Bd. 7 (1955), S. 336—342.
[234] ERNEY, G.: Grenzen des Betriebseingriffswinkels für schrägverzahnte Stirnräderpaare. Z. Konstruktion 10 (1958) S. 55/61.
[235] HOFER, H.: Verzahnungskorrekturen an Zahnrädern. Automobiltechn. Z. Bd. 49 (1947) S. 19—20; Bd. 50 (1948) S. 44—46.
[236] KECK, K. F.: Bestimmung der Profilverschiebungsfaktoren bei V-Null- und Zahnstangengetrieben. Werkst. u. Betr. (1952) S. 533/537.
[237] KIESSEL, H.: Über die Grenzen der Profilverschiebung bei evolventenverzahnten Geradstirnrädern. Konstruktion Bd. 7 (1955) S. 7—12 u. 46—53.
[238] KORHAMMER, A.: Geometrische Berechnung profilverschobener Zahnradpaare mit einfachen Tabellen. Werkstattblatt 269—271, München: Hanser 1957.
[239] MARTIN, L. D.: Eingriffswinkel bei Getriebezahnrädern. Machine Design Bd. 26 (1954) S. 129—135.
[240]*NIEMANN, G., u. H. WINTER: Profilverschobene Verzahnungen. Z. VDI Bd. 97 (1955) S. 185—198.
[241]*—: Tragfähigste Evolventen-Geradverzahnung. In: Zahnräder, Zahnradgetriebe, S. 37—52. Braunschweig: Vieweg 1955.
[242] RESCHENBERG, H.: Vereinfachte genaue Berechnung der Profilverschiebung für Stirnräder . . . Werkst. u. Betrieb 91 (1958) S. 181/184.
[243] SZENICZEI, L., u. G. ERNEY: Grenzen des Betriebseingriffswinkels für geradverzahnte Stirnräderpaare. Z. Konstruktion Bd. 8 (1956) S. 418—422.
[244] TALKE, K.: Zum Entwurf korrigierter Zahnräder mit Evolventen-Innenverzahnung. Konstruktion Bd. 5 (1953) S. 327—335.
[245] THOMAS, W.: Korrigierte Zahnräder für Seriengetriebe. In: Zahnräder, Zahnradgetriebe, S. 32—39. Braunschweig: Vieweg 1955.
[246]*WINTER, H.: Die tragfähigste Evolventen-Geradverzahnung. Braunschweig: Vieweg 1954.
[247]*—: Ein neues Verfahren zur Ermittlung der tragfähigsten Evolventen-Zahnform. Industrieblatt Dez. 1954, S. 504—507.
[248]*—: Vorzugssysteme profilverschobener Verzahnungen (Normungsvorschlag). Konstruktion Bd. 7 (1955) S. 69—75.

10. Berechnung der Stirnräder s. auch 4. bis 9. und 11

[254] BAJIMOW, P. F.: Berechnung der Zähne von Zahnrädern für Getriebe. Nachrichtenbl. Metallind. 1940, Nr. 3 (russisch).
[255] BENSINGER, W. D.: Konstruktion und Berechnung von hochbelasteten Zahnrädern (auch profilverschobene Verzahnungen). Automobiltechn. Z. Bd. 54 (1952) S. 256.

[256] BERGSTRÄSSER, M.: Beanspruchungsbeiwerte für Stirnradgetriebe. Z. VDI Bd. 96 (1954) S. 946—950.
[257] DIETRICH, G.: Zur Tragfähigkeitsberechnung von Stirnrädern. Z. VDI Bd. 98 (1956) S. 337—345.
[258] DOLAN, T. J.: Der Einfluß gewisser Veränderlicher auf den Entwurf von Zahnrädern auf Festigkeit. J. appl. Physics Aug. 1941, S. 584—591.
[259] HIERSIG, H. M.: Praktische Berechnung der Stirnradverzahnung. Braunschweig: Vieweg 1954.
[260] —: Zur Frage der Überlastbarkeit von Zahnradgetrieben. Z. VDI Bd. 96 (1954) S. 221 bis 225.
[261] HOFER, H.: Vorläufige und verbesserte Zahnrad-Berechnungsarten. Automobiltechn. Z. Bd. 49 (1946) S. 4 u. 24.
[262] KECK, K. F.: Über die Bestimmung der Beanspruchungsvergleichswerte bei Geradzahnstirnrädern. Automobiltechn. Z. Bd. 52 (1950) S. 8.
[263] LENTZ, A.: Zahnräder und Getriebeberechnung. Lanz-Forschung Bd. 2. Mannheim 1951.
[264] MERRIT, H. E.: Gear Tooth Stresses and Rating Formulae. Engineer Bd. 193 (1952) S. 341—343 u. 384—387.
[265]*NIEMANN, G., u. H. WINTER: Einheitliche Tragfähigkeitsberechnung von Stirnrädern. In: Getriebe — Kupplungen — Antriebselemente, S. 108—122. Braunschweig: Vieweg 1957.
[266] PETRUSEWITSCH, A. N.: Berechnung von Getrieben auf Lebensdauer. Nachrichtenbl. Maschinenbau 1942, Nr. 1 (russisch).
[267] RASMUSSEN: Gear Calculation based on Dynamic Loading and Wear Resistance. Machinist Aug. 1939, S. 372—374.
[268] RASMUSSEN, A. C.: Zahnradberechnungen nach der dynamischen Belastung und dem Verschleißwiderstand. Machinist Aug. 1939, S. 372—375 u. 391—392.
[269] SCHMITTER, W. P.: Determing Capacity of helical and herringbone Gearing. Machine Design 1934, Nr. 6/7.
[280] STUMPF, E.: Entwicklungsmerkmale des Nutzfahrzeugbaus. Z. VDI Bd. 96 (1954) S. 871—881.
[281] THOMAS, A. K.: Die Berechnungsweise der zulässigen Zahnbeanspruchung. Werkzeugmaschine Bd. 47 (1943) S. 1—8.
[282] TUPLIN, W.: Machinery's Gear Design Handbook. London 1944.
[283]*WEBER, C., u. W. THUSS: Belastungsgrenzen bei gerad- und schrägverzahnten Stirnrädern. Braunschweig: Vieweg 1952.
[284] WISSMANN, K.: Berechnung und Konstruktion von Zahnrädern für Krane und ähnliche Maschinen. Diss. TH. Berlin 1930.
[285] ZEMAN, J.: Die Abnutzung als Berechnungsgrundlage für Maschinenteile. Motortechn. Z. 1942, S. 372 bis 381.

11. Sonstiges

[280] ARCHER, S.: Some teething Troubles in post-war Reduction Gears. Transact. Inst. of Marine Eng. 14. 2. 1956.
[290] FREEMAN: Balligschaben von Marinegetrieben. Automotiv Industries 1. April 1952, S. 50—52 u. 82.
[291] BRUGGER, H.: Die Prüfung von Zahnradwerkstoffen. Automobiltechn. Z. Bd. 51 (1949) S. 29.
[292] CAMERON, A.: Schwingungen in Schiffsgetriebeanlagen. In: Getriebe — Kupplungen — Antriebselemente. Braunschweig: Vieweg 1957.
[293] DARLINGTON, H.: Some Considerations of Wear in Marine Gearing. Transact. Inst. of Marine Eng. 14. Febr. 1956.
[294] DUDLEY, D. M.: Verteilung der Zahnbelastung entlang eines Ritzels. Journal of Applied Mechanisc. Sept. 1946, S. A 246—249.
[295] FRANK, H.: Preßstoffzahnräder. Berlin: VDI-Verlag 1940.
[296] GERLACH, A.: Über die Kräfte in Zahnradgetrieben von Schleppern. In: Grundlagen der Landtechnik, H. 7 (13. Konstrukteurheft). Düsseldorf: VDI-Verlag.
[297]*GLAUBITZ, H.: Zahnradwerkstoffprüfung und -berechnung. Automobiltechn. Z. Bd. 53 (1951) S. 63 u. 85.
[298] JOUGHIN, J. H.: Naval Gearing — War Experiences an Present Development. Proc. Inst. Mech. Eng. (1951) Bd. 164 S. 157—176.
[299] KRAEMER, M.: Preßstoffzahnräder. Kunststoffe 1941, S. 85.
[230] KRÜGER, G.: Verdrehflankenspiel der Stirnräder. Z. Konstruktion Bd. 9 (1957) S. 366—368.
[231] MANHAGEN, J., u. H. R. MILLS: The Rise-Testing-Machine for Gear Materials and Lubricants. J. Instn. Automobile Engr. 1945.
[232] MAYLAHN, K.: Zahnradbaustoffe aus Kunststoff. Werkst. u. Betr. Bd. 88 (1955) S. 647—649.
[233] MÜLLER G.: Die Berechnung geräuscharmer Zahnräder aus Schichtpreßstoffen. Auszug s. Konstruktion Bd. 11 (1959) S. 277.
[234] Ermüdungsprüfmaschinen für Zahnradgetriebe. Mech. Engng. Bd. 76 (1954) S. 829—830.
[235]*NIEMANN, G., u. H. RETTIG: Gußeisen mit Kugelgraphit als Zahnradwerkstoff. VDI-Berichte Bd. 27, S. 39/40. Düsseldorf 1958.
[236] OPITZ, H., u. F. BLASBERG: Festigkeiten und Verschleiß von Zahnrädern aus geschichteten Kunstharzpreßstoffen. Dtsch. Kraftfahrtechn. Forsch. 1939, H. 36.
[237] OPITZ, H., u. H. REESE: Verschleißverhalten von Kunststoffzahnrädern. VDI-Z. Bd. 86 (1942) S. 836.

[238]*RETTIG, H., u. H. WINTER: Zahnräder aus nichtmetallischen Werkstoffen. Maschinenmarkt Jg. 59 (1953) Nr. 78, S. 16—23.

[239] ROGERSON, J.: Some Observations on Marine Gearing. Trans. Inst. Marine Engr. Bd. 67 (Aug. 1955) Nr. 8.

[240] TANK, G.: Untersuchung von Beschleunigungs- und Verzögerungsvorgängen an Planetengetrieben. Z. VDI Bd. 96 (1954) S. 305.

[241] ULRICH, M., u. H. GLAUBITZ: Prüfung von Zahnrädern. Automobiltechn. Z. Beiheft Nr. 1. Stuttgart 1949.

[242] ULRICH, M., u. FR. MÜLLER: Festigkeit von Zahnrädern aus Kunstharz-Preßstoffen. Z. VDI Bd. 86 (1942) S. 638.

[243]*WINTER, H.: Untersuchungen an Kunststoffzahnrädern. In: Zahnräder, Zahnradgetriebe, S. 157—161. Braunschweig: Vieweg 1955.

[244] ZICKEL, H.: Untersuchungen an Kunststoff-Zahnrädern. In: Zahnräder, Zahnradgetriebe, S. 155—156. Braunschweig: Vieweg 1955.

23. Kegelräder und versetzte Kegelräder (Hypoidräder)

Schrifttum s. S. 150

23.1. Arten, Eigenschaften und Verwendung

Bild 131 zeigt eine Übersicht der Hauptarten, Bild 3/1 bis /4 die typischen Ausführungen mit Gerad-, Schräg- und Bogenverzahnung und Bild 132/1 bis /3 verschiedene Paarungsmöglichkeiten für Kegelräder.

Kegelräder. Ohne zusätzliche Bezeichnung versteht man hierunter nur solche, deren Achsen sich in einem Punkt *schneiden*. Die Achsen schließen den Achsenwinkel δ_A ein

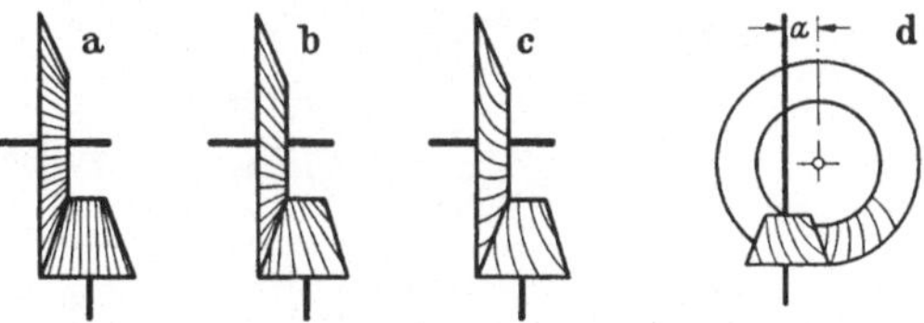

Bild 131. Übersicht der Kegelradpaarungen
a geradverzahnt; b schrägverzahnt; c bogenverzahnt; d versetzte Kegelräder, bogenverzahnt

(meist 90°). Hinsichtlich Tragfähigkeit, Anwendungsgebiet, Baugröße und Kosten von Kegelrädern im Vergleich zu Stirnrädern und Schneckentrieben s. die Gegenüberstellungen auf S. 2, u. S. 7 bis 12.

Versetzte Kegelräder[1]. Es handelt sich hierbei um Kegelradpaarungen mit versetzten Achsen (Bild 3/4 und 144). Die Ritzelachse geht im Kreuzungsabstand a an der Radachse vorbei, wodurch an den Zahnflanken eine zusätzliche Gleitbewegung in Richtung der Flankenlinien auftritt[2]. Derartige Radpaarungen verwendet man vorwiegend in bogenverzahnter und gehärteter Ausführung, z. B. bei Hinterachsen von Kraftfahrzeugen, um den Ritzeldurchmesser und damit die Tragfähigkeit bei gleichen Übersetzung zu vergrößern, um die Laufruhe durch die zusätzliche Gleitreibung zu erhöhen, um die Ritzelachse tiefer zu legen oder um die Ritzelwelle ohne Unterbrechung weiter durchzuführen (durchgehender Antrieb für mehrere Fahrzeugachsen). Der Achsabstand a wird bei versetzten Kegelrädern möglichst gering gehalten ($a = 0{,}1\,d_{02}$ bis $0{,}2\,d_{02}$, bei Kraftfahrzeugen etwa 25 mm), um die Gleitverluste und die Erwärmung einzuschränken (Gesamt-Wirkungsgrad etwa 94 bis 96% gegenüber 97% bei Kegelrädern ohne Versetzung). Die zusätzliche Gleitbewegung erfordert meist eine Schmierung der Zahnflanken mit chemisch aktivierten Ölen (bekannt als E.P.-Öl oder Hypoidöl).

Bei allen Kegeltrieben ist wegen ihrer zusätzlichen Fehlermöglichkeiten besondere Sorgfalt bei der Fertigung und ihrer Kontrolle, bei der Lagerung und Montage erforderlich, da hiervon ihre Laufruhe und Tragfähigkeit abhängt. Für den Ausgleich der restlichen Fehler ist eine „seitenballige" Flankenberührung nach Bild 138/2 von Vorteil.

[1] Auch bekannt unter dem Namen „Kegelschraubgetriebe" und „Hypoidgetriebe". Die weitere Form der *Spiroid*-Getriebe (Kegelschnecken-Getriebe) s. Bild 153/1.

[2] Außerdem geht mit der Achsversetzung die Druckfläche an den Zahnflanken theoretisch vom Rechteck in eine langgestreckte Ellipse über, sofern die gepaarten Räder echte Kegelräder sind. Man kann aber auch das eine Rad (z. B. das Ritzel) mit dem Gegenrad als Werkzeug in der achsversetzten Lage schneiden (s. S. 149), so daß theoretisch Linienberührung erreicht wird (ebenso, wie beim Übergang von der Schraubenradpaarung zum Schneckentrieb).

23.2. Geometrie und Maße der Kegelräder

Bezeichnungen siehe Taf. 140

1. Paarung der Kegelräder

Nach Bild 132/1 können mit einem gegebenen Kegelrad *1* verschiedene Gegen-Kegelräder *2A* bis *2D* theoretisch einwandfrei unter Linienberührung der Zahnflanken miteinander kämmen. Gemeinsam ist den verschiedenen Paarungen der Achsenschnittpunkt *O*, die Wälzkegel-Mantellinie *OC* (auch „Wälzachse“ genannt), die Planverzahnung (Planrad *2C*) und die Lage der Zahnkränze zwischen den gleichen äußeren und inneren

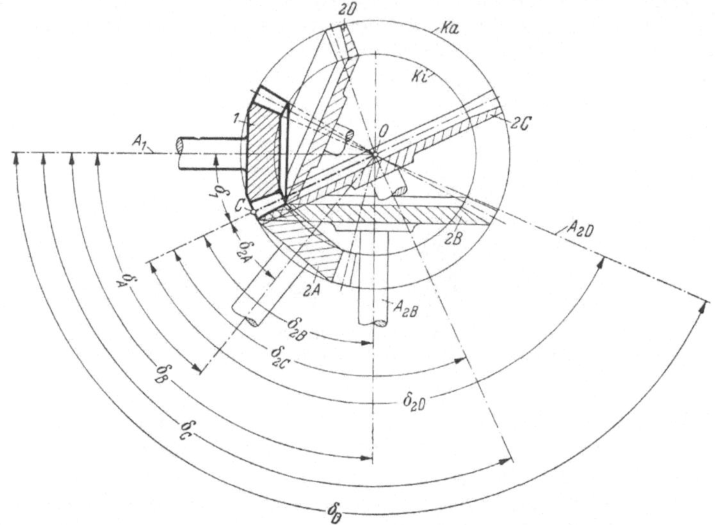

Bild 132/1. Paarungsmöglichkeiten für Kegelrad *1* mit verschiedenen Gegenrädern *2A* bis *2D*; Rad *2C* ist Planrad für alle gezeichneten Kegelräder

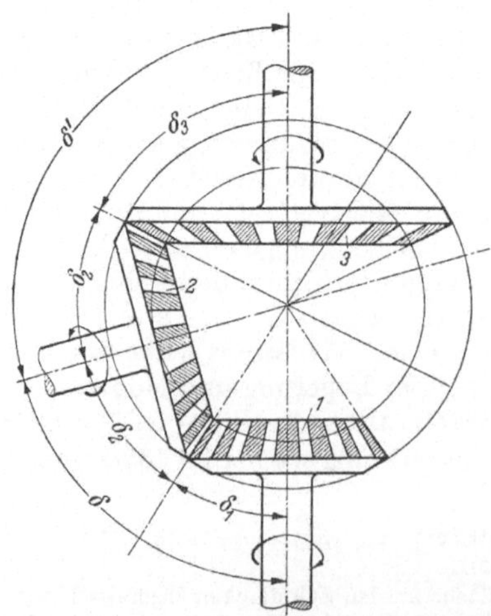

Bild 132/2. Doppel-Kegelpaarung für gegenläufigen Antrieb gleichachsiger Wellen *1* und *3*. Variation: Anwendung als Wende-Schaltgetriebe mit unterschiedlicher Übersetzung für Links- und Rechtslauf der Abtriebswelle *1/3*. Hierzu werden die Räder *1* und *3* entsprechend Bild 132/3 durch eine Hohlwelle fest verbunden und axial verschiebbar angeordnet

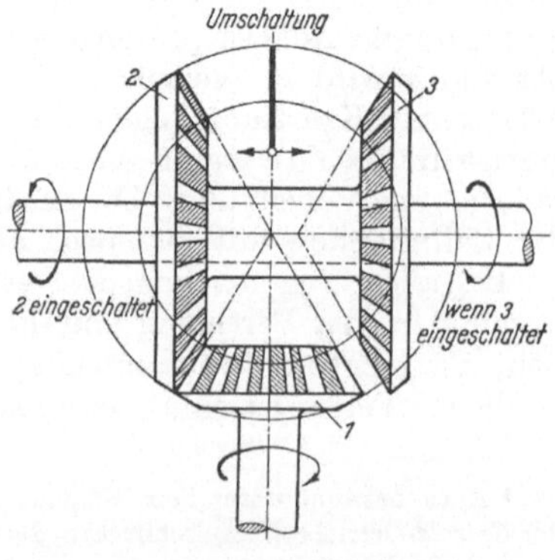

Bild 132/3. Kegelradpaarung als Wende-Schaltgetriebe für Welle *2*. Einschaltung von Rad *2* oder *3* durch axiale Verschiebung des Radpaares *2/3*

Kugelflächen K_a und K_i. Verschieden ist jedoch der Kegelwinkel δ_2 (δ_{2A} usw.) der Gegenräder, und somit auch der Achsenwinkel $\delta_A = \delta_1 + \delta_{2A}$ bzw. $\delta_B = \delta_1 + \delta_{2B}$ usw. Außerdem kann nach Bild 132/2 und /3 ein Kegelrad gleichzeitig mit mehreren Gegen-Kegelrädern kämmen, wodurch sich weitere konstruktive Möglichkeiten ergeben.

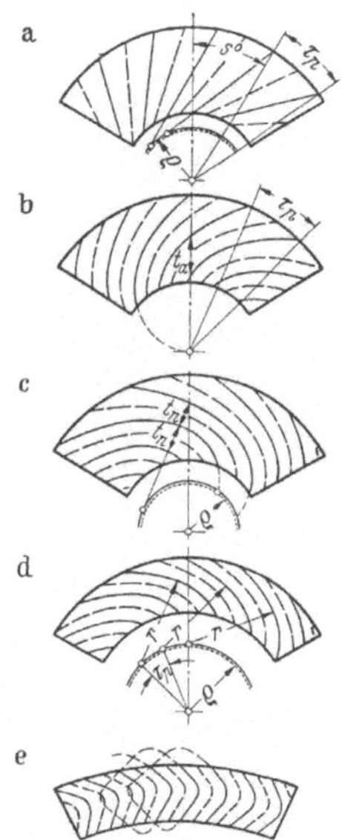

Bild 133/1. Arten der Kegelradverzahnung entsprechend dem Verlauf der Flankenlinien am Planrad: a schrägverzahnt (rechtssteigend); b spiralverzahnt; c evolventenbogenverzahnt (linkssteigend); d kreisbogenverzahnt; e pfeilverzahnt nach Böttger: τ_p Teilungswinkel

2. Ausgezeichnete Kegel und Kegelwinkel

Die Achse der nachfolgend aufgeführten Kegel ist stets die Achse des zugehörigen Kegelrades.

Wälzkegel und Teilkegel. Bei einer Kegelpaarung mit Achsenschnittpunkt O (Bild 132/1 u. 136/2) berühren sich die Wälzkegel (Betriebs-Wälzkegel) der jeweils miteinander kämmenden Kegelräder in der gemeinsamen Mantellinie $R_a = OC$. Sie rollen bei Drehung der Kegelräder ohne zu gleiten aufeinander ab und sind hierdurch definiert. Die entsprechenden Kegelwinkel sind $\delta_1 = A_1OC$ bzw. $\delta_2 = A_2OC$ (genaue Bezeichnung δ_{b1}, δ_{b2} nach DIN 3971).

Die Teilkegel mit den Kegelwinkeln δ_{01} und δ_{02} sind die bei der *Herstellung* der Kegelräder benutzten Wälzkegel. Gewöhnlich fallen Teilkegel und Betriebswälzkegel zusammen, aber nicht immer, wie Bild 134/1 zeigt.

Kopfkegel und Fußkegel (Bild 136/2). Die Zahnköpfe eines Kegelrades werden begrenzt durch den Kopfkegel (Kopfkegelwinkel δ_k und Kopfwinkel $\varkappa_k$) und die Zahnfüße durch den Fußkegel (Fußkegelwinkel δ_f und Fußwinkel $\varkappa_f$).

Rückenkegel und Ergänzungskegel (Bild 136/1). Die Kegelflächen, an der die Herstellungsmaße der Kegelrad-Verzahnung gemessen werden, sind nach DIN 3971 die „Rückenkegel" mit Spitze O_{r1} bzw. O_{r2} und Kegelwinkel δ_{r01} bzw. δ_{r02}. Ihre Mantelflächen liegen nach Bild 136/2 im Abstand R_a von der Teilkegelspitze O. Die beliebig weiteren Kegel mit Mantelflächen parallel zum Rückenkegel heißen nach DIN 3971 „Ergänzungskegel" und sind gekennzeichnet durch ihren jeweiligen Abstand R von der Teilkegelspitze O. Der Rückenkegel ist demnach der Ergänzungskegel im Abstand R_a von O.

3. Verzahnung am Kegelrad und am Planrad

Im Bild 132/1 ist das mit Kegelrad *1* kämmende Gegenrad *2C* ein *Planrad*, d. h., sein Teilkegel ist eine *ebene* Kreisscheibe mit dem Teilkreis-Durchmesser

$$2R_a = \delta_{01}/\sin\delta_1.$$

Bild 133/2. Kegelräder mit Gleason-Kreisbogenverzahnung, hergestellt mit scheibenförmigem Messerkopf. Nach Trier [62/16]

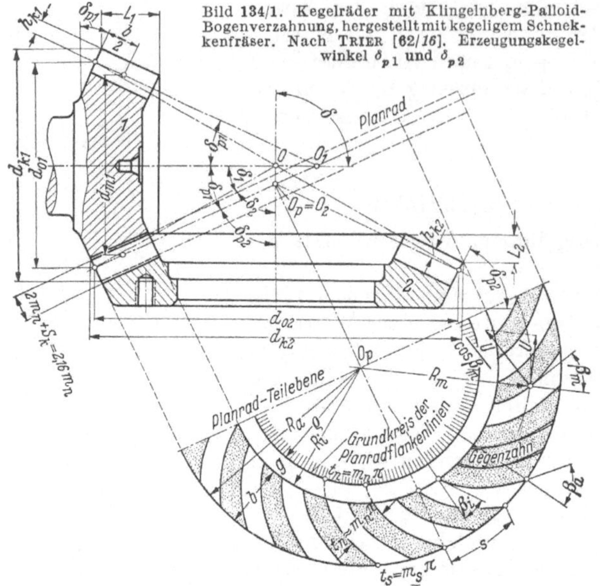

Bild 134/1. Kegelräder mit Klingelnberg-Palloid-Bogenverzahnung, hergestellt mit kegeligem Schneckenfräser. Nach TRIER [62/16]. Erzeugungskegelwinkel δ_{p1} und δ_{p2}

Die Verzahnung des Planrades dient als Bezugsverzahnung für die zugeordneten Kegelräder, ebenso wie die Verzahnung der Zahnstange als Bezugsverzahnung für Stirnräder dient.

Das Planrad hat mit den zugeordneten Kegelrädern (siehe Bild 136/1 u. /2) folgende Größen gemeinsam: Die Teilkegel-Mantellinie $OC = \boldsymbol{R_a}$, die Zahnbreite b, den Eingriffswinkel α und die Zahnteilung t, die Zahnfuß- und Zahnkopfbegrenzung und den Verlauf der Flankenlinien. Entsprechend ist bei abnormaler Ausführung einer Kegelradverzahnung (z. B. bei anderer Kopfbegrenzung oder bei Profilverschiebung) auch das Planrad in gleicher Weise abgeändert.

Demnach läßt sich die Verzahnung eines Kegelrades durch Angabe des Teilkegel-Winkels und durch Angabe der Planrad-Verzahnung *eindeutig festlegen.*

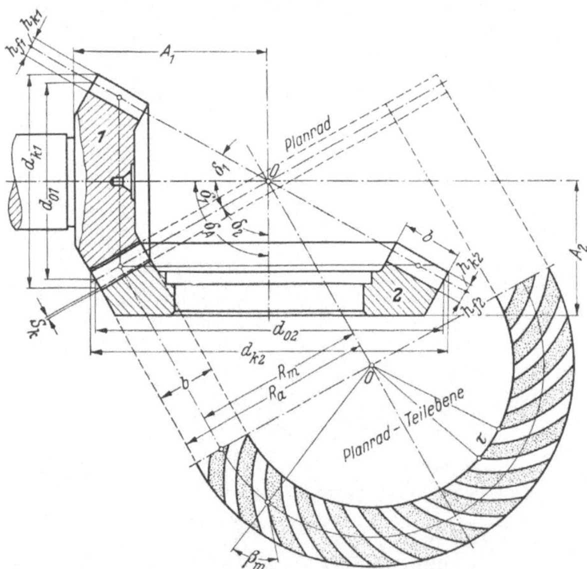

Bild 134/2. Kegelräder mit Oerlikon-Eloid-Bogenverzahnung, hergestellt mit scheibenförmigem Messerkopf. Nach TRIER [62/16]

4. Verlauf der Flankenlinien

Die Flankenlinien, d. h. die Schnittlinien der Zahnflanken mit dem Teilkegel des Kegelrades (beim Planrad die Schnittlinien der Zahnflanken mit der Teilkreis-Ebene), sind mit Festlegung der Flankenlinien im Planrad eindeutig festgelegt. Der Verlauf der Flankenlinien im Planrad (gerad-, schräg- oder bogenförmig, s. Bild **133/1**) steht in engem Zusammenhang mit der Schneidbewegung des Werkzeuges und bestimmt somit das Fertigungsverfahren und die Konstruktion der Verzahnmaschine. Bild 133/2, 134/1 u. /2 zeigen die Planverzahnung und die Ausführung bogenverzahnter Kegelräder nach den heute hauptsächlich verwendeten Fertigungsverfahren.

5. Zahnprofil am Kegelrad und am Planrad

Oktoidenverzahnung. Ebenso wie bei der Stirnradverzahnung bevorzugt man auch bei Kegelrädern ein *Trapez*profil als Bezugsprofil, d. h. als Zahnprofil der Planradverzahnung, und zwar vorwiegend das 20°-Profil nach DIN 867. Für geradverzahnte

Kegelräder besitzt das entsprechende Planrad *ebene* Flächen als Zahnflanken (Bild 135/1) und für schräg- oder bogenverzahnte Kegelräder eine *Gerade* als Flankenprofil. Diese wird bei der Kegelradfertigung im Abwälzverfahren als Werkzeugschneide, längs der schräg- oder bogenförmigen Flankenlinien bewegt.

Die Zahnflanken der so entstehenden *Oktoiden*verzahnung sind identisch mit den Hüllflächen, die von den Zahnflanken des Planrades mit geradem Zahnprofil am Kegelrad erzeugt werden, wenn die Teilkegel von Planrad und Kegelrad aufeinander abwälzen (Bild 135/1).

Die Erzeugung der Oktoidenverzahnung entspricht somit der Erzeugung der Evolventen-Zahnflanken am Stirnrad. Der Übergang vom Abwälzen des Werkzeuges am *Zylinder* (Stirnrad) zum Abwälzen am *Kegel* (Kegelrad) bringt es aber mit sich, daß die ***Eingriffslinie*** der Oktoidenverzahnung von der Geraden etwas abweicht (Bild 135/1). Sie verläuft auf dem umgebenden Kugelmantel der Kegelradpaarung als 8förmige Kurve (Oktoide, Bild 135/2). Sie ist für Kegelräder mit Null- und V-Null-Verzahnung trotz der von der Geraden abweichenden Eingriffslinie kinematisch einwandfrei, denn mit jedem Planzahnrad mit beliebigem Zahnprofil lassen sich kinematisch einwandfreie Kegelräder erzeugen.

Kugelevolventen-Planrad · Oktoiden-Planrad · Kugelevolvente u. Eingriffslinie (Gerade) · Oktoide u. Eingriffslinie · Am Planrad · Kugelevolvente · Oktoide · Am Kegelrad

Bild 135/1. Planrad mit Kugelevolventen- (links oben) und mit Oktoiden-Zahnform (rechts oben) und Vergleich der Zahnform am Planrad (links unten) und am Kegelrad (rechts unten). Nach APITZ [150/2]

Kugel-Evolventen-Verzahnung. Die als weitere Verzahnung für Kegelräder hervorgehobene sog. „Kugel-Evolventen-Verzahnung" (DIN 3971) ist eine *Kegel*-Evolventen-

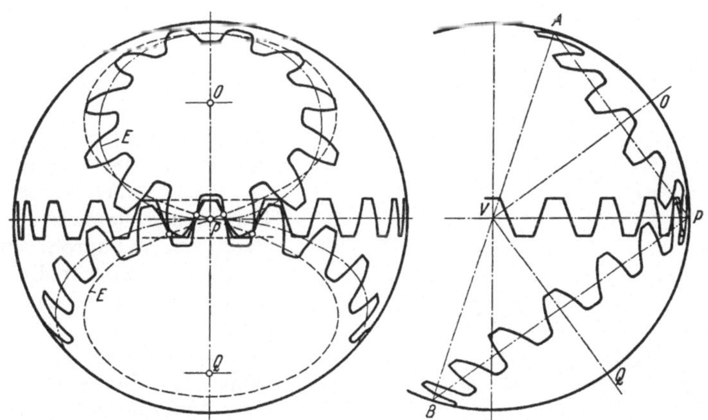

Bild 135/2. Verzahnung und Planverzahnung eines Kegelradpaares mit Oktoiden-Zahnform, dargestellt auf der umgebenden Kugelfläche. Nach MERRIT [62/7], *E* Eingriffslinie mit oktoidenförmigem Verlauf auf der Kugelfläche

Verzahnung, die praktisch von geringerer Bedeutung ist. Bei ihr entstehen die Evolventen als „Punkt-Evolventen", beschrieben von Punkten des Kegelmantels, der von einem Kegel — dem Grundkegel — abgewickelt wird (die Punkt-Evolventen liegen auf Kugelflächen). Diese Verzahnung besitzt eine *ebene* Eingriffsfläche, aber anderseits ein Planrad mit gekrümmtem Flankenprofil mit einem Wechsel in der Krümmungsrichtung am Wälzpunkt (s. Bild 135/1), so daß die Herstellung erschwert ist (Herstellung mit Sticheln nach Schablone).

6. Verzahnung am Rückenkegel und ihre Abwicklung

Die am Rückenkegel des Kegelrades erscheinende Verzahnung läßt sich in die Ebene abwickeln, wobei alle bisher auf der Mantelfläche des Rückenkegels liegenden Maßgrößen — wie Eingriffswinkel und Zahnteilung, Zahndicke und Zahnhöhe und auch

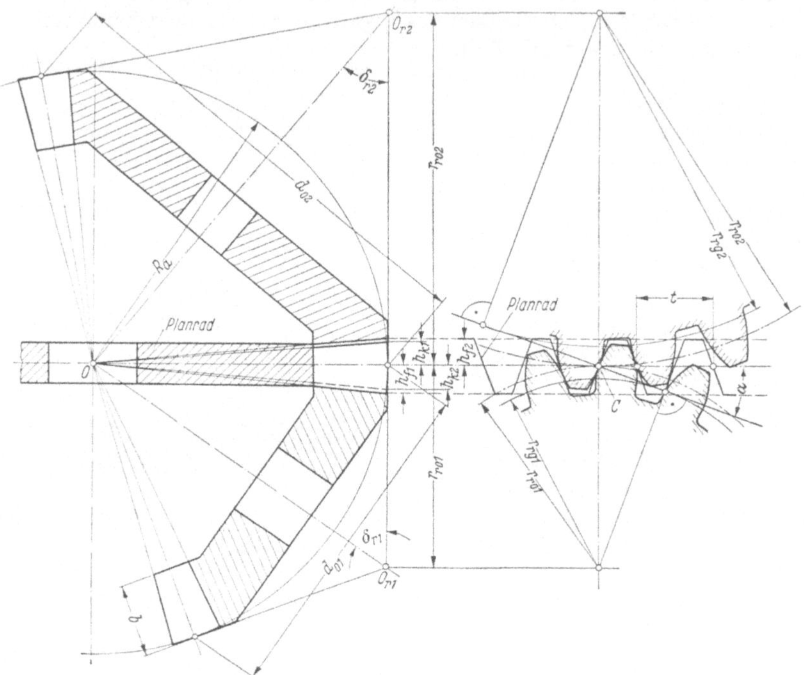

Bild 136/1. Kegelradpaarung. Planrad mit 20°-Nullverzahnung und Abwicklung der Rückenkegel-Verzahnung am Rückenkegel. Die gleiche Kegelradpaarung, aber mit 20°-V-Verzahnung s. Bild 138/1

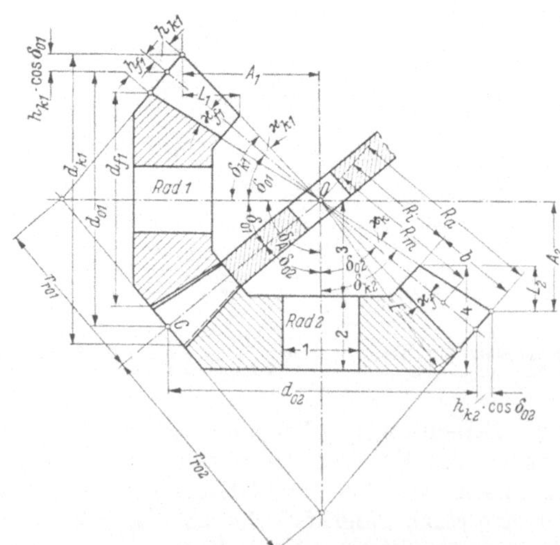

Bild 136/2. Kegelradpaarung mit Planrad und eingezeichneten Haupt- und Nebenmaßen. Die Maße *1* bis *4* dienen für die Fertigung und Ausrichtung der Radkörper. Nach TRIER [62/*16*]

das Zahnprofil — unverändert bleiben (Bild 136/1). Die Abwicklung der *Planrad*verzahnung ergibt eine Zahnstange, und zwar mit geradflankigem Zahnprofil und geradem Verlauf der Eingriffslinie, wenn das Bezugsprofil geradflankig ist (Oktoidenverzahnung). Die Abwicklung der Verzahnung des Rückenkegels (Maße mit Index r) hat den Teilkreis-Halbmesser r_{r0} gleich Länge der Mantellinie des Rückenkegels.

7. Herstellungsmaße der Kegelrad-Verzahnung

Bei Kegelrädern ist die verschiedene Lage der Maße am Kegelrad besonders zu beachten (Bild 136/2). Außer den bereits behandelten (R_a, δ_A, δ_{01}, δ_{02}) und den Zähnezahlen (z_1, z_2) sind zu nennen:

Zahnbreite b, gemessen an der Mantellinie des Teilkegels,
Teilkreis-Durchmesser d_{01}, d_{02} } gemessen am Rückenkegel in Ebene rechtwinklig zur Radachse,
Kopfkreis-Durchmesser d_{k1}, d_{k2} }
Fußkreis-Durchmesser d_{f1}, d_{f2} }
Zahnkopfhöhe h_{k1}, h_{k2} } gemessen an der Mantellinie des Rückenkegels,
Zahnfußhöhe h_{f1}, h_{f2} }
Zahnteilung t, gemessen auf dem Teilkreis,
Zahnmodul $m = t/\pi$,
Eingriffswinkel α_0 (Bild 136/1), im Normalschnitt α_{0n},
Schrägungswinkel $\beta_0 = \beta_a$, bzw. β_i und β_m, gemessen an der Flankenlinie in der Planradebene (Bild 134/1), und entsprechend an der Flankenlinie des Kegelrades.

Beziehungen zwischen den Herstellungsmaßen und weiteren Maßen s. Taf. 140.

8. Zahnkopf- und Fußbegrenzung

Im Normalfall laufen die entsprechenden Begrenzungslinien k und f (Bild 137/1a) zur Spitze des Teilkreis-Kegels (zum Achsen-Schnittpunkt O). Es steht aber nichts im Wege, ihren Verlauf dem Herstellungsverfahren anzupassen und sie z. B. parallel zum

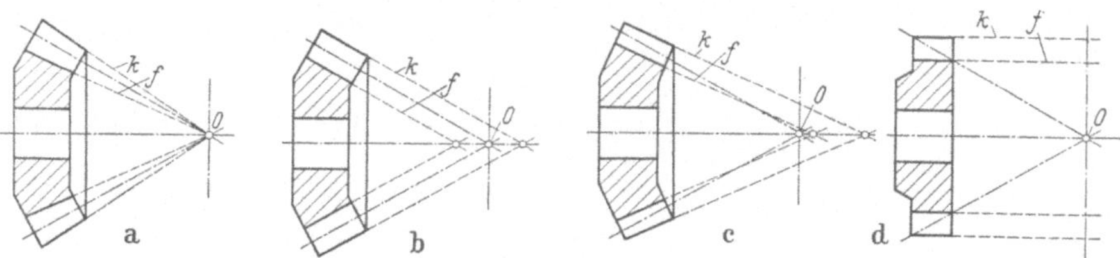

Bild 137/1. Verlauf der Mantellinien für Zahnkopf (k) und Zahnfuß (f). a übliche Ausführung für gerad- und schräg verzahnte Kegelräder; b parallel zum Teilkegel (entsprechend Bild 134/2): c schneidend zum Wälzkegel (entsprechend Bild 134/1); d parallel zur Achse (entsprechend Bild 137/2)

Teilkegel auszuführen und im Extremfall sogar parallel zur Ritzelachse (Bild 137/1d und 137/2). Denn der Verlauf der Kopf- und Fußlinien beeinflußt nur die Begrenzung des Zahneingriffs (Überdeckungsgrad), aber nicht den Verlauf der Wälzkegel und den Ablauf der Wälzbewegung. Gegebenenfalls ist nachzuprüfen, ob die Zähne durch die abnormale Begrenzung zu spitz oder unterschnitten werden.

9. Profilverschiebung

Auch bei Kegelrädern ist es möglich, die Verzahnung mit profilverschobener Planverzahnung auszuführen, wobei jedoch gewisse Bedingungen entsprechend den nachfolgenden Überlegungen einzuhalten sind.

A. *Bei Einhaltung der Teilkegel als Betriebs-Wälzkegel* kann an der zugehörigen Planradverzahnung jede Änderung vorgenommen werden, wobei vorausgesetzt wird, daß die Verzahnung des Ritzels mit der Patrize und die des Rades mit der Matrize der Planverzahnung hergestellt wird bzw. dieser Herstellung entspricht. Unter dieser Voraussetzung kann an der Planverzahnung:

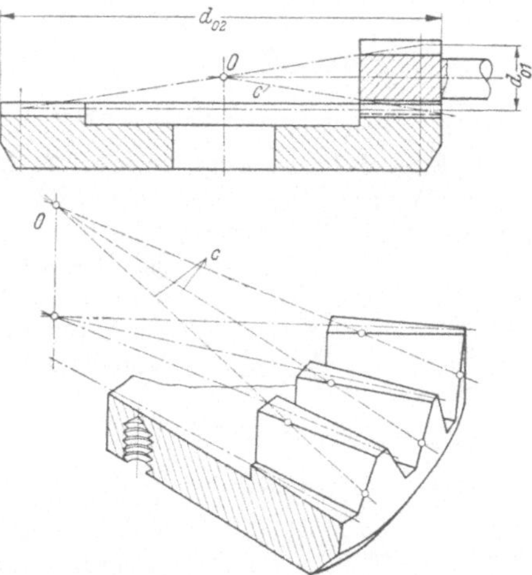

Bild 137/2. Kegelradpaarung, bestehend aus Planrad und Stirnrad als Ritzel. Nach DUDLEY [62/2]; C-Wälzkegel-Mantellinien

1. die Zahndicke geändert werden, wodurch sich z. B. dickere Zähne für das Ritzel und dünnere für das Rad ergeben. Diese Änderung wird in DIN 3971 als „Profilseitenverschiebung" bezeichnet;

2. die Zahnkopfhöhe verändert werden;

3. das Bezugsprofil (Trapez) am äußeren Teilzylinder des Planrades um das Maß $x\,m$ gegenüber der Planrad-Teilebene angehoben werden (Bild 138/1), so daß sich z. B. für die Ritzelzähne eine positive Profilverschiebung $+x\,m$ und für die Radzähne eine negative $-x\,m$ ergibt (V-Null-Verzahnung);

4. die Neigung der Zahnflanke des Bezugsprofils, d. h. der Eingriffswinkel geändert werden.

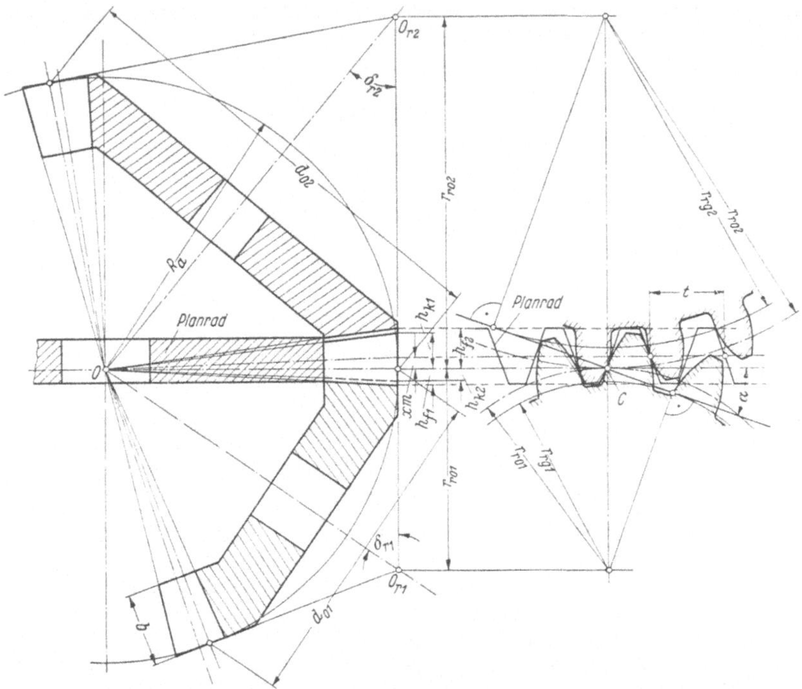

Bild 138/1. Kegelradpaarung mit Planrad mit 20°-V-Nullverzahnung und Abwicklung der Rückenkegel-Verzahnung

B. *Eine V-Verzahnung*, bei der die Betriebs-Wälzkegel von den Herstellungs-Wälzkegeln (Teilkreiskegeln) abweichen, ist bei Kegelrädern nur dann kinematisch einwandfrei, wenn die Betriebseingriffsfläche für die Ritzel- und Radverzahnung die gleiche ist. Die für die Herstellung maßgebenden Teil-Kegelwinkel und ihre Differenz zu den Betriebs-Wälzkegelwinkeln kann an Hand der abgewickelten Verzahnung der Rückenkegel von Ritzel, Planrad und Rad bestimmt werden.

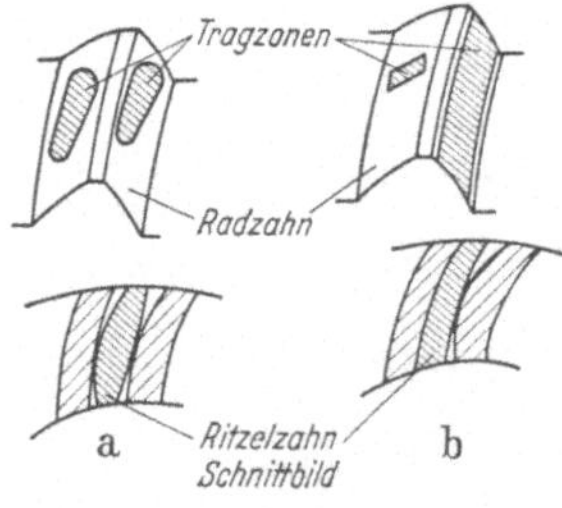

Bild 138/2. Flanken-Tragbild bogenverzahnter Kegelräder. Nach LINDNER [151/38]. a angestrebtes Tragbild; b bei zu großer Seitenballigkeit

10. Fehlerempfindlichkeit der Kegelräder

Ganz abgesehen von der Auswirkung von Fertigungs-Zahnfehlern bringt bei Kegelrädern bereits eine kleine axiale Verschiebung (Montagefehler oder elastische Verformung) und besonders jede Durchbiegung der Wellen (Einfluß der Belastung) eine Abweichung der Kegelspitzen vom Schnittpunkt der Achsen. Die Folgen hiervon sind: einseitiges Tragen der Zahnflanken (örtliche Überlastung), unruhiger Lauf (Geräusch und Vibration) und evtl. noch ein Klemmen der Zähne. Diese Fehlerauswirkungen lassen sich durch Beschränkung der Zahnbreite b (siehe Taf. 139) und besonders durch „balliges Tragen" der Zahnflanken über der Zahnbreite wirksam herabsetzen. Bild 138/2 zeigt die entsprechend langgestreckte elliptische Druckfläche an den Zahnflanken, die sich bei bogenverzahnten Kegelrädern (Bild **133/2 bis 134/2**) bereits aus dem Herstellungsgang ergibt. Eine entsprechende geringe Breitenballigkeit der Zahnflanken ist auch bei gerad- und schrägverzahnten Kegelrädern anzustreben.

Bei größerer Übersetzung kann die Auswirkung von Lagefehlern des Ritzels in Achsrichtung nach Bild 137/2 durch Ausbildung des Ritzels als gerad- oder schrägverzahntes Stirnrad ganz vermieden werden. Nimmt man hierzu noch eine geringe breitenballige Ausführung der Ritzel- oder Radflanken, so erhält man eine Kegelradpaarung mit geringster Empfindlichkeit gegen Lagefehler.

23.3. Bemessung und Tragfähigkeit der Kegelräder

1. Festlegung der Maße

In Taf. 140 sind die Bezeichnungen und Maße der Kegelräder und ferner der Ersatz-Stirnräder und ihre Beziehungen zusammengestellt. Außerdem sind in Taf. 139 Anhaltswerte für die Wahl der Zähnezahl, der Zahnbreite usw., angegeben.

Mit Festlegung des Achsenwinkels δ_A (meist 90°) und der Übersetzung $i = z_2/z_1$ ist nach Taf. 140 auch δ_1 und δ_2 festgelegt. Die Zahnbreite b ist mit Festlegung des Breitenverhältnisses $b/R_b \leqq 0{,}3$ bestimmt. Bei Wahl der Zähnezahl z_1 sind die Grenzwerte (Taf. 139) zu beachten, die sich aus der Mindest-Zähnezahl (Vermeidung von Unterschnitt!) und aus der Gefahr des Zahn-Eckbruchs ergeben. Anhaltswerte für z_1 und z_2 s. Taf. 139.

Der erforderliche mittlere Durchmesser d_{m1} kann entsprechend den Betriebsbedingungen und dem gewählten Werkstoff für Ritzel und Rad nach Abschn. 3 bestimmt werden. Mit der weiteren Entscheidung, ob Gerad-, Schräg- oder Bogenverzahnung (Festlegung des Schrägungswinkels β_m), liegen dann alle Maße für die Berechnung der Tragfähigkeit fest[1]. Für die Bestimmung der Nebenmaße s. Taf. 140. Berechnungsbeispiele s. S. 142.

Tafel 139. *Anhaltswerte für Kegelräder*

$$f_b = \frac{b}{2R_b} = \frac{b}{d_{b1}} \sin\delta_1; \quad f_d = \frac{1-f_b}{f_b} \cos\delta_1 \cdot \sin\delta_1$$

Für bogenverzahnte gehärtete Kegelräder liegt z_1 mehr an der unteren Grenze und für geradverzahnte ungehärtete Kegelräder mehr an der oberen

	$i =$	1	2	3	4	5	6,5
	$z_1 =$	18...40	15...30	12...23	10...18	8...14	6...10
Für $\delta_A = 90°$ und $b \leqq 0{,}3\,R_b$ $\leqq 0{,}75\,d_{b1}$	$b/d_{b1} =$	0,212	0,336	0,474	0,615	0,75	0,75
	$f_b =$	0,15	0,15	0,15	0,15	0,147	0,114
	$f_d =$	2,83	2,27	1,70	1,34	1,12	1,17
Grenzwerte	$z_1 \geqq z_{\min} \cos\delta_1 \cos^3\beta_m$; $z_{\min}$ s. z_n in Taf. 115/2 $b \leqq 10 d_{m1} \cos\beta_m/z_1$ entspr. $b \leqq 10\, m_{sn}$; Normwerte für m bzw. m_n s. Taf. 115/1 $b/R_b \leqq 0{,}3$, $b/d_{b1} \leqq 0{,}75$						
Anhaltswerte	Eingriffswinkel $\alpha_{0n} = 20°$ Kopfhöhe $h_{k1} = h_{k2} = m_n$ für Null-Verzahnung Fußhöhe $h_{f1} = h_{f2} = 1{,}1\,m_n$ bis $1{,}3\,m_n$ für Null-Verzahnung Verdreh-Flankenspiel $S_d = 0{,}025\,m_n$ bis $0{,}04\,m_n$						

[1] Bei Profilverschiebung der Verzahnung ist noch der Profilverschiebungsfaktor x festzulegen. Bei Bogenverzahnung (Spiralverzahnung) sind die Sonderangaben der Hersteller der betreffenden Verzahnmaschinen (Gleason, Klingelnberg, Oerlikon) zu beachten.

Tafel 140. *Geometrische Beziehungen und Maße für Kegelräder* (Bild 136/2)

Index 1 für Ritzel, Index 2 für Tellerrad, Index n für Größen im Normalschnitt, Index m für Mitte Zahnbreite, Index e für Ersatz-Stirnräder, Index 0 bezogen auf Teilkreis, Index b bezogen auf Betriebswälzkreis
Beachte: Gewöhnlich fallen Wälzkegel und Teilkegel zusammen, so daß $\delta_1 = \delta_{01}$, $d_{b1} = d_{01}$ usw.

Gl. Nr.		Maße	Dim.	Beziehungen	
				Paarungsmaße (bezogen auf Wälzkegel):	
140/1	Hauptmaße	Achsenwinkel	Grad	$\delta_A = \delta_1 + \delta_2$	
2		Wälzkegel-Winkel	Grad	δ_1 aus $\mathrm{tg}\,\delta_1 = \dfrac{\sin\delta_A}{i + \cos\delta_A}$; $\delta_2 = \delta_A - \delta_1$;	
3		Wälzkegel-Länge	mm	$R_b = 0{,}5\, d_{b1}/\sin\delta_1 = 0{,}5\, d_{b2}/\sin\delta_2$; meist ist $R_b = R_a$	
4		Wälzkreisdurchmesser (am Rückenkegel)	mm	$d_{b1} = 2 R_b \sin\delta_1$; $d_{b2} = 2 R_b \sin\delta_2$; meist ist $d_b = d_0$	
5		Übersetzung	—	$i = z_2/z_1 = d_{b2}/d_{b1} = \sin\delta_2/\sin\delta_1$	
6		**Für $\delta_A = 90$**		$\mathrm{tg}\,\delta_2 = 1/\mathrm{tg}\,\delta_1 = i$; $1/\cos\delta_2 = 1/\sin\delta_1 = \sqrt{i^2+1}$	
				Herstellungsmaße (bezogen auf Teilkreis am Rückenkegel):	
		Teilkegel-Winkel	Grad	δ_{01}; δ_{02}	
7		Eingriffswinkel	Grad	α_0, α_{0n}; $\mathrm{tg}\,\alpha_0 = \mathrm{tg}\,\alpha_{0n}/\cos\beta_0$	
		Schrägungswinkel	Grad	β_0	
		Zähnezahl	—	z_1, z_2	
8		Teilkreis-Durchmesser	mm	$d_{01} = m z_1$; $d_{02} = m z_2 = i\, d_{01}$	
9		Modul im Stirnschnitt	mm	$m = d_{01}/z_1 = d_{02}/z_2 = m_n/\cos\beta_0$	
10		Modul im Normalschnitt		$m_n = m \cos\beta_0$	
11		Teilkegel-Länge	mm	$R_a = 0{,}5\, d_0/\sin\delta_0$	
		Zahnbreite	mm	b	
12	Nebenmaße	Kopfkegel-Winkel	Grad	$\delta_{k1} = \delta_{01} + \varkappa_{k1}$; $\delta_{k2} = \delta_{02} + \varkappa_{k2}$	
13		Kopfwinkel	Grad	$\varkappa_{k1}$, $\varkappa_{k2}$; in Bild 136/2a ist $\mathrm{tg}\,\varkappa_{k1} = h_{k1}/R_a$ u. $\mathrm{tg}\,\varkappa_{k2} = h_{k2}/R_a$	
		Zahnkopf-Höhe	mm	h_{k1}; h_{k2}	
		Zahnfuß-Höhe	mm	h_{f1}; h_{f2}	
14		Kopfkreis-Durchmesser	mm	$d_{k1} = d_{01} + 2 h_{k1} \cos\delta_{01}$; $d_{k2} = d_{02} + 2 h_{k2} \cos\delta_{02}$	
15		Rückenkegel-Länge	mm	$r_{r01} = R_a\, \mathrm{tg}\,\delta_{01}$; $r_{r02} = R_a\, \mathrm{tg}\,\delta_{02}$	
				Mittelmaße (bezogen auf Mitte Zahnbreite und Wälzkegel):	
		Schrägungswinkel	Grad	β_m	**Für $\delta_A = 90°$:**
16		Durchmesser	mm	$d_{m1} = d_{b1}(1 - f_b)$; $d_{m2} = (i \cdot d_{m1})$	
17		Breitenverhältnis (Taf. 139)	—	$f_b = \dfrac{b}{2 R_b} = \dfrac{b}{d_{b1}} \sin\delta_1 = \dfrac{b}{d_{b2}} \sin\delta_2$	$f_b = \dfrac{b}{d_{b1}\sqrt{i^2+1}}$
		Zahnkopfhöhe	mm	h_{km1}; h_{km2}	
		Profilverschiebung	mm	$x_{m1} \cdot m_{en} = -x_{m2} \cdot m_{en}$	
				Ersatz-Stirnräder:	
18		Eingriffswinkel (Normalschnitt)	Grad	α_{en} meist $= \alpha_{0n}$	
19		Schrägungswinkel	Grad	$\beta_e = \beta_m$	
20		Übersetzung	—	$i_e = z_{e2}/z_{e1} = i\,\dfrac{\cos\delta_1}{\cos\delta_2} = \mathrm{tg}\,\delta_2/\mathrm{tg}\,\delta_1$	$i_e = i^2$
21		Zähnezahl (unrunde Zahl)	—	$z_{e1} = z_1/\cos\delta_1$; $z_{e2} = z_2/\cos\delta_2$	$z_{e1} = z_1\sqrt{(i^2+1)/i^2}$
22		Wälzkreis-Durchmesser	mm	$d_{e1} = d_{m1}/\cos\delta_1 = d_{b1}(1 - f_b)/\cos\delta_1$	$z_{e2} = z_2\sqrt{i^2+1}$
			mm	$d_{e2} = d_{m2}/\cos\delta_2 = d_{e1} \cdot i_e$	
23		Modul im Stirnschnitt	mm	$m_e = d_{m1}/z_1 = d_{e1}/z_{e1} = d_{e2}/z_{e2}$	$d_{e1} = d_{m1}\sqrt{(i^2+1)/i^2}$
24		Modul im Normalschnitt	mm	$m_{en} = m_e \cos\beta_m = d_{e1} \cos\beta_m/z_{e1}$	$d_{e2} = i^2 d_{e1}$
25		Zahnbreite	mm	$b_e = b$	
26		Zähnezahl im Normalschnitt	—	$z_{en1} = z_{e1} \cdot z_n/z$; $z_{en2} = z_{e2} \cdot z_n/z$ mit z_n/z nach Taf. 118	

2. Ersatzstirnräder

Die Berechnung der Tragfähigkeit eines gerad-, schräg- oder bogenverzahnten Kegelradpaares läßt sich auf die eines Ersatz-Stirnradpaares mit entsprechender Gerad-, Schräg- oder Bogenverzahnung zurückführen (Bild 141). Auch für die Beurteilung der Verzahnung (Mindest-Zähnezahl, Verhältnis b/m und Verzahnungsbeiwerte y und q) wird die Verzahnung der Ersatz-Stirnräder herangezogen.

Die Verzahnung der Ersatz-Stirnräder im Stirnschnitt ist die gleiche wie die in die Ebene abgewickelte Verzahnung der Ergänzungskegel der Kegelräder *in Mitte Zahnbreite*[1]. Entsprechend lassen sich die Maße der Ersatz-Stirnräder (Index e) durch die Mittelmaße (Index m) der Kegelräder und über diese durch die Nennmaße der Kegelräder ausdrücken. Hierbei kann das schlechtere Tragen der Kegelräder gegenüber den Stirnrädern infolge einseitiger Lagerung im Tragfehler-Beiwert C_T (Bild 117/1) berücksichtigt werden. Hierzu ist in Taf. 114/2 der Zuschlag $g_K \cdot u \cdot C_s$ zum Richtungsfehler angegeben. In Taf. 140 sind die Maßbeziehungen für die Ersatz-Stirnräder zusammengestellt.

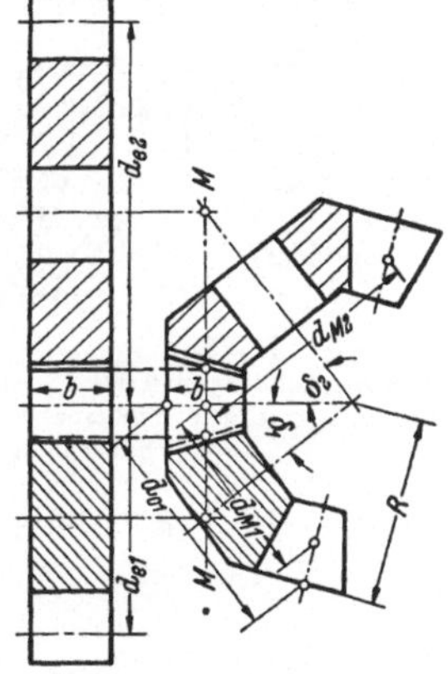

Bild 141. Ersatz-Stirnräder zum Kegelradgetriebe zur Berechnung der Tragfähigkeit

3. Tragfähigkeit der Kegelräder

Sie ist als Tragfähigkeit der Ersatz-Stirnräder zu berechnen.

Lastwert. Mit Einführung der Umfangskraft U am Durchmesser d_{m1} des Kegelritzels

$$U = 1{,}43 \cdot 10^6 \frac{N_1}{n_1 d_{m1}} \quad [\text{kg}]$$

mit Leistung N_1 [PS] und Drehzahl n_1 [1/min] des Kegelritzels und ferner mit

$$d_{e1} = d_{m1}/\cos\delta_1, \; b = b, \; b_e = f_b d_{b1}/\sin\delta_1 \quad \text{und} \quad d_{b1} = d_{m1}/(1 - f_b)$$

erhält man den Lastwert der Ersatz-Stirnräder

$$\boxed{B_e = \frac{U}{b_e d_{e1}} = 1{,}43 \cdot 10^6 \frac{N_1 f_d}{n_1 d_{m1}^3}} \quad [\text{kg/mm}^2] \qquad (141/1)$$

$$\text{mit} \quad \boxed{f_d = \frac{1 - f_b}{f_b} \cos\delta_{b1} \cdot \sin\delta_{b1}} \quad \text{für} \quad \delta_A = 90^\circ \quad \text{ist} \quad \boxed{f_d = \frac{1 - f_b}{f_b} \frac{i}{i^2 + 1}} \qquad (141/2)$$

Überschlägige Bemessung. Nach obigen Gleichungen ist für das Kegelritzel

$$\boxed{d_{m1} \geqq 113 \sqrt[3]{\frac{N_1 f_d}{n_1 B_{zul}}}} \quad [\text{mm}]. \qquad (141/3)$$

mit B_{zul} für Stirnräder nach **Taf. 114/1**. Anhaltswerte für f_b und f_d s. **Taf. 139**; Festlegung der weiteren Maße nach Taf. 139 und 140.

[1] Verfahren nach TREDGOLD [151/*21*], wobei eine gleichmäßige Lastverteilung über der Zahnbreite angenommen wird. Die neuerdings vorgeschlagene Verfeinerung [151/*20*] mit einer zur Kegelspitze hin linear abnehmenden Lastaufnahme ergibt einen etwas größeren Rechnungswert für d_e. Der Gewinn bleibt aber fraglich wegen der anderweitigen Verschlechterung der Lastverteilung durch einseitige Lagerung usw.

Nachweis der Tragfähigkeit. Er wird für die Ersatz-Stirnräder und deren Maße mit dem Lastwert B_e entsprechend dem Rechnungsgang für Stirnräder (s. S. 105) ausgeführt. Berechnungsbeispiele s. Abschnitt 5.

4. Lagerkräfte und Gestaltung

Die resultierende Kraft P_N am Zahn des Kegelrades wird nach Bild 142 in ihre Komponenten zerlegt:

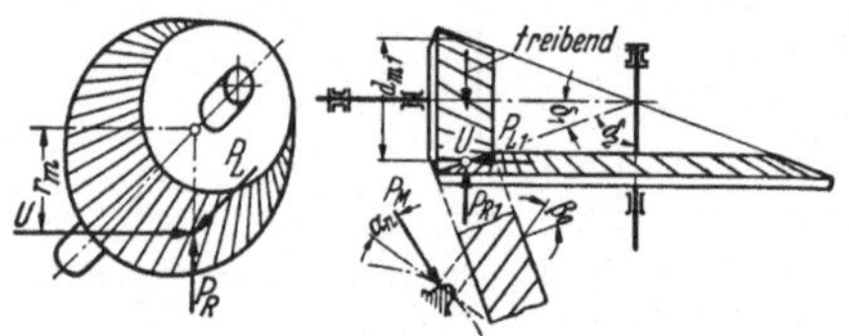

Bild 142. Zur Berechnung der Zahnkraft-Komponenten. Zahn-Normalkraft P_N (im Bild mit P_M bezeichnet); mittlerer Schrägungswinkel β_m (im Bild mit β_0 bezeichnet)

Umfangskraft U,
Radialkraft P_R (positives P_R ist zur Wellenmitte gerichtet),
Längskraft P_L (positives P_L ist von der Kegelspitze weg gerichtet),

$$P_{R\,1,2} = U\left(\frac{\operatorname{tg}\alpha_{0n}\cos\delta_{1,2}}{\cos\beta_m} \pm \operatorname{tg}\beta_m \sin\delta_{1,2}\right), \quad (142/1)$$

$$P_{L\,1,2} = U\left(\frac{\operatorname{tg}\alpha_{0n}\sin\delta_{1,2}}{\cos\beta_m} \mp \operatorname{tg}\beta_m \cos\delta_{1,2}\right), \quad (142/2)$$

dabei gilt Zeiger 1 für Rad *1* bzw. 2 für Rad *2*.

Für die Lager- und Wellenberechnung ist außerdem das Kippmoment zu beachten:

$$M_{K\,1,2} = P_{L\,1,2}\frac{d_{m\,1,2}}{2}. \quad (142/3)$$

Die Schrägungsrichtung wird für die Betrachtung von der Kegelspitze aus festgelegt. (Im Bild 142 sind Dreh- und Schrägungsrichtung entgegengesetzt.) Damit gilt:

Vorzeichenregel für Gl. (142/1 u. /2)	Drehrichtung und Schrägungsrichtung	
	gleichgerichtet	entgegengesetztgerichtet
für treibendes Rad	unteres Vorzeichen	oberes Vorzeichen
für getriebenes Rad	oberes Vorzeichen	unteres Vorzeichen

Bei $\delta_A = 90°$ ist $P_{R2} = P_{L1}$ und $P_{L2} = P_{R1}$.

Gestaltung. Bei Kegelritzeln, die auf die Welle aufgesetzt werden, ist darauf zu achten, daß die restliche Dicke des Zahnkranzes zwischen Zahnfuß und Welle (bzw. Zahnfuß und Nute) wenigstens $2m_n$ beträgt (andernfalls ist die Zahnfußfestigkeit gemindert). Hierdurch ist der größtzulässige Wellendurchmesser für das Ritzel gegeben. Außerdem müssen die Kegelräder bei der einseitigen Lagerung möglichst eng an die Lager gerückt werden, um die elastische Verbiegung der Wellen (ungleiche Lastverteilung an den Zahnflanken) durch das Biegemoment klein zu halten; die Nabenlänge ist also kurz zu halten.

Bei schräg- oder bogenverzahnten Kegelrädern nimmt man die Schrägungsrichtung vorwiegend so, daß bei der vorgesehenen Drehrichtung die Axialkomponente der Zahnkraft das Kegelritzel von der Kegelspitze weg gegen das Lager drückt.

Bei gehärteten, also hochbelasteten Kegelrädern, bevorzugt man bogenverzahnte (Bild 133/2 bis 134/2) gegenüber schrägverzahnten.

5. Berechnungsbeispiele

(Bezeichnungen, Dimensionen und Beziehungen nach Taf. 140)

1) Zeitfestes Kegelradgetriebe, geradverzahnt und ungehärtet

Gesucht: Erforderliche Maße und Nachweis der Tragfähigkeit und Lebensdauer.

Gegeben: Betriebsdaten $N_1 = 8$ PS, $n_1 = 300$, $i \approx 6$, Achsenwinkel $\delta_A = 90°$. Verzahnung 20°-V-Null, Qualität 8, Vollast-Lebensdauer $L \approx 80$ h. Werkstoff für Ritzel C 60 vergütet (Nr. 13 in Taf. 120), für Rad GG 26 (Nr. 2 in Taf. 120).

Festlegung der Hauptmaße: Gewählt nach Taf. 139

$$z_2/z_1 = 85/14 = 6{,}07 = i; \qquad x_1 = -x_2 = 0{,}25$$

somit $\operatorname{tg} \delta_1 = 1/i = 0{,}165, \quad \delta_1 = 9{,}33°, \quad \delta_2 = 90° - \delta_1 = 80{,}67°.$

Berechnet nach Gl. (141/3)

$$d_{m1} \geqq 65\,\text{mm} \quad \text{mit} \quad B_{\text{zul}} \approx 0{,}16 \quad \text{und} \quad f_d = 1{,}16$$

nach Taf. 139. Somit

$$d_{01} = d_{b1} = d_{m1}/(1 - f_b) = 75 \quad \text{mit} \quad f_b = 0{,}123.$$

Gewählt $m = d_{01}/z_1 = 5{,}5\,\text{mm};$

somit $d_{01} = z_1 m = 77$ und $d_{02} = z_2 m = 467{,}5$, $b = f_b d_{01}/\sin \delta_1 = 58$ mit $f_b = 0{,}123$ nach Taf. 139 und $d_{m1} = d_{01}(1 - f_b) = 67{,}5$.

Festlegung der Nebenmaße: nach Taf. 140.

Nachweis der Tragfähigkeit und Lebensdauer (nach S. 105): Die Maße der Ersatz-Stirnräder betragen nach Taf. 140 u. 139

$$b_e = b = 58, \quad m_e = 4{,}82, \quad d_{e1} = 68{,}4, \quad d_{e2} = 2520, \quad i_e = z_{e2}/z_{e1} = 524/14{,}2 = 36{,}9.$$

Mit $U = 565$ wird Lastwert $B_e = 0{,}142$ nach Gl. (141/1) und

$$B_w = B_e \cdot C_S \cdot C_D \cdot C_T = 0{,}142 \cdot 1{,}25 \cdot 1{,}06 \cdot 1{,}33 = 0{,}25$$

mit $f_e = 2{,}8\left(3 + 0{,}3 \cdot 5{,}5 + 0{,}2\sqrt{467{,}5}\right) = 25\,\mu$ und $f_{RW} = 0{,}75 \cdot 1{,}6\sqrt{58} + 1{,}2 \cdot 9{,}7 \cdot 1{,}25 = 23{,}7\,\mu$ entsprechend Qualität 8 (Taf. 114/2), $g_K = 1{,}2$, $u = 9{,}7$, $v = 1{,}06$, $u_{\text{dyn}} = 0{,}7$, $\varepsilon_n = 1{,}58$, $\varepsilon_{1n} = 0{,}88$, $\varepsilon_w = 1{,}33$.

Zahnbruchsicherheit $S_{B1} = \dfrac{\sigma_{D1}}{B_w z_{e1} q_{w1}} = \dfrac{25{,}6}{0{,}25 \cdot 14{,}2 \cdot 1{,}82} = 4{,}0,$

$$S_{B2} = \frac{\sigma_{D2}}{B_w z_{e1} q_{w2}} = \frac{6}{0{,}25 \cdot 14{,}2 \cdot 1{,}80} = 0{,}94, \quad \text{hieraus}$$

Lebensdauer $L_{B2} = \dfrac{33 \cdot 10^3}{n_2} (S_{B2})^5 = 480\,\text{h} \quad \text{für} \quad n_2 = 50.$

Grübchensicherheit $S_{G1} = \dfrac{k_{D1}}{B_w y_{w1}} \dfrac{i_e}{i_e + 1} = \dfrac{1{,}175 \cdot 0{,}51}{0{,}25 \cdot 4{,}57} \dfrac{36{,}9}{37{,}9} = 0{,}51, \quad$ hieraus

Lebensdauer $L_{G1} = \dfrac{167 \cdot 10^3}{n_1} k_{D1} S_{G1}^2 = 87\,\text{h} \quad \text{für} \quad n_1 = 300.$

$$S_{G2} = \frac{k_{D2}}{B_w y_{w2}} \frac{i_e}{i_e + 1} = \frac{0{,}78 \cdot 0{,}33}{0{,}25 \cdot 3{,}11} \frac{36{,}9}{37{,}9} = 0{,}32, \quad \text{hieraus}$$

Lebensdauer $L_{G2} = \dfrac{167 \cdot 10^3}{n_2} k_{D2} \cdot S_{G2}^2 = 88\,\text{h} \quad \text{für} \quad n_2 = 50.$

Freßlastsicherheit S_F ist bei der geringen Umfangsgeschwindigkeit für Mineral-Getriebeöl (gewählt mit 145 cSt Zähigkeit nach S. 122) ohne weiteres vorhanden.

2) **Dauerfestes Kegelradgetriebe für LKW-Hinterachse.**

Gesucht: Nachweis der Tragfähigkeit.

Gegeben: Betriebsdaten, Drehmoment $M_1 = 27$ mkg (entsprechend dem maximalen Motordrehmoment), $n_1 = 1600$, Achsenwinkel $\delta_A = 90°$.

Werkstoff Stahl 20 MnCr 5 einsatzgehärtet (Nr. 20 in Taf. 120).

Verzahnung 20°-V-Null mit $x_1 = -x_2 = 0{,}4$, bogenverzahnt.

Maße der Kegelräder $z_1 = 6$, $z_2 = 41$, $i = 6{,}833$, $b = 50$. **Für Wälzkreis auf Mitte Zahnbreite:** $d_{m1} = 44{,}5$, $d_{m2} = 304$, $m_{en} = 6{,}0$, $\beta_m = 36°$, $h_{k1} \approx 8{,}36$, $h_{k2} \approx 3{,}64$, $\delta_1 = 8{,}327°$, $\delta_2 = 81{,}673°$.

Nachweis der Tragfähigkeit: Ersatz-Stirnräder (Maße berechnet nach Taf. 140) $z_{e1} = 6{,}06$, $z_{e2} = 283$, $i_e = 46{,}6$, $d_{e1} = 45{,}0$, $d_{e2} = 2100$, $m_e = 7{,}42$, $m_{en} = 6{,}0$, $h_{k1} \approx 8{,}36$, $h_{k2} \approx 3{,}64$, $z_{1n} = 10{,}78$, $z_{2n} = 503$, $b_e = 50$.

Lastwert $B_e = 0{,}537\ \text{kg/mm}^2$ nach Gl. (141/1) mit $U = 2 \cdot 27000/44{,}5 = 1210\ \text{kg}$.

$$B_w = B_e\, C_S\, C_D\, C_T\, C_\beta = 0{,}537 \cdot 1{,}5 \cdot 1{,}035 \cdot 1{,}18 \cdot 1{,}40 = 1{,}38$$

mit $f_e \leqq 14\,\mu$, $f_R = 4{,}9\,\mu$, $f_{Rw} = 0{,}75 \cdot 4{,}9 + 0{,}6 \cdot 24{,}2 \cdot 1{,}5 = 25{,}5\,\mu$, $g_K = 0{,}6$, $u = 24{,}2$, $u_{\text{dyn}} = 3{,}5$, $\varepsilon_{sp} = 1{,}40$, $\varepsilon = 1{,}05$, $\varepsilon_n = 1{,}51$, $\varepsilon_{1n} = 0{,}92$, $\varepsilon_w = 1{,}43$, $v = 3{,}7\ \text{m/s}$.

Zahnbruchsicherheit $$S_{B1} = \frac{\sigma_{D1}}{B_w\, z_{e1}\, q_{w1}} = \frac{0{,}7 \cdot 47}{1{,}38 \cdot 6{,}06 \cdot 1{,}76} = 2{,}24,$$

wobei **Faktor** 0,7 **für** Wechsellast $q_{k1} = 2{,}40$ und $q_{\varepsilon 1} = 0{,}733$;

$$S_{B2} = \frac{\sigma_{D2}}{B_w\, z_{e1}\, q_{w2}} = \frac{0{,}7 \cdot 47}{1{,}38 \cdot 6{,}06 \cdot 1{,}72} = 2{,}29,$$

wobei $q_{k2} = 2{,}24$ und $q_{\varepsilon 2} = 0{,}765$ ist.

Grübchensicherheit $$S_{G1} = \frac{k_{D1}}{B_w\, y_{w1}} \frac{i_e}{i_e + 1} = \frac{0{,}726 \cdot 5{,}0}{1{,}38 \cdot 2{,}33} \frac{46{,}6}{47{,}6} = 1{,}10,$$

wobei $y_s = 0{,}9$, $y_v = 0{,}806$, $y_C = 3{,}11$, $y_\beta = 0{,}597$ und $y_\varepsilon = 0{,}795$ ist.

$$S_{G2} = \frac{k_{D2}}{B_w\, y_{w2}} \frac{i_e}{i_e + 1} = \frac{0{,}726 \cdot 5{,}0}{1{,}38 \cdot 1{,}86} \frac{46{,}6}{47{,}6} = 1{,}39.$$

Freßsicherheit $$S_F = \frac{k_{\text{Test}} \cos\beta_0}{B_w\, y_C\, y_F} \frac{i_e}{i_e + 1} = \frac{8{,}0 \cdot 0{,}809}{1{,}38 \cdot 3{,}11 \cdot 0{,}89} \frac{46{,}6}{47{,}6} = 1{,}66$$

für legiertes Mineralöl SAE 90 mit etwa 68 cSt Zähigkeit, $M_{\text{Test}} = 30$ und $k_{\text{Test}} = 8{,}0$ bei $v = 3{,}7\ \text{m/s}$.

23.4. Versetzte Kegelräder (Kegelschraub- oder Hypoidgetriebe)

Eigenschaften und Verwendung der versetzten Kegelräder s. S. 131

1. Ausführungsarten

Bei versetzten Kegelrädern Bild 144 und 145 geht man gewöhnlich von einem gegebenen Tellerrad (Großrad *2*) mit gegebener Gerad-, Schräg- oder Bogenverzahnung

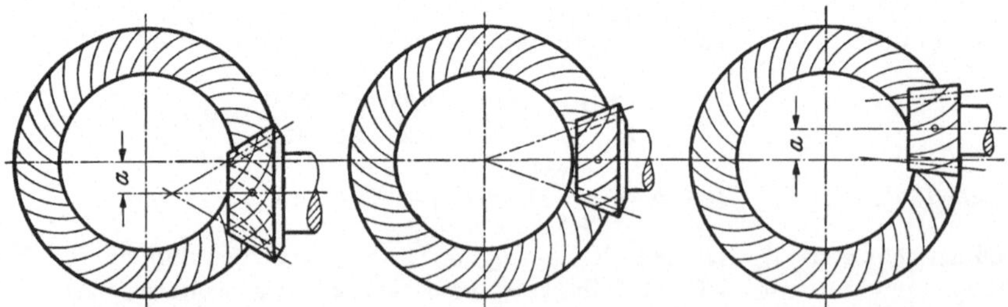

Bild 144. Versetzte Kegelräder. Links: Plus-Achsversetzung; rechts: Minusversetzung; Mitte: ohne Versetzung

aus und ordnet das Ritzel (Kleinrad *1*) im gewünschten Achsabstand a so an, daß sich die Teilkegel der beiden Räder in der Mitte der Zahnbreite in der gemeinsamen Planradebene s. Bild 145 berühren. Der Schrägungswinkel β_{m1} des Ritzels ist dann so zu wählen, daß die Richtung der Zahnflankenlinien im Berührungspunkt P übereinstimmt. Wegen der zusätzlichen Gleitreibung in Flankenrichtung verwendet man vorwiegend gehärtete (und meist bogenverzahnte) versetzte Kegelräder.

Hinsichtlich der Richtung der Achsversetzung unterscheidet man nach Bild 144 solche mit *Plus*versetzung und mit *Minus*versetzung.

Bei den *plus*versetzten Kegelritzeln ist der Schrägungswinkel β_{m1} des Ritzels um den Versetzungswinkel φ_p größer als der Schrägungswinkel β_{m2} des Tellerrades: $\beta_{m1} = \beta_{m2} + \varphi_p$. (Bild 145). Man kann auch von der Vorstellung ausgehen, daß hierbei das Ritzel nach Bild 144 auf dem Tellerrad auf dessen Flankenlinien von innen nach außen verschoben ist. Bei dieser Art der Achsversetzung wird das Kegelritzel bei gleicher Übersetzung im Durchmesser, im Kegelwinkel δ_{01}, im Überdeckungsgrad und in der Achslängskraft *größer* als bei der Ausführung ohne Achsversetzung (Bild 144). Der größere Ritzeldurchmesser erlaubt eine dickere (steifere) Ritzelwelle. Diese Ausführung wird bei Kraftfahrzeugen (Hinterachsantrieb) bevorzugt.

Bei dem *minus*versetzten Kegelritzel (Bild 144) wird umgekehrt der Schrägungswinkel β_{m1} kleiner als β_{m2} des Tellerrades: $\beta_{m1} = \beta_{m2} - \varphi_p$. Bei dieser Ausführung ist der Ritzeldurchmesser, der Kegelwinkel, der Überdeckungsgrad und die Achslängskraft *kleiner* als bei der Ausführung ohne Achsversetzung. Im Extremfall wird das Kegelritzel zylindrisch.

Als Grenzfälle kann man hervorheben:

1. Schrägungswinkel $\beta_{m1} = 0$ (Ritzel mit Geradverzahnung),
2. Schrägungswinkel $\beta_{m2} = 0$ (Rad mit Geradverzahnung),
3. Rad als Planrad ausgeführt und Ritzel zylindrisch.

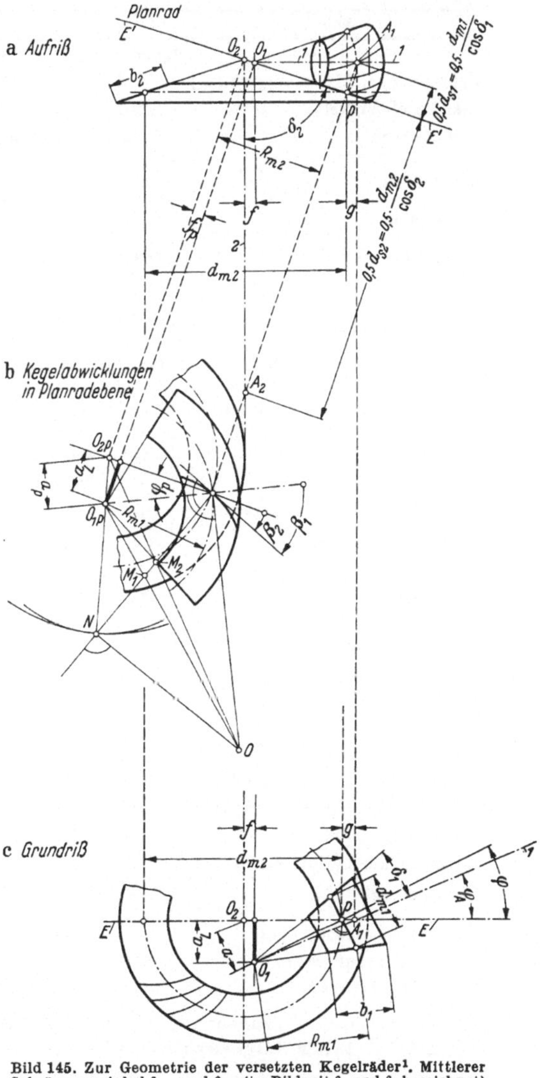

2. Geometrie und Maße der versetzten Kegelräder

Bezeichnungen, Dimensionen und Anhaltswerte s. Taf. 146 und 147.

Bei versetzten Kegelrädern stehen die Maße, bezogen auf den Berührungspunkt P der Wälzkegel der beiden Kegelräder (Maße auf Mitte Zahnbreite), im Vordergrund.

Räumliche Lage und Darstellung. Die Lage der versetzten Kegelräder in verschiedenen Ebenen verlangt eine gewisse Übung in der räumlichen Vorstellung und Darstellung, um die maßgeblichen Größen und ihre Beziehungen erfassen zu können.

Bild 145. Zur Geometrie der versetzten Kegelräder[1]. Mittlerer Schrägungswinkel β_{m1} und β_{m2} (im Bild mit β_1 und β_2 bezeichnet)

Zunächst betrachte man in Bild 38/2 die Paarung der beiden Hyperboloide, deren äußere Abschnitte als Paarung der Berührungskegel der versetzten Kegelräder angesehen werden können. Dann gehe man zu Bild 145 über.

Erklärung von Bild 145. Hier ist im Grundriß (unteres Bild) das Kegelrad *2* (Tellerrad) mit seiner Achse (Kegelspitze O_2) senkrecht zur Bildebene gezeichnet und im Aufriß (Bild oben) mit seiner Achse ($O_2 - A_2$) in der Bildebene liegend. Die maßgeblichen Größen werden unter a) bis g) näher beschrieben.

[1] Gegenüber der Darstellung von Schiebel [184/*14*] wurden einige Ergänzungen und Berichtigungen vorgenommen (die Punkte P und A_1 und die Winkel φ und φ_A fallen bei Schiebel zusammen).

Tafel 146. *Geometrische Beziehungen und Maße für versetzte Kegelräder mit* $\delta_A = 90°$ (Bild 145)
Index 1 für Ritzel; 2 für Tellerrad; Index p für Planrad-Größen; Index e für Größen der Ersatz-Stirnräder
Index s für Größen der Ersatz-Schraubenräder; Index m für Mittelmaße der Kegelräder
Index n für Größen im Normalschnitt

Maße	Dim.	Beziehungen
		Paarungsmaße (bezogen auf Wälzkegel):
Achsenwinkel (Kreuzungswinkel)	Grad	$\delta_A = 90°$
Wälzkegel-Winkel	Grad	δ_1, δ_2; $\sin\delta_1 = \cos\delta_2 \cos\varphi_A$
Achsabstand	mm	a; in Planradebene $a_p = R_{m2} \sin\varphi_p$
Übersetzung	—	$i = \dfrac{z_2}{z_1} = \dfrac{d_{m2}}{d_{m1}} \dfrac{\cos\beta_{m2}}{\cos\beta_{m1}}$
Zähnezahl	—	z_1; z_2
Versetzungswinkel	Grad	φ_A; $\sin\varphi_A = \dfrac{2a}{d_{m2} + 2g}$; $2g = d_{m1} \dfrac{\cos\delta_2}{\cos\delta_1} = \dfrac{d_1'}{\mathrm{tg}\,\delta_2}$ $\mathrm{tg}\,\varphi_A = \mathrm{tg}\,\varphi_p \sin\delta_2 = \mathrm{tg}\,\varphi \sin^2\delta_2$
Berührungswinkel	Grad	$\varphi_p = \beta_{m1} - \beta_{m2}$; $\sin\varphi_p = a_p/R_{m2} = \sin\varphi \approx 2a/d_{m2}$
		Mittelmaße (bezogen auf Berührungspunkt P der Wälzkegel):
Schrägungswinkel in Planradebene	Grad	$\beta_{m1} = \beta_{m2} + \varphi_p$; $\mathrm{tg}\,\beta_{m1} = \dfrac{i\, d_{m1}/d_{m2} - \cos\varphi_p}{\sin\varphi_p}$ Bei negativer Achsversetzung ist $\beta_{m1} < \beta_{m2}$, sowie φ_A, φ_p, φ, a, a_p und a_L negativ
Eingriffswinkel (Normalschnitt)	Grad	α_n
Teilkreis-Durchmesser	mm	d_{m1}; d_{m2}; $d_{m1} = \dfrac{d_{m2}}{i} \dfrac{\cos\beta_{m2}}{\cos\beta_{m1}} = d_1' \dfrac{\cos\delta_1}{\sin\delta_2}$
Modul (Normalschnitt)	mm	$m_{mn} = \cos\beta_{m1} \dfrac{d_{m1}}{z_1} = \cos\beta_{m2} \dfrac{d_{m2}}{z_2}$
Teilkegel-Länge	mm	$R_{m1} = 0{,}5\, d_{m1}/\sin\delta_1$; $R_{m2} = 0{,}5\, d_{m2}/\sin\delta_2$
Zahnbreite	mm	$b_2 \lesseqgtr 0{,}18\, d_{m2}$; $b_1 \approx b_2/\cos\varphi_p + 3 m_n\, \mathrm{tg}\,\varphi_p$
Profilverschiebung (Tafel 147)	mm	$x_{m1} m_{mn} = -x_{m2} m_{mn}$
Zahnkopfhöhe	mm	h_{km1}, h_{km2}
		Herstellungsmaße s. Taf. 140
		Ersatz-Schraubenräder (Index s) (bezogen auf Wälzpunkt):
Achsenwinkel (Kreuzungswinkel)	Grad	$\delta_s = \varphi_p$
Schrägungswinkel	Grad	$\beta_{s1} = \beta_{m1}$; $\beta_{s2} = \beta_{m2}$
Eingriffswinkel (Normalschnitt)	Grad	$\alpha_{sn} = \alpha_n$
Übersetzung	—	$i_s = \dfrac{z_{s2}}{z_{s1}} = i \dfrac{\cos\delta_1}{\cos\delta_2}$
Zähnezahl (unrunde Zahl)	—	$z_{s1} = z_1/\cos\delta_1$; $z_{s2} = z_2/\cos\delta_2$
Teilkreis-Durchmesser	mm	$d_{s1} = d_{m1}/\cos\delta_1$; $d_{s2} = d_{m2}/\cos\delta_2$
Modul (Normalschnitt)	mm	$m_{sn} = m_{mn}$
		Zahnbreite, Profilverschiebung, Zahnkopfhöhe s. Mittelmaße
		Ersatz-Stirnräder (Index e, Kreuzungswinkel = 0) (bezogen auf Wälzpunkt):
Eingriffswinkel (Normalschnitt)	Grad	$\alpha_{en} = \alpha_n$
Schrägungswinkel	Grad	$\beta_e = \beta_{m1}$
Übersetzung	—	$i_e = \dfrac{z_{e2}}{z_{e1}} = \dfrac{de_2}{de_1}$
Zähnezahl (unrunde Zahl)	—	$z_{e1} = \dfrac{z_1}{\cos\delta_1}$; $z_{e2} = z_{e1} \dfrac{de_2}{de_1}$
Teilkreisdurchmesser	mm	$d_{e1} = \dfrac{d_{m1}}{\cos\delta_1}$; $d_{e2} = \dfrac{d_{m2}}{\cos\delta_2 \cos^2\varphi_p}$
Modul (Normalschnitt)	mm	$m_{en} = m_{mn}$
Zahnbreite	mm	$b_e = b_1$
Zähnezahl (Normalschnitt)	—	$z_{en1} = z_{e1} z_n/z$; $z_{en2} = z_{e2} z_n/z$ mit z_n/z nach Taf. 118
Umfangsgeschwindigkeit	m/s	$v = v_1 = d_{m1} n_1/19100$
		Profilverschiebung und Zahnkopfhöhe s. Mittelmaße

Tafel 147. *Anhaltswerte für bogenverzahnte Kegelräder mit positiver Achsversetzung und* $\delta_A = 90°$

Erste Festlegungen

Nach Wahl von d_{m2}, i und $2a/d_{m2}$ wird φ_A, δ_1, d_{m1}, φ_p, β_{m1} und β_{m2} nach Taf. 146 bestimmt

$$\frac{2a}{d_{m2}} \lessapprox \frac{0{,}9i}{i+4} \begin{cases} \approx 0{,}45 & \text{für leichte Kraftfahrzeuge und Industriegetriebe} \\ \approx 0{,}23 & \text{für schwere Kraftfahrzeuge (Lastwagen)} \end{cases}$$

$\operatorname{tg}\delta_2 \approx i$

$d_1' = (1{,}3 \cdots 1{,}5)\, d_{m2}/i$ (für negative Achsversetzung $d_1' \approx 0{,}75\, d_{m2}/i$)

Mittlere Schrägungswinkel (Gleason)

$\beta_{m2} \leqq 35°$

$\beta_{m1} =$	0°	45°	40°
für $z_1 =$	6 ... 13	14 ... 15	16

Mindest-Zähnezahlen (Gleason)

Für $i =$	2,4	3,0	4	5	6	10
$z_{1\,min} =$	15	12	9	7	6	5
$z_{2\,min} =$	36	36	36	36	36	50

Außerdem: $z_1 \geqq z_{min} \cos\delta_1 \cos^3\beta_{m1}$; z_{min} s. z_n in Taf. 115/2

Zahnbreiten

$b_2 \leqq 0{,}34\, R_{m2}$ bzw. $\leqq 0{,}18\, d_{m2}$; außerdem: $b_2 \leqq 10\, m_{mn}$; b_1 s. Taf. 146

Profilverschiebung (Wildhaber [151/40])

$z_1 =$	5 ... 8	9	10	11	12	13	14
$x_{m1} = -x_{m2} =$	0,70	0,66	0,59	0,52	0,44	0,38	0,30

Eingriffswinkel im Normalschnitt für Bogenverzahnung (Wildhaber [151/40])

$\alpha_n = \alpha_m + \Delta\alpha$ für die konkave Radflanke und konvexe Ritzelflanke

$\alpha_n = \alpha_m - \Delta\alpha$ für die konvexe Radflanke und konkave Ritzelflanke

$$\operatorname{tg}\Delta\alpha = \frac{2(R_{m1}\sin\beta_{m1} - R_{m2}\sin\beta_{m2})}{d_{s1} + d_{s2}}$$ um Eingriffsverhältnisse für Links- und Rechtsflanken anzugleichen

$\alpha_m \approx 20°$

a) *Berührungspunkt, Berührungsnormale und Ersatz-Schraubenräder.* Der Berührungspunkt P der Berührungskegel (Teilkegel) von Rad *1* und *2* auf Mitte Zahnbreite b_2 ist im Bild 145 so gelegt, daß er im Grundriß und auch im Aufriß *in* der jeweiligen Bildebene liegt (im Grundriß auf der Geraden $E—E$, im Aufriß auf der Geraden $E'—E'$). Die in P errichtete Normale ($A_2—A_1$) zur Kegelfläche des Rades *2* ist die Berührungsnormale, die im Aufriß (oberes Bild) *in* der Bildebene liegt und im Grundriß in der Ebene senkrecht zur Bildfläche (die Spur dieser Ebene im Grundriß ist die Gerade $E—E$). Die Berührungsnormale schneidet beide Kegelachsen *1* und *2*, da sie normal zu beiden Berührungskegeln liegt; sie schneidet die Kegelachse *1* im Punkt A_1 und die Kegelachse *2* im Punkt A_2 (s. oberes Bild). Die Länge ($A_2—P$) bzw. ($A_1—P$) im oberen Bild ist gleichzeitig der Halbmesser $0{,}5\, d_{s2}$ bzw. $0{,}5\, d_{s1}$ der Ersatz-Schraubenräder. Durch Herunterloten des Punktes A_1 (Bild oben) in den Grundriß (Bild unten) erhält man dort den Schnittpunkt der Kegelachse *1* mit der Geraden $E—E$.

b) *Teilkegel 1, Achsabstand a, Versetzungswinkel* φ_A *und Kegelwinkel* δ_1. Im *unteren* Bild geht die Kegelachse *1* durch den Punkt A_1 und im Abstand a an der Kegelachse *2* (Punkt O_2) vorbei, wodurch die Lage der Kegelachse *1* im Grundriß festliegt. Der Winkel zwischen der Kegelachse *1* und der Gerade ($E—E$) ist der Versetzungswinkel φ_A.

Im *oberen* Bild liegt die Projektion der Kegelachse *1* im rechten Winkel zur Kegelachse *2*, sofern der Achsenwinkel $\delta_A = 90°$ ist; die Höhenlage der Kegelachse *1* ist durch ihren Abstand $d_{m1}/2$ vom Berührungspunkt P gegeben. Sie schneidet die Gerade ($E'—E'$) im Punkt O_1. Durch Herunterloten von O_1 in den Grundriß (unteres Bild) erhält man hier die Kegelspitze O_1 auf der Kegelachse *1*. Hierdurch ist gleichzeitig der Kegelwinkel δ_1 und die Kegelmantel-Länge R_{m1} bestimmt, wenn der mittlere Durchmesser d_{m1} des Kegelrades *1* gegeben ist. d_{m1} liegt im Grundriß auf der Geraden, die durch P geht und rechtwinklig zur Kegelachse *1* gerichtet ist.

c) *Planradebene und Maße der Planräder.* Im Aufriß *a* ist ($E'—E'$) die Spur der senkrecht zur Bildebene stehenden Berührungsebene der beiden Kegel und somit die Spur der Planradebene. In diese Ebene lassen sich die Kegelmäntel der beiden Teilkegel *1* und *2* abwickeln, wobei die Lage der Berührungslinien (O_2—P) und (O_1—P) der beiden Kegel mit der Planradebene und der von ihnen eingeschlossene Winkel φ_p erhalten bleibt. In der umgeklappten Planradebene (Bild Mitte) erhält man durch Herunterloten der Punkte O_2, O_1 und P aus dem oberen Bild rechtwinklig zur Geraden (E'—E') die entsprechenden Punkte O_{2P} und O_{1P} im Abstand R_{m2} bzw. R_{m1} vom Punkt P und somit den Winkel φ_p. Mit Einzeichnung der Tangente an die Zahnflankenlinie im Punkte P liegen auch die mittleren Schrägungswinkel β_{m2} bzw. β_{m1} der beiden Kegelräder fest.

d) *Wahre Größen in den verschiedenen Bildebenen.* Im Grundriß (unteres Bild) erscheint in wahrer Größe: δ_1, φ_A, a, a_L, R_{m1}, d_{m1} und b_1.

Im Aufriß (oberes Bild) erscheint in wahrer Größe: δ_A, δ_2, R_{m2}, b_2, d_{s2} und d_{s1}. In der Planradebene (mittleres Bild) erscheint in wahrer Größe: a_L, φ_p, β_{m1}, β_{m2}, R_{m2}, R_{m1}, b_2 und b_1.

e) *Krümmungsmittelpunkte der Flankenlinien.* Nach Schiebel [151/*19*] lassen sich auch noch die jeweiligen Krümmungs-Mittelpunkte M_1 und M_2 der Flankenlinien von Rad *1* und *2* für den jeweiligen Berührungspunkt P konstruieren. Man zieht (mittleres Bild) von O_{2P} die Gerade durch O_{1P} und von P die Normale zur Flankentangente und erhält so den Schnittpunkt N. Ferner zieht man von P die Normale zu (O_{1P}—P) und von N die Normale zu (N—P) und erhält den Schnittpunkt O. Die Verbindungslinien (O—O_{1P}) und (O—O_{P2}) ergeben auf (N—P) die gesuchten Schnittpunkte M_1 und M_2. Die Kreise um O_1 und O_2 durch N sind die jeweiligen *Wälzkreise* für die Bewegung der Flankenlinien in P. Entsprechend diesen Beziehungen kann man den Verlauf der Flankenlinien durch Wahl des Punktes O_1 gegenüber O_2 und durch Wahl von φ_p variieren.

f) *Gleitgeschwindigkeit* v_F. Aus der geometrischen Differenz der beiden Umfangsgeschwindigkeiten v_1 und v_2 im Punkt P ergibt sich die Gleitgeschwindigkeit v_F zwischen den Zahnflanken in Richtung der Flankenlinien. Sie beträgt:

$$v_F = v_1 \frac{\sin\varphi_p}{\cos\beta_{m2}} = v_2 \frac{\sin\varphi_p}{\cos\beta_{m1}}.$$

g) *Ersatz-Schraubenräder.* Ihre Maße sind: Teilkreisdurchmesser d_{s2} bzw. d_{s1}, Zahnbreite b_2 bzw. b_1, Schrägungswinkel β_{m2} bzw. β_{m1}. Ihre Achsen kreuzen sich im Winkel φ_p im Abstand $0{,}5(d_{s1}+d_{s2})$. Es sind also Stirn-Schraubenräder, die ebenso zur Beurteilung der Verzahnung, der Gleitverhältnisse, der Beanspruchung und der Tragfähigkeit der versetzten Kegelräder herangezogen werden können, wie bei den Kegelrädern ohne Achsversetzung die Ersatz-Stirnräder mit parallelen Achsen.

3. Festlegung der Maße

Gewöhnlich geht man von der Baugröße für den unversetzten Kegeltrieb bei gleichen Betriebsdaten aus. Man versetzt dann die Ritzelachse um das gewünschte Maß a. Bei positiver Achsversetzung und unveränderter Übersetzung erhält man einen größeren Ritzeldurchmesser d_{m1}, wenn man die Abmessungen und den mittleren Schrägungswinkel des Tellerrades beibehält. Dem größeren Ritzeldurchmesser entspricht nun eine größere übertragbare Leistung. Man kann nun die Abmessungen der Kegelradpaarung geometrisch ähnlich etwa so verkleinern, daß d_{m1} gleich dem Durchmesser des unversetzten Kegelritzels wird. Man kann aber auch d_{m1} nach Gl. (141/3) überschläglich berechnen und die weiteren Maße nach den Anhaltswerten in Taf. 147 festlegen bzw. nach Taf. 146 mit den Ausgangswerten berechnen.

4. Nachweis der Tragfähigkeit

Flankenpressung. Die schräg über dem Zahn verlaufende Druckfläche zwischen den Zahnflanken variiert mit der Art der Herstellung (s. Fußnote 2, S. 131) zwischen einer langgestreckten Ellipse und einer Drucklinie (schmale Rechteck-Druckfläche). Die hierbei auftretende Flankenpressung kann man im Fall der Druckellipse als Flankenpressung der Ersatz-Schraubenräder nach S. 193 mit den Maßen nach Taf. **146** berechnen und für den Fall der Rechteck-Drucklinie nach den Berechnungsangaben von WILDHABER [151/*40*]. Nach Untersuchungen der FZG ist aber der Unterschied im Berechnungsergebnis für die übliche Auslegung der versetzten Kegelräder mit $2a/d_{m2} = 0{,}23 \cdots 0{,}45$ praktisch gering, wenn man berücksichtigt, daß nach S. 195 u. 248 die elliptische Druckfläche praktisch die gleiche Grenzbelastung erträgt wie die umschriebene Rechteck-Druckfläche.

Zahnfußbeanspruchung. Sie entspricht der von Kegelrädern und somit der von Ersatz-Stirnrädern mit gleicher Schräglage der Berührungslinie auf dem Zahn.

Gleitgeschwindigkeit und Freßlastgrenze. Die Berechnung der resultierenden Gleitgeschwindigkeit v_G an den Zahnflanken aus der Gleitgeschwindigkeit v_F (in Richtung der Flankenlinien) und der Gleitgeschwindigkeit in Höhenrichtung der Zähne ist die gleiche wie bei den Ersatz-Schraubenrädern (s. S. 192).

Nach Untersuchungen der FZG kommt man zu einem vollständigen Berechnungsverfahren für alle drei Belastungsgrenzen, indem man ein *Ersatz-Stirnradpaar* bestimmt, das hinsichtlich Zahnfußbeanspruchung und Flankenpressung den wirklichen Verhältnissen sehr nahe kommt. Die Berechnungsmaße für die Ersatz-Stirnräder sind in Taf. **146** zusammengestellt. Das nachfolgende Berechnungsbeispiel zeigt den Gang der Berechnung entsprechend dem der Stirnräder auf S. **103**. Die Ersatz-Eingriffstrecke $e_{\max}$ zur Berechnung der Freßlastgrenze mit Hilfe des Beiwertes y_F nach S. **105** beträgt hierbei:

$$e_{\max} \approx \sqrt{e_e^2 + e_F^2} = e_e \sqrt{1 + (e_F/e_e)^2} \qquad (149/1)$$

mit Profil-Eingriffstrecke

$$\left.\begin{aligned} e_e &= \varepsilon_1\, m_e\, \pi \cos\alpha_e \\ &= \varepsilon_2\, m_e\, \pi \cos\alpha_e \end{aligned}\right\} \text{ maßgebend ist der größere Wert!} \qquad (149/2)$$

$$e_F \approx \frac{d_{e\,2} \sin\varphi_p}{2\,(i_e + 1) \cos\beta_{m\,2}}. \qquad (140/3)$$

5. Lagerkräfte und Gestaltung

Für die Berechnung der Lagerkräfte und auch für die Gestaltung gelten die bereits für schräg- und bogenverzahnte Kegelräder auf S. **142** gemachten Angaben. Durch die Achsversetzung ist es außerdem möglich, beide Kegelräder beiderseitig zu lagern und somit einen wesentlichen Nachteil der Kegelräder (größere elastische Achsfehler bei einseitiger Lagerung) gegenüber Stirnrädern zu beseitigen.

6. Berechnungsbeispiel

Beziehungen, Bezeichnungen und Dimensionen s. Taf. 146 und 147.

1) *Gegeben: Versetzter Kegeltrieb für PKW-Hinterachse.*

Gesucht: Nachweis der Tragfähigkeit.

Betriebsdaten: Drehmoment $M_1 = 28$ m kg (entsprechend dem maximalen Motordrehmoment); Drehzahl $n_1 = 4600$ Uml/min.

Werkstoff: Stahl 13 NiCr 18 E, einsatzgehärtet. Nach S. 120 u. 121 ist etwa $\sigma_0 = 48$, $\sigma_D = 0{,}7 \cdot \sigma_0 = 33{,}6$ für Wechsellast, $k_0 = 5{,}0$, $k_D = 4{,}67$ mit $y_s = 0{,}8$ und $y_v = 1{,}166$ für $v = 14{,}9$.

Schmierstoff: Hypoid-Einlauföl SAE 90 mit etwa 37 cSt Zähigkeit bei Betriebstemperatur, $M_{\text{Test}} = 75$ und $K_{\text{Test}} = 4{,}0$ für $v = 14{,}9$ m/s (s. Bild 122).

Verzahnung: Qualität 6 mit $f_e = 13\,\mu$, $f_R = 6{,}1$ und $f_{Rw} = 26{,}6$ für $g_K = 0{,}6$ (nach (Taf. 114/2), $a = 25{,}4$, $\delta_A = 90°$, $\delta_1 = 17{,}46°$, $\delta_2 = 71{,}88°$, $\beta_{m1} = 50{,}25°$, $\beta_{m2} = 34{,}25°$, $\alpha_n = 20°$, $z_1 = 11$, $z_2 = 40$, $i = 3{,}64$, $b_1 = 37{,}0$, $b_2 = 31{,}1$. Auf Mitte Zahnbreite:

$d_{m1} = 61{,}7$, $d_{m2} = 173{,}6$, $m_{mn} = 3{,}58$, $h_{km1} = 5{,}4$, $h_{km2} = 1{,}4$, $x_{m1} = -x_{m2} = 0{,}52$ (vgl. die Erfahrungswerte in Taf. 147); Ritzel mit Werkzeug entsprechend dem Tellerrad verzahnt und **einseitig** gelagert.

2) *Nachweis der Tragfähigkeit an Hand der Ersatz-Stirnräder.*

Ersatz-Stirnräder (Maße berechnet nach Tafel 146):
$\beta_e = 50{,}25°$, $\beta_{eg} = 46{,}3°$, $\alpha_{en} = 20°$, $z_{e1} = 11{,}5$, $z_{e2} = 108$, $i_e = 9{,}4$, $z_{en1} = 37{,}7$, $z_{en2} = 354$, $x_{e1} = -x_{e2} = 0{,}52$, $m_{en} = 3{,}58$, $d_{e1} = 64{,}7$, $d_{e2} = 607$, $b_e = b_1 = 37$, $v = v_1 = 14{,}9$.

Lastwert: $B_e = 0{,}379$ nach Gl. (114/1)
$B_w = B_e \cdot C_S \cdot C_D \cdot C_T \cdot C_\beta = 0{,}379 \cdot 1{,}5 \cdot 1{,}11 \cdot 1{,}16 \cdot 2{,}0 = 1{,}46$ mit $\varepsilon_{sp} = 2{,}3$, $\varepsilon = 0{,}75$ nach S. 118.

Zahnbruchsicherheit (nach S. 105): $S_{B1} = \dfrac{\sigma_{D1}}{B_w z_{e1} q_{w1}} = \dfrac{33{,}6}{1{,}46 \cdot 11{,}5 \cdot 1{,}50} = \mathbf{1{,}33}$,

wobei $q_{k1} = 2{,}12$, $q_{e1} = 0{,}708$ mit $\varepsilon_n = 1{,}58$ ist;

$$S_{B2} = \frac{\sigma_{D2}}{B_w z_{e1} q_{w2}} = \frac{33{,}6}{1{,}46 \cdot 11{,}5 \cdot 1{,}506} = \mathbf{1{,}33},$$

wobei $q_{k2} = 2{,}28$, $q_{e2} = 0{,}66$ und $\varepsilon_w = 1{,}72$ ist.

Grübchensicherheit (nach S. 105): $S_{G1} = \dfrac{K_{D1}}{B_w y_{w1}} \dfrac{i_e}{i_e + 1} = \dfrac{4{,}67}{1{,}46 \cdot 1{,}10} \dfrac{9{,}4}{10{,}4} = \mathbf{2{,}63}$,

wobei $y_C = 3{,}11$, $y_\beta = 0{,}355$, $y_\varepsilon = 1$ und $\varepsilon_{1n} = 1{,}21$ ist.

$$S_{G2} = \frac{K_{D2}}{B_w y_{w2}} \frac{i_e}{i_e + 1} = \frac{4{,}67}{1{,}46 \cdot 1{,}10} \frac{9{,}4}{10{,}4} = \mathbf{2{,}63}.$$

Freßsicherheit (nach S. 105): $S_F = \dfrac{K_{\text{Test}} \cos\beta_e}{B_w y_e y_F} \dfrac{i_e}{i_e + 1} = \dfrac{4{,}0 \cdot 0{,}6394}{1{,}46 \cdot 3{,}11 \cdot 0{,}352} \dfrac{9{,}4}{10{,}4} = \mathbf{1{,}45}$,

wobei nach Gl. (149/1) $e_{\max} = 13{,}1$, $e_e = 8{,}75$, $e_F = 9{,}8$ ist.

23.5. Normen und Schrifttum zu Kegelrädern

1) Normen: DIN 869, Bl. 2. Richtlinien für die Bestellung von Kegelrädern. DIN 3971 Bestimmungsgrößen und Fehler an Kegelrädern.

2) Handbücher: s. S. 62 u. 123.

3) Schrifttum Kegelräder, allgemein:

[1] Altmann, F. G.: Mechanische Übersetzungsgetriebe und Wellenkupplungen. (Zylindrisches Stirnrad gepaart mit Plan-Kegelrad). Z. VDI Bd. 94 (1952) S. 547.

[2] Apitz, G.: Austauschbare Fertigung von Kegelrädern mit geraden und schrägen Zähnen. In: Fachtagung Zahnradforschung 1950. Braunschweig: Vieweg 1951.

[3] —: Beiträge zur Prüfung von Kegelrädern. VDI-Forschungsheft 420, Berlin 1943.

—: Messen und Prüfen bei der Fertigung austauschbarer Kegelräder. S. 99/111 in: VDI-Berichte.

[4] Bd. 32, Düsseldorf 1959.

[5] Aschwanden, P. F.: Neue Bearbeitungsmethoden in der Erzeugung von Spiralkegelrädern (Oerlikon-Eloidverzahnung). ATZ 55 (1953) S. 42.

[6] Golliasch, F.: Die Ermittlung der Kegelrad-Abmessungen. Leipzig 1951 Fachbuchverlag.

[7] Hofmann, F.: Gleason-Spiralkegelräder. Berlin: Springer 1939.

[8] Keck, K. Fr.: Das Gleason-Unitool-Verfahren. Werkstatt u. Betr. Bd. 89 (1956) S. 397—401.

[9] Klepper, G.: Beitrag zur Berechnung der Kegelräder. Konstruktion Bd. 6 (1954) S. 75—76.

[10] Königer, R.: Kegelräder mit nicht geraden Zähnen. Werkstattstechn. u. Werksleiter (1935) S. 173.

[11] Krumme, W.: Klingelnberg-Palloid-Spiralkegelräder. Berlin: Springer 1950.

[12] Lindner, W.: Kegelräder, in: Klingenberg: Techn. Hilfsbuch, 14. Aufl. Berlin: Springer 1960.

[13] O'Brien, L. J.: Aircraft Bevel Gears. S. A. E. J. Bd. 53 (1945) Nr. 9.

[14] Raup, A.: Herstellung von Kegelrädern mit Gerad- u. Schrägverzahnung. Werkstattstechn. u. Maschinenbau Bd. 42 (1952) S. 117.

[15] Richter, E. H.: Bestimmungsgrößen und Fehler an Kegelrädern. Werkstattstechn. u. Maschinenbau Bd. 45, H. 1 (1955) S. 19—25.

[16] —: Geometrische Grundlagen der Kegelrad-Kreisbogenverzahnung. Konstruktion Bd. 10 (1958) S. 93—101.

[17] RIECKHOFF, O.: Prüfung von Spiralkegelrädern und Auswertung der Prüfung für die Fertigung. Werkstattstechn. u. Maschinenbau Bd. 43 (1953) S. 455—458.
[18] —: Über wirtschaftliche und zweckmäßige Verzahnung durch Pressen. (Kegelräder mit gepreßter Verzahnung.) Werkstattstechn. u. Maschinenbau Bd. 44 (1954) S. 371.
[19] SCHIEBEL, A.: Zahnräder: Teil I: Stirn- und Kegelräder mit geraden Zähnen. Berlin: Springer 1930; Teil II: Stirn- und Kegelräder mit schrägen Zähnen; Teil III: Schraubengetriebe. Berlin: Springer 1934. — SCHIEBEL, A., u. W. LINDNER: Neuauflage, I. Bd. Berlin: Springer 1954. Bd. II, Springer 1957.
[20] SZENICZEI, L.: Beitrag zur zeitgemäßen Berechnung der Kegelräder. Acta Technica Tom. XXI Fasc. 1—2, Budapest 1958.
[21] TREDGOLD: A Practical Essay on the Strength of Cast Iron. London 1882.
[22] VDMA: Kegelräder, Tafeln für die Berechnung der Abmessungen ... Braunschweig: Vieweg 1942.
[23] VOGEL W. K.: Die Bedeutung der Zahnlängsform bei Spiralkegelrädern, ..., ATZ 61 (1959) S. 306 bis 310 und S. 346 bis 350.
[24] Firmenschriften: Gleason-Works, Rochester, New York (USA) (in Deutschland: A. Wenzky & Co., Stuttgart-N); Werkzeugmaschinenfabrik Oerlikon Bührle & Co., Zürich (Schweiz); W. Ferd. Klingelnberg Söhne, Hückeswagen (Rhld.).

4) Schrifttum versetzte Kegelräder:

[30] ALTMANN, F. G.: Bestimmung des Zahnflankeneingriffs bei allg. Schraubgetrieben. Forsch. Ing.-Wes. Bd. 8 (1937) Nr. 5.
[31] CAPELLE, I.: Theorie et calcul des engrenages hypoids. Paris: Dunod 1949.
[32] CRAIN, R.: Schraubenräder mit geradlinigen Eingriffsflächen. Werkstattstechnik Bd. 1 (1907).
[33] KECK, K. F.: Die Bestimmung der Verzahnungsabmessungen bei kegeligen Schraubgetrieben mit 90° Achswinkel. ATZ Bd. 55 (1953) S. 302—308.
[34] KOTTHAUS, E.: Eine neue Methode zum Berechnen achsversetzter Kegelräder. Konstruktion Bd. 9 (1957) S. 147—153.
[35] KRUMME, W.: Geometrische Untersuchungen an Schrauben-Kegelrädern. Konstruktion Bd. 6 (1954) S. 125—129.
[36] MATTHIEU, P.: Über die Berechnung der Hypoidgetriebe. Ing.-Arch. Bd. 21 (1953) S. 55—62, 287—291.
[37] LINDEMANN, H. W.: Hypoidräder und ihre Verwandtschaft mit Spiralkegelrädern. ATZ (1933) S. 537.
[38] LINDNER, W.: Berechnung, Eigenschaften und Herstellung von Kegelschraubgetrieben mit Palloidverzahnung. Berlin: VDI-Verlag 1943.
[39] REBESKI, H.: Spiralkegelräder mit versetzten Achsen und Palloidverzahnung. ATZ Bd. 57 (1955) S. 43, 74 u. 78.
[40] WILDHABER, E.: Basic Relationship of Hypoid Gears. American Machinist Vol. 90 (1946) No 4 bis 11.

24. Schneckengetriebe

Bezeichnungen u. Maße s. S. 160, Schrifttum s. S. 184.

24.1. Eigenschaften, Verwendung und Betriebsdaten

1. Eigenschaften

Hervorzuheben sind

1. die *Kreuzlage* der Achsen im Abstand a (Bild 153/1); sie gestattet die Querstellung des Antriebs und durchlaufende Antriebswellen für mehrere Abtriebe; Kreuzungswinkel meist 90°;

2. die *Gleitbewegung* der Zahnflanken, die einerseits geräuscharmen und gedämpften Lauf bewirkt (geräuschärmster Zahntrieb), anderseits aber besondere Maßnahmen erfordert, wie glatte, gleitgünstige und einlauffähige Flankenpaarung und Beachtung der Schmierbedingungen, um Verlustleistung und Verschleiß klein zu halten;

3. der *stärkere Verzehr rückwirkender Kräfte* (bis zur Selbsthemmung möglich), da sich mit der Umkehr des Kraftflusses (Rad statt Schnecke treibend) der Zahnwirkungsgrad von η_z in η_z' ändert;

4. der *große Übersetzungsbereich*, der bei Übersetzung ins Langsame von $i = 1$ bis über 100 in einer Stufe geht und bei Übersetzung ins Schnelle von $i = 1$ bis etwa 15;

5. ein *hoher Wirkungsgrad* (bis 98%) ist nur unter bestimmten Bedingungen erreichbar, da er besonders mit kleinerem Steigungswinkel (mit größerer Übersetzung), ferner mit kleinerer Gleitgeschwindigkeit und auch mit kleinerer Baugröße abnimmt (bis unter 50%); Zahlenangaben s. Taf. 181/2, Bild 180/1 und 180/2;

6. die *hohe Belastbarkeit* infolge Linienberührung und gleichzeitigem Eingriff von mehreren Zähnen (meist 2 bis 4);

7. *gegenüber Stirn- und Kegelrädern* meist kleiner und leichter ausführbar und bei größerer Übersetzung auch billiger; gegenüber versetzten Kegelrädern (S. 144) größere Gesamtlänge der Berührungslinien und größere Laufruhe; gegenüber Schraubenrädern größere Tragfähigkeit und größerer Wirkungsgrad infolge Linienberührung statt Punktberührung;

8. die *Eigenschaft der Paarverzahnung*, wobei jede Änderung der Schnecke eine entsprechende Änderung des Werkzeugs zur Herstellung der Räder bedingt. Daher Schnecken in bestimmten Größen in beschränkter Anzahl festlegen und jede für mehrere Radgrößen, also für mehrere Achsabstände, ausnutzen (s. S. 167);

9. der *Axialdruck* der *E*-Schnecke ist dem Drehmoment proportional, so daß er bei zylindrischen Schnecken zur Auslösung eines Überlastschalters oder zur drehmoment-abhängigen Anpressung eines vorgeschalteten Reibradgetriebes benutzt werden kann [186/*98*].

2. Verwendung

Bisher erreichte Werte. Schneckendrehzahl bis 40000 U/min, Schnecken-Umfangsgeschwindigkeit bis 69 m/s, Rad-Drehmoment bis 70000 mkg, Rad-Umfangskraft bis 80000 kg, Raddurchmesser bis über 2 m, Leistung bis 1400 PS.

Neuere Tendenzen. Zunehmende Anwendung von Schneckentrieben auch im Bereich von $i = 1$ bis 5, da hierbei große Leistungen mit hohem Wirkungsgrad übertragbar sind und ferner Hintereinanderschaltung derartiger Paarungen oder Vorschaltung (oder Nachschaltung) einer Stirnradstufe, um auch größere Übersetzungen mit gutem Wirkungsgrad zu erreichen. Zunehmende Anwendung von Hochleistungs-Schneckengetrieben mit gehärteten und geschliffenen Schnecken, mit Kühlung (Kühlrippen am Gehäuse, Blasflügel auf Schneckenwelle oder Wasserkühlung) und ferner mit tragfähigerer Zahnform (s. S. 181), um bei etwa gleichem Preis pro PS höheren Wirkungsgrad und kleineres Bauvolumen zu erreichen.

Bekannte Verwendungsgebiete. Reduziergetriebe für Kraftantriebe aller Art bis etwa 1400 PS, z. B. für Dauerförderer, Aufzüge, Motorwinden, Motorkrane, ferner für Textilmaschinen, Ruderanlagen von Schiffen, Antriebe von Drehtrommeln und Wanderrosten und außerdem für Antriebe von Zentrifugen und Pumpen. Bei Werkzeugmaschinen die Hauptantriebe von ratterfreien Abstichdrehbänken, von Senkrecht-Bohrwerken, von Hobelmaschinen und besonders für die Tischantriebe von Verzahnmaschinen. Bei Kraftfahrzeugen für Hinterachsgetriebe, besonders von Lastwagen und Obussen, von Motor- und Grubenlokomotiven und außerdem als Lenkschnecke für die Steuerung von Kraftfahrzeugen.

3. Tragfähigkeit, Baugröße und Kosten

Hierzu sind auf S. 6 nähere Zahlenangaben gebracht und ferner auf S. 182 u. 183 besondere Diagramme zur überschläglichen Ermittlung der erforderlichen Abmessungen. Außerdem sind in Taf. 181/2 für eine Reihe von Baugrößen und Drehzahlen die übertragbaren Leistungen zusammengestellt.

24.2. Paarungsarten, Zahnform und Betriebsverhalten

1. Zahnform der Zylinderschnecken

Von den in Bild 153/1 dargestellten Arten (sämtlich mit Linienberührung an den Zahnflanken) wird die Paarung mit *Zylinderschnecke* weitaus am meisten verwendet, und zwar entsprechend der jeweiligen Zahnform und Herstellung als

1) *A*-Schnecke oder *N*-Schnecke, wobei die Schneckengänge im *Achs*schnitt bzw. im *Normal*schnitt Trapezprofil besitzen (Herstellung auf Drehbank mit trapezförmigem Stichel, angestellt im *Achs*- bzw. *Normal*schnitt der Schnecke; kein Schleifverfahren!).

2) **E-Schnecke,** wobei die Schnecke ein schrägverzahntes Evolventen-Stirnrad mit $\beta = 87$ bis $45°$ darstellt (Bild 153/2); die Zahnflanken können mit Plan- oder Profil-Schleifscheibe ähnlich wie bei Stirnrädern geschliffen werden.

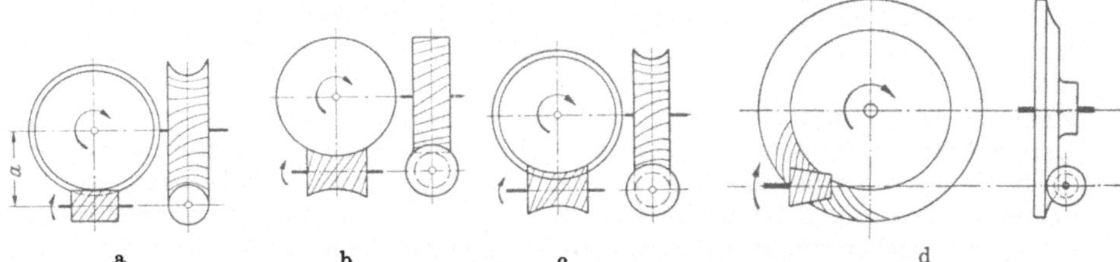

Bild 153/1. Paarungsarten der Schneckentriebe. a Zylinderschneckentrieb (Zylinderschnecke gepaart mit Globoidrad); b Globoidschnecke gepaart mit Stirnrad; c Globoidschneckentrieb (Globoidschnecke gepaart mit Globoidrad); d Kegelschneckentrieb (Kegelschnecke gepaart mit Globoid-Kegelrad, genannt Spiroidgetriebe [184/24])

3) **K-Schnecke,** wobei das im Schneckengang angestellte Rotationswerkzeug (Scheibenfräser oder Schleifscheibe) Trapezprofil besitzt, also einen Doppel*kegel* darstellt.

4) **H-Schnecke** (Hohlflanken-Schnecke), wobei das im Schneckengang angestellte Rotationswerkzeug (Scheibenfräser oder Schleifscheibe) ein konvexes, z. B. Kreisbogen-Profil besitzt (Bild 153/2).

2. Verlauf der Berührungslinien und Betriebsverhalten

Nach Bild 153/2 sind meist 2 bis 3 Radzähne gleichzeitig im Eingriff, wobei die Berührungslinie (*B*-Linie) eines Zahnes vom Zahneingriff bis zum Austritt in der Reihenfolge *1*, *2*, *3*, ... über die Zahnflanken wandert. Dort, wo (für einen Punkt der *B*-Linie) die Resultierende aus Umfangsgeschwindigkeit v (Projektion der Gleitgeschwindigkeit v_F in der Bildebene) und Wälzgeschwindigkeit $2\,w$ ($w =$ negative Wandergeschwindigkeit der *B*-Linien) senkrecht zur *B*-Linie steht, ist die Schmierdruckbildung (hydrodynamische

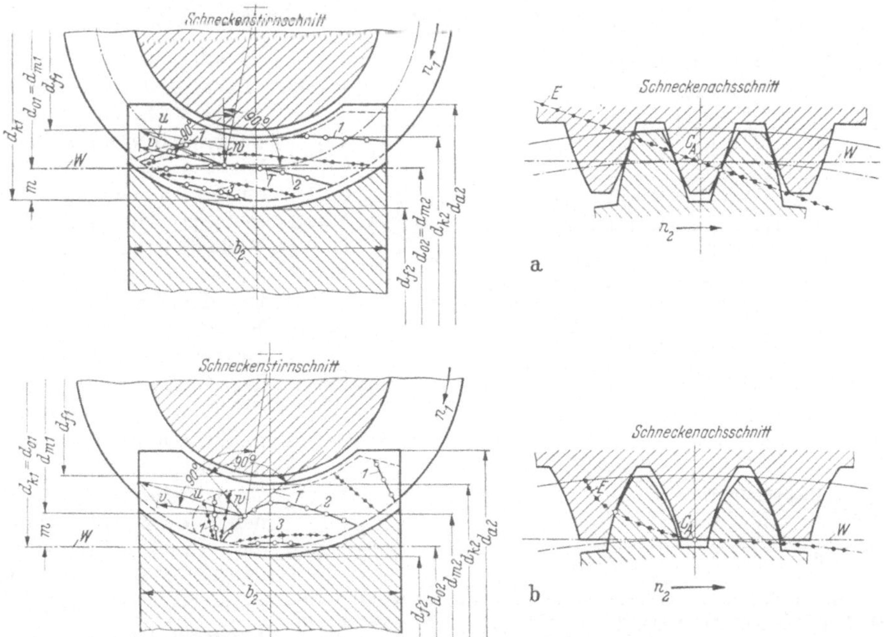

Bild 153/2. Zahnpaarung und Berührungslinien der Zahnflanken des *E*-Schneckentriebs a (oben) und des *H*-Schneckentriebs, b (unten) bei gleichen Hauptabmessungen
E Eingriffslinie im Achsschnitt *W*; Wälzgerade; *1*, *2*, *3* ... Berührungslinien, eingezeichnet auf den Schneckenflanken

Tragfähigkeit) relativ groß und die Verlustleistung relativ gering. Dort, wo die Resultierende in Richtung der *B*-Linien fällt, wird dagegen kein Schmierdruck, sondern nur Reibarbeit erzeugt. Liegen die *B*-Linien eng beieinander, so ist der resultierende Krümmungshalbmesser der Zahnflanken (im Normalschnitt der *B*-Linie) klein, also die Wälzpressung groß. Dort wird die Grübchenbildung zuerst einsetzen. Ermittlung der *B*-Linien s. Abschn. 24/7.

Betriebsverhalten. Die *A*-, *N*-, *E*- *und K-Schnecken* mit Lage der Wälzgeraden *W* auf Zahnmitte (Bild 153/2) unterscheiden sich bei gleicher Herstellungsgüte nur wenig hinsichtlich Flankenbeanspruchung, Schmierdruckbildung und Verlustleistung, so daß die Berechnungswerte der *E*-Schnecke auch für die übrigen Schnecken verwendbar sind.

Dagegen erreichen die *H-Schnecken* (Bild 153/2) mit Lage der Wälzgeraden etwa am Außendurchmesser der Schnecke und steilerem Verlauf der *B*-Linien gegenüber den *E*-Schnecken günstigere Werte, und zwar zunehmend mit größerer Gleitgeschwindigkeit, größerem Steigungswinkel, größerem Achsabstand und kleinerer Übersetzung. Vergleichswerte s. Taf. 181/1 und 181/2.

3. Weitere Paarungsarten

Die *Globoid*-Schnecken (*G*-Schnecken) (s. Bild 153/1 c) erreichen nach Taf. 181/1 etwa den gleichen Wirkungsgrad wie die *E*-Schnecken und liegen hinsichtlich der Flankentragfähigkeit zwischen den *E*- und *H*-Schnecken. Sie erfordern eine sehr genaue axiale Einstellung von Rad *und* Schnecke.

Die *Globoidschnecken*, gepaart mit schrägverzahntem Stirnrad (Bild 153/1 b), werden bisher als Laufschnecken noch kaum verwendet (wohl als Lenkschnecken für Kraftfahrzeuge).

Die *Kegelschnecken*triebe Bild (153/1d) sind als jüngste Sonderform der versetzten Kegelräder noch wenig erprobt.

24.3. Belastungsgrenzen und Betriebsverhalten

Flanken-Grenzleistung N_F. Nach Bild 154 nimmt die Verlustleistung N_v bei einem mit Mineralöl geschmierten Schneckentrieb zunächst etwa linear mit dem Raddrehmoment M_2 zu, und zwar ausgehend von der Verlustleistung N_0 bei Leerlauf bis zu einem gewissen Drehmoment, von dem ab die Verlustleistung zunehmend steiler ansteigt. Durch Ziehen der Tangente *T* an die Kurve vom Nullpunkt des Diagramms aus läßt sich das Drehmoment M_{2F} für den Tangenten-Berührungspunkt angeben und hieraus die entsprechende Flanken-Grenzleistung N_{2F} berechnen, die als Kennwert für die Flanken-Tragfähigkeit des betreffenden Schneckentriebs bei der betreffenden Drehzahl und Schmierung gewertet werden kann. Oberhalb dieses Grenzwertes steigt außer dem Reibwert auch der Verschleiß und die Erwärmung des Schneckentriebs stärker an.

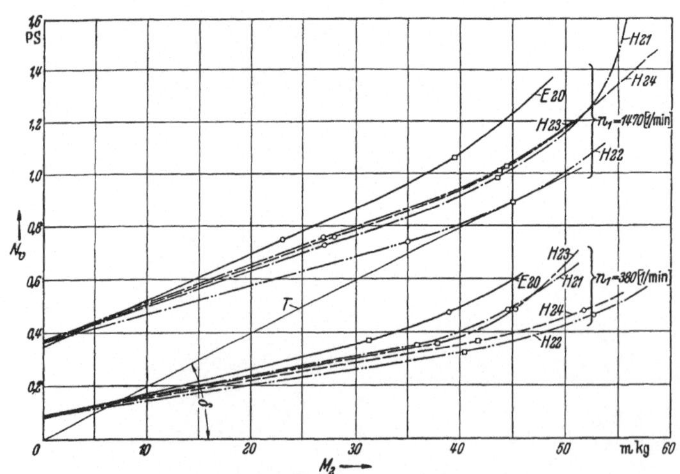

Bild 154. Gesamtverlustleistung N_v der Schneckentriebe nach Taf. 171 bei Dauerbetrieb für 2 Drehzahlen n_1, abhängig vom Raddrehmoment M_2 (nach [185/71])

Bei Verwendung eines zäheren Schmieröles (Bild 156/2) wird die Leerlaufleistung N_0 erheblich größer und die Flanken-Grenzleistung N_{2F} etwas größer, aber die Neigung der Kurven flacher, so daß die Lage der Tangente T und somit der Bestwert der relativen Verlustleistung N_v/N_2 fast unverändert bleibt.

Temperatur-Grenzleistung N_T. In gleicher Weise wie die N_v-Kurven verlaufen nach Bild 155 die Kurven der Dauer-Übertemperatur $t_{\ddot{u}w}$ des Schneckentriebs, aufgetragen über dem Raddrehmoment M_2. Die Punkte dieser Kurven ergeben sich, wenn man bei konstanter Drehzahl und konstantem Drehmoment das Wärme-Gleichgewicht abwartet und die hierbei sich einstellende Dauer-Übertemperatur $t_{\ddot{u}w}$ der äußeren Gehäusewand gegenüber der Lufttemperatur des Raumes mißt. Entsprechend kann man die Temperatur-Grenzleistung eines Getriebes für jede Drehzahl ermitteln, wenn man die zulässige Dauer-Übertemperatur $t_{\ddot{u}w}$ des Gehäuses (oder $t_{\ddot{u}s}$ im Ölsumpf) festlegt.

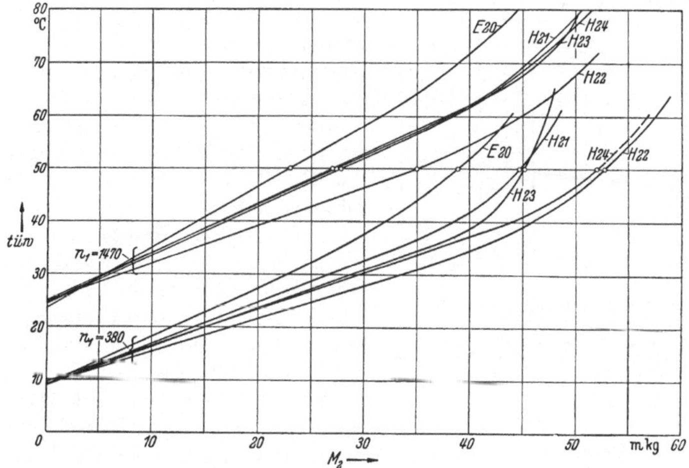

Bild 155. Übertemperatur $t_{\ddot{u}w}$ der Gehäusewand bei den Versuchen nach Bild 154. Ausführung des Gehäuses s. Bild 157

Bild 156/1 zeigt beispielsweise die für die Getriebe *E* 20 und *H* 22 (Taf. 171) im Getriebekasten nach Bild 157 ermittelten Temperatur-Grenzleistungen, und zwar für den Betrieb ohne und mit Bläser auf der Schneckenwelle. Durch eine zusätzliche Kühlschlange im Ölsumpf könnte die Grenzleistung noch weiter gesteigert werden.

Da die Übertemperatur $t_{\ddot{u}w}$ und ebenso die Übertemperatur des Ölsumpfes, aufgetragen über der Zeit, nur allmählich ansteigt und das Wärmegleichgewicht (Dauerübertemperatur) erst nach mehreren Stunden erreicht wird (Bild 168), ist die Wärme-Grenzleistung bei Kurzzeit-Betrieb und bei mehrfach unterbrochenem Betrieb erheblich größer als bei Dauerbetrieb (ebenso wie bei einem Elektromotor). Sie kann für jede Betriebsdauer und Drehzahl berechnet werden, wenn die Erwärmungskurve des Schneckentriebs bei einem beliebigen Drehmoment für die betreffende Drehzahl vorliegt. Die Erwärmungskurve wird charakterisiert durch die Kurventangente im Nullpunkt und durch die Dauer-Übertemperatur. Die erstere hängt vom Wärme-Speichervermögen des Schneckentriebs, also von Baugröße und Ölfüllung, und die letztere von der Kühlleistung (Wärmeabgabe pro Zeiteinheit) des Gehäuses ab. Ferner ist von Interesse, daß bei doppelter Verlustleistung die Übertemperatur zu jedem Zeitpunkt etwa doppelt so groß ist, so daß man hiernach die zu erwartende Übertemperatur für andere Leistungen bestimmen kann, wenn eine Erwärmungskurve für die betreffende Drehzahl vorliegt.

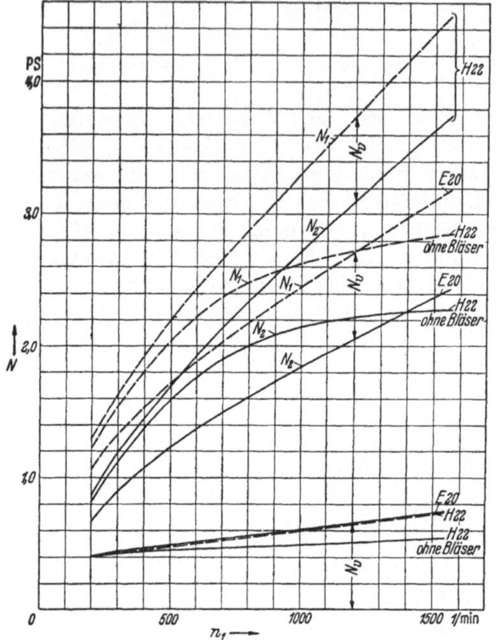

Bild 156/1. Temperatur-Grenzleistungen N_1 und N_2 und Verlustleistung N_v über der Schneckendrehzahl n_1 für die Schnecke E 20 und H 22 (Taf. 171) im Getriebekasten nach Bild 157 bei Betrieb ohne bzw. mit Bläser auf der Schneckenwelle nach [185/71] bei $t_{\ddot{o}w} = 50°$ C

Wälzfestigkeit der Radflanken. Ähnlich wie bei Stirnrädern tritt auch bei Schneckentrieben bei Überschreitung der Wälzfestigkeit, d. h. bei zu großer Hertzscher Pressung p bzw. Wälzpressung k ($k = 2{,}86\,p^2/E$ bei Linienberührung) in Gegenwart von Schmierdruck *Grübchenbildung* an den weniger harten Flanken (Radflanken) auf, und zwar besonders dann, wenn der Gleitverschleiß nicht in den Vordergrund tritt. Die Wälzfestigkeit nimmt zu mit größerer Härte, sofern hiermit keine ungünstigere Ausbildung des Werkstoffgefüges verbunden ist; günstig ist ein feines, gleichmäßiges Gefüge, ohne größere innere Kerbwirkung durch grobe Korngrenzen. Außerdem ist beachtlich, daß ein Auswechseln des Radkranzes wegen Grübchenbildung meist erst erforderlich ist, wenn die Grübchen die tragende Fläche der Radflanken etwa um 30 bis 35% gemindert haben.

Verschleiß der Radflanken. Die Betriebsverhältnisse, d. h. die Flankenpaarung, die Oberflächengüte und Schmierung, müssen mit der Belastung und Umfangsgeschwindigkeit so abgestimmt sein, daß der Verschleiß auf jeden Fall unterhalb des Umsprungs in die Verschleißhochlage liegt. Die nachfolgend angegebenen Verschleiß-Tendenzen zeigen auch die Mittel zur Verschleißminderung:

1) Einfluß der Laufzeit. Der in der Einlaufperiode zunächst stärkere Verschleiß je Laufstunde fällt mit der Laufzeit auf einen erheblich kleineren Endwert ab, der z. B. bei mittlerer Bronze bei etwa 5 Millionen Belastungsdurchgängen erreicht sein kann und bei härterer Bronze erheblich später. Mit jedem Wechsel der Belastung (Wechsel der elastischen Verformung) tritt jedesmal ein geringer weiterer Einlaufverschleiß auf.

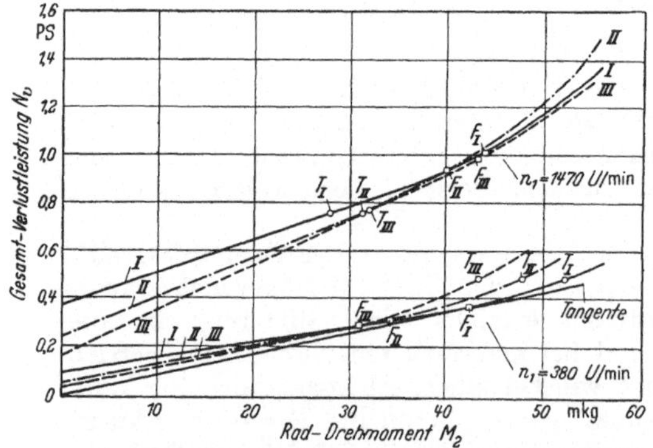

Bild 156/2. Einfluß der Ölzähigkeit auf den Verlauf der Verlustleistung N_v über dem Raddrehmoment M_2 nach den Versuchen entsprechend Bild 154. F kennzeichnet den Punkt der Flanken-Grenzleistung, T den Punkt der Temperatur-Grenzleistung
I Mineralöl Hypoid schwer mit Ölzähigkeit 230 cSt bei 50°C
II Mineralöl EPWI mit Ölzähigkeit 90 cSt
III Mineralöl DTE schwer mit Ölzähigkeit 44 cSt

2) Einfluß der Rauhtiefe R_a der härteren Flanke. Je glatter die härtere Flanke (Schnecke) im Anfangszustand ist (z. B. $R_a = 0{,}5\,\mu$ in Umfangsrichtung der Schnecke), desto glatter wird beim Einlaufen auch die Gegenflanke, so daß eine geringere Mindestreibung und ein wesentlich geringerer Endverschleiß erreicht wird. Nach Stichversuchen[1] ist der spez. Verschleiß (bezogen auf die Reibarbeit in PSh) $v_s \sim R_a^3$ [mm³/PSh].

3) Einfluß der Vickershärte H_v der weicheren Flanke. Der spezifische Verschleiß fällt erheblich mit größerem H_v. Nach Stichversuchen[1] ist $v_s \sim C + 1/H_v^4$ [mm³/PSh]

[1] Nach Versuchen der FZG im Gebiet der Verschleißtieflage (Diplom-Arbeit G. Lechner, 1956).

mit C als Konstante. So betrug z. B. bei härterer Phosphorbronze mit $H_v = 140$ der spezifische Verschleiß $v_s \approx 20$ mm³/PSh, bezogen auf die Verlustarbeit [PSh]. Es bleibt aber zu beachten, daß eine härtere Bronze ein erheblich sorgfältigeres und längeres Einlaufen der Flanken erfordert.

4) Einfluß des Schmierstoffes. Nach Stichversuchen[1] ist $v_s \sim 1/V^{0,25}$ wobei V[cSt] die Betriebsviskosität des Mineralöls ist. Außerdem kann der Verschleiß durch Ölzusätze (Additivs) wirksam beeinflußt werden.

24.4. Gestaltung und Lagerung, Schmierung und Montage

Bild 157 bis 160 zeigen verschiedene konstruktive Ausführungen für Schneckengetriebe.

1. Lage der Schnecke

Bei Einspritzschmierung kann die Schnecke beliebig oben, unten oder seitlich zum Schneckenrad angeordnet werden; bei Tauchschmierung legt man die Schnecke je nach der Umfangsgeschwindigkeit v_1 möglichst nach unten oder seitlich ($v_1 \leqq 10$ m/s) bzw. nach oben ($v_1 \geqq 5$ m/s).

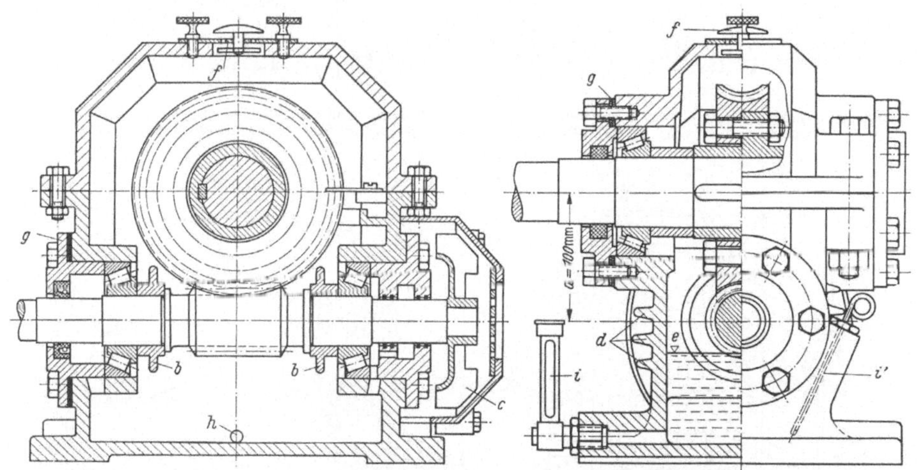

Bild 157. Schneckengetriebe zu den Versuchen nach Bild 154 bis 156/2
b Spritzringe; *c* Blasflügel; *d* Kühlrippen; *e* Ölstand; *f* Entlüftung und Schauloch; *g* Beilagen zur Einstellung der Lager; *h* Ölablaß; *i* Ölstandglas; *i'* Meßstab für Ölstand; Achsabstand $a = 100$ mm

2. Lagerung der Schneckenwelle

Anzustreben ist ein möglichst kleiner Lagerabstand, um die Durchbiegung unter Last (Verschlechterung des Tragbildes) klein zu halten. Bei Wälzlagerung ist die Aufnahme der Schneckenwelle an beiden Seiten in gleichzeitig längs- und quertragenden einreihigen Schulter- oder Schrägkugellagern mit vielen Kugeln (bei kleineren bis mittleren Kräften) bzw. in Kegelrollenlagern (bei größeren Kräften) besonders einfach und preiswert. Die Ausführung mit einem zweireihigen, nach beiden Seiten längs und quer tragenden Schrägkugellager als Festlager auf der einen Seite und einem einreihigen Querkugellager als Loslager auf der andern Seite sichert die freie Längsausdehnung der Welle, ohne Einhaltung eines bestimmten Lagerlängsspieles bei der Montage.

[1] Nach Versuchen der FZG im Gebiet der Verschleißtieflage (Diplom-Arbeit G. LECHNER, 1956).

3. Lagerung der Radwelle

Vorzugsweise werden hierfür Rillenkugellager bzw. Kegelrollenlager verwendet. Hierbei soll der Lagerabstand nicht zu klein sein, um das seitliche Wegdrücken (Kippen) des Rades durch die Zahnkraft gering zu halten.

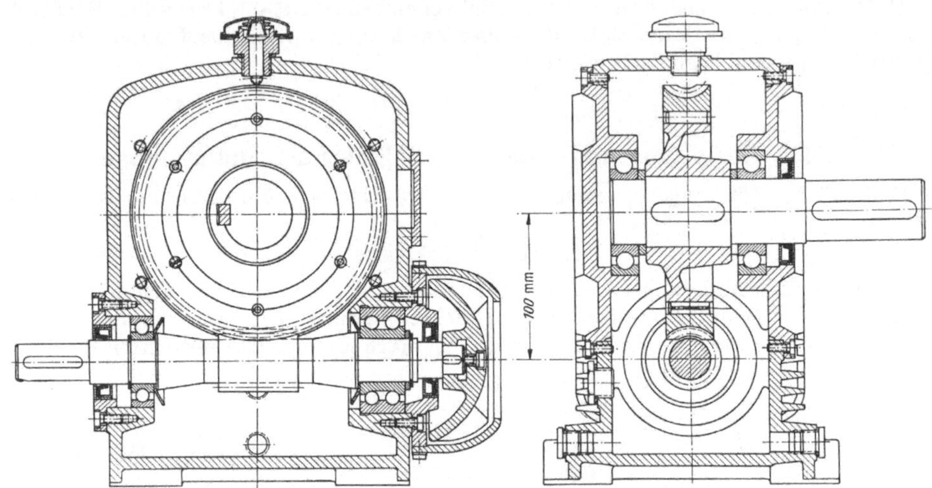

Bild 158/1. Schneckengetriebe mit ungeteiltem Gehäuse und Flanschdeckeln (Rhein-Getriebe GmbH, Düsseldorf) Angegebene Leistung: $N_1 = 3{,}1$ PS bei $n_1 = 1000$; $i = 20$, $\eta = 81\%$; Achsabstand $a = 100$ mm

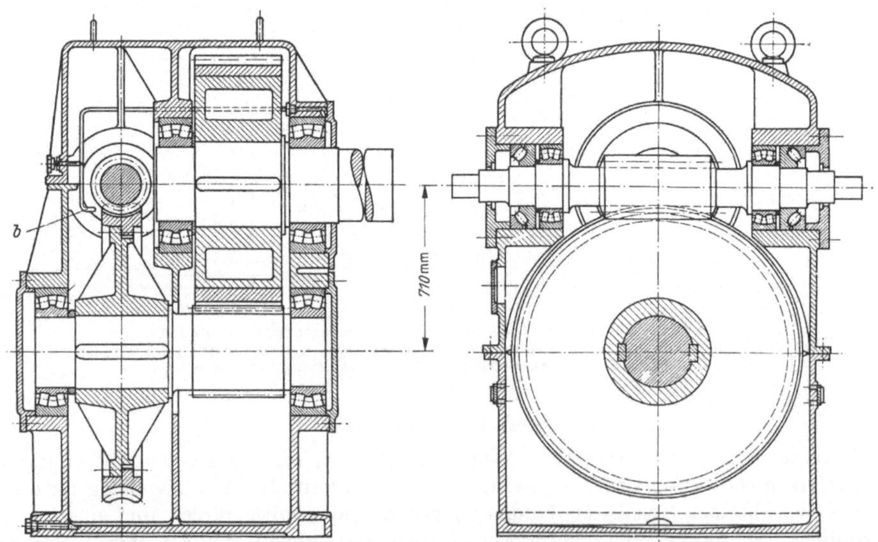

Bild 158/2. CAVEX-Schneckengetriebe mit nachgeschalteter Stirnradstufe und mit Einspritzschmierung b (A. Friedr. Flender, Bocholt); Angegebene Leistung: $N_1 = 250$ PS bei $n_1 = 600$; Gesamt-$i = 50 \cdot 3 = 150$; Abtriebsdrehmoment 36800 mkg; Gesamtwirkungsgrad $\eta \approx 82\%$; Achsabstand $a = 710$ mm

4. Schutz der Lager

Die meist übliche seitlich offene Ausführung der Lager begünstigt das Eindringen von Abrieb mit dem Öl. Abhilfe ist z. T. durch umlaufende Blechscheiben (gleichzeitig als Spritzringe wirkend) und wirksamer durch schleifenddichtende Blechscheiben

(NILOS-Ringe) zu erreichen, wobei jedoch auf genügenden anderweitigen Ölzutritt (z. B. durch Feinsieb) zu achten ist.

5. Schnecke

Für Hochleistungsgetriebe verwendet man vorzugsweise einsatzgehärtete (bzw. tauch- oder brenngehärtete) Schnecken, geschliffen und poliert mit 65 bis 59 Rockwell-Härte; z. B. aus Stahl (DIN 17210) C 15 oder 15 Cr 3 oder 16 MnCr 5 bzw. brenn- oder tauchgehärtet aus Stahl (DIN 17200) C 60 oder 34 CrMo 4 oder 58 CrV 4. Andere Schnecken werden meist aus Vergütungsstahl hergestellt, z. B. vergütet aus St 70.11 oder C 60 oder 34 CrMo 4. Einfluß der Zahnform auf Tragfähigkeit und Verlustleistung s. S. 154 u. 181.

Spielfreie Verzahnung kann bei Zylinderschnecken durch etwas unterschiedliche Steigung der Rechts- und Linksflanken (sog. Duplex-Schnecken) und entsprechende axiale Einstellung der Schnecke erreicht werden, s. HEYER [186/*94*].

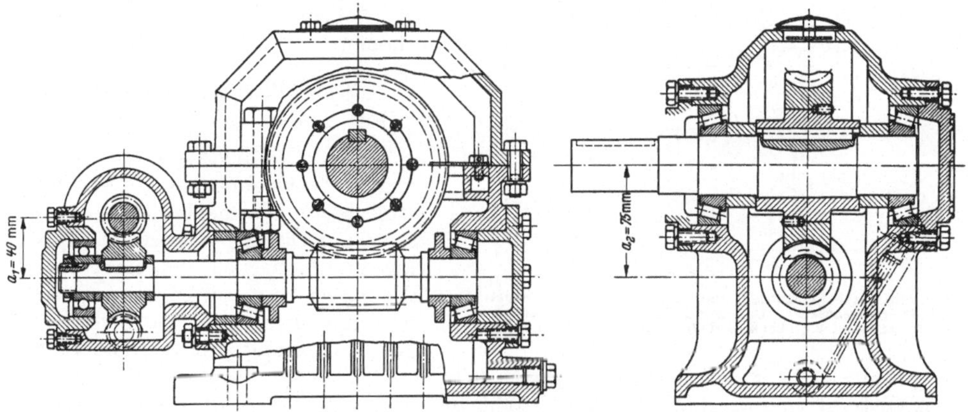

Bild 159/1. Zweistufiges Schneckengetriebe (Dt. Brown Getriebe GmbH Kassel); Angegebene Leistung: $N_1 = 0{,}15$ PS bei $n_1 = 1000$; Gesamt-$i = 500$; $a_1 = 40$ mm; $a_2 = 75$ mm

6. Radkranz

Er wird für Hochleistungsgetriebe vorzugsweise aus Phosphorbronze hergestellt, z. B. aus GBZ 14, für größere Härte in geschleuderter Ausführung oder aus Al-Mehrstoffbronze oder aus Perlit-Guß. Mit der Härte wachsen Wälz- und Verschleißfestigkeit, aber auch die Freßempfindlichkeit und die Anforderungen an genauen Einbau und Einlauf. Für weniger belastete Schneckentriebe bzw. bei kleinerer Umfangsgeschwindigkeit verwendet man für den Radkranz auch Al-Legierungen, Grauguß, Zinklegierung und Kunststoffe. Besonders zu achten ist auf die Befestigung des Radkranzes auf dem Radkörper. Sie kann mit Preßsitz und z. B. 6 Kerbstiften auf der Teilfuge zur Übertragung des Drehmomentes oder mit Preßsitz und Hartlotverbindung erfolgen oder durch Anflanschen am Radkörper mit Zentrierleiste und Verbindung durch etwa 6 Schrauben am Umfang.

7. Gehäuse

Für kleinere Schneckengetriebe kann das Gehäuse ungeteilt sein, wobei der seitliche Abschluß durch große Deckel für den Ein- und Ausbau des Rades erfolgt (s. Bild 158/1). Bei größeren Getrieben wird das Gehäuse je nach waagerechter oder senkrechter Lage des Schneckenrades in der Ebene der Radachse oder in der Ebene der Radscheibe mit Teilfugen ausgeführt (für den Einbau des Rades) und mit einer durchgehenden Bohrung für den Einbau der Schnecke. Für Seriengetriebe bevorzugt man symmetrische Ausführung des Gehäuses mit durchgehender Bohrung für die Schnecke, wobei Zwischenbüchsen verschiedene Lagergrößen und den wahlweisen Durchtritt der Welle nach vorn oder hinten ermöglichen. Außerdem sollte man eine Ölstandmarke, eine Ablaßschraube für den Ölwechsel unten, eine Entlüftung oben am Gehäuse und ein Schauloch mit Deckel für die Kontrolle der Verzahnung vorsehen. Im übrigen ist das Gehäuse genügend steif auszubilden, um den guten Zahneingriff zu sichern; ferner sind genügend Kühlrippen besonders im Bereich des Ölsumpfes und eine gute Windführung für die Kühlluft zu empfehlen und außerdem genügend Ölraum, um die Kühlung, die Schmutzablagerung und die Lebensdauer der Ölfüllung zu erhöhen.

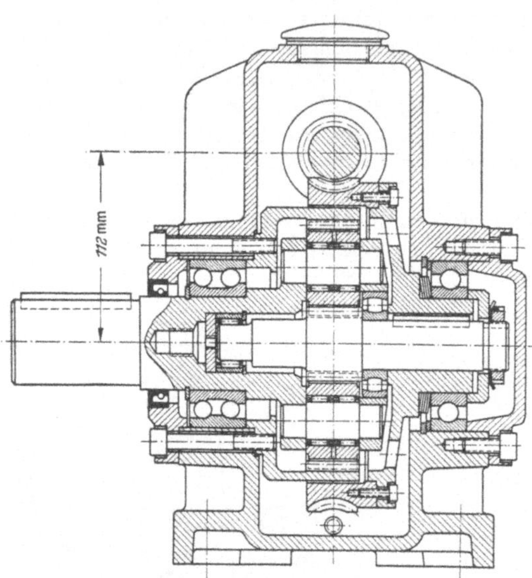

Bild 160. Schneckengetriebe mit eingebautem Planetengetriebe (Friedr. Stolzenberg u. Co., Berlin-Reinickendorf); Angegebene Leistung: $N_1 = 2{,}2$ PS bei $n_1 = 1000$; Gesamt-$i = 100$; $a = 112$ mm

8. Schmierung und Ölwahl

Für Umfangsgeschwindigkeit

$$v_1 \leqq 0{,}8 \text{ m/s}$$

wird Fettschmierung bevorzugt (schlechtere Wärmeabfuhr!), darüber bis 10 m/s Öltauchschmierung (Spritzringe und Schneckenzähne eintauchend, also Schnecke unten liegend oder seitlich) mit gefettetem Getriebeöl (bei Höchstbelastung auch Hypoidöl). Für $v_1 \geqq 5$ m/s ist Tauchschmierung des Rades (also unten liegendes Rad) oder Schmierung mit Ölstrahl vorzuziehen. Wahl der Ölzähigkeit nach Taf. 122/1 für $v = v_1$ (hohe Ölzähigkeit ergibt hohe Flankentragfähigkeit).

9. Montage und Einlauf

Hierbei das Rad axial so einstellen, daß die Radflanke mehr nach der „Auslaufseite" der Schnecke hin trägt (Bild 166). Durch „Einlaufen" der Zahnflanken unter Last mit Hypoidöl können Wirkungsgrad und Tragfähigkeit sehr erhöht werden.

24.5. Bezeichnungen und geometrische Beziehungen

1. Bezeichnungen und Dimensionen

a	[mm]	Achsabstand, Bild 166
b	[mm]	Zahnbreite, Bild 166
$\hat{b}$	[mm]	Zahn-Bogenlänge, Bild 166
C	[kg/mm²]	C-Wert, Gl. (172/5), Taf. 178/5
d	[mm]	Durchmesser
d_{a_2}	[mm]	Radaußendurchmesser
d_w	[mm]	Wellendurchmesser
e	—	Exponent, Gl. (171/1)
f	[mm]	Durchbiegung der Schneckenwelle, Gl. (172/3)
f_h	—	Lebensdauerbeiwert, Taf. 178/2
f_m	—	$= \sqrt{10/z_F}$, Beiwert
f_n	—	Geschwindigkeits-Beiwert, Taf. 180/1,
f_w	—	Beiwert, Gl. (168/3)
f_z	—	Beiwert, Taf. 178/3, Gl. (167/4)
$f_1, f_2, \ldots$		Beiwerte, Gl. (168/3)
F_K	[m²]	wirksame Kühlfläche
h_a	[h]	Bezugszeit, Taf. 180/2
h_E	[h]	Einschaltzeit
h_{k01}	[mm]	Zahnkopfhöhe
H	[mm]	Ganghöhe, Gl. (162/2)
i	—	$= z_2/z_1$ Übersetzung
k_{grenz}, k_0	[kg/mm²]	Wälzfestigkeit, Basiswert
k	[kg/mm²]	Wälzpressung
l	[mm]	Lagerabstand, Bild 166
P_L	[kg]	Längskraft im Lager, Bild 166
L_h	[h]	Lebensdauer in Betriebsstunden, Taf. 178/2
M	[mmkg]	Drehmoment

M_b	[mmkg]	Biegemoment
m	[mm]	Modul
n	[U/min]	Drehzahl
N	[PS]	Leistung
N_K (N_{KL})	[PS]	Kühlleistung (durch Luft), Gl. (169/1) u. (169/3)
N_v N_{vz}	[PS]	Gesamtverlustleistung, Gl. (170/3), Zahnverlustleistung, Gl. (170/8)
N_0	[PS]	Leerlaufleistung, Gl. (171/3)
N_p	[PS]	Lager-Verlustleistung durch P, Gl. (172/1)
P, P_R, P_L	[kg]	Zahnkräfte
Q	[kg]	Querkraft im Lager
$q_1 \cdots q_4$	—	Beiwerte, Gl. (172/3) bis (173/11)
R_a	[μ]	mittlere Rauhtiefe
S_W	—	Biegesicherheit der Schneckenwelle, Gl. (172/3)
S_B	—	Bruchsicherheit der Radzähne, Gl. (172/4)
S_F	—	Flankensicherheit, Gl. (167/6)
S_T	—	Temperatursicherheit, Gl. (168/5)
t	[mm]	Teilung
t_L	[°C]	Außenlufttemperatur
t_S	[°C]	Ölsumpf-Temperatur
t_u	[°C]	$= t_w - t_L$
t_w	[°C]	Temperatur der äußeren Gehäusewand
U	[kg]	Umfangskraft am Durchmesser d_m
V, V_{50}	[cSt]	Ölzähigkeit, bei 50°C
v	[m/s]	mittlere Umfangsgeschwindigkeit, Gl. (162/4)
v_F	[m/s]	mittlere Gleitgeschwindigkeit in Flankenrichtung, Gl. (162/5)
v_L	[m/s]	Luftgeschwindigkeit
W_b	[mm³]	Widerstandsmoment gegen Biegung
x	—	Profilverschiebungsfaktor, Taf. 178/1
y_1	—	Beiwert, Taf. 180/2
y_2, y_3	—	Beiwerte, Taf. 180/4
y_B, y_K	—	Beiwerte, Gl. (169/2)
y_w	—	Beiwert, Gl. (171/2), Taf. 178/4
y_z	—	Beiwert, Gl. (171/2), Taf. 178/3
z	—	Zähnezahl
z_F	—	$= d_{m1}/m$ Zahnformzahl
z_{m2}	—	$= d_{m2}/m$
α	[°]	Eingriffswinkel
α_K	[kcal/m² h °C]	Wärmeübergangszahl
β	[°]	Schrägungswinkel
γ	[°]	Steigungswinkel, Gl. (162/3)
δ	[°]	Kreuzungswinkel
η	—	Gesamtwirkungsgrad, Gl. (170/1)
η_z	—	Zahn-Wirkungsgrad, Gl. (170/6)
μ_A	—	Anlaufreibwert, Gl. (171/2)
μ_0	—	Mindestreibwert, Gl. (171/2)
μ_z	—	$= \operatorname{tg} \varrho$ Zahn-Reibwert, Gl. (171/1)
ϱ	[°]	Zahnreibwinkel, s. μ_z
σ_b	[kg/mm²]	Biegespannung

Zeiger:

0 für Teilkreis
1 für Schnecke
2 für Schneckenrad
f für Fußkreis
k für Kopfkreis
m für Mittelwerte
n für Normalschnitt
s für Stirnschnitt
F für Werte bei Flanken-Grenzbelastung
T für Werte bei Grenztemperatur
ohne Zeiger für Achsschnittwerte

2. Geometrische Beziehungen

Für Kreuzungswinkel $\delta = 90°!$ (Für andere Kreuzungswinkel nach S. 189)

für Schrägungswinkel $\beta_1 = 90° - \beta_2 = 90° - \gamma$

für Steigungswinkel $\gamma = \beta_2 = 90° - \beta_1$

Übersetzung
$$i = \frac{n_1}{n_2} = \frac{z_2}{z_1} = \frac{d_{02}}{m z_1} = \frac{z_{m2} - 2x_2}{z_1} \qquad (161/1)$$

Achsabstand
$$\left\{\begin{aligned} a &= \frac{d_{m1} + d_{m2}}{2} = m\,\frac{z_F + z_{m2}}{2} \\ a &= \frac{d_{01} + d_{02}}{2} = m\,\frac{z_1/\operatorname{tg}\gamma_0 + z_2}{2} \end{aligned}\right\} \qquad (161/2)$$

Achsschnitt-Modul
$$m = \frac{d_{m1}}{z_F} = \frac{H}{\pi z_1} = m_{s2} = \frac{d_{02}}{z_2} = \frac{d_{m2}}{z_{m2}} \qquad (161/3)$$

Normalschnitt-Modul
$$m_n = m \cos\gamma_0 = m_{s1} \sin\gamma_0 = m_{s2} \cos\gamma_0 \qquad (161/4)$$

Durchmesser
$$\left.\begin{aligned} d_{m1} &= 2a - d_{m2} = z_F m \\ d_{m2} &= 2a - d_{m1} = z_{m2} m = (z_2 + 2x_2)\,m \end{aligned}\right\} \qquad (161/5)$$
$$\left.\begin{aligned} d_{01} &= 2a - d_{02} = d_{m1} + 2x_2 m \\ d_{02} &= 2a - d_{01} = d_{m2} - 2x_2 m = z_2 m \end{aligned}\right\} \qquad (161/6)$$

Zähnezahl
$$\left\{\begin{aligned} z_2 &= \frac{d_{02}}{m} = i z_1 = z_{m2} - 2x_2 \\ z_{m2} &= \frac{d_{m2}}{m} = z_2 + 2x_2 \end{aligned}\right\} \qquad (161/7)$$

Zahnformzahl $$z_F = \frac{d_{m1}}{m} = \frac{z_1}{\operatorname{tg}\gamma_m} \tag{162/1}$$

Ganghöhe $$H = \pi m z_1 = \pi d_{m1} \operatorname{tg}\gamma_m = \pi d_{01} \operatorname{tg}\gamma_0 \tag{162/2}$$

Steigungswinkel $$\left\{\begin{aligned} \operatorname{tg}\gamma_m &= \frac{H}{\pi d_{m1}} = \frac{m z_1}{d_{m1}} = \frac{z_1}{z_F} = \frac{z_1 d_{m2}}{z_{m2} d_{m1}} \\ \operatorname{tg}\gamma_0 &= \frac{H}{\pi d_{01}} = \frac{m z_1}{d_{01}} = \frac{z_1 d_{02}}{z_2 d_{01}} = \operatorname{tg}\gamma_m \frac{d_{m1}}{d_{01}} \end{aligned}\right\} \tag{162/3}$$

Mittlere Umfangsgeschwindigkeit $$\left\{\begin{aligned} v_1 &= d_{m1} \frac{n_1}{19100} \\ v_2 &= d_{m2} \frac{n_2}{19100} = v_1 \operatorname{tg}\gamma_m \frac{z_{m2}}{z_2} \end{aligned}\right\} \tag{162/4}$$

Mittlere Gleitgeschwindigkeit in Gangrichtung (v_G s. S. 190) $$v_F = \frac{v_1}{\cos\gamma_m} = v_1 \sqrt{1 + \left(\frac{z_1}{z_F}\right)^2} = \frac{v_2}{\sin\gamma_m} \frac{z_2}{z_{m2}} \tag{162/5}$$

Eingriffswinkel $$\operatorname{tg}\alpha = \operatorname{tg}\alpha_{s2} = \frac{\operatorname{tg}\alpha_n}{\cos\gamma_m} = \operatorname{tg}\alpha_{s1} \operatorname{tg}\gamma_m \tag{162/6}$$

vorzugsweise $\alpha_n = 20°$ ausgeführt.

24.6. Profil-Umrechnungen (Bild 162)

Zwischen dem Profil A der Schnecke im Achsschnitt A, dem Profil N der Schnecke im Normalschnitt N und dem Profil W des Werkzeugs im Normalschnitt N bestehen geometrische Zusammenhänge. Entsprechend kann man bei einem gegebenen Profil (z. B. Profil W) die andern Profile (z. B. Profil A und W) geometrisch ermitteln[1].

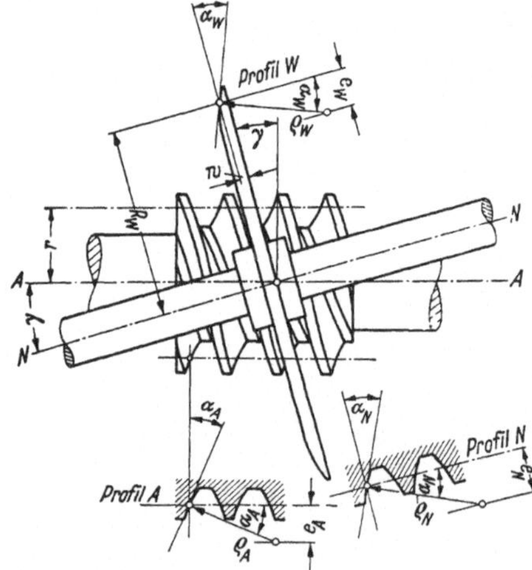

Bild 162. Zu den Profilumrechnungen

Man kann aber auch für einen jeweiligen Punkt der Schneckenflanke für jedes der obigen Flankenprofile den jeweiligen Flankenwinkel α, den Krümmungshalbmesser ϱ und die Lage des Krümmungsmittelpunktes (Abstand e) *berechnen*. Die hierfür nachfolgend angegebenen Gleichungen[2] gelten bezüglich des Profils W bei Herstellung der Schnecke mit einem rotierenden *Scheibenwerkzeug* (Scheibenfräser oder Schleifscheibe), das nach Bild 162 im Schneckengang — also mit Steigungswinkel γ — angestellt ist und im Schneckengang verschoben wird (der Schneckengang wird am Werkzeug vorbeigeschraubt)[3].

Die Schneckenachse A und die Drehachse N des Werkzeugs kreuzen sich (Bild 162), wobei der Kreuzungswinkel gleich γ ist und der Abstand beider Achsen $a_w = r + R_w$ beträgt. Für die Berechnung der Profile interessiert noch der jeweils vorliegende Abstand w des betreffenden Profilpunktes von der Werkzeugebene E_w, die durch den Kreuzungspunkt geht und senkrecht zur Werkzeug-Drehachse (N) steht. Ferner ist zu beachten, daß bei Schnecken mit *konvexen* (balligen) Flanken die Werte der Krümmungshalbmesser (ϱ_A, ϱ_N und ϱ_W) und der Abstände (e) *negativ* sind und bei Schnecken mit *konkaven* (hohlen) Flanken *positiv*. Für das Profil A gelten die Größen mit Index A, für Profil N mit Index N und für das Profil W des Werkzeugs mit Index W.

[1] Siehe Schrifttum zu Geometrie der Schnecken auf S. 184.

[2] Nach Untersuchungen der FZG, siehe C. Weber [185/*49*].

[3] Für die anderweitige Herstellung der Schnecke mit Stichel, angestellt im Achsschnitt A oder im Normalschnitt N, gelten ebenfalls die für den Achsschnitt und Normalschnitt angegebenen Beziehungen, wobei das Profil des Werkzeugs gleichzeitig das Profil A bzw. Profil N ist; für die Herstellung mit Fingerfräser siehe C. Weber [185/*49*] und W. Vogel [185/*45*]; Profilberechnung für Evolventenschnecken s. W. Maushake [184/*38*] und M. Gary [184/*28*].

1. Werkzeugprofil W aus Achsschnittprofil A

α_W aus: $$\operatorname{tg}\alpha_W = \operatorname{tg}\alpha_A \cos\gamma + \frac{w}{R_W}\operatorname{tg}^2\gamma(1+\cos^2\gamma\operatorname{tg}^2\alpha_A); \qquad (163/1)$$

für $w = 0$ ist $\operatorname{tg}\alpha_W = \operatorname{tg}\alpha_A \cos\gamma$;

ϱ_W aus: $$\frac{1}{\varrho_W} = \frac{\cos\gamma}{\varrho_A}\left(\frac{\cos\alpha_W}{\cos\alpha_A}\right)^3 + \frac{\sin^2\gamma\cos^3\alpha_W}{r\operatorname{tg}\alpha_W} - \frac{\operatorname{tg}^2\gamma}{R_W\sin\alpha_W}; \qquad (163/2)$$

$$e_W = \varrho_W \sin\alpha_W. \qquad (163/3)$$

2. Normalschnittprofil N aus Achsschnittprofil A

α_N aus: $$\operatorname{tg}\alpha_N = \operatorname{tg}\alpha_A \cos\gamma; \qquad (163/4)$$

ϱ_N aus: $$\frac{1}{\varrho_N} = \frac{\cos\gamma}{\varrho_A}\left(\frac{\cos\alpha_N}{\cos\alpha_A}\right)^3 - \frac{\sin^2\gamma\sin\alpha_N}{r}(1+\cos^2\alpha_N); \qquad (163/5)$$

$$e_N = \varrho_N \sin\alpha_N. \qquad (163/6)$$

3. Achsschnittprofil A aus Werkzeugprofil W

α_A aus: $$\operatorname{tg}\alpha_A = \frac{\operatorname{tg}\alpha_W}{\cos\gamma}\left[1 - \frac{w\operatorname{tg}^2\gamma(1+\operatorname{tg}^2\alpha_W)}{R_W\operatorname{tg}\alpha_W}\right]; \text{ für } w=0 \text{ ist } \operatorname{tg}\alpha_A = \frac{\operatorname{tg}\alpha_W}{\cos\gamma}; \qquad (163/7)$$

ϱ_A aus: $$\frac{1}{\varrho_A} = \frac{1}{\cos\gamma}\left[\left(\frac{\cos\alpha_A}{\cos\alpha_W}\right)^3\left(\frac{1}{\varrho_W} + \frac{\operatorname{tg}^2\gamma}{R_W\sin\alpha_W}\right) - \frac{\sin^2\gamma\cos^3\alpha_A}{r\operatorname{tg}\alpha_W}\right]; \qquad (163/8)$$

$$e_A = \varrho_A \sin\alpha_A. \qquad (163/9)$$

4. Normalschnittprofil N aus Werkzeugprofil W

α_N aus: $$\operatorname{tg}\alpha_N = \operatorname{tg}\alpha_W - \frac{w\operatorname{tg}^2\gamma(1+\operatorname{tg}^2\alpha_W)}{R_W}; \quad \text{für } w=0 \text{ ist } \operatorname{tg}\alpha_N = \operatorname{tg}\alpha_W; \qquad (163/10)$$

ϱ_N aus: $$\frac{1}{\varrho_N} \approx \frac{1}{\varrho_W} + \frac{\operatorname{tg}^2\gamma}{R_W\sin\alpha_W} - \frac{\sin^2\gamma}{r\sin\alpha_N}, \quad \text{für } \alpha_N \approx \alpha_W; \qquad (163/11)$$

$$e_N = \varrho_N \sin\alpha_N. \qquad (163/12)$$

5. Achsschnittprofil A aus Normalschnittprofil N

α_A aus: $$\operatorname{tg}\alpha_A = \frac{\operatorname{tg}\alpha_N}{\cos\gamma}; \qquad (163/13)$$

ϱ_A aus: $$\frac{1}{\varrho_A} = \frac{1}{\cos\gamma}\left(\frac{\cos\alpha_A}{\cos\alpha_N}\right)^3\left[\frac{1}{\varrho_N} + \frac{\sin^2\gamma}{r}\sin\alpha_N(1+\cos^2\alpha_N)\right]; \qquad (163/14)$$

$$e_A = \varrho_A \sin\alpha_A. \qquad (163/15)$$

6. Werkzeugprofil W aus Normalschnittprofil N

α_W aus: $$\operatorname{tg}\alpha_W = \operatorname{tg}\alpha_N + \frac{w}{R_W}\operatorname{tg}^2\gamma(1+\operatorname{tg}^2\alpha_N); \qquad (163/16)$$

ϱ_W aus: $$\frac{1}{\varrho_W} \approx \frac{1}{\varrho_N} + \frac{\sin^2\gamma}{r\sin\alpha_N} - \frac{\operatorname{tg}^2\gamma}{R_W\sin\alpha_W}, \quad \text{für } \alpha_N \approx \alpha_W; \qquad (163/17)$$

$$e_W = \varrho_W \sin\alpha_W. \qquad (163/18)$$

Beispiel 1. Gegeben: Schnecke mit $d_{m1} = 70$ mm, $m = 7{,}0$ mm, $z_1 = 6$, $\operatorname{tg}\gamma = 0{,}6$, $\gamma = 31{,}0°$, Werkzeug (Schleifscheibe oder Scheibenfräser) mit Trapezprofil mit $\alpha_W = 20°$, $\varrho_W = \infty$, $R_W = 175$ mm, $w = 0{,}7\,\text{m}\cdot\cos\gamma = 4{,}2$ mm.

Gesucht: Profil A der Schnecke im Abstand $r = 35$ mm von der Achse.

Berechnet: Nach Gl. (163/7) $\operatorname{tg}\alpha_A = 0{,}4134$, nach Gl. (163/8) $\varrho_A = -80{,}4$ mm, nach Gl. (163/9) $e_A = -30{,}8$ mm. Da ϱ_A und e_A negativ sind, ist die Schneckenflanke *konvex*.

Beispiel 2. Gegeben: Maße für Schnecke und Werkzeug wie zu Beispiel 1, aber $\varrho_w = 35$ mm zur Herstellung einer Hohlflankenschnecke.

Berechnet: Nach Gl. (163/7) $\operatorname{tg}\alpha_A = 0{,}4134$, nach Gl. (163/8) $\varrho_A = +51{,}6$ mm, nach Gl. (163/9) $e_A = +19{,}8$ mm. Da ϱ_A und e_a positiv sind, ist das Schneckenprofil *konkav*.

24.7. Ermittlung der Berührungslinien

Da die Verzahnung von Zylinderschnecke und Schneckenrad im Achsschnitt A die Zahnpaarung einer Zahnstange mit einem Stirnrad darstellt (Bild **164**), kann hier die Verzahnung des Rades und die Eingriffslinie ohne weiteres aus dem Profil A der

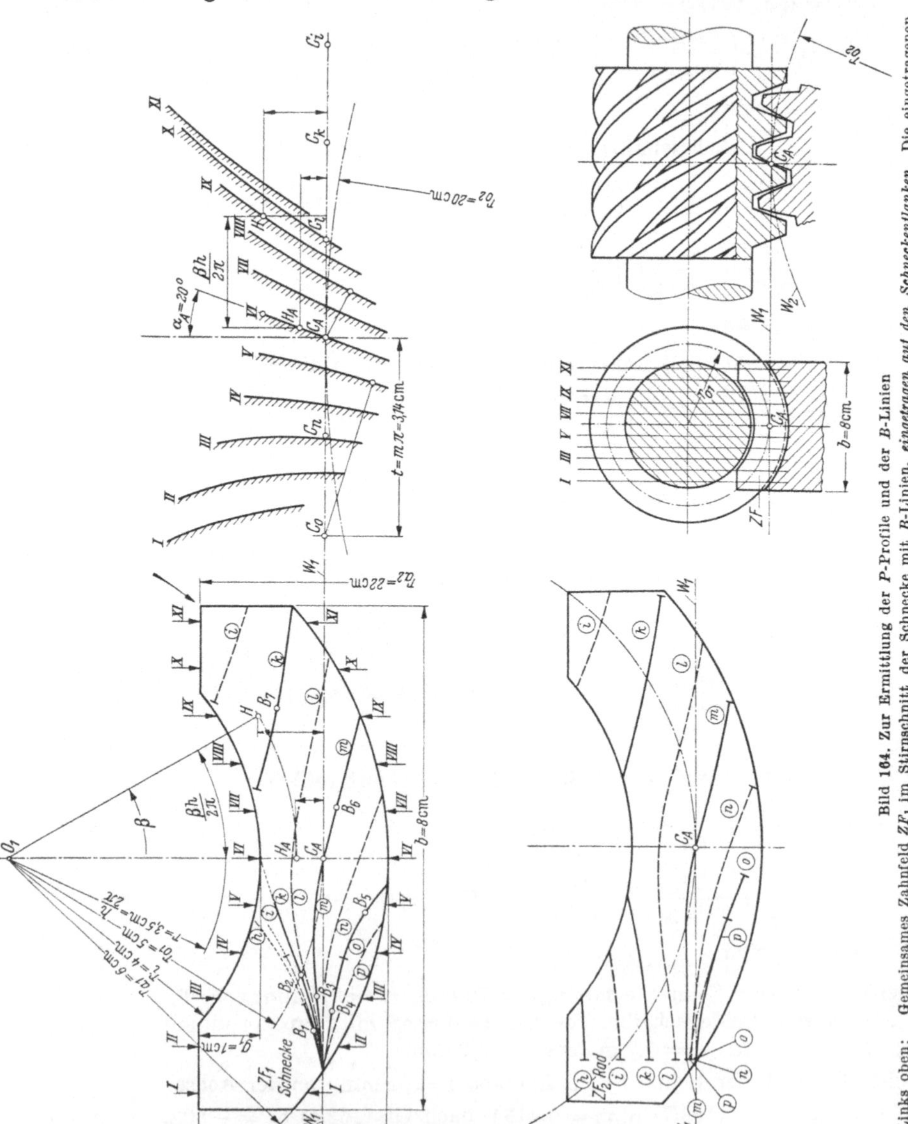

Bild 164. Zur Ermittlung der P-Profile und der B-Linien

Links oben: Gemeinsames Zahnfeld ZF_1 im Stirnschnitt der Schnecke mit B-Linien, ***eingetragen auf den Schneckenflanken.*** Die eingetragenen Pfeile mit den Zahlen ***I*** bis ***XI*** geben die Lage der Parallelschnitt-Ebenen an. B_1 bis B_8 mittlere Punkte der B-Linien-Abschnitte für die Berechnung

Links unten: gemeinsames Zahnfeld ZF_2 im Stirnschnitt der Schnecke mit B-Linien ***eingetragen auf den Radflanken***

Rechts oben: Profile der Schneckenflanke in den Parallelschnitten ***I*** bis ***XI***

Rechts unten: Stirnschnitt (links) und Achsschnitt (rechts) des Schneckentriebs

Im Bild ist die Ganghöhe H mit h bezeichnet

Schnecke bei gegebenem Wälzkreis des Rades konstruiert werden, entsprechend den Angaben auf S. 24.

In einem beliebigen *Parallelschnitt* P zum Achsschnitt A stellt die Verzahnung von Schnecke und Rad ebenfalls die Zahnpaarung einer Zahnstange mit einem Zahnrad dar, aber mit einer andern Verzahnung als im Achsschnitt A. Auch sie ist bestimmt mit dem Zahnprofil P der Schnecke in dem betreffenden Parallelschnitt P.

1) Zahnprofil im Parallelschnitt P (Bild 164)[1]. Das Achsschnittprofil A der rechtsgängigen Schnecke (Bild oben) ist im Bild rechts als Gerade unter 20° zur Senkrechten gegeben und mit VI bezeichnet. Aus diesem A-Profil werden die P-Profile punktweise ermittelt. Gesucht werde z. B. der Punkt H des P-Profils IX, wobei H im linken Bild in der P-Ebene IX angenommen wird.

Wir ziehen dann den Kreisbogen $\widehat{HH_A}$ um O_1 bis zur A-Ebene VI und von H_A eine Waagrechte nach rechts bis zum Punkt H_A auf dem Profil VI im rechten Bild. Der gesuchte Profilpunkt H des P-Profils IX liegt auf der durch H in der Stirnebene (links) gezogenen Waagrechten nach rechts, und zwar im Abstand $\beta h/2\pi$ von der Senkrechten durch H_A rechts. Der Abstand $\beta h/2\pi$ ist uns bekannt als Bogenstück auf einem Kreisbogen ($r = h/2\pi = 3{,}5$ cm) zwischen den Radialen von H und H_A (links). Ebenso wurden die weiteren Punkte dieses P-Profils IX und dann die weiteren P-Profile I bis XI ermittelt und im Bild rechts eingezeichnet.

2) Berührungslinien (B-Linien) auf Rad und Schnecke[1]. Die Wälzgerade W_1 der Zahnstange geht in Bild 164 (rechts) waagrecht durch den Wälzpunkt C_A. Die Senkrechte hierzu durch C_A geht durch die Radachse. Das A-Profil ist so gezeichnet, daß es durch den Wälzpunkt geht. Um festzustellen, welche Punkte der anderen Profile I bis XI gleichzeitig im Eingriff sind, werden von C_A auf die Profile Lote gefällt, deren Fußpunkte die gleichzeitig im Eingriff befindlichen Punkte der Profile sind. Für Profil VIII ist das Lot eingezeichnet. Überträgt man diese Lotpunkte durch waagrechte Linien in die P-Ebenen I bis XI im Stirnschnitt links, so erhält man die B-Linie m.

Wir drehen nun die Schnecke im Uhrzeigersinn um einen bestimmten Winkel, wodurch sich die Profile um ein bestimmtes Stück in Achsrichtung nach rechts verschieben. Wir fällen wieder Lote von C_A auf die Profile, übertragen die Lotpunkte in die P-Ebenen nach links und erhalten so eine weitere B-Linie. Um das Verfahren zu vereinfachen, lassen wir die P-Profile in der gezeichneten Stellung liegen und verschieben statt dessen den Wälzpunkt C_A nach links, z. B. nach C_0 und fällen von hier aus die Lote auf die Profile, z. B. von C_0 auf das Profil V, wie eingezeichnet. Die ermittelten Lotpunkte der P-Profile ergeben, in die P-Ebenen links übertragen, die B-Linie o. Die Verschiebung des Wälzpunktes von C_A nach C_0 wurde gleich der Zahnteilung t gewählt, so daß die B-Linie o auf dem nächsten Schneckenzahn liegt. Die weiter eingetragenen Wälzpunkte C_i bis C_0 haben den Abstand $^1/_2\, t$ von den vorigen, so daß alle übernächsten B-Linien — z. B. ⓗ, ⓚ, ⓜ, ⓞ oder ⓘ, ⓛ, ⓝ, ⓟ — gleichzeitig auftreten.

24.8. Festlegung der Abmessungen

(Bezeichnungen und Dimensionen nach S. 160 und nach Bild 166 u. 153/2)

1. Wenn a und i gegeben

a) Zunächst z_1 und z_2 bzw. z_{m2} und die Grenzen für x_2 nach Taf. 178/1 festlegen.

Beachte: Ein *unrundes* Verhältnis z_2/z_1 erleichtert die Herstellung des Rades mit Schlagzahn und verringert den Einfluß von Teilungsfehlern auf den Lauf; ein ganzzahliges Verhältnis z_2/z_1 ermöglicht auch bei Teilungsfehlern der Schnecke das Einlaufen

---

[1] Ermittlung nach NIEMANN und WEBER [185/*68*]. Andere Verfahren zur Ermittlung der B-Linien mit Hilfe der Eingriffsfläche siehe SCHIEBEL [184/*14*] und mit Hilfe der Normalenfläche siehe ALTMANN [184/*20*].

bis zum Tragen sämtlicher Flanken. Mit größerem z_2 wächst die Laufruhe und fällt die Flanken- und Zahnfußtragfähigkeit.

b) Dann festlegen[1]:

$$\boxed{d_{f1} \approx 0{,}6 a^{0{,}85}} \tag{166/1}$$

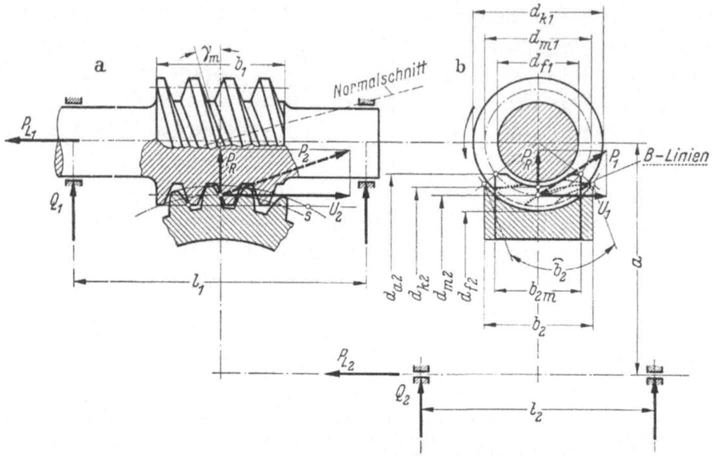

Bild 166. Zylinderschneckentrieb im Achsschnitt (links) und im Stirnschnitt (rechts) mit eingetragenen Maßen und Zahnkräften (ohne Reibung). Die *B*-Linien im Stirnschnitt rechts tragen mehr rechts (an der Auslaufseite der Schnecke), wenn das Rad etwas nach links gerückt wird.

Beachte: Mit größerem d_{f1}/a (größerem d_{m1}) wächst die Flankentragfähigkeit und die Biegesicherheit der Schneckenwelle, aber auch die Verlustleistung. Entsprechend kann für eine kleine Drehzahl n_1 ein größeres d_{f1} und für eine große Drehzahl ein kleineres d_{f1} günstiger sein.

c) Dann festlegen[2]:

$$\boxed{m = \frac{d_{m2}}{z_{m2}} \approx \frac{2a - d_{f1}}{z_{m2} + 2{,}4}} \tag{166/2}$$

hieraus

$$\boxed{d_{m1} \approx d_{f1} + 2{,}4m} \qquad \boxed{d_{k1} = d_{m1} + 2m} \tag{166/3}$$

Kontrolle: $z_F = d_{m1}/m \geqq 6$ (wegen Herstellung), außerdem $\operatorname{tg}\gamma_m = z_1/z_F \leqq 1$, ferner $\operatorname{tg}\gamma_m$, H und v_F nach Gl. (162/1) bis (162/5) festlegen.

d) Dann:

$$\boxed{\begin{aligned} d_{m2} &= 2a - d_{m1}; & d_{f2} &\approx d_{m2} - 2{,}4m \\ d_{k2} &= d_{m2} + 2m; & d_{a2} &\approx d_{m2} + 3m \end{aligned}} \tag{166/4}$$

$$\boxed{d_{02} = z_2 m; \qquad d_{01} = 2a - d_{02}} \tag{166/5}$$

Weitere Maße:

Schneckenzahnbreite $$\boxed{b_1 \approx 2{,}5m\sqrt{z_{m2} + 2} \quad (\text{nach } \textsc{Tuplin} \geqq 10m)} \tag{166/6}$$

[1] Der Ansatz für d_{f1} (nach Niemann) beruht auf der Nachprüfung von ausgeführten Serien-Schneckentrieben ($a = 100$ bis 400 mm, $i = 7$ bis 50) hinsichtlich maximal übertragbarer Leistung an der Wärmegrenze. Hierbei wurde nach S. 172 berücksichtigt, daß der Lagerabstand $l_1 \approx 3{,}3\,a^{0{,}87}$ eingehalten werden kann und die Durchbiegung f der Schneckenwelle den Grenzwert $f \leqq d_{m1}/1000$ bei Dauerbetrieb nicht überschreiten soll. Der Gl. (166/1) entspricht auch der Aufbau von DIN 3976 [184/2].

[2] Üblich ist die Festlegung von m nach der genormten Modulreihe (DIN 780 s. S. 115) oder nach Normzahlen (DIN 3976), aber nicht unbedingt notwendig, da jede Schnecke sowieso ein entsprechendes Werkzeug für die Radherstellung bedingt.

mittlere Radzahnbreite $\boxed{b_{m2} \approx 0{,}45(d_{m1} + 6m) = 0{,}45m(z_F + 6)}$ (167/1)

Radbreite $b_2 \approx b_{m2}$ (für Bz-Rad)
$b_2 \approx b_{m2} + 1{,}8m$ (für Al-Legierung) (167/2)

Zahnbogenlänge $\widehat{b}_2 \approx 1{,}1 b_2$ (Bz-Rad), $\approx 1{,}17 b_2$ (Al-Rad). (167/3)

2. Wenn Schnecke (d_{m1}, z_1, m) und i gegeben

Zunächst z_2 bzw. z_{m2} und Grenzen für x_2 nach Taf. 178/1 wählen. Dann

$$d_{m2} = z_{m2} m \quad \text{und} \quad a = \frac{d_{m1} + d_{m2}}{2}$$

festlegen. Weitere Maße entsprechend Abschn. 1.

3. Wenn nur Betriebsbedingungen gegeben

(N_2, n_2, n_1, besondere Umstände und gewünschte Lebensdauer)

Zunächst a nach Bild 182/1 bis 183/2 bestimmen. Mit diesem Wert die weiteren Abmessungen nach Abschn. 1 festlegen; ferner hierfür die übertragbare Leistung nach Abschn. 24.9 bis 24.13 überprüfen. Hierbei müssen sämtliche Belastungsgrenzen bzw. die Sicherheiten S_F, S_T, S_B und S_W eingehalten werden.

4. Festlegung von Schnecken für Getriebeserien

Hierfür zunächst die gewünschten Achsabstände und Übersetzungen festlegen (z. B. nach Normzahlreihe R 10). Dann für die betreffenden Achsabstände den Durchmesser d_{f1} z. B. nach Gl. (166/1) bestimmen. Für die weitere Festlegung ist zu beachten, daß eine Schnecke gleichzeitig auch für andere Achsabstände verwendbar ist und hierfür andere Übersetzungen ergibt. Entsprechend kann man z. B. für Achsabstände und Übersetzungen nach der Normzahlreihe R 10 für jeden Achsabstand die Schnecken zunächst nur für jede 4. Übersetzung, z. B. $i = 5$, 10, 20 und 40, festlegen und die Zwischenübersetzungen 6,3 und 8 (zwischen 5 und 10), ferner 12,5 und 16 (zwischen 10 und 20) usw. angenähert mit den Schnecken erreichen, die für den nächst größeren oder kleineren Achsabstand für $i = 5$ und 10 (bzw. 10 und 20) festgelegt wurden. So können z. B. die in Taf. 181/2 für Achsabstand $a = 100$ mm festgelegten Schnecken auch noch für die Achsabstände zwischen 80 und 125 mm benutzt werden. Sie ergeben hierfür aber andere Übersetzungen.

24.9. Kontrolle auf Flankensicherheit S_F

Der k-Wert, d. h. die Wälzpressung an den Zahnflanken[1], integriert als Mittelwert über die B-Linien, beträgt nach Untersuchungen von Niemann etwa:

$$\boxed{k = \frac{U_2}{f_m f_z b_{m2} d_{m2}}} \qquad \boxed{U_2 = 1{,}43 \cdot 10^6 \frac{N_2}{d_{m2} n_2}} \qquad (167/4 \text{ u. } /5)$$

$$\boxed{S_F = \frac{k_{\text{grenz}}}{k} \geqq 1} \qquad \boxed{k_{\text{grenz}} = k_0 f_n f_h f_w \leqq k_0} \qquad (167/6 \text{ u. } /7)$$

Dann ist die zulässige Radleistung (Flanken-Grenzleistung):

$$\boxed{N_{2F\,\text{zul}} = 0{,}7 \frac{k_{\text{grenz}}}{S_F} f_m f_z \frac{b_{m2}}{100} \left(\frac{d_{m2}}{100}\right)^2 n_2} \qquad (167/8)$$

[1] Erläuterung des k-Wertes und Umrechnung in Hertzsche Pressung s. S. 86.

Hierin ist:

$$f_m = \sqrt{\frac{10}{z_F}} \tag{168/1}$$

f_z Beiwert der Verzahnung nach Taf. 178/3;
$b_{m2} = 0{,}45\,(d_{m1} + 6\,m)$ bzw. $= b_2$ (maßgebend ist der kleinere Wert);
k_0 abhängig von der Werkstoffpaarung nach Taf. 178/4;
f_n Geschwindigkeitsbeiwert nach Taf. 180/1 entsprechend

$$f_n = \frac{2}{2 + v_F^{0,85}} \tag{168/2}$$

f_h Lebensdauerbeiwert nach Taf. 178/2;
f_w Beiwert für Wechsellast, s. Gl. (168/3).

Bei *gleichbleibender* Belastung ist $f_w = 1$. Bei *wechselnder* Belastung, wobei während der Zeit h die Nenn-Radumfangskraft U_2 auftritt, während der Zeit h_1 die Umfangskraft $f_1 U_2$ und während der Zeit h_2 die Umfangskraft $f_2 U_2$ usw., ist

$$f_w = \left(\frac{h + h_1 + h_2 + \cdots}{h + f_1^3 h_1 + f_2^3 h_2 + \cdots}\right)^{1/3} \tag{168/3}$$

Bei *wechselnder Drehzahl,* wobei während der Zeit h' die Nenndrehzahl n_2' auftritt, während der Zeit h'' die Drehzahl n_2'' usw., ist mit Einsatz von f_n', bzw. f_n'' usw. nach Gl. (168/2), für v_F' bzw. v_F'' usw.:

$$f_n = \frac{f_n' h' + f_n'' h'' + f_n''' h''' + \cdots}{h' + h'' + h''' + \cdots} \tag{168/4}$$

Bei *gleichbleibender* Drehzahl gilt f_n nach Gl. (168/2).

24.10. Kontrolle auf Temperatursicherheit S_T

$$S_T = \frac{t_{S\,\text{grenz}}}{t_S} \approx \frac{t_{u\,\text{grenz}}}{t_u} \geqq 1 \tag{168/5}$$

1. Bei konstanter Belastung und Drehzahl

steigt nach Bild 168 die Übertemperatur der äußeren Gehäusefläche $t_u = t_w - t_L$ mit der Zeit an, bis (nach mehreren Stunden) das Temperatur-Gleichgewicht mit dem Grenzwert $t_u = t_{u\infty}$ erreicht wird. Dann ist die in Form von Wärme abgeführte Leistung die „Kühlleistung“ N_K, gleich der Verlustleistung N_v. Die Radleistung (Temperatur-Grenzleistung) beträgt dann:

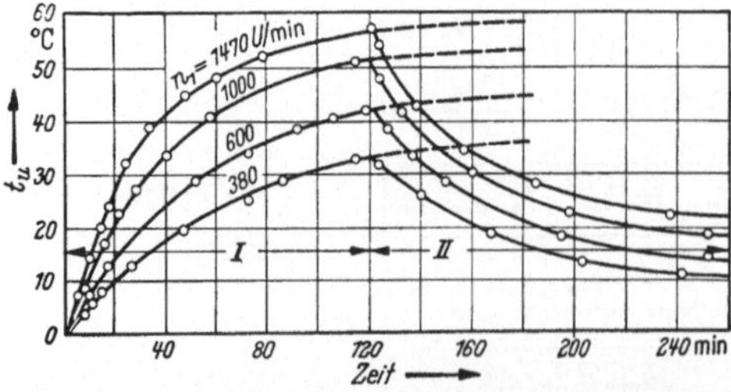

Bild 168. Anstieg der Gehäusewand-Übertemperatur t_u mit der Laufzeit bei konstantem Drehmoment und variierter Schneckendrehzahl n_1. Im Bereich I ist $M_2 = 40$ mkg; im Bereich II ist $M_2 = 0$; Achsabstand $a = 100$ mm; $i = 20$. Nach [185/71].

$$N_{2T} = \frac{N_K}{N_v/N_2} = N_K \frac{\eta}{1 - \eta} \tag{168/6}$$

und

$$N_{1T} = N_{2T} + N_K \tag{168/7}$$

N_v/N_2 s. Gl. (170/4 u. 5).

Bei *Luftkühlung* ist:

$$N_K = N_{KL} = t_u F_K \frac{\alpha_K}{632} \qquad (169/1)$$

a) Bei *stationären Getrieben* nach Bild 157 mit ausreichender Oberfläche des Gehäuses, Kühlrippen und untenliegender Schnecke[1] ist $F_K \approx 0{,}3\,(a/100)^{1{,}85}$. Die Kühlfläche F_K nimmt mit der Baugröße nicht proportional a^2, sondern etwas weniger zu. Nach Versuchen 185/71 ist:

$$F_K \alpha_K \approx 5{,}52 \left(\frac{a}{100}\right)^{1{,}8} y_K \qquad y_K = 1 + y_B \left(\frac{n_1}{1000}\right)^{1{,}55} \qquad (169/2)$$

y_K s. Taf. 180/3, $t_u = 50$ bis $60°$ C. Somit ist für $t_u = 55°$ C:[1,2]

$$N_{KL} \approx 0{,}48 \left(\frac{a}{100}\right)^{1{,}8} y_K \qquad (169/3)$$

Hierbei ist $y_B \approx 0{,}355$ für Getriebe *mit* Blasflügel nach Bild 157,
$y_B \approx 0{,}14$ für Getriebe *ohne* Blasflügel.

Die Temperatur im Ölsumpf ist nach Versuchen [185/*71*] etwa:

$$t_S \approx t_L + (t_u + 1{,}5)\left(1{,}03 + 0{,}1\sqrt{\frac{n_1}{1000}}\right) \qquad (169/4)$$

$t_{S\,\mathrm{zul}} \approx 85$ bis $95°$ C.

b) Für *Getriebe im Fahrtwind* (Kraftfahrzeuge) rechnet man nach [186/*106*] mit $\alpha_K \approx 17{,}7\,(1 + 0{,}1\,v_L)$, $F_K \approx 0{,}20\,(a/100)^{1{,}85}$ und Luftgeschwindigkeit v_L [m/s] gleich Fahrgeschwindigkeit.

c) Wenn N_v im Dauerbetrieb *größer als* N_{KL} nach Gl. (169/3), ist die Differenz durch zusätzliche Kühlung zu decken (Ölkühler oder Wasserschlange).

2. Bei wechselnder Belastung und Drehzahl,

wobei während der Zeit h_1 die Leistungen N_{K1} und N_{v1} auftreten und während der Zeit h_2 die Leistungen N_{K2} und N_{v2} usw., sind für die Nachprüfung von S_T und t_u [Gl. (168/5) bis (169/3)] die Mittelwerte N_{Km} und N_{vm} maßgebend:

$$N_{Km} \approx \frac{N_{K1} h_1 + N_{K2} h_2 + \cdots}{h_1 + h_2 + \cdots} \qquad N_{vm} \approx \frac{N_{v1} h_1 + N_{v2} h_2 + \cdots}{h_1 + h_2 + \cdots} \qquad (169/5)$$

3. Bei Kurzzeit-Betrieb

darf N_v in der kurzen Einschaltzeit h_E bis auf den Wert

$$N_v \leqq y_1 N_{KL} \qquad (169/6)$$

ansteigen, wenn die nachfolgende Pause länger als $4\,a/100$ Stunden ist. Hierbei ist N_{KL} nach Gl. (169/1) und y_1 nach Taf. 180/2 für die Bezugszeit

$$h_a = h_E \frac{100}{a} \frac{y_k}{y_{k0}} \qquad (169/7)$$

einzusetzen, wobei y_{k0} der Wert y_k für $n_1 = 1000$ U/min ist. Beim Ansatz von y_1 (Taf. 180/2) wurde berücksichtigt, daß bei kürzeren Einschaltzeiten die Temperaturdifferenz $t_S - t_w$ größer ist.

---

[1] Bei obenliegender Schnecke (bei Fortfall der Spritzwirkung) rechnet man in 1. Annäherung mit y_K nach (Gl. 169/2) mal 0,8.

[2] Für große Schneckentriebe fehlen Versuche über N_{KL}.

24.11. Wirkungsgrad und Verlustleistung

1. Gesamtwerte

Wirkungsgrad $$\eta = \frac{N_2}{N_1} = \frac{N_2}{N_2 + N_v} = \frac{1}{1 + N_v/N_2}$$ wenn *Schnecke 1* treibt, (170/1)

$$\eta' = \frac{N_1}{N_2} = \frac{N_2 - N_v}{N_2} = 1 - \frac{N_v}{N_2} \approx 2 - \frac{1}{\eta}$$ wenn *Rad 2* treibt, (170/2)

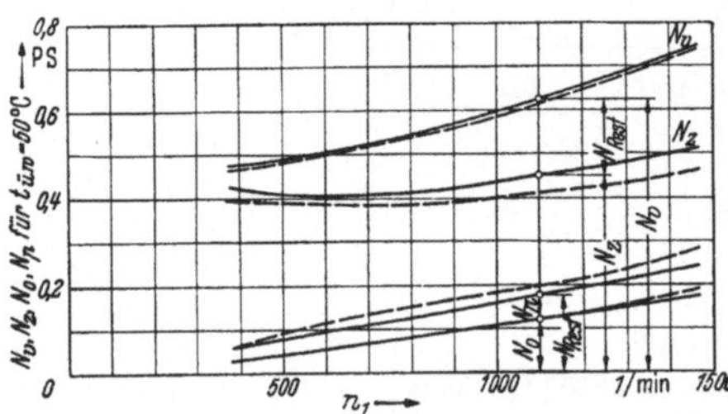

Bild 170/1. Aufteilung der Verlustleistung in die einzelnen Anteile für die Schneckengetriebe E_{50} (ausgezogen) und H_{33} (gestrichelt) bei $t_u = 50°$ C nach den Versuchen (s. Bild 154)

Verlustleistung

$$N_v = N_{vz} + N_0 + N_p \qquad (170/3)$$

Bild 170/1 zeigt den Anteil von N_{vz}, N_0 und N_p an der Gesamt-Verlustleistung in Abhängigkeit von der Drehzahl n_1.

Genaue Berechnung s. Abschn. 2 bis 5.

Anhaltswert für N_v/N_2 [ermittelt für $i = 5$ bis 40, für $N_2 = N_{2F}$, Werkstoffpaarung *1* nach Taf. 178/4]:

für *E-Schnecken* $$\frac{N_v}{N_2} \approx \left(\operatorname{tg}\gamma_m + \frac{1}{\operatorname{tg}\gamma_m}\right) y_2 \left(y_3 + \sqrt{\frac{100}{a}}\right)$$ y_2 und y_3 s. Taf. 180/4 (170/4)

für *H-Schnecken* $$\frac{N_v}{N_2} \approx \left(\frac{1}{\operatorname{tg}\gamma_m}\right)^{0,96} y_2 \left(y_3 + \sqrt{\frac{100}{a}}\right)$$ (170/5)

2. Werte der Zahnpaarung

Wirkungsgrad $$\eta_z = \frac{N_2}{N_2 + N_{vz}} = \frac{\operatorname{tg}\gamma_m}{\operatorname{tg}(\gamma_m + \varrho)}$$ wenn *Schnecke 1* treibt, (Bild 170/2) (170/6)

$$\eta_z' = \frac{N_2 - N_{vz}}{N_2} = \frac{\operatorname{tg}(\gamma_m - \varrho)}{\operatorname{tg}\gamma_m} = 2 - \frac{1}{\eta_z}$$ wenn *Rad 2* treibt, (170/7)

Zahnreibwert $\mu_z = \operatorname{tg}\varrho$ (Berechnung s. Abschn. 3)

$$\operatorname{tg}(\gamma_m + \varrho) = \frac{\operatorname{tg}\gamma_m + \mu_z}{1 - \mu_z \operatorname{tg}\gamma_m}.$$

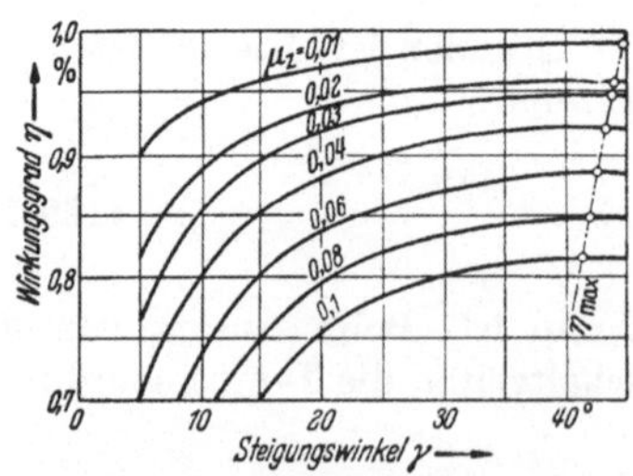

Bild 170/2. Wirkungsgrad η_z der Schneckenverzahnung in Abhängigkeit vom Zahn-Reibwert μ_z und Steigungswinkel γ_m

Für *Selbsthemmung* ist $\eta_z \leqq 0,5$; $\eta_z' = 0$; $\varrho \geqq \gamma_m$; $\mu_z \geqq \operatorname{tg}\gamma_m$. Bild 170/2 zeigt den Einfluß von γ_m und μ_z auf η_z. Verlustleistung:

$$N_{vz} = N_v - N_p - N_0 = N_2\left(\frac{1}{\eta_z} - 1\right) \qquad (170/8)$$

$$N_{vz} \approx \frac{U_2\,\mu_z\,v_F}{\cos\gamma_m\,75} = N_2\,\mu_z\left(\frac{1}{\operatorname{tg}\gamma_m} + \operatorname{tg}\gamma_m\right) \qquad (170/9)$$

3. Zahnreibwert μ_z (Bild 171)

Mit zunehmender Gleitgeschwindigkeit v_F fällt μ_z vom Anlauf-Reibwert μ_A bei $v_F = 0$ bis auf den Mindest-Reibwert μ_0 bei größerem v_F. Darüber hinaus kann er bei sehr geringem $k/(v_F\, V)$ wieder ansteigen.

Nach neueren Versuchen [185/*69* u. /*71*] ist μ_0 im wesentlichen eine Funktion der Flankengeometrie (Krümmungshalbmesser ϱ_B der Flanken im Normalschnitt der B-Linie, Rauhtiefe R_a der Flanken und Verlauf der B-Linien) und nur etwas von den Öleigenschaften abhängig[1].

Tafel 171. *Maße der Schnecken* (zu Bild 171)

Schnecke	a [mm]	i	d_{m1} [mm]	m [mm]	γ_m [°]
E 20	100	19	48	4	9° 28′
H 22	100	20	42,5	3,75	10° 0′
E 10	178	9,75	66	7,62	24° 28′
H 10	178	10,7	67	8,38	20° 34′

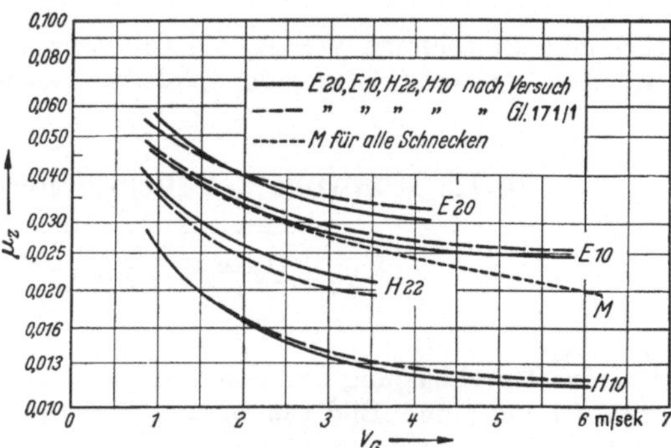

Bild 171. Kleinste Zahnreibwerte nach Versuchen [185/*71*] mit Schneckentrieben nach Tafel 171. Werkstoffpaarung *1* nach Tafel 178/4 und Schmierung mit Mineralöl nach Bild 152/2. $M = \mu_z$-Kurve für E-Schnecken nach Merritt [184/*11*]. (V_G im Bild $= v_F$)

Hiernach ist allgemein $\mu_0 \sim \sqrt{R_a/\varrho_B}$, oder bei Berücksichtigung von Flankenverlauf, Zahnform, Steigung und Werkstoffpaarung (Rauhtiefe) nach NIEMANN: $\mu_0 \approx y_z\, y_w/\sqrt{a}$, mit y_z nach Tafel 178/3 und y_w nach Taf. 178/4. Demnach ist z. B. bei vierfacher Baugröße (vierfachem a) μ_0 etwa halb so groß[1]. Der *Anlauf-Reibwert* μ_A ist fast unabhängig von der Zahnform und dem Verlauf der B-Linien. Er beträgt für die vollständig eingelaufene Werkstoffpaarung *1* (Taf. 178/4) etwa 0,1. Er kann vermutlich noch durch Ölzusätze (z. B. Kollag oder Molykote) günstig beeinflußt werden (ausreichende Versuche fehlen!). Der Verlauf von μ_z über v_F kann nach NIEMANN für E- und H-Schnecken mit Mineralöl-Schmierung und passend gewählter Ölzähigkeit etwa erfaßt werden durch die Gleichung:

$$\boxed{\mu_z \approx \mu_0 + \frac{\mu_A - \mu_0}{(1 + v_F)^e}} \tag{171/1}$$

$$\mu_0 \approx y_z \frac{y_w}{\sqrt{a}}\,; \quad \mu_A \approx 0{,}1\,; \quad e \approx \sqrt{\frac{7{,}2}{100\,\mu_0}}\,; \tag{171/2}$$

y_z s. Taf. 178/3, y_w, s. Taf. 178/4, Verlauf von μ_z über v_F s. Bild 171. Hierbei wird vorausgesetzt, daß die Ölzähigkeit V_{50} an der oberen Grenze von Taf. 122/1 für $v = v_1$ gewählt wird:[2]

4. Leerlauf-Leistung N_0

Bei Wälzlagerung (Bild 157) und Schneckenzähne unten in Öl tauchend ist nach Versuchen [185/*71*] etwa:

$$\boxed{N_0 \approx \left(\frac{a}{100}\right)^{2,5} \frac{V + 90}{1{,}8 \cdot 1000} \left(\frac{n_1}{1000}\right)^{4/3}} \tag{171/3}$$

[1] Bisher rechnete man für E-Schnecken nach den Angaben von MERRITT [184/*11*], wonach μ_z nur von v_F und nicht von der Baugröße abhängt (s. Kurve M in Bild 171). Unter Zugrundelegung der Gl. (171/2) ist zu vermuten, daß die μ_z-Werte von MERRITT für E-Schneckentriebe mit etwa 180 mm Achsabstand gelten. Schlußfolgerung: Der Zahnreibwert μ_z und entsprechend auch die Temperatur-Grenzleistungen sind für größere Schnecken günstiger und für kleinere ungünstiger, als bisher nach den MERRITT-Werten angenommen wurde.

[2] Umrechnung der Ölzähigkeit V [Centistokes] in andere Maße (z. B. in Englergrad) s. Bd. I, Kapitel Schmierstoffe.

5. Verlustleistung N_P durch Lagerbelastung

Bei Wälzlagerung (Bild 157) ist nach Versuchen [185/71] etwa:

$$N_p \approx 0{,}228\, N_2 \left(\frac{a}{100}\right)^{0,44} \frac{i}{d_{m2}} \tag{172/1}$$

Genauere Berechnung von N_p als Differenz von der wirklichen Lager-Verlust-Leistung und der Leerlauf-Leistung der Wälzlager siehe Bd. 1, Abschnitt 14.3.

24.12. Kontrolle auf Biegesicherheit S_W der Schneckenwelle

$$S_W = \frac{f_{\text{grenz}}}{f} = 1 \text{ bis } 0{,}5 \qquad f_{\text{grenz}} \approx \frac{d_{m1}}{1000} \tag{172/2}$$

Aus der Durchbiegung der Schneckenwelle $f = P_1 l_1^3/(48EJ)$ ergibt sich mit P_1 und l_1 nach Gl. 173/1 und Bild 166, $E = 21\,000$ kg/mm² für Stahlwelle und

$$J = \pi \frac{d_{w1}^4}{64} \quad (d_{w1} = \text{Wellendurchmesser}):$$

$$S_W = \frac{d_{m1}}{1000 f} = \frac{50 d_{m1} d_{w1}^4}{q_1 U_2 l_1^3} \qquad q_1 = \sqrt{\text{tg}^2\alpha + \text{tg}^2(\gamma_m + \varrho)} \tag{172/3}$$

$$\text{tg}^2\alpha = \frac{\text{tg}^2\alpha_n}{\cos^2\gamma_m} = \text{tg}^2\alpha_n\left[1 + \left(\frac{z_1}{z_P}\right)^2\right]; \qquad \text{tg}^2\alpha_n = 0{,}132 \quad \text{für} \quad \alpha_n = 20°.$$

Anhaltswert: $l_1 \approx 3{,}3 a^{0,87}$ erreichbar.

24.13. Kontrolle auf Zahnbruchsicherheit S_B

$$S_B = \frac{C_{\text{grenz}}}{C_{\max}} \geqq 1 \tag{172/4}$$

Der Vergleichswert für die maximale Beanspruchung der Radzähne ist:

$$C_{\max} = \frac{U_{2\max}}{m_n \pi \widehat{b}_2} \tag{172/5}$$

C_{grenz} s. Taf. 178/5, $\widehat{b}_2$ nach Gl. (167/3).

24.14. Belastung der Wellen und Lager (Bild 166)

Umfangskräfte:

$$U_1 = \frac{2M_1}{d_{m1}} = \frac{1{,}43 \cdot 10^6 N_1}{d_{m1} n_1} \qquad U_2 = \frac{2M_2}{d_{m2}} = \frac{1{,}43 \cdot 10^6 N_2}{d_{m2} n_2} \tag{172/6}$$

$$U_1 = U_2 \,\text{tg}(\gamma_m + \varrho) \qquad N_1 = N_2/\eta \qquad P_R = U_2 \,\text{tg}\alpha \tag{172/7 bis /9}$$

Resultierende: $P_1 = \sqrt{P_R^2 + U_1^2} = U_2 q_1$ $P_2 = \sqrt{P_R^2 + U_2^2} = U_2 \sqrt{\mathrm{tg}^2\alpha + 1}$ (173/1)

q_1 nach Gl. (172/3).

Kippmomente:

$$M_{k1} = d_{m1} \frac{U_2}{2} \quad \text{(Schnecke)} \tag{173/2}$$

$$M_{k2} = d_{m2} \frac{U_1}{2} \quad \text{(Rad)} \tag{173/3}$$

Hieraus für Schneckenwelle:

Drehmoment:
$$M_1 = U_1 \frac{d_{m1}}{2} = 0{,}716 \cdot 10^6 \frac{N_1}{n_1} \tag{173/4}$$

Maximale Auflagerkraft (bei gleichem Lagerabstand):

$$Q_1 = \sqrt{\left(\frac{P_R}{2} + \frac{M_{k1}}{l_1}\right)^2 + \left(\frac{U_1}{2}\right)^2} = q_2 U_2 \tag{173/5}$$

$$q_2 = 0{,}5 \sqrt{\left(\mathrm{tg}\alpha + \frac{d_{m1}}{l_1}\right)^2 + \mathrm{tg}^2(\gamma_m + \varrho)} \tag{173/6}$$

Maximales Biegemoment:
$$M_{b1} = l_1 \frac{Q_1}{2} \tag{173/7}$$

Vergleichsmoment:
$$M_{v1} = \sqrt{M_{b1}^2 + (q_3 M_1)^2} \leq W_{b1}\, \sigma_{b\,\mathrm{zul}} \tag{173/8}$$

$W_{b1} \approx 0{,}1\, d_{w1}^3$; $q_3 = \frac{\sigma_{b\,\mathrm{zul}}}{2\tau_{\mathrm{zul}}} \approx 0{,}5$ für σ_b wechselnd und τ schwellend.

Belastung für 1 Querlager $= Q_1$, für das Längslager $= P_{L1} = U_2$.

Für Radwelle:

Drehmoment:
$$M_2 = U_2 \frac{d_{m2}}{2} = 0{,}716 \cdot 10^6 \frac{N_2}{n_2} \tag{173/9}$$

Maximale Auflagerkraft (bei gleichem Lagerabstand):

$$Q_2 = \sqrt{\left(\frac{P_R}{2} + \frac{M_{k2}}{l_2}\right)^2 + \left(\frac{U_2}{2}\right)^2} = q_4 U_2 \tag{173/10}$$

$$q_4 = 0{,}5 \sqrt{\left[\mathrm{tg}\alpha + \mathrm{tg}(\gamma_m + \varrho) \frac{d_{m2}}{l_2}\right]^2 + 1} \tag{173/11}$$

Maximales Biegemoment:
$$M_{b2} = l_2 \frac{Q_2}{2} \tag{173/12}$$

Vergleichsmoment:
$$M_{v2} = \sqrt{M_{b2}^2 + (q_3 M_2)^2} \leq W_{b2}\, \sigma_{b\,\mathrm{zul}} \tag{173/13}$$

$W_{b2} \approx 0{,}1\, d_{w2}$; q_3 s. oben. Belastung für 1 Querlager $= Q_2$, für das Längslager $= P_{L2} = U_1$.

24.15. Berechnungsbeispiele

1. Beispiel. *Festlegung der Maße für ein E-Schneckengetriebe.* Achsabstand $a = 200$ mm, Übersetzung $i \approx 10$ (Rechnungsgang und Gleichung s. S. 165 bis 167).

Gewählt: $z_1 = 3$ und $z_{m2} \approx 30$ (nach Taf. 178/1). Werkstoffpaarung *1* nach Taf. 178/4

Berechnet: $d_{f1} \approx 0{,}6 a^{0{,}85} \approx 54$ mm

$$m \approx \frac{2a - d_{f1}}{z_{m2} + 2{,}4} = \frac{346}{32{,}4} \approx 10{,}7 \text{ mm}.$$

Gewählt: $m = 11$ mm:

$$d_{m1} \approx d_{f1} + 2{,}4 m = 80{,}4 \text{ mm}.$$

Gewählt: $d_{m1} = 80$ mm

$$d_{k1} = d_{m1} + 2\,m = 102 \text{ mm}.$$

Kontrolle: $z_F = \dfrac{d_{m1}}{m} = 7{,}28 > 6$; $\quad \operatorname{tg}\gamma_m = \dfrac{z_1}{z_F} = 0{,}412 < 1$.

$$d_{m2} = 2a - d_{m1} = 320 \text{ mm}; \quad d_{f2} \approx d_{m2} - 2{,}4\,m = 293{,}6 \text{ mm};$$

$$d_{k2} = d_{m2} + 2\,m = 342 \text{ mm}; \quad d_{a2} \approx d_{m2} + 3\,m = 353 \text{ mm};$$

$$z_{m2} = \frac{d_{m2}}{m} = 29{,}1; \quad \text{gewählt: } z_2 \approx z_{m2}; \quad z_2 = 29.$$

Bei Herstellung des Rades ist eine Profilverschiebung $x_2\,m$ erforderlich, um den geforderten Achsabstand $a = 200$ mm zu erreichen.

$$x_2 = \frac{z_{m2} - z_2}{2} = 0{,}05 \quad \text{(nach Taf. 178/1 zulässig!)},$$

$$d_{01} = d_{m1} + 2 x_2 m = 81{,}1 \text{ mm}; \quad d_{02} = d_{m2} - 2 x_2 m = 318{,}9 \text{ mm}.$$

Weitere Maße:

Schnecke: Steigungswinkel $\gamma_m = 22{,}4°$; $\gamma_0 = 22{,}15°$.
Normalschnitt-Modul $m_n = m \cos\gamma_0 = 10{,}20$ mm.
Ganghöhe $H = \pi\, m\, z_1 = 103{,}6$ mm.
Zahnbreite $b_1 \approx 2{,}5\, m \sqrt{z_{m2} + 2} = 153{,}5 \text{ mm} > 10\, m$.
Gewählt: $b_1 = 155$ mm.
Rad: Mittlere Zahnbreite $b_{m2} \approx 0{,}45\, m\,(z_F + 6) = 65{,}7$ mm.
Gewählt: $b_{m2} = 65$ mm; $b_2 = b_{m2} = 65$ mm.
Zahnbogenlänge: $\widehat{b}_2 \approx 1{,}1\, b_2 = 71{,}5$ mm.

2. Beispiel. *Berechnung der Grenzleistungen* (Gleichung nach S. 167 bis 172). *Gegeben:* Schneckentrieb nach Beispiel 1. Konstruktion nach Bild 157 mit untenliegender Schnecke und Blasflügel.

Betriebsbedingungen: Antriebsdrehzahl $n_1 = 700$ U/min; Spielzahl je Stunde etwa 20; je Spiel 1 min Vollast, 1 min Halblast und 1 min Stillstand. Die Lebensdauer soll etwa 10 Jahre betragen bei 300 Arbeitstagen/Jahr und täglich 8 Arbeitsstunden.

Gesucht: Grenzleistungen N_{1F} und N_{1T} für *E*-Schnecke. Zum Vergleich sollen auch die Grenzleistungen für ein entsprechendes *H*-Schneckengetriebe angegeben werden.

Flankengrenzleistung N_{2F} für *E*-Schnecke: Man berechnet

$$k_{\text{grenz}} = k_0\, f_n\, f_h\, f_w = 0{,}8 \cdot 0{,}428 \cdot 0{,}91 \cdot 1{,}21 = 0{,}377 \text{ kg/mm}^2$$

mit $k_0 = 0{,}8$ nach Taf. 178/4

mit $f_n = \dfrac{2}{2 + {v_F}^{0{,}85}} = 0{,}428$, für $v_F = d_{m1} \dfrac{n_1}{19100 \cos\gamma_m} = 3{,}13$ m/s,

mit $f_h = 0{,}91$ nach Taf. 178/2

für $L_h = (8 \cdot 300 \cdot 10)\frac{40}{60} = 16000$ Betriebsstunden (nach Abzug der Stillstandzeiten),

mit $$f_w = \left(\frac{h + h_1}{h + f_1^3 h_1}\right)^{1/3} = \left(\frac{2}{1 + 0{,}5^3 \cdot 1}\right)^{1/3} = 1{,}21, \quad \text{für} \quad f_1 = 0{,}5.$$

Ferner sei *Flankensicherheit* $S_F = 1{,}25$ (evtl. höheren Wert nehmen, da beim häufigen Anfahren unter Last immer das Mischreibungsgebiet durchlaufen wird), so daß

$$k_{zul} = \frac{k_{grenz}}{S_F} = 0{,}301 \text{ kg/mm}^2.$$

Mit diesem Wert erhält man

$$N_{2F} = 0{,}7\, k_{zul} f_m f_z \left(\frac{b_{m2}}{100}\right)\left(\frac{d_{m2}}{100}\right)^2 n_2$$

$$N_{2F} = 0{,}7 \cdot 0{,}301 \cdot 1{,}17 \cdot 0{,}367 \cdot 0{,}650 \cdot 10{,}25 \cdot 72{,}5 = 43{,}6 \text{ PS}$$

mit $f_m = 1{,}17$ nach Gl. (168/1) und $f_z = 0{,}367$ nach Taf. 178/3 ($\text{tg}\gamma_m = 0{,}412$) für E-Schnecke.

Flankengrenzleistung N_{2F} für H-Schnecke: (z_1, z_2, d_{m1} und d_{m2} wie bei E-Schnecke). Für H-Schnecken ist nach Taf. 178/1 $x_2 \approx 1$, also $z_{m2} = z_2 + 2\,x_2 \approx 31$.

$$m = \frac{d_{m2}}{z_{m2}} = 10{,}32 \text{ mm}; \quad z_F = \frac{d_{m1}}{m} = \frac{80}{10{,}32} = 7{,}75 > 6; \quad \text{tg}\gamma_m = \frac{z_1}{z_F} = 0{,}387;$$

$$\cos\gamma_m = 0{,}931; \quad b_{m2} \approx 0{,}45\, m (z_F + 6) = 63{,}8 \text{ mm}; \quad \text{gewählt} \quad b_{m2} = 65 \text{ mm};$$

$k_{grenz} \approx 0{,}377$ kg/mm² wie bei der E-Schnecke (wenn man die geringe Änderung von v_F vernachlässigt), $k_{zul} = 0{,}301$ kg/mm². Mit diesem Wert wird

$$N_{2F} = 0{,}7 \cdot 0{,}301 \cdot 1{,}135 \cdot 0{,}602 \cdot 0{,}650 \cdot 10{,}25 \cdot 72{,}5 = 69{,}5 \text{ PS} \quad \textbf{(statt 43,6)}$$

mit $f_m = 1{,}135$ nach Gl. (168/1) und $f_z = 0{,}602$ nach Taf. 178/3 ($\text{tg}\gamma_m = 0{,}387$) für H-Schnecke.

Flankengrenzleistung N_{1F} für E-Schnecke: $N_{1F\,zul} = N_{2F\,zul} + N_v$. Hierzu Verlustleistung N_v zunächst überschlägig nach Gl. (170/4 u. 170/5).

$$N_v \approx N_{2F}\left(\text{tg}\gamma_m + \frac{1}{\text{tg}\gamma_m}\right) y_2 \left(y_3 + \sqrt{\frac{100}{a}}\right)$$

$$N_v \approx 43{,}6 (0{,}412 + 2{,}43)\, 0{,}0440 (0{,}04 + 0{,}707) = 4{,}07 \text{ PS}$$

mit $y_2 = 0{,}044$ und $y_3 = 0{,}040$ nach Taf. 180/4 für E-Schnecke. Somit wird

$$N_{1F} = 43{,}6 + 4{,}07 = 47{,}7 \text{ PS}$$

Flankengrenzleistung N_{1F} für H-Schnecke:

$$N_v \approx N_{2F}\left(\frac{1}{\text{tg}\gamma_m}\right)^{0{,}96} y_2 \left(y_3 + \sqrt{\frac{100}{a}}\right)$$

$$N_v \approx 69{,}5 \cdot 2{,}48 \cdot 0{,}0313 \cdot 0{,}707 = 3{,}80 \text{ PS}$$

mit $y_2 = 0{,}0313$ und $y_3 = 0$ nach Taf. 180/4 für H-Schnecke. Somit wird

$$\boxed{N_{1F} = 69{,}5 + 3{,}80 = 73{,}3\,\text{PS}} \quad \text{(statt 47,7)}$$

Temperatur-Grenzleistung N_{2T} für E-Schnecke: Hierfür muß $N_{Km} \geqq N_{vm}$ sein. Nach Gl. (169/5) ist:

$$N_{Km} = \frac{N_{K1} h_1 + N_{K2} h_2 + N_{K3} h_3}{h_1 + h_2 + h_3} = \frac{N_{K1} + N_{K2} + N_{K3}}{3},$$

da $h_1 = h_2 = h_3 = 1$ min.

Mit N_{K1} und N_{k2} für $n_1 = 700$ U/min und N_{K3} für $n_1 = 0$ ist nach Gl. (169/3): ($S_T = 1$, $t_u = 55°$ C)

$$N_{Km} = 0{,}48\left(\frac{a}{100}\right)^{1,8} \frac{y_{K1} + y_{K2} + y_{K3}}{3} = 0{,}48 \cdot 2^{1,8} \frac{1{,}2 + 1{,}2 + 1}{3}$$

$$N_{Km} = \underline{1{,}9\,\text{PS}}$$

Nach Gl. (169/5) ist:

$$N_{vm} = \frac{N_{v1} h_1 + N_{v2} h_2 + N_{v3} h_3}{h_1 + h_2 + h_3} = \frac{N_{v1} + N_{v2}}{3},$$

da $h_1 = h_2 = h_3$ und $N_{v3} = 0$ (Stillstand).

Mit Einsatz von $N_{v1} = N_{vz1} + N_{P1} + N_0$ und $N_{v2} \approx 0{,}5\,(N_{vz1} + N_{P1}) + N_0$ (für Halblast bei gleicher Drehzahl) ist:

$$N_{vm} = \frac{1{,}5(N_{vz1} + N_{P1}) + 2N_0}{3}.$$

Nach Gl. (170/9) ist:

$$N_{vz1} = N_2\,\mu_z\left(\frac{1}{\operatorname{tg}\gamma_m} + \operatorname{tg}\gamma_m\right) = 0{,}078\,N_2$$

mit Einsatz von

$$\mu_z = \mu_0 + \frac{\mu_A - \mu_0}{(1 + v_F)^e} = 0{,}0274,$$

wobei $\mu_A = 0{,}1$, $\mu_0 = \dfrac{y_z\,y_w}{\sqrt{a}} = 0{,}0216$,

$$y_z = 0{,}305 \text{ (Taf. 178/3)}, \quad y_w = 1, \quad v_F = 3{,}17\,\text{m/s}, \quad e = \sqrt{\frac{7{,}2}{100\,\mu_0}} = 1{,}825.$$

Nach Gl. (172/1) ist:

$$N_{P1} \approx 0{,}228\,N_2\left(\frac{a}{100}\right)^{0,44} \frac{i}{d_{m2}} = 0{,}0094\,N_2.$$

Nach Gl. (171/3) ist:

$$N_0 \approx \left(\frac{a}{100}\right)^{2,5} \frac{V + 90}{1{,}8 \cdot 1000} \left(\frac{n_1}{1000}\right)^{4/3} = 0{,}30\,\text{PS},$$

mit Einsatz der erwünschten Ölzähigkeit $V_{50} \approx 126$ cSt nach Taf. 122/1 für $v_1 = 2{,}94$ m/s.

somit:

$$N_{vm} = \frac{1{,}5(N_{vz1} + N_{P1}) + 2N_0}{3} = \frac{1{,}5(0{,}078 N_2 + 0{,}0094 N_2) + 2 \cdot 0{,}30}{3}$$

$$N_{vm} = 0{,}0437 N_2 + 0{,}2\,\text{PS} \leqq N_{Km} = 1{,}9\,\text{PS}$$

Mit Einsatz von $N_2 = N_{2T}$ in obige Gleichung ergibt sich:

$$\boxed{N_{2T} = \frac{1{,}9 - 0{,}2}{0{,}0437} = 38{,}9\,\text{PS}}$$

Für N_{2T} ist $N_v = N_{vz1} + N_{P1} + N_0 = 0{,}078\,N_{2T} + 0{,}0094\,N_{2T} + 0{,}30\,\text{PS} = 3{,}7\,\text{PS}$, so daß:

Temperatur-Grenzleistung N_{1T} für *E*-Schnecke:

$$\boxed{N_{1T} = N_{2T} + N_v = 38{,}9 + 3{,}7 = 42{,}6\,\text{PS}}$$

Temperatur-Grenzleistung N_{2T} für *H*-Schnecke: Hierfür ist wie bei der *E*-Schnecke $N_k = 1{,}9$ PS, $N_0 \approx 0{,}30$ PS und $N_{P1} = 0{,}0094\,N_2$. Nur wird $\mu_z = 0{,}0128$, da $y_z = 0{,}150$ (Taf. 178/3) und $\mu_0 = 0{,}0106$; ferner ist $\operatorname{tg}\gamma_m = 0{,}387$, so daß nach Gl. (170/9): $N_{vz1} = 0{,}0382\,N_2$. Somit wird:

$$N_{vm} = \frac{1{,}5(N_{vz1} + N_{P1}) + 2N_0}{3} = \frac{1{,}5(0{,}0382 N_2 + 0{,}0094 N_2) + 2 \cdot 0{,}30}{3}$$

$N_{vm} = 0{,}0238\,N_2 + 0{,}2\,\text{PS} \leqq N_{Km} = 1{,}9\,\text{PS}$ mit Einsatz von $N_2 = N_{2T}$ ergibt sich:

$$\boxed{N_{2T} = \frac{1{,}9 - 0{,}2}{0{,}0238} = 71{,}5\,\text{PS}} \quad \text{(statt 38,9)}$$

Für N_{2T} ist $N_v = N_{vz1} + N_{P1} + N_0 = 0{,}0382\,N_{2T} + 0{,}0094\,N_{2T} + 0{,}30 = 3{,}7$ PS, so daß:

Temperatur-Grenzleistung N_{1T} für *H*-Schnecke:

$$\boxed{N_{1T} = N_{2T} + N_v = 75{,}2\,\text{PS}} \quad \text{(statt 42,6)}$$

Zusammenstellung der Ergebnisse zu Beispiel 2:

	N_{1F} [PS]	$\eta = \frac{N_{2F}}{N_{1F}}$	N_{1T} [PS]	$\eta = \frac{N_{2T}}{N_{1T}}$
E-Schnecke . .	47,7	91,5%	*42,6*	91,3%
H-Schnecke . .	*73,3*	94,8%	75,2	95,1%

Für die *E-Schnecke* begrenzt hier die *Temperatursicherheit* die Leistung ($N_{1T} = 42{,}6$ PS) und für

die *H-Schnecke* die *Flankensicherheit* ($N_{1F} = 73{,}3$ PS).

Die übrigen Sicherheiten wurden nicht nachgeprüft.

24.16. Tafeln und Diagramme

Tafel 178/1. *Anhalt für* z_1, z_2, d_{m1}/a, $z_{m2} = z_2 + 2x_2$ *und* S_{d2}

E-Schnecken: normal $2x_2 = 0$ (ausgef. $= -1$ bis $+1$). *H*-Schnecken: normal $2x_2 = 2$ (ausgef. $= 1$ bis 3)
Unterschnitt-Kontrolle in Radmitte (für *A*-Schnecke als Grenzfall): $z_2 \geqq 2\,h_{k01}/(m \sin^2 \alpha)$.
Der Rechnungswert z_{m2} darf unrund sein. Radflankenspiel nach [184/*3*]: $S_{d2}\,[\mu] \geqq m(0{,}3z_2 + 11) + 25$.

$i = z_2/z_1$	1 ··· 2	2 ··· 3	3 ··· 4	4 ··· 6	6 ··· 10	10 ··· 22	22 ··· 40	>40
z_1	20 ··· 12	16 ··· 10	11 ··· 7	8 ··· 5	6 ··· 3	4 ··· 2	2 ··· 1	1
z_2	12 ··· 28	20 ··· 34	21 ··· 60, vorzugsweise 28 ··· 40					i
d_{m1}/a	1 ··· 0,66	0,75 ··· 0,5	0,55 ··· 0,30					

Tafel 178/2. *Lebensdauerbeiwert*[1] $f_h = \sqrt[3]{12000/L_h}$ *für* k_{grenz} *mit Lebensdauer* L_h *in Betriebs-Std.*

$L_h/1000$.	0,75	1,5	3	6	12	24	48	96	190
f_h	2,5	2,0	1,6	1,26	1,0	0,8	0,63	0,50	0,40

Tafel 178/3. *Zahnform-Beiwerte* f_z *und* y_z, *für* k und μ_0

	$\operatorname{tg}\gamma_m =$	0	0,1	0,2	0,3	0,4	0,5	0,6	0,7	0,8	0,9	1,0
E-Schnecke . .	$f_z =$	0,550	0,490	0,440	0,400	0,370	0,345	0,324	0,310	0,300	0,296	0,295
	$y_z =$	0,260	0,266	0,277	0,292	0,304	0,310	0,314	0,314	0,314	0,314	0,314
H-Schnecke . .	$f_z =$	0,695	0,666	0,638	0,618	0,600	0,590	0,583	0,580	0,576	0,575	0,57
	$y_z =$	0,157	0,159	0,158	0,155	0,149	0,143	0,135	0,127	0,117	0,108	0,097

Tafel 178/4. *Anhalt für Werkstoffwerte* k_0 *und* y_w[2]

Paarung	Schnecke aus	Radkranz aus	k_0 kg/mm²	y_w
1	Stahl gehärtet und geschliffen	Cu-Sn-Bronze	0,8	1
2		Al-Legierung	0,425	1
3		Perlitguß	1,2	1,10
4	Stahl vergütet nicht geschliffen	Cu-Sn-Bronze	0,47	1,5
5		Al-Legierung	0,25	1,5
6		Zn-Legierung	0,17	1,5
7		GG 12	0,4	1,8
8	Grauguß GG 18	Cu-Sn-Bronze	0,4	1,2
9		Al-Legierung	0,2	1,16
10		GG 12	0,35	1,30

Tafel 178/5. *Anhalt für* C_{grenz} *für* $\alpha_n = 20°$ (*für* $\alpha_n = 25°$ *Werte mal 1,2*)

Radkranz aus	C_{grenz} [kg/mm²] für Schnecke		
	A	*N, E, K*	*H*
Cu-Sn-Bronze	2,4	3,0	4,0
Al-Legierung	1,15	1,43	1,9
GG 18	1,2	1,5	2,0

[1] Die Gleichung für f_h wurde als 1. Näherung entsprechend Lebensdauerangaben von Tuplin [186/*106*] angesetzt (ausreichende Versuche fehlen).

[2] Der Ansatz für k_0 soll gleichzeitig Wälzfestigkeit und Verschleiß berücksichtigen; den Ansatz für k_{grenz} s. Gl. (167/7).

Tafel 179. *Werkstoffangaben für einige Bronzen (Nr. 1 ... 6) und Al-Legierungen (Nr. 7 u. 8) als Radwerkstoffe.* (Nach DIES [186/88].)

Werkstoff Nr.	Bezeichnung nach DIN	Zustand	Richtanalyse Sn %	Al %	Si %	Ni %	Cu %	Mechanische Werte σ_S	σ_B	δ_5	H_B	Bemerkungen
1	SnBz 8 DIN 17662	hart und entspannt	8	—	—	P 0,3	Rest	50	60	5	150	Für kleine Zahn- und Schneckenräder
2	G-SnBz 12 DIN 1705	Sandguß	12	—	—	—	88	16	28	20	95	Standardwerkstoff für Schneckenräder bei mittlerer Belastung, stoßunempfindlich
	GZ-SnBz 12	Schleuderguß						17	32	15	110	
3	G-SnBz 14 DIN 1705	Sandguß	14	—	—	—	86	17	25	5	115	Höhere Belastbarkeit gegenüber Werkstoff Nr. 2, jedoch stoßempfindlich
	GZ-SnBz 14	Schleuderguß						20	30	3	115	
4	Cu-Al-Si-Bronze (nicht genormt)	Schleuderguß	—	8	2	—	Rest	20	50	15	110	Unempfindlich gegen Ölkorrosion und Verschmutzung
		geschmiedet						32	55	15	135	
5	G-FeAlBz F 48 DIN 1714 AlMBz	Schleuderguß	Fe 3	10	Mn 3	—	Rest	22	55	25	135	Hochbelastbare Schneckenradwerkstoffe bei einsatzgehärteten und geschliffenen Schnecken
		geschmiedet						25	60	20	140	
6	G-NiAlBz F 60 DIN 1714 AlMBz	Schleuderguß	Fe 4	10	—	4,5	Rest	35	70	20	180	
		geschmiedet						45	75	12	185	
7	G-AlSiMg DIN 1725	Sandguß warmausgehärtet	Mg 0,3	Rest	12	—	< 0,05	17	20	1	75	Schneckenradwerkstoffe f. Leichtbau, unempfindlich gegen Ölkorrosion
		Kokillenguß warmausgehärtet						18	22	1	80	
8	AlSiCuNi DIN 1749	geschmiedet warmausgehärtet	Mg 1,2	Rest	12,5 24	1,5	1,0		32	3	90	

Tafel 180/1. *Geschwindigkeitsbeiwert*[1] $f_n = 2/(2 + v_F^{0,85})$ *für* k_{grenz}

F [m/s] . .	0,1	0,4	1,0	2,0	4,0	8,0	12	16	24	32	46	64
n	0,935	0,815	0,666	0,526	0,380	0,268	0,194	0,159	0,108	0,095	0,071	0,055

Tafel 180/2. *Beiwert* y_1 *für* $N_{v\,\text{zul}}$ *für Bezugszeit* $h_a = h_E\,(100/a)\,(y_k/y_{k0})$ *in Std.*

a	0,1	0,14	0,2	0,3	0,4	0,7	1,0	1,4	2	3
1	7,0	5,1	3,5	2,4	2,1	1,5	1,28	1,14	1,04	1,0

Tafel 180/3. *Beiwert* y_k, *für* N_{KL}

Bläser	n_1	0	200	400	600	800	1000	1200	1400	1600	2000	2500	3000	3500	4000
ohne	y_k	1	1,01	1,03	1,06	1,09	1,14	1,19	1,24	1,29	1,42	1,58	1,77	1,98	2,20
mit.	y_k	1	1,03	1,08	1,16	1,25	1,35	1,47	1,61	1,74	2,04	2,45	2,95	3,48	4,05

Tafel 180/4. *Beiwerte* y_2 *und* y_3, *für* N_v/N_2

Schnecke	$\frac{d_{m1} n_1}{1000}$	5	6	7	8	10	14	20	30	40	60	80	120	160	220	300
E . .	$100\,y_2$	2,47	2,75	3,00	3,20	3,48	3,87	4,17	4,35	4,42	4,35	4,22	4,17	4,17	4,25	4,46
	y_3	2,90	2,20	1,78	1,48	1,13	0,69	0,37	0,17	0,085	0,032	0,020	0,010	0	0	0
H . .	$100\,y_2$	4,00	4,30	4,42	4,50	4,55	4,42	4,14	3,75	3,46	3,05	2,91	2,80	2,90	3,10	3,30
	y_3	1,58	1,16	0,91	0,72	0,48	0,25	0,11	0,025	0	0	0	0	0	0	0

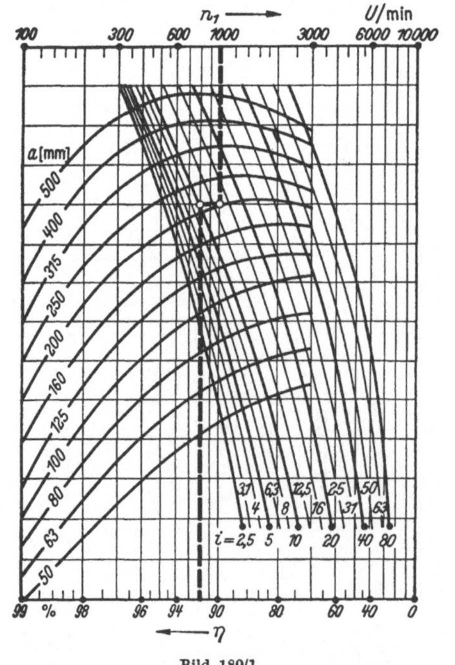

Bild 180/1
Gesamtwirkungsgrad η für *E*-Schneckentriebe nach Tafel 181/2

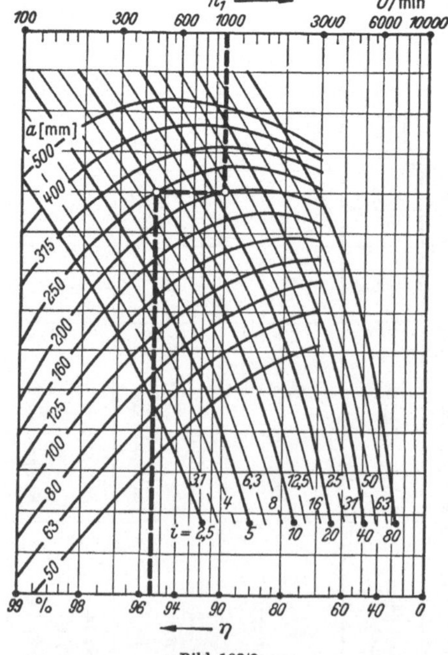

Bild 180/2
Gesamtwirkungsgrad η für *H*-Schneckentriebe nach Tafel 181/2

Gestrichelter Linienzug = eingetragenes Beispiel für $n_1 = 1000$, $a = 200$ und $i = 10$.

[1] Beiwert nach AGMA [184/*4*]; für größere Baugrößen wahrscheinlich zu ungünstig (ausreichende Versuche fehlen).

Tafel 181/1. *Ergebnisse aus Vergleichstesten mit E-Schneckentrieb, G- und H-Schneckentrieb unter gleichen Betriebsbedingungen bei bester Ausführung; Achsabstand 178mm. Nach* [185/72].
E = Evolventenschnecke, *G* = Globoidschnecke (Coneworm), *H* = Hohlflankenschnecke (Cavex).

Schnecke	Maße			Temperaturgrenze			Flankengrenze			
	$z_1/z_2 = i$	m [mm]	d_{m1} [mm]	n_1 [U/min]	N_{2T} [PS]	η [%]	n_1 [U/min]	N_{2F} [PS]	η [%]	Anstände
E . . .	$\frac{39}{4} = 9{,}75$	7,62	66	534	15,1	90,2	534	19,8	90,0	ohne
								24,4	91,0	1. Grübchen
G . . .	$\frac{32}{3} = 10{,}7$	9,0	66,6	534	14,9	89,0	534	24,9	91,5	ohne
								29,7	91,3	leichte Riefen
H . . .	$\frac{32}{3} = 10{,}7$	8,38	67	534	19,2	93,6	500	35,5	96,0	ohne
								40,5	95,5	Grübchen, glatte Flanken

Tafel 181/2. *Beispiele für ausgelegte E- und H-Schneckentriebe in bester Ausführung.* $z_2 = 40$, *Werkstoffpaarung 1* (Taf. 178/4). Berechnet wurden: Gesamt-Wirkungsgrad η für Flanken-Grenzleistung N_{1F} und $f_h = 1$; Temperatur-Grenzleistung N_{1T} für Ausführung mit Bläser und für angegebene η. Entsprechende Diagramme für $N_1 F$, N_{1T} und η s. Bild 180/1 bis 183/2.

	$i = \frac{n_1}{n_2}$	n_1	$a = 50$ mm, $d_{m1} = 23$ mm			100 / 42			200 / 78			400 / 140		
		U/min	η [%]	N_{1F} [PS]	N_{1T} [PS]	η [%]	N_{1F} [PS]	N_{1T} [PS]	η [%]	N_{1F} [PS]	N_{1T} [PS]	η [%]	N_{1F} [PS]	N_{1T} [PS]
E-Schnecke	5	250	82,2	0,769	0,809	87,0	5,28	3,80	91,5	33,4	20,3	94,8	211	116
		500	84,3	1,31	0,991	89,4	8,42	5,10	93,1	50,5	27,1	95,7	295	151
		1000	86,5	2,09	1,39	90,8	12,5	7,15	94,1	69,5	38,5	95,9	386	191
		2000	87,5	3,14	2,28	91,5	17,4	11,8	94,2	90,4	59,4	95,7	473	277
	10	250	75,0	0,53	0,577	81,8	3,51	2,74	88,4	22,4	15,1	93,4	140	90,0
		500	77,8	0,91	0,701	85,2	5,71	3,62	90,7	34,2	20,1	94,5	200	113
		1000	80,5	1,46	0,963	87,2	8,66	5,00	92,0	47,8	28,7	94,7	266	149
		2000	82,3	2,19	1,59	88,3	12,2	8,45	92,2	60,7	43,7	94,5	333	216
	20	250	62,0	0,378	0,380	71,2	2,42	1,74	81,0	15,3	9,20	89,0	92,0	55,2
		500	65,7	0,636	0,452	76,1	3,86	2,26	84,5	22,5	12,2	90,9	132	71,5
		1000	69,2	1,01	0,630	79,0	5,78	3,13	86,5	31,9	16,8	91,2	176	89,8
		2000	71,6	1,51	0,99	80,7	8,03	5,13	86,8	41,9	25,9	90,9	224	130
	40	250	45,6	0,281	0,264	56,0	1,73	1,14	68,8	9,85	5,60	80,8	57,3	31,6
		500	49,5	0,463	0,310	62,1	2,65	1,42	73,7	14,4	7,12	83,8	83,1	40,2
		1000	53,6	0,711	0,403	66,0	3,86	1,91	76,7	20,0	9,76	84,5	108	50,3
		2000	56,4	1,04	0,646	68,4	5,31	3,11	77,3	25,7	15,0	83,8	137	73,3
H-Schnecke	5	250	86,0	1,19	1,10	91,8	8,53	6,05	95,9	57,9	42,4	98,3	385	340
		500	89,1	2,13	1,42	94,2	13,7	9,26	97,0	87,7	62,3	98,5	544	420
		1000	91,5	3,30	2,16	95,5	20,4	14,4	97,5	123	94,0	98,4	725	484
		2000	93,2	4,78	4,15	96,0	28,8	24,5	97,5	165	138	98,2	900	642
	10	250	77,0	0,751	0,63	85,1	5,20	3,35	92,3	34,0	22,6	96,5	220	171
		500	81,3	1,27	0,829	89,3	8,35	5,03	94,3	51	32,8	97,1	317	220
		1000	85,1	2,02	1,25	91,6	12,6	8,00	95,4	73,7	49,1	97,0	424	262
		2000	87,7	2,99	2,29	92,8	17,7	13,6	95,3	99,5	72,3	96,7	532	360
	20	250	64,0	0,470	0,392	75,1	3,00	2,00	85,8	19,8	12,2	93,3	124	90,0
		500	69,4	0,793	0,505	80,9	4,92	2,82	89,5	29,7	17,8	94,4	178	117
		1000	74,6	1,23	0,722	85,0	7,34	4,33	91,3	42,0	26,0	94,4	235	142
		2000	78,7	1,80	1,32	86,8	10,2	7,42	91,2	55,8	38,6	94,0	300	196
	40	250	47,7	0,307	0,274	60,2	1,90	1,26	75,5	11,7	7,1	87,5	70,0	48,7
		500	53,0	0,50	0,330	68,5	3,04	1,71	81,3	17,0	10,0	89,6	100	62,8
		1000	59,5	0,780	0,462	74,2	4,36	2,52	84,2	23,8	14,3	89,8	132	76,0
		2000	64,8	1,10	0,800	76,8	6,02	4,22	84,2	31,6	21,5	89,0	170	106

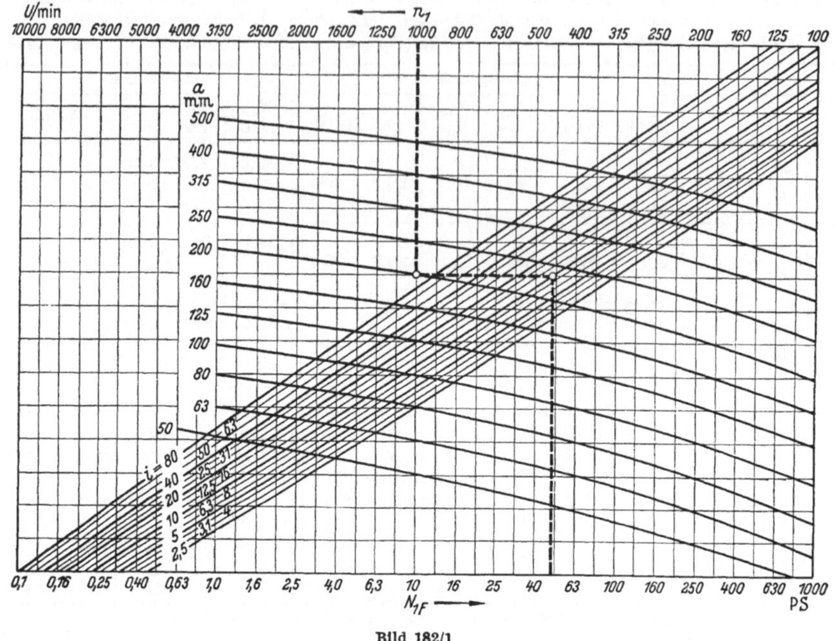

Bild 182/1

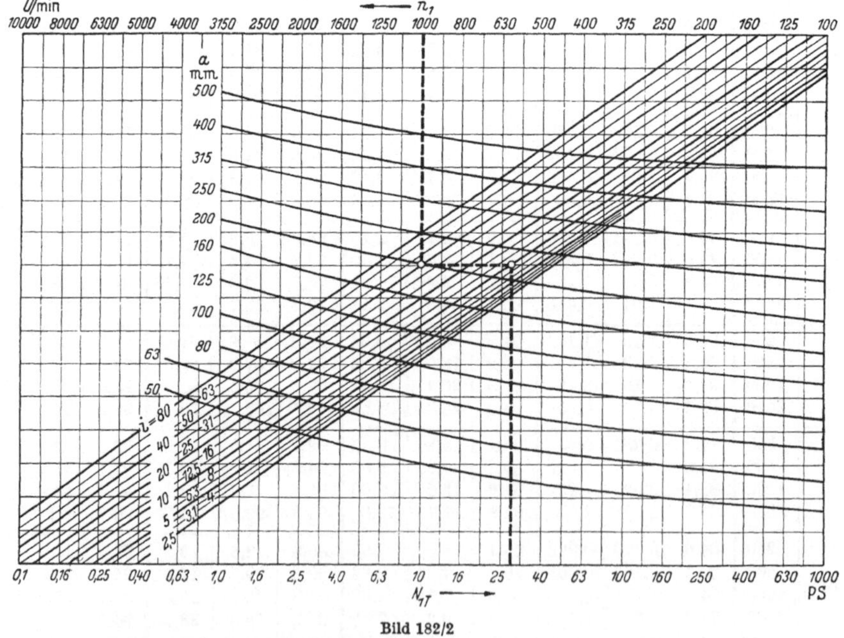

Bild 182/2

Bild 182/1 u. /2. Grenzleistungen N_{1F} und N_{1T} für *E*-Schneckentriebe nach Tafel 181/2. Gestrichelter Linienzug = eingetragenes Beispiel für $n_1 = 1000$, $a = 200$ und $i = 10$.

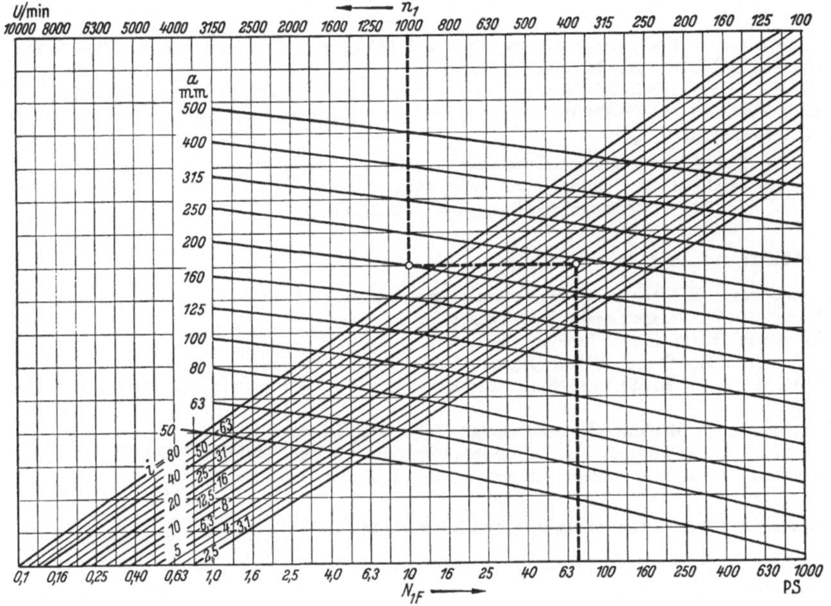

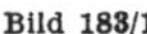
Bild 183/1

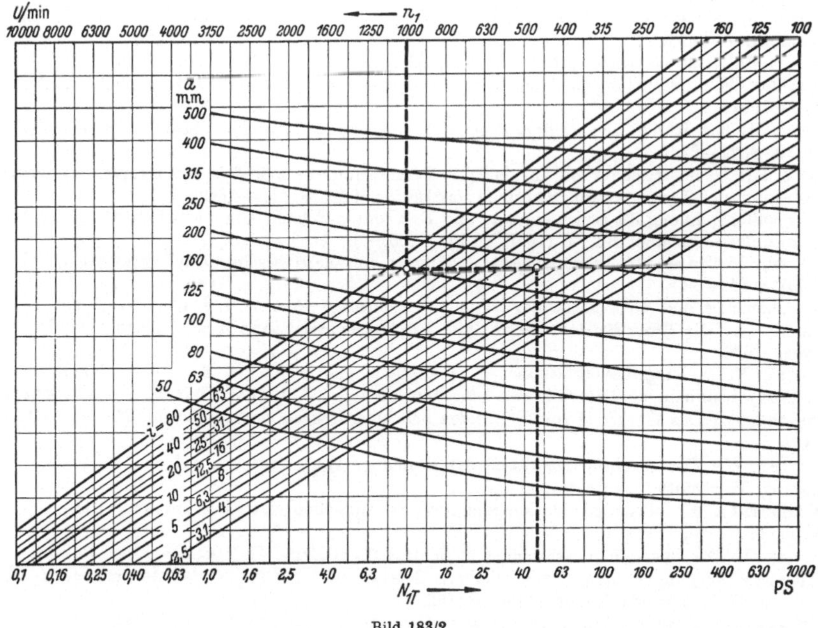

Bild 183/2

Bild 183/1 u. /2. Grenzleistung N_{1F} und N_{1T} für *H*-Schneckengetriebe nach Tafel 181/2. Gestrichelter Linienzug = eingetragenes Beispiel für $n_1 = 1000$, $a = 200$ und $i = 10$.

24.17. Normen und Schrifttum[1]

1. Normen

[1] DIN 3975 (Entw. 1955) Bestimmungsgrößen und Fehler an Schneckengetrieben, Grundbegriffe. Erläuterung s. DIN-Mitt. Bd. 34 (1955) S. 282.
[2] DIN 3976 (Entw. 1956) Zylinderschnecken, Abmessungen, Achsabstände, Übersetzungen.
[3] British Standard 721 (1937) worm gearing und 3027 (1958) Dimensions for worm gear units.
[4] AGMA Standards (USA):
213.01 u. 02 Surface Durability of cylindr. worm gearing.
440.01 u. 02 Cylindr. worm gear speed reducers.
344.02 Design for fine pitch worm gearing.

2. Handbücher s. auch S. 62

[8] Buckingham, E.: Analytical Mechanics of gears. New York 1949.
[9] Dudley, B. W.: Gears Design. New York 1954.
[10] Houghton, P. S.: Gears. London 1952.
[11] Merritt, H. E.: Gears, 3. Aufl. London 1954.
[12]*Niemann, G., u. H. Winter: Schneckentriebe. S. 579—584 in: Betriebshütte Bd. 1, 5. Aufl. Berlin 1957.
[13] Tuplin, W. A.: Machinery's Gear Design Handbook. London 1944.
[14] Schiebel, A.: Zahnräder. III. Teil: Schraubgetriebe. Berlin: Springer 1934.
[15] Schiebel, A., u. W. Lindner: Zahnräder, Bd. 2. Berlin: Springer 1957.

3. Geometrie der Schnecken, Werkzeug und Herstellung

[20] Altmann, F. G.: Bestimmung des Zahnflankeneingriffs bei allgemeinen Schraubgetrieben. Forsch. Ing.-Wes. Bd. 8 (1937) Nr. 50.
[21] —: Zeichnerische Bestimmung der Eingriffsfläche eines Schraubgetriebes mit Evolventenschraube. Reuleaux-Mitt. Arch. Getriebetechn. Bd. 5 (1937) S. 633—637.
[22] Bauersfeld, W.: Ein Beitrag zur Theorie der Schneckengetriebe und zur Normung der Schnecken. VDI-Forsch.-Heft 427. Düsseldorf.
[23] Baier, O.: Konstruktion eines Fräsers, der eine gegebene Schraubenfläche erzeugt. Z. angew. Math. Mech. Bd. 14 (1934) S. 248—250.
[24] Bohle, Fr.: Spiroid gears. Machinery. Bd. 62 (Okt. 1955) S. 155—161.
[25] Duhnsen, W.: Ermittlung der Berührungsverhältnisse von Globoid-Schneckengetrieben. München u. Berlin 1931.
[26] Duma, R. K.: Kaltwalzen mehrgängiger Schrauben und Schnecken. Stanki i instrument 28 (1957), Nr. 10, S. 22—23.
[27] Gary, M.: Geometrische Probleme bei der Vermessung von zylindrischen Evolventen-Schnecken und Evolventen-Schrägstirnrädern. Konstruktion Bd. 8 (1956) S. 412—418.
[28] —: Profilberechnung für Scheibenfräser und Evolventen-Schnecken und -Schrägstirnräder. Werkstattstechn. u. Maschinenbau Bd. 48 (1958) S. 153—156.
[30] Hiersig: Prüfen und Tolerieren bei der Festigung von Getriebeschnecken. Werkstatt u. Betrieb Bd. 81 (1948) S. 242—247.
[31] —: Geometrie und Kinematik der Evolventenschnecke. Forsch. Ing.-Wes. 20 (1955) S. 178—190.
[32] Jakobi, R.: Die Eingriffsfläche beim Zylinderschneckentrieb und ihre Konstruktion. Braunschweig: Vieweg 1956.
[33] Kolčin, N. I.: Eingriffsverhältnisse an Schnecken mit beliebigen Kreuzungswinkeln der Achsen. ZZ. Trudy Seminara po Theorii Masin i Mechanizmov Bd. 3, Heft 9 (1947) S. 18—51 (Russisch).
[34] Königer, R.: Das Werkzeug zum Schneiden beliebiger Schraubenregelflächen. Werkstat tstechn. 1938, S. 485.
[35] Krumme, W.: Der gegenwärtige Stand des Schleifens von Schnecken auf dem Wege der Vergleichsmessung. Werkstattstechnik Bd. 36 (1942).
[36] Lechleitner, K.: Beiträge zur Messung von zylindrischen Getriebeschnecken. Diss. TH. Hannover 1957.
[37] Martin, L. D.: Over-pin measurement of Worms. Tool Engr. 41 (1958) Nr. 1, S. 50—54.
[38] Maushake, W.: Berechnung des Profils von Schneckenfräsern für Evolventenschnecken. Werkstattstechn. u. Maschinenbau Bd. 44 (1954) S. 152.
[39] Paschke, F.: Zahnradrohlinge für schwere Getriebe aus Bronze. Gießereipraxis (1958) Nr. 7, S. 122 bis 128.
[40] Saari: How to calculate exact wheel profiles for form grinding helical gear teeth. Amer. Mach. N. Y. Sept. 13, 1954.

---

[1] Mit * betrifft Arbeiten der FZG.

[41] SAARI: Nomograph aids Solution of worm-thread profiles. Amer. Mach. N. Y. Juli 5, 1954.
[42] STÜBLER: Geometrische Probleme bei der Verwendung von Schraubenflächen in der Technik. Z. Math. Phys. Bd. 60 (1912) S. 244.
[43] TUPLIN: Form grinding of worm threads. Machinery, London Dez. 1952.
[44] VOGEL, W.: Eingriffsgesetze und analytische Berechnungsgrundlagen des zylindrischen Schneckengetriebes mit geradflankigem Achsenschnitt. Berlin: VDI-Verlag 1933 — Z. VDI 1933, S. 1139.
[45] —: Analytische Berechnung des Fingerfräserprofils für Schrauben und Schnecken. Z. VDI Bd. 78 (1934) S. 156.
[46] —: Gesetze und Berechnung der Mutterdrehstähle und Schlagmesser für steilgängige Schrauben und Schnecken mit geradem Achsschnitt. Werkstattstechnik 1935, S. 399.
[47] VOLKOW u. LUTSCHIN: Berechnung und Konstruktion des Zahnprofils von angenäherten Spiralschnecken. Stanki i instrument 28 (1957) Nr. 10, S. 23—25.
[48] WATT-SILVERSIDES: Design of worm Gear Hobs. Machinery, London (1950) Nov., Dez., Jan. 1951.
[49]*WEBER, C.: Profilbeziehungen bei der Herstellung von zylindrischen Schnecken, Schneckenfräsern und Gewinden. Braunschweig: Vieweg 1954.
[50] WILDHABER, E.: A new look on worm gear hobbing. Amer. Mach. Bd. 98 (1954) S. 149—156.
[51] WILDHABER: Cutter Shapes for Milled and Ground Threads. Amer. Mach. N. Y. May 1. (1924).

4. Tragfähigkeit, Gleitreibung und Wirkungsgrad (Theoretische Untersuchungen und Versuche)

[60] BACH, C., u. E. ROSER: Untersuchung eines dreigängigen Schneckengetriebes. Mitt. Forsch.-Arb. Heft 6 (1902) S. 2 — Z. VDI 1903, S. 221.
[61] EVANS u. TOURRET: The wear and Pitting of Bronze-Disks operated under simulated Worm-Gear Conditions. J. Inst. Petroleum Bd. 38 (1952).
[62] FLEISCHER, G.: Die Entwicklung der Schneckengetriebe zur hohen Raumleistung als ein Problem der hydrodynamischen Schmierung. Maschinenbautechn. Bd. 3 (1954) S. 470—474, 521—530, 565 bis 571.
[63]*HEYER, E.: Versuche an Zylinderschneckentrieben. Braunschweig: Vieweg 1953.
[64]*—: Versuche an Schneckentrieben mit Steigung null. Braunschweig: Vieweg 1957.
[65] HIERSIG, H. M.: Bemessung von Evolventen-Schneckengetrieben. Technik Bd. 2 (1947) S. 403 bis 409.
[66]*MAUSHAKE, W.: Schneckentrieb mit Globoidschnecke und Stirnrad; theoretische Vergleichsuntersuchung. Diss. T. H. Braunschweig 1950.
[67] MASCHMEIER, G.: Untersuchungen an Zylinder- und Globoidschneckengetrieben. München u. Berlin: Oldenbourg 1930 — Auszug in Z. VDI Bd. 75 (1931) S. 148.
[68]*NIEMANN, G., u. C. WEBER: Schneckentriebe mit flüssiger Reibung. VDI-Forsch.-Heft 412. Berlin 1942.
[69]*NIEMANN, G., u. K. BANASCHEK: Der Reibwert bei geschmierten Gleitflächen. Z. VDI Bd. 95 (1953) S. 167—173.
[70]*NIEMANN, G.: Getriebevergleiche, in: Zahnräder, Zahnradgetriebe, S. 140—150. Braunschweig: Vieweg 1955.
[71]*NIEMANN, G., u. E. HEYER: Untersuchungen an Schneckengetrieben (Versuchsergebnisse). Z. VDI Bd. 95 (1953) S. 147—157.
[72]*NIEMANN, G.: Grenzleistungen für gekühlte Schneckentriebe. Z. VDI Bd. 97 (1955) S. 308.
[73]*NIEMANN, G., u. F. JARCHOW: Vergleichsversuche mit synthetischem und Mineralöl im Schneckengetriebe. S. 97/99 in: VDJ-Berichte Bd. 20, Düsseldorf 1957.
[74] WALKER, H.: The thermal Rating of Worm Gearboxes. Engineers Bd. 151 (1944) S. 326.
[75]*WEBER, C., u. W. MAUSHAKE: Zylinderschneckentriebe; theoretische Vergleichsuntersuchung. Braunschweig: Vieweg 1957.
[76] WESTBERG, N.: Schneckengetriebe mit hohem Wirkungsgrad. Z. VDI Bd. 43 (1902) S. 915—920.

5. Entwurf und Gestaltung

[81] ALTMANN, F. G.: Ausgewählte Raumgetriebe, ihre Vorzüge für Konstruktion und Fertigung. Getriebetechnik (VDI-Tagung Bingen) VDI-Berichte Bd. 12, Düsseldorf.
[82] —: Fortschritte auf dem Gebiet der Schneckengetriebe. VDI-Z. 83 (1939) S. 1245—1249 u. 1271—1273.
[83] —: Parallelschaltung von Schneckengetrieben. Z. VDI Bd. 72 (1928) S. 606.
[84] —: Zahnradumformer für außergewöhnlich große Übersetzungen, in: Getriebe. Berlin: VDI-Verlag 1928.
[85] BUCKINGHAM, E.: Gear drive design for extrem conditions of speed and load. Machine Design 29 (1957) Nr. 15, S. 110, 112, 114.
[86] CANDEE: Discussion on worm gearing. J. appl. Mechan. Dez. 1944, S. 248.
[87] COSTELLO, O.: Disconnectable worm gearing. Design News 12 (1957) Nr. 10, S. 63.
[88] DIES, K.: Gleitwerkstoffe für Getriebe. Das Industrieblatt (1954) S. 517—521.
[89] EAST, F. G.: Worm Drives. Machine Design Bd. 25 (1953) S. 248—253.

[90] GUTZWILLER, I. E.: Specifying worm gearing (Angaben zu British Standard 3027). Machine Design 30 (1958) Nr. 1, S. 129—132.
[91] HARTMANN: Duplex-Schneckentriebe. Maschinenbautechn. Bd. 6 (1957) S. 277—280.
[92] HAMILTON, u. R. WATT: Worm Gears. Power Transmission Bd. 17 (1948) S. 352, 437 u. 589.
[93] HEYER, E.: Anforderungen bei der Auslegung von Hochleistungsschneckengetrieben. Das Industrieblatt Bd. 53 (1953) S. 409—412.
[94] —: Spielfreie Verzahnungen besonders bei Schneckengetrieben. Das Industrieblatt Bd. 54 (1954) S. 509—512.
[95] HIERSIG, H. M.: Genormte Schneckentriebe, Ziel und Weg, in: Zahnräder, Zahnradgetriebe, S. 216—226. Braunschweig: Vieweg 1955.
[96] —: Getriebe mit Zylinderschnecken. Maschbautechn. Bd. 7 (1958) S. 160—171.
[97] —: Jahresbericht Schneckengetriebe. VDI-Z. 100 (1958) S. 258.
[98] Motorgetriebe mit selbsttätiger Drehmomentbegrenzung. Design News 13 (1958) Nr. 8, S. 30—31.
[99] MEYER, M. L.: Entwurfsregeln für Schneckengetriebe. Schweiz. Bau-Ztg. 76 (1958) S. 141—145.
[100] ROBBINS, A. D.: Side worm gearing. (Schneckentrieb mit seitlichem Schneckenrad.) Machine Design Bd. 25 (1953) S. 163—166.
[101] ROSS, J. W.: Worm gear slip clutch. Design News 12 (1957) Nr. 12, S. 72.
[102] SCHÖPEKE: Schneckentriebe in Theorie und Praxis. Industrie-Anzeiger Nr. 86, S. 17—20 (1956).
[103] THOMAS, W.: Bauformen und Anwendungsmöglichkeiten von Hochleistungs-Schneckengetrieben. Industriekurier 9 (1956) S. 489—492.
[104] —: Das Cavex-Hochleistungs-Schneckengetriebe mit Hohlflankenschnecke. Konstruktion Bd. 6 (1954) S. 162/63.
[105] TOURRET, R.: Worm gear Lubrication. Engineering (Dez. 1955), S. 888—891.
[106] TUPLIN, W. A.: Routine design of Worm gears. Machinery 91 (1957) S. 1338—1344.
[107] UTESCH, F.: Die Ruderanlage der Cap Blanco. (Schneckengetriebe mit Leistungsverzweigung.) Hansa Bd. 92 (1955) S. 699—700.
[108] WALKER, H.: Worm Gear Design. Engineer Bd. 194 (July 1952) S. 110—114.
[109] —: Schneckentriebe, in: Zahnräder, Zahnradgetriebe, S. 226—233. Braunschweig: Vieweg 1955.

6. Firmenschriften

[120] Firmenschriften: Deutsche Brown-Getriebe GmbH, Kassel; Flender GmbH, Bocholt; Zahnräderfabrik Augsburg, Augsburg; Zahnräderfabrik Zuffenhausen, Stuttgart-Zuffenhausen; Friedr. Stolzenberg u. Co. Zahnräderfabrik, Berlin-Reinickendorf.

25. Zylindrische Schraubenräder

25.1. Eigenschaften und Verwendung

Zylindrische Schraubenräder sind schrägverzahnte zylindrische Stirnräder, deren Achsen nicht parallel liegen, sondern sich im Winkel δ kreuzen. Bild 3/5 zeigt ein Schraubenräderpaar in perspektivischer Darstellung. Der Achsen-Kreuzungswinkel $\delta = \beta_1 + \beta_2$ ist nach Bild 187 gegeben durch die Schrägungswinkel β_1 und β_2 von Rad *1* bzw. *2*. Nur im Grenzfall $\delta = 0$, d. h. $\beta_2 = -\beta_1$, liegen Stirnräder mit parallelen Achsen vor, wobei sich die Zahnflanken in *Linien* berühren. In allen übrigen Fällen, also bei echten Schraubenrädern, berühren sich die Zahnflanken wie gekreuzte Walzen in einem *Punkt*[1]. Durch den Kreuzungswinkel der Achsen ergibt sich als *geometrische* Differenz der beiden Rad-Umfangsgeschwindigkeiten v_1 und v_2 eine Gleitgeschwindigkeit v_F in Richtung der Zahn-Flankenlinien.

Gegenüber Schneckentrieben und auch gegenüber versetzten Kegelrädern sind Schraubenräder weniger tragfähig, verlustreicher und schneller verschleißend. Sie besitzen dafür aber kinematische Vorteile: Sie können bei genügender Radbreite zusätzich in ihren Achsrichtungen verschoben (oder verschraubt) werden, ohne den Zahn-

[1] Auch bei Schraubenrädern läßt sich die günstigere Flankenpaarung eines Schneckentriebs mit Linienerührung erreichen, wenn man eines der Schraubenräder mit dem andern als Werkzeug im Abwälzverfahren schneidet, wobei der Vorschub des Werkzeugrades in Richtung seiner Achse erfolgt. Die Schraubenradpaarung wird hierdurch zum Schneckentrieb.

eingriff zu beeinträchtigen (vereinfachte Montage). Man kann ferner der Drehbewegung der Radpaarung noch zwei unabhängige Drehbewegungen (Drehverstellungen) überlagern, indem man die Schraubenräder zusätzlich axial verschiebt (verwendet zur Drehverstellung von Nockenwellen, zur Überlagerung von Funktionswerten bei Rechengeräten usw.). Außerdem ist für jede Radachse noch eine zusätzliche Parallelverschiebung möglich. Auch durch geringe Fehler im Achsenwinkel und durch geringe Vergrößerung des Achsabstandes wird der Zahneingriff nur an eine andere Stelle verlagert, aber nicht behindert.

Für die Theorie der Zahnradpaarungen ist noch beachtlich, daß sich alle Zahnradpaarungen (Stirnräder, Kegelräder, versetzte Kegelräder und Schneckentriebe) hinsichtlich der Berechnung der hierbei auftretenden Kräfte, Bewegungen und Verlustleistungen auf Schraubenräder zurückführen lassen.

25.2. Geometrie der Schraubenräder

1. Bezeichnungen und Dimensionen

Für das einzelne Schraubenrad gelten die gleichen Bezeichnungen, Maßbeziehungen und Mindest-Zähnezahlen wie für schrägverzahnte Stirnräder (s. S. 92 u. 113), mit Index 1 für Rad *1*, Index 2 für Rad *2*, Index n für Größen im Normalschnitt und ohne Index n für Größen im Stirnschnitt. Für die ***Paarung*** der Schraubenräder gelten die weiteren Bezeichnungen und Größen nach S. 187 bis 194 und Bild 187 bis 191.

2. Flankenberührung und Verlauf des Zahneingriffs

Die im Bild 187 angedeutete Planverzahnung, gedacht als hauchdünne Verzahnung einer Zahnstange, kämmt gleichzeitig mit beiden Schraubenrädern *1* und *2*. Entsprechend lassen sich beide Schraubenräder auf der gemeinsamen Planverzahnung einwandfrei abrollen, und zwar jedes in seiner Umfangsrichtung.

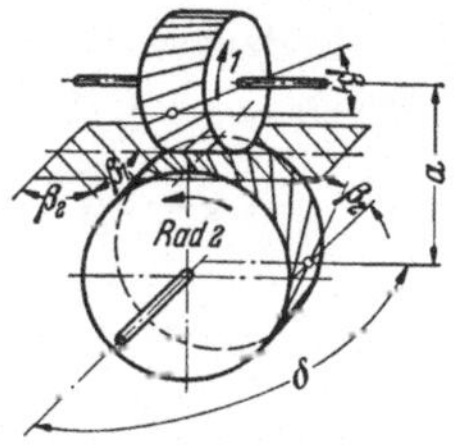

Bild 187
Paarung der Schraubenräder *1* und *2* mit Planverzahnung; Achsabstand a; Kreuzungswinkel δ; Schrägungswinkel β_1 und β_2

Die Berührung zwischen dem einzelnen Schraubenrad und der Planverzahnung ist nach Bild 188/1 eine gerade Linie B (ebenso wie beim schrägverzahnten Stirnrad). Sie liegt auf der ebenen Flanke der Planverzahnung im Winkel β_B zur Flankenlinie F und gleichzeitig auf der Eingriffsfläche im Winkel β_g zur Radachse. Nach S. 190 ist

$$\text{für Rad } 1\colon \quad \operatorname{tg}\beta_{B1} = \operatorname{tg}\beta_1 \sin\alpha_n, \quad \sin\beta_{g1} = \sin\beta_1 \cos\alpha_n,$$

$$\text{für Rad } 2\colon \quad \operatorname{tg}\beta_{B2} = \operatorname{tg}\beta_2 \sin\alpha_n, \quad \sin\beta_{g2} = \sin\beta_2 \cos\alpha_n.$$

Die Berührungslinien B_1 und B_2 der beiden Schraubenräder (s. Bild 188/1) kreuzen sich auf der Flankenfläche der Planverzahnung unter dem Winkel $\varphi = \beta_{B1} + \beta_{B2}$. Die Zahnflanken der Schraubenräder können sich also nur in einem *Punkt*, dem Kreuzungspunkt E der B-Linien, berühren[1].

Bei Drehbewegung der Schraubenräder wandert der Berührungspunkt E auf der Eingriffslinie im *Normalschnitt* der Verzahnung (Bild 188/2). Der ausgenutzte

---

[1] Nur für $\delta = 0$, also für schrägverzahnte Stirnräder mit *parallelen* Achsen, fallen die B-Linien B_1 und B_2 zusammen, so daß Linienberührung der Zahnflanken erreicht wird.

Teil der Eingriffslinie, die Eingriffsstrecke $E_{n1}E_{n2}$, wird bei unterschnittfreien Rädern durch die Kopfkreiszylinder der Räder begrenzt. Die Projektion der Eingriffsstrecke

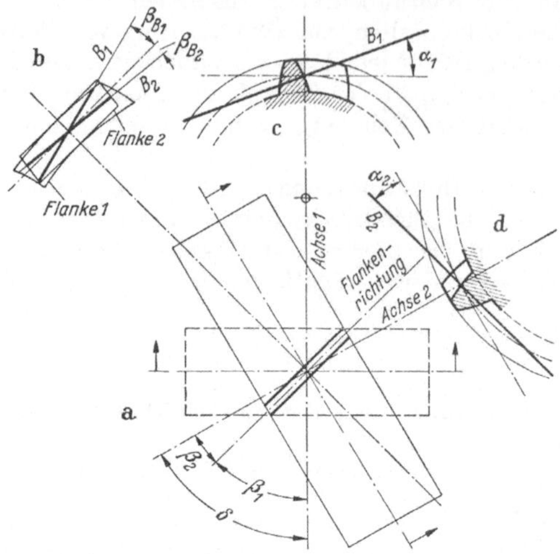

Bild 188/1
Lage der B-Linien B_1 und B_2 auf den Zahnflanken von Schraubenrad *1* und *2*. *a* (unten): Schraubenradpaarung im Grundriß (Rad *1* unten liegend); *b* (links): Sicht auf Zahnflanke 1 und 2; *c* (oben): Stirnschnitt Rad *1*; *d* (rechts): Stirnschnitt Rad *2*

auf Radachse *1* bzw. *2* ist die für die Zahnberührung ausnutzbare Zahnbreite $b_{1\,\min}$ bzw. $b_{2\,\min}$ von Rad *1* bzw. Rad *2*. Nach Bild 188/2 ist

$$b_{1\,\min} = \overline{E_1 E_2}\sin\beta_1 = \overline{E_{n1}E_{n2}}\cos\alpha_n\sin\beta_1 = \overline{E_1'' E_2''}\cos\alpha_2 \leq \frac{h_{k1}+h_{k2}}{\operatorname{tg}\alpha_n}\sin\beta_1,$$

$$b_{2\,\min} = \overline{E_1 E_2}\sin\beta_2 = \overline{E_{n1}E_{n2}}\cos\alpha_n\sin\beta_2 = \overline{E_1' E_2'}\cos\alpha_1 \leq \frac{h_{k1}+h_{k2}}{\operatorname{tg}\alpha_n}\sin\beta_2,$$

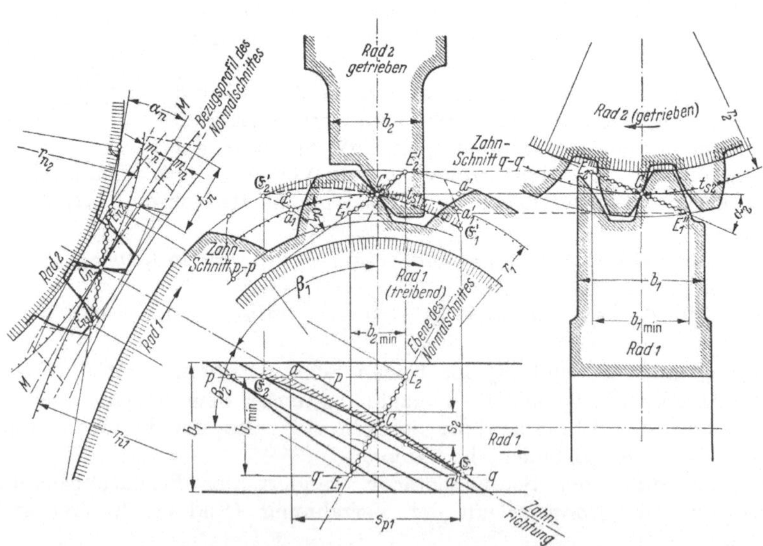

Bild 188/2. Darstellung des Zahneingriffs bei Schraubenrädern mit Kreuzungswinkel $\delta = 90°$ (nach TRIER [196/9])
Unten: Rad *1* im Grundriß; links: Verzahnung im Normalschnitt; oben, Mitte: Verzahnung im Stirnschnitt von Rad *1* rechts: Verzahnung im Stirnschnitt von Rad *2*; Kopfeingriffstrecke $e_{n1} = C_n E_{n1}$, $e_{n2} = C_n E_{n2}$ im Normalschnitt links

Nimmt man die Kopfhöhen $h_{k1} + h_{k2} = 2\,m_n$, so ist

$$b_{1\,\min} \leqq \sin\beta_1\, 2m_n/\mathrm{tg}\,\alpha_n \quad \text{und} \quad b_{2\,\min} \leqq \sin\beta_2\, 2m_n/\mathrm{tg}\,\alpha_n;$$

für $\alpha_n = 20°$ wird

$$b_{1\,\min} \leqq 5{,}5\,m_n \sin\beta_1 \quad \text{bzw.} \quad b_{2\,\min} \leqq 5{,}5\,m_n \sin\beta_2.$$

Der Gesamt-Überdeckungsgrad $\varepsilon_{ges} = \varepsilon_1 + \varepsilon_{1sp} = \varepsilon_2 + \varepsilon_{2sp}$ ergibt sich aus der Profilüberdeckung im Stirnschnitt ε_1 bzw. ε_2 und der Sprungüberdeckung

$$\varepsilon_{1\,sp} = \frac{s_{p\,1}}{\pi\, m_1} = \frac{b_{1\,\min} \cdot \mathrm{tg}\,\beta_1}{\pi\, m_1} \quad \text{bzw.} \quad \varepsilon_{2\,sp} = \frac{s_{p\,2}}{\pi\, m_2} = \frac{b_{2\,\min} \cdot \mathrm{tg}\,\beta_2}{\pi\, m_2}.$$

Im Bild 188/2 (unten) ist der Zahnsprung $s_{p\,1}$ eingezeichnet.

3. Gleitgeschwindigkeit v_F

Nach Bild 189 ist die Gleitgeschwindigkeit v_F der Zahnflanken in Richtung der Flankenlinien die geometrische Differenz der Umfangsgeschwindigkeiten v_1 und v_2. Aus dem Geschwindigkeitsdreieck und den eingezeichneten Winkeln ergibt sich, daß das

auf v_2 errichtete Lot $v_F \cos\beta_2 = v_1 \sin\delta$

ist und das

auf v_1 errichtete Lot $v_F \cos\beta_1 = v_2 \sin\delta$

und somit

$$v_F = \frac{v_1 \sin\delta}{\cos\beta_2} = \frac{v_2 \sin\delta}{\cos\beta_1}.$$

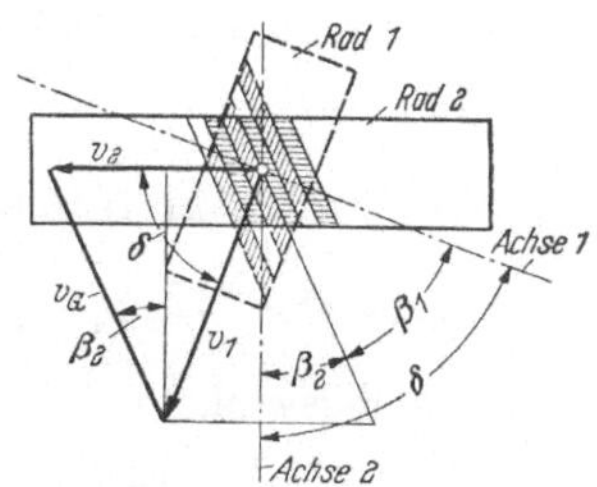

Bild 189. Zur Ermittlung der Gleitgeschwindigkeit v_F (im Bild v_G) in der Schnittebene der Planverzahnung

4. Zusammenstellung der geometrischen Beziehungen[1, 2]

Für beliebige Achsenwinkel $\delta = \beta_1 + \beta_2$ der Radachsen gilt:

Abmessungen:

Übersetzung

$$i = \frac{n_1}{n_2} = \frac{z_2}{z_1} = \frac{d_2}{d_1}\,\frac{\cos\beta_2}{\cos\beta_1} = \left(\frac{2a}{d_1} - 1\right)\frac{\cos\beta_2}{\cos\beta_1}; \qquad (189/1)$$

Achsabstand

$$a = d_1 \frac{a}{d_1} = 0{,}5(d_1 + d_2) = 0{,}5\,m_n\left(\frac{z_1}{\cos\beta_1} + \frac{z_2}{\cos\beta_2}\right) \quad [\mathrm{mm}]; \qquad (189/2)$$

Durchmesser

$$d_1 = z_1 m_1 = z_1 \frac{m_n}{\cos\beta_1} = a\frac{d_1}{a}; \quad d_2 = z_2 m_2 = z_2 \frac{m_n}{\cos\beta_2} = 2a - d_1 \quad [\mathrm{mm}]; \qquad (189/3)$$

Modul im Normalschnitt

$$m_n = \frac{d_1}{z_1}\cos\beta_1 = \frac{d_2}{z_2}\cos\beta_2 \quad [\mathrm{mm}]; \qquad (189/4)$$

Ersatz-Zähnezahl im Normalschnitt

$$z_{1n} = \frac{z_1}{\cos^2\beta_{g1}\cos\beta_1}; \quad z_{2n} = \frac{z_2}{\cos^2\beta_{g2}\cos\beta_2}. \qquad (189/5)$$

---

[1] Sie gelten auch für Schneckentriebe mit beliebigem Achsenwinkel δ.

[2] Die angegebenen Maße d, m, β, α mit Index 1 bzw. 2 gelten am Wälzkreis *1* bzw. *2*; für Nullverzahnung ist Wälzkreis gleich Teilkreis. Die Maße mit Index n gelten für den Normalschnitt, ohne Index n für den Stirnschnitt des betreffenden Rades.

Geschwindigkeiten (größte Kopfeingriffstrecke $e_{n\,\max} \leqq h_{k\,\max}/\sin\alpha_n$ s. Bild 188/2):

Umfangsgeschwindigkeit $v_1 = \frac{n_1 d_1}{19100} = v_2 \frac{\cos\beta_2}{\cos\beta_1}$; $v_2 = \frac{n_2 d_2}{19100} = v_1 \frac{\cos\beta_1}{\cos\beta_2}$ [m/s]; (190/1)

Gleitgeschwindigkeit in Richtung der Flankenlinien

$$v_F = v_1 \frac{\sin\delta}{\cos\beta_2} = v_2 \frac{\sin\delta}{\cos\beta_1}. \tag{190/2}$$

Größte Gleitgeschwindigkeit im Normalschnitt (in Höhenrichtung der Zähne)

$$v_{n\,\max} = v_n\, e_{n\,\max} \frac{2}{m_n}\left(\frac{1}{z_{1n}} + \frac{1}{z_{2n}}\right) \tag{190/3}$$

Resultierende Gleitgeschwindigkeit am Zahnkopf $v_{G\,\max} = \sqrt{v_F^2 + v_{n\,\max}^2}$. (190/4)

Winkel:

Eingriffswinkel im Stirnschnitt $\operatorname{tg}\alpha_1 = \frac{\operatorname{tg}\alpha_n}{\cos\beta_1}$, $\operatorname{tg}\alpha_2 = \frac{\operatorname{tg}\alpha_n}{\cos\beta_2}$; (190/5)

Achsenwinkel $\delta = \beta_1 + \beta_2$; (190/6)

Schrägungswinkel

$$\operatorname{tg}\beta_2 = \frac{d_2/d_1}{i\sin\delta} - \frac{1}{\operatorname{tg}\delta}; \quad \beta_1 = \delta - \beta_2; \quad \frac{\cos\beta_1}{\cos\beta_2} = \frac{d_2}{i\,d_1} = \cos\delta + \sin\delta\operatorname{tg}\beta_2; \tag{190/7}$$

$$\operatorname{tg}\beta_{B1} = \operatorname{tg}\beta_1 \sin\alpha_n; \quad \operatorname{tg}\beta_{B2} = \operatorname{tg}\beta_2 \sin\alpha_n; \tag{190/8}$$

$$\sin\beta_{g1} = \sin\beta_1 \cos\alpha_n; \quad \sin\beta_{g2} = \sin\beta_2 \cos\alpha_n. \tag{190/9}$$

Für $\delta = 90°$ *ist:*

$$\sin\beta_1 = \cos\beta_2, \quad \cos\beta_1 = \sin\beta_2, \quad \operatorname{tg}\beta_1 = \frac{1}{\operatorname{tg}\beta_2}. \tag{190/10}$$

25.3 Kräfte, Verlustleistung und Wirkungsgrad der Verzahnung

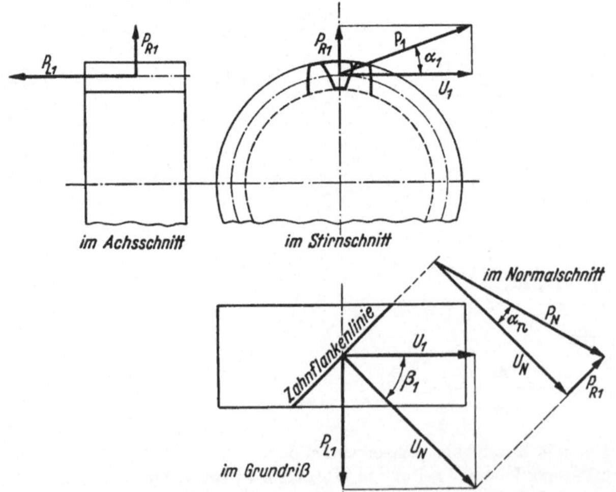

Bild 190. Komponenten der Zahn-Normalkraft P_N, gezeigt an Schraubenrad *1*

1. Zahnkräfte im Wälzpunkt

Die *Umfangskräfte* betragen mit Drehmoment M [mmkg] und Leistung N [PS]

an Rad *1*:

$$U_1 = \frac{2M_1}{d_1} = \frac{1{,}43 \cdot 10^6 N_1}{d_1 n_1} \text{ [kg]},$$

an Rad *2*:

$$U_2 = \frac{2M_2}{d_2} = \frac{1{,}43 \cdot 10^6 N_2}{d_2 n_2} \text{ [kg]}.$$

Die *Kraftkomponenten* von U betragen, ausgedrückt durch die Normalkraft P_N bzw. durch die Umfangskraft U_1 nach Bild 190 und 191:

	a) ohne Reibung	Gl.	*b) mit Reibung (Rad 1 treibend):* $\mu = \mathrm{tg}\,\varrho, \quad \cos\varrho \approx 1$
an Rad 1	$U_1 = P_N \cos\alpha_n \cos\beta_1$	1	$U_1 = P_N \frac{\cos\alpha_n}{\cos\varrho} \cos(\beta_1 - \varrho)$
	$P_R = P_N \sin\alpha_n = U_1 \,\mathrm{tg}\,\alpha_1 = U_1 \frac{\mathrm{tg}\,\alpha_n}{\cos\beta_1}$	2	$P_R = P_N \sin\alpha_n = U_1 \,\mathrm{tg}\,\alpha_n \frac{\cos\varrho}{\cos(\beta_1 - \varrho)}$
	$P_{L1} = P_N \cos\alpha_n \sin\beta_1 = U_1 \,\mathrm{tg}\,\beta_1$	3	$P_{L1} = P_N \frac{\cos\alpha_n}{\cos\varrho} \sin(\beta_1 - \varrho) = U_1 \,\mathrm{tg}(\beta_1 - \varrho$
	$P_1 = \sqrt{P_R^2 + U_1^2} = P_N \frac{\cos\alpha_n}{\cos\alpha_1} \cos\beta_1 = \frac{U_1}{\cos\alpha_1}$	4	$P_1 = \sqrt{P_R^2 + U_1^2}$
	$U_N = P_N \cos\alpha_n = \frac{U_1}{\cos\beta_1}$	5	$U_N = P_N \cos\alpha_n = U_1 \frac{\cos\varrho}{\cos(\beta_1 - \varrho)}$
	$P_N = \frac{U_1}{\cos\alpha_n \cos\beta_1} = \frac{U_N}{\cos\alpha_n}$	6	$P_N = \frac{U_1 \cos\varrho}{\cos\alpha_n \cos(\beta_1 - \varrho)} = \frac{U_N}{\cos\alpha_n}$
an Rad 2	$U_2 = P_N \cos\alpha_n \cos\beta_2 = U_1 \frac{\cos\beta_2}{\cos\beta_1}$	7	$U_2 = P_N \frac{\cos\alpha_n}{\cos\varrho} \cos(\beta_2 + \varrho) = U_1 \frac{\cos(\beta_2 + \varrho)}{\cos(\beta_1 - \varrho)}$
	$P_R = P_N \sin\alpha_n = U_1 \frac{\mathrm{tg}\,\alpha_n}{\cos\beta_1} = U_2 \frac{\mathrm{tg}\,\alpha_n}{\cos\beta_2}$	8	$P_R = P_N \sin\alpha_n = U_1 \,\mathrm{tg}\,\alpha_n \frac{\cos\varrho}{\cos(\beta_1 - \varrho)}$
	$P_{L2} = P_N \cos\alpha_n \sin\beta_2 = U_1 \frac{\sin\beta_2}{\cos\beta_1} = U_2 \,\mathrm{tg}\,\beta_2$	9	$P_{L2} = P_N \frac{\cos\alpha_n}{\cos\varrho} \sin(\beta_2 + \varrho)$
	$P_2 = \sqrt{P_R^2 + U_2^2} = P_N \frac{\cos\alpha_n}{\cos\alpha_2} \cos\beta_2 = \frac{U_2}{\cos\alpha_2}$	10	$P_2 = \sqrt{P_R^2 + U_2^2}$
	$U_N = P_N \cos\alpha_n = \frac{U_1}{\cos\beta_1} = \frac{U_2}{\cos\beta_2}$	11	$U_N = P_N \cos\alpha_n = U_1 \frac{\cos\varrho}{\cos(\beta_1 - \varrho)}$
	$P_N = \frac{U_1}{\cos\alpha_n \cos\beta_1} = \frac{U_2}{\cos\alpha_n \cos\beta_2}$	12	$P_N = \frac{U_1 \cos\varrho}{\cos\alpha_n \cos(\beta_1 - \varrho)} = \frac{U_2 \cos\varrho}{\cos\alpha_n \cos(\beta_2 + \varrho)}$

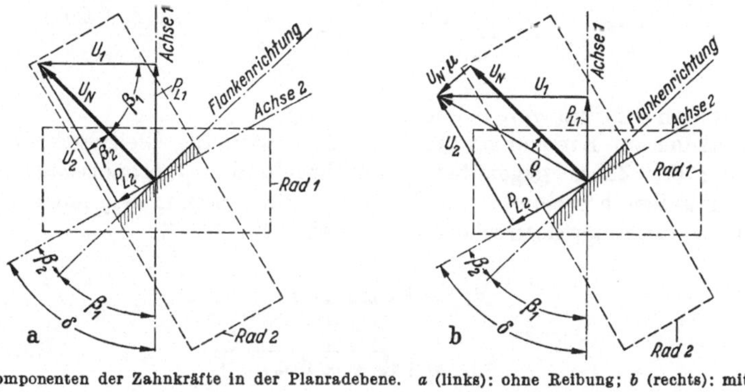

Bild 191. Komponenten der Zahnkräfte in der Planradebene. *a* (links): ohne Reibung; *b* (rechts): mit Reibung

2. Verlustleistung und Wirkungsgrad

Die Gesamt-Verlustleistung $N_v = N_{vz} + N_0 + N_P$ [PS] setzt sich zusammen aus der Verlustleistung N_{vz} der Verzahnung, der Leerlauf-Verlustleistung N_0 und der zusätzlichen Verlustleistung N_P aus dem Anstieg der Lagerbelastung.

Anhaltswerte für N_0 und N_P s. Schneckentriebe, S. 172. Der Gesamt-Wirkungsgrad des Getriebes ist dann

$$\eta = \frac{N_2}{N_1} = \frac{N_2}{N_2 + N_v} = \frac{N_1 - N_v}{N_1} \tag{192/1}$$

wenn Rad *1* treibt[1].

Die Verlustleistung N_{vz} besteht, ebenso wie beim Schneckentrieb, im wesentlichen aus der Verlustleistung N_{vF} durch die Gleitbewegung in Richtung der Zahn-Flankenlinien:

$$N_{vz} \approx N_{vF} = P_N \, \mu \, v_F/75 \tag{192/2}$$

mit v_F nach Gl. (190/2). Der entsprechende Wirkungsgrad der Verzahnung ist bei treibendem Rad *1*

$$\eta_z \approx \eta_{zF} = \frac{U_2 v_2}{U_1 v_1} = \frac{U_2 \cos\beta_1}{U_1 \cos\beta_2}. \tag{192/3}$$

Mit Einsatz von

$$\frac{U_2}{U_1} = \frac{\cos(\beta_2 + \varrho)}{\cos(\beta_1 - \varrho)},$$

nach Gl. (191/7) sowie

$$\cos(\beta \pm \varrho) = \cos\beta \cos\varrho \mp \sin\beta \sin\varrho$$

$$\cos\varrho \approx 1 \quad \text{und} \quad \sin\varrho \approx \mu$$

erhält man:

$$\eta_{zF} = \frac{\cos(\beta_2 + \varrho)}{\cos(\beta_1 - \varrho)} \, \frac{\cos\beta_1}{\cos\beta_2} = \frac{1 - \operatorname{tg}\beta_2\,\mu}{1 + \operatorname{tg}\beta_1\,\mu};$$

für $\delta = 90°$ ist $\eta_{zF} = \frac{\operatorname{tg}\beta_2}{\operatorname{tg}(\beta_2 + \varrho)}$. (192/4)

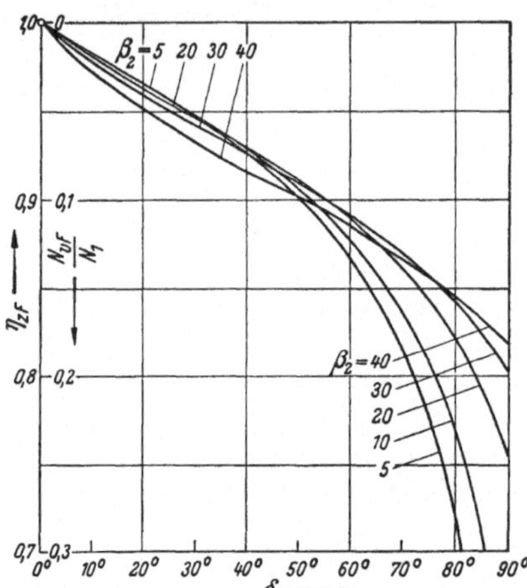

Bild 192. Wirkungsgrad η_{zF} und Verlustwert-N_{vF}/N_1 für $\mu = 0{,}1$, abhängig vom Kreuzungswinkel δ und Schrägungswinkel β_2

Ferner ergibt sich aus

$$\eta_{zF} = \frac{N_2}{N_2 + N_{vF}} \quad \text{bzw.} \quad \eta_{zF} = \frac{N_1 - N_{vF}}{N_1}$$

der Verlustwert

$$\frac{N_{vF}}{N_2} = \frac{\mu(\operatorname{tg}\beta_1 + \operatorname{tg}\beta_2)}{1 - \operatorname{tg}\beta_2\,\mu} \quad \text{bzw.} \quad \frac{N_{vF}}{N_1} = \frac{\mu(\operatorname{tg}\beta_1 + \operatorname{tg}\beta_2)}{1 + \operatorname{tg}\beta_1\,\mu}. \tag{192/5}$$

Bild 192 zeigt den Einfluß von δ und β_2 auf η_{zF}.

Nur bei kleinerem Kreuzungswinkel ($\delta < 50°$) wird die Gleitgeschwindigkeit v_n in Höhenrichtung der Zähne gegenüber v_F beachtlich, da v_F proportional $\sin\delta$ ist.

In solchen Fällen berechnet man die Zahnverlustleistung N_{vz} nach Gl. (192/6) als Mittelwert über der Eingriffsstrecke mit v_{Gm} nach Gl. (192/7):

$$N_{vz} = P_N \, \mu \, v_{Gm}/75 \tag{192/6}$$

$$v_{Gm} = \sqrt{v_F^2 + (0{,}5\, v_{n\,\max})^2} \tag{192/7}$$

mit v_F und $v_{n\,\max}$ nach Gl. (190/2 u. /3) und $\mu \approx 0{,}08 \cdots 0{,}1$.

---

[1] Bei treibendem Rad *2* gelten ebenfalls die für die verschiedenen η- und N_v-Werte angegebenen Gleichungen, aber mit Vertauschung der Indizes 1 und 2.

25.4. Flankenpressung

Zur Beurteilung der Tragfähigkeit und zum Vergleich der örtlichen Flankenbeanspruchung bei verschiedener Ausführung der Schraubenräder soll nachfolgend die Ermittlung der HERTZschen Pressung an den Zahnflanken der Schraubenräder behandelt werden. Nach Bild 188/1 und nach den Angaben auf S. 187 berührt die Zahnflanke der Planverzahnung die Zahnflanke von Schraubenrad *1* in der Geraden B_1 und die Zahnflanke von Schraubenrad *2* in der Geraden B_2. Beide Geraden liegen auf der ebenen Flanke der Planverzahnung und schließen dort den Winkel $\varphi = \beta_{B1} + \beta_{B2}$ ein. Der Kreuzungspunkt von B_1 und B_2 ist der Berührungspunkt der Zahnflanken von Rad *1* und *2*. Für die Berechnung der HERTZschen Pressung p können die Zahnflanken von Rad *1* und *2* durch zwei Walzen ersetzt werden, deren Achsen sich im Winkel φ kreuzen und deren Halbmesser mit den Krümmungshalbmessern ϱ_{B1} bzw. ϱ_{B2} der beiden Zahnflanken in den Schnittebenen normal zu B_1 und B_2 übereinstimmen. Hierfür lassen sich auf Grund der HERTZschen Gleichungen[1] folgende Beziehungen aufstellen:

$$\text{Normalkraft} \qquad P_N = 17{,}15 \frac{p^3}{E^2} \varrho_B^2 (\zeta\eta)^3.$$

Hierin ist:

$$\varrho_B = \frac{2\varrho_{B1}\varrho_{B2}}{\varrho_{B1}+\varrho_{B2}} = \varrho_{B1}\frac{2}{1+F}; \qquad (\zeta\eta)^3 = \frac{1}{f_H}$$

nach Bild 194/1, abhängig von

$$F = \frac{\varrho_{B1}}{\varrho_{B2}} \quad \text{und} \quad \varphi = \beta_{B1} + \beta_{B2},$$

$$E = \frac{2E_1E_2}{E_1+E_2}$$

mit Elastizitäts-Modul E_1 und E_2 für die Werkstoffe der Walzen *1* und *2*.

Für Schraubenräder ist am Wälzpunkt:

$$P_N = \frac{U_1}{\cos\alpha_n \cos(\beta_1 - \varrho)} = \frac{U_2}{\cos\alpha_n \cos(\beta_2 + \varrho)},$$

$$\varrho_{B1} = \frac{0{,}5 d_1 \sin\alpha_n}{\cos^2\beta_{g1}}, \quad \varrho_{B2} = \frac{0{,}5 d_2 \sin\alpha_n}{\cos^2\beta_{g2}}, \quad F = \frac{\varrho_{B1}}{\varrho_{B2}} = \frac{\cos^2\beta_2 + \mathrm{tg}^2\alpha_n}{\cos^2\beta_1 + \mathrm{tg}^2\alpha_n}\,\frac{d_1}{d_2}.$$

Durch Umformung erhält man für die praktische Rechnung:

Umfangskraft $\boxed{U_1 = 1{,}43\, d_1^2 f_z K_s}$ [kg] (193/1)

Leistung $\boxed{N_{1\,\mathrm{PS}} = \left(\frac{d_1}{100}\right)^3 n_1 f_z K_s}$ [PS] (193/2)

mit $\boxed{K_s = \frac{p^3}{E^2} \leqq K_{s\,\mathrm{zul}}}$ [kg/mm²], (193/3)

und $K_{s\,\mathrm{zul}}$ nach Taf. 195.

[1] HERTZsche Gleichungen und Beiwert $\zeta\eta$ abhängig von $\cos\vartheta$ siehe Wälzpaarungen in Bd. I. Im vorliegenden Fall ist $\cos\vartheta = \sqrt{1 - 4\sin^2\varphi \frac{F}{(1+F)^2}}$. Hiernach wurde f_H in Bild 194/1 aufgetragen.

Hierin ist

a) für $\delta = 90°$, $\alpha_n = 20°$, $\varrho = 5°$: f_z nach Bild 194/2;

b) für beliebige δ, α_n, ϱ:

$$f_z = \frac{12\cos(\beta_1 - \varrho)\sin^2\alpha_n}{f_H(\mathrm{tg}^2\alpha_n + \cos^2\beta_1)^2(1+F)^2\cos^3\alpha_n}, \qquad (194/1)$$

$$F = \frac{\varrho_{B1}}{\varrho_{B2}} = \frac{\cos^2\beta_2 + \mathrm{tg}^2\alpha_n}{\cos^2\beta_1 + \mathrm{tg}^2\alpha_n}\,\frac{d_1}{d_2}, \qquad (194/2)$$

$$f_H = \frac{1}{(\xi\,\eta)^3} \quad \text{nach Bild 194/1}, \qquad (194/3)$$

$$\mathrm{tg}\,\varphi = \mathrm{tg}(\beta_{B1} + \beta_{B2}) = \frac{\sin\alpha_n(\mathrm{tg}\beta_1 + \mathrm{tg}\beta_2)}{1 - \sin\alpha_n^2\,\mathrm{tg}\beta_1\,\mathrm{tg}\beta_2}. \qquad (194/4)$$

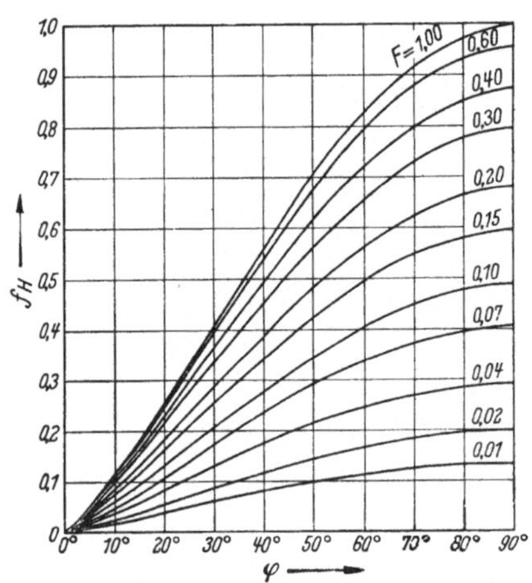

Bild 194/1. Beiwert $f_H = 1/(\xi\cdot\eta)^3$, abhängig von $\varphi = \beta_{B1} + \beta_{B2}$ für $F = \varrho_{B1}/\varrho_{B2}$ und für die gleichen Zahlenwerte von $1/F$ statt F

Bild 194/2. Beiwert f_z für $\delta = 90°$, $\alpha_n = 20°$ und $\varrho = 5°$ abhängig von $\mathrm{tg}\,\beta_2 = d_2/(i\,d_1)$ und Übersetzung $i = z_2/z$

25.5. Praktische Bemessung

1. Geometrische Festlegung

Bei gegebenem Achsenwinkel δ und Übersetzung $i = z_2/z_1$ ist zunächst d_1/a und z_1 zu wählen, z. B. nach den Anhaltswerten in Taf. 178/1 für Schneckentriebe. Hierbei sind folgende Tendenzen beachtlich: Mit größerem $d_1/a \leqq 1$ wächst die Flankentragfähigkeit, aber auch der Verlustwert N_v/N_1, sofern hierdurch β_2 kleiner als $0{,}5\,\delta - \varrho$ wird; mit größerem z_2 wächst die Laufruhe und fällt die Gleitarbeit in Höhenrichtung der Zähne, es fällt aber auch die ausgenutzte Zahnbreite, und damit fällt die Verschleiß-Lebensdauer und ferner die (meist ausreichende) Zahnfuß-Tragfähigkeit.

Weiter ergibt sich β_2 aus

$$\mathrm{tg}\beta_2 = \left(\frac{2a}{d_1} - 1\right)\frac{1}{i\sin\delta} - \frac{1}{\mathrm{tg}\,\delta}$$

und $\beta_1 = \delta - \beta_2$. Mit Festlegung von d_1 entsprechend der zu übertragenden Leistung (s. S. 195) ist ferner

$$a = \frac{d_1}{d_1/a}\ [\mathrm{mm}], \quad d_2 = 2a - d_1\ [\mathrm{mm}], \quad m_n = d_1\frac{\cos\beta_1}{z_1} = d_2\frac{\cos\beta_2}{z_2}\ [\mathrm{mm}].$$

Der Flankeneingriffswinkel α_n im Normalschnitt wird durchweg 20° gewählt.

2. Festlegung von d_1 nach C-Wert

Nach dem bisher üblichen Rechnungsansatz ist Umfangskraft $U_1 = C_s \pi m_n b$ mit dem Belastungs-Kennwert $C \leqq C_{zul}$ nach Taf. 195. Hieraus erhält man mit Einführung von $b \approx 10 m_n$, $m_n = d_1 \cos\beta_1 / z_1$ und

$$U_1 = \frac{1{,}43 \cdot 10^6 N_1}{d_1 n_1} \quad [\text{kg}]$$

die übertragbare Leistung

$$\boxed{N_1 \leqq \left(\frac{d_1}{35{,}7}\right)^3 \left(\frac{\cos\beta_1}{z_1}\right)^2 C_{zul}\, n_1} \quad [\text{PS}] \qquad (195/1)$$

oder

$$\boxed{d_1 \geqq 35{,}7 \left[\frac{N_1}{n_1 C_{zul}} \left(\frac{z_1}{\cos\beta_1}\right)^2\right]^{1/3}} \quad [\text{mm}]. \qquad (195/2)$$

3. Festlegung von d_1 nach Flankenpressung

Nach dem Rechnungsansatz für die HERTZsche Pressung an den Zahnflanken ist nach Gl. (193/2)

$$\boxed{d_1 \geqq 100 \left[\frac{N_1}{f_z K_{s\,zul}\, n_1}\right]^{1/3}} \quad [\text{mm}] \qquad (195/3)$$

mit f_z nach Bild 194/2 bzw. nach Gl. (194/1) und $K_{s\,zul}$ nach Taf. 195.

Tafel 195. *Anhalt für* $K_{s\,zul} = K_0 \dfrac{2}{2 + v_F}$ *[kg/mm²] und für* $C_{zul} = C_0 \dfrac{2}{2 + v_F}$ *[kg/mm²] für Schraubenräder bei Dauerbetrieb mit Gleitgeschwindigkeit* v_F *[m/s]; für Kurzzeit-Betrieb bis 50% höhere Werte*

Nr.	Paarung	C_0 kg/mm²	K_0 kg/mm²	E kg/mm²
1	gehärt. Stahl/gehärt. Stahl	0,6	0,75/100	21 000
2	gehärt. Stahl/Bronze	0,54	0,67/100	15 000
3	gehärt. Stahl/Perlitguß	0,48	0,6/100	16 000
4	vergüt. Stahl/Bronze	0,40	0,5/100	14 500
5	vergüt. Stahl/Grauguß	0,28	0,35/100	13 500
6	Grauguß/Grauguß	0,28	0,35/100	11 000

4. Freßlastgrenze und Ölwahl

Die Freßlastsicherheit S_F bzw. den Kennwert k_{Test} des Öls (S. 122) kann man, angepaßt an die Gleichung für Stirnräder (S. 89), angenähert vorausberechnen:

$$k_{Test} \geqq \frac{S_F\, y_F\, k_C}{\cos\beta_1\, y_\beta} \qquad (195/4)$$

y_F nach Gl. (89/4) mit

$$e_{max} = \cos\beta_{g1} \sqrt{e_n^2 + e_F^2}\,; \qquad e_n \leqq \frac{h_{k\,max}}{\sin\alpha_n}\,; \qquad e_F \approx \frac{d_2 \cdot \sin\delta}{2(i_n + 1)\cos\beta_2} \qquad (195/5)$$

$$k_c \approx K_s^{2/3} E^{1/3} \qquad i_n = \frac{z_{2n}}{z_{1n}} \qquad (195/6)$$

y_β nach Tafel 119/3 für $\beta_0 = 0{,}5(\beta_1 + \beta_2)$.

Die *Ölzähigkeit* kann etwa nach Tafel 122/1 (an der oberen Grenze) entsprechend v_F gewählt werden.

25.6. Berechnungsbeispiel

1) **Abmessungen.** Für ein Getriebe mit $\delta = 90°$, $a = 102$ mm, $i = 2$, $\beta_2 = \beta_1 = 45°$ wird nach Gl. (189/1):

$$\frac{2a}{d_1} = \frac{i\cos\beta_1}{\cos\beta_2} + 1 = 3 \quad \text{oder} \quad d_1 = \tfrac{2}{3}a = \underline{68\,\text{mm}}, \quad d_2 = 2a - d_1 = \underline{136\,\text{mm}};$$

$$m_n = d_1\frac{\cos\beta_1}{z_1} = \underline{3{,}0\,\text{mm}} \quad \text{nach Gl. (189/4)} \quad \text{für}\, z_1 = 16, \quad z_2 = i\,z_1 = 32;$$

$$b \approx 10\,m_n = 30\,\text{mm}; \; j_z \approx 3{,}0 \text{ nach Bild 194/2.}$$

2) **Übertragbare Leistung.** Für $n_1 = 1000$ und Werkstoff geh. St/geh. St ist: $K_{s\,zul} \approx 0{,}21/100$ nach Taf. 195 für $v_F = 5{,}03$ nach Gl. (190/2) und somit die übertragbare Leistung nach Gl. (195/1): $N_1 \leqq \underline{2{,}0\text{ PS}}$.

3) **Ölwahl.** Nach Gl. (195/4 bis /6) erhält man $e_{max} = 24{,}7$ mit $e_n = 8{,}77$, $e_F = 32$ und $\cos\beta\,g = 0{,}747$, ferner $y_F = 5{,}18$, $k_c = 0{,}572$, $y_\beta = 0{,}441$ und somit den erforderlichen Testwert des Öls: $k_{Test} \geqq 9{,}5\,S_F$ bei $v = v_1 = 3{,}56$ m/s. Nach Taf. 122/1 beträgt die erforderliche Ölzähigkeit $V_{50} \approx 100$ cSt für $v_F = 5{,}0$.

4) **Wirkungsgrad der Verzahnung.** Mit $\varrho = 5°$ ist nach Gl. (192/4): $\eta_{zF} = 0{,}84$.

25.7. Schrifttum

[1] Altmann, F. G.: Bestimmung des Zahnflankeneingriffs bei allgemeinen Schraubgetrieben. Forsch. Ing.-Wes. Bd. 8 (1937) Nr. 50.
[2] Buckingham, E.: Analytical mechanics of gears. New York u. London: McGraw Hill 1949.
[3] Crain, R.: Schraubenräder mit geradlinigen Eingriffsflächen. Werkstattstechnik Bd. 1 (1907) — Diss. TH. Berlin 1907.
[4] Drechsel, O.: Calcul des engrenages helicoidaux a axes non paralleles. Rev. univ. Mines Bd. 4 (Dez. 1948) S. 689—712.
[5] Grundig, H., u. C. Weber: Untersuchung von Schraubrädern mit Evolventenverzahnung. Bericht 143 (1951) der Forschungsstelle für Zahnräder und Getriebebau. TH. München.
[6] Hobbs, H. W.: Berechnung von Schraubenrädern. Engineering Bd. 151 (1941) S. 183/84.
[7] Merrit, H. E.: Worm Gear Performance. Proc. Instn. mech. Engrs., Lond. Bd. 129 (1935).
[8] Schiebel, A.: Zahnräder, III. Teil Schraubgetriebe. Berlin: Springer 1934.
[9] Trier, H.: Die Zahnform der Zahnräder. 1949.
[10] Zeise, G.: Korrektur von Schraubenradgetrieben. Werkst. u. Betr. Bd. 89 (1956) S. 313.

26. Kettentriebe

26.1. Überblick

Außer den Getriebeketten werden auch *Förder- und Lastketten* (auf S. 201, 213 und 217) kurz behandelt. Vergleichsangaben zu anderen Getrieben hinsichtlich Eigenschaften, Baugewicht und Preis s. S. 3, 5 und 6.

1. Verwendungsbereich

Nach Bild 197/1 und 197/3 können ein oder mehrere Wellen von einer Welle aus in gleicher oder in entgegengesetzter Drehrichtung mit *einer* Kette angetrieben werden. Voraussetzung ist jedoch, daß alle Kettenräder in einer Ebene und alle Wellen parallel liegen. Außerdem sollen die Wellen möglichst *waagerecht* liegen, um ohne seitliche Unterstützung der Kette auszukommen. Die Umfangsgeschwindigkeit kann bis über 20 m/s betragen. Eine Übersicht der mehr oder weniger günstigen Anordnung einfacher Kettentriebe zeigt Bild 197/3.

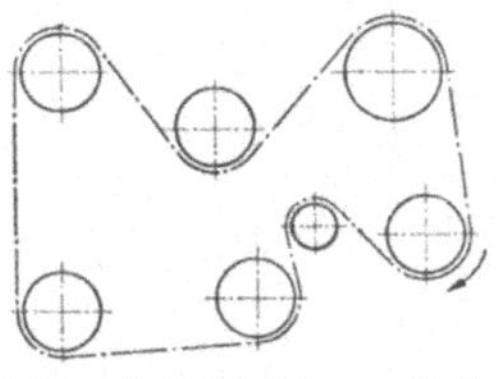

Bild 197/1. Antrieb mehrerer Wellen mit einer Kette (nach ARNOLD u. STOLZENBERG)

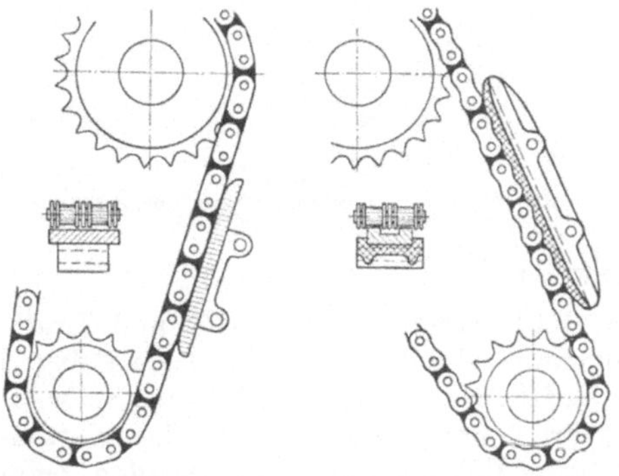

Bild 197/2. Kettentriebe mit Schwingungsdämpfung durch Gleitbahnen aus Gummi (nach BENSINGER)

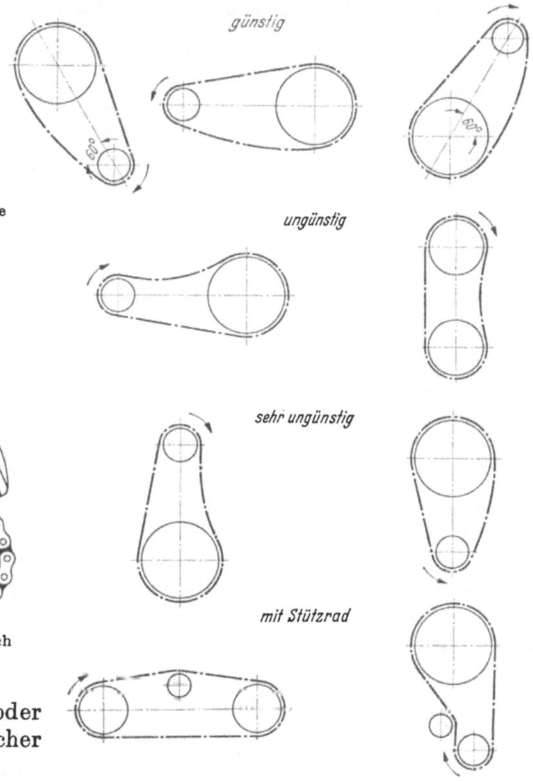

Bild 197/3. Günstige und ungünstige Anordnung für Kettentriebe mit zwei Rädern. Die Radwellen liegen horizontal (nach ARNOLD u. STOLZENBERG)

Der Anwendungsbereich der Kettentriebe kann noch durch besondere Vorrichtungen erweitert werden, und zwar:

bei stark periodischen Stößen und großen Umfangsgeschwindigkeiten durch besondere Schwingungsdämpfer nach Bild 197/2 zur Einschränkung der Kettenschwingungen;

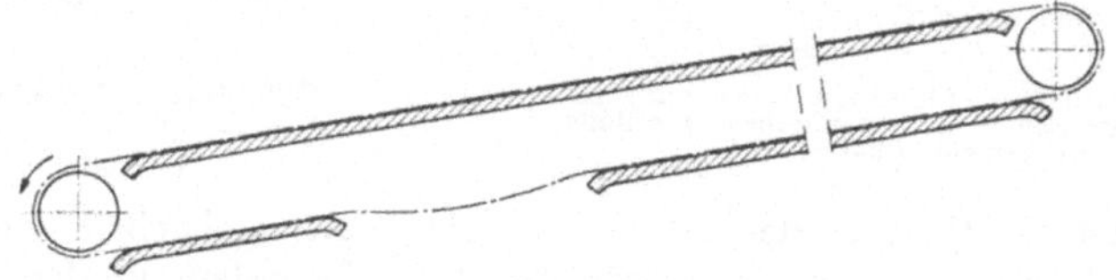

Bild 197/4. Gleitschienen zur Verminderung der Vorspannung aus Eigengewicht bei großen Achsabständen

bei sehr großen Achsabständen durch Anordnung von Stützrädern oder Gleitschienen nach Bild 197/4, um die Kettenbeanspruchung durch das Eigengewicht der Kette zu verringern;

bei übereinanderliegendem An- und Abtriebsrad durch Kettenspanner nach Bild 198/1 und 198/2, um die erforderliche Vorspannung im Leertrum der Kette zu erreichen.

Die übertragbare Leistung der Kettentriebe wird bei mittlerer bis großer Umfangsgeschwindigkeit durch den *Verschleiß* der Gelenke (Lebensdauer) begrenzt und bei geringer Geschwindigkeit durch die *Dauerfestigkeit* der Kettenteile. Außerdem ist bei hoher Geschwindigkeit die erhebliche Vorbelastung der Kette durch die Fliehkraft zu beachten; ferner bei mehrfach nebeneinander angeordneten Ketten (Zweifach- und Dreifach-Ketten) die ungleiche Lastaufnahme über der Kettenbreite und bei ungeschützten und mangelhaft geschmierten Ketten der erheblich größere Verschleiß.

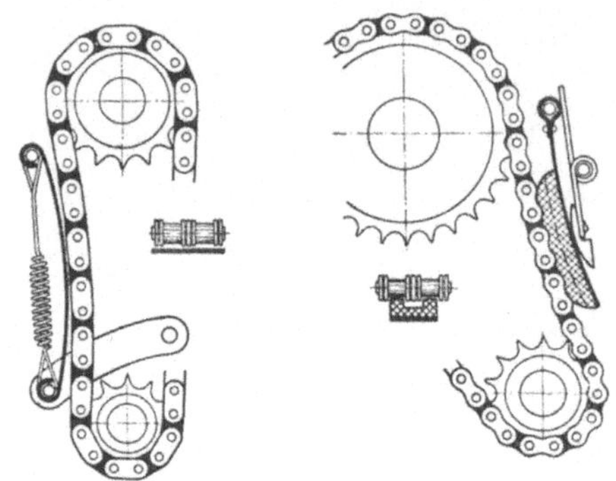

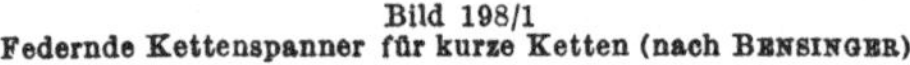

Bild 198/1
Federnde Kettenspanner für kurze Ketten (nach BENSINGER)

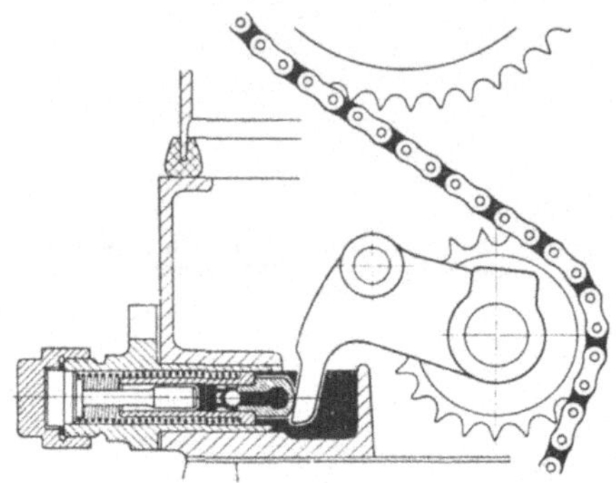

Bild 198/2
Hydraulischer Kettenspanner (nach BENSINGER)

2. Wirkungsweise

Die Kraftübertragung zwischen Kette und Rad erfolgt durch Form- und Kraftschluß zwischen den Radzähnen und Kettengliedern[1]. Die Kette legt sich als Polygon (in Vieleckform) auf das Kettenrad auf (Bild 204/2). Hierdurch ergeben sich kleine Schwankungen im wirksamen Hebelarm der Umfangskraft und somit auch in der Kettengeschwindigkeit und in der Kettenkraft (Polygon-Effekt). Außerdem werden beim Auf- und Ablauf der Kette die einzelnen Glieder gegeneinander um den Winkel 2α

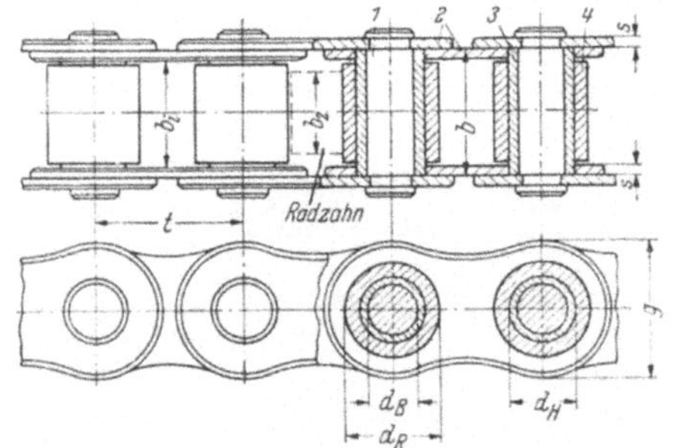

Bild 198/3. Einfach-Rollenkette: 1 Bolzen; 2 Außen- und Innenlaschen; 3 Hülse, eingepreßt in die Innenlaschen 2; 4 Rolle, frei drehbar auf Hülse 3

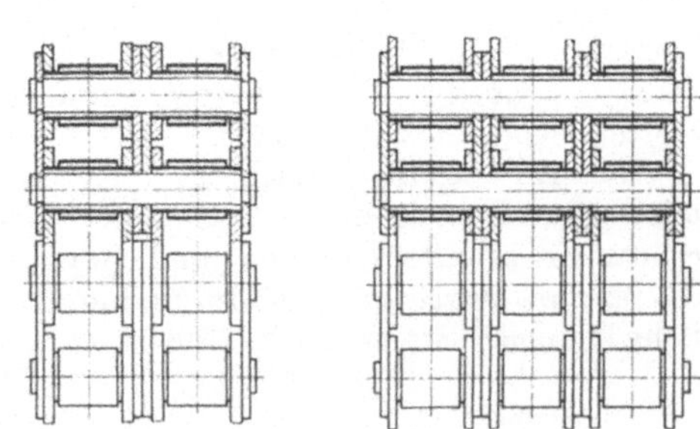

Bild 198/4. Zwei- und Dreifach-Rollenkette

abgeknickt (Bild 204/2). Aus der hierbei auftretenden Reibarbeit ergeben sich Verlustleistung und Verschleiß der Kettentriebe. Der Verschleiß in den Kettengelenken vergrößert die wirksame Teilung, so daß sich die Kette auf einen größeren Kreis des Rades auflegt. Im Extremfall wird schließlich der Kopfkreis überschritten, so daß die Kette vom Rad abspringt (Bild 208/2).

3. Getriebeketten

1) **Rollenketten** (Bild 198/3). Sie bestehen aus Innen- und Außengliedern, deren Laschen durch Bolzen bzw. Hülsen fest verbunden sind; auf die Hülsen sind noch

[1] Es gibt auch Kettentriebe mit *veränderlicher* Übersetzung (z. B. die bekannten *PIV*-Getriebe), bei denen die Umfangskraft mit seitlichem *Formschluß* zwischen Kette und radial genuteten Doppelkegel-Radscheiben übertragen wird oder auch mit seitlichem *Reibschluß* zwischen Kette und glatten Doppelkegel-Radscheiben.

Hohlrollen (Rohrstücke) aufgeschoben. Bild 199/1 zeigt die Ausbildung des Schlußgliedes. Neben den Einfach-Rollenketten (Bild 198/3) sind noch Zweifach- und Dreifach-Rollenketten (Bild 198/4) für größere Leistung in Gebrauch.

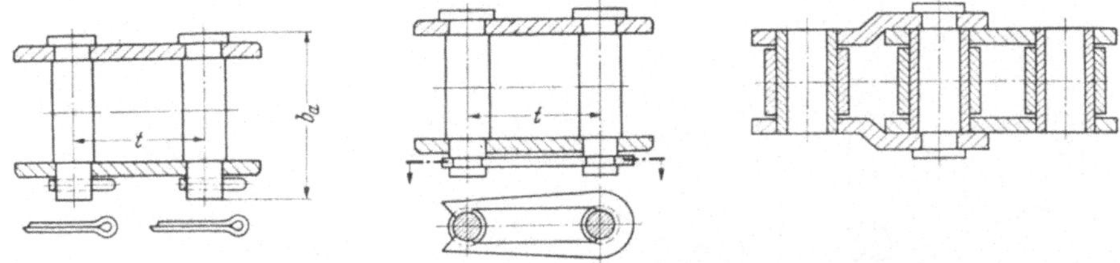

Bild 199/1. Verschlußglieder für Rollenkette; links Außenglied mit Splinten; Mitte Außenglied mit Federbügel; rechts gekröpftes Glied für Kette mit ungerader Gliederzahl (möglichst zu vermeiden!)

Herstellung. Die Laschen werden aus Stahlbändern gestanzt; die Rollen und Hülsen entweder aus Stahlblech gezogen oder aus Stahlband gewickelt; die Bolzen werden von Stahldrähten abgeschnitten. Die fertigen Einzelteile werden auf etwa 60 Rockwell vergütet oder gehärtet.

2) Hülsenketten (Bild 199/2). Sie unterscheiden sich von Rollenketten durch die fehlenden Rollen. Entsprechend können Hülsen und Bolzen etwas dicker ausgeführt werden, so daß die Bruchlast bei gleicher Kettenteilung größer als bei 1) ist. Da jedoch bei den

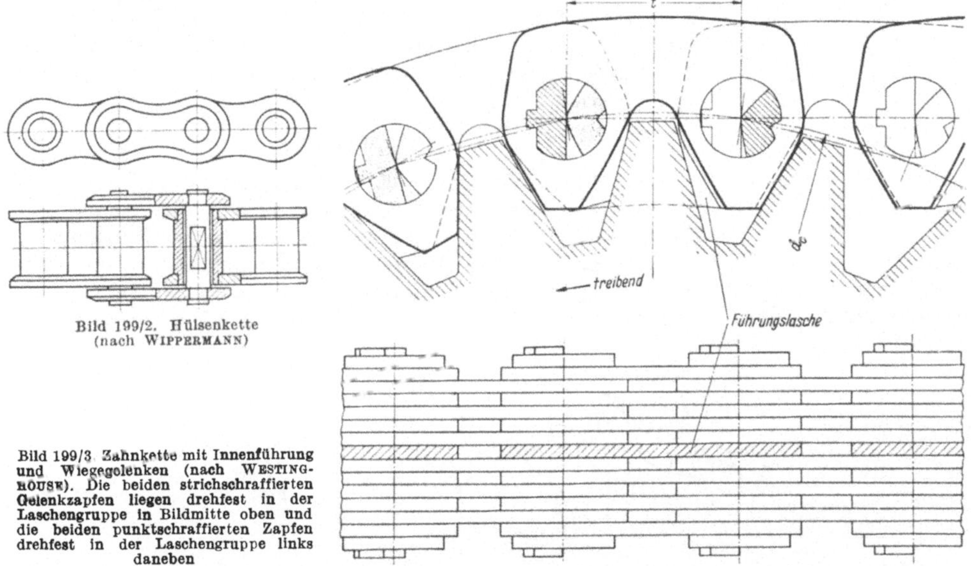

Bild 199/2. Hülsenkette (nach WIPPERMANN)

Bild 199/3. Zahnkette mit Innenführung und Wiegegelenken (nach WESTINGHOUSE). Die beiden strichschraffierten Gelenkzapfen liegen drehfest in der Laschengruppe in Bildmitte oben und die beiden punktschraffierten Zapfen drehfest in der Laschengruppe links daneben

Hülsenketten Geräusch und Verschleiß etwas größer sind, werden die Rollenketten meistens vorgezogen.

3) Zahnketten (Bild 199/3). Bei diesen sind auf jedem Gelenkbolzen viele Laschen nebeneinander aufgereiht, wobei jede zweite Lasche zum nächsten Kettenglied gehört. Auf diese Weise lassen sich sehr breite und entsprechend tragfähige Ketten aufbauen. Außerdem bleibt auch bei Verschleiß die Teilung von Glied und Nachbarglied gleich, da zwischen beiden kein Unterschied besteht[1].

[1] Bei den Rollen und Hülsenketten wechseln Gliedern mit Hülsen und mit Bolzen, so daß bei Verschleiß die Teilung von Glied und Nachbarglied ungleich wird (s. Bild 208/2).

Die Gelenkzapfen der Zahnketten werden vorwiegend als *Wiege*gelenk-Zapfen ausgebildet (Bild 199/3), so daß der Gelenkverschleiß besonders klein bleibt. Zur seitlichen Führung der Ketten dienen besondere Führungslaschen (Bild 199/3). Je nach ihrer Lage unterscheidet man Ketten mit Innen- und Außenführung. Da die Wiegegelenke nur

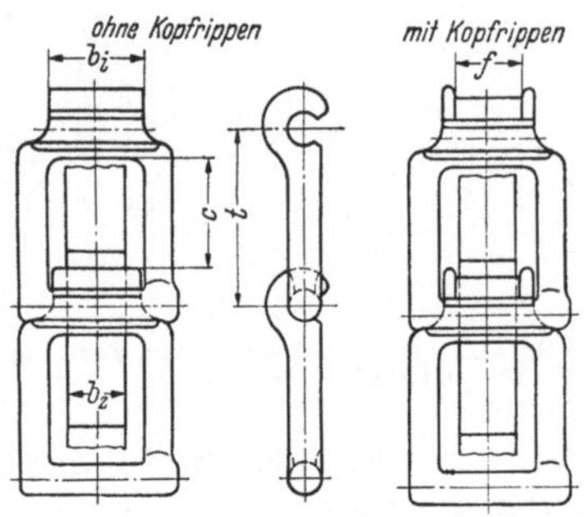

Bild 200/1. Zerlegbare Gelenkkette (nach STOTZ)

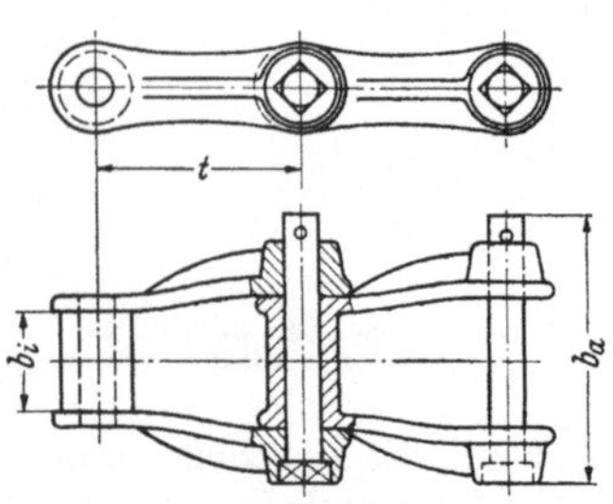
Bild 200/2. Stahlbolzenkette (nach STOTZ)

einen Winkel von etwa 30° für die Abknickbewegung zulassen, beträgt die Mindest-Zähnezahl des Kettenrades 12; außerdem kann die Zahnkette mit Wiegegelenk gewöhnlich nicht weiter als bis zur Geraden aufgebogen werden.

4) Weitere Getriebeketten. Für kleinere Umfangsgeschwindigkeit (bis 2 m/s) verwendet man bei rauherem Betrieb (z. B. Landmaschinen) auch Ketten mit *Temperguß*gliedern in Form der *Stahlbolzen*ketten (Bild 200/2) oder *zerlegbare Gelenk*ketten (Bild 200/1).

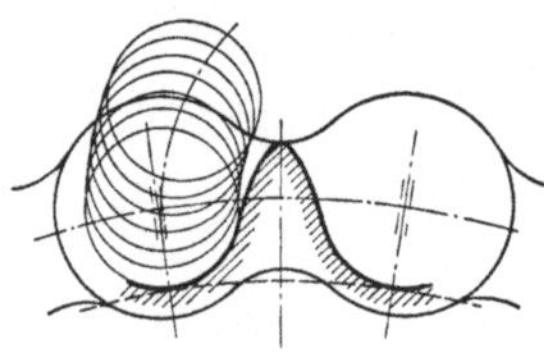
Bild 200/3. Bahn der Rolle beim Einschwenken des Kettengliedes (nach ARNOLD u. STOLZENBERG)

4. Kettenräder

Der Teilkreis der Kettenräder mit Durchmesser d_0 (Bild 200/4) ist der Kreis durch die Gelenkmittelpunkte der aufgelegten Kette, also der Kreis durch die Eckpunkte des Polygons, in dem sich die Kette auf das Rad auflegt. Die Teilkreis-Teilung t_b (als Bogen auf dem Teilkreis gemessen) ist also etwas größer als die Kettenteilung t (Abstand der Gelenkmittelpunkte). Durch t und d_0 ist der Teilungswinkel 2α festgelegt: $t/d_0 = \sin\alpha$.

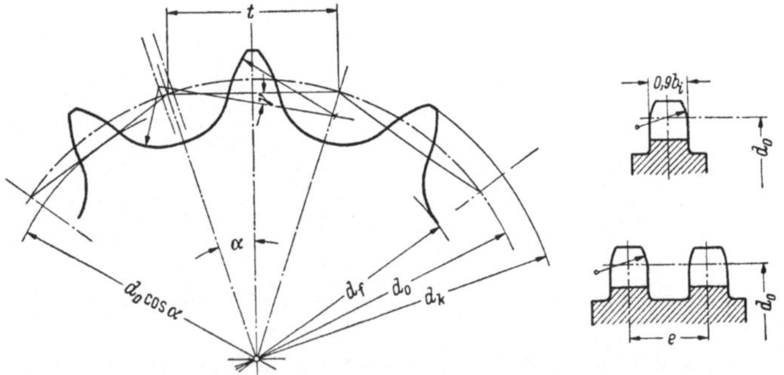
Bild 200/4. Kettenrad für Rollen- und Hülsenketten

Die *Zahnform* der Kettenräder muß vor allem das unbehinderte Einschwenken der Kettenglieder zulassen (Bild 200/3). Die weitere Ausbildung der Zahnform kann nach den Anforderungen der Herstellung und der gewünschten Kettenauflage (Flankenwinkel γ) erfolgen.

Bei den Kettenrädern für *Rollen-* und *Buchsenketten* (Bild 200/4) kann der Flankenwinkel γ in einem größeren Bereich variiert werden. Mit größerem γ werden die Störeinflüsse durch ungleiche Längung der Kettenglieder geringer; es wächst aber die erforderliche Vorspannung im Leertrum und vermutlich auch das Geräusch des auf-

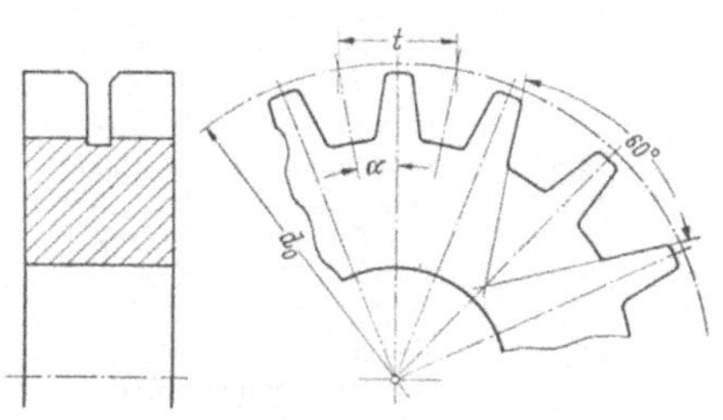

Bild 201/1. Kettenrad für Zahnketten

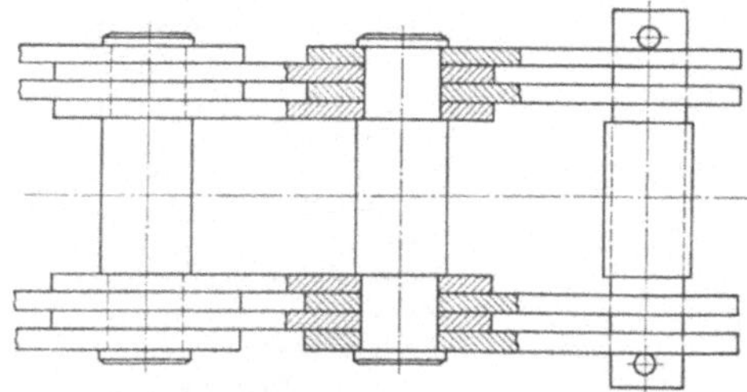

Bild 201/2. Gallkette mit $j' = 4$ Laschen je Glied

schlagenden Kettengliedes. Das Flankenprofil des Radzahnes wird bei Herstellung im Teilverfahren meist aus zwei Kreisbögen zusammengesetzt[1].

Die Räder für *Zahn*ketten (Bild 201/1) haben *gerade* Zahnflanken, wobei der Winkel zwischen den Zahnflanken, auf die sich ein Kettenglied auflegt, 60° beträgt. Entsprechend dieser Festlegung wird der Winkel zwischen der Links- und Rechtsflanke eines Zahnes bei kleinerer Zähnezahl kleiner. Die Zahnflanken der *Kettenglieder* sollten etwas höhenballig ausgeführt sein, um Kantenauflage zu vermeiden.

5. Förder- und Lastketten

Hierfür verwendet man außer den gezeigten Getriebeketten noch *Gallketten* (Bild 201/2) und normale *Rundstahlketten* (Bild 201/3). Für ihre Verwendung als *Kettenförderer* werden sie mit aufgesetzten Haken, Bechern oder Latten armiert (bei letzteren werden zwei parallele Ketten durch die aufgesetzten Latten verbunden). Die einfachen und robusten Rundstahlketten besitzen noch den Vorteil, daß sie in jeder Richtung (räumlich) abgelenkt werden können. Die zulässige Geschwindigkeit beträgt bei den Gall-Ketten etwa 0,3 m/s und bei den Rundstahlketten etwa 1 m/s. Belastbarkeit der Förder- und Lastketten s. S. 213. Außerdem gibt es für Förderketten noch zahlreiche weitere Ausführungen, wie *Kardanketten* (für räumliche Bewegungen), Plattenketten, Scharnierbandketten, Stabrollenketten usw.

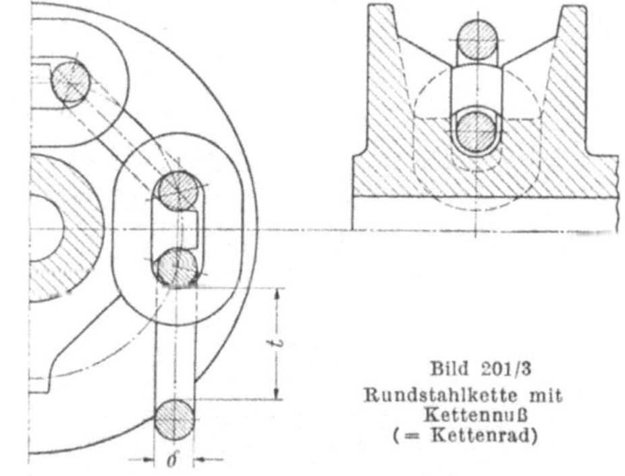

Bild 201/3 Rundstahlkette mit Kettennuß (= Kettenrad)

26.2. Kraftübertragung und entstehende Kräfte

1. Bezeichnungen und Dimensionen

a	mm	Achsabstand	b_z	mm	Zahnbreite
A	mkg	Arbeit	C_1, C_2, C_3, C_s		Beiwerte
b	m/s²	Beschleunigung	d_0	mm	Teilkreis-Durchmesser
b_a, b_i	mm	Äußere, innere Breite der Kette	d_B, d_H	mm	Bolzen-, Hülsen-Durchmesser
b_H	mm	Länge der Hülse	d_K	mm	Kopfkreis-Durchmesser
b_N	mm	Nennbreite bei Zahnketten	d_R	mm	Rollen-Durchmesser

[1] Das an die Zahnfuß-Ausrundung anschließende Profil könnte auch mit konstantem Flankenwinkel γ (Trapezform des Zahnes) oder mit konstantem Pressungswinkel (Winkel zwischen Zahnflanke und Radiale) ausgebildet werden; für beide Ausführungen lassen sich Vorteile geltend machen.

f	mm²	Gelenkfläche, $= d_B\, b_H$	P_A	kg	Aufschlagkraft
f_0	1/s	Frequenz der Schwingung	q	mm³/mkg	Verschleiß-Beiwert
g	m/s²	Erdbeschleunigung, = 9,81	S_B	—	Sicherheit, $= P_B/P_{max}$
G	kg/m	Kettengewicht je m Länge	s	mm	Laschendicke
H_B	kg/mm²	Brinell-Härte	t	mm	Kettenteilung
i	—	Übersetzung, $= z_2/z_1$	t_b	mm	Bogenteilung auf Teilkreis
j, j'	—	Anzahl der Kettenstränge, der tragenden Laschen	U, U_m	kg	Umfangskraft, mittlere
k	kg/mm²	Flankenpressung (Wälzpressung)	U_F	kg	Fliehkraft in der Kette
l	m	Länge des freien Kettenstranges	U_P, U_v	kg	Polygonkraft, Vorspannkraft
L_k, L_{kw}	m	Kettenlänge, wirkliche	v	m/s	Umfangsgeschwindigkeit
L_v	h	Lebensdauer bei Vollast	v_A	m/s	Aufschlaggeschwindigkeit
m	kgs²/m	Masse	W	mm³	Verschleißbare Werkstoffmenge
M	kgm	Drehmoment	x	—	Gliederzahl der Kette
N, N_m	PS	Leistung, Nennleistung	z_1, z_2	—	Zähnezahl des Kleinrades, Großrades
N_0	PS	bezogene Leistung	2α	°	Teilungswinkel, $= 360°/z$
n	1/min	Drehzahl	β	°	Umschlingungswinkel
n_k	1/min	Kritische Drehzahl	γ	°	Flankenwinkel
p	kg/mm²	Gelenkpressung $= P/f$	δ	mm	Rundstahl-Dicke
p_L	kg/mm²	$= U_F/f$	η_G	—	Wirkungsgrad aus Gelenkreibung
p_R	kg/mm²	$p + p_L = (U + 2U_F)/f$	μ	—	Reibungszahl
P	kg	Zugkraft in der Kette, $= U + U_F$	$\sigma, \sigma_z, \sigma_b$	kg/mm²	Normalspannungen
P_B	kg	Bruchlast	τ	kg/mm²	Scherspannung
P_L, P_Z	kg	Längskraft, Zahnkraft	φ	°	Drehweg-Winkel
P_F	kg	Fliehkraft, radial	ω	1/s	Winkelgeschwindigkeit
			Zeiger 1, 2		Für Kleinrad, Großrad

2. Kraftübertragung

Die Übertragung der Umfangskraft U von der Kette auf das Rad erfolgt nach Bild 202/1 schrittweise, wobei die Ketten-Längskraft P_L von Zahn zu Zahn abnimmt. Die im Bild 202/1 eingezeichnete Kraftverteilung ergibt sich aus der Bedingung, daß in jedem Gelenkpunkt die Summe der Kräfte (der Längskräfte P_L und der Normalkraft P_Z am Zahn) Null sein muß. Aus dem Kräfteplan ist ersichtlich, daß die verbleibende Restkraft im Leertrum (z. B. P_{L4} im Bild 202/1) um so größer wird, je kleiner der Umschlingungswinkel am Kettenrad und je größer der Flankenwinkel γ ist.

Bild 202/1. Kraftübertragung vom Kettenrad auf eine Rollenkette mit Cremonaplan (rechts unten) der auftretenden Kräfte

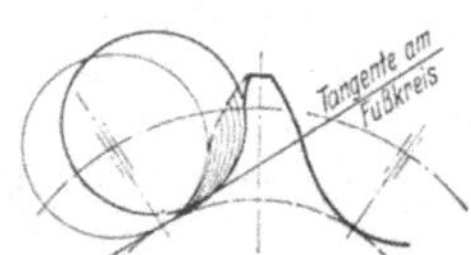

Bild 202/2. Zahnverschleiß am Kettenrad für Rollenkette (nach ARNOLD und STOLZENBERG)

Mit der Abnahme der Längskraft P_L am Umfang des Rades ändert sich auch in geringem Maße die Gliedlänge. Entsprechend machen die bereits aufgelaufenen Kettenglieder auf den Radzähnen eine kleine Verschiebebewegung. Hierdurch entsteht ein gewisser Verschleiß an den Zahnflanken (Bild 202/2).

3. Umfangskraft U

Bei konstanter Leistung und Drehzahl am Antriebsrad schwankt infolge des Polygoneffektes (vgl. Abschn. 6) die Kettengeschwindigkeit um den Mittelwert v und damit die Umfangskraft um den Mittelwert U. Für deren Berechnung aus der zu übertragenden Leistung N bzw. dem zu übertragenden Drehmoment M ergibt sich daher

$$U = \frac{75\,N}{v} = \frac{4{,}5 \cdot 10^6\,N}{z\,t\,n} \approx \frac{1{,}43 \cdot 10^6\,N}{d_0\,n}, \qquad U = \frac{2\pi \cdot 10^3\,M}{z\,t} \approx \frac{2 \cdot 10^3\,M}{d_0}.$$

Hierbei wurde eingesetzt

$$v = \frac{t\,z\,n}{60 \cdot 10^3} \approx \frac{d_0\,n}{19{,}1 \cdot 10^3}; \quad d_0 = \frac{t_b\,z}{\pi} \approx \frac{t\,z}{\pi}\ [\mathrm{m/s}].$$

Dabei sollen die ≈ Zeichen auf die Vernachlässigung des Unterschiedes zwischen Kettenteilung t und Teilkreis-Teilung t_b hinweisen.

4. Vorspannkraft U_v

Die *erforderliche* Vorspannkraft im Leertrum ist gleich der Restkraft (z. B. gleich P_{L4} im Bild 202/1). Sie kann aus der Abnahme der Umfangskraft berechnet werden. Nach dem in Bild 202/1 (rechts) eingetragenen Kräfteplan ist

$$h = P_{L2}\sin(2\alpha) = P_{z2}\sin\gamma \quad \text{und} \quad P_{L1} = P_{L2}\cos(2\alpha) + P_{z2}\cos\gamma.$$

Hieraus ergibt sich $P_{L1} = P_{L2}\left[\cos(2\alpha) + \frac{\sin(2\alpha)\cos\gamma}{\sin\gamma}\right] = P_{L2}\frac{\sin(2\alpha+\gamma)}{\sin\gamma}$ und:

$$P_{L2} = P_{L1}\frac{\sin\gamma}{\sin(2\alpha+\gamma)} = P_{L1}\frac{\sin\gamma}{\sin(360/z+\gamma)} \tag{203/1}$$

Bei z_b Zähnen im Umschlingungsbogen der Kette beträgt dann die Restkraft

$$U_v = U\left[\frac{\sin\gamma}{\sin(360/z+\gamma)}\right]^{z_b} \tag{203/2}$$

Mit Einführung des Umschlingungswinkels β ist $z_b = \frac{\beta z}{360}$. Die Restkraft wird praktisch sehr klein. Sie beträgt z. B. bei einem Umschlingungswinkel $\beta = 120°$ für $z_1 = 19$: $U_v = 2{,}1\,\%$ von U und für $z = 11$: $U_v = 4\,\%$ von U.

Die *vorhandene* Vorspannkraft im Leertrum kann nach Bild 203 aus dem Durchhang h/l bestimmt werden. Sie ist oft größer als erforderlich.[1] Dieser Überschuß von S (vorhandene gegenüber erforderliche Vorspannkraft U_v) bewirkt ein ständiges Wandern der Kette auf den Radzähnen. Dabei nehmen die Relativbewegungen zwischen Kette und Rad mit wachsender Kettenlängung zu. Diese Erscheinung dürfte wesentlich zum Verschleiß der Kettenräder beitragen (s. Bild 202/2).

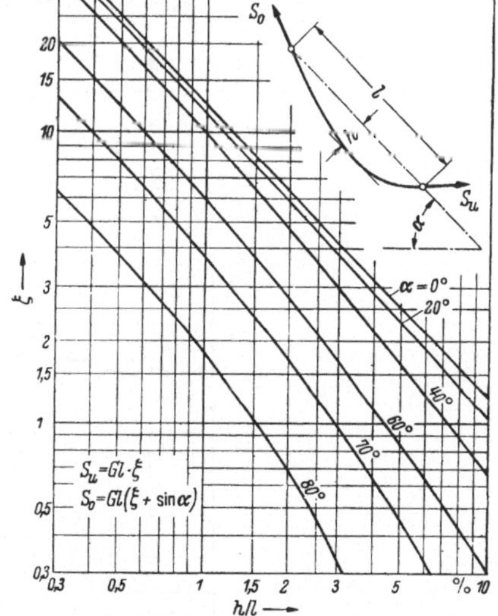

Bild 203. Diagramm zur Berechnung der Kettenkräfte S_o und S_u aus dem Durchhang h gegenüber der Sehne l bei verschiedener Schräglage α (auch für Lasttrum gültig); G [kg/m] = Kettengewicht pro m Länge; l [m] = Länge des Kettentrums

5. Fliehkraft P_F und Anteil U_F

Die im Gelenkpunkt der Kette auftretende radiale Fliehkraft P_F (s. Bild 204/1) beträgt:

$$P_F = \frac{10^3\,m\,v^2}{r_0} = \frac{G}{g}v^2\,2\sin\alpha, \quad \text{da} \quad m = \frac{G}{g}\frac{t}{10^3} \quad \text{und} \quad r_0 = \frac{t}{2\sin\alpha}$$

[1] Bisher nimmt man für den Durchhang einen Zuschlag zur Kettenlänge nach Gl. (211/4).

ist. Aus der Zerlegung der radialen Fliehkraft P_F in die beiden Komponenten U_F in Richtung der beiden Kettenglieder ergibt sich:

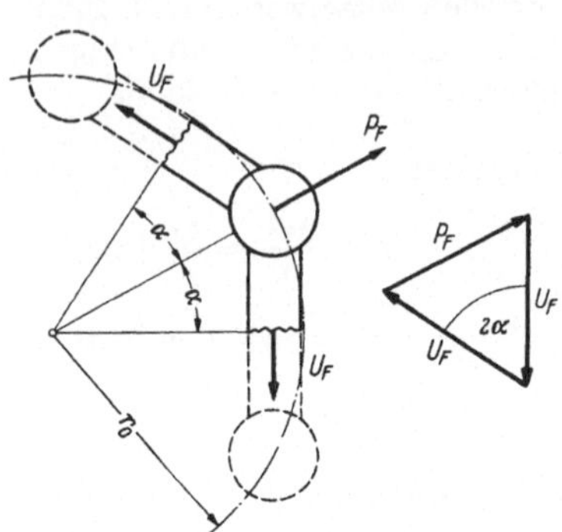

Bild 204/1. Zerlegung der Fliehkraft P_F in die Umfangskomponenten U_F

$$\frac{0{,}5\,P_F}{U_F} = \sin\alpha$$

und somit

$$U_F = \frac{P_F}{2\sin\alpha} = \frac{G}{g}\,v^2 \qquad (204)$$

Demnach ist U_F unabhängig von α und der Zähnezahl des Kettenrades. Mit zunehmender Umfangsgeschwindigkeit v nimmt U_F sehr große Werte an, z. B. $U_F = 18$ kg für Einfach-Rollenkette $t = 12{,}7$ mm bei $v = 16$ m/s gegenüber einer zulässigen Umfangskraft von $U = 26$ kg nach Bild 216/1 bzw. $U = 94$ kg nach Bild 216/2 ($z_1 = 19$; $n_1 = 4000$ U/min).

6. Polygoneffekt und Polygonkraft U_P

Infolge der vieleckförmigen Auflage der Kette auf dem Rad schwankt der wirksame Durchmesser am Rad nach Bild 204/2 zwischen d_0 und $d_0 \cos\alpha$ und entsprechend die Kettengeschwindigkeit zwischen $v_{\max} = \omega\, d_0/2000$ und $v_{\min} = \cos\alpha\; \omega\, d_0/2000$.

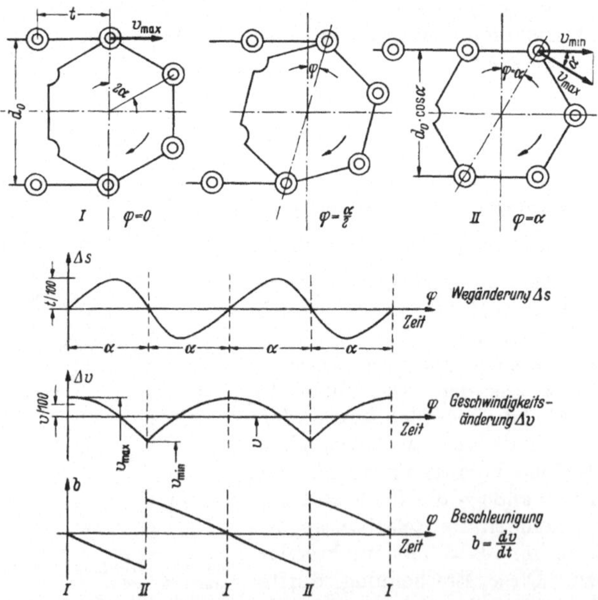

Bild 204/2. Auswirkungen des Polygoneffektes auf die Kettenbewegung bei konstanter Drehzahl des Kettenrades, aufgetragen für das symbolisch dargestellte Kettenrad mit 6 Zähnen über dem Drehwinkel φ; $\Delta v_{\max} = 4{,}5\,v/100$

Mit Einführung der geometrischen Beziehungen (s. Bild 204/2) $d_0 = t/\sin\alpha$, $2\alpha = 2\pi/z$ im Bogenmaß, $= 360/z$ in Grad und dem Drehweg-Winkel φ erhält man die allgemeinen Bewegungsgleichungen im Bereich $\varphi = -\alpha$ bis $+\alpha$:

$$\text{Weg}\; s + \Delta s = \frac{t \sin\varphi}{2\sin\alpha}, \qquad \text{mit} \quad \Delta s_{\max} \approx \frac{t}{3{,}2\,z^2} \quad \text{bei} \quad \cos\varphi = \frac{\sin\alpha}{\alpha}$$

$$\text{Geschwindigkeit } v + \Delta v = \frac{\omega\, t \cos\varphi}{2\cdot 10^3 \sin\alpha}, \quad \text{mit} \quad \Delta v_{\max} \approx \frac{\omega\, t}{3{,}8\cdot 10^3 z} \quad \text{bei} \quad \varphi = 0;$$

$$v = v_{\text{mittel}} = \frac{\omega\, t\, z}{2\cdot 10^3 \pi}, \quad v_{\max} = \frac{\omega\, d_0}{2\cdot 10^3} = \frac{\omega\, t}{2\cdot 10^3 \sin\alpha}, \quad v_{\min} = \frac{\omega\, d_0}{2\cdot 10^3}\cos\alpha = \frac{\omega\, t}{2\cdot 10^3 \operatorname{tg}\alpha};$$

$$\text{Beschleunigung } b = -\frac{\omega^2 t \sin\varphi}{2\cdot 10^3 \sin\alpha}, \quad \text{mit} \quad b_{\max} = \frac{\omega^2 t}{2\cdot 10^3} \quad \text{bei} \quad \varphi = \alpha.$$

Längsschwingung der Kette und Polygonkraft U_P. Aus der periodischen Schwankung der Geschwindigkeit v ergeben sich Schwingungen und Zusatzkräfte U_P in Längsrichtung der Kette. Bei Vermeidung von Resonanz — d. h. bei genügendem Unterschied zwischen der Eigenfrequenz der Kette und der Zahnfrequenz — bleibt die Polygonkraft U_P relativ klein, da der Durchhang und die elastische Dehnung des freien Kettenstranges als Feder wirken. Im Gebiet der Resonanz — d. h. wenn die Gliederzahl l/t des freien Kettenstranges (Länge l) die Größe $l/t = 0{,}5 \cdot 10^3/v$ erreicht — kann jedoch U_P bis zur Größe der Zugkraft $U + U_F$ ansteigen. Da die Kette aber keine Druckkraft aufnimmt, wird bei dieser Größe der Schwingungsvorgang abbrechen, von neuem beginnen und wieder abbrechen. Der Trieb läuft dann sehr unruhig.

Querschwingung der Kette. Auch hierfür gelten die obigen allgemeinen Bewegungsgleichungen mit Einsatz von $\cos\varphi$ statt $\sin\varphi$ bzw. mit Einsatz von $\sin\varphi$ statt $\cos\varphi$.

Ansatz für U_P. Unter Berücksichtigung der elastischen Dehnung des Kettenstranges kann in erster Annäherung gesetzt werden[1,2]:

$$U_P = P_E\, \varepsilon_{\max}; \quad \varepsilon_{\max} = \left(\frac{ds}{dx}\right)_{\max} \approx \frac{2v}{z^2}\sqrt{\frac{G}{P_E\, g}}\left|\frac{1}{\sin\psi}\right|; \quad \psi = 2\pi v \frac{l}{t}\sqrt{\frac{G}{P_E\, g}}$$

und P_E als ideelle Kraft um den freien Kettenstrang auf die doppelte Länge elastisch zu dehnen. Für *Rollenketten* ist $P_E \approx 40\, P_B$ und $\sqrt{\frac{G}{P_E\, g}} \approx \frac{1}{1000}$ sec/m, so daß

$$U_P = P_B \frac{v}{12{,}5\, z^2}\, \frac{1}{\sin\psi} \leqq U + U_F \quad \text{und} \quad \psi = 2\pi \frac{l}{t}\, \frac{v}{10^3}.$$

Als Beispiel wurde hiernach U_P für eine Rollenkette in Abhängigkeit von v und z berechnet und im Bild 205 aufgetragen. Im Vergleich zu der nach Bild 216/1 hierbei zulässigen Kettenkraft $U + U_F \approx 150$ kg für $v = 1$ und $U + U_F \approx 100$ kg für $v = 10$ m/s ist demnach U_P relativ klein, solange nicht $1/\sin\psi$ gegen ∞ geht, d. h. $v \approx 500\, t/l$ oder ein Vielfaches davon wird.

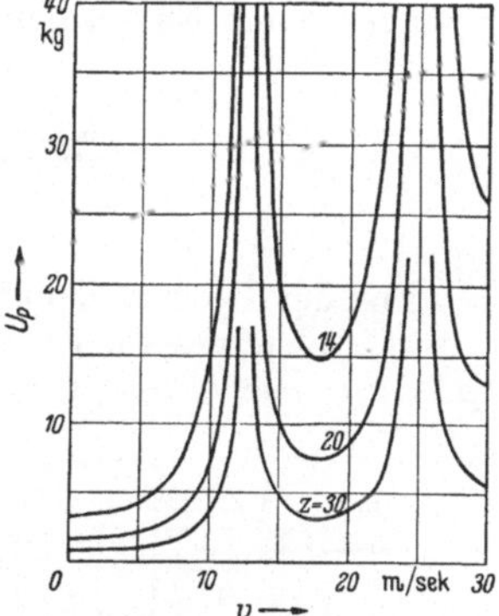

Bild 205. Polygonkraft U_P in Abhängigkeit von Geschwindigkeit v und Zähnezahl z für eine Rollenkette mit $t = 12{,}7$ mm, $l/t = 40$ und $P_B = 1800$ kg

7. Aufschlagkraft P_A

Bei Auflaufen auf das Rad schlagen die Kettenglieder mit einem Stoß auf die Radzähne auf. Dabei muß die kinetische Energie A_m der aufschlagenden Masse als Verformungsarbeit (Stoßarbeit) A_s an der Stoßstelle aufgenommen werden.

Ansatz für P_A. Die kinetische Energie der aufschlagenden Masse m beträgt:

$$A_m = \frac{m}{2} v_A^2 = \frac{G\, t}{2\cdot 10^3 g}\left[\frac{\omega\, t}{10^3}\sin(2\alpha + \gamma)\right]^2 = \frac{G\, t}{2\cdot 10^3 g}\left[\frac{2 v \pi}{z_1}\sin(2\alpha + \gamma)\right]^2,$$

[1] Nach einer Untersuchung von W. Richter in der FZG München.

[2] Der Ansatz von Worobjew [217/4] berücksichtigt nicht die elastische Dehnung der Kette und setzt daher die Masse der ganzen Kette und die des Abtriebs als zu beschleunigende Masse ein, so daß er zu viel größeren Werten für U_P kommt.

da $\frac{m}{2} = \frac{G t}{2 \cdot 10^3 g}$ ist, die Aufschlaggeschwindigkeit normal zur Zahnflanke

$$v_A = \frac{\omega t}{10^3} \sin(2\alpha + \gamma) \quad \text{und} \quad \omega = \frac{2 \cdot 10^3 v \pi}{t z_1}.$$

Anderseits beträgt die Verformungsarbeit $A_s \approx \frac{P_A f_A}{2 \cdot 10^3} = \frac{P_A^2}{2 \cdot 10^3 C} = \frac{3 P_A^2}{2 \cdot 10^3 b_z E}$, da der Verformungsweg $f_A = P_A/C$ [mm] ist und die Federkonstante $C \approx b_z E/3$ [kg/mm], mit Zahnbreite b_z und Elastizitätsmodul E [kg/mm²].

Aus der Gleichsetzung $A_m = A_s$ ergibt sich

$$P_A = \sqrt{\frac{G t b_z E}{3 g} \frac{2 \pi v}{z_1}} \sin(2\alpha + \gamma).$$

Mit Einsatz von $E = 2{,}1 \cdot 10^4$ kg/mm² und Erdbeschleunigung $g = 9{,}81$ m/s² erhält man

$$\boxed{P_A = 168 \sqrt{t b_z G} \frac{v}{z_1} \sin(2\alpha + \gamma)} \qquad (206)$$

Größenordnung von P_A. Für $\gamma = 15°$ und $2\alpha = 360°/z$ ergibt sich z. B. für eine Rollenkette mit $t = 12{,}7$ mm, $G = 0{,}7$ kg/m und $b_z = 7$ mm:

$v =$		5	10	20	30 m/s
$z_1 = 10$	$P_A =$ [kg]	515	1030	2060	3090
20		180	360	720	1085
30		100	200	400	600

Die Aufschlagkraft P_A ist also erheblich und muß von der Rolle und der Zahnflanke als Flankenpressung k aufgenommen werden. Sie erfordert bei größerer Geschwindigkeit und besonders bei kleinem z_1 eine hohe Flankenfestigkeit (hohe Härte der Oberfläche).

26.3. Beanspruchung der Getriebeketten

1. Bei Rollen- und Hülsenketten

Aus der Gesamt-Zugkraft P in der Kette ergeben sich folgende Beanspruchungen:

1) Gelenkpressung (mittlere Flächenpressung am Bolzen) nach Bild 206/1: $p = P/f$; mit Gelenkfläche $f = b_H d_B$;[1]

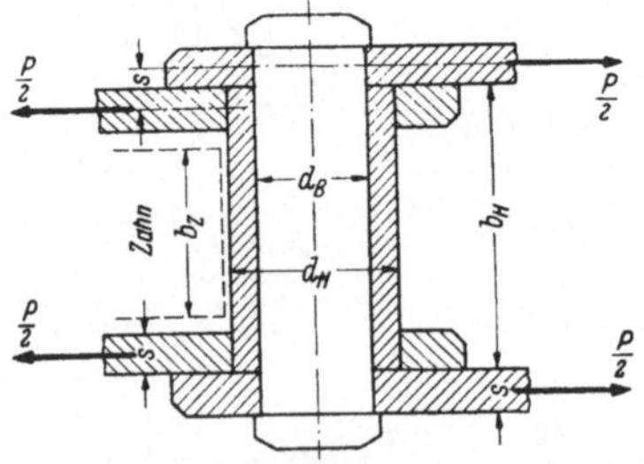

Bild 206/1
Zur Berechnung der Beanspruchungen des Bolzens

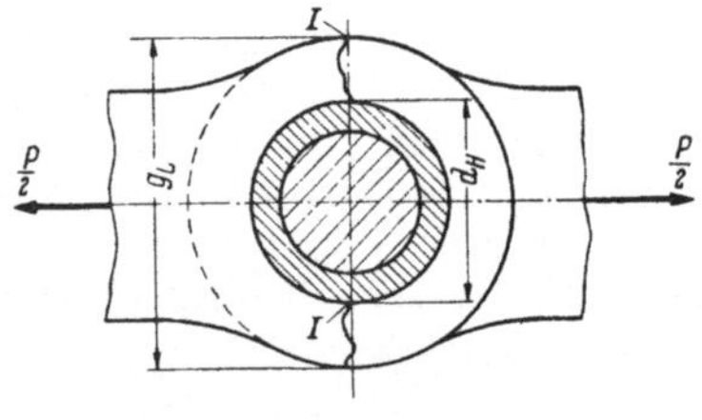

Bild 206/2
Zur Berechnung der größten Zugspannung in der Innenlasche

[1] Die Flächenpressung ist im Bereich der Zuglaschen (Bild 207) zunächst viel größer als p, bis der Verschleiß einen gewissen Ausgleich herbeiführt. Durch vorheriges Einlaufen der Ketten kann man den Einlaufverschleiß und somit die Einlauf-Längung der Ketten vorwegnehmen.

2) Biegespannung des Bolzens (Bild 206/1): $\sigma_b = \frac{P\,s}{2\,W_b}$, mit $W_b = \frac{\pi\,d_B^3}{32}$;

3) Scherspannung des Bolzens (Bild 206/1): $\tau = \frac{P}{2\,f_B}$, mit Querschnitt $f_B = \frac{\pi\,d_B^2}{4}$;

4) größte Zugspannung an der Innenlasche (Bild 206/2): $\sigma_z = \frac{P}{2\,f_L}$, mit Querschnitt $f_L = (g_L - d_H)\,s$.

Sie tritt im Querschnitt $I\,I$ auf.

5) Flankenpressung (Wälzpressung) k; sie tritt zwischen Rolle (bzw. Hülse) und Radzahn auf: $k \approx \frac{P_A}{d_R\,b_z}$, mit Zahnbreite $b_z \approx 0{,}9\,b_i$ und Rollendurchmesser (bzw. Hülsendurchmesser) d_R.

Man kann aus Gl. (206) mit Einsatz von $P_A \leqq k_{zul}\,d_R\,b_z$ auch die Grenzdrehzahl $n_{1\,zul}$ berechnen, bei der $k = k_{zul}$ ist. Sie beträgt für übliche Rollenketten

$$n_{1\,zul} \approx \frac{2500\,k_{zul}}{t\,\sin(2\,\alpha + \gamma)}$$

mit $2\alpha = 360°/z_1$; $\gamma = 12°$ bis $19°$ und k_{zul} nach Abschnitt 3.

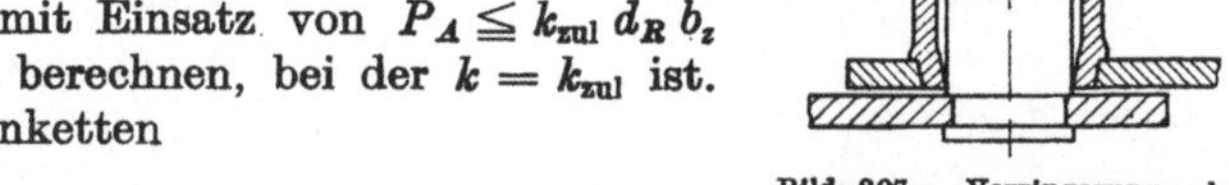

Bild 207. Verringerung des Hülsenenddurchmessers durch Einpressen der Hülse in die Lasche. Sie ergibt erhöhte Flächenpressung am Hülsenende und führt zur Einlauf-Längung der Kette

2. Bei Zahnketten

Die gezahnte Lasche (Bild 208/1) wird durch die Zugkraft je Lasche P/j' auf Zug und Biegung beansprucht:

$$\sigma = \sigma_z + \sigma_b, \quad \sigma_z = \frac{P}{j'\,g_z\,s}, \quad \sigma_b = \frac{P\,h}{j'\,W_b} \quad \text{mit} \quad W_b = \frac{s\,g_z^2}{6}.$$

und Anzahl j' der tragenden Laschen.

3. Werkstoffe und zulässige Spannungen der Getriebeketten

1) *Laschen:* meist aus St 60.11 mit $\sigma_z \leqq 8{,}5$; vergütet mit $\sigma_z \leqq 12$.

2) *Bolzen, Hülsen und Rollen:* meist aus Vergütungsstahl nach DIN 17200 mit Brinellhärte $H_B \approx 450$; aber auch aus Einsatzstahl nach DIN 17210, z. B. aus Stahl C15; Gelenkpressung p je nach Lebensdauer entsprechend Gl. (212/5):

$$\sigma \leqq 10, \quad \tau \leqq 7, \quad k_{zul} = 0{,}14\,(H_B/100)^2, \quad \text{z. B.} \quad k_{zul} = 2{,}8 \quad \text{für} \quad H_B = 450.$$

26.4. Gelenkreibung, Lebensdauer und Wirkungsgrad

1. Kettenlängung

Durch die Abknick-Bewegung der Kettenglieder unter Last beim Auf- und Ablauf an den Rädern entsteht Verschleiß in den Gelenken, so daß die wirksame Teilung im Mittel um Δt und die Länge der Kette um $\Delta t\,x$ zunimmt. Die Kette umschlingt dann das Rad ncht mehr im theoretischen Teilkreisdurchmesser d_0, sondern in einem größeren Durchmessier $d_{0w} = d_0 \frac{t + \Delta t}{t} = d_0\left(1 + \frac{\Delta t}{t}\right)$.

Bei den Ketten mit Außen- und Innengliedern, d. h. mit *ungleichem* Aufbau von Glied und Nachbarglied, ist die Zunahme der Teilung für Innen- und Außenglied ungleich groß, so daß eine ungleiche Auflage nach Bild 208/2 zustande kommt.

Bei derartigen Ketten (bei den üblichen Rollen- und Hülsenketten) bleibt die wirksame Teilung t_1 für das 1. Glied (Innenglied) fast unverändert, während die Teilung t_2 für das 2. Glied (Außenglied) um $2\,\Delta t$ zunimmt: $t_1 = t$, $t_2 = t + 2\,\Delta t$ und $\frac{t_1 + t_2}{2\,t} = 1 + \frac{\Delta t}{t}$.

Bei den Ketten mit *gleichem* Aufbau von Glied und Nachbarglied (z. B. bei den Zahnketten) bleibt jedoch die Teilung von Glied und Nachbarglied auch bei Verschleiß gleich groß:

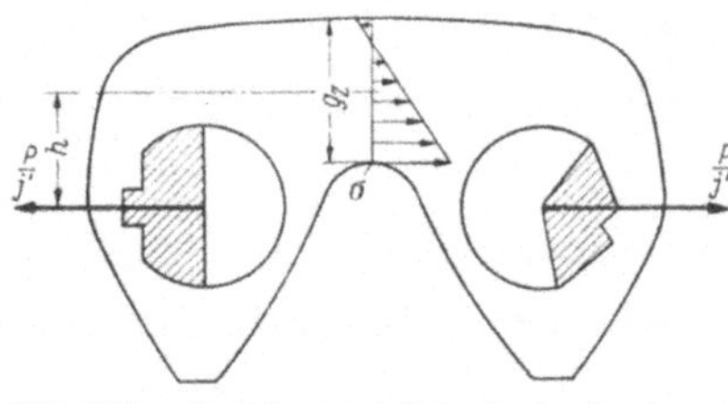

Bild 208/1. Spannungsverteilung in der Lasche einer Zahnkette

$$t_1 = t_2 = t + \Delta t \text{ und } \frac{t_1 + t_2}{2t} = 1 + \frac{\Delta t}{t}.$$

2. Grenze der Kettenlängung und Kopfkreisdurchmesser d_k

Die Grenze für Δt wird erreicht, wenn die Auflage der Kettenglieder auf den Zahnflanken den Kopfkreisdurchmesser d_k überschreitet. Dieser Fall tritt ein, wenn der wirksame Teilkreisdurchmesser $d_{0w} = d_0\left(1 + \frac{\Delta t}{t}\right) \geqq d_k + d_R \sin\gamma$ wird. Entsprechend muß d_k für $\Delta t/t = 2/100$ wenigstens betragen:

$$\boxed{d_k \geqq 1{,}02\, d_0 - d_R \sin\gamma} \tag{208}$$

mit d_R als äußerer Durchmesser der Kettenrollen bzw. Hülsen und γ als Flankenwinkel nach Bild 202/1.

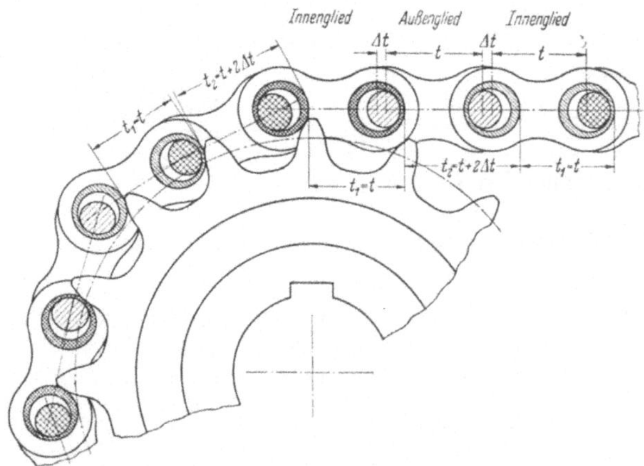

Bild 208/2. Ungleichförmige Auflage einer durch Verschleiß gelängten Hülsenkette auf dem Kettenrad

3. Ansatz für Gelenkverschleiß, Lebensdauer und p_{zul}

In erster Annäherung kann man die während der Laufzeit L_v (Lebensdauer bei Vollast in Stunden) in den Gelenken verschleißende Werkstoffmenge $W_{ges} = \Delta t\, f\, x$ [mm³], mit $f = d_B\, b_H$ proportional der Gesamt-Reibarbeit A_{ges} [mkg] in den Gelenken setzen.

Für *eine* Abknickung des Kettengliedes um den Winkel 2α beim Auf- bzw. Ablauf am Rad beträgt die im Gelenk unter der Längskraft P geleistete Reibarbeit

$$A_1 = \mu\, P\, 2\alpha \frac{d_B}{2 \cdot 10^3} = \mu\, P \frac{\pi\, d_B}{z\, 10^3} \quad \text{[mkg]}$$

mit $2\alpha = 2\pi/z$, Bolzendurchmesser d_B und Reibwert μ. Die für den Verschleiß maßgebliche Längskraft P beträgt im wesentlichen $P = U + U_F$ im *Last*strang bzw. $P = U_F$ im *Leer*strang, da die Vorspannkraft U_v und die Polygonkraft U_P (außerhalb des Resonanzgebietes) im Vergleich zu P klein sind (s. S. 203 u. 205).

Entsprechend wird für die gleichzeitigen 4 Abknickvorgänge (Auf- und Ablauf am Rad *1* und ebenso am Rad *2*) die Reibarbeit

$$A_4 = \frac{\mu \pi d_B}{10^3 z_1}[(U + U_F) + U_F] + \frac{\mu \pi d_B}{10^3 z_2}[(U + U_F) + U_F],$$

$$A_4 = \frac{\mu \pi d_B}{10^3 z_1}\left(\frac{i+1}{i}\right)(U + 2\,U_F) = \frac{\mu \pi d_B}{10^3 z_1}\left(\frac{i+1}{i}\right) p_R f \quad \text{mit} \quad p_R = \frac{U + 2\,U_F}{f}.$$

Die Reibarbeit je Sekunde beträgt:

$$A_{\text{sek}} = A_4 \frac{v}{t} 10^3 = \pi \mu p_R f \frac{v}{z_1} \frac{d_B}{t} \left(\frac{i+1}{i}\right) \tag{209/1}$$

und die Gesamtreibarbeit während der Zeit L_v [h]:

$$A_{\text{ges}} = A_{\text{sek}} 3600\, L_v = 1{,}13 \cdot 10^4 \mu p_R f L_v \frac{v}{z_1} \frac{d_B}{t} \left(\frac{i+1}{i}\right).$$

Durch Gleichsetzung von $A_{\text{ges}}\, q = W_{\text{ges}} = \Delta t\, f\, x$, wobei q [mm³/mkg] der Verschleiß in mm³ je mkg Reibarbeit ist, erhält man für die Vollast-Lebensdauer L_v die Gleichung:

$$L_v = \frac{0{,}885}{10^4} \frac{\Delta t}{t} \frac{x}{\mu q p_R} \frac{z_1 t}{v} \frac{t}{d_B} \frac{i}{i+1} \tag{209/2}$$

und mit Einsatz von $v = \frac{z_1 t n_1}{60 \cdot 10^3}$:

$$L_v = 5{,}3 \frac{\Delta t}{t} \frac{x}{\mu q p_R n_1} \frac{t}{d_B} \frac{i}{i+1} \tag{209/3}$$

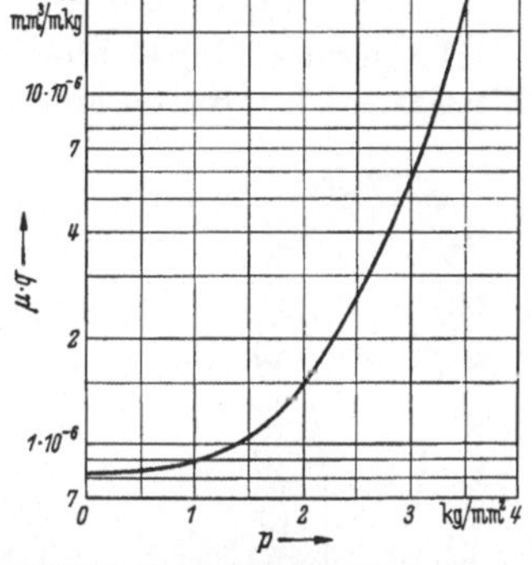

Bild 209. Verschleißkennwert μq in Abhängigkeit von der Gelenkpressung p

Die zulässige spezifische Kettenlängung kann mit $\Delta t/t = 2/100$ bis $3/100$ angesetzt werden. Der Verschleißkennwert μq wird mit zunehmender Gelenkpressung p etwa exponential zunehmen, und bei einem bestimmten Grenzwert werden die Gelenkflächen anfangen zu fressen. Die Höhenlage von μq und der Grenzwert hängen von der Werkstoffpaarung, von der Oberfläche und vom Schmierzustand der Gelenkflächen ab.

In Bild 209 ist μq über p aufgetragen, geltend für Rollenketten nach DIN 8187 bei bester Schmierung[1].

Entsprechend der unterschiedlichen Gelenkpressung $p = \frac{U + U_F}{f}$ im Lasttrum und $p_L = \frac{U_F}{f}$ im Leertrum ist in Gl. (209/3) der Ausdruck $\mu q p_R$ aus den Teilbeträgen $\mu q p$ und $\mu q p_L$ zu bilden, wobei die Teilbeträge aus Bild 209 für die Gelenkpressung p bzw. p_L entnommen werden können: $\mu q p_R = \mu q p + \mu q p_L$.

4. Gelenkreibung und Wirkungsgrad

Die Verlustarbeit pro Sekunde aus der Gelenkreibung beträgt nach Gl. (209/1)

$$A_{\text{sek}} = \pi \mu p_R f \frac{v}{z_1} \frac{d_B}{t} \frac{i+1}{i}$$

[1] Die aufgetragenen Werte wurden nach Gl. (209/3) berechnet, und zwar unter Verwendung der in der USA-Norm ASA B. 29.1 auf Grund von Lebensdauerversuchen für Rollenketten angegebenen Belastungswerte. Auszug aus den ASA-Angaben s. Arnold u. Stolzenberg [218/*18*].

und die Antriebsarbeit je Sekunde $A = U\,v$. Hieraus ergibt sich der Wirkungsgrad entsprechend den Reibungsverlusten der Gelenke:

$$\eta_G = \frac{A - A_{\text{sek}}}{A} = 1 - \frac{A_{\text{sek}}}{A} = 1 - \pi\,\mu\,\frac{p_R\,f}{U\,z_1}\,\frac{d_B}{t}\,\frac{i+1}{i} \qquad (210/1)$$

wobei $\frac{p_R\,f}{U} = \frac{U + 2\,U_F}{U} = 1 + \frac{2\,G\,v^2}{9{,}81\,U}$ ist.

So erhält man z. B. für die Kette mit $t = 12{,}7$ mm, $\frac{d_B}{t} = 0{,}35$, $f = 50$, $i = 3$, für $v = 10$ m/s, $z_1 = 17$, $U = 58$ kg, $U_F = 7{,}1$ kg und $\mu = 0{,}15$: $\underline{\eta_G = 0{,}984}$ und für $z_1 = 10$: $\eta_G = 0{,}973$.

Zur Erreichung eines hohen Wirkungsgrads sind demnach eine große Zähnezahl z_1 und gute Gleitverhältnisse (kleines μ) in den Gelenken anzustreben.

Zu diesen reinen Gelenkverlusten kommen noch als weitere die geringe Reibung zwischen den Seitenflächen der Laschen, die ebenfalls geringe Reibarbeit zwischen Kette und Radzähnen, die zusätzliche Reibarbeit in den Gelenken bei Schwingungen der Kettenstränge und vor allem die Lagerreibung der Wellen.

26.5. Schwingungen der Kettentriebe

Die geringe Ungleichförmigkeit in der Kraftübertragung (Polygon-Effekt) und die Elastizität der Kette können zu größeren Schwingungen der freien Kettenstränge führen, wenn Resonanz auftritt. Die Folgen sind Laufunruhe und Geräusch, Überbeanspruchung und Verschleiß in den Gelenken. Man muß daher darauf achten, daß die Impulsfrequenzen und die Eigenfrequenzen der Kettenstränge nicht zusammenfallen. Hierbei ist zwischen der Quer- und Längsschwingung der Kette zu unterscheiden.

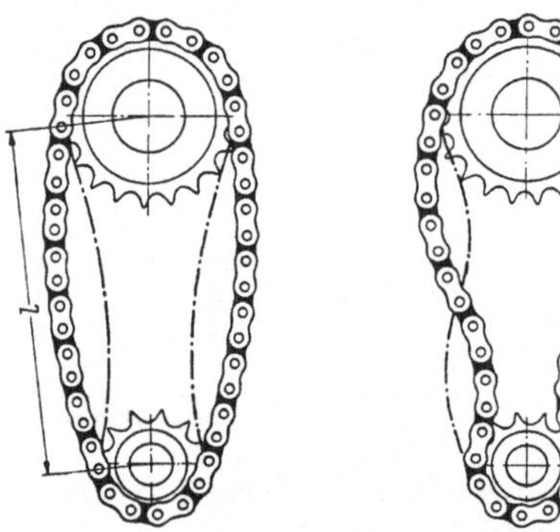

Bild 210
Querschwingungen einer Rollenkette (nach BENSINGER) Links Grundschwingung mit der Frequenz f_0; rechts erste Oberschwingung mit der Frequenz f_1

1. Querschwingungen (Bild 210)

Die Frequenz der Querschwingungen beträgt: $f_0 = \frac{1}{2\,l}\sqrt{\frac{P\,g}{G}}$ [1/s] und der Oberschwingungen: $f_1 = 2\,f_0$, $f_2 = 3\,f_0$, ... usw. Im allgemeinen kommt nur f_0 und f_1 in Frage. Die kritischen Drehzahlen für f_0 und f_1 sind:

$$n_{k0} = 60\,f_0 = \frac{94}{l}\sqrt{\frac{P}{G}} \quad \text{und} \quad n_{k1} = 2\,n_{k0} \qquad (210/2)$$

mit l [m] und G [kg/m].

Da n_{k0} und n_{k1} von der Last P abhängig sind, können sie häufig auch durch Änderung der Vorspannung genügend weit verschoben werden. Wesentlich größer ist jedoch der Einfluß der Länge l des freien Kettenstrangs, die durch Führungsstücke verändert werden kann (Bild 197/2).

2. Längsschwingungen

Die Frequenz der Längsschwingungen ist unabhängig von der Last und meistens mehr als 20mal so groß wie die Eigenfrequenz der Querschwingung. Sie wird daher vorwiegend durch den Polygon-Impuls mit der Frequenz $n\,z/60$ und nicht durch den

Drehzahlimpuls erregt. Die Eigenfrequenz der Längsschwingung beträgt mit P_E nach S. 205:

$$f_0' = \frac{1}{2l}\sqrt{\frac{P_E g}{G}} \quad [1/\mathrm{s}], \qquad f_1' = 2 f_0',$$

und die entsprechende kritische Drehzahl bei *Rollenketten* mit $\sqrt{\frac{P_E g}{G}} \approx 1000$:

$$n_{k0}' = \frac{f_0' 60}{z_1} \approx \frac{30 \cdot 10^3}{z_1 l} \quad \text{und} \quad n_{k1}' = 2 n_{k0}'.$$

Demnach kann n_k' durch Änderung der Zähnezahl z_1 oder der Länge l des freien Kettenstrangs verlegt werden.

26.6. Praktische Berechnung der Kettentriebe

1. Allgemeine Gleichungen

Teilkreisdurchmesser

$$d_0 = \frac{t}{\sin\alpha} \approx \frac{t z}{\pi} \tag{211/1}$$

$$\text{mit } \alpha = \frac{180°}{z},$$

Gliederzahl der Kette

$$x = \frac{2a}{t} + \frac{z_1 + z_2}{2} + \left(\frac{z_2 - z_1}{2\pi}\right)^2 \frac{t}{a}, \tag{211/2}$$

Achsabstand

$$a = \frac{t}{4}\left[x - \frac{z_1 + z_2}{2} + \sqrt{\left(x - \frac{z_1 + z_2}{2}\right)^2 - 2\left(\frac{z_2 - z_1}{\pi}\right)^2}\right], \tag{211/3}$$

Kettenlänge[1]

$$L_k = x \frac{t}{10^3}, \quad L_{kw} \approx L_k + L_k/1000, \tag{211/4}$$

Übersetzung

$$i = \frac{z_2}{z_1} = \frac{n_1}{n_2}, \tag{211/5}$$

Kettengeschwindigkeit

$$v = \frac{z_1 t n_1}{10^3 \cdot 60} \approx \frac{d_{01} n_1}{19100}, \tag{211/6}$$

Umfangskraft

$$U = \frac{75 N}{v} = \frac{4{,}5 \cdot 10^6 N}{z_1 t n_1} = p f - U_F, \tag{211/7}$$

Fliehkraft

$$U_F = \frac{G v^2}{9{,}81}, \tag{211/8}$$

Zugkraft in der Kette

$$P = U + U_F, \tag{211/9}$$

Gelenkpressung

$$p = \frac{P}{f}. \tag{211/10}$$

[1] Berechnung des Zuschlags zu L_k nach der Vorspannung s. S. 203.

2. Belastbarkeit der Getriebeketten

Der Grenzwert der Zugkraft P in der Kette ist

$$P = U + U_F = f\,p \leqq f\,p_{\text{zul}} \tag{212/1}$$

Mit Einführung der Nennumfangskraft U_m und des Stoßbeiwerts C_s nach Tafel 214/1 wird $U = U_m C_s$ und somit

$$U_m = \frac{P - U_F}{C_s} \leqq \frac{f}{C_s}\left(p_{\text{zul}} - \frac{U_F}{f}\right) \tag{212/2}$$

und die übertragbare Nenn-Leistung

$$N_m = \frac{U_m v}{75} = \frac{v f}{75\,C_s}\left(p_{\text{zul}} - \frac{G v^2}{9{,}81 f}\right) \tag{212/3}$$

Hierbei ist $f = b_H\,d_B$ die Gelenkfläche (zu entnehmen aus Taf. 215).

Die zulässige Flächenpressung p_{zul} ist von den Verschleißverhältnissen, d. h. von den Betriebsbedingungen und von der Vollast-Lebensdauer L_v abhängig. Sie fällt mit größerer Drehzahl, größerem L_v, kleinerer Kettenlänge (Gliederzahl x) und kleinerer Zähnezahl z_1 und besonders mit schlechter Schmierung[1].

Außerdem ist p_{zul} nach oben durch die Dauerfestigkeit der Kettenteile begrenzt. Man setzt

$$P = U_m C_s + U_F \leqq \frac{P_B}{S_B} \tag{212/4}$$

wobei P_B die Mindestbruchlast der Kette und $S_B = 8$ bis 15 ist.

a) Für Rollen- und Hülsenketten wird angegeben[2]

$$p_{\text{zul}} = p_0\,C_1\,C_2 \tag{212/5}$$

$$p_0 \approx 4{,}35 - 1{,}48\left(\frac{L_v v}{x\cdot 10^3}\,\frac{t}{\Delta t}\,\frac{d_B}{t}\,\frac{14}{z_1 - 5}\,\frac{i+1}{i}\right)^{\frac{1}{4}} \tag{212/6}$$

Für $\Delta t/t = 2/100$, $L_v = 10000$, $x = 120$, $d_B/t \approx 1/3{,}2$, $i = 3$ ist

$$p_0 = 4{,}35 - 1{,}7\left(v\,\frac{14}{z_1 - 5}\right)^{\frac{1}{4}} \tag{212/7}$$

Die Beiwerte C_1 und C_2 zur Berücksichtigung der Schmierverhältnisse und der Kettensorte s. Taf. 214/3.

Bei Benutzung der in Bild 216/1 und 216/2 für genormte Rollenketten, entsprechend Gl. (212/6) für $L_v = 10000$ bzw. $L_v = 2000$, aufgetragenen Leistungswerte N_0 erhält man

[1] Besonders nachteilig für die Lebensdauer von Getriebeketten ist das Eindringen von Mineralstaub in die Gelenke (Kapselung vorsehen!).

[2] Die Gleichung für p_0 wurde in Anlehnung an die Lebensdauer — Gl. (209/2) so angesetzt, daß die in DIN 8195 für Rollen- und Hülsenketten angegebenen Belastungswerte gut gedeckt werden.

die jeweils übertragbare Nennleistung N_m der betreffenden Ketten aus

$$N_m \approx j \frac{N_0 z_1}{19\, C_s} C_1 C_2 C_3 \tag{213/1}$$

geltend im Bereich von $z_1 = 15$ bis 25, $a = 40\,t$ bis $400\,t$; Beiwert C_s nach Taf. 214/1, Beiwerte C_1 bis C_3 nach Taf. 214/3. Für die Ausführung als *Zweifach*- bzw. *Dreifach*-Kette ($j = 2$ bzw. 3) ist die übertragbare Leistung etwa das Zwei- bzw. Dreifache, sofern die Lastverteilung über die Breite gleichmäßig ist.

Beispiel 1. Antrieb eines Schnellhoblers mit Elektromotor über Kettentrieb. Gegeben: $N_m = 7$ PS, $n_1 = 1450$, $i = 2{,}5$, $L_v = 10000$. Gewählt: Zweifach-Rollenkette $2 \times 12{,}7 \times 7{,}75$ DIN 8187 nach Taf. 215. Hierfür ist nach Bild 216/1 $N_0 = 6{,}5$. Ferner gewählt: $z_1 = 17$, $z_2 = 43$, $a = 35$ t.

Berechnet: $x \approx 100$ nach Gl. (211/2) und

$$N_m = j\, N_0 \frac{z_1}{19 C_s} C_1\, C_2\, C_3 = 2 \cdot 6{,}5 \frac{17}{19 \cdot 1{,}5}\, 1 \cdot 1 \cdot 0{,}927 = 7{,}2 \text{ PS} \quad \text{(ausreichend!)},$$

mit $C_s = 1{,}5$ nach Taf. 214/1, C_1 und $C_2 = 1$ nach Taf. 214/3, $C_3 = \left(\frac{2{,}5}{3{,}5}\,\frac{100}{90}\right)^{\frac{1}{3}} = 0{,}927$.

b) Für Zahnketten wird angegeben:
Übertragbare Leistung

$$N_m \approx \frac{N_0 b_N}{C_s} C_3 \tag{213/2}$$

mit N_0 nach Bild 216/3 für $z_1 = 17$ bis 25 und $a \approx 40$ t und b_N nach Taf. 216/1.

Beispiel 2. Antrieb nach Beispiel 1), aber mit Zahnkette ausgeführt. Gewählt nach Taf. 216/1. Zahnkette B 12,7 × 40, $b_N = 40$ mm. Nach Bild 216/3 ist für $n_1\, z_1/19 = 1450 \times 17/19 = 1300$ die Leistung $N_0 = 0{,}33$ PS. Berechnet nach Gl. (213/2):

$$N_m = \frac{0{,}33 \cdot 40}{1{,}5}\, 0{,}927 = 8{,}2 \text{ PS (ausreichend!)}.$$

3. Belastbarkeit der Förder- und Lastketten

a) Stahlbolzenketten (Bild 200/2). Man geht hierbei von der Prüflast aus. In Taf. 216/2 ist für Ketten nach DIN 654 die zulässige Kettenkraft $P_{\text{zul}} = 1/5$ der Prüflast angegeben. Die Zähnezahl $z_1 = 15$ bis 25.

b) Gallketten (Bild 201/2). Auch hierbei geht man von der Bruchlast P_B aus und setzt die zulässige Kettenkraft $P = P_B/5$. In Taf. 217/2 sind die Abmessungen und Bruchlasten der Gall-Ketten nach DIN 8150 angegeben.

c) Rundstahlketten (Bild 201/3). Hierbei tritt außer der Zugspannung im Querschnitt des Rundstahls auch noch Biegespannung auf. Trotzdem rechnet man auch hier einfach auf Zugspannung und setzt

$$P \leqq \frac{\pi}{2}\, \delta^2\, \sigma_{\text{zul}} = \frac{P_B}{4}.$$

Für Ketten aus Stahl St 35.13 K mit Bruchfestigkeit des Werkstoffs $\sigma_B \approx 35$ kg/mm² und Bruchfestigkeit des Kettenglieds $\sigma_{BK} \approx 24$ kg/mm² beträgt die zulässige Spannung

$$\sigma_{\text{zul}} = 6 \text{ kg/mm}^2 \quad \text{für} \quad \delta \leqq 9{,}5 \text{ mm},$$
$$\sigma_{\text{zul}} = 4 \text{ bis } 6 \quad \text{für} \quad \delta \geqq 9{,}5 \text{ mm}.$$

Für *vergütete* Ketten ist σ_{zul} etwa 30% größer und für die Ausführung als Stegketten etwa 12 bis 20% größer.

Ausführung der Ketten: Durchmesser δ des Rundstahls nach Taf. 217/1. Teilung $t \approx 3\,\delta$ bis $6\,\delta$, äußere Breite $b \approx 3\,\delta$ bis $4{,}5\,\delta$, Gewicht pro laufenden Meter $G = \frac{1{,}8\,\delta^2}{100}$ bis $\frac{2{,}2\,\delta^2}{100}$ [kg/m].

Rundstahlketten mit Angabe der Nutzlast s. DIN 766.

26.7. Tafeln und Diagramme

Tafel 214/1. *Anhalt für Stoßbeiwert $C_s = U/U_m$*

		Kraftmaschine		
		Elektromotor Transmission	Turbine, mehrzylindrige Kolbenmaschine	Einzylinder-Kolbenmaschine
Arbeitsmaschine	*Fast stoßfreie Belastung:* Generatoren, leichte Aufzüge, Hilfsantriebe für Werkzeugmaschinen	1	1,25	1,50
	Mäßige Stoßbelastung: Krane, schwere Aufzüge, Hauptantriebe von Werkzeugmaschinen	1,25	1,50	1,75
	Heftige Stoßbelastung: Walzwerksantriebe, Stanzen, Scheren, Kolbenpumpen, Bagger	1,75	2,0	2,25

Tafel 214/2. *Anhalt für Schmierung* (nach Arnold u. Stolzenberg [218/*18*])

Schmierung	v [m/s] bis 4	bis 7	bis 12	über 12
I Beste	Tropfschmierung 4···10 Tropfen/min	Tauchschmierung Ölbad	Druck-Umlauf-schmierung	Sprühschmierung
II Ausreichend	Fettschmierung	Tropfschmierung 20 Tropfen/min	Ölbad mit Spritz-scheiben	Druck-Umlauf-schmierung
III Mangel-Schmierung	möglich bis $v = 7$			
IV Trockenlauf	möglich bis $v = 4$			

Tafel 214/3. *Anhalt für Beiwerte C_1 bis C_3*

Betrifft		Beiwert
Betrieb:	*Schmierung nach Taf. 214/2*	
Staubfrei	I	$C_1 = 1$
Staubfrei	II	$C_1 = 0{,}9$
Nicht staubfrei	II	$C_1 = 0{,}7$
Nicht staubfrei	III	$C_1 = 0{,}5$ bis $v = 4$; $C_1 = 0{,}3$ bis $v = 7$
Schmutzig	III	$C_1 = 0{,}3$ bis $v = 4$; $C_1 = 0{,}15$ bis $v = 7$
Schmutzig	IV	$C_1 = 0{,}15$ bis $v = 4$
Rollenketten nach DIN 8187		$C_2 = 1$
„ nach DIN 8180 u. 8188		$C_2 \approx 0{,}80$
„ nach DIN 8181		$C_2 \approx 0{,}20$
Kettengliederzahl x und Übersetzung $i = \frac{z_2}{z_1}$		$C_3 = \left(\frac{x}{90}\,\frac{i}{i+1}\right)^{\frac{1}{3}}$

Tafel 215. *Rollenketten nach DIN 8187 und 8180 (August 1956)*

Bezeichnung einer Einfach-Rollenkette nach t und b_i, z. B.: Rollenkette 1 × 12,7 × 7,75 DIN 8187

Nach DIN	Teilung t mm	Innere Breite b_i mm	Bolzen d_B mm	Rolle d_R mm	Gelenkfläche [1] f mm²	Bruchlast P_B in kg			Gewicht [1] G kg/m
						Rollenkette			
						einfach	zweifach	dreifach	
8187	9,525	3,2	2,8	6	14	650	—	—	0,26
		5,72	3,31	6,35	28	900	1600	2300	0,41
	12,7	6,4	3,97	7,75	38	1500	—	—	0,50
		6,4	4,45	8,51	44	1800	—	—	0,65
		7,75	4,45	8,51	50	1800	3200	4600	0,70
	15,875	6,48	5,08	10,16	51	2500	—	—	0,80
		9,65	5,08	10,16	67	2500	4500	6500	0,95
	19,05	11,68	5,72	12,07	89	3000	5400	7600	1,25
	25,4	17,02	8,27	15,88	210	6500	12400	18500	2,7
	31,75	19,56	10,17	19,05	295	10000	19000	28600	3,6
	38,1	25,4	14,63	25,4	554	17000	32400	48500	6,7
	44,45	30,99	15,87	27,94	740	20000	38100	57100	8,3
	50,8	30,99	17,8	29,21	837	26000	49500	74300	10,5
	63,5	38,1	22,87	39,37	1275	42000	80000	120000	16,0
	76,2	45,75	29,22	48,26	2061	60000	114000	170000	25,0
8180	6,0	2,8	1,85	4,0	7	300	—	—	0,12
	8,0	3,0	2,3	5,0	10	500	900	—	0,18
	12,7	3,3	3,65	7,75	22	800	—	—	0,40
		4,88	3,65	7,75	28	800	—	—	0,44
	25,4	17,02	8,27	15,88	210	4500	8000	11500	2,7
	31,75	19,56	10,17	19,05	295	5500	10000	14000	3,6
	38,1	25,4	14,63	25,4	554	12000	21500	30000	6,7
	44,45	30,99	15,87	27,94	740	14000	25000	36000	8,3
	50,8	30,99	17,8	29,21	837	18000	32000	45000	10,5
	63,5	38,1	22,87	39,37	1275	27000	48000	68000	16,0
	76,2	45,75	29,22	48,26	2061	40000	70000	100000	25,0

[1] Werte für Einfach-Rollenkette; für Zweifach-Rollenkette mal 2; für Dreifach-Rollenkette mal 3.

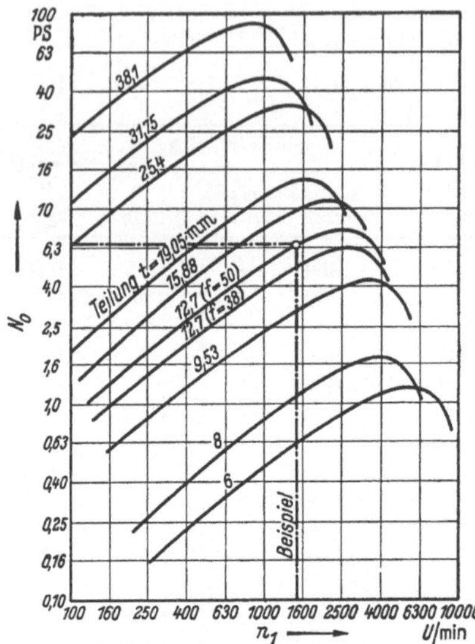

Bild 216/1. Leistung N_0 für Einfach-Rollenketten (DIN 8187), gültig für Lebensdauer L_e = 10000 Stunden (allgemeiner Maschinenbau) bis zu einer zulässigen Längung von 2%. Für andere Rollenketten s. Beiwert C_2 (Tafel 214)

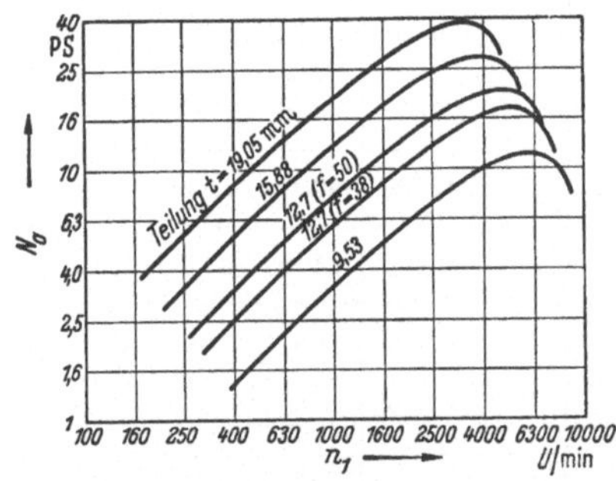

Bild 216/2. Leistung N_0 für Einfach-Rollenketten (DIN 8187), gültig für Lebensdauer L_e = 2000 Stunden (Kraftfahrzeugbau)

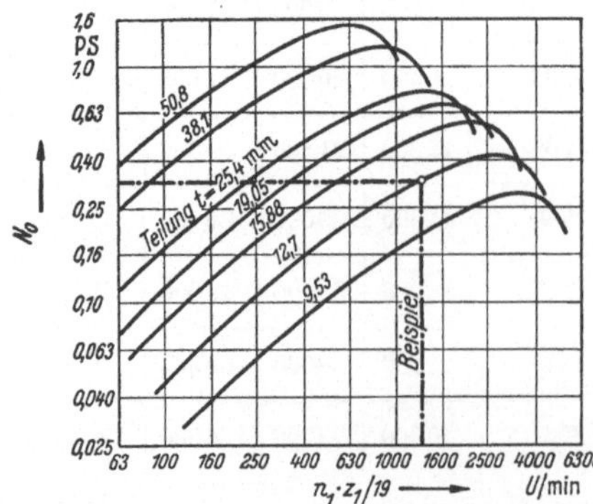

Bild 216/3. Leistung N_0 pro mm Breite b_N für Zahnketten B mit Innenführung (DIN 8190), gültig für Lebensdauer L_e = 10000 Stunden (allgemeiner Maschinenbau)

Tafel 216/1. *Zahnketten mit Innenführung nach DIN 8190* (*Dezember 1954*)

Bezeichnung einer Zahnkette (A unvergütet, B vergütet) nach t und b_N, z. B.: Zahnkette B 12,7 × 30 DIN 8190, s. Bild 199/3

Teilung t mm	Nennbreite b_N mm	Nutzbreite b mm	äußere Breite e mm	Bruchlast[1] kg A unvergütet	Bruchlast[1] kg B vergütet	Gewicht G kg/m
	—	—	—	—	—	—
12,7 (1/2″)	25	23,5	28,0	1450	2900	1,3
	30	29,5	34,0	1800	3600	1,6
	40	42,0	46,5	2600	5200	2,1
	50	48,5	53,0	3000	6000	2,6
15,875 (5/8″)	25	23,5	28,5	1600	3200	1,9
	30	29,5	34,5	2100	4200	2,4
	40	42,0	47,0	3000	6000	3,2
	50	48,5	53,5	3500	7000	3,9
	65	64,0	69,0	4600	9200	5,1
19,05 (3/4″)	30	29,5	35	2800	5600	3,0
	40	42,0	48,5	4000	8000	3,8
	50	48,5	54,0	4700	9400	4,8
	65	64,0	69,5	6300	12600	6,2
	75	76,5	82,0	7500	15000	7,4
25,4 (1″)	50	52,0	59,0	8700	12500	7,0
	65	64,5	71,5	9800	14000	8,5
	75	76,5	83,5	13100	18700	10,1
	90	89,0	96,0	14000	20000	11,4
	100	101,0	108	17500	25000	13,2
38,1 (1 1/2″)	65	64,5	72,5	13300	19000	13,2
	75	76,5	84,5	17500	25000	15,2
	100	101,0	109	23500	33600	20,2
	125	125	133	29400	42000	25,0
	150	150	158	38500	55000	30,0
50,8 (2″)	75	78,0	88,0	23800	34000	19,5
	100	102	112	31900	45600	25,7
	125	128	138	39900	57000	32,0
	150	152	162	45200	64600	38,2
	175	176	186	55300	79000	44,5

[1] Bei gekröpften Gliedern darf nur mit 0,8 der Bruchlast gerechnet werden.

Tafel 216/2. *Stahlbolzenketten nach DIN 654* (*Juli 1952*), s. Bild 200/2

t mm	b_i mm	b_a mm	f mm²	P_{zul} kg	G kg/m
38,7	18	48	168	180	2,1
42	24,5	67	297	360	4,5
63	29	75	385	480	4,2
65,5	33	90	528	760	6,8
100	28	89	533	640	5,5
100	40	110	810	900	9,0
134,5	33,5	90	516	640	4,1
136,5	30,5	108	799	1200	9,5

Tafel 217/1. *Rundstahldurchmesser δ für Rundstahlketten nach DIN 766 (Juli 1954)*

δ = 4; 5; 6; 7; 8; (9); 10; (11); 13; 16; 18; 20; 23; 26; 28; 30; 33; 36; 39; 42; 45; 48; 51; 54; 57; 60; 63; 66; 69; 72; 75; 78; 81; 84; 87; 90 mm.

Ab δ = 63 mm nur als Stegketten ausgeführt (nicht genormt)

Tafel 217/2. *Gall-Ketten — schwer nach DIN 8150 (Januar 1956)*, s. Bild 201/2

t mm	b_i mm	b_a mm	f' —	f mm²	P_{Bruch} kg	G kg/m
3,5	2	8	2	1,7	75	0,07
6	4	11	2	4,6	125	0,16
8	6	16	2	5	150	0,25
10	8	19	2	9	250	0,4
15	12	26	2	16	500	0,7
20	15	32	2	24	1250	1,1
25	18	41	2	48	2500	1,75
30	20	57	4	108	4000	3,4
35	22	60	4	120	6000	4,5
40	25	65	4	144	8000	4,7
45	30	69	4	168	10000	6,4
50	35	96	4	324	15000	10,6
55	40	114	4	504	20000	15,5
60	45	119	4	552	25000	18,0
70	50	156	6	1008	37500	33,5
80	60	170	6	1152	50000	38,2
90	70	199	6	1512	75000	53,0
100	80	238	8	2295	100000	76,6
110	90	250	8	2528	125000	90,0
120	100	276	8	3200	150000	112,0

26.8. Normen und Schrifttum

1. Normen

DIN 8180, 8181, 8187, 8188 Rollenketten.
8188, 73232 Hülsenketten.
8195 Berechnung von Hülsen- und Rollenketten.
8164, 8165, 8171 Buchsenketten.
8175, 8176 Laschenketten.
8190 Zahnketten.
686 Zerlegbare Gelenkketten.
654 Stahlbolzenketten.
8150, 8151 GALL Ketten.
8152 FLEYER-Ketten.

DIN 8196, 73231, 73233 Kettenräder für Rollenketten.
8196, 73232, 73233, Kettenräder für Hülsenketten.
79576 Kettenräder für Fahrrad.
8191 Kettenräder für Zahnketten.
685, 695, 702 bis 766, 22252 Rundstahlketten.

USA-NORM:

ASA B 29.1 Belastbarkeit von Rollenketten.

2. Bücher

[1] Riementriebe, Kettentriebe, Kupplungen (Vorträge Fachtagung 1953). Braunschweig: Vieweg 1954.
[2] KLUGE, W., u. W. WEIS: Wirkungsgrade von Zahnrad- und Kettenwechselgetrieben für Motorräder. Dtsch. Kraftfahrtforsch. 1938, H. 10. Berlin: VDI-Verlag.
[3] LUBRICH, W.: Beitrag zur Kinematik der Kettentriebe. Diss. T.H. Aachen 1956.
[4] WOROBJEW, N. W.: Kettentriebe. Berlin: Verlag Technik 1953.

3. Aufsätze

[5] BENSINGER, W. D.: Die Kette zum Antrieb der Nockenwelle bei Kraftfahrzeugmotoren. Konstruktion Bd. 6 (1954) S. 180.
[6] BOLZ, R. W., J. W. GREVE, u. R. R. HARRAR: Hohe Geschwindigkeiten bei Antrieben. Auszug in Konstruktion Bd. 3 (1951) S. 24.
[7] CURLAND, O.: Antriebs- und Förderketten. Z. Fördertechn. 1942, S. 195.
[8] ECKERT, R.: Kettenverschleiß bei Motorrädern mit Hinterrad-Schwinggabel. Automobiltechn. Z. Bd. 57 (1955) S. 114.

[9] GRÖNEGRESS, H. W.: Festigkeitseigenschaften brenngehärteter Kettenbolzen. Z. VDI Bd. 94 (1952) S. 231.
[10] GROTHUS, H.: Massenkräfte im Kettentrieb. Industrieblatt Bd. 54 (1954) S. 527.
[11] GROTHUS, H.: Wartungsfreie Rollenketten mit Kunststoff-Gleitlagern. Erdöl u. Kohle 11 (1958) S. 547.
[12] KNAUST, H.: Der Einfluß der Zahnflankenform bei Kettenrädern für Laschenketten auf die Kraftübertragung und den Verschleiß. Z. Konstruktion Bd. 4 (1952) S. 240.
[13] KUCHARSKI, W.: Über die Bewegungen der Ketten und Seile. Konstruktion Bd. 3 (1951) S. 65 u. 149.
[14] PIETSCH, P.: Bemessung und Schmierung von Rollenkettentrieben. Erdöl u. Kohle Jg. 5 (1952) S. 643.
[15] PREGER, E.: Stufenlos regelbare Kettengetriebe an Werkzeugmaschinen. Werkstattstechn. Bd. 30 (1936) S. 68.
[16] SONNENBERG, H.: Zahnkettentriebe und ihre Berechnung. Konstruktion Bd. 1 (1949) S. 297.
[17] WHITNEY, L. H., u. R. TALMAGE: Gesinterte Stahlbuchsen vergrößern die Lebensdauer von Rollenketten. Auszug in Konstruktion Bd. 6 (1954) S. 77.

4. Firmenschriften

[18] Arnold u. Stolzenberg, Einbeck; Iwis, München; Ruberg u. Renner, Hagen; Köther, Wuppertal; Siemag, Dahlbruck; Stotz, Stuttgart; Westinghouse, Einbeck; Wippermann, Hagen.

27. Riementriebe

27.1. Überblick

1. Art der Kraftübertragung

Beim Riementrieb umschlingt der etwas dehnbare Riemen zwei oder mehr Riemenscheiben, wobei die Umfangskraft durch *Reibung* zwischen Riemen und Scheibe übertragen wird. Die hierfür erforderliche Anpreßkraft an der Scheibe muß durch genügende Spannung des Riemens erzeugt werden. Die Kraft S_1 im Lasttrum (Bild 219) ist gleich der Kraft S_2 im Leertrum plus Umfangskraft U. Der Übergang von S_1 zu S_2 ergibt eine Änderung der Riemendehnung, die eine entsprechend kleine Relativbewegung des Riemens auf der Scheibe zur Folge hat (Dehnschlupf). Sobald die Umfangskraft die Größe der Reibkraft überschreitet, kommt zu dem Dehnschlupf noch Gleitschlupf hinzu (S. 224). Der Riemen wird durch die Trumkraft S_1 auf *Zug* beansprucht; hierzu kommen noch Biege- und Fliehkraftspannungen, die durch die Umlenkung des Riemens entstehen (s. S. 223).

2. Eigenschaften der Riementriebe (gegenüber Zahn- und Kettentrieben)

Als Vorteile sind zu werten:

1. fast geräuschlos laufend, wenn Geräuschimpulse durch Riemenverbinder vermieden werden;

2. bessere Stoßaufnahme und Stoßdämpfung;

3. einfache Anordnung ohne Getriebekasten und ohne Schmierung;

4. vielseitig verwendbar, z. B. für gleichläufige und gegenläufige Wellen, für gekreuzte oder windschiefe Lage der Wellen; oder zum Antrieb mehrerer Wellen mit einem Riemen und beim Schnurtrieb sogar mit beliebig räumlicher Ablenkung und Schwenkbewegung des Riemens;

5. durchweg billiger, besonders bei größerem Achsabstand und einfacher Anordnung der Riemenscheiben;

6. einfache Entkupplung: bei Flachriemen durch Verschieben auf eine Leerlaufscheibe (Bild 225/1) oder durch Wegnahme der Vorspannung, z. B. durch Anheben der Spannrolle oder durch Änderung des Achsabstands;

7. einfache Änderung der Übersetzung: beim *Flach*riemen durch Verschieben auf Stufenscheiben (Bild 225/2) oder Kegelscheiben (Bild 225/3); beim Keilriemen oder Rundriemen durch Verstellung des wirksamen Scheibendurchmessers (Bild 221).

als Nachteile:

1. die größeren Baumaße und die größere Achskraft A, die je nach Ausführung das 1,5fache bis 3,8fache der Umfangskraft beträgt.

2. der Schlupf in der Kraftübertragung (durchweg 1 bis 2%), der sich mit der Umfangskraft, mit der Vorspannung, mit der bleibenden Dehnung und mit der Reibungszahl ändert;

3. die mit der Zeit und mit der Belastung zunehmende bleibende Dehnung des Riemens, die zum Rutschen und Abspringen des Riemens führen kann, bzw. besondere Vorkehrungen (z. B. Selbstspannung) und Mehrkosten erfordert, wenn man sie ausgleichen will;

4. die Änderung der Riemendehnung mit Temperatur und Feuchtigkeit;

5. die Änderung der Reibungszahl mit Staub, Schmutz, Öl und Feuchtigkeit.

als fast gleichwertig:

1. der Bereich der Übersetzung ($i = 1$ bis 8, extrem bis 20);

2. der Gesamtwirkungsgrad einschließlich der Lagerverluste: beim Flachriemen etwa 96 bis 98%; beim Keilriemen meist etwas weniger.

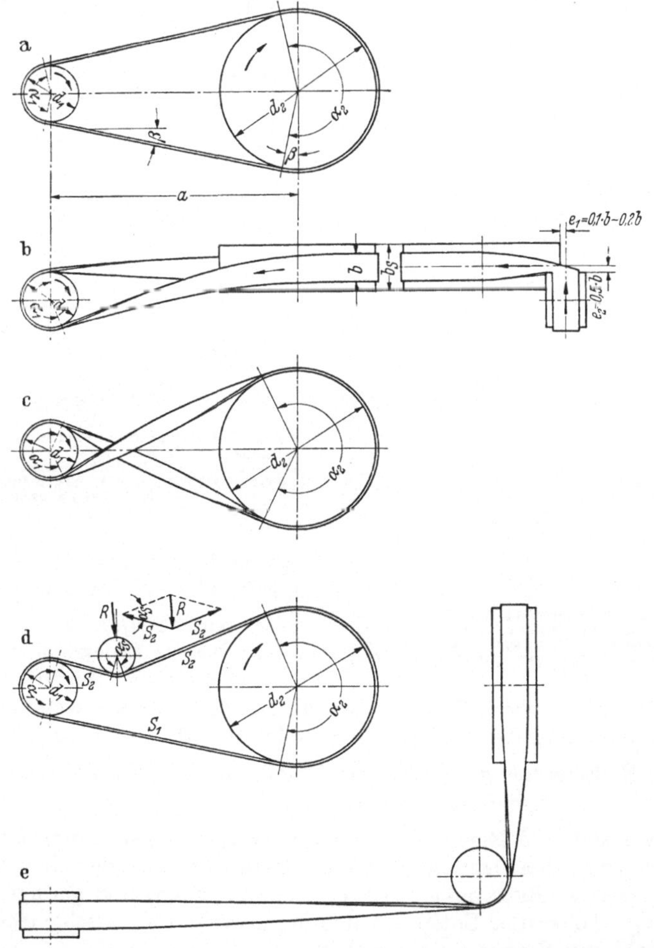

Bild 219. Anordnung von Riementrieben: a offener Trieb für parallele Wellen mit gleicher Drehrichtung; b halbgekreuzter Trieb für Wellen, die sich im Abstand *a* kreuzen; c gekreuzter Trieb für parallele Wellen mit entgegengesetzter Drehrichtung; d Spannrollentrieb (Anwendung wie bei a); e Winkeltrieb für sich schneidende Wellen

3. Verschiedene Bauarten der Riementriebe

Man unterscheidet

a) nach dem Riemenquerschnitt: Triebe mit Flachriemen, Keilriemen und Rundriemen (Schnurtriebe), s. Bild 219, 221, 237/2;

b) nach der Riemenführung und Riemenschaltung: offene, gekreuzte, halbgekreuzte und Winkeltriebe nach Bild 219 und S. 224 und schaltbare Riementriebe nach Bild 225/1 bis 225/3 und 221;

c) nach der Art der Vorspannung: Triebe mit Dehnspannung, mit Spannrolle, mit Spannschienen und mit Selbstspannung, s. Bild 220/1 u. 220/2 und S. 228;

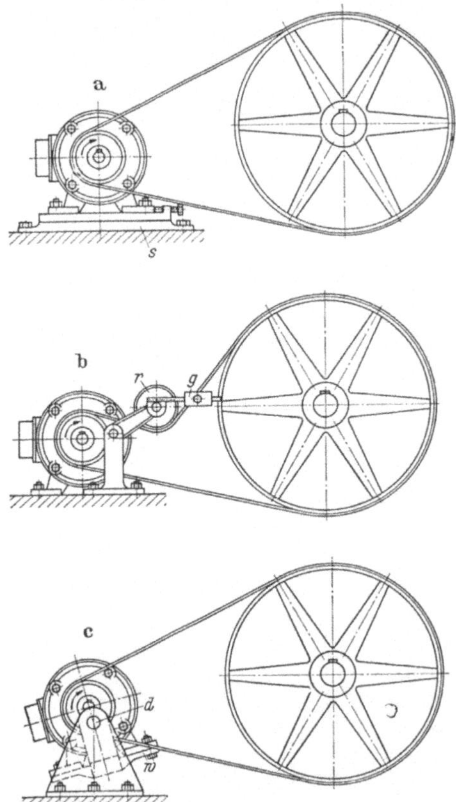

Bild 220/1. Erzeugung der Vorspannung im Riemen: a durch Spannschienen s; b durch Spannrolle r, belastet durch Gewicht g; c selbstspannend mit Wippe w, drehbar um d, durch Rückdrehmoment des Motorgehäuses (POESCHL, WAGNER)

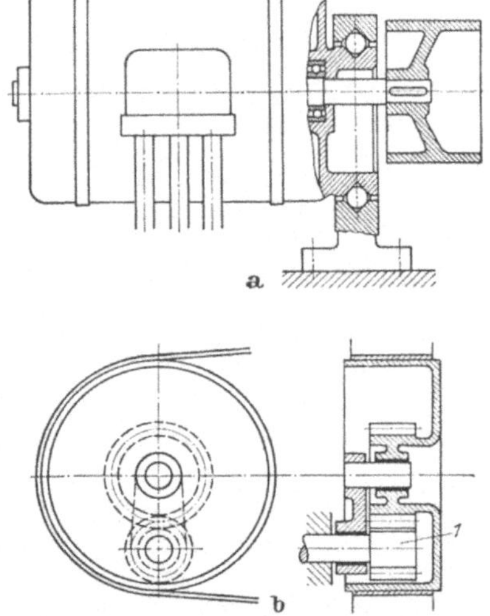

Bild 220/2. Selbstspannende Riementriebe nach LEYER [239/27] (Wirkungsweise s. Bild 228/2): a Schwenkständer (SESPA); selbstspannend durch Rückdrehmoment des Motorgehäuses b Schwenkscheibe (SESPA) selbstspannend durch Umfangskraft des Zahnrads *1*

d) nach Stoffart und Aufbau des Riemens: Neben Lederriemen mit ein, zwei oder drei Lagen, Textilriemen und Stahlband die zahlreichen Mehrstoffriemen, bei denen die Seele aus festerem Baustoff die Zugkraft aufnimmt und die Auflage oder Umhüllung die Reibkraft erhöht.

e) nach der Endverbindung: Riemen mit Schloß, geleimte, genähte und endlose Riemen (Bild 229); am laufruhigsten sind endlose Riemen;

Ideal: Erwünscht sind Riemen mit hoher zulässiger Zugspannung und guter Erholfähigkeit[1] nach plastischer Dehnung, mit hoher Reibungszahl, hohem Zug-E-Modul (wenig Dehnschlupf), leichter Biegsamkeit (wenig Biegespannung) und geringem spezifischem Gewicht (wenig Fliehkraft). Entsprechende Kennwerte für verschiedene Riemen siehe Taf. 236/1, Wahl der Riemensorte s. S. 229.

[1] Unter Erholfähigkeit wird der Rückgang der plastischen Verformung nach dem Entlasten verstanden.

4. Betriebsdaten und Vergleichswerte

Größtwerte für ausgeführte Riementriebe s. S. 4. Vergleichszahlen für Baugröße, Gewicht, Preis und Wirkungsgrad von Riementrieben gegenüber anderen Getrieben s. S. 6.

5. Übertragbare Leistung

Mit Hilfe der neu aufgestellten Leistungsdiagramme können die erforderlichen Abmessungen bzw. die jeweils übertragbare Leistung aus der Bezugsleistung N_0 nach Bild 233 u. 234 für Flachriem en (für 2 Riemensorten) und nach Bild 238 für Keilriemen schnell bestimmt werden.

Die Umrechnung auf die jeweiligen Betriebsverhältnisse erfolgt hierbei nach Gl. (231/2) bzw. nach Gl. (238/4) mit dem Beiwert C nach Taf. 235.

Ebenso kann man für andere Riemensorten entsprechende Diagramme mit den Anhaltswerten der Riemen nach Taf. 236/1 aufstellen. Für schwere Flachriementriebe oder besonders gelagerte Betriebsverhältnisse empfiehlt sich eine genauere Nachrechnung nach S. 230.

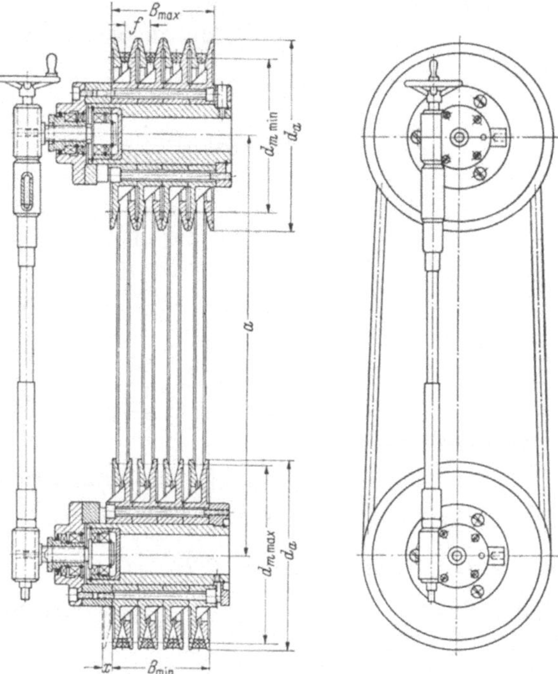

Bild 221. Stufenlos schaltbarer Keilriementrieb (Flender, Bocholt) für $i = 0{,}05$ bis $1{,}17$; Regelung durch axiale Verschiebung der Kegelscheiben, wobei sich die wirksamen Durchmesser d_m von An- und Abtriebsrad entgegengesetzt ändern, so daß die Riemenspannung ohne Achsabstandsänderung erhalten bleibt

27.2. Bezeichnungen und Dimensionen

a	[mm]	Achsabstand	s_f	[mm]	$= s\,(1-10\,s/d_1)$
A	[kg]	Achskraft	S_1	[kg]	Zugkraft im Lasttrum } ohne Fliehkraft
b	[mm]	Riemenbreite	S_2	[kg]	Zugkraft im Leertrum } ohne Fliehkraft
b_s	[mm]	Scheibenbreite, Taf. 237/1	s_P	[mm]	Spannweg
B	[1/s]	Biegehäufigkeit, $= 10^3\,z\,v/L$	U	[kg]	Umfangskraft
$C, C_1 \cdots C_7$	—	Beiwerte, Tafel 235	U_F	[kg]	Riemenzug durch Fliehkraft
d	[mm]	Scheibendurchmesser	v	[m/s]	Umfangs-, Riemengeschwindigkeit
e	—	= 2,718, Basis des nat. Log.	z	—	Scheibenzahl
E	[kg/mm²]	Elastizitätsmodul für Zug	α, α_G	°	Umschlingungswinkel, Gleitwinkel
E_b	[kg/mm²]	Elastizitätsmodul für Biegung	β	°	Winkel, s. Bild 228/1
G	[kg/m]	Riemengewicht je m Länge	γ	[kg/dm³]	spezifisches Gewicht
g	[m/s²]	Erdbeschleunigung, = 9,81	γ_R γ_S	°	Keilwinkel des Riemens, der Scheibe
i	—	Übersetzung, $= n_1/n_2$			
j	—	Zahl der Riemen nebeneinander	δ	°	Winkel, s. Bild 228/1
k	—	Ausbeute; $= (m-1)/m$	μ	—	Reibungszahl
L	[mm]	Länge des gespannten Riemens	σ_1	[kg/mm²]	Zugspannung aus S_1
L_0	[mm]	Länge des ungespannten Riemens	σ_2	[kg/mm²]	Zugspannung aus S_2
ΔL	[mm]	$L-L_0$	σ_F	[kg/mm²]	Zugspannung aus U_F
L_i	[mm]	Innere Länge von Keilriemen	σ_U	[kg/mm²]	Zugspannung aus U
m	—	Trumkraftverhältnis, $= S_1/S_2$	φ	—	Durchzugsgrad, $= U/A$
n	[U/min]	Drehzahl	ψ	%	Schlupf
N	[PS]	Nennleistung	Zeiger *1*		für kleine Scheibe bzw. Lasttrum
N_0	[PS/mm]	bzw. [PS/j] bezogene Leistung	Zeiger *2*		für große Scheibe bzw. Leertrum
s	[mm]	Riemendicke			

27.3. Allgemeine Gleichungen und Begriffe

Sie gelten für alle Riementriebe.

Umfangsgeschwindigkeit
$$v_1 = \frac{d_1 n_1}{19{,}1 \cdot 10^3}; \qquad (222/1)$$

$$v_2 = \frac{d_2 n_2}{19{,}1 \cdot 10^3} = v_1 \frac{100 - \psi}{100} \approx v_1\, 0{,}985\,; \qquad (222/2)$$

Schlupf
$$\psi = 100 \frac{v_1 - v_2}{v_1}, \quad \approx 1 \text{ bis } 2\ \%, \quad \text{s. Bild 224}; \qquad (222/3)$$

Übersetzung
$$i = \frac{n_1}{n_2} = \frac{d_2}{d_1} \frac{100}{100 - \psi} \approx 1{,}015 \frac{d_2}{d_1}; \qquad (222/4)$$

übertragbare Nennleistung

$$N = N_0 \cdot b/C \quad \text{für Flachriemen} \quad (N_0 \text{ s. Bild 233 u. 234}), \qquad (222/5)$$

$$N = N_0 \cdot j/C \quad \text{für Keilriemen} \quad (N_0 \text{ s. Bild 238}); \qquad (222/6)$$

Beiwert C s. Tafel 235, $C = C_1\, C_2\, C_3\, C_4\, C_5\, C_6\, C_7$ (222/7)

Umfangskraft
$$U = 75 \frac{N\, C_1}{v} = \frac{1{,}43 \cdot 10^6\, N\, C_1}{d_1\, n_1}; \qquad (222/8)$$

Zugkraft im Lasttrum (ohne Fliehkraft)[1]

$$S_1 = S_2 + U = m\, S_2 = \frac{m}{m-1} U; \qquad (222/9)$$

Zugkraft im Leertrum (ohne Fliehkraft)[1]

$$S_2 = S_1 - U = \frac{S_1}{m} = \frac{U}{m-1}; \qquad (222/10)$$

Verhältnis[1] $m = \dfrac{S_1}{S_2} = e^{\mu \alpha_e} \leqq e^{\mu \alpha}$; (222/11) Verhältnis[1] $k = \dfrac{U}{S_1} = \dfrac{m-1}{m}$; (222/12)

Zugfliehkraft[2]
$$U_F = \frac{G}{g} v^2 = \frac{\gamma \cdot b \cdot s}{9810} v^2; \qquad (222/13)$$

Achskraft
$$A = \overline{S_1 + S_2} = \sqrt{S_1^2 + S_2^2 - 2\, S_1\, S_2 \cos\alpha} = \frac{f}{m-1} U \qquad (222/14)$$

$$f = \sqrt{m\,(m - 2\cos\alpha) + 1} \leqq m + 1.$$

Durchzugsgrad
$$\varphi = \frac{U}{A} = \frac{m-1}{f}; \qquad (222/15)$$

Biegehäufigkeit
$$B = 10^3 z \frac{v}{L} \leqq B_{\max}; \qquad (222/16)$$

$B_{\max}$ s. Taf. 236/1

---

[1] Grundgleichungen nach EYTELWEIN für Umschlingungstriebe; Werte für $e^{\mu\alpha}$ und $k_{\max}$ s. Bild 231.

[2] Ableitung der Zugfliehkraft U_F s. U_F für Kettentriebe S. 203.

27.4. Spannungen im Riemen

Die Zusammensetzung der maximalen Spannung im Riemen

$$\boxed{\sigma_{\max} = \sigma_1 + \sigma_F + \sigma_b + \sigma_S \leqq \sigma_{zul}} \qquad (223/1)$$

ist in Bild 223/1 gezeigt. Hierbei ist

Zugspannung aus S_1: $$\sigma_1 = \frac{S_1}{b\,s} = \frac{m}{m-1}\,\frac{U}{b\,s} = m\,\sigma_2, \qquad (223/2)$$

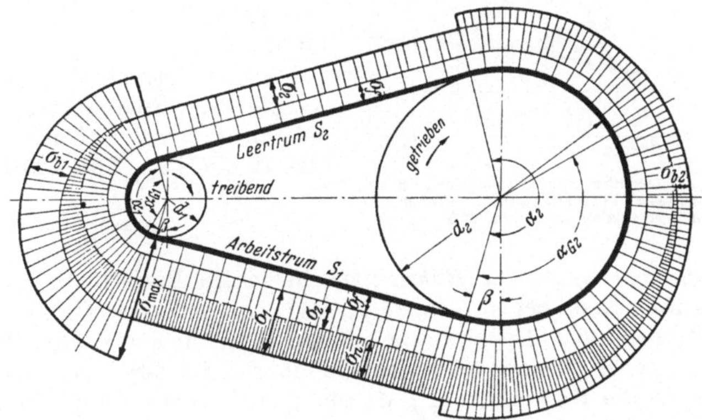

Bild 223/1. Riemenspannungen im offenen Trieb: σ_f Fliehkraftspannung; σ_2 Leertrumspannung; σ_1 Lasttrumspannung $= \sigma_2 + \sigma_n$; σ_n Nutzspannung $= \sigma_U$; σ_{b1}, σ_{b2} Biegespannung am Rad *1* bzw. Rad *2*; α_G Gleitwinkel (Bereich der Spannungsänderung unter Dehnschlupf)

Zugspannung aus S_2:

$$\sigma_2 = \frac{S_2}{b\,s} = \frac{\sigma_1}{m};$$

Zugspannung aus U (Nutzspannung):

$$\sigma_U = \frac{U}{b\,s}; \qquad (223/3)$$

Zugspannung aus U_F:

$$\sigma_F = \frac{U_F}{b\,s} = \frac{\gamma\,v^2}{9810};^{1} \qquad (223/4)$$

Biegespannung: $$\sigma_b = E_b\,\frac{s}{d_1}; \qquad (223/5)$$

Schränkspannung[2] (Bild 223/2): (223/6)

für offene Riemen $\sigma_S = 0$

für gekreuzte Riemen

$$\sigma_S = E\left(\frac{b}{a}\right)^2$$

für halbgekreuzte Riemen

$$\sigma_S \approx E\,\frac{b\,d_2}{2\,a^2}$$

mit $a > 2\,d_2$.

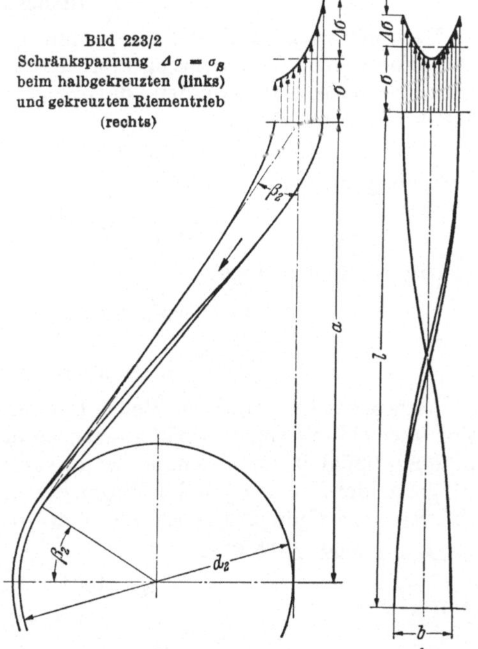

Bild 223/2 Schränkspannung $\Delta\sigma = \sigma_S$ beim halbgekreuzten (links) und gekreuzten Riementrieb (rechts)

[1] Für Lederriemen und ähnliche ist σ_F nur für $v > 15$ m/s von Bedeutung.

[2] σ_S berechnet aus der zusätzlichen Dehnung der Randfaser (nach W. Richter, FZG).

27.5. Dehnschlupf und Gleitschlupf

Beim Durchlaufen des Umschlingungswinkels α_1 bzw. α_2 (Bild 223/1) ändert sich im aufliegenden Riemenstück die Riemenspannung um den Betrag $\sigma_U = \sigma_1 - \sigma_2$. Die σ_U entsprechende elastische Dehnungsänderung $\Delta\,\varepsilon = \sigma_U/E$ bewirkt als örtliche Längenänderung des Riemenstücks eine zwangläufige kleine Kriechbewegung des Riemens auf der Scheibe. Der entsprechende Schlupf, genannt *Dehnschlupf*, ist somit proportional $\Delta\,\varepsilon$, er wächst also mit U (Bild 224).

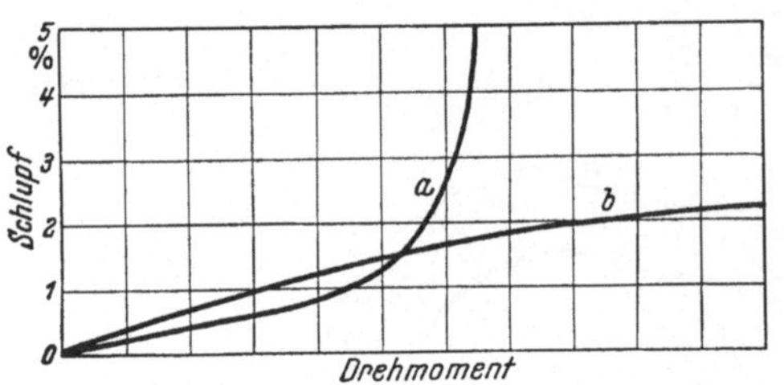

Bild 224. Schlupf in Abhängigkeit vom Drehmoment: *a* für Riementrieb mit konstanter Vorspannkraft; *b* für selbstspannenden Riementrieb (nach [240/49])

Genau betrachtet, erstreckt sich der Vorgang der Spannungsänderung und somit der Dehnschlupf nur auf den Bereich des Winkels α_G (Bild 223/1), wobei

$$m = \frac{S_1}{S_2} = e^{\mu\,\alpha_G}$$

ist. Die Differenz $\alpha - \alpha_G$ ist der ***Ruhewinkel***, in dessen Bereich die Riemenspannung unverändert bleibt. Erst bei $\alpha - \alpha_G = 0$, also bei größerer Umfangskraft U mit $m = S_1/S_2 = e^{\mu\alpha}$, geht der Dehnschlupf in den eigentlichen Gleitschlupf mit voller Gleitbewegung zwischen Riemen und Scheibe über (Bild 224). Der Übergang erfolgt aber allmählich, da die Reibungszahl μ durchweg mit dem Schlupf zunächst ansteigt.

27.6. Bauarten der Flachriementriebe

1. Offener Riementrieb

Verwendet bei parallelen Wellen mit gleicher Drehrichtung nach Bild 219a und d. Die erforderliche Vorspannung kann hierbei nach Abschn. 27.7 und Bild 220/1 auf verschiedene Weise erzielt werden. Bevorzugt wird eine waagerechte Lage des Achsabstands a mit Lasttrum unten.

Maße für Riementrieb nach Bild 219a:

Umschlingungswinkel $\alpha_1 = 180° - 2\,\beta;\quad \alpha_2 = 180° + 2\,\beta;$ (224/1)

$$\sin\beta = 0{,}5\,\frac{(d_2 - d_1)}{a}; \tag{224/2}$$

gespannte Riemenlänge

$$L = 2\,a\cos\beta + 0{,}5\,\pi\,(d_1 + d_2 + 2\,s) + \frac{\pi\,\beta}{180}\,(d_2 - d_1)\,. \tag{224/3}$$

2. Gekreuzter Riementrieb

Verwendet bei parallelen Wellen mit entgegengesetzter Drehrichtung nach Bild 219c. Zur Vermeidung von Beschädigungen an der Kreuzungsstelle ist eine glatte Riemenverbindung (möglichst endlos ohne Schloß) anzuwenden und mit Vorteil auch ein trennender Finger an der Kreuzungsstelle. Wegen der zusätzlichen Schränkspannung in der Randfaser des Riemens (Bild 223/2) ist $a/b > 20$ vorzusehen.

Maße nach Bild 219c:

$$\alpha_1 = \alpha_2 = 180° + 2\,\beta\,, \tag{224/4}$$

$$\sin\beta = 0{,}5\,\frac{(d_1 + d_2 + 2\,s)}{a}\,, \tag{224/5}$$

$$L = 2\,a\cos\beta + 0{,}5\,\pi\,\frac{\alpha}{180}\,(d_1 + d_2 + 2\,s)\,. \tag{224/6}$$

3. Halbkreuz- und Winkeltrieb

Verwendet für Wellen in Kreuz- oder Winkellage nach Bild 219b und e. Die Scheiben sind auf den Wellen so anzuordnen, daß der Riemen jeder Scheibe in der betreffenden Scheibenebene zuläuft, da sonst der Riemen von der Scheibe abspringt; der *ablaufende* Trum darf im Winkel (bis 25°) zur Scheibenebene liegen. Wegen der zusätzlichen Schränkspannung (Bild 223/2) ist $a > 2d_2$ und $a^2 > 200 b\, d_2$ vorzusehen. Außerdem sind die Maße e_1 und e_2 nach Bild 219b einzuhalten.

4. Schaltbare Riemen

Zum Ein- und Ausschalten der getriebenen Welle bei *durchlaufendem* Antrieb benutzt man die Anordnung nach Bild 225/1 mit Treib- und Leerlaufscheibe auf der *getriebenen* Welle und eine Treibscheibe von doppelter Breite auf der *treibenden* Welle.

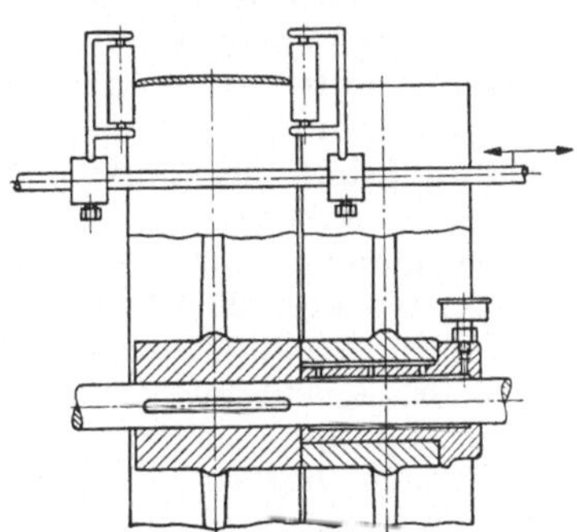

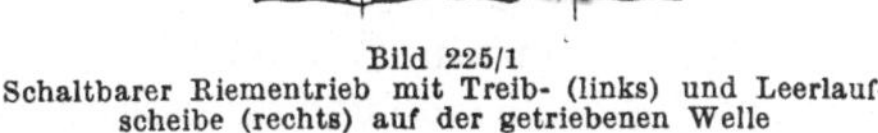

Bild 225/1
Schaltbarer Riementrieb mit Treib- (links) und Leerlaufscheibe (rechts) auf der getriebenen Welle

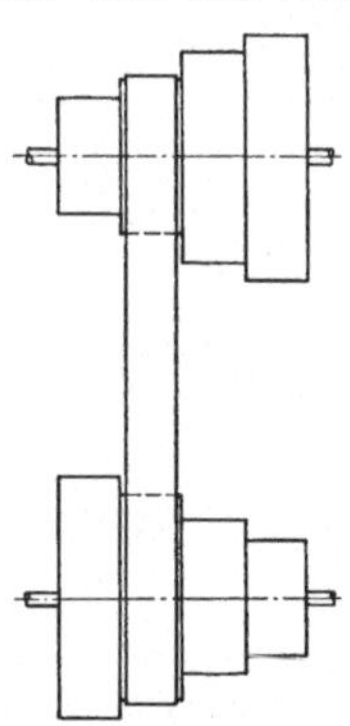

Bild 225/2. Riementrieb mit stufenweise veränderlicher Übersetzung. Die Scheibendurchmesser sind so zu wählen, daß die erforderliche Riemenlänge für alle Stufen gleich ist

Die Ausrückgabel mit leicht laufenden Rollen als Gabelfingern verschiebt den *laufenden* Riemen am Leertrum von links nach rechts (Ausschalten!) bzw. von rechts nach links (Einschalten!).

Zur *stufenweisen* Änderung der Übersetzung dient die Anordnung mit Stufenscheiben nach Bild 225/2. Der Wechsel der Übersetzung erfolgt bei stillstehendem Antrieb durch seitliches Verschieben des Riemens von Hand bei gleichzeitigem Drehen der einen Stufenscheibe.

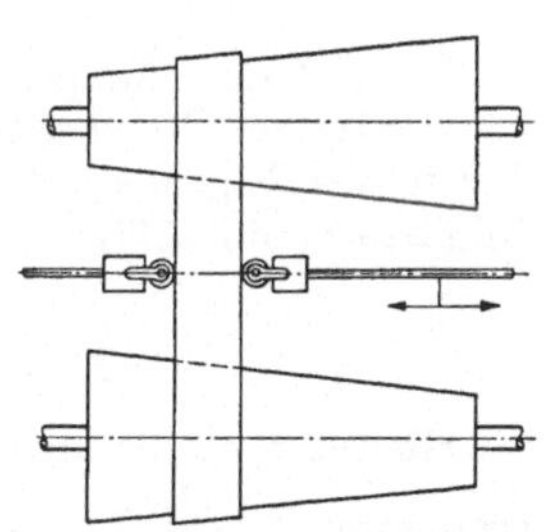

Bild 225/3. Riementrieb mit stufenlos änderbarer Übersetzung durch Verschieben des Riemens auf den laufenden Kegelscheiben

Als einfaches *Regelgetriebe* mit stufenlos veränderlicher Übersetzung ist die Anordnung mit langen Kegelscheiben nach Bild 225/3 geeignet. Die Übersetzung, d. h. die Stellung des Riemens wird durch Verschieben des laufenden Riemens am Leertrum mit der Gabel eingestellt. Bei Wellen mit festem Abstand muß die eine Kegelscheibe etwas abweichend von der Kegelform entsprechend der Gl. (224/3) für konstante Größe von L und a in der Abnahme des Durchmessers längs der Scheibe gestaltet werden.

5. Gestaltung der Scheiben

Kleinere Scheiben werden aus dem Vollen gedreht oder gegossen, aus Grauguß, Leichtmetall, Preßstoff oder Holz.

Größere Scheiben werden, geteilt oder ungeteilt, mit Armen gegossen (Bild 226/1) oder aus Blech geschweißt (oder gepreßt) und außen glatt abgedreht. Je glatter die Scheiben, desto höher die Reibungszahl und desto kleiner der Verschleiß des Riemens durch Dehnschlupf.

Relativmaße der Scheiben:

Kranzdicke an den Außenseiten etwa $d/300 + 2$ mm bis $d/200 + 3$ mm. Anzahl der Arme $z \approx 1{,}7\sqrt{d/100} \geqq 4$, bei ungeteilten Scheiben wird z meist ungerade gewählt. Querschnitt der Arme elliptisch mit Achsenverhältnis 1 : 2 bis 1 : 2,5, wobei die kleine Achse in Richtung der Welle liegt. Verjüngung der Armquerschnitte von Nabe zum Kranz etwa im Verhältnis 5 : 4.

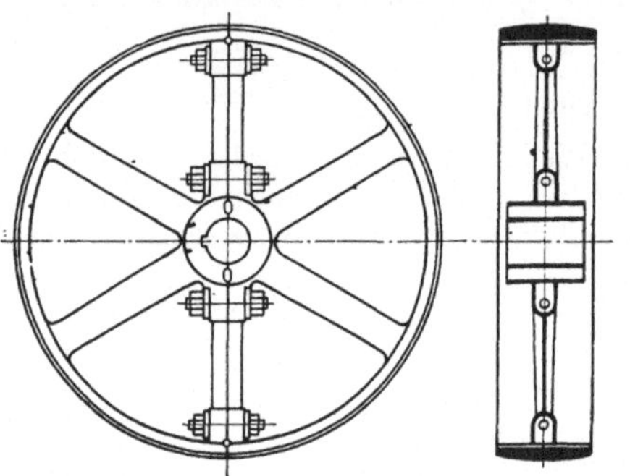

Bild 226/1. Gegossene zweiteilige Riemenscheibe: in einem Stück gegossen; in zwei Teile gebrochen und ohne Bearbeitung der Bruchflächen wieder zusammengeschraubt

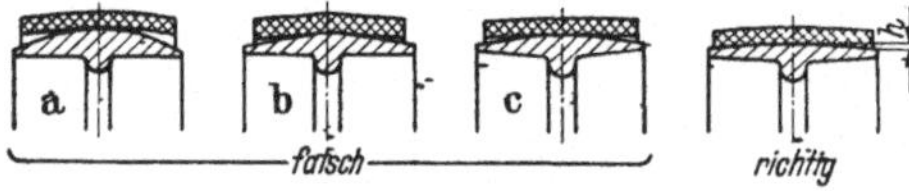

Bild 226/2
Ausbildung der Scheibenwölbung (nach AWF 21—1). Die Ausführung nach a bis c ist ungünstig, da hierbei die Riemenbeanspruchung unnötig groß wird. Bei der richtigen Wölbung mit Kreisbogenprofil (Bild rechts) beträgt die Pfeilhöhe $h = 0{,}5\,(d_{\text{Mitte}} - d_{\text{Rand}}) = b_s/100$

Zur Frage der Scheibenwölbung (Bombierung):

Durch die Scheibenwölbung (Bild 226/2) wird die Riemenspannung in der Scheibenmitte erhöht und hierdurch die Riemenmitte nach dort gezogen. Für diese Richtwirkung genügt durchweg die Wölbung *einer* Scheibe des Riementriebes, wobei der Anstieg der Spannung am kleinsten ist, wenn die *größere* Scheibe gewölbt wird. Aus wirtschaftlichen Gründen wird jedoch bei Umschlingungswinkeln $\alpha_1 > 90°$ statt dessen meist die kleinere Scheibe gewölbt. Erst bei Umfangsgeschwindigkeiten über 20 m/s erhöht man die Richtwirkung durch Wölbung auch der zweiten Scheibe. Ausführung der Scheibenwölbung s. Bild 226/2.

Ohne Wölbung bleiben Scheiben, auf denen Riemen verschoben werden, ferner Scheiben mit mehreren Riemen, Scheiben für halbgekreuzte Riemen und die getriebene Scheibe bei gekreuzten Riemen.

27.7. Erzeugung der Vorspannung

Die Art der Vorspannung beeinflußt erheblich die Gestaltung und die Kosten des Riementriebes. Nur bei sehr großem waagerechten Achsabstand genügt die Vorspannung durch das Eigengewicht des Leertrums. Die weiteren Arten der Vorspannung zeigt Bild 220/1 und 220/2, und die hierbei auftretenden Kräfte Bild 227.

1. Bei festem Achsabstand durch Riemenkürzung

Hierbei muß die ungespannte Riemenlänge $L_0 = L - \Delta L$ um ΔL kleiner sein, als die gespannte Riemenlänge L. Die hierdurch erzeugte Riemenvorspannung ist $\sigma_v = \frac{\Delta L}{L_0} E$ und die entsprechende Vorspannkraft (Trumkraft im Stillstand) $S_v = \sigma_v\, b\, s$. Nach Bild 227 ist mit Berücksichtigung der Fliehkraft U_F für die Übertragung von U erforderlich

$$S_v = U_F + S_2 + 0{,}5\,U = U_F + 0{,}5\,U\,\frac{m+1}{m-1} \qquad (226/1)$$

oder die entsprechende Vorspannung

$$\boxed{\sigma_v = \frac{S_v}{b \cdot s} = \sigma_F + 0{,}5\,\sigma_U\,\frac{m+1}{m-1} = \frac{\Delta L}{L_0} E} \qquad (226/2)$$

Mit Einführung der prozentualen Dehnung ε ergibt sich aus Gl. (226/2)

$$\varepsilon = \frac{100\,\Delta L}{L_0} = \frac{100\,\sigma_v}{E} = \frac{100\,\sigma_F}{E} + \frac{100\,\sigma_U}{E}\,\frac{m+1}{m-1} \quad [\%] \tag{227/1}$$

und somit

$$\Delta L = \frac{\varepsilon L_0}{100} = \frac{\varepsilon L}{100+\varepsilon} \tag{227/2}$$

Für $m = m_{max} = e^{\mu\alpha}$ wird das erforderliche ε und somit auch ΔL am kleinsten.

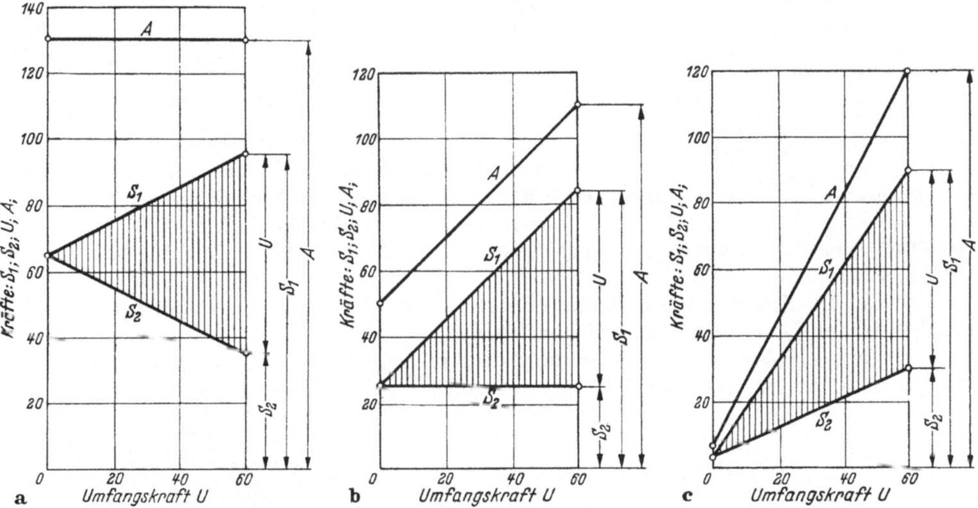

Bild 227. Kräfte S_1, S_2, U und A am Riementrieb in Abhängigkeit von der Umfangskraft U
a für Riementrieb mit konstanter Vorspannkraft nach Bild 220/1 a; b mit Spannrolle nach Bild 220/1 b; c mit Selbstspannung nach Bild 220/1 c und Bild 220/2. Die Achskraft A gilt für $\alpha_1 = 180°$

Falls der Riemen vor dem Auflegen nicht vorgestreckt ist, wählt man zum Ausgleich der erst beim Lauf eintretenden bleibenden Dehnung ΔL größer, z. B. $\Delta L \approx 2\,\Delta L_{min}$. Hierfür beträgt etwa

$\varepsilon \approx 0{,}75\%$ für Leder- und Geweberiemen,

$\varepsilon \approx 3\ \ \%$ für Extremultus-Riemen.

Bei gegebenem ε, σ_F und σ_U erhält man aus Gl. (227/1) das Verhältnis m und daraus die Werte $(\sigma_1 + \sigma_F)_{max}$ und A_{max}, die zu Beginn des Einlaufs maximal auftreten:

$$(\sigma_1 + \sigma_F)_{max} = \frac{\varepsilon E}{100} + 0{,}5\,\sigma_U \tag{227/3}$$

$$A_{max} \approx \frac{\varepsilon E}{100}\,2\,b\,s\cos\beta \tag{227/4}$$

2. Bei festem Achsabstand durch Spannrolle im Leertrum

Diese Anordnung (Bild 220/1b) ist besonders bei großen Riementrieben in Gebrauch. Der größere Umschlingungswinkel α_1 erhöht außerdem den Durchzugsgrad U/A und die übertragbare Umfangskraft. Die erforderliche Anpreßkraft R der Spannrolle (Gewicht oder Federkraft) ergibt sich aus dem Kräfteplan im Bild 219d für die gewünschte Trumkraft S_2.

3. Durch Vergrößerung des Achsabstandes

Meistens wird hierzu der Antriebsmotor nach Bild 220/1 a auf Spannschienen gestellt und nach Auflegen des Riemens mit Spannschrauben um den Spannweg Sp verschoben: Nach Bild 228/1 ist

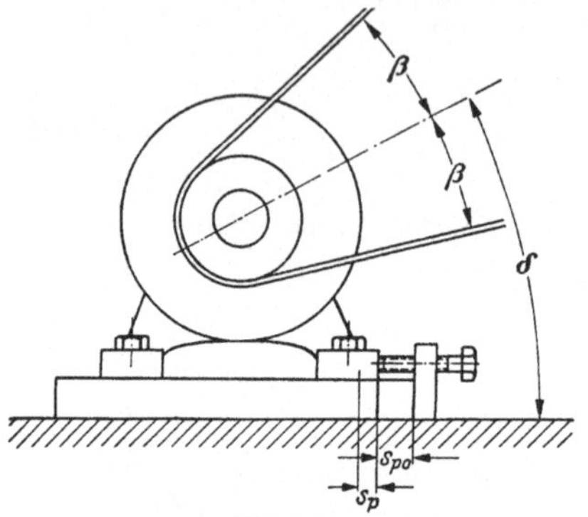

Bild 228/1
Zur Berechnung des Spannweges Sp nach Gl. (228)

$$Sp = \frac{\Delta L}{2{,}5 \cos \delta \cos \beta} \qquad (228)$$

mit ΔL nach Gl. (227/2).

Man kann statt dessen auch den Motor um einen Drehpunkt außerhalb der Achse der Motorwelle schwenkbar anordnen und mit Schrauben oder Federkraft entgegen dem Riemenzug spannen.

4. Durch Selbstspannung[1]

Wirkungsweise: Die Achskraft A und somit auch die Trumkraft S_2 werden durch Reaktionskräfte des Antriebs im Verhältnis zur Umfangskraft gehalten, so daß $m = S_1/S_2$ und somit die Sicherheit gegen Durchrutschen bei jeder Umfangskraft fast gleichbleibt. Siehe Bild 228/2 u. 227.

Vorteile: Die Selbstspannung bietet eine Reihe von Vorteilen, die die Mehrkosten für die Selbstspann-Einrichtung überwiegen können:

1. größere zulässige Umfangskraft und kleinere Lagerbelastung, da keine zusätzliche Vorspannung für die zunehmende Riemendehnung erforderlich ist;

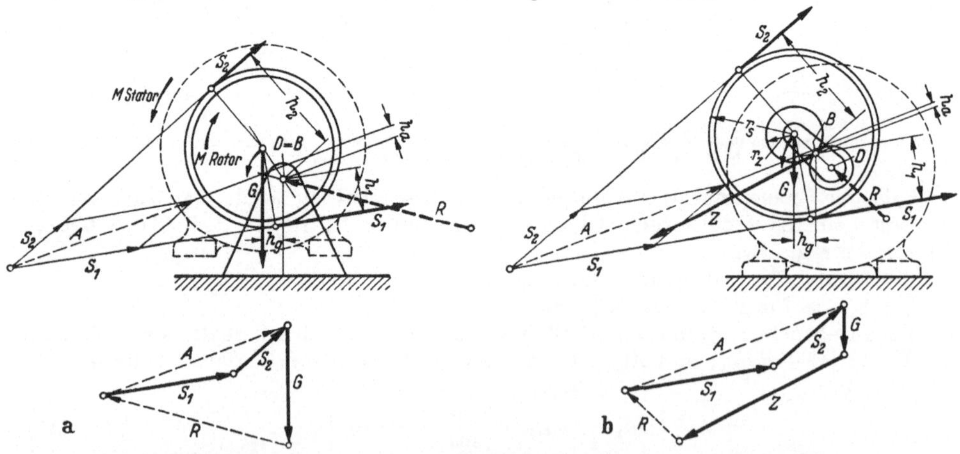

Bild 228/2. Kräfte und Momente bei Riementrieben mit Selbstspannung in Ausführung: a mit Wippe (POESCHL, Bild 220/1 c) oder Schwenkständer (SESPA, Bild 220/2 a); b mit Schwenkscheibe (SESPA, Bild 220/2 b). Um den festen Drehpunkt D schwenkt bei a Riemenscheibe und Motor; bei b Riemenscheibe mit Zahnrad. Für diesen schwenkbaren Teil gilt: 1. Summe der Momente um B ist Null: $S_2 h_2 - S_1 h_1 - G h_g = A h_a - G h_g = 0$. 2. Summe der Kräfte Null: $\bar{S}_1 + \bar{S}_2 + \bar{G} + \bar{R} + \bar{Z} = \bar{A} + \bar{G} + \bar{R} + \bar{Z} = 0$, mit Zahnkraft $Z = 0$ für Ausführung a und Reaktionskraft R am Drehpunkt D. 3. Trumkraftverhältnis: $m = S_1/S_2 = (U h_2 + G h_g)/(U h_1 + G h_g)$; für $G h_g = 0$ wird $m = h_2/h_1$ und $h_a = 0$, d. h. A geht durch den Bezugspunkt B. Für b gilt außerdem: $Z \cos \alpha\, r_z = U r_s$, wobei α der Eingriffswinkel der Zahnräder ist.

2. es können ohne Rutschgefahr kleine Umschlingungswinkel α_1 und somit sehr große Übersetzungen bei kleinstem Achsabstand verwirklicht werden;

3. entsprechend 2. können kleinere Motoren mit höherer Drehzahl bei gleicher Leistung und gleicher Abtriebsdrehzahl benutzt werden;

[1] Einige Patentschriften hierzu s. [239/*28*].

4. größerer Wirkungsgrad bei Teillast;

5. leichtes Auflegen des ungespannten Riemens, weniger Wartung (kein Nachspannen!) und größere Betriebssicherheit.

Ausführung: Die Selbstspannung läßt sich verwirklichen:

1. durch schwenkbare exzentrische Lagerung des ganzen Antriebsmotors mit Scheibe (Bild 220/1 c u. 220/2 a), wobei das Reaktions-Drehmoment des Motorgehäuses (M_{stator} in Bild 228/2 a) den Riemen spannt;

2. bei festem Motor, indem die Riemscheibe in einen Schwenkarm gelagert und z. B. über Zahnräder angetrieben wird, wobei der Rückdruck der Zahnräder den Riemen spannt (Bild 220/2 b).

3. Der Bezugspunkt B (Bild 228/2) ist so zu legen, daß die Resultierende aus den Trumkräften S_1, S_2 (und Eigengewicht G des Schwenkteiles) durch B geht. Hierbei ist das Verhältnis $m = S_1/S_2$ etwas kleiner als $e^{\mu\alpha}$ entsprechend der gewünschten Rutschsicherheit zu wählen. Der Einfluß des Schwenkgewichtes G kann durch Gegengewicht oder Federkraft ganz oder teilweise ausgeschaltet werden.

27.8. Riemenwahl und Riemenverbindung

In Taf. 236/1 sind die Kennwerte und Grenzwerte für bekannte Riemensorten zusammengestellt. Außerdem sind die Angaben der Hersteller zu beachten.

1. Lederriemen[1]

HG-Riemen (= hochgeschmeidig, mit Fettgehalt bis 7%): universal verwendbar, besonders für hohe Beanspruchung, Geschwindigkeit und Biegehäufigkeit und auch bei kleinem d_1/s, z. B. für Kurzantriebe, für Spannrollen-, Leitrollen- und Halbkreuztriebe,

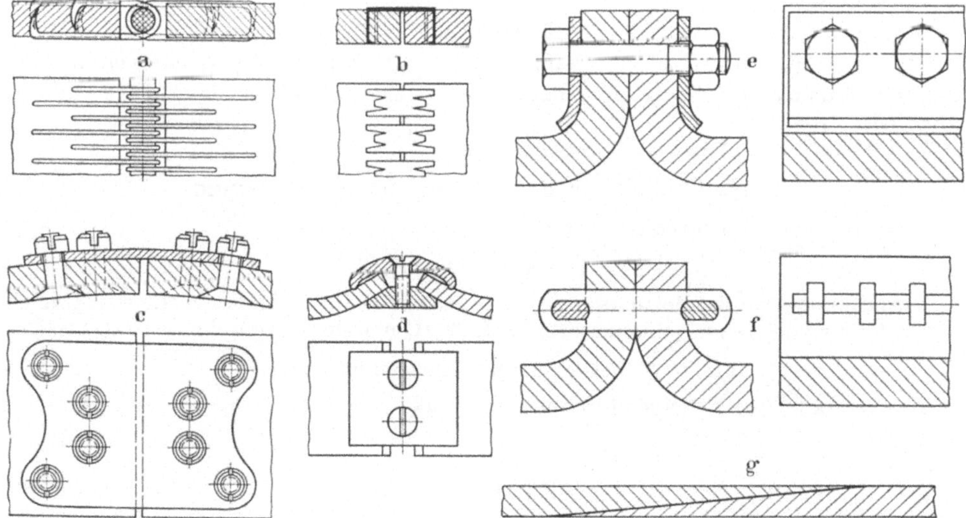

Bild 229. Riemenverbindungen für Flachriemen: a mit Adlerhaken; b mit Zick-Zack-Verbinder; c mit Göha-Plattenverbinder; d mit Piep-; e mit Schienen-; f mit Stabverbinder; g geleimter Riemen

[1] Auswahl und Bezeichnung der Lederriemen nach Angaben der Interessengemeinschaft für Ledertreibriemen [240/*49*]:

a) nach Fettgehalt (HG, G oder F); b) nach Gerbung, z. B. lohgar (L) für alle Normalfälle, chromgar (C) für größere Feuchtigkeit oder Raumtemperatur über 60% oder alkalische Dämpfe; c) nach der Streckart, z. B. trockengestreckt (T) oder naßgestreckt (N) zur Verringerung der plastischen Dehnung im Betrieb. Beispiel für Bezeichnung: „HGLN“ = hochgeschmeidig, lohgar gegerbt, naßgestreckt.

G-Riemen (= geschmeidig, mit Fettgehalt bis 14%): Verwendet für Normalantriebe mittleres v und mittleres d_1/s), auch für gekreuzte Triebe und Kegelrollen.

F-Riemen (= fest, mit Fettgehalt bis 25%): verwendet bei kleinerem v und größerem d_1/s, besonders bei Betrieb mit Stufenscheiben oder Ausrückern, ferner bei rauhem oder staubigem Betrieb und im Freien.

2. Gummi- und Balata-Riemen

mit Einlage aus Baumwolle oder Seidenkord. Gummiriemen sind bis etwa 70° C verwendbar; Balata-Riemen (bis 45° C) sind auch für stärkere Stöße geeignet und Balata-Kord-Riemen mit ihrer hohen Festigkeit und geringen Dehnung für besonders hohe Beanspruchung.

3. Textilriemen

Verwendung je nach Baustoff, Webart und Imprägnierung, wobei die Angaben der Hersteller zu beachten sind. Der Dehnschlupf ist bei ihnen meist kleiner, als bei Lederriemen.

Die *endlos gewebten Hochleistungsriemen* eignen sich besonders für hohe Geschwindigkeit und Biegehäufigkeit bei kleinem d_1/s, z. B. für den Antrieb von hochtourigen Schleifspindeln.

4. Kunststoff-Verbundriemen

Besonders bewährt ist die Ausführung mit Polyamid-Zugschicht und Chromleder-Auflage.

Wegen ihrer sehr hohen Zugfestigkeit, verbunden mit guter Erholfähigkeit und hoher Reibungszahl, eignen sie sich besonders für Hochleistungsriementriebe, für Kurztriebe und für hohe Umfangsgeschwindigkeiten. Außerdem kommt man bei endloser Ausführung dieser Riemen meist ohne Nachstellung der Riemenlänge aus.

5. Stahlband

Nur für große Leistungen und große Achsabstände (7 bis 100 m) für $v = 20$ bis über 45 m/s verwendet; die Scheiben erhalten hierbei eine reiberhöhende Auflage (Papier, Kork oder Leder).

27.9. Praktische Bemessung der Flachriemen

Bezeichnungen und Dimensionen nach S. 221.

1. Voraussetzungen

Vorbekannt seien die Betriebsdaten N_1, n_1, n_2, die Betriebsumstände (Beiwert C nach Taf. 235), die vorgesehene Riemensorte (Taf. 236/1) und der gewünschte Achsabstand a.

2. Festlegung der Abmessungen

Der zweckmäßige Scheibendurchmesser d_1 läßt sich nach NIEMANN und RICHTER angenähert vorausbestimmen:

$$d_1 \approx y_1 \sqrt{\frac{d_1}{s}} \sqrt[3]{\frac{N\,C}{\sigma_{zul}\, n_1}}, \qquad (230/1)$$

wobei $y_1 = 80$ bis 100 (kleineres y_1 ergibt größere Scheibenbreite), $d_1/s = y_2 (d_1/s)_{min}$ mit y_2 möglichst $> 1{,}5$ bis 2, $(d_1/s)_{min}$ und σ_{zul} nach Taf. 236/1.

Der Scheibendurchmesser d_2 ergibt sich aus

$$d_2 = \frac{100 - \psi}{100}\, d_1\, i \approx 0{,}985\, d_1\, i\,. \qquad (230/2)$$

Abschließend wird d_2 und möglichst auch d_1 in genormter Größe nach Taf. 236/2 festgelegt.

Die Riemendicke wird

$$s \approx \frac{d_1}{d_1/s} \tag{231/1}$$

gewählt und den lieferbaren Maßen angepaßt.

Die erforderliche Riemenbreite b beträgt dann:

$$\boxed{b \geqq \frac{N\,C}{N_0}} \tag{231/2}$$

Hierin ist N_0 die übertragbare Leistung je mm Riemenbreite für $C = 1$. Sie kann für HG-Riemen bzw. Extremultus-Riemen aus Bild 233 bzw. 234 entnommen werden, und zwar für die vorgesehenen Werte von d_1 und s.

Für andere Riemen ist N_0 zu berechnen aus

$$\boxed{N_0 = (\sigma_{zul} - \sigma_F - \sigma_b - \sigma_S)\,\frac{v\,s\,k_{max}}{75}} \tag{231/3}$$

mit $k_{max} = \frac{e^{\mu\alpha} - 1}{e^{\mu\alpha}}$ für $\alpha_1 = 180°$ nach Bild 231, σ_{zul} und μ nach Taf. 236/1; σ_F, σ_b und σ_S nach Gl. (223/4 bis 223/6).

Die Scheibenbreite b_s wird nach Taf. 237/1 etwas größer als b genommen und möglichst in genormter Größe festgelegt.

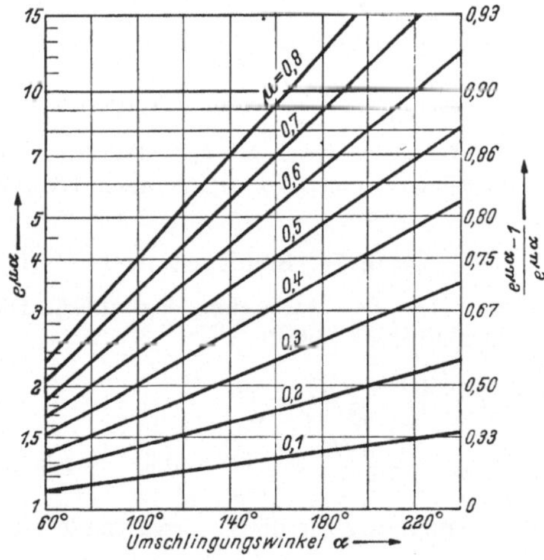

Bild 231. $m_{max} = e^{\mu\alpha}$ und $k_{max} = (e^{\mu\alpha} - 1)/e^{\mu\alpha}$ in Abhängigkeit von Umschlingungswinkel α und Reibungszahl μ

Die Berechnung der gespannten Riemenlänge L erfolgt nach Gl. (224/3) bzw. (224/6). Die erforderliche Riemenkürzung ΔL bzw. der Spannweg Sp ergeben sich aus Gl. (227/2) bzw. (228).

3. Nachprüfung der Beanspruchungen

Kontrolle der maximalen Spannung im Riemen $\sigma_{max} \leqq \sigma_{zul}$ nach Gl. (223/1) bis (223/6), der Biegehäufigkeit B nach Gl. (222/16), Berechnung der Achskraft A nach Gl. (222/14) bzw. (227/4); zulässige Werte s. Taf. 236/1.

27.10. Berechnungsbeispiele für Flachriemen

1. Beispiel 1

Riemenantrieb einer Fräsmaschine durch Elektromotor mit Spannschienen nach Bild 220/1a.

Gegeben: $N = 18$ PS, $n_1 = 1500$, $n_2 = 850$, $i = n_1/n_2 = 1{,}76$,

$a = 600$ mm, Laufzeit etwa 8 Std./Tag.

Gewählt: Offener Trieb mit HG-Lederriemen und Motor auf Spannschienen. Hierfür ist nach Taf. 236/1 $\sigma_{zul} = 0{,}44$, $B_{max} = 25$ und $(d_1/s)_{min} = 20$; ferner nach Taf. 235 $C = C_1\,C_2\,C_3\,C_4\,C_5 = 1{,}25 \cdot 1 \cdot 1{,}19 \cdot 1{,}035 \cdot 1 = 1{,}54$, wobei geschätzt wurde: $B = 15$, $\alpha_1 = 165°$.

Festlegung von d_1, d_2, s, b und b_s: Nach Gl. (230/1) ist $d_1 \approx 198$ mit Einsatz von $y_1 = 90$ und $d_1/s = 40$; gewählt $d_1 = \underline{200\text{ mm}}$ nach Taf. 236/2.

Nach Gl. (230/2) ist $d_2 \approx 348$; gewählt $d_2 = \underline{355}$ nach Taf. 236/2; nach Gl. (231/1) ist $s = 5$ mm. Nach Bild 233 ist hierfür $s_f = 3{,}75$ und $N_0 \approx 0{,}22$ PS/mm und somit nach Gl. (231/2) $b \approx 130$; hierzu gewählt $b_s = \underline{160}$ nach Taf. 237/1.

Festlegung von L, ΔL und Sp:

Nach Gl. (224/2) ist $\sin\beta = 0{,}1293$, $\beta = 7{,}4°$, $\cos\beta = 0{,}9915$, somit $\alpha_1 = 180° - 2\beta = 165°$.

Nach Gl. (224/3) ist $L = \underline{2098\text{ mm}}$. Nach Gl. (222/1) ist $v_1 = 15{,}7$.

Nach Gl. (227/2) ist $\Delta L = 0{,}75\,L/100{,}75 = \underline{15{,}6}$ und somit $L_0 = L - \Delta L = \underline{2082}$.

Nach Gl. (228) ist $Sp = \frac{15{,}6}{2{,}5 \cdot 1 \cdot 0{,}991} = \underline{6{,}3}$, wenn $\cos\delta \approx 1$ ist.

Nachprüfung von σ_{max}, B und A: Nach Gl. (227/3) ist $(\sigma_1 + \sigma_F)_{max} = 0{,}75 \cdot 45/100 + 0{,}5 \cdot 0{,}166 = 0{,}421$ mit Einsatz von $\sigma_U = 0{,}166$ nach Gl. (223/3) und $E = 45$ nach Taf. 236/1.

Nach Gl. (223/5) ist $\sigma_b = \frac{3 \cdot 5}{200} = 0{,}075$. Somit ist nach Gl. (223/1) $\sigma_{max} = \underline{0{,}496}$ vor dem Einlaufen, gegenüber $\sigma_{zul} = 0{,}44$ nach dem Einlaufen. Die Überschreitung wird zugelassen, da σ_{max} mit dem Einlauf abfällt.

Nach Gl. (222/16) ist $B = \frac{10^3 \cdot 2 \cdot 15{,}7}{2098} = \underline{15}$.

Nach Gl. (227/4) ist $A_{max} = \frac{0{,}75 \cdot 45}{100}\, 2 \cdot 130 \cdot 5 \cdot 0{,}991 = 435$ kg.

Ohne die zusätzliche Vorspannung für die zu erwartende bleibende Riemendehnung könnte $m = e^{\mu\alpha} = 3{,}7$ für die Kraftübertragung ausgenutzt werden (bei $\mu = 0{,}457$); entsprechend würde $\varepsilon = 0{,}37$ nach Gl. (227/1) genügen und $A_{max} = 215$ kg (statt 435).

2. Beispiel 2

Riementrieb nach Beispiel 1, aber mit Extremultus-Riemen.

Berechnet: Nach Bild 234 ist für Riemen 2A für $d_1 = 200$ und $n_1 = 1500$ der Wert $N_0 = 0{,}255$. Nach Gl. (231/2) ist hierfür $b = \frac{18 \cdot 1{,}54}{0{,}255} \approx \underline{110\text{ mm.}}$

Die Vorspannung wird nach Gl. (227/2) durch einmaliges Kürzen des Riemens um $\Delta L = 3\,L/103 = 61$ mm erzeugt.

Nachprüfung von σ_{max} und A: Nach Gl. (227/3) ist $(\sigma_1 + \sigma_F)_{max} = 3 \cdot 55/100 + 0{,}5 \cdot 0{,}977 = 2{,}14$ mit Einsatz von $\sigma_U = 0{,}977$ und $E = 55$. Nach Gl. (223/5) ist $\sigma_b = 0{,}275$; somit $\sigma_{max} = \underline{2{,}42}$ vor dem Einlaufen, gegenüber $\sigma_{zul} = 2{,}0$ nach dem Einlaufen.

Nach Gl. (227/4) ist $A_{max} = \frac{3 \cdot 55}{100}\, 2 \cdot 110 \cdot 1 \cdot 0{,}991 = \underline{360\ \text{kg}}$.

3. Beispiel 3

Riementrieb nach Beispiel 2, aber mit Selbstspannung nach Bild 220/2. Hierfür ist $C_5 = 0{,}8$ statt 1,0, somit $C = 1{,}23$ statt 1,54 und entsprechend $b = \underline{87\ \text{mm}}$, statt 110.

Nachprüfung von σ_{max} und A: Hierfür ist $m = e^{\mu\alpha} = 3{,}7$ bei $\mu = 0{,}457$. Nach Gl. (223/2) ist $\sigma_1 = 1{,}68$; $\sigma_F + \sigma_b = 0{,}338$, wie im Beispiel 2, somit $\sigma_{max} = \underline{2{,}02}$ gegenüber $\sigma_{zul} = 2{,}0$. Nach Gl. (222/14) ist $A \leqq \underline{186\ \text{kg}}$.

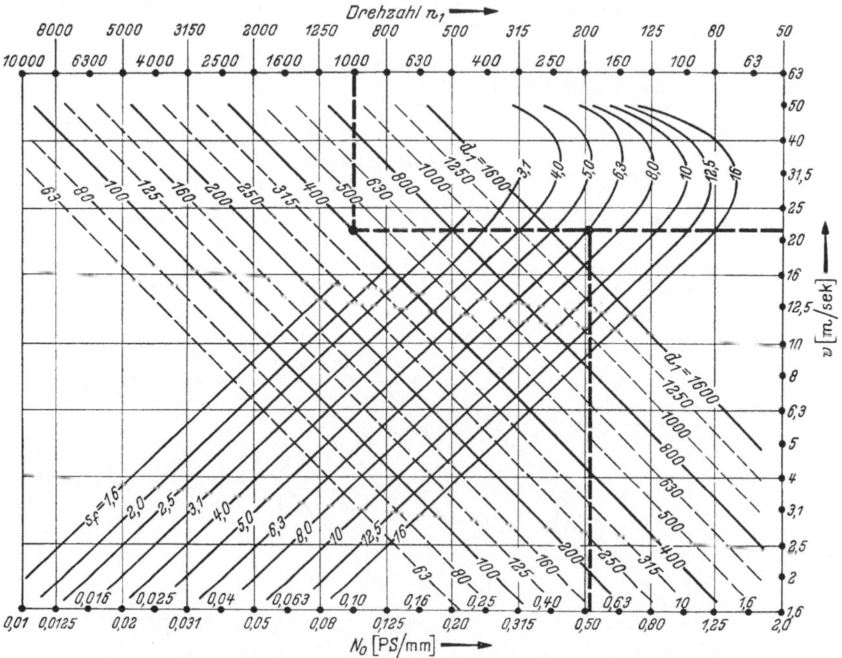

Bild 233. Leistungsdiagramm für HG-Lederriemen für $C = 1$ (nach NIEMANN)[1]

Beachte: $s_f = s\,(1 - 10\, s/d_1)$

Für s . . . . =	3	4	5	6	7	8	10	12	14	16	18	20 mm
ist d_{min} . . . . =	60	80	100	120	150	200	300	400	600	800	900	1000 mm
für $d_1 = d_{min}$ ist s_f . =	1,50	2,00	2,50	3,00	3,73	4,80	6,67	8,40	10,7	12,8	14,4	16,0 mm
für $d_1 = 2\,d_{min}$ ist s_f . =	2,25	3,00	3,75	4,50	5,37	6,40	8,33	10,2	12,4	14,4	16,2	18,0 mm

Beispiel: Für $n_1 = 1000$, $d_1 = 400$ ist $v = 21$ und für $s = 8$ ist $s_f = 6{,}4$ und $N_0 = 0{,}53$

[1] Die Diagramme sollen zeigen, wie man für definierte Bedingungen (definierte Riemen und Betriebsverhältnisse) die 5 Größen n_1, v, d_1, s und N_0 in ihrem Zusammenhang unmittelbar in einem Diagramm für die praktische Berechnung der Riementriebe darstellen kann. Aufgestellt wurde Bild 233 nach den Belastungsangaben der Interessengemeinschaft für Ledertreibriemen Düsseldorf [240/*49*] und Bild 234 nach den Angaben der Fa. Siegling, Hannover.

4. Beispiel 4

Riementrieb nach Beispiel 2, aber mit Spannrolle nach Bild 220/1 b. Hierfür ist $C_5 = 0{,}8$ statt 1,0 und $C_4 = 0{,}96$ für $\alpha_1 = 200°$ statt 1,035, somit $C = 1{,}14$ statt 1,54 und entsprechend $b = \underline{81\text{ mm}}$, statt 110.

Nachprüfung von $\sigma_{\max}$, A und B: Hierfür ist $m = e^{\mu\alpha} = 4{,}9$ bei $\mu = 0{,}457$ und $\alpha_1 = 200°$. Nach Gl. (223/2) ist $\sigma_1 = 1{,}66$; $\sigma_F + \sigma_b = 0{,}338$, somit $\sigma_{\max} = \underline{2{,}00}$ gegenüber $\sigma_{zul} = 2{,}0$.

Nach Gl. (222/14) ist $A \leqq \underline{162\text{ kg}}$. Nach Gl. (222/16) ist $B = \dfrac{10^3 \cdot 3 \cdot 15{,}7}{2103} = \underline{22{,}4}$.

5. Vergleich der Ergebnisse aus Beispiel 1—4

Beispiel	mit Spannung durch	b mm	s mm	U kg	A kg	B	$\sigma_{\max}/\sigma_{zul}$
1. HG-Lederriemen	Spannschienen	130	5	107	435	15	1,13
2. Extremultus 2*A*	Riemenkürzung	110	1	107	360	15	1,21
2. Extremultus 2*A*	Selbstspannung	87	1	107	186	15	1,01
3. Extremultus 2*A*	Spannrolle	81	1	107	162	22,4	1,0

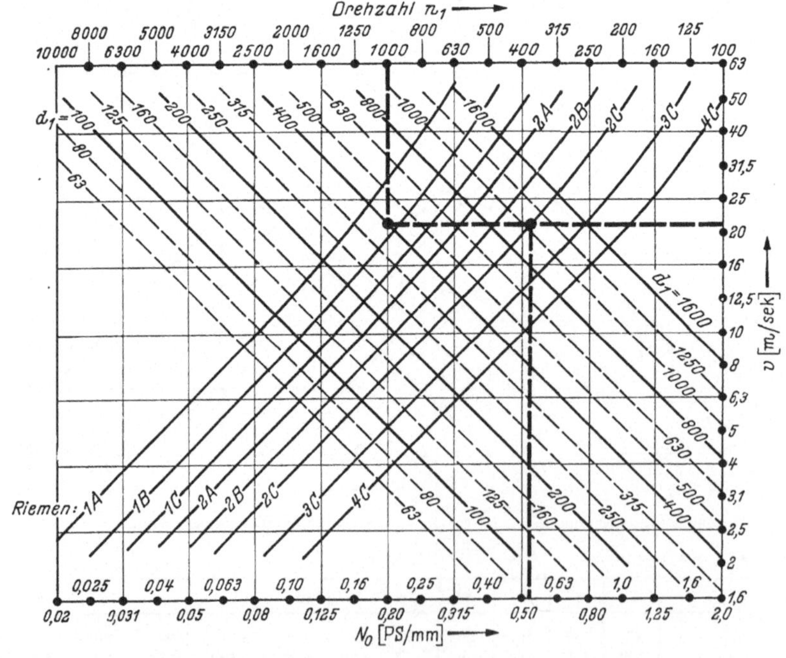

Bild 234. Leistungsdiagramm für Extremultus-Riemen für $C = 1$ (nach NIEMANN)[1]

Beachte:

Für Riemen . . . . =	1*A*	1*B*	1*C*	2*A*	2*B*	2*C*	3*C*	4*C*
ist $d_{\min}$ . . . . =	70	90	120	150	190	250	350	500 mm
$b_{\max}$ . . . . =	250	250	250	250	500	750	750	700 mm

Beispiel: Für $n_1 = 1000$, $d_1 = 400$ ist $v = 21$ und für Riemen 2*C* ist $N_0 = 0{,}53$

[1] Fußnote siehe S. 233.

27.11. Tafeln zur Berechnung der Riementriebe

Tafel 235[1]: *Beiwert* $C = C_1 C_2 C_3 C_4 C_5$ *für Flachriemen*
Beiwert $C = C_1 C_2 C_3 C_4 C_5 C_6 C_7$ *für Keilriemen*

Beiwert C_1 für Ungleichförmigkeit der Arbeitsmaschine (Stoßfaktor)	
Stoßfrei laufende Maschinen bei genau bekannter Leistung	1,0 ... 1,1
Kreiselpumpen, Gebläse, Zentrifugen	1,1 ... 1,2
Schleif-, Fräs- und kleine Drehmaschinen, Transportbänder, Seilbahnen	1,2 ... 1,25
Bohrmaschinen, Getreidemühlen, Drehmaschinen, Kühl- und Fleischereimaschinen	1,25 ... 1,35
Gruppenantriebe, große Drehmaschinen, Holzbearbeitungsmaschinen, Holländer, Textil- und Waschmaschinen, Trocken- und Poliertrommeln	1,35 ... 1,45
Stoß- und Hobelmaschinen, Kolbenverdichter, kleine Walzwerke, Pressen mit Schwungrad, Ziehmaschinen, Strangpressen, Kollergänge für mittelhartes Mahlgut, Zementmischer und Mühlen, Sägegatter	1,45 ... 1,55
Webstühle, Kollergänge für hartes Mahlgut, Kugel- und Schlagmühlen, Hämmer, Steinbrecher	1,55 ... 2,0
Maschinen mit sehr großer Ungleichförmigkeit, z. B. schwere Walzwerke	2,0 ... 2,5

Beiwert C_2 für Umweltbedingungen	
Trockene Luft, normale Temperatur	1,0
Feuchte und staubige Luft, große Temperaturunterschiede	1,1
Ölspritzer	1,25
Nässe oder sehr große Feuchtigkeitsunterschiede	1,3

Beiwert C_3 für Lebensdauer								
Laufzeit Std./Tag	$B/B_{\max}$							
	0,16	0,24	0,32	0,4	0,48	0,6	0,8	1,0
3 ... 4	0,95	1,00	1,03	1,06	1,11	1,16	1,28	1,45
8 ... 10	1,00	1,02	1,05	1,09	1,14	1,19	1,33	1,54
16 ... 18	1,03	1,07	1,11	1,18	1,25	1,33	1,54	1,89
24	1,07	1,14	1,22	1,32	1,43	1,56	1,93	2,38

Beiwert C_4 für Umschlingwinkel α_1 für Flachriemen (F) und für Keilriemen (K)

α	70°	80°	90°	100°	110°	120°	130°	140°	150°	160°	170°	180°	190°	200°	210°	220°
C_4 (F)			1,40	1,33	1,27	1,21	1,16	1,12	1,08	1,05	1,02	1,0	0,98	0,96	0,94	0,935
C_4 (K)	1,73	1,59	1,47	1,37	1,28	1,22	1,16	1,12	1,08	1,05	1,02	1,0				

Beiwert C_5 für Art der Riemenspannung:

$C_5 = 1{,}0$ für Dehnspannung durch Spannschrauben (und durch Riemenkürzung bei Extremultus und Stahlband),
$C_5 = 1{,}2$ für Dehnspannung durch Riemenkürzung (außer Extremultus und Stahlband),
$C_5 = 0{,}8$ für Selbstspannung oder Spannrolle.

Beiwerte C_6 *und* C_7 *für Keilriemen:*

$C_6 = 1$ für $d_1 \geqq d_{\min}$, $C_6 = d_{\min}/d_1$ für $d_{\min} > d_1$,
$C_7 = 1$ für $j = 1$, $C_7 \approx 1{,}25$ für $j \geqq 2$.

[1] Beiwerte C_1 bis C_4 nach Angaben der „Interessengemeinschaft Ledertreibriemen", Düsseldorf für HG-Lederriemen. Für andere Riemensorten (Taf. 236/1) gilt C_2 und C_3 nur angenähert. Ein größerer Beiwert C bedeutet größere erforderliche Abmessungen oder eine kleinere zulässige Leistung.

Tafel 236/1. *Anhaltswerte für Flachriemen*

	Riemen	Festigkeit		Übliche Abmessung		Rechnungs-Mittelwerte				Anwendungsgrenzen		
		E kg/mm²	σ_B kg/mm²	s[1] mm	b mm	γ kg/dm³	σ_{zul} kg/mm²	μ[2] —	E_b kg/mm²	$\left(\frac{d_1}{s}\right)_{min}$[3]	B_{max}[4] 1/s	v_{max}[5] m/s
Leder	HG (Hochgeschmeidig)	45	3,0	a) 3·· 7 b) 8··12 c) 14··20	20·· 600 ··1800 ··1800	0,9	0,44		3 5 7	20 25 35	25	50
	G (Geschmeidig)	35	3,0	a) 3·· 7 b) 8··12 c) 14··20	20·· 600 ··1800 ··1800	0,95	0,44	$0{,}3+\frac{v}{100}$[8]	4 6 8	25 30 40	10	40
	F oder S (Fest, Standard)	25	2,5	a) 3·· 7 b) 8··12 c) 14··20	20·· 600 ··1800 ··1800	1,0	0,39		5 7 9	30 35 45	5	30
Gummi-Balata	Gummi-Baumwolle	35··120	4,5··6	× 1,3 (3··7) × 1,1 × 0,7	20·· 300	1,2	0,39	0,5	5	30	9··6 9··6 30··20	40
	Balata-Baumwolle	90··150	5··6,5	(3·· 8) × 1,2 × 0,6	20·· 300	1,25	0,44	0,5	5	25	10··5 30··20	40
	Balata-Seilcord			4 oder 5	60·· 270	1,25	0,55	0,5	3	20	20··15	40
Textil	Kunstseide imprägn.		5	2··18		1,0	0,39	0,35	4	25		
	Zellwolle igelitiert		4,5··5	2··10		1,1	0,39	0,8	4	25		
	Baumwolle		3··5	4··12		1,3	0,39	0,3	4	20		
	Kamelhaar		3··4	(3··6) × 1,8		1,15	0,44	0,3	4	20		
	Endlos gewebt[6]		>10	0,4··12	10··2000	0,9	0,88	0,3	4	15	80	60
Kunststoff-Verbundriemen[7]	A B C	55	20	(1··2) × 0,5 (1··2) × 0,7 (1··4) × 0,9	10·· 250 10·· 500 10·· 750	$1{,}2+\frac{q}{s}$	2,0	$0{,}3+\frac{v}{100}$	55	80 90 100		60
Stahlband auf Scheiben mit Korkauflage		21000	150	0,6··1,1	20·· 250	7,8	33	0,25	21000	1000		45

Tafel 236/2. *Genormte Scheibendurchmesser d für Flachriemen (DIN 111) und Keilriemen (DIN 2217)*

20[9]	22[9]	25[9]	28[9]	32[9]	36[9]	40	45	50	56	63	71	80	90	100	112	125
140	160	180	200	224	250	280	315	355	400	450	500	560	630	710	800	900
1000	1120	1250	1400	1600	1800	2000	2240	2500	2800	3150	3550	4000	4500	5000		

[1] Leder: a), b), c) = Riemen mit 1, 2, 3 Lagen. Sonst: z. B. (3··7) × 1,3 bedeutet 3 bis 7 Lagen je 1,3 mm stark.

[2] Die wirkliche Reibungszahl ist meist größer, sie wächst durchweg mit dem Schlupf ψ; $\psi = 0{,}5\ldots 2\%$.

[3] Unterschreitung verringert übertragbare Leistung und Lebensdauer; üblich ist doppelter Wert.

[4] Überschreitung verringert die Lebensdauer; die größeren Werte gelten für kleine Riemendicken s.

[5] Überschreitung verringert die übertragbare Leistung infolge Zunahme des Fliehkraftanteils.

[6] Hochleistungsriemen nach AWF 21—TH aus Leinen, Ramie, Reyon, Naturseide oder synthetischen Fasern; Mindesfestigkeit $\sigma_{B\,min} = 10\,\text{kg/mm}^2$.

[7] Die angegebenen Werte gelten für Extremultus-Riemen der Fa. Siegling, Hannover. Hierbei ist s die Dicke der Polyamid-Zugschicht; $q = 1{,}3$ für einseitige Chromleder-Auflage (1,5 mm dick), $q = 2{,}6$ für beidseitige Auflage.

[8] μ gilt für Lauf auf Haarseite; für Lauf auf Fleischseite ist $\mu \approx 0{,}2 + v/100$.

[9] Nur für Keilriemen.

Tafel 237/1. *Genormte Scheibenbreiten b_s für Flachriemen (DIN 111 u. 387) und Anhaltswerte für b_s*

Genormt:								*Anhalt:*
16	20	25	32	40	50	63	80	Für offenen Trieb $b_s \geqq 1{,}12b$;
100	125	140	160	180	200	224	250	gekreuzt $b_s > 1{,}33\,b$;
280	315	355	400	450	500	560	630	geschränkt $b_s > 2b$

Tafel 237/2. *Keilriemenprofile, kleinste Scheibendurchmesser und Riemenlängen nach DIN 2215 (Jan. 50)*

b		5	6	8	10	13	17	20	25	32	40	50
s		3	4	5	6	8	11	12,5	16	20	25	32
$d_{\min}$		22	32	45	63	90	125	180	250	355	500	710
L_i	von	150	212	296	420	585	832	1100	1650	2303	3230	4600
	bis	860	1262	1916	2820	4275	6332	9540	14050	18063	18080	18100

27.12. Keilriementriebe

Durch die Keilrille mit dem Keilwinkel γ_s (Bild 237/1) erhöht sich die Anpreß-Normalkraft an der Auflagefläche, so daß man mit kleinerer Vorspannkraft als beim Flachriemen auskommt. Bei den genormten Ausführungen (Tafel 237/2) beträgt $\gamma_s = 34°$ für Scheibendurchmesser $d = d_{\min}$. Der Keilwinkel γ_R des *gestreckten* Riemens muß etwas größer sein, da er sich mit der Krümmung des Riemens um die Scheibe verkleinert (Verformung des Querschnittes durch Zugspannung bzw. Druckspannung an den Außen- bzw. Innenfasern). Für größere Scheiben muß daher auch γ_s größer sein, um zu dem Keilwinkel des weniger gekrümmten Riemens zu passen, z. B. $\gamma_s = 36°$ für $d = 2{,}22\,d_{\min}$. Praktisch ausgeführt wird $\gamma_s = 32°$ bis $36°$ und $\gamma_R = 35°$ bis $39°$.

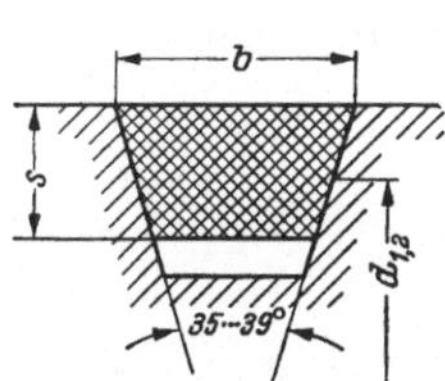

Bild 237/1. Hauptmaße der Keilriemen. Keilwinkel des gestreckten Riemens $\gamma_R = 35$ bis $39°$; Keilwinkel der Scheibenrille $\gamma_s = 36°$ für große, $34°$ für mittlere und $32°$ für kleine Werte von d/s

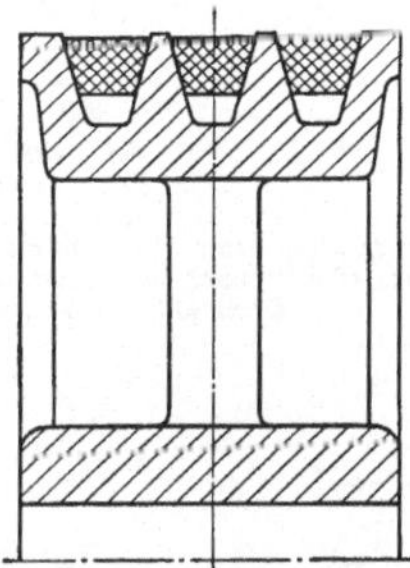

Bild 237/2. Gegossene Keilriemenscheibe für 3 Keilriemen

1. Anordnung

Es werden hierfür durchweg offene Triebe und nur selten Spannrollentriebe verwendet. Geschränkte Keilriementriebe sind wegen ihres starken Verschleißes möglichst zu vermeiden. Bild 221 zeigt einen Keilriementrieb mit stufenlos verstellbarer Übersetzung.

2. Festigkeitsrechnung

Die Kräfte und Spannungen werden wie beim Flachriemen nach Gl. (222/6) bis Gl. (223/6) berechnet. Hierbei wird als rechnerischer Reibwert $\mu = \mu_{\text{wirkl}}/\sin 0{,}5\,\gamma_s$ zur Berücksichtigung der durch γ_s vergrößerten Anpreß-Normalkraft eingesetzt. Für die Gummigewebe-Keilriemen beträgt $\mu \approx 1$ bis $2{,}5$ je nach dem Zustand der Lauffläche des Riemens. Die Biegespannung wird in der praktischen Rechnung nur bei sehr kleinem Scheibendurchmesser durch den Beiwert C_6 berücksichtigt (Tafel 235).

3. Praktische Bemessung

Berechnung des Umschlingungswinkels α_1 und der Riemenlänge L nach Gl. (224/1 u. 224/3). Als Nenndurchmesser sind hier die mittleren Durchmesser d_1 und d_2 nach Bild 237/1 einzusetzen.

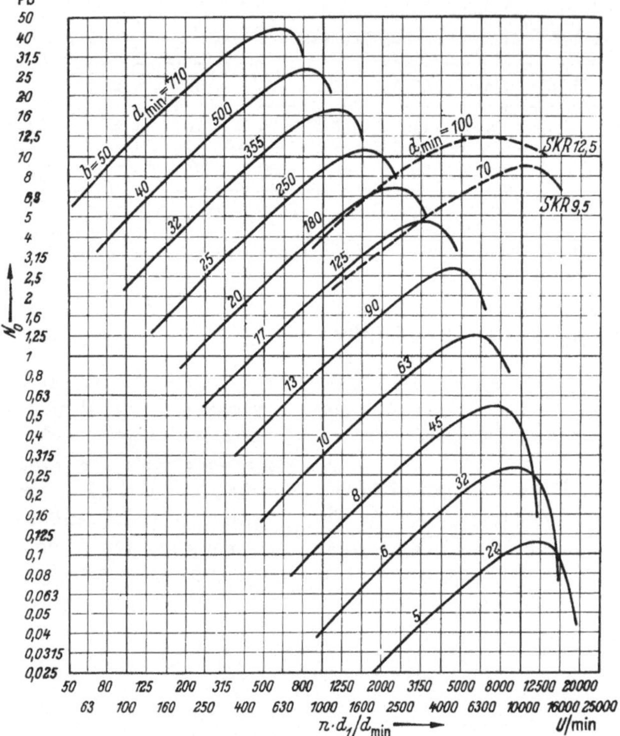

Bild 238. Leistungsdiagramm für endlose Keilriemen (nach DIN 2218) und Schmalkeilriemen (SKR nach Continental, Hannover) für $C = 1$. n ist die Drehzahl der kleineren Scheibe

Bei gegebener Leistung N, Drehzahl n_1 und Übersetzung i wählt man nach Bild 238 den Riemen mit $d_{\min}$ und b. Dann wird

$$d_1 > d_{\min} \qquad (238/1)$$

und

$$d_2 \approx 0{,}985\, i\, d_1 \qquad (238/2)$$

nach Taf. 236/2 festgelegt.

Hierfür wird dann aus Bild 238 N_0 für $n_1\ d_1/d_{\min}$ entnommen. Die erforderliche Riemenzahl beträgt dann:

$$j \geqq \frac{N\,C}{N_0} \qquad (238/3)$$

Hierbei ist C nach Taf. 235 anzusetzen.

Bei gegebenen Abmessungen beträgt die übertragbare Leistung mit N_0 nach Bild 238

$$N_{\text{zul}} = \frac{j\,N_0}{C} \qquad (238/4)$$

4. Anhaltswerte

Achsabstand $\quad a \approx 1 d_2$ bis $1{,}5 d_2 \leqq 2(d_1 + d_2)$. (238/5)

Die innere *Riemenlänge* $L_i = L - \pi s$ soll bei endlosen Keilriemen zwischen den in Taf. 237/2 angegebenen Werten liegen.

Maximale *Biegehäufigkeit* $B_{\max} \approx 40$.

Zur Erzeugung der notwendigen *Vorspannung* wird die Länge des ungespannten Riemens etwa 0,5 bis 1% kürzer gewählt als L. Bei endlosen Keilriemen verwendet man zweckmäßig Spannschienen zum Nachstellen.

Die *Achskraft* beträgt etwa $A = 2{,}0\,U$ bis $3\,U$ beim Keilriementrieb mit Dehnspannung.

5. Beispiel

Gegeben: Antrieb für Drehbank mit $N = 7{,}5$ PS, $n_1 = 1500$, $n_2 \approx 675$ und 8 Std./Tag Laufzeit.

Gewählt: Nach Taf. 237/2 $d_{\min} = 125$; $b = 17$; $s = 11$ mm; nach Taf. 236/2 $d_1 = 160$ mm.

Berechnet: $d_2 \approx 350$ mm nach Gl. (238/2), gewählt, $d_2 = 355$ nach Taf. 236/2.

Gewählt: $a = 1{,}27\, d_2 = 450$ nach Gl. (238/5).

Nach Taf. 235: $C = 1{,}25 \cdot 1 \cdot 10{,}7 \cdot 1{,}065 \cdot 1 \cdot 1 \cdot 1{,}25 = 1{,}78$.

Mit C_3 *und* C_4 *für*: $v_1 = 12{,}5$ nach Gl. (222/1); $\sin\beta = 0{,}5(355 - 160)/450 = 0{,}217$ nach Gl. (224/2); somit $\beta = 12{,}5°$ und $\alpha_1 = 155°$ nach Gl. (224/1). Für $L = 900 \cdot 0{,}975 + 1{,}57 \cdot 525 + 0{,}218 \cdot 195 = \underline{1743}$ nach Gl. (224/3) ist $B = 10^3 \cdot 2 \cdot 12{,}5/1743 = 14{,}4$. Hierfür ist bei 8 Stunden Laufzeit pro Tag und $B_{max} = 40$, $B/B_{max} = 0{,}36$ und $C_3 = \underline{1{,}07}$ und ferner $C_4 = \underline{1{,}065}$ für $\alpha = 155°$.

Nach Bild 238 ist für $n_1\, d_1/d_{min} = 1920$ der Wert $N_0 = 3{,}8$.

Somit $j \geqq 3{,}5$ nach Gl. (238/3).

Gewählt: 4 Keilriemen 17 · 11.

27.13. Schrifttum

1. Normen

DIN 109 Beziehung zwischen Lastdrehzahlen, Riemenscheibendurchmessern und Umfangsgeschwindigkeiten
111 Riemenscheiben, Hauptmaße
387 (Entw. 1955) Flachriemen, Maße, Werkstoff, Ausführung
2215 Endlose Keilriemen
DIN 2216 Endliche Keilriemen
2217 Keilriemenscheiben
2218 Keilriemen, Berechnung der Antriebe und Leistungswerte
42943 Wellenenden und Riemenscheiben für elektrische Maschinen
7753 (Entw. 1958) Schmalkeilriemen

2. AWF-Blätter

AWF 21-1 Flachriemen
21-TH Endlos gewebte Textil-Hochleistungsriemen
21-HF Hilfstabellen zur Berechnung von Flachriementrieben
21-BF Berechnungsblatt für Flachriemen
21-LR Tabellenschieber ,,Ledertreibriemen-Berechnung"

3. Bücher

[1] Stiel: Theorie des Riemenantriebs. Berlin: Springer 1915.
[2] Schulze-Pillot: Neue Riementhoorie nebst Anleitung zum Berechnen von Riemen. Berlin: Springer 1926.
[3] v. Ende: Riemen- und Seiltriebe. Berlin: de Gruyter 1933, Sammlung Göschen Nr. 1075.
[4] Welisch: Der Treibriemen. Berlin-Nikolassee: Gebr. Borntraeger 1941.
[5] —: Riementriebe, Kettentriebe, Kupplungen. Braunschweig: Vieweg 1954.
[6] Spizyn, Röber, Heidebrock: Ausgewählte Kapitel über neuzeitliche Maschinenelemente. (Auch Riementriebe). Berlin 1955, S. 57—97.

4. Aufsätze

Riementriebe allgemein

[10] Arp: Gummi und Balata-Riemen; In: Riementriebe, Kettentriebe, Kupplungen. Braunschweig: Vieweg 1954.
[11] Brender: Rückkehr zum Flachriemen. Werkst. u. Betr. Bd. 90 (1957) S. 129—132.
[12] Bussmann: Probleme bei der Berechnung und der Gestaltung von Treibriemen und Riementrieben. In: Riementriebe, Kettentriebe, Kupplungen. Braunschweig: Vieweg 1954.
[13] Bussmann: Jahresübersicht Treibriemen und Riementriebe. VDI-Ztschr. 100 (1958) S. 259/60 und (1959) S. 261—263.
[14] Bussmann: Versuche zur Ermittlung der Dauerbiegefestigkeit von Ledertreibriemen. Z. VDI Bd. 82 (1938) S. 1249.
[15] Dahl: Lederflachriemen. In: Riementriebe, Kettentriebe, Kupplungen. Braunschweig: Vieweg 1954.
[16] Heyde: Die Kräftebeziehungen beim Riementrieb. Forschung Bd. 7 (1936), S. 275—287.
[17] Iwanow: Die neuzeitliche Berechnungsmethode für Treibriemen. Maschinenbautechnik Bd. 4 (1955), S. 225—230.
[18] Morschutt: Textilriemen. In: Riementriebe, Kettentriebe, Kupplungen. Braunschweig: Vieweg 1954.
[19] Overhoff: Flachriementrieb mit kurzem Abstand (Poeschl-Kurztrieb). Österr. Maschinenmarkt u. Elektrowirtsch. Bd. 4 (1949) H. 6,7.
[20] Pahl: Kunststoffriemen. In: Riementriebe, Kettentriebe, Kupplungen. Braunschweig: Vieweg 1945.

Selbstspannende Riementriebe

[25] Brender: Sespa — selbstspannende Flachriemen-Kurztriebe. Der Maschinenmarkt Bd. 60 (1954) Nr. 67.
[26] Dahl: Selbstspannende Riementriebe. Konstruktion Bd. 6 (1954) S. 296—299.
[27] Leyer: Der Sespa-Antrieb. Schweiz. Bauztg. Bd. 72 (1954) Nr. 4.
[28] Einige Patentschriften: Leder u. Co., Dtsch. Pat. 921658 (1954); Machenbach: DRP. 400322 (1922); Poeschl, Schweiz. Pat. 249700 (1940); Wagner: Frz. Patent 810275 (1936).
[29] —: Der Sespa-Antrieb für Werkzeugmaschinen. Konstruktion 11 (1959) S. 112—114.

Keilriemen

[35] Berechnung und Gestaltung von Keilriementrieben unter besonderer Beachtung der Normblätter Werkst. u. Betr. Bd. 80 S. 15.

[36] LINK: Endlose Keilriemen. In: Riementriebe, Kettentriebe, Kupplungen. Braunschweig: Vieweg 1954.

[37] RUMBLE: Verbesserte Keilriementriebe. Modern Material Handling Bd. 9 (1954) S. 115—119.

[38] —: Keilriemenscheiben mit Durchmessereinstellung. Design News Bd. 10 (1955) S. 40.

[39] —: Keilriemen aus synthetischem Gummi. Design News Bd. 9 (1954) S. 111.

[40] KUTZBACH: Versuche mit Keilriemen. VDI-Ztschr. 77 (1933), S. 238—243.

[41] KUTZBACH: Das Übersetzungsverhältnis bei Keilriementrieben. VDI-Ztschr. 78 (1934), S. 315.

[42] DITTRICH: Theorie des Umschlingungsgetriebes mit keilförmigen Reibscheibenflanken. Diss. T. H. Karlsruhe 1953.

[43] TIEL: Experimentelle Untersuchungen über das Verhalten von Keilriemen bei der Übertragung schnell wechselnder Drehmomente. Diss. T. H. Braunschweig 1958. Auszug s. VDI-Ztschr. (1959) S. 236—244 und 309—318.

5. Firmenschriften

[49] —: Leistungstabelle für Ledertreibriemen. Herausgegeben von Interessengemeinschaft Ledertreibriemen, Düsseldorf. Schriften der Firmen: Continental, Hannover; Desch, Neheim-Hüsten; Flender, Bocholt; Antriebe AG, Rapperswil SG (Schweiz); Siegling, Hannover; Masch.-Fabr. Wülfel, Hannover-Wülfel und andere.

28. Reibräder

28.1. Bauarten und Verwendung

Bei Reibradgetrieben wird die Umfangskraft zwischen den gegeneinander gepreßten Rädern oder Scheiben durch *Reibung* übertragen. Zweckmäßig unterscheidet man *konstante* Reibräder, *Schalt-* und *Regel*-Reibräder.

1. Bei konstanten Reibrädern

ist nach Bild 240/1 bis 240/3 der wirksame Durchmesser der Reibräder und somit die Übersetzung konstant und außerdem bleiben die Räder in ständigem Eingriff. Gegenüber den ebenfalls kraftschlüssigen Riementrieben ermöglichen konstante Reibräder

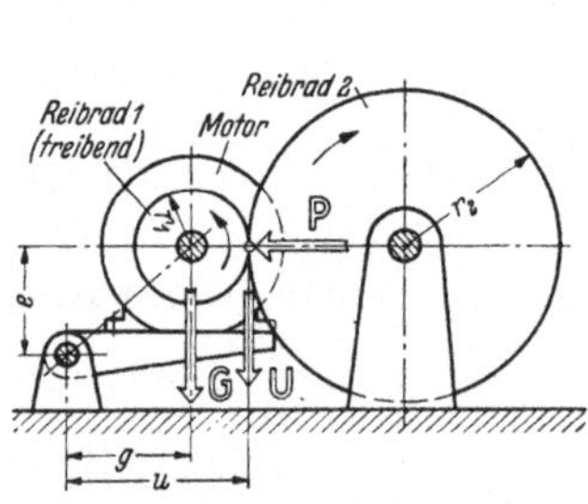

Bild 240/1. Zylinderreibräder (*1* und *2*) mit selbsttätiger Anpressung

Anpreßkraft $P = \frac{Uu + Gg}{e}$

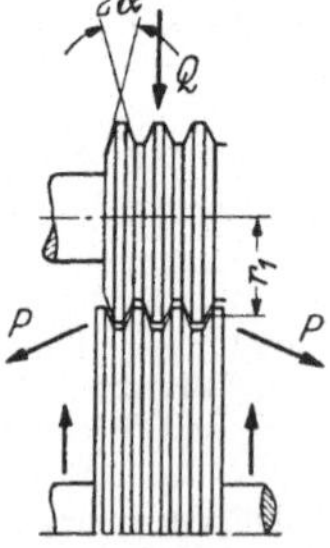

Bild 240/2 Reibräder mit Kegelrillen zur Herabsetzung der erforderlichen Querkraft $Q = z\,P \sin\alpha$; Anzahl der Paarungen $z = 6$

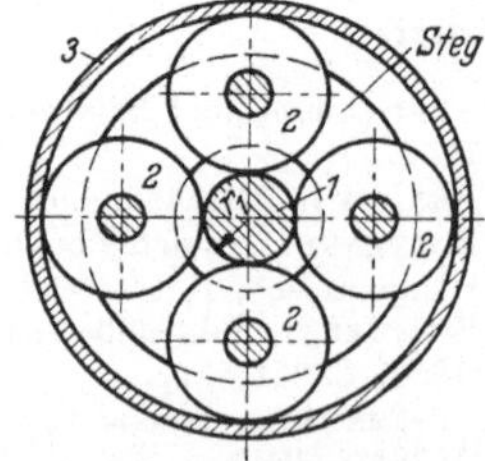

Bild 240/3. Zylinderreibräder als Planetentrieb. Man beachte die Aufhebung der Lagerkräfte und die Anpressung durch Untermaß des Außenringes *3*. Abtrieb am Steg oder Außenring *3*

eine unmittelbare Kraftübertragung (ohne Zwischenschaltung des elastischen Riemens mit seinen Vor- und Nachteilen) bei etwa gleichen Scheibenabmessungen und Lagerkräften, sofern als Reibpaarung Gummi oder Preßstoff gegen Stahl oder Grauguß verwendet werden.

Bei Reibrädern ist aber die Anpreßkraft und die Kraftübertragung auf eine sehr schmale Stelle des Scheibenumfangs konzentriert, so daß die örtliche Beanspruchung viel größer ist als beim Riementrieb. Weitere Vergleichsangaben auch zu andern Getrieben s. S. 4 bis 6.

Zu den konstanten Reibrädern sind auch die *Treibräder* von Schienen- und Kraftfahrzeugen zu rechnen, bei denen die Schiene bzw. Fahrbahn als Gegenrad dient.

2. Bei Schalt-Reibrädern

wird die Anpreßkraft und somit die Kraftübertragung willkürlich oder zwangsläufig ein- und ausgeschaltet (z. B. durch Anheben von Reibrad *1* im Bild 240/1); die Reibräder dienen hierbei also gleichzeitig als Schaltkupplung. Bekannte Anwendungsbeispiele hierfür sind die Reibrad-Antriebe mit durchlaufendem Motor für Pressen, Fallhämmer und Bauwinden.

Mit dem Prinzip des Abhebens eines Reibrades kann man auch vielstufige Schaltgetriebe, z. B. solche nach Art der Norton-Getriebe, mit Reibrädern statt mit Zahnrädern aufbauen.

Bei begrenzter Anpreßkraft wirken die Reibräder als Sicherheits-Rutschkupplung; als Beispiele hierzu s. Bild 249 und [252/*35*].

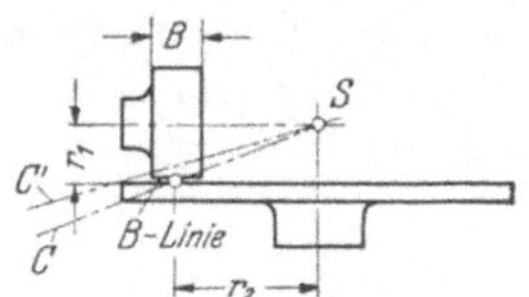

Bild 241/1. Reibräder mit Zwangsschlupf. *B*-Linie schneidet *C*-Linie; $\alpha_4 = 90°$, $\alpha_2 = 0$. Günstig wäre Kegelpaarung mit Berührungslinie *B* auf Wälzachse *C* (kein Zwangsschlupf)

3. Bei Regel-Reibrädern

wird ein Reibrad, meistens bei durchlaufendem Antrieb und ohne Unterbrechung der Kraftübertragung, so verschoben oder verschwenkt, daß der wirksame Reibhalbmesser (z. B. r_2 im Bild 241/1 u. /4 und r_1 im Bild 241 /2 u. /3) und somit die Übersetzung sich stetig ändert.

Bei größerem Regelbereich ist die *Hintereinanderschaltung* mehrerer Regel-Reibpaarungen zweckmäßig, da die mittlere Verlustleistung aus Zwangsschlupf (s. S. 246) etwa mit dem Quadrat des Regelbereiches $x = i_{\max}/i_{\min}$ der Regelstufe zunimmt. Bei

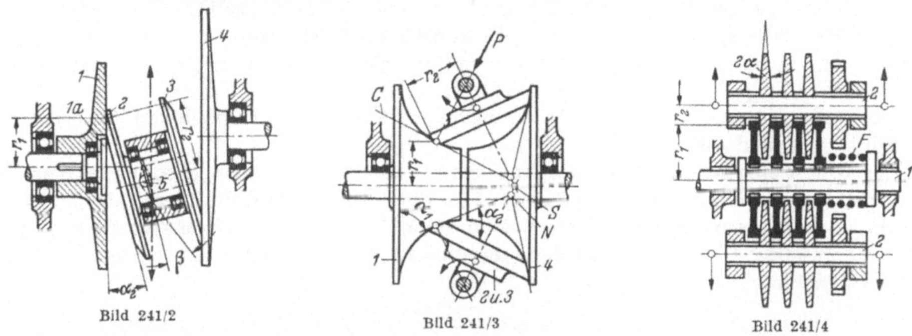

Bild 241/2 Bild 241/3 Bild 241/4

Bild 241/2. Regeltrieb mit Plan- und Kegelscheiben entsprechend System Wesselmann [252/*70*]. Leerlaufscheibe *1a* und Anpreß-Automatik mit Kugeln *5* in Kegelmulden (Schrägwinkel β) im Abstand a von Drehachse, nach Niemann. Erzeugte Axialkraft $A = U\, r_2/(a \operatorname{tg} \beta)$ und Anpreßkraft $P = A/\cos \alpha_2$

Bild 241/3. Regeltrieb entsprechend System Gerdes und Arter [252/*70*]. Es ergibt sehr geringen Zwangsschlupf, da der Schnittpunkt *S* der Achsen und der Schnittpunkt *N* der Berührungstangenten nur wenig auseinanderfallen

Bild 241/4. Regeltrieb mit Parallelschaltung flacher Kegelscheiben aus gehärtetem Stahl (Lamellenanordnung), entsprechend System Beier [252/*39*, /*43*, /*60*], ermöglicht große Kraftübertragung bei geringen Lagerkräften; Anpressung durch Federkraft *F*; Regelung durch radiale Verschiebung der Wellen *2*; Weiterleitung der Leistung von *2* durch Zahnräder.[1] Für Paarung geh. Stahl/geh. Stahl ölgeschmiert ist $2\alpha \approx 7°$ möglich

der Hintereinanderschaltung bietet sich auch die Möglichkeit, die Antriebs- sowie der Abtriebswelle fest anzuordnen und die Regelbewegung nach Bild 241/2 und /3 nur am Zwischenteil vorzusehen.

Durch zusätzliche Anordnung eines Planetengetriebes hinter den Regel-Reibrädern kann der Drehzahlbereich der Abtriebswelle noch erweitert und z. B. auch in den Bereich von Plus-Maximum über Null bis Minus-Maximum verlegt werden. Hierzu muß ein Glied des Planetengetriebes von der Antriebswelle und ein Glied von der Abtriebswelle der Reibräder angetrieben werden.

Regel-Reibräder für *Arbeitsmaschinen* und *Kraftfahrzeuge* s. [252/*38*] bis [/*44*], [252/*47*] bis [/*63*] und für *Steuer-* und *Rechengetriebe* s. [252/*45*].

---

[1] Gegenüber der Originalausführung mit Ringscheiben auf den Wellen *2* wurden von mir die Ringscheiben auf der mittleren Welle *1* angeordnet, um die übertragbare Leistung zu vergrößern.

4. Vielfachpaarung

Durch Parallelschaltung mehrerer Reibpaarungen (s. Bild 240/2, 240/3 und 241/4) kann die übertragbare Leistung vervielfacht und außerdem die Lagerbelastung und die Anpreßkraft erheblich verringert werden. Die Querbelastung der Wellen vermindert sich außerdem mit kleinerem Neigungswinkel α der Reibflächen (Bild 240/2 und 241/4).

28.2. Erzeugung der Anpreßkräfte

Die Größe der erforderlichen Normalkraft P (s. Bild 240/1) ist gegeben durch die zu übertragende Umfangskraft U je Reibpaarung, durch die Mindest-Reibungszahl μ der Reibpaarung und durch die gewünschte Rutschsicherheit S_R, die wegen der Veränderung der Reibungszahl mit dem Betriebszustand wenigstens 1,4 betragen soll:

$$P = \frac{U\,S_R}{\mu}.$$

Die Normalkraft kann erzeugt werden durch Gewichtsbelastung (Bild 240/1), durch Federbelastung (Bild 241/4), durch elastische Vorspannung der Reibelemente (Bild 240/3) oder selbsttätig durch die Umfangskraft mittels Kraftübersetzung durch Hebel (Bild 240/1), durch Schräg- oder Schraubenflächen (Bild 241/2 Selbstspannung durch Anpreß-Automatik). Bei Zu- oder Ableitung des Drehmomentes durch schrägverzahnte Stirnräder oder durch einen Schneckentrieb kann auch deren Rückdruck in Achsrichtung zur Anpressung der Reibflächen ausgenutzt werden und ebenso bei schwingender Lagerung eines Reibrades der Rückdruck der Umfangskraft (s. Bild 240/1).

Bei Regel-Reibrädern erhält man ein konstantes Verhältnis von $P/U = S_R/\mu$ durch Anordnung der *Anpreß-Automatik* an dem Reibrad mit konstantem Halbmesser (z. B. r_2 im Bild 241/2).

Die Berechnung der erzeugten Anpreßkraft P bei verschiedenen Anordnungen s. Bild 240/1 und 241/2.

Ferner ist eine geringe Anpreß-*Vorbelastung* durch Eigengewicht, Feder oder elastische Vorspannung zu empfehlen (Bild 240/1, 241/4 und 240/3). Bei Reibrädern aus gehärtetem Stahl ist außerdem bei stoßhaftem Betrieb eine *Begrenzung* der Normalkraft, z. B. durch eine vorgeschaltete Überlastkupplung erwünscht, um Abplattungen an der Reibfläche zu vermeiden.

28.3. Werkstoffpaarung der Reibräder und Betriebserfahrungen

Kennwerte für die Werkstoffpaarungen (s. Taf. 250/1). Bei gleichen Hauptabmessungen und Drehzahlen ermöglicht

1. *die Paarung gehärteter Stahl gegen gehärteten Stahl* trotz des geringen Reibwertes ($\mu \approx 0{,}04$ bis 0,08, ölgeschmiert) die größte übertragbare Leistung bei gleichzeitig geringeren Verlusten und größerer Lebensdauer, da ihre hohe Wälzfestigkeit und Verschleißfestigkeit eine sehr hohe Anpreßkraft zuläßt. Die entsprechend hohe Lagerbelastung wird zweckmäßig durch Vielfachpaarung der Reibflächen herabgesetzt (Bild 240/3 und 241/4);

2. *die Paarung Gummi gegen Stahl oder Grauguß* wegen ihres hohen Reibwertes ($\mu \approx 0{,}8$ bei Trockenlauf) mit kleinster Anpreßkraft auszukommen, außerdem erhält man einen sehr geräuscharmen Lauf der Reibräder. Dafür beträgt aber die übertragbare Leistung nur etwa 10% von 1 (bei gleichen Abmessungen).

3. Die *weiteren Werkstoffpaarungen* liegen in ihrer Wirkung zwischen 1. und 2., z. B. die vielbenutzte Paarung Preßstoff gegen Stahl oder Grauguß bei etwa 22% von 1.

4. Die Werkstoffpaarungen nach 2. u. 3. ergeben trotz der erforderlichen größeren Abmessungen durchweg billigere Ausführungen, als die nach 1. und sind durchweg auch geräuschärmer. Dafür ist aber die Lebensdauer des Reibstoffes durchweg ge-

ringer, so daß man für eine leichte Auswechselbarkeit des weicheren Reibstoffes (des Reibringes) sorgen muß.

5. Bei *Regel*-Reibrädern ist darauf zu achten, daß die Reibfläche, bei der sich der wirksame Reibhalbmesser r verändert, bei längerem Lauf in einer bestimmten Regelstellung keine *Riefen* bekommt. Entsprechend muß man bei Regel-Reibrädern die Werkstoffpaarung bzw. die Reibverhältnisse und die Beanspruchung so wählen, daß die Reibfläche mit veränderlichem r möglichst wenig verschleißt (die Gegenfläche mit konstantem r darf verschleißen!).

28.4. Belastungsgrenzen

Entsprechend den jeweils zu befürchtenden Anständen, wie Rutschschlupf, Rillen- oder Riefenbildung, Abplattungen oder Ausbröcklungen der Oberfläche, zu großer Verschleiß oder zu hohe Erwärmung, kann die übertragbare Leistung zuerst begrenzt sein durch

1. die *Rutschgrenze* (Rutschsicherheit S_R und Reibungszahl μ);
2. die *Pressungsgrenze* (zulässige Wälzpressung k_{zul});
3. die *Verschleißgrenze* (Lebensdauer und Kennwert q_f);
4. die *Erwärmungs- und Freßgrenze* (Kennwert q_f und Wärmeabführung).

Bei y-facher Vergrößerung aller Abmessungen und bei Änderung der Drehzahl wächst die übertragbare Leistung und ebenso die Verlustleistung proportional $y^3 n$, wenn man gleiche Wälzpressung und gleiche Reibungszahl voraussetzt. Die Wärmeabführung nimmt jedoch weniger stark zu, so daß mit zunehmendem y und n die Wärmegrenze immer mehr in den Vordergrund tritt und somit die Verringerung der Verlustleistung und die Verbesserung der Wärmeabführung von besonderem Interesse ist.

28.5. Berechnung und Bemessung der Reibradpaarungen

1. Bezeichnungen und Dimensionen

Zeichen	Dimension	Bedeutung
A	[kg]	Längskraft
B, B_B	[mm]	Länge der B-Linie
B	—	B-Punkt, B-Linie
b	[mm]	Druckbreite der B-Linie
C_0, C	—	Wälzpunkt, Wälzachse
E	[kg/mm²]	Elastizitätsmodul
F_R	[mm²]	Reibringfläche $2\pi r B$
f	[mm³/PSh]	Verschleißwert
G	[kg]	Eigengewicht
H	[h]	Lebensdauer des Reibringes
i	—	Übersetzung $= r_{02}/r_{01}$
k	[kg/mm²]	Wälzpressung
L_h	[h]	Lebensdauer bei Vollast
M	[kgm]	Drehmoment
N	[PS]	Leistung
N_L	[PS]	Verlustleistung der Lager
N_R	[PS]	Reibleistung aus Zwangsschlupf
n	[U/min]	Drehzahl
P	[kg]	Normalkraft je Reibpaarung
p_H	[kg/mm²]	HERTZsche Pressung, bei Linienberührung
p_K	[kg/mm²]	HERTZsche Pressung, bei Punktberührung
Q	[kg]	Querkraft
q_f	$\left[\frac{\text{PS/mm}^2}{(\text{m/s})^{1/2}}\right]$	bezogene Reibleistung
q_R	—	Verlustbeiwert
R	[mm]	Reibhalbmesser in Berührungsebene
r	[mm]	Reibhalbmesser in Normalebene zur Achse
S_R	—	Rutschsicherheit $= \mu P/U$
s	[mm]	verschleißbare Dicke des Reibrings
t	[°C]	Temperatur
U	[kg]	Umfangskraft je Reibpaarung
V_v	[mm³]	Verschleißvolumen, $= F_R s$
v	[m/s]	Umfangsgeschwindigkeit
x	—	Regelbereich $= i_{max}/i_{min}$
y_E, y_B	—	Beiwerte für Punktberührung
z	—	Anzahl der parallel geschalteten Reibpaarungen
α	[°]	Neigungswinkel
ε	—	Verlustwert, $= N_R/N_1$
η, ξ	—	Beiwerte für Punktberührung, s. Bd. I
η_R	—	Wirkungsgrad der Reibpaarung
η_G	—	Gesamtwirkungsgrad
μ	—	Reibungszahl
ϱ, ϱ_E, ϱ_L, ϱ_K	[mm]	Krümmungshalbmesser
ω	[1/s]	Winkelgeschwindigkeit

Zeiger:

0 für Wälzbahn, Wälzpunkt
1 für Antriebsrad
2 für Abtriebsrad
grenz für Grenzwerte
max für Größtwerte
min für Kleinstwerte

2. Gemeinsame Grundpaarung für die Berechnung

Sämtliche Reibradtriebe, ob mit Zylinder-, Kegel- oder Kugel-Reibflächen, ob feste oder Regel-Reibräder, lassen sich für die jeweilige Betriebsstellung als Paarung von *Kegel*-Flächen mit den Neigungswinkeln α_1 und α_2 auffassen (Bild 244). Im Grenzfall des *Zylinders* ist $\alpha = 90°$ (Bild 240/1, 241/1 und 240/3) und im Grenzfall der *Plan*-Fläche $\alpha = 0°$ (Bild 241/1 und 241/2).

Die weiteren Angaben und Beziehungen gelten für Reibräder, deren Drehachsen *1* und *2* in *einer* Ebene liegen (Bildebene von Bild 244). Die jeweiligen Ersatzkegel sind die Berührungskegel; sie sind definiert durch ihre Drehachsen (Drehachsen der Reibräder) und durch ihre gemeinsame Mantellinie (Tangente $B_1\ B_2$) an die mittlere Berührungsstelle der Reibräder in der Bildebene von Bild 244.

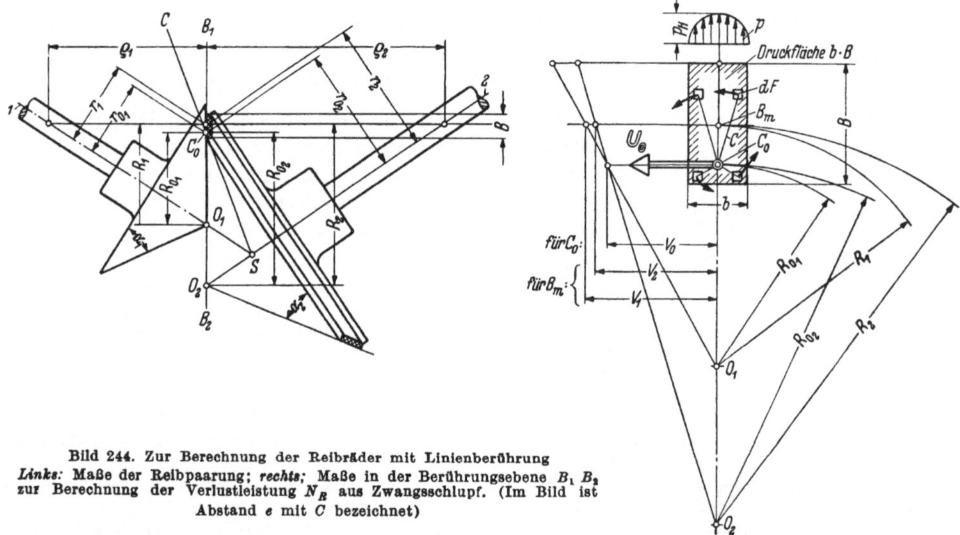

Bild 244. Zur Berechnung der Reibräder mit Linienberührung
Links: Maße der Reibpaarung; *rechts:* Maße in der Berührungsebene $B_1\ B_2$ zur Berechnung der Verlustleistung N_R aus Zwangsschlupf. (Im Bild ist Abstand *e* mit *C* bezeichnet)

Für die Bemessung der *Regel*-Reibräder ist durchweg die Beanspruchung in derjenigen Regelstellung maßgebend, bei der die Umfangskraft am kleinsten Hebelarm r_1 bzw. r_2 angreift (durchweg die innere Regelstellung), da hierbei die maßgebliche Wälzpressung k und Reibleistung N_R durchweg am größten sind.

Die für die Berechnung der jeweiligen Reibpaarung erforderlichen geometrischen Größen α, r, R, ϱ und B sind im Bild 244 für Reibräder mit *Linien*berührung eingetragen und im Bild 247 für *Punkt*berührung.

3. Wälzbewegung, Schlupf und Übersetzung (Bild 244)

Eine reine Wälzbewegung wird bei Reibradpaarungen nur dann erreicht, wenn die Berührungslinie der Reibräder auf der „Wälzachse *C*" liegt (Bild 241/1). In diesem Falle sind die Berührungskegel mit den Wälzkegeln identisch; für diese liegen die Spitzen im Schnittpunkt *S* der Achsen und ihre gemeinsame Mantellinie ist die Wälzachse *C*, auf welcher in jedem Punkt die Umfangsgeschwindigkeiten der beiden Kegel gleich groß sind.

Jede Abweichung der Berührungskegel von den Wälzkegeln ergibt in der Druckfläche *B b* (Bild 244) eine zusätzliche *Gleit*bewegung (Schlupf), und zwar

1. eine *Dreh*-Gleitbewegung (Zwangsschlupf)[1] um den Wälzpunkt C_0, wenn die Kegelspitzen O_1 und O_2 vom Achsen-Schnittpunkt S abweichen;

2. eine zusätzliche *tangentiale* Gleitbewegung, wenn die Umfangskraft U tangentiale Dehnungen an den Reibflächen hervorruft (Dehnschlupf), oder wenn die Reibkraft nicht ausreicht (Rutsch-Schlupf); hierdurch verlagert sich die Wälzachse nach C' (Bild 241/1).

Die jeweilige *Übersetzung* i der Reibräder ist gegeben durch die Übersetzung der Wälzkegel oder der Wälzhalbmesser: $i = r_{02}/r_{01}$ (Bild 244). Bei Vernachlässigung des Schlupfes ist $i = r_2/r_1$, wobei r_2 bzw. r_1 der Abstand der Berührungsmitte B_m von der Drehachse *2* bzw. *1* ist.

Bei *Regel*-Reibrädern beträgt der Regelbereich

$$x = \frac{i_{\max}}{i_{\min}}. \qquad (245/1)$$

4. Geometrische Beziehungen (Bild 244)

Bezogen auf Mitte Berührungsstelle der Reibräder, ist:
Halbmesser in der Berührungsebene

$$R_1 = \frac{r_1}{\cos\alpha_1}, \quad R_2 = \frac{r_2}{\cos\alpha_2}; \qquad (245/2)$$

Ersatzhalbmesser

$$R = \frac{1}{1/R_1 + 1/R_2} = \frac{r_2 r_1}{r_1\cos\alpha_2 + r_2\cos\alpha_1}, \qquad (245/3)$$

hierbei ist R_2 bzw. r_2 negativ einzusetzen, wenn die Kegelspitzen wie im Bild 244 einseitig zum B-Punkt liegen.

Krümmungshalbmesser im Normalschnitt zur Berührungslinie B:

$$\varrho_1 = \frac{r_1}{\sin\alpha_1}, \quad \varrho_2 = \frac{r_2}{\sin\alpha_2}; \qquad (245/4)$$

Ersatzhalbmesser (für *Linien*berührung)

$$\varrho_L = \frac{1}{1/\varrho_1 + 1/\varrho_2} = \frac{r_1 r_2}{r_1\sin\alpha_2 + r_2\sin\alpha_1}. \qquad (245/5)$$

Für Hohlkrümmung ist ϱ_2 bzw. r_2 negativ einzusetzen.

Umfangsgeschwindigkeit am Halbmesser r_1:

$$v = \frac{r_1 n_1}{9{,}55 \cdot 10^3}. \qquad (245/6)$$

5. Wälzpressung, Kräfte und Leistung

Wälzpressung bei *Linien*berührung:[2]

$$k = \frac{P}{2\,\varrho_L B} = \frac{2{,}86\,p_H^2}{E} \leq k_{\text{grenz}}, \qquad (245/7)$$

Normalkraft:

$$P = 2\varrho_L B\,k = \frac{U S_R}{\mu}, \qquad (245/8)$$

Umfangskraft je Reibpaarung:

$$U = \frac{P\mu}{S_R} = 2\,\varrho_L B\,k\frac{\mu}{S_R} \qquad (245/9)$$

mit Rutschsicherheit S_R und Reibungszahl μ.

Antriebsleistung:

$$N_1 = \frac{U z v}{75} = \frac{U z r_1 n_1}{7{,}16 \cdot 10^5} = \frac{P z r_1 n_1 \mu}{7{,}16 \cdot 10^5 \cdot S_R}, \qquad (245/10)$$

---

[1] Bei Punktberührung wird der Zwangsschlupf auch mit „bohrende Reibung" bezeichnet.

[2] Berechnung bei Punktberührung s. Abschn. 8, Wälzpressung k, HERTZsche Pressung p_H u. Druckverteilung s. Bd. I, Wälzpaarungen; Grenzwert k_{grenz} s. Taf. 250/1.

oder

$$P = \frac{U S_R}{\mu} = \frac{7{,}16 \cdot 10^5 \cdot N_1 \cdot S_R}{z r_1 n_1 \mu} \tag{246/1}$$

mit z als Anzahl der Reibpaarungen.

Querbelastung der Welle durch P und U:

$$Q = \sqrt{(P \sin\alpha)^2 + U^2}\,, \tag{246/2}$$

Längsbelastung der Lager je Reibpaarung:

$$A = P \cos\alpha\,. \tag{246/3}$$

6. Reibleistung aus Zwangsschlupf, Verlustwert und Wirkungsgrad

In der Berührungsebene $B_1\,B_2$ (Bild 244, rechts) wird durch den Zwangsschlupf der Wälzpunkt von Berührungsmitte B_m nach C_0 verschoben. Die Lage von C_0, ob unterhalb oder oberhalb von B_m, ist dadurch bestimmt, daß

1. in B_m die Umfangsgeschwindigkeit v_2 kleiner als v_1 ist, sofern Rad *1* treibt,
2. in C_0 die Geschwindigkeit $v_2 = v_1 = v_0$ ist,
3. v_1 und v_2 linear mit dem Abstand des betreffenden Punktes von O_1 bzw. O_2 zunehmen.

Ansatz für Reibleistung N_R[1]: In jedem Flächenteilchen dF der Druckfläche $B\,b$ tritt eine Flächenpressung p auf und eine Dreh-Gleitbewegung mit der Winkelgeschwindigkeit $\omega_0 = 10^3\, v_0/R_0$ um den Wälzpunkt C_0 als Momentanpol, wobei entsprechend Gl. (245/3) $R_0 = \frac{R_{01} \cdot R_{02}}{R_{01} + R_{02}}$ ist. Hierfür erhält man mit Einsatz der Reibungszahl μ:

1. für dF die Reibkraft

$$dP_R = p\,\mu\, dF\,;$$

2. für dF das Reibmoment um C_0,

$$10^3\, dM = e\, dP_R = e\, p\, \mu\, dF,$$

wobei e der jeweilige Abstand von C_0 ist;

3. für die Druckfläche $B\,b$ das gesamte Reibmoment um C_0

$$10^3 M_0 = 10^3 \int dM = \int e\, p\, \mu\, dF = U_0\, B\, q_R, \tag{246/4}$$

hierin ist U_0 die Umfangskraft in C_0 und q_R der Integrations-Beiwert[2] nach Taf. 250/2 u. 251/1; die Größe von q_R ändert sich mit der Verteilung von p in der Druckfläche, mit dem Breitenverhältnis b/B der Druckfläche und mit der Rutschsicherheit $S_R = P\,\mu/U$;

4. die Reibleistung in der Druckfläche

$$N_R = \frac{M_0\, \omega_0}{75} = \frac{M_0\, v_0\, 10^3}{75\, R_0} = \frac{U_0\, v_0}{75}\, q_R \frac{B}{R_0} \approx \frac{U\, v}{75}\, q_R \frac{B}{R} \tag{246/5}$$

oder

$$N_R = N_1\, q_R \frac{B}{R}\,; \tag{246/6}$$

5. Verlustwert

$$\varepsilon = \frac{N_R}{N_1} = q_R \frac{B}{R}\,; \tag{246/7}$$

6. Wirkungsgrad der Reibpaarung

$$\eta_R = \frac{N_1 - N_R}{N_1} = 1 - \varepsilon = 1 - q_R \frac{B}{R}\,; \tag{246/8}$$

---

[1] Nach dem Ansatz von C. Weber und G. Niemann; Näheres s. Thomas [251/*15*]. Die zusätzliche Reibleistung aus Dehnschlupf kann meistens vernachlässigt werden; sie ist um so kleiner, je größer der E-Modul der Reibpaarung im Verhältnis zur Tangentialspannung in der Druckfläche ist.

[2] Als Ausgangswerte für die Aufstellung der in Tafel 250/2 und 251/1 gebrachten q_R-Werte wurden für *Linien*berührung die von Thomas [251/*15*] angegebenen q_2-Werte benutzt und für *Punkt*berührung die von Wernitz [251/*16*] angegebenen Werte $e_N/\sqrt{a\,b}$.

7. Gesamtwirkungsgrad

$$\eta_G = \frac{N_1 - N_R - N_L}{N_1} = 1 - q_R \frac{B}{R} - \frac{N_L}{N_1}, \tag{247/1}$$

wobei N_L die Verlustleistung der Lager ist.

Beiwert q_R für Reibräder mit Linienberührung: Bei Annahme der Druckverteilung in der Druckfläche kann man q_R in Abhängigkeit von S_R und b/B berechnen. Bei Annahme der Druckverteilung nach der *Hertzschen Gleichung für Linienberührung* erhält man die *q_R-Werte nach Taf. 250/2*, wobei

$$\frac{b}{B} = \sqrt{\frac{9{,}24\,P\,\varrho}{E\,B^3}} = 4{,}3\,\frac{\varrho}{B}\sqrt{\frac{k}{E}} = 7{,}27\,\frac{\varrho}{B}\,\frac{p_H}{E} \tag{247/2}$$

ist. Für $S_R = 1{,}4$ bis $2{,}6$ und $b/B = 0{,}1$ bis 2 kann man mit guter Annäherung (Fehler bis 2%) setzen:

$$q_R \approx 0{,}117\,\sqrt{S_R}\left[\left(\frac{b}{B} + 0{,}7\right)^{3/2} + 3\right]. \tag{247/3}$$

7. Verschleiß, Lebensdauer und Grenzbeanspruchung

Aus der Reibleistung N_R kann man die Lebensdauer L_h des Reibringes in Vollast-Betriebsstunden berechnen, wenn die verschleißbare Belagdicke s, und somit das verschleißbare Volumen V_v und ferner der Verschleißwert f durch Versuche oder Erfahrungen bei ähnlichen Betriebsbedingungen bekannt ist:

$$L_h = \frac{V_v}{N_R\,f}, \tag{247/4}$$

$$V_v = F_R\,s, \tag{247/5}$$

$$F_R = 2\pi r\,B, \tag{247/6}$$

wobei $r = r_1$ bzw. r_2 der gefährdeten Reibfläche ist.

Je nach der Art der Reibpaarung und Schmierung kann die zulässige Belastung außer durch k und L_h auch durch zu hohe örtliche Temperatur und durch zu großen örtlichen Verschleiß (Riefenbildung) begrenzt sein. Die hierfür maßgeblichen Bezugsgrößen sind noch nicht befriedigend erfaßt. Als ersten Anhalt benutzte ich den Kennwert

$$q_f = \frac{N_R\,10^4}{z\,F_R\,v^{1/2}} \leqq q_{f\,\mathrm{grenz}} \tag{247/7}$$

Erfahrungswerte für $q_{f\,\mathrm{grenz}}$ s. Taf. 250/1.

8. Berechnung bei Punktberührung

Bei Punktberührung ist die Druckfläche eine *Ellipsen*-Fläche mit den Durchmessern b und B (Bild 247). Die Flächenpressung fällt hierbei vom Maximum in der Mitte der Druckfläche nach allen Seiten bis auf Null am Rande ab, während sie bei Linienberührung (Bild 244) in Richtung B konstant bleibt. Mit diesem allseitigen Druckabfall sind besonders bei Regel-Reibrädern folgende Wirkungen verbunden:

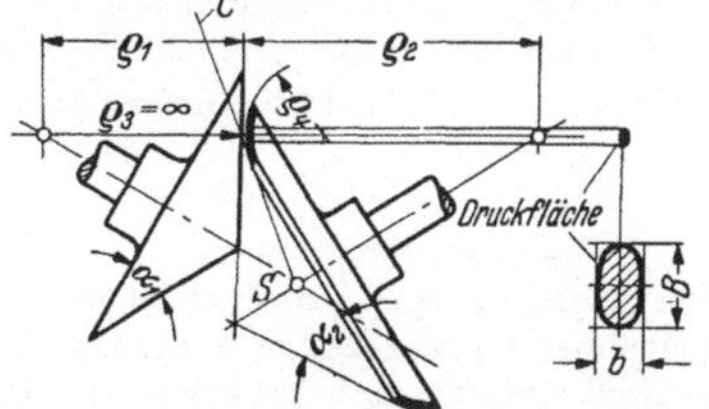

Bild 247. Zur Berechnung der Reibräder mit Punktberührung: ϱ_1 und ϱ_2 Krümmungshalbmesser in Hauptebene I (Schnittebene senkrecht zur Bildebene); ϱ_3 und ϱ_4 Krümmungshalbmesser in Hauptebene II (Bildebene)

1. Die nachteilige Kanten-Wirkung an den Enden der Berührungslinie fällt fort;

2. Die Reibleistnng aus Zwangsschlupf wird kleiner, da die Flächenpressuug anch in Richtung B zum Rand hin abfällt;

3. die ertragbare Normalkraft P ist bei Punktberührung in erster Annäherung die *gleiche*, wie die der Rechteck-Druckfläche (Linienberührung) *mit gleichem* $b\,B$.[1]

Demnach ist bei Reibpaarungen aus gehärtetem Stahl eine elliptische oder elliptisch abgerundete Druckfläche von Vorteil.[2]

Berechnung der Wälzpressung:

Nach dem Ansatz unter 3. kann man die Wälzpressung für Linien- und Punktberührung *einheitlich* als Wälzpressung einer Ersatzrolle gegen Ebene (Index E) berechnen:

$$k = \frac{P}{2\varrho_E B_E}. \tag{248/1}$$

Hierin ist einzusetzen: k_{grenz} nach Tafel 250/1; für *Linien*berührung $\varrho_E = \varrho_L$ nach Gl. (245/5) und $B_E \equiv B$ nach Bild 244; für *Punkt*berührung $\varrho_E = \varrho$ nach Gl. (248/5) und $B_E = y_E\,B$ mit B nach Bild 247 u. Gl. (249/1) und y_E und y_B nach Taf. 251/2.

Ableitung der Einsatzgrößen für Punktberührung. Nach den HERTZschen Gleichungen (s. Bd. I, Wälzpaarungen) ist für *Linien*berührung (Rechteck-Druckfläche):

$$\frac{P}{b\,B} = \frac{\pi}{4}\,p_H = \frac{1}{2{,}15}\left(\frac{P\,E}{2\varrho_L B}\right)^{1/2} = \frac{(k\,E)^{1/2}}{2{,}15}, \tag{248/2}$$

und für *Punkt*berührung (Ellipsen-Druckfläche):

$$\frac{P}{b\,B} = \frac{\pi}{6}\,p_K = \frac{P^{1/3}}{4{,}92\,\xi\,\eta}\left(\frac{E}{\varrho_K}\right)^{2/3}, \tag{248/3}$$

$$B = 2{,}22\,\xi\,\sqrt[3]{P\,\varrho_K/E}; \qquad B/b = \xi/\eta. \tag{248/4}$$

Hierbei p_H bzw. p_K die HERTZsche Pressung bei Linien- bzw. Punktberührung; ξ und η Beiwerte nach HERTZ (s. Bd. I, Wälzpaarungen), ϱ_L bzw. ϱ_K der Ersatz-Krümmungshalbmesser bei Linienberührung (Ersatzrolle gegen Ebene) bzw. bei Punktberührung (Ersatzkugel gegen Ebene). Mit ϱ_1 bis ϱ_4 nach Bild 247 ist außerdem

$$\varrho = \frac{1}{1/\varrho_1 + 1/\varrho_2} = \frac{\varrho_1}{1 + \varrho_1/\varrho_2}; \qquad \varrho' = \frac{1}{1/\varrho_3 + 1/\varrho_4} = \frac{\varrho_3}{1 + \varrho_3/\varrho_4}, \tag{248/5}$$

$$\varrho_K = \frac{2}{1/\varrho + 1/\varrho'} = \frac{2\varrho}{1 + \varrho/\varrho'}. \tag{248/6}$$

Bei Hohlkrümmung ist der betreffende Krümmungshalbmesser negativ einzusetzen. Durch Gleichsetzung von $P/b\,B$ in Gl. (248/2 u. 3) und durch Hinzunahme von Gl. (248/1) erhält man

$$p_K = \frac{P^{1/3}}{2{,}58\,\xi\,\eta}\left(\frac{E}{\varrho_K}\right)^{2/3} = 1{,}5\,p_H = 0{,}89\,(k\,E)^{1/2}, \tag{248/7}$$

$$k = \left(\frac{P\,E^{1/2}}{12\,\varrho_K^2\,(\eta\,\xi)^3}\right)^{2/3} = \frac{P}{2\varrho_L B} = \frac{P}{2\varrho_E B_E}, \tag{248/8}$$

$$\varrho_E B_E = 2{,}62\,\varrho_K\,(\xi\,\eta)^2\,\sqrt[3]{\frac{\varrho_K P}{E}}. \tag{248/9}$$

Da es für die Wälzpressung k nur auf das Produkt $(\varrho_E B_E)$ ankommt, kann man für die Punktberührung ϱ_E so festlegen, daß für den Grenzfall der Punkt- und Linienberührung, also für den Fall der schwach balligen Rolle gegen Ebene ($\varrho' \to \infty$) der Halbmesser ϱ_E der Ersatzrolle gleich dem Halbmesser ϱ_L der gleich tragfähigen Rolle mit Linienberührung wird. Hierfür wird gesetzt

$$\varrho_E = \varrho. \tag{248/10}$$

---

[1] Der angegebene Ansatz ist wegen seiner Anschaulichkeit für Wälzpaarungen allgemein von Interesse. Der Ansatz besagt theoretisch, daß bei der zweiachsigen Änderung der Flächenpressung (Punktberührung) gegenüber der einachsigen Änderung (Linienberührung) die ertragbare maximale Flächenpressung *1,5 mal* so groß ist. Praktisch kann man bei Punktberührung meist noch etwas höher belasten (etwa bis zu 20% höher), da die Kantenwirkung fortfällt und der Zwangsschlupf kleiner ist.

[2] Bei stärker verschleißendem Reibstoff erfolgt schon selbsttätig eine Annäherung an die elliptische [illegible] der Verschleiß an den Flächenteilchen mit größerem Abstand e vom Wälzpunkt (s. Bild 244)

Entsprechend ist nach Gl. (248/4) u. (248/9) $c = \xi\eta^2$ für $\varrho' > \varrho$ und $c = \xi^2\eta$ für $\varrho' < \varrho$

$$B_E = y_E B; \quad B = y_B \sqrt[3]{\frac{P\varrho'}{E}}, \tag{249/1}$$

$$y_E = 1{,}18c\frac{\varrho_K}{\varrho} = \frac{2{,}36c}{1+\varrho/\varrho'}; \quad y_B = 2{,}22\xi\sqrt[3]{\frac{\varrho_K}{\varrho'}} = 2{,}22\xi\sqrt[3]{\frac{2}{1+\varrho'/\varrho}}. \tag{249/2}$$

Auch für den Fall, daß die verfügbare Breite $B_{\max}$ der Laufbahn kleiner ist als die theoretische Breite B der Druckellipse, läßt sich k nach Gl. (248/1) berechnen mit

$$\begin{aligned} B_E = y_E B &\leqq B_{\max}\left[1 + (y_E - 1)\frac{B_{\max}}{B}\right] \quad \text{für} \quad y_E \geqq 1 \\ &\leqq y_E B_{\max} \quad \text{für} \quad y_E \leqq 1. \end{aligned} \tag{249/3}$$

Berechnung der weiteren Größen für Punktberührung:

Für den Zusammenhang von U, P, N_1, Q und A gelten auch hier die Gl. (245/10 bis 246/3); für N_R, ε, η_R und η die Gl. (246/6 bis 247/1) mit q_R nach Taf. 251/1; für L_h, V_v, F_R und q_f die Gl. (247/4 bis /7).

28.6. Berechnungsbeispiele

1. Beispiel für konstante Reibräder

Gegeben: Antrieb für Drehtor nach Bild 249 mit Anpressung der Reibräder durch Federkraft, zwecks Wirkung als Überlastkupplung. Betriebsdaten: $N_1 = 0{,}36$, $n_1 = 1420$, $r_1 = 25$, $r_2 = 130$, $S_R = 1{,}5$.

1. Ausführung mit Paarung Preßstoff/Stahl[1]

Nach Taf. 250/1 ist $\mu = 0{,}4$ und $k_{\text{grenz}} = 0{,}1$.

Berechnet: $U = 7{,}25$ nach Gl. (245/10); $P = 27{,}2$ nach Gl. (246/1); $\varrho_L = 21$ nach Gl. (245/5); $k = 0{,}022$ nach Gl. (245/7) mit $B = 30$ mm; also ist $k < k_{\text{grenz}}$.

2. Ausführung mit Paarung Gummi/Stahl[1]

Nach Taf. 250/1 ist

$\mu = 0{,}8$ und $k_{\text{grenz}} = 0{,}02$.

Berechnet: Für die gleichen Abmessungen wie zuvor erhält man $P = 13{,}6$ und $k = 0{,}011$. Demnach ist $k < k_{\text{grenz}}$.

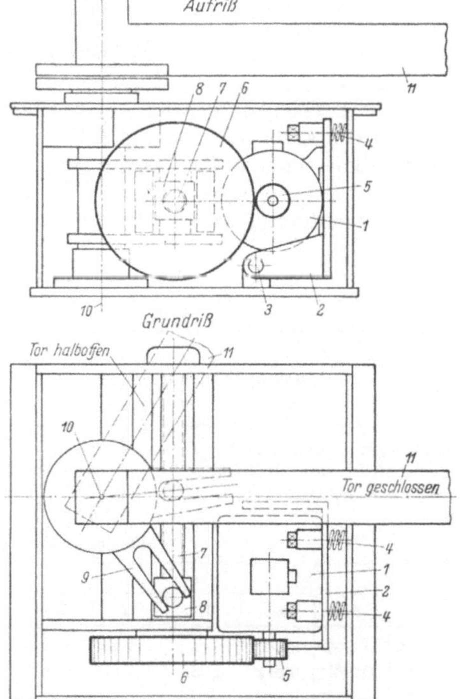

Bild 249. Reibradantrieb zur Bedienung eines Drehtores (nach Fa. J. Gartner u. Co., Gundelfingen)
1 Antriebsmotor auf Wippe *2* mit Drehachse *3* und Anpreßfeder *4*, *5* Reibrad mit Gummibelag, *6* getriebenes Reibrad aus Stahl, *7* Schraubenspindel mit Mutter *8*, Gabel *9* an Drehachse *10* des Drehtores *11*

2. Beispiel für Regel-Reibräder

Gegeben: Regelgetriebe nach Bild 241/2, mit Anpreß-Automatik, mit $n = 1000$; $r_2 = 70$; kleinstes $r_1 = 50$ mm (ungünstigste Regelstellung!); $\alpha_1 = 0$, $\alpha_2 = 15°$; $S_R = 1{,}4$.

Gesucht: Übertragbare Leistung N_1 und η_R.

---

[1] Die Ausführung mit der Paarung Gummi/Stahl ergibt größere Laufruhe und weniger Verschleiß; sie erfordert aber durchweg etwas größere Breite B der Laufbahn. Wegen der Forderung, daß die Reibräder gleichzeitig als Überlastkupplung wirken sollen, ist die Anbringung des Reibstoffes an der Antriebswelle erforderlich, da bei Anbringung des Reibstoffes am Großrad beim Durchrutschen Abplattungen (Verschleißmarken) am Großrad entstehen würden. Für Laufruhe und Lebensdauer ist es sonst günstiger, den Reibstoff am Großrad anzubringen.

1. Ausführung mit Paarung Preßstoff/Grauguß

Nach Taf. 250/1 ist $E = 800$, $\mu = 0{,}4$, $f = 300$, $k_{\text{grenz}} = 0{,}1$, $q_{f\,\text{grenz}} = 0{,}65$.

Gewählt: $B = 8$ für Reibring aus Preßstoff mit $r = r_2$.

Berechnet: $\varrho_L = 270$ nach Gl. (245/5), $R = 161$ nach Gl. (245/3), $F_R = 3520$ für r_2 nach Gl. (247/6). Für $k = k_{\text{grenz}} = 0{,}1$ erhält man $P = k\,2\varrho_L\,B = 432$, $N_1 = 8{,}6$ nach Gl. (245/10).

Mit $b/B = 1{,}62$ nach Gl. (247/2) erhält man $q_R = 0{,}892$ nach Taf. 250/2, und somit $N_R = N_1\,q_R\,B/R = 0{,}382$ und $q_f = 0{,}67$ nach Gl. (247/7). Demnach ist $q_f \approx q_{f\,\text{grenz}}$. Wirkungsgrad der Reibpaarung in der ungünstigsten Stellung $\eta_R = 1 - q_R\,B/R = 0{,}954$. Für eine verschleißbare Belagdicke $s = 5$ erhält man für die ungünstigste Regelstellung die Vollast-Lebensdauer $L_h = 152$ Std. nach Gl. (247/4).

2. Ausführung mit Paarung gehärteter Stahl/gehärteter Stahl

Nach Taf. 250/1 ist $E = 2{,}1 \cdot 10^4$, $f = 0{,}4$, $\mu = 0{,}031$ für $\varrho_L = 270$, $k_{\text{grenz}} = 2{,}9$ für $H_B = 650$, $q_{f\,\text{grenz}} = 4{,}5$.

Gewählt: $B = 6$, $\varrho_1 = 270$ und $R = 161$, wie zuvor.

Berechnet: Mit $k = k_{\text{grenz}}$ erhält man $P = 9400$, $N_1 = 14{,}6$, $b/B = 2{,}27$ und somit $q_R = 1{,}135$ nach Taf. 250/2 und $N_R = 0{,}616$. Mit $F_R = 1890$ für r_1 wird $q_f = 2{,}0 < q_{f\,\text{grenz}}$. Wirkungsgrad $\eta_R = 0{,}958$.

3. Beurteilung der beiden Ausführungen

Für die vorliegende Anordnung der Reibräder ist die Ausführung mit Preßstoff/Grauguß vorzuziehen, da bei der Ausführung mit gehärtetem Stahl die Lagerbelastung sehr groß wird. Anderseits ermöglicht die Ausführung aus gehärtetem Stahl bei gleichen Hauptabmessungen die Übertragung einer viel größeren Leistung bei viel größerer Lebensdauer und etwas höherem Wirkungsgrad. In diesem Falle würde man aber eine andere Anordnung zur Herabsetzung der Lagerkräfte vorziehen.

28.7. Tafeln für die Berechnung

Tafel 250/1. *Anhaltswerte für Reibrad-Paarungen*[2]

Paarung	Schmierung	Mittelwerte			Grenzwerte	
		E kg/mm²	μ	f mm²/PSh	k_{grenz} kg/mm²	$q_{f\,\text{grenz}}$
Gummi/St; Gummi/GG[1]	ohne	4,0	0,8	15	0,02	0,35
Preßstoff/St; Preßstoff/GG	ohne	800	0,4	300	0,10	0,65
Gehärt. St/gehärt. St	Öl	21000	$0{,}2/\varrho_L^{1/3}$	0,4	$(H_B/380)^2 \leqq 2{,}9$	4,5

Tafel 250/2. *Beiwert q_R für Linienberührung*

s_R	$b/B =$ 0,4	0,6	0,8	1,0	1,2	1,4	1,6	1,8	2,0	2,2	2,4	2,6
1,25	0,555	0,596	0,645	0,700	0,762	0,830	0,900	0,980	1,06	1,10	1,22	1,34
1,4	0,572	0,612	0,658	0,708	0,762	0,820	0,885	9,952	1,025	1,10	1,185	1,27
1,6	0,600	0,645	0,695	0,752	0,814	0,878	0,945	1,01	1,08	1,155	1,23	1,30
1,8	0,638	0,685	0,743	0,805	0,874	0,943	1,01	1,09	1,16	1,235	1,32	1,40
2,0	0,683	0,738	0,800	0,867	0,940	1,01	1,08	1,16	1,24	1,32	1,41	1,49
2,2	0,733	0,790	0,853	0,922	0,997	1,07	1,15	1,23	1,32	1,41	1,50	1,59
2,4	0,782	0,842	0,908	0,978	1,052	1,13	1,21	1,30	1,39	1,495	1,59	1,70
2,6	0,830	0,890	0,957	1,032	1,106	1,18	1,27	1,36	1,45	1,59	1,72	1,82

[1] Bei Gummi wächst die „innere" Verlustleistung und somit die innere Erwärmung etwa linear mit der Dicke des Gummiringes, mit der Belastung und mit $\sqrt{n}$.

[2] Die Größe von μ ändert sich noch mit v, k, Oberfläche, Schlupf und Schmierstoff.

Tafel 251/1. *Beiwert q_R für Punktberührung*

s_R	b/B =											
	0,4	0,6	0,8	1,0	1,2	1,4	1,6	1,8	2,0	2,2	2,4	2,6
1,25	0,447	0,488	0,541	0,593	0,644	0,702	0,766	0,836	0,911	0,986	1,063	1,413
1,4	0,447	0,496	0,547	0,598	0,651	0,705	0,767	0,833	0,904	0,974	1,047	1,126
1,6	0,465	0,520	0,570	0,625	0,684	0,745	0,809	0,872	0,940	1,009	1,086	1,168
1,8	0,492	0,554	0,606	0,658	0,724	0,793	0,860	0,926	0,996	1,069	1,149	1,231
2,0	0,525	0,592	0,646	0,704	0,775	0,849	0,919	0,992	1,067	1,142	1,223	1,307
2,2	0,559	0,631	0,688	0,752	0,832	0,912	0,988	1,065	1,145	1,227	1,315	1,404
2,4	0,597	0,672	0,737	0,805	0,889	0,975	1,059	1,147	1,237	1,327	1,418	1,512
2,6	0,636	0,713	0,785	0,855	0,943	1,041	1,135	1,228	1,321	1,413	1,509	1,604

Tafel 251/2. *Werte b/B, y_E und y_B für Punktberührung mit ϱ und ϱ' nach Gl. (248/5)*

ϱ/ϱ' =	0	0,001	0,01	0,05	0,1	0,2	0,3	0,4	0,5	0,6	0,7	0,8	0,9	1
b/B =	0	0,015	0,056	0,146	0,223	0,347	0,451	0,547	0,634	0,714	0,789	0,862	0,931	1
y_E =	1,50	1,50	1,495	1,475	1,45	1,405	1,36	1,33	1,30	1,27	1,24	1,22	1,20	1,18
y_B =	4,50	4,00	3,58	3,17	3,00	2,80	2,66	2,55	2,47	2,41	2,35	2,30	2,26	2,22
ϱ'/ϱ =	0	0,001	0,01	0,05	0,1	0,2	0,3	0,4	0,5	0,6	0,7	0,8	0,9	1
B/b =	0	0,015	0,056	0,146	0,223	0,347	0,451	0,547	0,634	0,714	0,789	0,862	0,931	1
y_E =	0	0,11	0,26	0,51	0,65	0,81	0,91	0,98	1,03	1,07	1,10	1,13	1,16	1,18
y_B =	0	0,58	0,91	1,25	1,44	1,65	1,78	1,89	1,97	2,04	2,09	2,14	2,18	2,22

28.8. Schrifttum

1. DIN- und AWF-Blätter

[*1*] DIN 8220 (Entw. 1957) Reibräder.

[*2*] AWF-Getriebeblätter 615/616 (1929) Berlin.

2. Grundlagen, Berechnung und Beanspruchung

[*3*] Bondi, H.: Beiträge zum Abnutzungsproblem mit besonderer Berücksichtigung der Abnutzung von Zahnrädern. Diss. Darmstadt 1936.

[*4*] Dies, K.: Über die Vorgänge beim Verschleiß bei rein gleitender und trockener Reibung, Reibung und Verschleiß, S. 63—77. VDI-Verlag 1939.

[*6*] Fromm, H.: Berechnung des Schlupfs beim Rollen deformierbarer Scheiben. ZAMM Bd. 7. (1927) S. 27—58.

[*7*] Heyn, W.: Belastungsverhältnis und Gleitgeschwindigkeit bei Reibungsgetrieben. ZAMM Bd. 6 (1926) S. 308.

[*8*] Lane, T. B.: The Lubrication of friction drives. (Reibungszahlen). Am. Soc. Mech. Eng., Paper No 55 Lub 3, Okt. 1955.

[*9*] Niemann, G.: Walzenfestigkeit und Grübchenbildung von Zahnrad- und Wälzlagerwerkstoffen. Z. VDI Bd. 81 (1943) S. 521.

[*10*] Pantell, K.: Versuche über Scheibenreibung. Z. VDI Bd. 92 (1950) S. 816.

[*11*] Peppler, W.: Druckübertragung an geschmierten zylindrischen Gleit- und Wälzflächen. VDI-Forsch.-Heft 391 (1938).

[*12*] Sachs, G.: Versuche über die Reibung fester Körper. ZAMM Bd. 4 (1924) S. 1—32.

[*13*] Schunk, J.: Kritischer Vergleich der Gleitreibungszustände unter besonderer Berücksichtigung des Vorgangs der Grenzreibung. Diss. Aachen 1949.

[*14*] Stänger, H.: Reibung und Schmierung. Schweizer. Arch. angew. Wiss. Techn. (1949) H. 4.

[*15*] Thomas, W.: Reibscheiben-Regelgetriebe. Braunschweig: Vieweg u. Sohn 1954.

[*16*] Wernitz, W.: Wälz-Bohrreibung. Braunschweig: Vieweg u. Sohn 1958.

3. Konstante Reibräder

[*20*] Fromm, H.: Zulässige Belastung von Reibungsgetrieben mit zylindr. oder kegeligen Rädern. Z. VDI Bd. 73 (1929), S. 957.

[*21*] Kalpers, H.: Das Zellstoff-Reibrad als neues Antriebselement. Die Technik Bd. 5 (1950) S. 56.

[22] NIEMANN, G.: Reibradgetriebe. Konstruktion Bd. 5 (1953) S. 33—38.
[23] OPITZ, H., u. G. VIEREGGE: Eigenschaften und Verwendbarkeit von Reibradantrieben. Werkst. u. Betr. Bd. 82 (1949) S. 349.
[24] OPITZ, H., u. G. VIEREGGE: Versuche an Reibradgetrieben. Z. VDI Bd. 91 (1949) S. 575.
[25] PEPPLER, W.: Zweiachsige Reibradantriebe für feste Übersetzungen. Konstruktion Bd. 1 (1949) S. 289 u. 336.
[26] SCHMIDT, W.: Zur Entwicklung des Reibrad ntriebs. Stahl u. Eisen (1949) S. 329—332.
[27] THOMAS, W.: Anwendungsgrenzen mechanischer Leistungsgetriebe. Z. VDI Bd. 92 (1950) S. 902.
[28] VIEREGGE, G.: Energieübertragung, Berechnung und Anwendbarkeit von Reibradgetrieben. Diss. Aachen 1950.
[29] WITTE, FR., u. O. STAMM: Das Zadowgetriebe. Z. VDI Bd. 77 (1933) S. 499.
[30] —: Reibräder aus Gummi mit Stahldrahteinlage. Werkstattstechnik u. Maschinenbau Bd. 43 (1953) S. 379.
[31] —: Weichstoff-Reibräder. Industriekurier Bd. 7 (1954) S. 491.

4. Schalt-Reibräder

[35] KRÖNER, R.: Entwicklung des Reibradantriebs zur Überlast-Kupplung. Z. VDI Bd. 93 (1951) S. 229.

5. Regel-Reibräder

[38] ALTMANN, F. G.: Getriebe und Triebwerksteile. Z. VDI Bd. 93 (1951) S. 517.
[39] ALTMANN, F. G.: Mechanische Übersetzungsgetriebe und Wellenkupplungen. Z. VDI Bd. 94 (1952) S. 545—550 (Reibradgetriebe s. S. 547—48).
[40] ALTMANN, F. G.: Wellenkupplungen und mechanische Getriebe. Z. VDI Bd. 98 (1956) S. 1147—1158 (Reibradgetriebe s. S. 1152—1153).
[41] ALTMANN, F. G.: Mechanische Getriebe und Triebwerksteile. Z. VDI Bd. 99 (1957) S. 957—969 (Regel-Reibgetriebe s. S. 961).
[42] ALTMANN, F. G.: Stufenlos verstellbare mechanische Getriebe. Konstruktion Bd. 4 (1952) S. 161 (gute Übersicht über Bauformen und Schrifttum).
[43] BEIER, J.: Moderne stufenlos regelbare Getriebe. VDI-Tagungsheft 2, Antriebselemente, S. 161—168. Düsseldorf 1953.
[44] KATTERBACH, R.: Reibrad-Regelgetriebe mit selbstregelndem Anpreßdruck. Getriebetechnik Bd. 11 (1943) H. 3, S. 113—116.
[45] KUHLENKAMP, A.: Reibradgetriebe als Steuer-, Meß- und Rechengetriebe. Z. VDI Bd. 83 (1939) S. 677 bis 683.
[46] LUTZ, O.: Grundsätzliches über stufenlos verstellbare Wälzgetriebe. Konstruktion 9 (1957) S. 169—271.
[47] NIEMANN, G.: Reibradgetriebe. Konstruktion Bd. 5 (1953) S. 33—38.
[48] REUTHE, W.: Stufenlose Reibgetriebe. Industrie-Anzeiger (1954) Heft 19.
[49] SIMONIS, F. W.: Stufenlos verstellbare Getriebe. Werkstattbücher H. 96. Berlin: Springer 1949.
[50] SIMONIS, F. W.: Antriebe, Steuerungen und Getriebe bei neueren Drehbänken. Konstruktion Bd. 4 (1952) S. 258—274 (mit Firmenverzeichnis für Regelgetriebe S. 270).
[51] SCHÖPKE, H.: Stufenlos regelbare Antriebe in Werkzeugmaschinen. Z. VDI Bd. 87 (1943) S. 773—780.
[52] SCHÖPKE, H.: Grenzdrehmoment und Grenzleistung bei mechanisch stufenlosen Regelgetrieben in Werkzeugmaschinen. Getriebetechnik Bd. 11 (1943) S. 333—335 u. 385—386.
[53] THOMAS, W.: Reibscheiben-Regelgetriebe. Braunschweig: Vieweg u. Sohn 1954.
[54] THÜNGEN, H. v.: Stufenlose Getriebe. Z. VDI Bd. 83 (1939) S. 730.
[55] THÜNGEN, H. v.: Stufenlose Getriebe. Bussien, Automobiltechn. Handb. S. 588—616. Berlin 1953.
[56] TIETZE, B.: Forderungen an ein ideales stufenloses Getriebe in Fördertechnik und Maschinenbau. Z. Fördern u. Heben Bd. 4 (1954) S. 505—507.
[57] UHING, J.: Rollringgetriebe. Z. Konstruktion Bd. 8 (1956) S. 423.
[58] WELTE, A.: Konstruktions- u. Maschinenelemente (auch Regel-Reibräder). Konstruktion 10 (1958) S. 318/33.
[59] —: Kopp-Getriebe mit stufenlos veränderlicher Übersetzung. Engineer Bd. 189 (1950) Nr. 4923, S. 652; Auszug Z. Konstruktion Bd. 2 (1950) S. 320.
[60] —: Ein Getriebe mit stetig veränderlicher Übersetzung (Lamellenartig angeordneten Kegelscheiben). Engineer Bd. 188 (1949) Nr. 4900, S. 747.
[61] —: Das Schaerer-Beier-Getriebe. Industrieblatt Bd. 54 (1954) S. 529—530.
[62] —: Stufenlos regelbares Reibradgetriebe. Design News Bd. 10 (1955) 6, S. 39.
[63] —: Reibradgetriebe mit Druckausgleich der Reibräder. Design News Bd. 9 (1954) 14, S. 32—33.

6. Firmenschriften

[70] I. Arter u. Co., Männedorf (Schweiz); Continental Gummi-Werke, Hannover; Contraves AG, Zürich, Eisenwerk Wülfel, Hannover-Wülfel; Hans Heynau o.H.G., München 13; Rich. Hofheinz u. Co. A.G.; Haan/Rhld.; Schaerer-Werke, Karlsruhe; WEBO GmbH, Düsseldorf.

29. Reibkupplungen und Reibbremsen

29.1. Überblick

1. Reibkupplungen

Gegenüber den formschlüssigen Wellen-Schaltkupplungen, wie Zahnkupplungen u. dgl., können Reibkupplungen *ohne Rücksicht auf Gleichlauf* der Wellen eingeschaltet werden, da sie bei Überschreitung des Haft-Reibmomentes *durchrutschen.* Sie übertragen beim Rutschen das Gleit-Reibmoment als Drehmoment auf die Abtriebswelle. Die Reibarbeit beim Rutschen wird in Verschleiß und Erwärmung umgesetzt. Entsprechend diesen Eigenschaften können Reibkupplungen nicht nur zum Kuppeln und Entkuppeln dienen, sondern auch zum *Beschleunigen* der Arbeitsmaschine bis zum Gleichlauf und zur *Begrenzung* des Drehmomentes. Man unterscheidet nach dem *Verwendungszweck:*

1) **Schaltkupplungen** (Bild 279/1 bis 281/1 u. 281/5) zum Ein- und Ausschalten der Drehbewegung einer Maschine bei durchlaufendem Motor oder zum Wechsel der Übersetzung oder Drehrichtung;

2) **Anlaufkupplungen** (meist Fliehkraftkupplungen, Bild 281/2 bis /4), die erst bei Betriebsdrehzahl das volle Drehmoment auf die Arbeitsmaschine übertragen und vorher beim Anlauf den Motor fast unbelastet lassen, wie Bild 257/1 zeigt;

3) **Sicherheitskupplungen** (Bild 279/3), die bei Überschreitung des eingestellten Drehmomentes durchrutschen;

4) **Richtungskupplungen** (Überholungskupplungen), die beim Wechsel der Drehrichtung oder des Drehmomentes oder beim Voreilen der einen Welle gegenüber der anderen fassen bzw. lösen (s. Kap. 30).

Nach der Bauform (s. Taf. 267) Backen- und Kegelkupplungen, Scheibenkupplungen (Einscheiben-, Mehrscheiben- und Lamellenkupplungen) und Schlingbandkupplungen; verschiedene Ausführungen s. Bild 279 bis 281/5.

Nach Art der Reibpaarung und Schmierung trockenlaufende und geschmierte Kupplungen, mit oder ohne besonderen Reibbelag, mit losem graphitiertem Stahlsand oder Stahlkugeln als Reibstoff (Bild 281/3 bis /5).

Nach Art der Bedienung Hand- und Fußkupplungen, Magnetkupplungen, hydraulisch oder pneumatisch bediente und direkt von der Arbeitsmaschine gesteuerte Kupplungen. In Bild 270 sind die grundsätzlichen Bauarten für die Überleitung der Schaltbewegung auf den drehenden Teil und für die weitere Übersetzung der Anpreßkraft zusammengestellt.

Vergleich mit anderen kraftschlüssigen Kupplungen. Reibkupplungen bauen meist einfacher, kleiner und durchweg erheblich billiger als Flüssigkeits- oder elektrodynamische Kupplungen. Sie werden daher bevorzugt, sofern ihr Betriebsverhalten ausreicht. Aus der Gegenüberstellung (Bild 254) der Drehmoment-Kennlinien für die verschiedenen Kupplungsarten ist zu ersehen, daß Reibkupplungen bei Nenndrehmoment *ohne Schlupf* (ohne Dauerverluste) arbeiten und hierin nur noch von der Magnetpulverkupplung und von der Induktionskupplung erreicht werden. Ferner zeigt Bild 254, daß auch mit Reibkupplungen verschiedenartige Drehmoment-Kennlinien erzielt werden können.

Die *Verlustleistung bei Schlupf* und somit auch die Wärmeerzeugung ist bei allen Kupplungsarten gleich, sofern der Drehzahl-Unterschied n_1-n_2 und das hierbei übertragene Drehmoment gleich sind. Die Verlustleistung wird aber bei Reibkupplungen in *Verschleiß* umgesetzt, der wegen der notwendigen Nachstellung des Schaltzeuges und wegen der notwendigen Erneuerung des Reibstoffes einen Nachteil bedeutet. Außerdem kann in bestimmten Fällen der Verlauf der Drehmoment-Kennlinien oder die Art der Regelung bei Flüssigkeits- und elektrodynamischen Kupplungen von besonderem Vorteil sein und den größeren Aufwand hierfür rechtfertigen.

Erfahrungsangaben und Empfehlungen für die Wahl der Reibkupplungen, für die Wahl der Reibpaarung und Bedienung und für die Erzielung bestimmter Betriebseigenschaften s. S. 269ff.

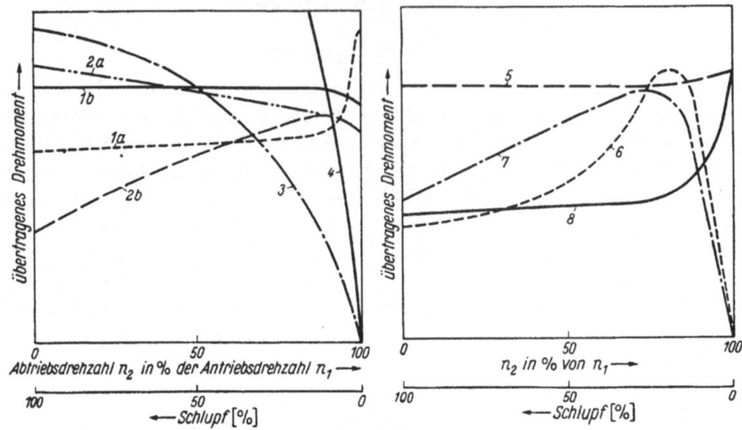

Bild 254. Drehmoment-Kennlinien verschiedener Kupplungen, abhängig vom Schlupf bei Antriebsdrehzahl n_1 = konst. *1* Reibkupplung; *1a* geschmiert; *1b* trocken; *2* Stahlsandkupplung; *2a* Flügelstern angetrieben; *2b* Gehäuse angetrieben; *3* hydrodynamische Flüssigkeitskupplung; *4* hydrostatische Flüssigkeitskupplung; *5* Magnetpulverkupplung; *6* elektromagnetische Kupplung (ohne Reibpaarung); *7* Wirbelstromkupplung; *8* Induktionskupplung (bei Gleichlauf schlupflos)

2. Reibbremsen

Sie können als Reibkupplungen aufgefaßt werden, deren Gegenfläche drehfest gehalten ist. Hierdurch fällt die Überleitung der Schaltbewegung zum drehenden Teil fort, so daß sie einfacher ausgeführt werden können. Hinsichtlich der grundsätzlichen Bauformen für Reibbremsen (Taf. 267), der Bemessung der Reibpaarung, der Erwärmung und hinsichtlich der Bedienung gelten die gleichen Überlegungen wie bei Reibkupplungen. Man unterscheidet nach dem *Verwendungszweck*:

1) **Haltebremsen** zum Festhalten einer Welle, einer Maschine oder eines Fahrzeuges. Die reinen Haltebremsen, die erst bei Stillstand eingelegt werden, arbeiten ohne Verschleiß und Erwärmung;

2) **Stopp- und Regelbremsen** zum Abstoppen bzw. Regeln einer Bewegung; sie dienen meist gleichzeitig als Haltebremsen;

3) **Leistungsbremsen** zum Prüfen einer Kraftmaschine und davon angetriebener Maschinen unter Drehmoment im Laufzustand; die Leistung wird hierbei voll in Reibungswärme und Verschleiß umgesetzt. Außerdem kommen hierfür auch Wasserbremsen und elektrische Leistungsbremsen (Generatoren) in Frage.

Verschiedene Bauarten der Bremsen und Ausführungen s. Taf. 267 und Bild 276 bis 277/2 u. 281/6 bis 283/3.

29.2. Reibvorgänge beim Kuppeln und beim Bremsen

Die Berechnung der Bewegungsgrößen, nämlich der kinetischen Energie A_m, des Beschleunigungsmomentes M_B, der Beschleunigungszeit usw. s. Grundgleichungen auf S. 15ff. Empfehlungen zur Erzielung bestimmter Reibwirkungen und Kennlinien s. S. 269. Bezeichnungen und Dimensionen s. S. 258.

1. Beschleunigung mit einer Schaltkupplung (Bild 255)

Die Antriebswelle läuft mit der Drehzahl n_1; die Abtriebswelle hinter der Schaltkupplung steht noch still ($n_2 = 0$). Nach dem Einschalten (Zeitpunkt I) überträgt die rutschende Kupplung das Reibmoment $M_R = U(d/2)$, wodurch in der Reibzeit t_R die Drehzahl n_1 meistens etwas absinkt (bis auf n) und die Drehzahl n_2 von null bis n

zunimmt (Punkt II), sofern M_R größer als das statische Belastungs-Drehmoment (Beharrungsmoment) M_H an der Abtriebswelle ist.

$$M_H = 71\,620 \frac{N_2}{n_2}. \tag{255/1}$$

Nur die Differenz

$$M_B = M_R - M_H \tag{255/2}$$

wirkt als Beschleunigungsmoment. Bei konstantem M_B nimmt die Drehzahl n_2 bis zum Gleichlauf linear zu (Bild 255 links) und bei veränderlichem M_B nach einer Kurve

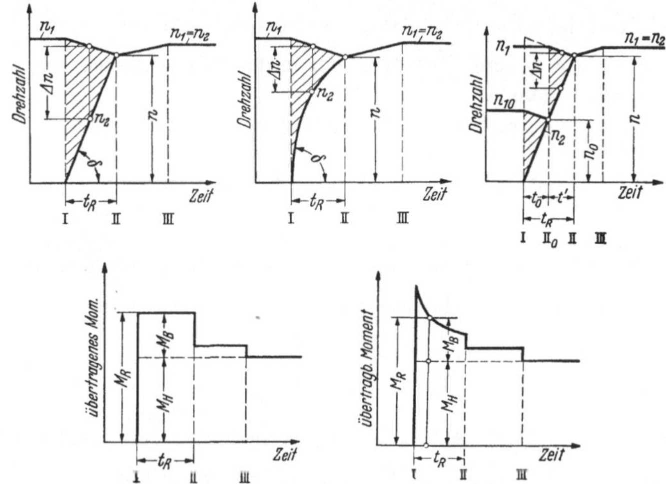

Bild 255. Anlauf mit Reibkupplung, bei konstantem Beschleunigungsmoment (links), bei abnehmendem Beschleunigungsmoment (Mitte) und bei Anlauf in 2 Schaltstufen (rechts)

(Bild 255 Mitte). Nach Erreichen des Gleichlaufes (Punkt II) geht die weitere Beschleunigung von n bis auf die Beharrungsdrehzahl (Punkt III) ohne Rutschen der Kupplung vor sich.

Die Zeitdauer t_R des Rutschvorganges ergibt sich aus der Gleichsetzung der Beschleunigungsarbeit A_B mit der Zunahme der kinetischen Energie A_m im Zeitraum t_R:

$$A_B = A_m. \tag{255/3}$$

Beim Beschleunigen der Abtriebswelle von $n_2 = 0$ bis $n_2 = n$ beträgt die aufzubringende Beschleunigungsarbeit

$$A_B = \frac{2\pi}{60} \int\limits_0^{t_R} \left(\frac{M_B}{100}\, n_2\, dt\right) = A_m. \tag{255/4}$$

Hierbei ist $\int n_2\, dt$ die *Fläche* unter der Kurve n_2 im Bereich von t_R und $\frac{2\pi}{60} \int n_2\, dt$ der in der Zeit t_R zurückgelegte *Drehwinkel* der Abtriebswelle im Bogenmaß. Die kinetische Energie ergibt sich aus den rotierenden (GD^2) und geradlinig bewegten Gewichten (G_g), die über die Kupplung angetrieben bzw. gehalten werden:

$$A_m = \frac{G_g}{9{,}81} \frac{v^2}{2} + \frac{GD^2\, n^2}{7200}. \tag{255/5}$$

Bei *konstantem* M_B (Bild 255 links) ist $\int n_2\, dt = 0{,}5\, n\, t_R$ und somit

$$A_B = \frac{M_B\, n\, t_R}{1910} = A_m \tag{255/6}$$

oder Rutschzeit

$$t_R = \frac{1910\, A_m}{n\, M_B}. \tag{256/1}$$

Die *Reibarbeit*, die in der Kupplung während der Rutschzeit t_R geleistet (und in Erwärmung und Verschleiß umgesetzt) wird, beträgt allgemein:

$$A_R = \frac{2\pi}{60} \int_0^{t_R} \left(\frac{M_R}{100} \Delta n\, dt \right). \tag{256/2}$$

Hierbei ist $\int \Delta n\, dt$ die *schraffierte Fläche* im Bild 255 zwischen den Drehzahlkurven n_1 und n_2 im Bereich von t_R und $\frac{2\pi}{60} \int \Delta n\, dt$ der in der Zeit t_R zurückgelegte Rutschwinkel der Kupplung im Bogenmaß.

Bei konstantem M_R und M_B (Bild 255 links) ist $\int \Delta n\, dt = 0{,}5\, n_1\, t_R$ und somit nach Gl. (256/2) und (256/1)

$$A_R = \frac{M_R\, n_1\, t_R}{1910} = \frac{M_R}{M_B} \frac{n_1}{n} A_m. \tag{256/3}$$

Die Reibarbeit wird somit um so kleiner, je größer $\frac{M_B}{M_R}$ gewählt wird.

Die *mittlere Reibleistung je Stunde* beträgt bei z Schaltungen je Stunde:

$$N_R = \frac{A_R\, z}{27 \cdot 10^4}. \tag{256/4}$$

2. Beschleunigung mit einer Schaltkupplung in mehreren Schaltstufen (Bild 255 rechts)

Die Reibarbeit in der Kupplung kann nach Bild 255 rechts bis auf den Betrag

$$A_R = \frac{M_R}{M_B} \frac{n_1}{n} \frac{A_m}{x} \tag{256/5}$$

herabgedrückt werden, wenn die Beschleunigung der Abtriebswelle absatzweise in x-Schaltstufen vorgenommen wird. Hierbei wird stufenweise eine andere Getriebeübersetzung eingeschaltet und jedesmal bis zum Gleichlauf beschleunigt. So beträgt z. B. die Reibarbeit bei der Aufteilung in zwei gleiche Drehzahlstufen nach Bild 255 rechts nur die Hälfte der nach Bild 255 links benötigten, wie der Vergleich der schraffierten Flächen zeigt.

Für den ersten Beschleunigungsvorgang von Drehzahl $n_2 = 0$ bis n_0 gelten die Gl. (255/5) bis (256/3) mit Einsatz von n_0, A_{m0}, t_0 usw., statt n, A_m, t_R usw. Für den zweiten Beschleunigungsvorgang von $n_2 = n_0$ bis n lauten die Gleichungen bei konstantem M_B und M_R

$$A_B = \frac{M_B\, n_{\text{mittel}}\, t'}{955} = M_B \frac{(n + n_0)\, t'}{1910} = A_m - A_{m0}; \qquad t' = \frac{(A_m - A_{m0})\, 1910}{(n + n_0)\, M_B}, \tag{256/6}$$

$$A_R = M_R\, (n_1 - n_0) \frac{t'}{1910} = \frac{M_R}{M_B} \frac{(n_1 - n_0)}{(n + n_0)} (A_m - A_{m0}) \tag{256/7}$$

mit kinetischer Energie A_m für Drehzahl n und A_{m0} für Drehzahl n_0 nach Gl. (255/5).

3. Anfahren mit einer Fliehkraft-Anlaufkupplung (Bild 257/1)

Hierbei wird das Reibmoment M_R in der Kupplung durch die Fliehkraft als Anpreßkraft erzeugt (Bild 275/1 und Bild 281/2 bis /4, wobei die Fliehkraft im Quadrat der Antriebsdrehzahl n_1 zunimmt (Bild 275/1). Der Antriebsmotor kann also fast unbelastet anlaufen und beschleunigt die Arbeitsmaschine erst bei höherer Antriebsdrehzahl n_1 (Bild 257/1). Berechnung von t_R nach Gl. (255/4) und A_R nach (256/2), wobei M_R und M_B in Abhängigkeit von n_1 bekannt sein muß.

4. Betrieb mit einer Sicherheits-Rutschkupplung

Die Kupplung rutscht, sobald das Drehmoment hinter der Kupplung größer ist als das Haft-Reibmoment. Die Rutschzeit und die Reibarbeit und ebenso Verschleiß und Erwärmung werden hierbei klein, wenn von der Rutschbewegung eine Ausschaltung des Antriebes oder der Kupplung (z. B. durch einen Kontakt) eingeleitet wird. Ohne eine derartige Vorrichtung muß die Kupplung für ein längeres Rutschen genügend groß ausgelegt werden.

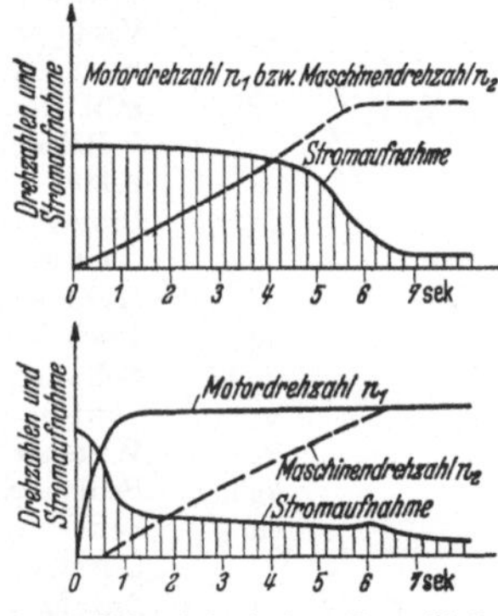

Bild 257/1. Anlauf eines Kurzschlußmotors bei fester Zwischenkupplung (oben) und bei Zwischenschaltung einer Pulvis-Fliehkraftkupplung (unten)

5. Verzögerung mit einer Stoppbremse (Bild 257/2)

Die einfallende Bremse verzögert die Drehzahl der Bremswelle von n bis null mit einem Bremsmoment M_R. Das außerdem vorhandene äußere Belastungs-Drehmoment M_H am Abtrieb verstärkt oder vermindert die Bremswirkung, so daß als Verzögerungsmoment

$$M_B = M_R \pm M_H \tag{257/1}$$

einzusetzen ist, z. B. beim Stoppbremsen eines Fahrzeuges oder einer Last-Hubbewegung ($+M_H$) und beim Stoppen einer Last-Senkbewegung ($-M_H$). Für den Verzögerungsvorgang gelten ebenfalls die Gl. (255/3) bis (256/4) zur Berechnung von A_B, A_R und t_R. Außerdem ist die unterschiedliche Wirkung von Federbelastung, von Gewichtsbelastung, von zeitverzögernden und von kraftverzögernden Dämpfern auf den Verlauf der Drehzahl-Abnahme nach Bild 257/2 zu beachten.

6. Bei Haltebremsen

Hierbei soll keine Reibarbeit geleistet werden, sondern nur ein sicheres Halten der Abtriebswelle gegen ein bestimmtes Drehmoment gewährleistet sein. Entsprechend können für die Bremse kleine Baumaße mit großer Flächenpressung zugelassen werden.

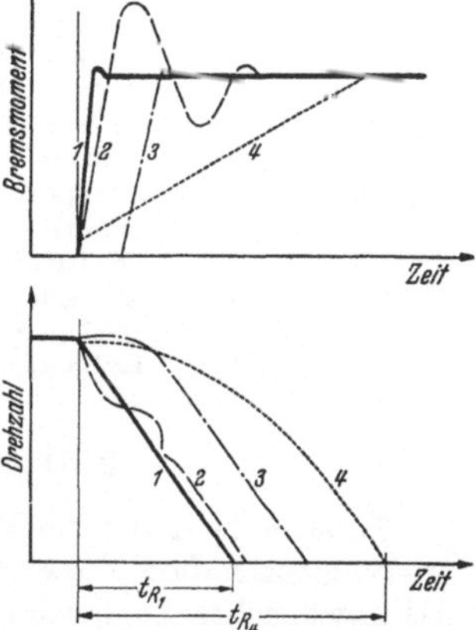

Bild 257/2. Verlauf von Bremsmoment und Drehzahl beim Einfall einer Bremse

1 bei Bremse mit Federbelastung, *2* mit Gewichtsbelastung, *3* mit Federbelastung und zeitverzögerndem Dämpfer, *4* mit Federbelastung und kraftverzögerndem Dämpfer

7. Bei Leistungsbremsen

Hierzu gehören außer den Leistungsbremsen zur Prüfung von Maschinen auch Bremsen zum Lastsenken und Fahrzeugbremsen beim Bergabfahren. Von Interesse ist hierbei die Reibleistung N_R, die Reibarbeit A_R und die hierbei zu erwartende Erwärmung und Lebensdauer. Bei konstantem M_R und n ist

$$N_R = \frac{M_R\, n}{71620} = \frac{A_R}{75\, t_R}, \tag{257/2}$$

$$A_R = M_R \frac{n\, t_R}{955} = 75\, N_R\, t_R. \tag{257/3}$$

29.3. Auswahl, Bemessung und Berechnung

1. Bezeichnungen und Dimensionen

A_B	mkg	Beschleunigungsarbeit
A_m	mkg	kinetische Energie
A_R	mkg	Reibarbeit je Schaltung
b	cm	Belagbreite
b_s	cm	Scheibenbreite
b_v	m/s²	Verzögerung
C	—	$= M_R/M_H$
d, d_a, d_i	cm	mittlerer, äußerer, innerer Reibscheibendurchmesser
e	—	2,718
F	cm²	Projektion der Belagfläche normal zu P
F_K	m²	Kühlfläche
G	kg	Ersatz-Schwunggewicht
GD^2	kgm²	Schwungmoment
G_g	kg	Gewicht geradlinig bewegt
G_w	kg	Wagengewicht je Bremse
H	kg	Bedienungskraft
h	cm	Bedienungsweg
i	—	Übersetzung des Schaltzeuges
j	—	Anzahl der Reibpaarungen
K_G, K_T, K_U	—	Belastungs-Kennwerte nach Taf. 269/1
l	cm	Lüftweg senkrecht zur Reibfläche
L	cm	Backenlänge senkrecht zu P, s. Bild 276 u. 277/1
L_B	h	Belag-Lebensdauer
m	—	$= e^{\mu\alpha}$, s. Bild 274/2
M_B, M_H, M_R	kg cm	Beschleunigungs-, Beharrungs- und Reibmoment
n, n_1, n_2	U/min	Drehzahl, Antriebs- und Abtriebsdrehzahl
Δn	U/min	Schlupfdrehzahl
N_1, N_2	PS	Antriebs- und Abtriebsleistung
N_R	PS	Reibleistung, $= A_R\, z/270000$

p, p_{max}	kg/cm²	mittlere, maximale Flächenpressung
P	kg	Anpreßkraft senkrecht zur Reibfläche
P_l	kg	Fliehkraft
P_s	kg	Schaltkraft (s. Taf. 267)
q_v	cm³/PSh	spezifischer Verschleiß
Q	kcal/h	stündliche Reibwärme
s	cm	Schaltweg in Richtung P_s
s_v	cm	verschleißbare Belagdicke in Richtung P
S_1	kg	$= S_2\, m$ } Bandkräfte
S_2	kg	} Bandkräfte
t_R	s	Reibzeit je Schaltung
U	kg	Reibkraft am Durchmesser d
v	m/s	Geschwindigkeit am Durchmesser d, $= n\, d/1910$
v_g	m/s	Lastgeschwindigkeit
v_k	m/s	Kühlflächengeschwindigkeit
V_v	cm³	verschleißbare Reibstoffmenge
y	—	Belagfläche nach Abzug der Nuten zur Brutto-Belagfläche
z	1/h	Schaltzahl pro Stunde
α	—	Umschlingungswinkel im Bogenmaß, $= \alpha$ (in Grad) $\pi/180$
α_k	kcal/m² h °C	Wärmeübergangszahl
δ	—	Neigungswinkel für Kegel
η	—	Getriebewirkungsgrad
η_G	—	Gestängewirkungsgrad
$\vartheta, \vartheta_L, \vartheta_{max}$	°C	Temperatur, Luft-, Maximal-Temperatur
$\vartheta_ü, \vartheta_{bü}$	°C	Übertemperatur, im Beharrungszustand
μ, μ_0, μ_G	—	Reibwert, für Haft-, für Gleitreibung

2. Wahl von Bauart, Bedienung und Schaltzeug

Entscheidend für die Wahl sind der Verwendungszweck und die gewünschten Betriebseigenschaften, die Schaltzahl pro Stunde und die mittlere Reibleistung pro Stunde, die gewünschte Lebensdauer des Reibstoffes und die Größe des erforderlichen Reibmomentes. Außerdem sind noch die Größe der zulässigen Bedienungsarbeit, der Platzbedarf und ferner die unterschiedlichen Kosten für die eine oder andere Lösung zu berücksichtigen. Einen Anhalt für die Auswahl bieten die Erfahrungsangaben und Empfehlungen auf S. 269 u. f. und die Ausführungsbeispiele S. 279ff.

3. Ruhestellungen und Nachstellungen

Es ist zu klären, ob die Kupplung, sich selbst überlassen, eingeschaltet sein soll (z. B. bei Kraftfahrzeugen) oder ausgeschaltet, oder ob beide Stellungen als Ruhestellungen auszubilden sind (durchweg bei Maschinenkupplungen gefordert). Bild 270 zeigt hierzu einige konstruktive Lösungen. Außerdem wird meist verlangt, daß die Größe der Anpreßkraft und ferner die Ausgangslage des Schalthebels entsprechend dem Reibverschleiß eingestellt werden kann. Diese Forderungen können meistens mit einer Lageverstellung des Schaltringes oder eines anderen Kupplungsteiles *mittels Gewinde* erfüllt werden. Bei magnetischer, hydraulischer oder pneumatischer Kraftbedienung der Kupplungen kommt man häufig ohne Nachstellung aus.

4. Betriebsdaten

Für die weitere Auslegung sind folgende Betriebsdaten festzulegen bzw. zu berechnen: n, M_H, M_R und A_m nach Gl. (255/1) bis (256/7); ferner Abschätzung der Schaltzahl z pro Stunde und der Reibzeit t_R entsprechend den Erfahrungswerten (s. Taf. 269/2). Überschlägig kann man ansetzen:

$$M_R = C M_H \tag{259/1}$$

mit C nach Taf. 268/2. Hierbei ist zu beachten, daß ein größeres M_R alle hiervon betroffenen Maschinenteile höher beansprucht, aber andererseits die Reibarbeit A_R verkleinert.

5. Wahl der Hauptabmessungen

Bei zu kleinen Abmessungen wird entweder die Temperatur an der Reibpaarung oder die Schaltarbeit unerwünscht groß, oder die Lebensdauer der Reibpaarung zu klein.

Zur Festlegung von d und b können die in Taf. 269/1 angegebenen Kennwerte b/d, K_U, K_G und K_T benutzt werden:[1]

$$K_U = \frac{U}{b\,d\,j} = \frac{2 M_R}{b\,d^2 j}, \tag{259/2}$$

$$K_G = \frac{G_w}{b\,d\,j}, \tag{259/3}$$

$$K_T = \frac{N_R\, 10^3}{b\,d\,j\,v^{1/2}}. \tag{259/4}$$

Hiernach ist:

$$d = \sqrt[2]{\frac{U}{K_U \frac{b}{d} j}} = \sqrt[3]{\frac{2 M_R}{K_U \frac{b}{d} j}}, \tag{259/6}$$

$$d = \sqrt[2]{\frac{G_w}{K_G \frac{b}{d} j}}, \tag{259/7}$$

$$d = \sqrt[2]{\frac{N_R\, 10^3}{K_T \frac{b}{d} j\, v^{1/2}}} = 71{,}5 \left(\frac{N_R}{K_T \frac{b}{d} j\, n^{1/2}}\right)^{0,4}. \tag{259/8}$$

6. Belastungswerte

Berechnung von t_R, A_R und N_R nach Gl. (255/4) bis (256/4). Berechnung der für M_R benötigten Anpreßkraft P_s und der Flächenpressung p an den Reibflächen mit Hilfe der in Taf. 267 für die verschiedenen Bauarten angegebenen Gleichungen. Anhaltswerte für Reibwert μ und Flächenpressung p s. Taf. 268/1 und Bild 272 bis 274/1. Außerdem sind die neuen Belastungskennwerte K_U, K_G und K_T nach Taf. 269/1 zu überprüfen.[1] Maßgebend bleiben Wärme- und Lebensdauerrechnung nach Abschn. 8 u. 9.

---

[1] Die neuen Kennwerte K_U, K_G und K_T sind für die zulässige Belastung kennzeichnender als die hierfür bisher herangezogenen spezifischen Belastungswerte p und $p\,\mu\,v$; der Kennwert K_G betrifft nur Fahrzeugbremsen.

7. Bedienungswerte

Aus der Anpreßkraft P_s und dem Schaltweg s (berechnet aus dem erforderlichen Lüftspalt l) nach Taf. 267 erhält man mit der gewählten Kraftübersetzung i und dem Schaltzeug-Wirkungsgrad η_G die erforderliche Bedienungskraft

$$H = \frac{P_s}{i\,\eta_G} \tag{260/1}$$

und den Bedienungsweg

$$h = s\,i \tag{260/2}$$

bzw. die notwendige Kraftübersetzung (oder Wegübersetzung)

$$i = \frac{P_s}{H\,\eta_G} = \frac{h}{s}. \tag{260/3}$$

Der Ansatz für den Lüftspalt l senkrecht zur Reibfläche (s. Taf. 267) soll auch Verschleiß und Totgang berücksichtigen.

8. Wärmerechnung

Die Reibarbeit wird in Wärme umgesetzt. Die hierbei an der Reibstelle auftretende Temperatur ϑ soll unterhalb einer Grenztemperatur ϑ_{zul} bleiben, da sonst das Reibverhalten unzulässig verändert oder der Verschleiß zu groß wird. Anhaltswerte für ϑ_{zul} s. Taf. 268/1.

Grundlage für die Wärmerechnung ist die *Erwärmungskurve* der Reibkupplung oder Reibbremse über der Zeit bei konstanter Drehzahl und konstanter Reibleistung N_R nach Bild 260 und ferner die Änderung der End-Übertemperatur $\vartheta_{hü}$ mit der Drehzahl n bzw. mit der Umfangsgeschwindigkeit v. Die Erwärmungskurve verläuft ebenso wie bei einem Elektromotor nach einer Exponentialfunktion und ist mit tg γ für die Anfangstangente und mit $\vartheta_{hü}/N_R$ für den Endwert eindeutig festgelegt. Die Größe tg γ fällt mit größerem Wärmespeichervermögen der erwärmten Teile und $\vartheta_{hü}$ mit größerer Wärmeabführung je Zeiteinheit. Bei x-facher Reibleistung beträgt auch die Übertemperatur $\vartheta_ü$ zu jedem Zeitpunkt etwa das x-fache. Die Abkühlkurve c ist bei gleicher Drehzahl in erster Annäherung die umgelegte Erwärmungskurve a. Entsprechend kann man sowohl für eine einzelne als auch für eine Folge von Reibschaltungen und Pausen die Erwärmungskurve als Sägezahnkurve (Kurve b) stückweise aus den Ausschnitten der zugehörigen Dauer-Erwärmungs- bzw. -Abkühlkurve aufzeichnen.

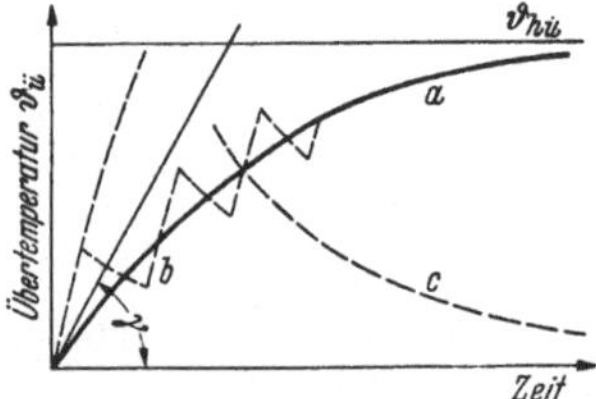

Bild 260
Erwärmungskurve einer Bremsscheibe
a Bremsmoment und Drehzahl konstant, *b* bei wiederholter Kurzbremsung, *c* Abkühlkurve bei durchlaufender Bremsscheibe ohne Belastung

Da der Endwert $\vartheta_{hü}$ meistens erst nach mehreren Stunden erreicht wird (um so später, je größer die wärmespeichernde Masse ist) und eine kurzzeitige Überschreitung der Grenztemperatur nur wenig schadet, genügt es meist, den zu erwartenden Endwert aus der stündlichen Reibwärme Q bzw. aus der mittleren Reibleistung N_R je Betriebsstunde [s. Gl. (256/4)] zu berechnen:

$$\vartheta_{hü} = \frac{Q}{F_k\,\alpha_k} = \frac{632\,N_R}{F_k\,\alpha_k}. \tag{260/4}$$

Hierin ist $\vartheta_{hü}$ die Dauer-Übertemperatur an der wärmeabführenden Oberfläche F_k, die vom Kühlstrom (Luft, Wasser, Öl) voll bestrichen wird.[1] Entsprechend sind z. B. bei

[1] Bei schlechtem Wärmeübergang zwischen Reibstelle und Kühlfläche (z. B. bei Lamellen-Kupplungen) ist die Temperatur der Reibstelle (besonders im Anfangsbereich der Erwärmungskurve) erheblich größer als die der Kühlfläche.

Kegelkupplungen die nach innen liegenden Scheibenflächen nicht als Kühlflächen zu rechnen, sofern sie nicht vom Kühlstrom voll bestrichen werden (s. Berechnungsbeispiel 1).

Für die *Wärmeübergangszahl* α_k bei verschiedenen Betriebsbedingungen und Ausführungen der Reibschalter liegen bisher nur wenige Versuchsergebnisse vor. Nach Versuchen von NIEMANN [285/*23*] an einer Außenbackenbremse mit Trommelbremsscheibe und natürlicher Luftkühlung ist[1]

$$\alpha_k \approx 4{,}5 + 6\, v_k^{3/4}. \tag{261/1}$$

Hierin wurde für v_k die Umfangsgeschwindigkeit am Außendurchmesser der Bremsscheibe eingesetzt und für F_k die Außenseite und Innenseite der Ringfläche des Trommelmantels (mit Abzug der von der Bremsbacke bedeckten Fläche), ferner die beiderseitigen Radialflächen. Der α_k-Wert kann durch Windflügel und günstige Luftführung erheblich gesteigert werden.

Bei wechselnder Drehzahl ist

$$\alpha_k = \frac{\alpha_{k1} t_{R1} + \alpha_{k2} t_{R2} + \cdots}{t_{R1} + t_{R2} + \cdots}. \tag{261/2}$$

Hierin ist α_{k1} usw. für die Umfangsgeschwindigkeit v_{k1} usw. einzusetzen. Die Gesamttemperatur

$$\vartheta = \vartheta_L + \vartheta_{\text{hü}} \leqq \vartheta_{\text{zul}}. \tag{261/3}$$

Zu beachten ist hierbei, daß die Temperatur an den Reibstellen noch höher liegt als die berechnete Gesamttemperatur ϑ an der Kühlfläche.[2] Anhaltswerte für ϑ_{zul} s. Taf. 268/1.

Vereinfachte Wärmerechnung mit Hilfe des Kennwertes K_T nach Taf. 268/1 siehe S. 262 u. f.

9. Berechnung auf Lebensdauer

Der beim Reibvorgang auftretende Verschleiß der Reibpaarung ist bei konstanten Reibverhältnissen in erster Annäherung proportional der geleisteten Reibarbeit. Mit Einführung des verschleißbaren Reibstoffvolumens V_v (s. Taf. 267), des spezifischen Verschleißes q_v der gewählten Reibpaarung (s. Taf. 268/1) und der mittleren Reibleistung N_R je Betriebsstunde nach Gl. (256/4) erhält man die Lebensdauer der Reibpaarung in Betriebsstunden:

$$L_B = \frac{V_v}{q_v N_R}. \tag{261/4}$$

Mit diesen Gleichungen kann man auch die Laufdauer bis zum Nachstellen berechnen, wenn man für V_v das Verschleißvolumen bis zum Nachstellen einsetzt.

10. Magnetabmessungen

(Genaue Berechnung s. LEHMANN [286/*75*].)

Für den überschlägigen Entwurf lassen sich unter den nachfolgenden Voraussetzungen einige Richtwerte für die erforderlichen Magnetabmessungen angeben (s. Bild 262):

Notwendige Polfläche

$$F_{p_1} = F_{p_2} \approx \frac{P_s}{12} \quad [\text{cm}^2]. \tag{261/5}$$

Notwendiger Spulenquerschnitt

$$F_s = \delta^2 z_w \approx 174\, f \quad [\text{cm}^2]. \tag{261/6}$$

---

[1] Theoretisch ist bei Luftkühlung $\alpha_k \approx 5{,}0 + 6{,}2\, v_k^{0,78}$, mit v_k als Relativgeschwindigkeit der Luft zur Kühlfläche F_k. Da aber v_k (und auch $\vartheta_{\text{ü}}$) vom Außendurchmesser der Kühlfläche bis zur Mitte abnimmt, müßte man $Q = \vartheta_{\text{hü}} F_k \alpha_k$ aus den Teilbeträgen integrieren.

[2] Genauere Berechnung der Temperatur an der Reibstelle s. HASSELGRUBER [284/*11*].

Notwendige Windungszahl

$$z_w \approx 900 \frac{E}{D_m}. \qquad (262/1)$$

Hierin ist

$$F_{p_1} = \frac{\pi}{4}(D_2^2 - D_1^2) \quad [\text{cm}^2], \qquad (262/2)$$

$$F_{p_2} = \frac{\pi}{4}(D_4^2 - D_3^2) \quad [\text{cm}^2]. \qquad (262/3)$$

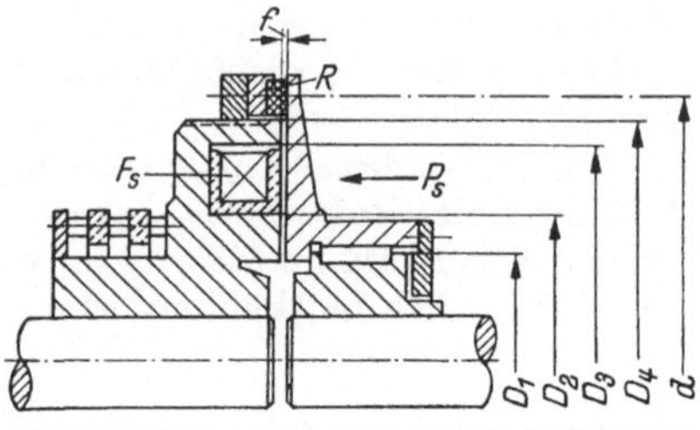

Bild 262. Zur Berechnung der Magnet-Abmessungen

P_s	[kg]	Schaltkraft;
δ	[cm]	äußere Drahtdurchmesser (mit Isolierung);
δ_k	[cm]	$\approx \delta/1{,}07$ leitender Drahtdurchmesser;
f	[cm]	Luftspalt zwischen Pol und Anker (praktisch $\geq 0{,}03$ cm);
D_m	[cm]	mittlerer Durchmesser der Spule;
$D_1 \cdots D_4$	[cm]	s. Bild 262;
E	[Volt]	Spannung.

Voraussetzungen: Magnetische Induktion $B = 12000$ Gauß,
Leitfähigkeit $\varkappa = 57 \cdot 10^3 \frac{\text{mm}}{\Omega\,\text{mm}^2}$ für Kupferdraht,
Stromdichte $J = 2$ Ampere je mm² Querschnitt von δ_k.

Berechnungsbeispiel: Für $P_s = 300$ kg, $D_m = 17{,}5$ cm, $E = 24$ Volt und $f = 0{,}03$ cm ist

$$F_{p_1} = F_{p_2} = 25\ \text{cm}^2, \quad F_s = 5{,}2\ \text{cm}^2, \quad z_w = 1240, \quad \delta = 0{,}647\ \text{mm}, \quad \delta_k = 0{,}61\ \text{mm}.$$

29.4. Berechnungsbeispiele

Beispiel 1: Schaltkupplung als Kegelkupplung (nach Taf. 267, Bauart 2)

Gegeben: Eine Maschine soll bei durchlaufendem Motor mit der Kupplung in $t_R = 1$ s von $n_2 = 0$ auf $n_2 = n_1 = 750$ U/min gebracht werden. Bezogen auf die Kupplungswelle beträgt das zu beschleunigende Schwungmoment der rotierenden Maschinenteile $GD^2 = 30$ kgm², Beharrungsmoment $M_H = 1410$ cmkg, Schaltzahl pro Stunde $z = 60$, Lufttemperatur $\vartheta_L = 25°$ C.

Gewählt: Nach Taf. 268/1 Reibbelag Asbest mit Kunstharz, trockenlaufend, $\mu \approx 0{,}35$, $q_v = 0{,}15$ cm³/PSh, Ausnutzungsbeiwert für Belagfläche $y = 0{,}9$, Lüftweg $l = 0{,}1$ cm, verschleißbare Belagdicke $s_v = 0{,}3$ cm, Handkraft $H = 10$ kg, Gestängewirkungsgrad $\eta_G \approx 0{,}9$, Neigungswinkel des Kegels $\delta = 25°$, $\sin\delta = 0{,}422$.

Gesucht: M_R; b, d; N_R; $\vartheta_{\text{hü}}$, ϑ; p; L_B; P_s, s, i, h.

Reibmoment M_R*:* aus $A_m = GD^2\, n^2/7200 = 2350$ mkg nach Gl. (255/5), $M_B = 1910\, A_m/(n\, t_R) = 5970$ cmkg nach Gl. (255/6) erhält man $M_R = M_B + M_H = \underline{7380 \text{ cmkg}}$ nach Gl. (255/2).

Reibleistung N_R*:* Aus $A_R = M_R\, n_1\, t_R/1910 = 2900$ mkg nach Gl. (256/3) erhält man $N_R = A_R\, z/270000 = \underline{0{,}64 \text{ PS}}$ nach Gl. (256/4).

Hauptabmessung d *und* b*:* Mit $K_T = 1{,}2$, $b/d = 0{,}2$ und $j = 1$ nach Taf. 269/1 erhält man nach Gl. (259/8) $d = 28{,}3$ cm, gewählt $d = \underline{30 \text{ cm}}$, $b = d(b/d) = \underline{6 \text{ cm}}$.

Erwärmung: Wirksame Kühlfläche F_K ist nur die äußere Fläche der durchlaufenden äußeren Kegelscheibe, da der innere Kegel durch den Reibbelag isoliert ist und die Innenflächen nicht von Außenluft bestrichen werden.

$F_K \approx \pi\, d\, b_s + \pi\, d^2/4 = 0{,}146$ m² mit $b_s = 8$ cm, $v_K = d\, n/1910 = 11{,}8$ m/s,

$\alpha_K \approx 4{,}5 + 6\, v_k^{3/4} = 42{,}9$ nach Gl. (261/1),

$\vartheta_{\text{hü}} = 632\, N_R/F_K\, \alpha_K = 64{,}6$ C nach Gl. (260/4),

$\vartheta = \vartheta_L + \vartheta_{\text{hü}} = 25 + 64{,}6 = 90°$ C.

Mittlere Flächenpressung p: Nach Taf. 267 ist

$F = \pi\, d\, b\, y = 510$ cm², $U = 2\, M_R/d = 492$ kg, $p = U/(F\,\mu) = \underline{2{,}76 \text{ kg/cm}^2}$.

Belag-Lebensdauer L_B: Nach Taf. 267 ist $V_v = F\, s_v = 153$ cm³; nach Gl. (261/4) ist $L_B = V_v/(q_v\, N_R) = \underline{1600}$ Betriebsstunden.

Schalt- und Bedienungswerte: Nach Taf. 267 ist
Schaltkraft $P_s = U \sin\delta/\mu = \underline{590 \text{ kg}}$ und Schaltweg $s = l/\sin\delta = 0{,}237$ cm,
nach Gl. (260/3) ist Gestängeübersetzung $i = P_s/(H\,\eta_G) = \underline{65{,}7}$ mit $H = 10$ kg:
nach Gl. (260/2) ist Handweg $h = s\, i = \underline{15{,}6 \text{ cm}}$.

Beispiel 2: Schaltkupplung als Lamellenkupplung
(nach Taf. 267, Bauart 3 und Bild 280/2)

Gegeben: Betriebsdaten, $M_R = 7380$ und $N_R = 0{,}64$ nach Beispiel 1.

Gewählt: Reibpaarung gehärteter Stahl gegen Sintermetall, spiralgenutet und ölbenetzt, $\mu \approx 0{,}1$, $q_v = 0{,}025$ cm³/PSh nach Taf. 268/1, $j = 10$, Lüftweg $l = 0{,}025$ cm, verschleißbare Belagdicke $s_v = 0{,}035$ cm, Handkraft $H = 10$ kg, Gestängewirkungsgrad $\eta_G \approx 0{,}8$, Ausnutzungsbeiwert der Belagfläche $y = 0{,}7$.

Gesucht: $d, b;\ L_B;\ p;\ P_s,\ s,\ i,\ h$.

Hauptabmessung d und b: Mit $K_T = 0{,}7$ und $b/d = 0{,}15$ nach Taf. 269/1 und $N_R = 0{,}64$ erhält man nach Gl. (259/8): $d \approx \underline{17 \text{ cm}}$ und $b = \underline{2{,}6 \text{ cm}}$.

Belag-Lebensdauer L_B: Nach Taf. 267 ist $F = \pi\, d\, b\, y\, j = 777$ cm²; $V_v = F\, s_v = 27$ cm³;
nach Gl. (261/4) ist $L_B = \dfrac{V_v}{q_v\, N_R} = \underline{1700}$ Betriebsstunden.

Mittlere Flächenpressung p: Nach Taf. 267 ist

$$p = \frac{U}{F\,\mu} = \frac{2\, M_R}{d\, F\, \mu} = \underline{11{,}2 \text{ kg/cm}^2}.$$

Schalt- und Bedienungswerte: Nach Taf. 267 ist Schaltkraft $P_s = \dfrac{U}{j\,\mu} = \dfrac{2\, M_R}{d\, j\, \mu} = \underline{870 \text{ kg}}$;
Schaltweg $s = l\, j = \underline{0{,}25 \text{ cm}}$; nach Gl. (260/3) ist Gestängeübersetzung $i = P_s/(H\,\eta_G) = \underline{109}$;
nach Gl. (260/2) ist Handweg $h = s\, i = \underline{27 \text{ cm}}$.

Beispiel 3: Backenbremse als Stoppbremse für Greiferhubwerk
(nach Taf. 267, Bauart 1 und Bild 276a)

Gegeben: Last $G_g = 5200$ kg, Lastgeschwindigkeit $v_g = 0{,}75$ m/s, Drehzahl der Bremstrommel $n = 600$ U/min, Wirkungsgrad des Getriebes $\eta = 0{,}8$; Schwungmoment von Motor und Getriebe $GD^2 = 155$ kgm²; Bremszeit nach Lastsenken $t_{RS} = 2{,}5$ s; Anzahl der Bremsungen pro Stunde $z = 200$. Anpressen durch Feder und Lüften durch Magnet nach Bild 281/6; Gestängewirkungsgrad $\eta_G \approx 0{,}9$; Lufttemperatur $\vartheta_L = 25°$ C.

Gewählt: Nach Taf. 268/1 Reibstoff Asbest mit Kunstharz, trockenlaufend, $\mu = 0{,}35$, $q_v \approx 0{,}15$ cm³/PSh. Lüftweg $l = 0{,}2$ cm; verschleißbare Belagdicke $s_v = 0{,}6$ cm, Ausnutzungsbeiwert der Belagfläche $y = 0{,}9$.

Gesucht: M_R; Bremsweg und -zeit nach Heben und Senken; N_R; b, d; $\vartheta_{\text{hü}}$, ϑ; p; L_B; P_s, s, i, h.

Reibmoment M_R im Senksinn: Nach Gl. (255/5) ist $A_m = 7900$; nach Gl. (255/6) ist $M_B = 1910\, A_m/(n\, t_{RS}) = 10040$ cmkg; M_H zum Halten der Last aus $M_H = \eta\, G_g\, v_g\, 30/(\pi\, n) = 4960$ cmkg; $M_R = M_H + M_B = \underline{15000 \text{ cmkg}}$.

Bremszeit t_{RH} nach Lastheben: Nach Gl. (257/1) ist für Hubrichtung $M_B = M_H + M_R = 19960$ cmkg. Nach Gl. (256/1) ist $t_{RH} = 1910\, A_m/(n\, M_B) = \underline{1{,}25 \text{ s}}$.

Bremsweg s_{RH} der Last nach Heben: $s_{RH} = v_g\, t_{RH}/2 = \underline{0{,}47 \text{ m}}$.

Bremsweg s_{RS} der Last nach Senken: $s_{RS} = v_g\, t_{RS}/2 = \underline{0{,}94 \text{ m}}$.

Reibleistung N_R: [aus Mittelwert für $t_R = (t_{RH} + t_{RS})/2 = 1{,}87$ s]. Nach Gl. (256/3) ist $A_R = M_R\, n\, t_R/1910 = 8830$ mkg; nach Gl. (256/4) ist $N_R = A_R\, z/270000 = \underline{6{,}5 \text{ PS}}$.

Hauptabmessungen b und d: Mit $K_U = 0{,}3$, $b/d = 0{,}4$, $j = 1$ nach Taf. 269/1 und $M_R = 15000$ ist nach Gl.(259/6) und ebenso nach Gl. (259/8) mit $K_T = 0{,}9$,

$$d \approx \underline{63 \text{ cm}}, \qquad b \approx 0{,}4\, d = \underline{25 \text{ cm}}.$$

Gewählt: $b_s = 26$ cm, $L \approx 0{,}6\, d = 38$ cm, $F = 2\, L\, b\, y = 1710 \text{ cm}^2$, $c_3 = 5$ cm, $c_2 = 36$ cm, $c_1 = 72$ cm (s. Bild 276a).

Erwärmung: Für maximale Umfangsgeschwindigkeit der Bremsscheibe $v = n\, d/1910 = 19{,}8$ m/s und $v_K \approx 0{,}35\, v = 6{,}9$ m/s als Mittelwert für Lauf und Stillstand ist nach Gl. (261/1) $\alpha_K \approx 4{,}5 + 6\, v_k^{3/4} = 30$. Genauere Berechnung von α_K s. Gl. (261/2).

$F_K \approx 2\, d\, \pi\, b_s + 2\, \pi\, d^2/4 - 2\, L\, b = 14640 \text{ cm}^2 = 1{,}464 \text{ m}^2$; nach Gl. (260/4) ist $\vartheta_{\text{hü}} = 632\, N_R/(F_k\, \alpha_k) = 94°$ C und $\vartheta = \vartheta_L + \vartheta_{\text{hü}} = 25 + 94 = \underline{119° \text{ C}}$.

Mittlere Flächenpressung p: Nach Taf. 267 ist $p = \dfrac{2\, M_R}{d\, F\, \mu} = \underline{0{,}8 \text{ kg/cm}^2}$.

Belag-Lebensdauer L_B: Nach Taf. 267 ist $V_v = F\, s_v = 1710 \cdot 0{,}6 = 1030 \text{ cm}^3$. Nach Gl. (261/4) ist $L_B = \dfrac{V_v}{q_v\, N_R} = \underline{1050}$ Betriebsstunden. (Nach Taf. 269/2 etwas knapp!)

Schalt- und Bedienungswerte: Nach Taf. 267 ist Schaltkraft $P_s = P_{s1} + P_{s2} = 2\, M_R\, c_2/(d\, \mu\, c_1) = \underline{682 \text{ kg}}$.

Schaltweg s: $s = l\, c_1/c_2 = 0{,}4$ cm.

Federkraft P_F aus: $P_F + P_M + P_H = P_s/2 = \underline{341 \text{ kg}}$, wobei P_M bzw. P_H der Gewichtsanteil des Magnetankers bzw. der Hebel n, m, i (Bild 281/6) am Angriffspunkt von P_F ist.

Übersetzung Schaltkraft/Magnetkraft: $i = P_s/(H\, \eta_G) = 15{,}2$ nach Gl. (260/3) mit Magnetkraft $H = 50$ kg. Magnet-Lüftweg $h = s\, i = 0{,}4 \cdot 15{,}2 = \underline{6{,}1 \text{ cm}}$.

Beispiel 4: Bandbremse als Stoppbremse (nach Taf. 267, Bauart 4)

Gegeben: Betriebsdaten, Scheibenmaße d und b und Reibmoment für Senken $M_{RS} = 15000$ cmkg wie Beispiel 3.

Gewählt: Reibstoff, μ, q_v, l und s_v wie Beispiel 3, jedoch $y \approx 1$, Umschlingungswinkel $\alpha = 1{,}25\, \pi = 225°$.

Gesucht: M_{RH} und t_{RH} im Hubsinn, ferner N_R; $\vartheta_{\text{hü}}$, ϑ; p; L_B; P_s, s, i, h.

Reibmoment M_{RH}: Im Hubsinn wirkt die Bremse entsprechend Bauart 5 in Taf. 267. (Im Senksinn entsprechend Bauart 4.) Nach Taf. 267 ist entsprechend dem Verhältnis von U für Bauart 5 zu Bauart 4 $M_{RH} = M_{RS}/m = 15000/3{,}9 = 3840$ cmkg, wobei $m = e^{\mu\alpha} = 3{,}9$ nach Bild 274/2 ist.

Reibzeit t_{RH}: Mit $M_B = M_{RH} + M_H = 8800$ für Heben und $A_m = 7900$ nach Beispiel 3 ist nach Gl. (256/1) $t_{RH} = 1910\, A_m/(M_B\, n) = \underline{2{,}85 \text{ s}}$.

Reibleistung N_R: Aus dem Mittelwert für $M_R = (M_{RH} + M_{RS})/2 = 9420$ cmkg, $t_R = (t_{RH} + t_{RS})/2 = 2{,}67$ s erhält man nach Gl. (256/3) u. (256/4)

$$A_R = M_R\, n\, t_R/1910 = 7900 \text{ mkg},$$
$$N_R = A_R\, z/27 \cdot 10^4 = \underline{5{,}85 \text{ PS}}.$$

Erwärmung: Die Reibleistung N_R ist etwas kleiner als bei der Backenbremse in Beispiel 3, dafür aber die Bremsscheibe außen durch das Bremsband mehr abgedeckt, so daß die Erwärmung etwas größer als bei der Backenbremse in Beispiel 3 werden wird.

Mittlere Flächenpressung p: Nach Taf. 267 ist

$$p = \frac{2 M_{RS}}{d F \mu} = \underline{0{,}44 \text{ kg/cm}^2}, \text{ mit Einsatz von } F = 0{,}5\, \alpha\, d\, b = 3100 \text{ cm}^2.$$

Maximale Flächenpressung p_{max}:

Nach Taf. 267 ist $p_{max} = p\, \alpha\, \mu \frac{m}{m-1} = \underline{0{,}815 \text{ kg/cm}^2}$.

Belag-Lebensdauer L_B:

Nach Taf. 267 ist $V_v = \frac{b\, d\, s_v}{2\mu} \frac{m-1}{m} = 1000 \text{ cm}^3$ mit $s_v = 0{,}6$ cm.

Nach Gl. (261/4) ist $L_B = \frac{V_v}{q_v N_R} = 1140$ Betriebsstunden.

Schalt- und Bedienungswerte: Nach Taf. 267 ist:

Schaltkraft

$$P_s = S_2 = \frac{2 M_{RS}}{d(m-1)} = \underline{164 \text{ kg}};$$

Übersetzung

$$i = \frac{P_s}{H \eta_G} = \frac{164}{50 \cdot 0{,}9} = \underline{3{,}64};$$

Schaltweg

$$s = l \alpha = \underline{0{,}79 \text{ cm}};$$

Magnet-Lüftweg

$$h = s\, i = \underline{2{,}88 \text{ cm}}.$$

Vergleich zur Backenbremse nach Beispiel 3: Nachlauf für Heben und Senken gleichmäßiger; Belag-Lebensdauer nur etwas größer (da der größere Belag ungleich verschleißt), aber Bedienungsarbeit $H\, h$ bedeutend geringer. Das Bremsmoment könnte auf das Doppelte erhöht werden, um die kürzeste Bremszeit der Backenbremse $t_{BH} = 1{,}25$ s zu erreichen; Erwärmung und Lebensdauer würden hierdurch trotz größerer Flächenpressung nur günstiger.

Beispiel 5: Kraftfahrzeugbremse als symmetrische Innenbackenbremse nach Bild 277/1 **jedoch betätigt mit Druckzylinder**

Gegeben: Fahrgewicht $G_g = 1360$ kg; 4 Radbremsen; $G_w = G_g/4 = 340$; Geschwindigkeit des Wagens $v_g = 100$ km/h, $= 27{,}8$ m/s; Bremsverzögerung $b_v = 4 \text{ m/s}^2$; Reifendurchmesser $D = 68$ cm; Anzahl der Bremsungen je Stunde: $z = 20$; Hebelarm-Verhältnisse $c_2/c_1 = 0{,}5$; $c_3/c_2 = 1{,}2$; $c_3/c_1 = 0{,}6$; Schaltkraft $P_{s1} = P_{s2}$; Bedienung durch Fußkraft mit hydraulischer Übersetzung.

Gewählt: Lüftweg $l = 0{,}1$ cm (bei P_1), Fußkraft $H = 50$ kg, Gestängewirkungsgrad $\eta_G \approx 0{,}9$, Reibbelag: Asbest mit Kunstharz nach Taf. 268/1 ($\mu \approx 0{,}3$, $q_v \approx 0{,}17 \text{ cm}^3/\text{PS h}$), verschleißbare Belagdicke $s_v = 0{,}4$ cm; Backenlänge $= 0{,}9 d$.

Gesucht: t_R; Bremsweg; M_R; b, d; P_1, P_2 bzw. p_1, p_2; P_s, s, i, h; L_B. Nachfolgend sind für F, M_R, P_1, P_2 und P_s jedesmal die *Gesamt*-Werte für 4 Bremsen berechnet.

Bremszeit t_R: $t_R = v_g/b_v = 6{,}95$ s für Verzögerung von $v_g = 27{,}8$ m/s bis $v_g = 0$.

Bremsweg s_R: $s_R = v_g\, t_R/2 = 96{,}6$ m für Verzögerung von $v_g = 27{,}8$ m/s bis $v_g = 0$.

Gesamt-Reibmoment M_R: Aus der Verzögerungskraft $P_v = G_g\, b_v/9{,}81 = 555$ kg am Fahrzeug und Faktor 1,1 zur Berücksichtigung der Energie der rotierenden Teile erhält man für die Radbremsen:

$$M_R = 1{,}1\, P_v D/2 = \underline{20700 \text{ cmkg}}.$$

Hauptabmessungen b und d: Mit $K_G = 4{,}5$ und $b/d = 0{,}11$ nach Taf. 269/1 erhält man nach Gl. (259/7):

$$d \geq \sqrt[3]{\frac{G_w}{K_G \frac{b}{d}}} = 26{,}2 \text{ cm};$$

Gewählt: $d = 27$ cm, $b = d(b/d) = 3$ cm.

Gesamt-Anpreßkraft und Flächenpressung: Nach S. 276 ist

$$P = P_1 + P_2 = \frac{2 M_R}{\mu d} = \underline{5100 \text{ kg}};$$

$$\frac{P_2}{P_1} = \frac{1 + \mu \frac{c_3}{c_2}}{1 - \mu \frac{c_3}{c_2}} = 2{,}125;$$

somit

$$P_1 = \frac{P}{1 + \frac{P_2}{P_1}} = 1635 \text{ kg}; \qquad P_2 = P - P_1 = 3465 \text{ kg};$$

Gesamt-Belagfläche $F = 0{,}9\, d\, b\, 8 = 583 \text{ cm}^2$;

Flächenpressung $p_1 = 2 \frac{P_1}{F} = \underline{5{,}6 \text{ kg/cm}^2}$,

$$p_2 = 2 \frac{P_2}{F} = \underline{11{,}9 \text{ kg/cm}^2}.$$

Gesamt-Schaltkraft P_s*:* Bei Vernachlässigung der Rückstellfederkraft ist

$$P_s = P_{s1} + P_{s2} = 2\, P_2 \left(\frac{c_2}{c_1} - \mu \frac{c_3}{c_1}\right) = \underline{2200 \text{ kg}}.$$

Je Druckzylinder (je Bremsbacke) beträgt die Schaltkraft 2200/8 = 275 kg.

Schalt- und Bedienungswerte: Nach Taf. 267 ist

$$s = \frac{l\, c_1}{c_2} = 0{,}2 \text{ cm},$$

nach Gl. (260/3) $$i = \frac{P_s}{H\, \eta_G} = 49,$$

nach Gl. (260/2) $$h = s\, i = \underline{9{,}8 \text{ cm}}.$$

Belag-Lebensdauer L_B*:* Legt man als Durchschnittswert für die je Bremsung aufzunehmende kinetische Energie eine Fahrzeug-Geschwindigkeit $v_g = 10$ m/s zugrunde und den Faktor 1,1 zur Berücksichtigung der rotierenden Massen, so ist nach Gl. (255/5)

$$A_m = \frac{1{,}1\, G_g\, v_g^2}{9{,}81 \cdot 2} = 7630 \text{ mkg};$$

nach Gl. (256/4) $$N_R = \frac{A_m\, z}{27 \cdot 10^4} = 0{,}565 \text{ PS};$$

nach Taf. 267 $$V_v = F\, s_v = 233 \text{ cm}^2;$$

nach Gl. (261/4) $L_{Bm} = \frac{V_v}{q_v\, N_R} = 2430$ Betriebsstunden als Mittelwert für mittlere Flächenpressung $p_m = 0{,}5\,(p_1 + p_2) = 8{,}75 \text{ kg/cm}^2$. In Wirklichkeit werden die Backen mit $p_2 = 11{,}9$ nur die Lebensdauer $L_{B2} = L_{Bm}\, p_m/p_2 = \underline{1780}$ Betriebsstunden haben.

Beispiel 6: Leistungsbremse (nach Bild 277/2)

Gegeben: Dauerbetrieb mit Drehzahl $n = 1000$/min, Durchmesser $d = 60$ cm, Belagbreite $b = 25$ cm, Reibpaarung trockenlaufend und Wasserkühlung innen.

Gesucht: Zulässige Dauerbremsleistung.

Berechnet: Mit Einsatz von $K_T = 9$ nach Taf. 269/1 und $v = n\, d/1910 = 31{,}5$ m/s beträgt nach Gl. (259/4) die zulässige Dauer-Bremsleistung $N_R \approx K_T\, b\, d\, \sqrt{v}/10^3 = \underline{75{,}5 \text{ PS}}$.

1. Tafeln

Tafel 267. *Bauarten und Beziehungen für Reibkupplungen und Reibbremsen.* $m = e^{\mu\alpha}$ siehe Bild 274/2

Bauart	1	2	3	4	5	6	7
Kupplungen	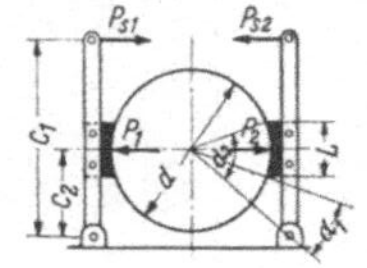	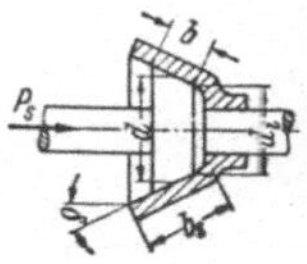	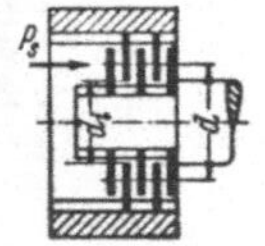	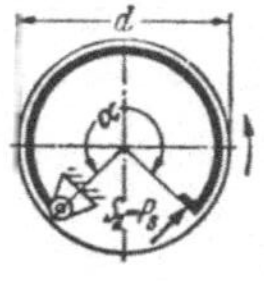	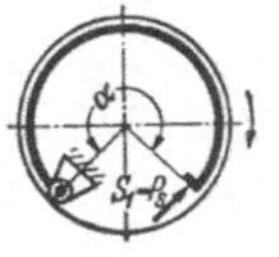		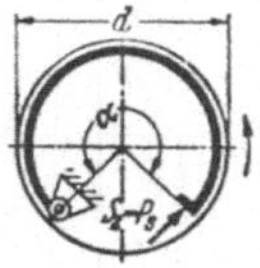
	mit Backen	Kegel	Scheiben oder Lamellen	Band in Drehrichtung angezogen	Band gegen Drehrichtung angezogen	Summenband	Differenzband
Bremsen	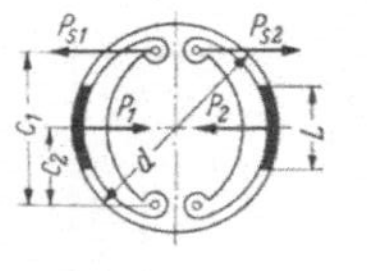	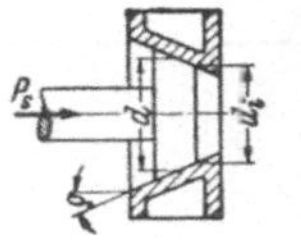	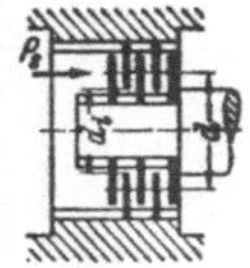	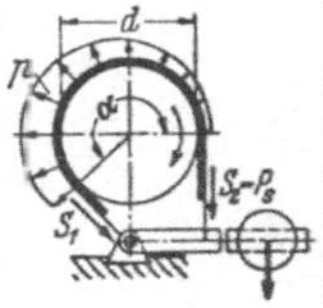	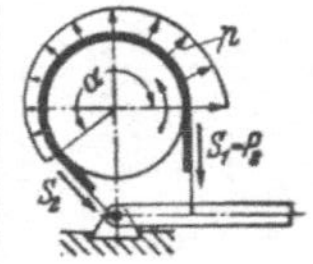	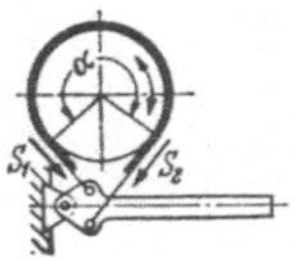	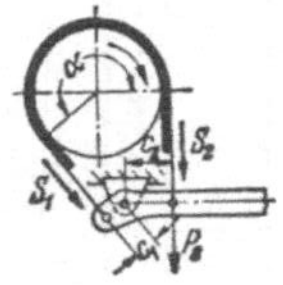
Reibkraft U am Durchmesser d [1]	$\mu(P_1 + P_2)$	$\frac{\mu P_s}{\sin\delta}$	$\mu P_s j$	$(m-1) S_2$	$\frac{(m-1)}{m} S_1$	$\frac{m-1}{m+1}(S_1 + S_2)$	
Notwendige Schaltkraft P_s [2]	$P_{s1} + P_{s2} = \frac{U c_2}{\mu c_1}$	$\frac{U \sin\delta}{\mu}$	$\frac{U}{\mu j}$	$S_2 = \frac{U}{m-1}$	$S_1 = \frac{U m}{m-1}$	$S_1 + S_2 = U \frac{m+1}{m-1}$	$U \frac{1 - c_1 m/c_2}{m-1}$
Schaltweg s in Richtung P_s [3]	$l \frac{c_1}{c_2}$	$\frac{l}{\sin\delta}$	$l j$	$l\alpha$	$l\alpha$	$s_1 = s_2 = 0{,}5\, l\alpha$	$s_2 = \frac{l\alpha}{1 - c_1/c_2}$
mittlere Flächenpressung p	$\frac{U}{F\mu}$						
maximale Flächenpressung p_{max} [4]	$\frac{2 U_t \sin\alpha_2}{b\, d\, y\, \mu (\cos\alpha_1 - \cos\alpha_2)}$	$\frac{p d}{d_t}$		$p \alpha \mu \frac{m}{m-1} = \frac{2U}{db} \frac{m}{m-1} = \frac{2 S_1}{d b}$			
verschleißbare Reibstoffmenge V_v	$F s_v$			$\frac{F s_v}{\alpha\mu} \frac{m-1}{m} = \frac{b d s_v}{2\mu} \frac{m-1}{m}$			
Belagfläche F	$2 L b y$	$\pi d b y$	$\pi d b y j$	$0{,}5\, \alpha d b y$			

[1] Reibmoment $M_R = U d/2$. [2] Gilt für $P_1 = P_2$, s. S. 276.
[3] Luftspalt $l = 0{,}02$ bis $0{,}2$ cm je nach Verschleißreserve und Totgang im Schaltzeug.
[4] U_t Umfangskraft an 1 Backe, näheres s. DIETZ [286/96].

Tafel 268/1. *Anhaltswerte für Reibpaarungen* (s. auch Bild 271 bis 274/1)

Für Gruppe I ist bei glatter Gegenfläche $q_v = 0{,}125$ bis 0,2 bei Trockenlauf, $\approx 0{,}05$ ölgeschmiert; für Gruppe III ist $q_v \approx 0{,}025$

Gruppe	Reibpaarung	Reibwert μ trocken	Reibwert μ geölt	ϑ_{zul} dauernd °C	ϑ_{zul} kurz °C	p kg/cm²	Kosten[1]
I	*Grauguß, Stahlguß oder Stahl gegen:*						
	Phenol-Kunstharz	0,25	0,1 ···0,15	100	150	0,5··· 7	//
	Baumwollgewebe mit Kunstharz	0,4 ···0,65	0,1 ···0,2	100	150	0,5···12	///
	Asbestgewebe mit Kunstharz	0,3 ···0,5	0,1 ···0,2	200	300	0,5···20	///
	Asbest mit Kunstharz hydraulisch gepreßt	0,2 ···0,35	0,1 ···0,15	250	500	0,5···80	///
	Metallwolle mit Buna gepreßt	0,40···0,65	0,1 ···0,2	250	300	0,5···80	///
	Graphitkohle/St	0,25	0,05···0,1	300	550	0,5···20	////
II	*Grauguß, Stahlguß oder Stahl gegen:*						
	Pappelholz	0,2 ···0,35	0,1 ···0,15	100	160	0,5···5	/
	Leder	0,3 ···0,6	0,12···0,15	100		0,5···3	/
	Kork	0,3 ···0,5	0,15···0,25	100		0,5···1	/
	Filz	0,22	0,18	140		0,3···7	/
	Vulkanfiber, Papier	0,22	0,18	140		0,5···3	/
III[2]	Hartstahl/Hartstahl oder Sintermetall, ölbenetzt	$\mu_0 = 0{,}12\cdots0{,}17$	$\mu_G = 0{,}06\cdots0{,}11$	100		5···30	///
	Hartstahl/Hartstahl oder Sintermetall mit Öldurchfluß	$\mu_0 = 0{,}08\cdots0{,}12$	$\mu_G = 0{,}03\cdots0{,}06$	100		5···40	///
IV	Grauguß/Stahl	0,15···0,2	0,03···0,06	260		8···14	/
	Grauguß/Grauguß	0,15···0,25	0,02···0,1	300		10···18	/
V[3,4]	Stahlsand/Grauguß oder Stahl, graphitiert	0,4 ···0,5		350			//
	Stahlkugeln/Grauguß oder Stahl, graphitiert	0,2 ···0,3		300			////

Tafel 268/2. *Erfahrungswerte für* $C = M_R/M_H$ [5]

Bei Reibkupplungen zwischen	bei Bremsen	C	Bemerkung
Elektromotor/Kreiselpumpe		1,3···1,5	
Elektromotor/leichte Werkzeugmaschine		1,3···1,5	
Elektromotor/Presse, Stanze		1,4···1,8	
Dampfturbine/Turbokompressor		1,4···1,8	
Elektromotor/Zerkleinerungsmaschine		2 ···2,5	
Wasserturbine/Mühlenantrieb		2 ···2,5	
Elektromotor/Zentrifugen, Rollgänge		2,5···3	
Dieselmotor/Baggerantrieb		2,5···3	
Antrieb/Walzwerk, Kugelmühle		3 ···5	
Antrieb/Kraftwagen		2 ···3	M_H = Motormoment
	Hubwerksbremsen	2 ···4	M_H = Lastmoment
	Fahr- und Drehwerksbremsen	0,8···2	M_H = Lastmoment

[1] Kosten von / niedrig, bis //// hoch.

[2] Hartstahl = gehärteter Stahl. Einfluß von Nutenausführung, p und Ölzähigkeit (Temperatur) auf μ, s. Bild 272 bis 274/1 und S. 271.

[3] Für Korngröße 1 bis 0,6 mm, Schüttgewicht $\gamma \approx 4{,}4$ kg/dm³.

[4] Für polierte Kugeln mit 2 bis 3 mm Durchmesser, $\gamma \approx 4{,}3$ kg/dm³.

[5] Bei *einmaligem* Reibvorgang mit konstantem M_R ist die Übertemperatur an der Reibstelle nach Hasselgruber [284/*11*] für $C = 2$ ein Minimum.

Tafel 269/1. *Kennwerte für Reibkupplungen und Bremsen*

Bauart	nach Bild	b/d	$K_U = \frac{U}{b\,d\,j}$ kg/cm²	$K_G = \frac{G_w}{b\,d\,j}$ kg/cm²	$K_T = \frac{N_R\,10^3}{b\,d\,j\,v^{1/2}}$ $\frac{\text{PS}\cdot 10^3}{\text{cm}^2(\text{m/s})^{1/2}}$	Weitere Angaben
Kupplungen:						
Backen-, Band-, Kegel-,	Tafel	0,15 ··· 0,3	2 ··· 8		1,0 ··· 1,6	$j = 1$
Scheiben-, $j = 1$ bis 2	267	0,15 ··· 0,3	2 ··· 5			
Lamellen-, $j = 4$ bis 20		0,1 ··· 0,25	0,8 ··· 3,5		0,45 ··· 0,65	trockenlaufend
		0,1 ··· 0,25	0,8 ··· 3,5		0,45 ··· 1,0	ölbenetzt
		0,1 ··· 0,25	0,8 ··· 3,5		2,0 ··· 4,5	mit Durchflußöl
Kraftwagen-Radbremsen	277/1	0,1 ··· 0,15	3 ··· 5,5			$b_v = 3{,}2 \cdots 4{,}6$ m/s²
Personenwagen . . .		0,1 ··· 0,15	3 ··· 5,5	4,8 ··· 8		G_w Wagengewicht je
Lastwagen		0,1 ··· 0,15	3 ··· 5,5	4 ··· 6		Bremse
Kranbremsen	281/6	0,3 ··· 0,4	0,2 ··· 0,8		0,8 ··· 1,4	für:
Haltebremsen	bis	0,3 ··· 0,4	0,75			Last $b_v < 1{,}4$ m/s²
Stoppbremsen	282/2	0,3 ··· 0,4	0,2 ··· 0,4			$t_B = 0{,}5 \cdots 5$ sek
Senkbremsen		0,3 ··· 0,4	0,25			z und L_B s. Taf. 269/2
Leistungsbremsen . .	277/2	0,2 ··· 0,5				für $\vartheta_{ha} = 60°$ C
					1,1 ··· 1,8	Trockenlauf und Luftkühlung
					6,5 ··· 11	Trockenlauf und Wasserkühlung
					22 ··· 28	Wasserschmierung und Wasserkühlung

Tafel 269/2. *Anhalt für Schaltzahl z und Belag-Lebensdauer L_B bei Hebezeugbremsen*

Art des Hebezeuges	z [1/h]	L_B [h]
Aufzüge	60 ··· 70	10000
Laufkrane	bis 120	10000
Stückgut-Hafenkrane	50 ··· 120	15000
Greiferkrane	100 ··· 200	1500
Kübelkrane	200 ··· 350	1000
Gießereikrane	80 ··· 150	5000
Stripper- und Tiefofenkrane	bis 600	200

2. Reibverhalten und Reibpaarungen

Trockene oder geschmierte Reibpaarung: Bei Trockenlauf ist die Reibungszahl μ erheblich höher (s. Taf. 268/1 und Bild 273/2); man kommt also mit geringeren Anpreßkräften und Bedienungskräften aus. Außerdem ändert sich hierbei μ erheblich weniger mit der Gleitgeschwindigkeit, Flächenpressung und Temperatur; ferner ist die Neigung zum „Rattern" beim Übergang in die Gleitbewegung geringer, da bei Trockenlauf der Haftreibwert nicht nennenswert größer oder sogar kleiner als der Gleitreibwert ist (s. Bild 273/2).

Trotzdem verwendet man auch *geschmierte* Reibflächen, und zwar dann, wenn der Verschleiß verringert werden soll, ferner, wenn die Reibflächen nicht mit Sicherheit ölfrei gehalten werden können (z. B. bei Schaltkupplungen im Getriebekasten) und dort, wo die Wärmeabführung durch Flüssigkeit gesteigert werden soll (z. B. bei Leistungsbremsen).

Reibungszahl μ: Die in Taf. 268/1 angegebenen Reibungszahlen sind nur erste Anhaltswerte. Für eine genaue Beurteilung des Reibverhaltens muß für die betreffende Reibpaarung der Verlauf von μ, abhängig von v, p und ϑ, bekannt sein (s. Bild 271). Aus Bild 272 bis 274/1 ist zu ersehen, wie man auch bei *geschmierten* Reibflächen die Höhenlage und den Verlauf von μ durch die Wahl der Reibstoffpaarung und durch die Ausbildung

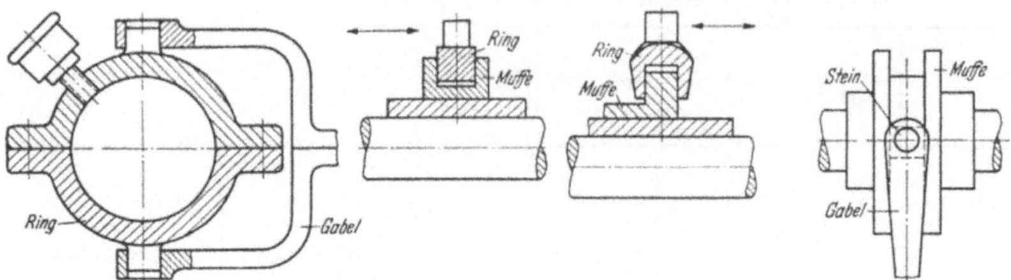

Verbindungen zwischen Schaltmuffe und Schalthebel

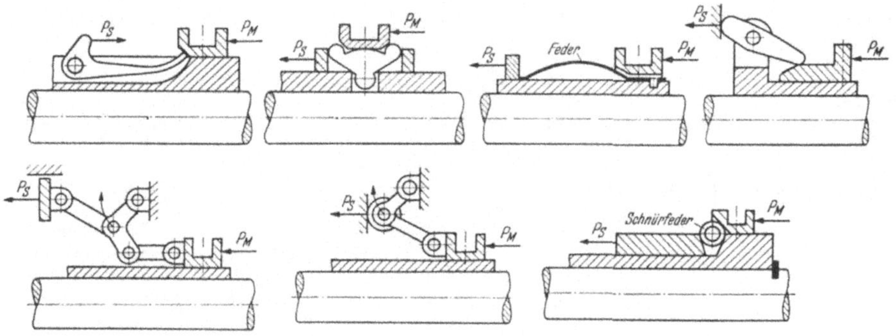

Schaltkraft P_S axial, Muffe bei Totpunktstellung entlastet

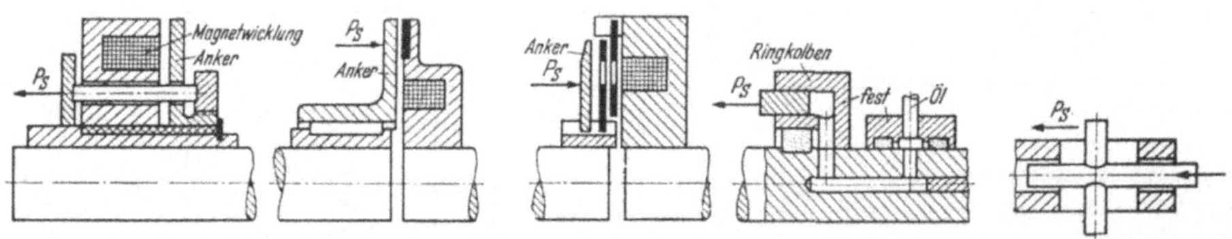

Schaltkraft P_S axial, magnetisch, hydraulisch, mechanisch

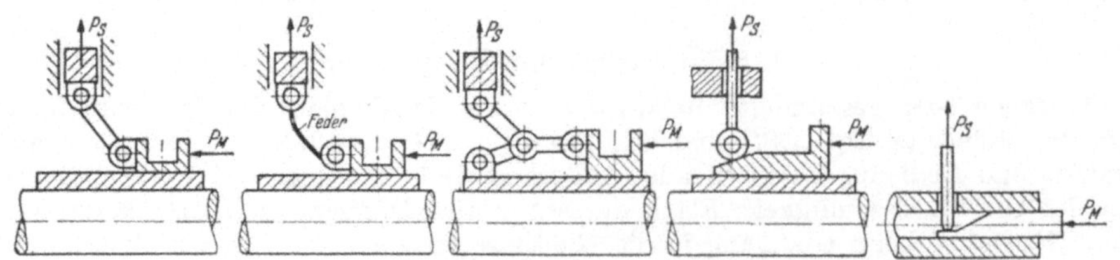

Schaltkraft P_S radial, Muffe bei Totpunktstellung entlastet

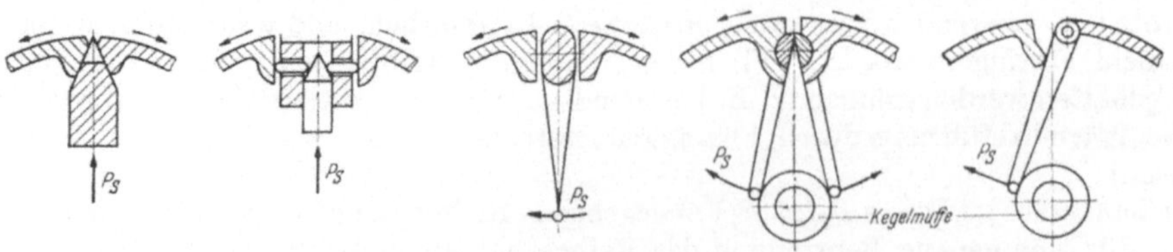

Schaltkraft tangential

Bild 270
Schaltzeug und Kraftübertragung für Reibkupplungen

der Reibfläche beeinflussen kann. So ist es bei ölgeschmierten Stahl-Lamellen wichtig, die Ratterneigung zu vermindern, indem man einerseits den Haftreibwert herabdrückt (z. B. durch Anwendung von ölhaltender, gesinterter Gegenoberfläche) und anderseits den Abfall von μ mit zunehmendem v verringert und hierzu die Schmierdruckbildung durch eine enge Spiralnut in der Gegenfläche durchbricht (Bild 273/1), oder indem man eine große hydrodynamische Reibung durch eine nadelartig gerippte Gegenfläche (Bild 272) erzeugt.

Auch bei *trockener* Reibpaarung ist eine durch Nuten unterbrochene Reibfläche zu empfehlen, um den Abrieb abzuführen, der sonst die Reibwirkung stört.

Für *ölgeschmierte* Lamellenkupplungen ist auch der Einfluß der Flächenpressung und der Temperatur auf μ nach Bild 274/1 von Interesse, und ferner der Einfluß der Reibflächen-Ausbildung auf die Lösezeit und auf das Leerlauf-Reibmoment nach Bild 273/1. Auch hierfür ist eine enge Unterteilung der Gegenfläche durch eine enge Spiralnut zu empfehlen.

Ferner setzt die bei höherer Öltemperatur auftretende Ölkohle-Bildung den Reibwert und die Wärmeleitung herab. Durch entsprechende Additivs zum Öl kann die Ölkohle-Bildung gemildert werden; noch besser ist die Verwendung von synthetischem Öl.

Reibpaarungen: Übersicht und Kennwerte der Reibpaarungen s. Taf. 268/1. Für Trockenlauf werden im Maschinen- und Fahrzeugbau Reibpaarungen nach Gruppe I verwendet; für ölgeschmierte die in Bild 273/1 und 273/2 aufgeführten, wobei gehärtete, dünne Stahlscheiben gepaart mit ebensolchen oder mit Sintermetall armierten Gegenscheiben im Vordergrund stehen.

Die *Befestigung* der Reibbeläge erfolgt meist mit Kupfernieten (bevorzugt mit Rohrnieten) oder durch Aufkleben; es gibt aber auch Konstruktionen mit „schwimmender" Anordnung von Reibstücken (Bild 279/1 und 280/1).

Ein beachtlicher Reibstoff, besonders für Anlauf- und Fliehkraftkupplungen, ist wegen seiner fast konstanten Reibeigenschaften graphitierter Stahlsand (auch graphitierte Stahlkugeln) mit den Reibungszahlen nach Taf. 268/1. Entsprechende Konstruktionen s. Bild 281/3 u. 281/4.

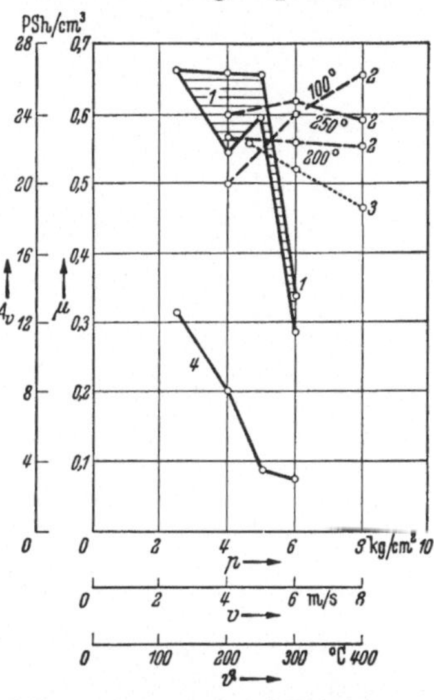

Bild 271. Reibwert μ und Verschleißwert $A_v = 1/q_v$ für Reibstoff Metallwolle mit Bunabindung gegen Gußstahl trockenlaufend 1 μ abhängig von ϑ für $v = 6$, $p\mu v = 13{,}1$; 2 μ abhängig von p für $v = 6$, $\vartheta = 100$, 200 und 250° C; 3 μ abhängig von v für $p = 3$, $\vartheta = 200$° C; 4 A_v abhängig von ϑ für $v = 6$, $p\mu v = 13{,}1$

3. Bauarten und Eigenschaften

In Taf. 267 sind die grundsätzlichen Bauarten für Reibkupplungen und -bremsen und die dafür geltenden Beziehungen zusammengestellt.

Die Bauarten 1 bis 3 (Trommel-, Kegel- und Scheibenbauart) verhalten sich in folgenden Punkten gleich (bei gleichem M_R, μ, d, l): Gleiche Reibwirkung in beiden Drehrichtungen, gleiche Änderung von M_R proportional μ und gleiche Bedienungsarbeit $P_s\,s$.

Bauart 1 besitzt jedoch eine größere Kühlfläche, entsprechend der für die Luft allseitig zugänglichen Scheibe;

Bauart 2 ein größeres Verschleißvolumen (größere Belag-Lebensdauer), entsprechend dem auf der ganzen Ringfläche unterbringbaren Reibbelag;

Bauart 3 eine kleinere Schaltkraft P_s, entsprechend der Vielzahl j der Lamellen; einen besonders kleinen Raumbedarf, aber schlechte Wärmeabführung, sofern sie nicht in Einscheibenform gebaut wird.

Bei Bauart 2 und 3 wird sich die Flächenpressung radial proportional $1/r$ verteilen, da der Verschleiß proportional $p\,\mu\,v = p\,\mu\,\omega\,r =$ konst. verlaufen wird. Entsprechend beträgt der wirksame Reibdurchmesser $d = 0{,}5\,(d_a + d_i)$.

Bei Bauart 2 ist die erforderliche Anpreßkraft etwas größer als die Umfangs-Reibkraft, wenn zur Vermeidung von Selbsthemmung im Kegel $\operatorname{tg}\delta$ etwas größer als μ gewählt wird.

Die Bauarten 4 bis 7 (Bandbauarten) sind besonders einfach; die resultierende Kraft aus S_1 und S_2 belastet aber die Wellenlager, und die Reibwirkung ist nur bei Bauart 6 in beiden Drehrichtungen gleich groß. Das Verhältnis von $S_1/S_2 = m = e^{\mu\alpha}$ und die Umfangskraft $U = S_1 - S_2 = S_2\,(m - 1)$ mit m nach Bild 274/2. Hierdurch ergibt sich

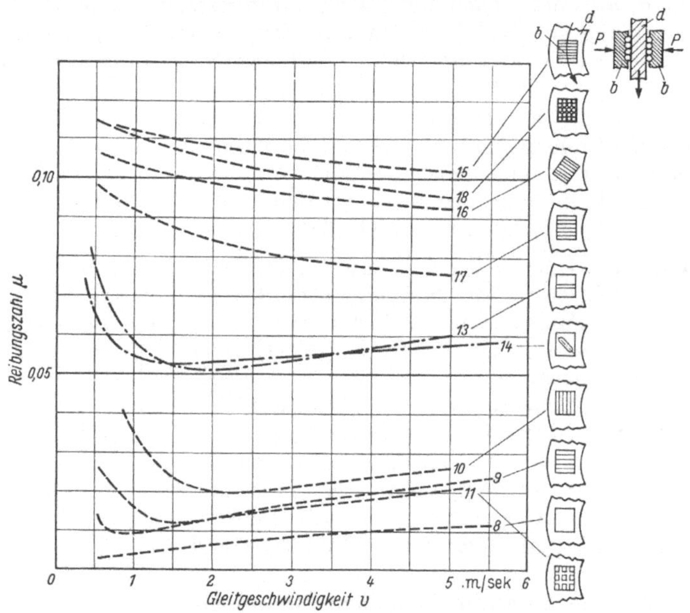

Angaben zu den Kurven:

Nr.	Druckstücke b	p_m $\frac{\text{kg}}{\text{cm}^2}$	η_B $\frac{\text{kg sec}}{\text{cm}^2}$	Öl	Nr.	Druckstücke b	p_m $\frac{\text{kg}}{\text{cm}^2}$	η_B $\frac{\text{kg sec}}{\text{cm}^2}$	Öl
8	glatt, plan.	5	$0{,}23\cdot10^{-6}$	B 1774	14	mit 1 Nadel, ⌀ = 5 mm schräg	4	$2\cdot10^{-6}$	Voltol V
9	mit Quernuten[1]	5	$0{,}23\cdot10^{-6}$	B 1774	15	mit 5 Nadeln, ⌀ = 3 mm quer	5,6	$0{,}23\cdot10^{-6}$	B 1774
10	mit Längsnuten[1]	5	$0{,}23\cdot10^{-6}$	B 1774	16	mit 5 Nadeln, ⌀ = 3 mm schräg	5,6	$0{,}23\cdot10^{-6}$	B 1774
11	mit Schachbrett-Nuten[1] . .	5	$0{,}23\cdot10^{-6}$	B 1774	17	mit 5 Nadeln, ⌀ = 3 mm quer	5	$1\cdot10^{-6}$	B 1774
13	mit 1 Nadel, ⌀ = 5 mm quer	4	$2\cdot10^{-6}$	Voltol V	18	mit 36 Kugeln, ⌀ = 3 mm . .	5	$0{,}23\cdot10^{-6}$	B 1774

[1] Nutenabstand 5 mm.

Bild 272. Reibwert μ über v bei ölgeschmierten Gleitpaarungen aus gehärtetem Stahl (nach FZG-Versuchen). b ruhende Druckstücke; d umlaufende glatte Scheibe; P Anpreßkraft, p spezifische Belastung $= P/F$; η_B Zähigkeit des eintretenden Öles

beim Anziehen des Bandes in Richtung S_2 (Bauart 4) eine Servo-Wirkung, d. h., die Reibkraft zieht das Band mit an, so daß die Bedienungsarbeit kleiner als bei Bauart 1 bis 3 wird.

Bei Bauart 5 wirkt die Reibkraft dem Anziehen entgegen, so daß eine größere Bedienungskraft erforderlich wird; aber das Reibmoment schwankt weniger mit μ als bei allen anderen Bauarten.

Bei Bauart 7 kann das Reibmoment durch Wahl der Abstände c_1, c_2 bis zur Selbsthemmung verstärkt und somit die Bedienungsarbeit noch weiter verringert bzw. bei umgekehrter Drehrichtung das Reibmoment noch unabhängiger von μ gehalten werden.

4. Empfehlungen für die Ausführung

1) **Kleinste Baumaße** lassen sich mit der Lamellen- und Kegelbauart verwirklichen, sofern die größere Erwärmung und die größere Bedienungsarbeit $P_s s$ der kleinen Ausführung nicht hinderlich ist.

2) **Konstante Reibwirkung** läßt sich sehr fördern durch entsprechende Bauart (s. Nr. 5 in Taf. 267 und Bild 275/2), durch entsprechende Wahl der Reibpaarung nach Abschnitt 2 und durch reichliche Bemessung (geringe Wärmeschwankungen).

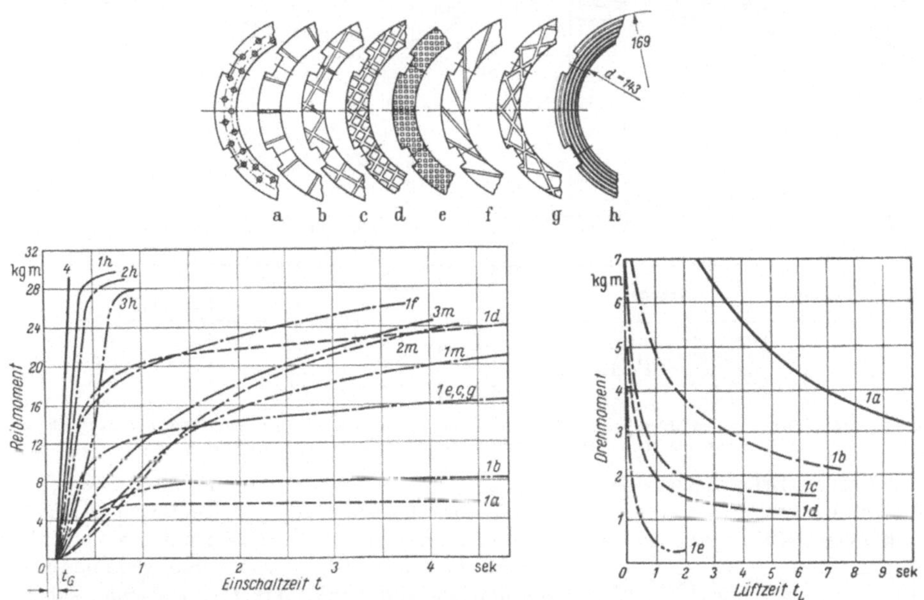

Bild 273/1. Reibverhalten einer magnetischen Lamellenkupplung (zusammengestellt nach Versuchen von NITSCHE [285/24]). Links: Reibmoment über der Einschaltzeit. Rechts: Zeitbedarf für das Lösen der klebenden Lamellen abhängig vom Drehmoment. Ausführung: Innenlamellen aus gehärtetem Stahl, Außenlamellen nach Bild oben. *a* gelocht; *b* mit 18 Radialnuten; *c*, *d* und *e* mit Kreuznuten; *f* und *g* mit Tangentialnuten; *h* mit enger Spiralnut; *m* glatt ausgeführt. *1* für Außenlamellen aus Sintereisen (ölgeschmiert), *2* aus Sinterbronze *3* aus Phosphorbronze *4* mit Asbestbelag trockenlaufend

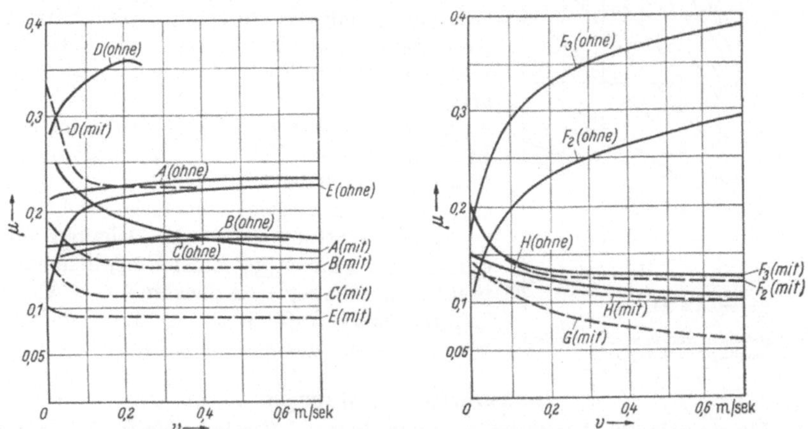

Bild 273/2. Reibwert μ, abhängig von der Gleitgeschwindigkeit v bei Lamellenkupplungen (zusammengestellt nach Versuchen von KOLLMANN [285/19]. Ausführung: (ohne) = trockenlaufend; (mit) = geschmiert mit Öl, *A*, *B* und *C* = Kork-Buna-Lamellen mit $p = 6$; *D* = Korklamelle und $p = 2$; *E* = Graphitring mit $p = 6$; F_3 = Reico-Kunstharzlamelle mit $p = 3$; F_2 = Reico-Lamelle $p = 1$; *G* = Stahllamelle mit $p = 11$; *H* = Sinterbronze mit enger Spiralnut; Gegenflächen aus gehärtetem Stahl geschliffen

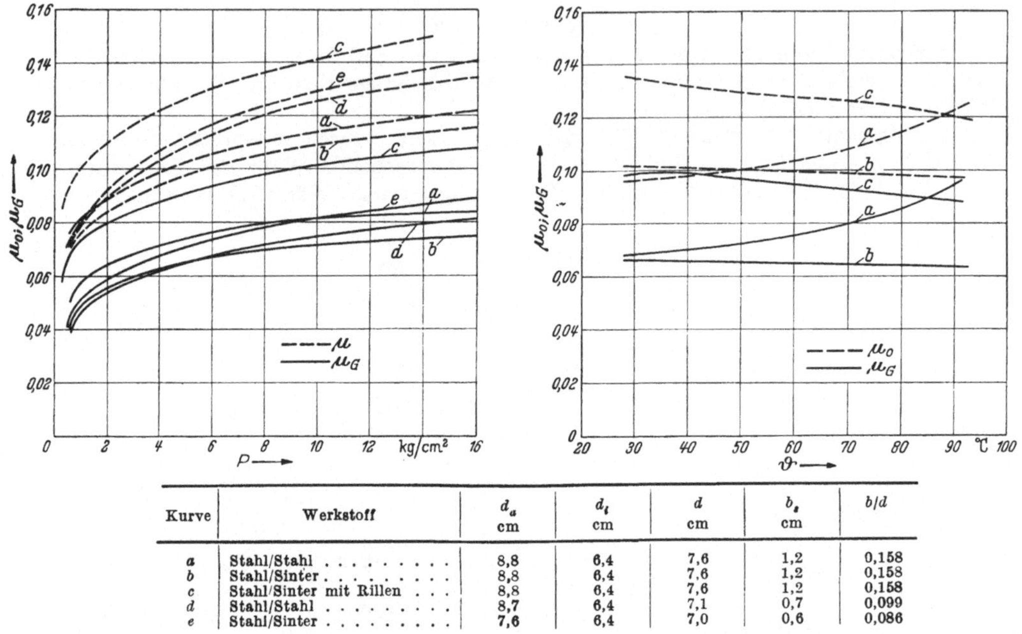

Kurve	Werkstoff	d_a cm	d_i cm	d cm	b_s cm	b/d
a	Stahl/Stahl	8,8	6,4	7,6	1,2	0,158
b	Stahl/Sinter	8,8	6,4	7,6	1,2	0,158
c	Stahl/Sinter mit Rillen	8,8	6,4	7,6	1,2	0,158
d	Stahl/Stahl	8,7	6,4	7,1	0,7	0,099
e	Stahl/Sinter	7,6	6,4	7,0	0,6	0,086

Bild 274/1. Anlaufreibwert μ_0 und Gleitreibwert μ_G für Lamellenkupplungen, nach Versuchen von STÖFERLE [285/29]. Schmierung mit Voltol-Gleitöl II, ϑ = 60 bis 70°C; Werkstoff und Maße der Lamellen siehe Tafel

3) Größere Belag-Lebensdauer erzielt man durch Herabdrücken der Reibarbeit (durch kleinere Schwungmassen und Reibzeiten), durch Minderung der Temperatur (größere Kühlflächen, Kühlrippen und stärkere Belüftung), durch Vergrößerung des Verschleißvolumens, durch Glatthalten und Schmieren der Reibflächen und durch verschleißfesteren Reibstoff.

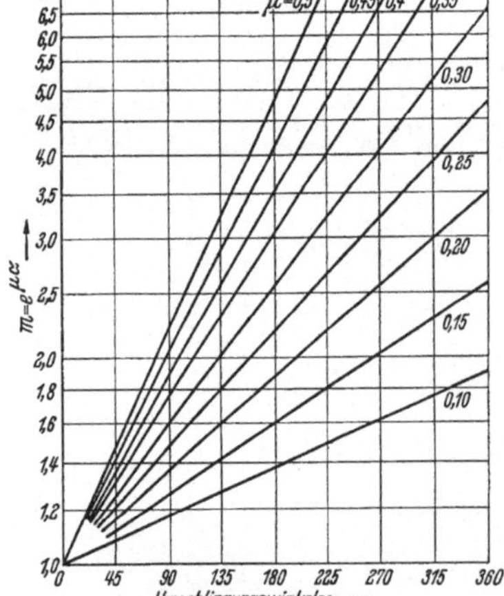

Bild 274/2. Darstellung von $m = e^{\mu\alpha}$ über dem Umschlingungswinkel α

4) Kleinere Bedienungsarbeit $P_s s$ erreicht man durch größeren Reibdurchmesser d und größeres μ und ferner durch Ausschalten des Totganges im Schaltweg, z. B. durch einseitige Kraftrichtung im Schaltzeug mittels Vorspann- oder Öffnungsfeder. Außerdem ergibt eine Bauart mit Servo-Wirkung, z. B. Bauart 4 in Taf. 267, eine kleinere Bedienungsarbeit.

5) Größere Nachstell-Zeiträume kann man durch Einschalten einer Federung im Kraftweg erreichen (flacherer Abfall der Anpreßkraft mit dem Verschleiß) sowie durch Maßnahmen nach 3.

6) Die Wartung läßt sich erleichtern durch bequeme und eindeutige Einstellmöglichkeit für Anpreßkraft, Lüftweg und gleichmäßiges Abheben der Reibpaarung. Außerdem ist eine einfache Auswechselbarkeit des Reibbelages erwünscht.

5. Variierte Ausführungen

1) Ausführung als Fliehkraftkupplung oder -bremse. Hierbei wird die Fliehkraft eines Gewichtes zur Anpressung der Reibpaarung benutzt. Hierzu können grundsätzlich alle Reibschalter-Bauarten herangezogen werden. Bild 275/1, 281/2 bis /4 u. 283/3 zeigen einige Ausführungen.

Nach Bild 275/1 greift die Fliehkraft P_l am Gewicht G im Schwerpunkt S im Abstand r von der Drehachse an und erzeugt an der Reibpaarung die Anpreßkraft P_N. Die Wirkung der Fliehkraft kann durch die Federkraft P_e bis zu einer gewünschten Drehzahl aufgehoben werden.

Für die Berechnung gilt:

Anpreßkraft

$$P_N = \frac{a\,P_l - b\,P_e}{c}; \tag{275/1}$$

Fliehkraft

$$P_f = P_l = \frac{G\,r\,\omega^2}{981} = \frac{G\,r\,n^2}{9\cdot 10^4}. \tag{275/2}$$

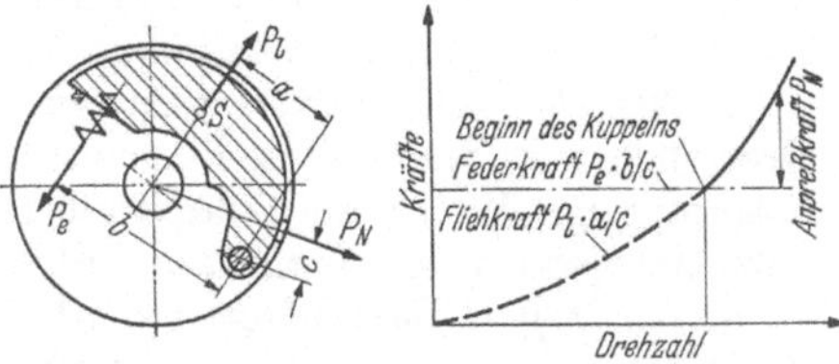

Bild 275/1. Kraftwirkung bei einer Fliehkraftkupplung mit Gewichtshebel als Fliehgewicht und mit Rückstellfeder

2) Reibpaarung mit konstantem M_R. Bei einer Reibpaarung nach Bild 275/2, die in der einen Drehrichtung selbsthemmend ist, erhält man in der anderen Drehrichtung ein nahezu konstantes M_R, *unabhängig vom Reibwert*, wenn die tangentiale Anzugkraft P_s konstant ist. Bei verdoppeltem Reibwert ergeben sich z. B. die gestrichelten Kräfte gegenüber den ausgezogenen im Kräftepolygon rechts, also eine nur etwas größere Umfangsreibkraft U. Je kleiner der Winkel zwischen P_{N1} und P_{N2}, um so mehr nähert sich U nach Größe und Richtung P_s und um so weniger ändert sich U mit μ. Die angegebene Wirkungsweise scheint bisher noch kaum bekannt und angewendet zu sein. Sie läßt sich auch bei anderen Bauarten — z. B. auch bei Scheibenkupplungen mit seitlichen Reibflächen — verwirklichen.

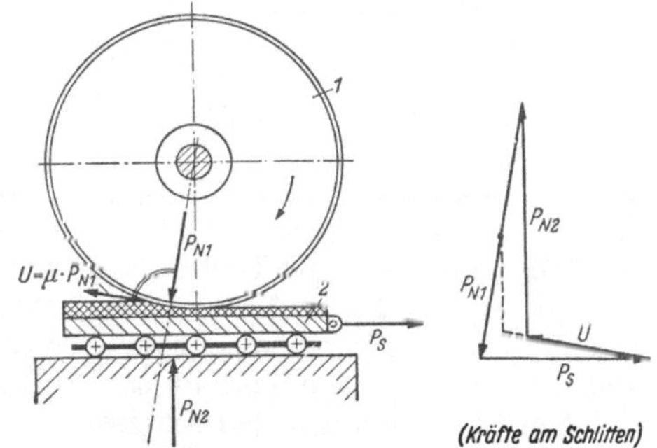

Bild 275/2. Leistungsbremse mit fast konstantem Reibmoment (nach NIEMANN)

3) Lamellenkupplungen. Als Reibkupplungen in Getrieben werden ölgeschmierte Lamellenkupplungen bevorzugt. Die Ölschmierung erfordert aber besondere Maßnahmen in Auswahl und Ausbildung von Reibpaarung und Schmierung. Entsprechend den Erfahrungsangaben auf S. 271 muß man der Ratterneigung und dem Schwanken der Reibungszahl bei veränderlicher Öltemperatur vorbeugen. Die Wärmeabführung der gelösten Kupplung durch Ölnebel oder Ölbenetzung ist nicht groß. Man kann sie aber durch reichliche Ölzuleitung von der Welle her durch die Spiralnuten der Lamellen nach außen sehr erhöhen [286/*91*] und ferner durch gute Luftzirkulation im Getriebekasten [286/*95*]. Ferner ist die unterschiedliche Leerlaufreibung zu beachten (Bild 273/1).

Für die Bemessung der Lamellenkupplungen ist bei häufigem Schalten die Stunden-Reibleistung N_R, d. h. die Wärmeabführung, maßgebend. Die hierfür erforderlichen Abmessungen können nach Gl. (259/8) mit den in Tafel 269/1 angegebenen K_T-Werten angenähert bestimmt werden.[1] Berechnungsbeispiel s. S. 263.

4) Backenbremsen (*nach Bild 276*):

a) Bei einfacher Backe (Bild 276a, linker Bremshebel) ist die Bremswirkung in beiden Richtungen verschieden, wenn die Reibkraft $R_1 = \mu\,P_1$ im Abstand c_3 vom Drehpunkt angreift. Aus der Momentengleichung $P_{s1}\,c_1 = P_1\,c_2 \pm R_1\,c_3 = P_1\,(c_2 \pm \mu\,c_3$ ergibt sich

$$R_1 = \mu\,P_1 = \frac{P_{s1}\,c_1}{\dfrac{c_2}{\mu} \pm c_3}, \tag{275/3}$$

[1] Für den Ansatz der K_T-Werte wurden die von SCHACH [286/*91*] angegebenen Versuchsergebnisse benutzt. Über den Einfluß von Drehzahl und Ventilation fehlen noch ausreichende Versuche.

mit Minuszeichen für umgekehrte Drehrichtung. In diesem Falle tritt für $c_3 \geqq c_2/\mu$ Selbsthemmung ein (Reibgesperre). Für $c_3 = 0$ (Bild 276c) ist die Bremswirkung in beiden Drehrichtungen gleich. Die Flächenpressung p verteilt sich ungleich (siehe p-Auftragung in Bild 276a, rechte Backe), und zwar entsprechend der ungleichen Verschleißdicke normal zur Reibfläche nach eingetretenem Verschleiß.

b) Bei Doppel-Backenbremsen nach Bild 276a mit symmetrischer Anordnung beider Bremshebel ist die Gesamt-Bremswirkung in beiden Drehrichtungen gleich. Die Querbelastung der Wellenlager durch die Resultierenden aus P_1 und R_1 und aus P_2 und R_2 hebt sich jedoch nur dann ganz auf, wenn $c_3 = 0$ ist.

c) Bei Doppel-Backenbremsen mit Drehbacken nach Bild 276b ist M_R in beiden Drehrichtungen gleich und die Querbelastung der Wellenlager null. Ein weiterer Vorteil ist

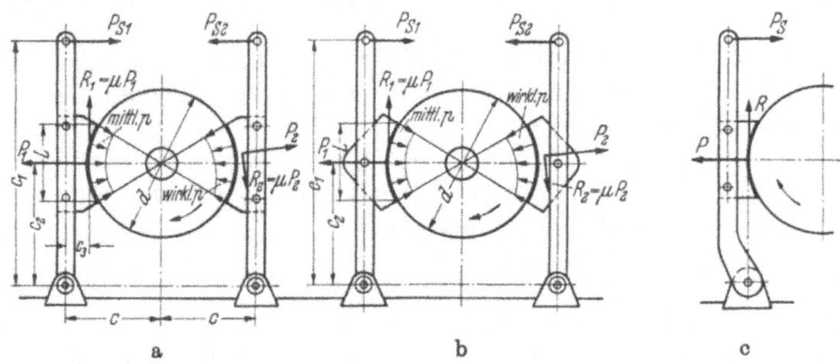

Bild 276. Backenbremsen mit festen Backen (*a*), mit Drehbacken (*b*), mit gleicher Bremswirkung in beiden Drehrichtungen (*c*)

die Selbsteinstellung der Drehbacken (kein einseitiges Tragen bei ungenauer Herstellung) und die leichte Auswechselung der Drehbacken, ohne Ausbau der Bremshebel. Dafür bewirkt aber das Drehmoment aus der Reibkraft R_1 bzw. R_2 um den Backendrehpunkt eine weitere ungleiche Verteilung der Flächenpressung p und einen entsprechend ungleichen Verschleiß des Reibbelages.

5) Innenbackenbremsen oder -kupplungen. (*Bild 277/1*).

a) Mit symmetrischer Backenanordnung (nach Bild 277/1a). An der rechten Backe erzeugt die Reibkraft μP_2 ein zusätzliches Anpreßdrehmoment $\mu P_2 c_3$, während an der linken Backe das entsprechende Moment $\mu P_1 c_3$ der Anpressung entgegenwirkt. Dabei beträgt (vereinfacht gerechnet)

Gesamt-Reibmoment
$$M_R = \mu (P_1 + P_2) \frac{d}{2}; \qquad (276/1)$$

mittlere Flächenpressung
$$p_1 = \frac{P_1}{b L}; \quad p_2 = \frac{P_2}{b L}. \qquad (276/2)$$

Bei gleicher Bedienungskraft $P_{s1} = P_{s2}$ (Bedienung mit Drucköl) sind Bremswirkung und Verschleiß an beiden Backen ungleich groß.

Berechnung von P_1, P_2 und P_2/P_1 aus

$$P_{s1} c_1 = P_1 c_2 + \mu P_1 c_3; \quad P_{s2} c_1 = P_2 c_2 - \mu P_2 c_3; \quad \frac{P_2}{P_1} = \frac{c_2 + \mu c_3}{c_2 - \mu c_3} \qquad (276/3)$$

Bei gleichem Bedienungsweg für beide Backen (Bedienung mit Bremsschlüssel) ist

$$P_1 = P_2 = \frac{M_R}{\mu d}, \qquad (276/4)$$

$$P_{s1} + P_{s2} = \frac{2 M_R}{\mu d} \frac{c_2}{c_1}, \qquad (276/5)$$

$$\frac{P_{s1}}{P_{s2}} = \frac{c_2 + \mu c_3}{c_2 - \mu c_3}. \qquad (276/6)$$

b) Mit gleichsinnigen[1] *Backen nach Bild 277/1 b.* Jede Backe hat ihren eigenen Bremsnocken und Drehpunkt. Für $P_{s1} = P_{s2}$ ergibt sich hierbei gleiche Bremswirkung beider Backen und keine Belastung der Radlager. Ferner ist

$$P_1 = P_2 = \frac{M_R}{\mu d}, \quad (277/1) \qquad P_{s1} + P_{s2} = \frac{2 M_R}{\mu d} \frac{c_2 \mp \mu c_3}{c_1}. \quad (277/2)$$

Das untere Pluszeichen gilt für umgekehrte Drehrichtung.[1]

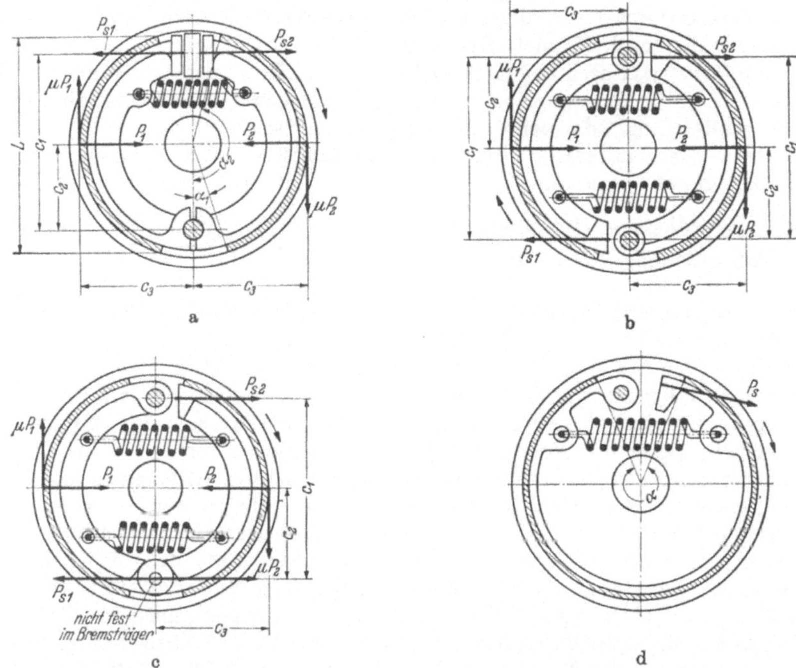

Bild 277/1. Verschiedene Ausführungen für Innenbackenbremsen. *a* **symmetrische Backenanordnung;** *b* **gleichsinnige Backenanordnung;** *c* **mit Anlenkung der zweiten Backe an die erste;** *d* **mit Bremsband in Drehrichtung angezogen**

c) Mit gleichsinnig[1] *angelenkter 2. Backe nach Bild 277/1 c.* Die Anpreßkraft P_{s1} für die linke Backe ist die Gelenkkraft der angelenkten rechten Backe. Im übrigen Kraftwirkung wie bei Anordnung nach b). Die Verstärkung der Anpressung (Servo-Wirkung) durch die Reibkraft-Momente $\mu P_2 c_3$ und $\mu P_1 c_3$ wirkt nur in der einen Drehrichtung der Bremsscheibe, während in der anderen Drehrichtung eine entsprechende Schwächung der Bremswirkung eintritt.[1]

d) Mit gleichsinnigem[1] *Bremsband nach Bild 277/1 d.* Berechnung von M_R, P_s, p usw. nach Taf. 267 für Bauart 4.

6) Leistungsbremsen nach Bild 272/2. Bevorzugt wird die Ausführung mit Backen- oder Bandbremsung und Kühlung durch inneren Wassermantel (Verdunstungskühlung) mit oder ohne Wasserschmierung mit Reibstoff nach Gruppe I, Taf. 268/1, oder auch mit Pappelholz. Für die Auslegung der Leistungsbremsen wird empfohlen, die Scheibentemperatur nicht über 80 bis 100° ansteigen zu lassen; für die

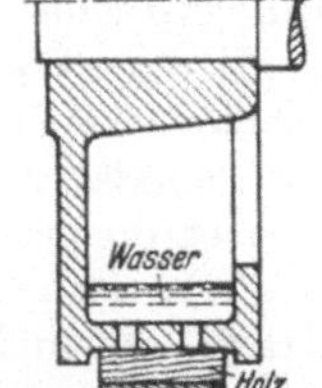

Bild 277/2. Trommelbremse mit Bremsband und innerem Wasserring als Leistungsbremse

[1] Bei Drehrichtung nach Bild 277/1 b bis d ist die erforderliche Bedienungskraft bei gleichem M_R kleiner (Vorteil!), aber M_R ändert sich bei schwankendem μ mehr als μ (Nachteil!). Bei umgekehrter Drehrichtung sind die Tendenzen umgekehrt.

Reibkraft kann auch eine Selbstregelung nach LINDNER [287/*98*] oder OESTERLEN [287/*143*] oder nach Bild 275/2 vorgesehen werden. Die bisher vorliegenden Erfahrungen für die Bemessung möchte ich durch die K_T-Werte in Taf. 269/1 wiedergeben. Berechnungsbeispiel s. S. 266.

6. Schaltzeug und Bedienung

Das Schaltzeug umfaßt alle Teile, die zur Ein- und Ausschaltung von Kupplung oder Bremse dienen. Seine Gestaltung und auch die der Kupplung bzw. Bremse, richtet sich erheblich nach der Art der Bedienung (durch Federkraft, Gewicht oder Fliehkraft, durch Hand oder Fuß, durch Magnet, Druckluft oder Drucköl) und nach der Betriebsweise, d. h., ob die *Belastung* durch Feder, Gewicht oder Fliehkraft gegeben ist und die *Entlastung* durch die äußere Bedienung erfolgen soll oder umgekehrt, und ferner, ob die Ausschalt- oder Einschaltstellung oder beide „Ruhestellungen" sein sollen.

Bei Hand- oder Fußbedienung müssen Bedienungskraft H und Bedienungsweg h entsprechend angepaßt werden.

$$\left.\begin{array}{ll}\text{Bei Handbedienung} & H < 12\,\text{kg},\ h < 75\,\text{cm}\\ \text{Fußbedienung} & H < 50\,\text{kg},\ h < 18\,\text{cm}\end{array}\right\}\ Hh < 900\,\text{kgcm}.$$

Bei Kraftbedienung (durch Magnet, Drucköl oder Druckluft) kann der Kraftgeber unmittelbar in die Kupplung bzw. Bremse eingebaut werden (Bild 270) oder als *Gerät für sich* von außen her über Hebel die Bedienung ausüben (Bild 281/6).

Bei Magnetbedienung wachsen Ein- und Ausschaltzeit erheblich mit Magnetgröße und Strom. Außerdem ändert sich die Zugkraft mit dem Luftspalt des Magneten, also mit dem Schaltweg. Besonders geschätzt ist jedoch die einfache Fernbedienung des Magneten. Die übliche Stromzuleitung zum drehenden Teil durch zwei Schleifringe (bei Rückleitung über die „Masse" nur ein Schleifring) kann sogar vermieden werden, wenn die Magnetspule auf der Welle drehbar gelagert und von außen festgehalten wird. Bei Lamellenkupplungen können *Stahl*-Lamellen auch unmittelbar durch den magnetischen Kraftfluß statt mittelbar durch den Magnetanker angezogen werden (Bild 270).

Bei Druckluft-Bedienung mit etwa 4 bis 8 atü Überdruck (meist in Werkstätten verfügbar) sind für die Schaltkupplung mit eingebautem Druckkolben etwa gleiche Gesamtabmessungen wie bei der Magnetkupplung erreichbar. Die Druckluft wird hierbei über gleitende Dichtungen dem drehenden Teile zugeführt. Ihr Vorteil liegt im schnellen Ansprechen und in der gleichbleibenden Druckkraft über dem Schaltweg.

Bei Drucköl-Bedienung (Druck bis etwa 25 atü) sind für die Kupplung kleinere Abmessungen als bei Magnet- oder Druckluftbedienung erreichbar (Bild 270 und 280/3). Für Schnellschaltung mit Fernbedienung ist der Einbau eines *Magnetventils* zweckmäßig.

Bei Kupplungen mit mechanischer Übertragung der Schaltkraft auf den umlaufenden Teil wird eine äußere axiale Bewegung (axiale Hebel- oder Stangenbewegung) über eine Gleit- oder Wälzpaarung auf eine axial bewegliche und mitumlaufende Schiebemuffe übertragen (Bild 270). In die weitere Kraftübertragung von der Schiebemuffe bis zur jeweils axial, radial oder tangential anzupressenden Reibpaarung kann auch eine Kraftübersetzung eingeschaltet werden. Bild 270 zeigt hierfür eine Reihe von Ausführungsmöglichkeiten. Bei der Konstruktion ist darauf zu achten, daß keine größeren axialen Kräfte von außen auf die umlaufenden Teile *dauernd* übertragen werden müssen; die Schaltmuffe soll also in der Ein- und Ausschaltstellung axial entlastet sein.

Bei Bremsen greift die Bedienung am nichtumlaufenden Reibteil an. Auch hierbei ist es für die Konstruktion wesentlich, ob die *Be*lastung der Bremse durch Feder bzw. durch Gewicht und die *Ent*lastung durch das Schaltzeug bzw. umgekehrt gefordert wird, und ferner, ob die Bedienung unmittelbar oder über Hebel, Gestänge, Seilzug oder Bowdenzug erfolgen soll.

29.6. Ausgeführte Konstruktionen

1. Reibkupplungen

Bild 279/1. *Conax-Kupplung* (Desch). Sie besitzt einen Reibbelag *b* aus Ringsegmenten, welche durch eine Schraubenfeder *c* (Schnürfeder) zusammengehalten werden. Bei ausgeschalteter Kupplung liegen die Segmente auf den Kegelscheiben *d* auf. Durch Einrücken des Handrades *f* werden die Kegelscheiben von 3 Winkelhebeln *e* zusammengepreßt; hierdurch wird der Belag gegen den Mantel *a* gedrückt. Nachstellung der Reibkraft durch die Mutter *g*.

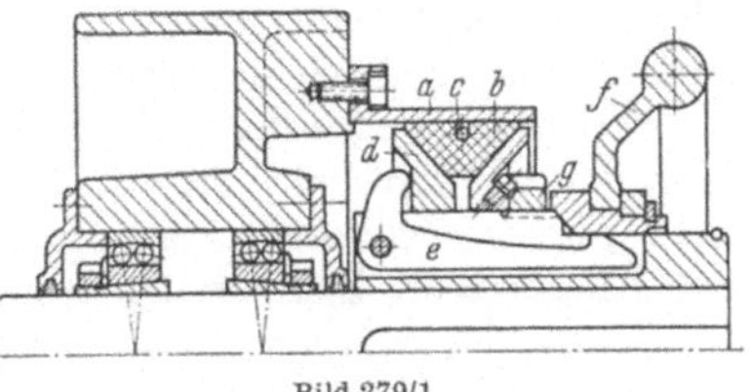

Bild 279/1

Bild 279/2. *Elastische Reibkupplung Fawick-Airflex* (Lohmann & Stolterfoht). Die Anpressung des Reibbelages *c* gegen die Reibtrommel erfolgt radial durch die Druckluft im Schlauch *b*. Die Zuführung der Druckluft erfolgt von der Welle *a* aus. Ein Nachstellen zum Ausgleich des Verschleißes ist bei dieser Kupplung nicht notwendig.

Bild 279/3. *Doppel-Kegelkupplung* (Lohmann & Stolterfoht). Sie dient gleichzeitig als Sicherheitskupplung. Bei Überschreitung des eingestellten Drehmomentes erfolgt Ausschaltung durch die Relativbewegung der Schraubengänge *d*, die eine Verschiebung der abgeschrägten Bolzen *c* herbeiführen. Die Hilfsmuffe *b*, welche die Schraubengänge *d* trägt, kann im Laufen eingeschaltet werden, so daß die Sicherheitsvorrichtung erst nach dem Anfahren anspricht. Die Kegelscheiben zentrieren sich selbst. Die Nachstellung der Reibkraft erfolgt durch Verstellen des Kegels *e*.

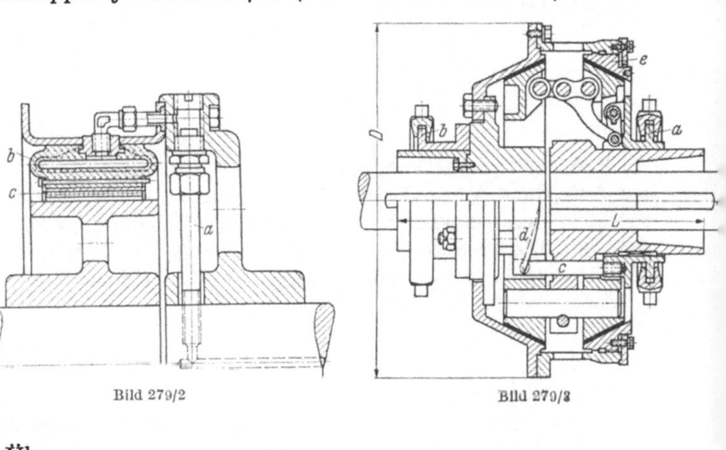

Bild 279/2 Bild 279/3

Bild 279/4. *Scheibenkupplung für Kraftfahrzeuge* (Fichtel & Sachs). Die Reibscheibe *b* wird über die Druckplatte *d* durch Federn *c* axial gegen das Schwungrad *a* gepreßt. Durch Verschieben des Graphitringes *e* nach links wird die Kupplung gelüftet, wobei der Hebel *f*, der sich am

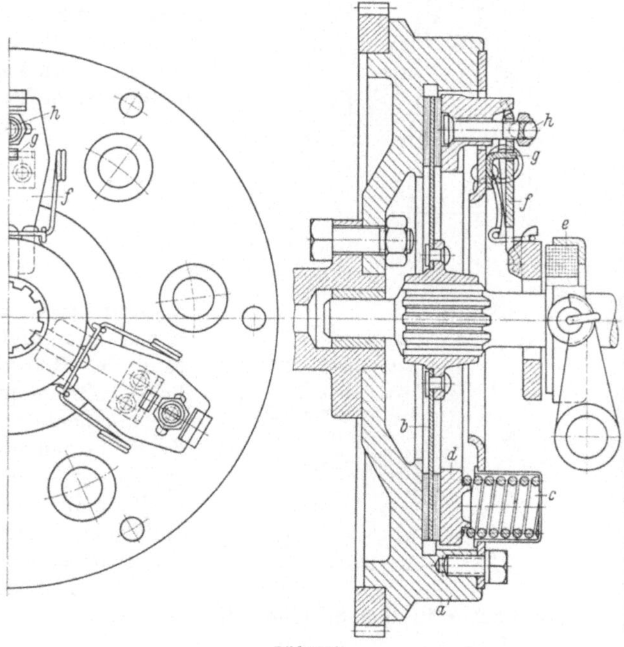

Bild 279/4

Winkel *g* abstützt, die Platte über den Bolzen *h* zurückdrückt. Das Wellenende ist durch eine Gleitlagerbüchse zentriert.

Bild 280/1. *Scheibenkupplung mit Reibklötzen* (Almar-Kupplung, Flender). Die Reibklötze *a* können bei Verschleiß leicht ausgewechselt werden. Für die Lüftung sind Schraubenfedern vorgesehen; die Nachstellung der Anpreßkraft erfolgt durch Verdrehen der Ringmutter; Zentrierung des Wellenendes durch Kugellager.

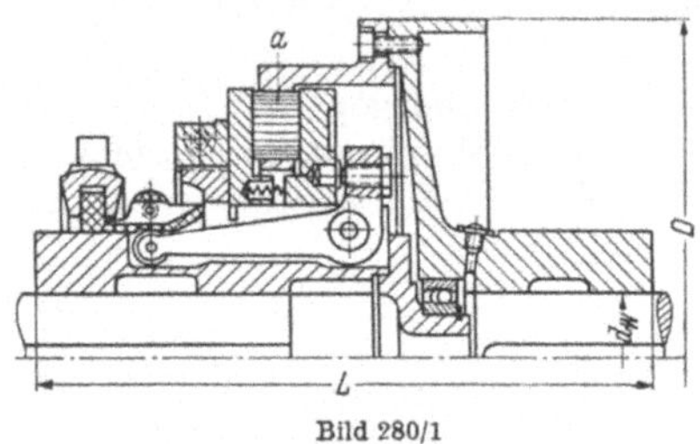

Bild 280/1

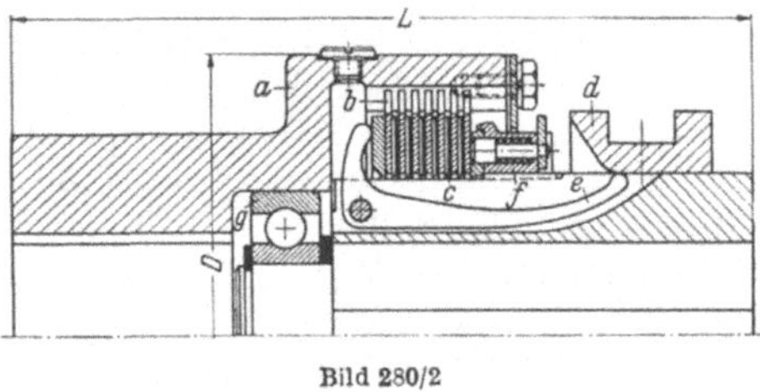

Bild 280/2

Bild 280/2. *Lamellenkupplung* (Ortlinghaus). Der Mantel *a* und die Nabe haben Nuten zur Aufnahme der gehärteten Stahllamellen *b* und *c*. Die Anpressung erfolgt durch Verschieben der Schaltmuffe *d*, wobei die Winkelhebel *e* das Lamellenpaket zusammendrücken. Die Trennung der Lamellen erfolgt beim Ausrücken der Schaltmuffe durch die Eigenfederung der gewellten Gegenlamellen. Nachstellung der Anpreßkraft bei *f*.

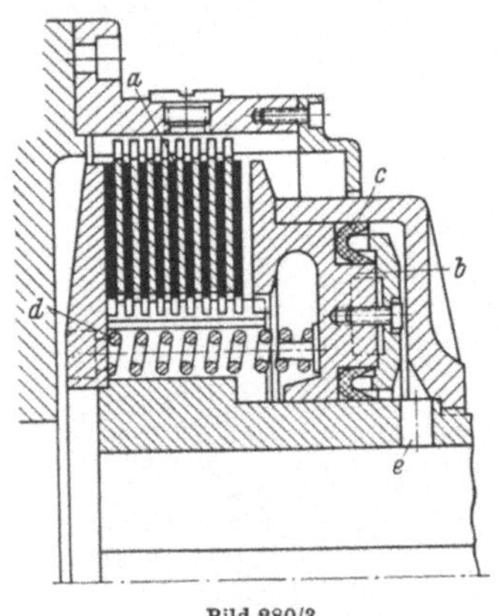

Bild 280/3

Bild 280/3. *Lamellenkupplung mit Druckölbedienung* (Ortlinghaus). Das Drucköl tritt bei *e* ein und drückt den Ringkolben *b* gegen das Lamellenpaket *a*. Zu beachten sind die Stulpen-Ringdichtungen *c* und die Schraubenfedern *d* zum Lüften. Eine Nachstellung der Kupplung ist nicht erforderlich.

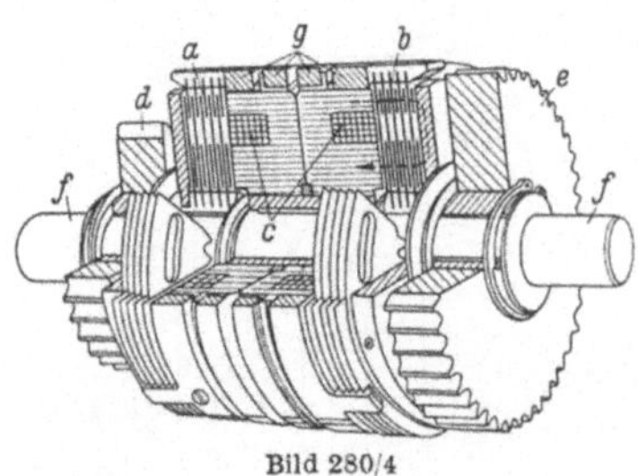

Bild 280/4

Bild 280/4. *Lamellenkupplung mit Magnetbedienung* (Zahnradfabrik Friedrichshafen). Bei Einschaltung der Reibscheiben *a* durch Stromschluß der linken Magnetspule *c* erfolgt die Übertragung des Drehmoments von *f* nach *d* und bei Einschaltung der Reibscheiben *b* (Stromschluß der rechten Magnetspule) von *f* nach *e*. Der magnetische Kraftfluß geht in Pfeilrichtung durch die Reibscheiben. Die Stromzuführung erfolgt über die Schleifringe *g*. Die Stahl-Reibscheiben sind in Umfangrichtung leicht gewellt, um die Scheiben bei Leerlauf voneinander zu lösen. Die Löcher in den Scheiben dienen dem Magnetfluß in Pfeilrichtung und dem Öldurchfluß.

Bild 281/1. *Schlingband-Kupplung* (STROMAG). Als Schlingband dient eine gehärtete Schraubenfeder. Beim Einrücken der Muffe *a* legt sich der am Schraubenband drehbar gelagerte Hebel *b* mit seinem Ansatz *c* gegen einen Anschlag. Bei weiterem Einrücken wird dann das Band auf die mit der Welle fest verbundene Narbe *d* gezogen und durch Reibschluß mitgenommen.

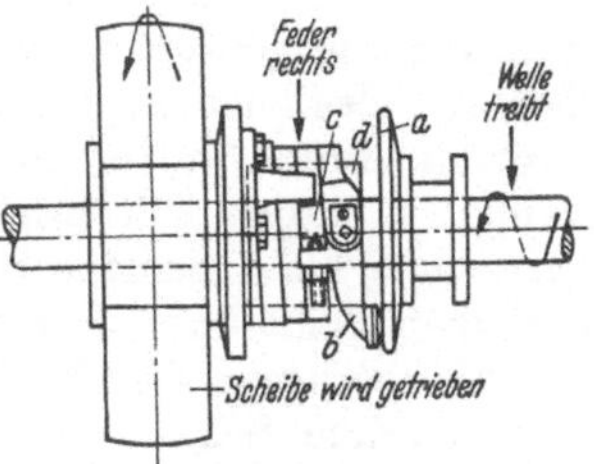

Bild 281/1

Bild 281/2 bis /4. *Verschiedene Fliehkraft-Kupplungen.* Im Bild 281/2 (Wülfel) dienen die 3 Segmente *S* gleichzeitig als Fliehgewichte und Reibklötze. Im Bild 281/3 (Metalluk) wirkt eine Stahlkugelfüllung als Reibstoff und Fliehgewicht, und in Bild 281/4 (Pulvis) übernimmt der graphitierte Stahlsand diese Funktion.

Reibungszahlen für Stahlsand und Stahlkugeln siehe Taf. 268/1.

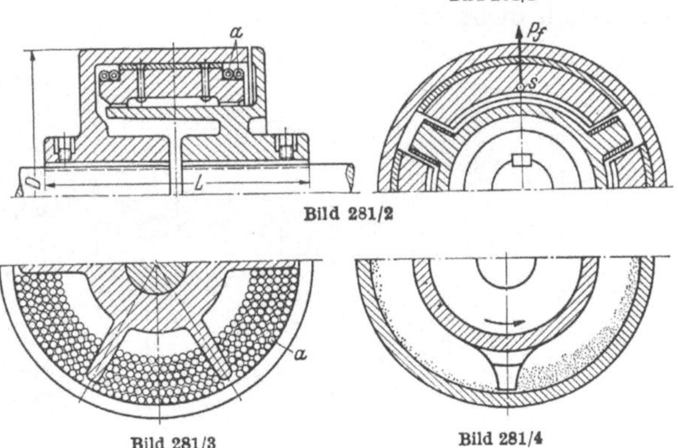

Bild 281/2

Bild 281/3

Bild 281/4

Bild 281/5. *Magnet-Pulverkupplung* (AEG). Sie besteht aus einem Eisenkörper *a* mit Magnetwicklung *b* und einem Außenmantel *c* als magnetischem Rückschluß. Im Luftspalt befindet sich Eisenpulver, welches im Magnetfeld magnetisiert wird und ein Drehmoment überträgt. Hervorzuheben sind die geringen Leerlaufverluste und die Regelbarkeit des Reibmomentes durch den Erregerstrom [286/70].

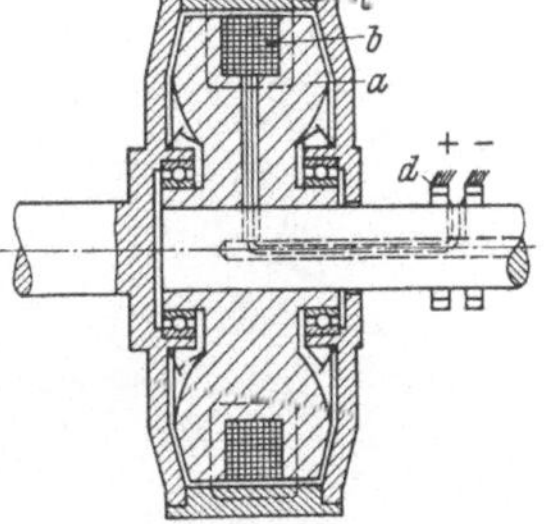

Bild 281/5

2. Reibbremsen

Bild 281/6. *Doppel-Backenbremse für Krane* (MAN). Normalkonstruktion der MAN. Sie wird als Stoppbremse auf der Motorwelle verwendet. Die Bremsbacken *e* mit Bremsbelag (aus Blech geschweißte Drehbacken) sind mit Bolzen in den Bremshebeln *b* gelagert und außerdem etwas festgeklemmt (Klemmschrau-

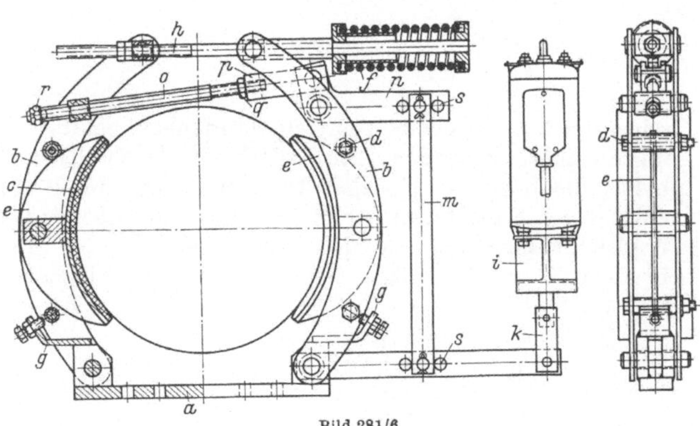

Bild 281/6

ben *d*). Durch die Druckfeder *f* werden die Bremshebel mit den Backen gegen die Bremsscheibe gedrückt. Die Lüftung der Bremse erfolgt durch den Zugmagneten *i* über das Gestänge *k*, *m*, *n* und *o*. Es können eingestellt werden: Die Federkraft durch die linke Mutter an der Stange *h*; die Hebelübersetzung durch Versetzen der Stange *m* in den Löchern *s*; die gleichmäßige Lüftung der Backen durch die Stellschrauben *g* als Anschläge für die Bremshebel (der Magnethub darf aber durch die Stellschrauben nicht behindert werden).

Empfehlungen: Durch eine „Öffnungsfeder" für die Bremsbacken könnte der Totgang aus dem Schaltweg gezogen und somit die erforderliche Schaltarbeit verringert werden. Außerdem ist *1* Stellschraube *g* (statt *2*) vorzuziehen, um zu sichern, daß der Magnethub nicht behindert wird.

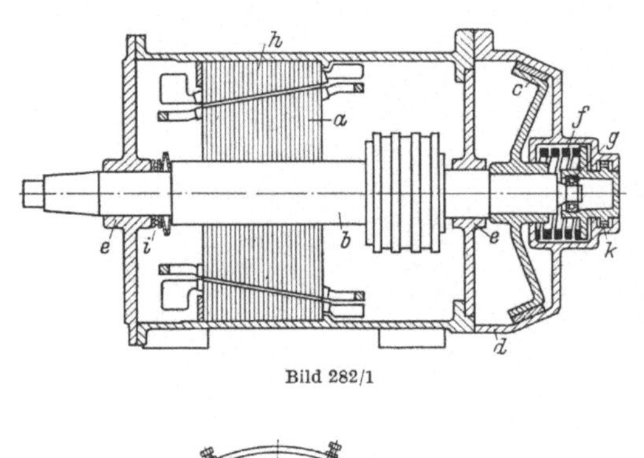

Bild 282/1

Bild 282/1. *Verschiebeanker-Motor mit Kegelbremse* (DEMAG). Die Bremsscheibe *c* wird durch die axiale Zugkraft des Motorankers *a* bei Einschaltung des Motorstromes gelüftet und bei Ausschaltung durch die Druckfeder *f* über das Wälzlager *g* in den Bremskegel des Gehäuses gedrückt. Der Dämpferkolben *k* und die Tellerfedern *i* sollen die axialen Stöße dämpfen. Bei einer Neukonstruktion (nicht gezeigt) ist der Reibbelag auf einen Gummiring aufgesetzt, der die Funktion von *k* übernimmt.

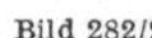
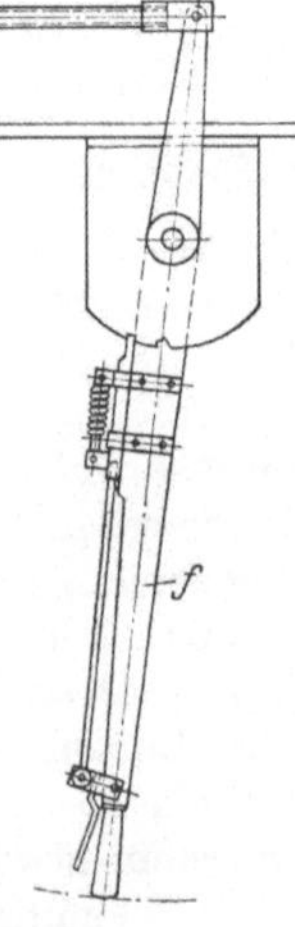

Bild 282/2

Bild 282/2. *Übliche Bandbremse für Hebezeuge* (nach Ernst [284/*6*]). Das Bremsband wird durch die Druckfeder *e* am Hebel *c* belastet und durch Drehen der Nockenscheibe *g* mittels Handhebel *f* gelüftet. Es können eingestellt werden: Die Federkraft durch die obere Mutter; die Lage des Hebels *c* bzw. die Länge des Bremsbandes durch Nachstellen der Mutter am Schraubenende *d*; die gleichmäßige Lüftung des Bandes mittels der Stellschrauben *i* als Anschläge für das Band im Flacheisenbügel *h*.

Bild 283/1. *Wechsel-Bandbremse für Ackerschlepper* (nach STROHBÄCKER [287/*100*]). Mit dieser Konstruktion wird die einseitige Servo-Wirkung der Bauart 4 (Taf. 267) in *beiden* Drehrichtungen erreicht. Zum Bremsen wird der Handhebel um den festen Drehpunkt *A* nach rechts gezogen; er hebt hierbei mit seinem Nocken *c* die

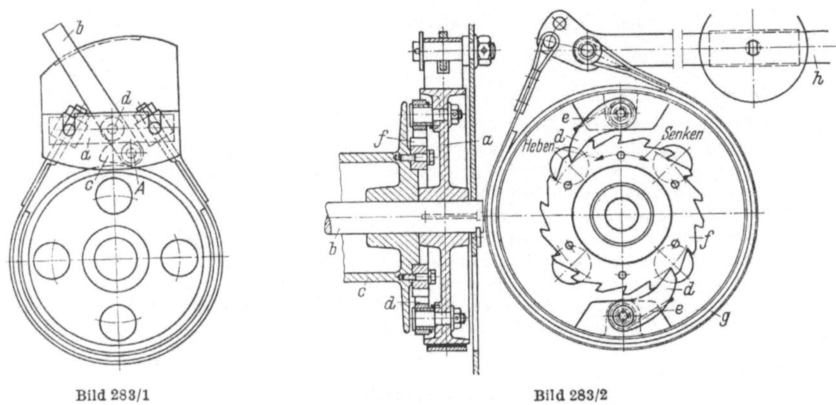

Bild 283/1 Bild 283/2

lose Verbindungslasche *a* der beiden Bandenden im Punkt *d* an. Sobald die Bremse faßt, wird das Band in Drehrichtung mitgezogen, wobei der Endpunkt des jeweils auflaufenden Bandendes im Schlitz der Blechkulisse zur Festlage kommt und somit als Festpunkt wirkt (bei Rechtslauf der Bremsscheibe das rechte Bandende und umgekehrt).

Bild 283/2. *Sperradbremse einer Handkabelwinde* (Otto Kaiser). Die Bremsscheibe *a* sitzt lose auf der Achse *b* der Kabeltrommel *c*. 2 Klinken *d* der Bremsscheibe greifen unter Federdruck in das Sperrad *f* an der Kabeltrommel. Beim Heben der Last gleitet das Sperrad unter den Klinken durch. Beim Halten und Senken hängt das Sperrad in den Klinken fest und somit auch an der gebremsten Scheibe *a*. Beim Lüften der Bremse wird die Last gesenkt.

Bild 283/3. *Beckersche Fliehkraftbremse* (E. Becker). Das Gehäuse *a* steht fest. Die Bremsklötze *b* sind an der umlaufenden Scheibe *c* angelenkt und werden von den Laschen *e* nach innen gezogen, wenn das Drehmoment der Drehfeder *d* ausreicht, um die Hülse *f* entgegen der Fliehkraft der Klötze zu drehen. Sobald die Drehzahl der Scheibe *c* so groß ist, daß die Fliehkraft der Bremsklötze die Rückzugskraft der Drehfeder überwiegt, setzt die Bremswirkung der Bremsklötze an der Innenseite des Gehäuses ein. Die Fliehkraft steigt nach Bild 275/1 im Quadrat der Drehzahl an, so daß die Senkgeschwindigkeit der Last in bestimmten Grenzen gehalten wird. Bremswirkung und Wärmeabführung können durch Anordnung der Bremse auf einer Welle mit höherer Drehzahl gesteigert werden. Berechnung der Fliehkraft und Bremswirkung s. S. 275.

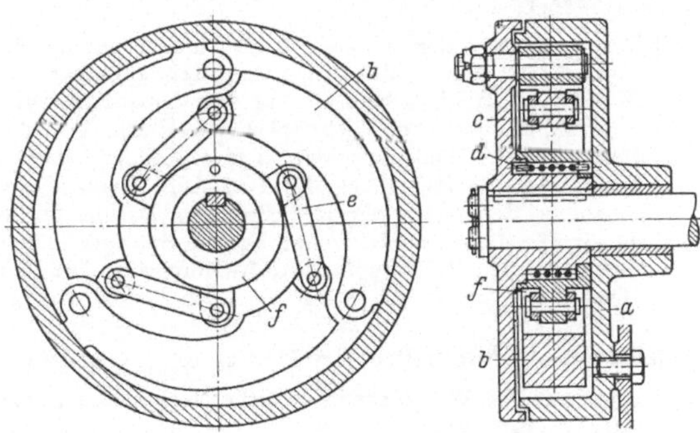

Bild 283/3

29.7. Schrifttum

1. Normen

Reibkupplungen

DIN 7338 Niete für Brems- und Kupplungsbeläge.
DIN 73451 Kupplungsbeläge.
DIN 73462, DIN 73463 Kupplungsscheiben für Krafträder.
DIN 73483 Muffen für Fußschalt- und Anlasserhebel.

Reibbremsen:

DIN 1582 Bremskurbel für Eisenbahnfahrzeuge.
DIN 5621 Bremsklötze und Bremsklotzsohlen für Eisenbahnwagen.
DIN 5651 (Entwurf) Bremsklotzschuhe und Befestigungskeile für Bremsklotzsohlen an Schienenfahrzeugen, technische Lieferbedingungen.
DIN 5969 Bremsen für Muldenkipper.
DIN 11742 (Entwurf) Innenbackenbremsen für Ackerwagen mit Luftreifen.
DIN 22616 Tagebau- und Industriebahnwagen, geteilter Bremsklotz.
DIN 22617 Tagebau- und Industriebahnwagen, Bremsdreieck.
DIN 22694 Abraum- und Kohlenwagen, Bremsschema, Bremszugstangenkopf.
DIN 27161 Geteilte Bremsklötze für Schmalspurwagen.
DIN 37020, DIN 37080—37082, DIN 37101—37107, DIN 37116, DIN 37151—37157 Bremsen für Dampflokomotiven.
DIN 39115/16, 39131, 39143, 39145, 39147, 39151—39154, 39158/59, 39162, 39168/69, 39171, 39173, 39175/76, 39178 (Vornormen) Druckluftausrüstung für Schienenfahrzeuge.
DIN 39181 (Vornorm) Druckluftausrüstung für Schienenfahrzeuge, Bremszylinder.
DIN 43198 Dichtungsstulpen für Druckluftkolben.
DIN 74200—74310 Bremsen für Kraftfahrzeuge.
DIN 75578 Bremsluftmanometer.
DIN 79381, 79386, 79391 Vorderradbremse für Fahrrad.

2. Vorschriften

Für Kraftfahrzeugbremsen: Straßenverkehrs-Zulassungsordnung (STVZO).

3. Handbücher

[1] Bosch, M. ten: Berechnung der Maschinenelemente, 3. Aufl. Berlin: Springer 1954.
[2] Bürger, H.: Das Kraftwagen-Fahrgestell. Stuttgart: Franckh 1949.
[3] Buschmann, H.: Taschenbuch für den Auto-Ingenieur. Stuttgart: Franckh 1948.
[4] Bussien, R.: Automobiltechnisches Handbuch, 17. Aufl. Berlin 1953.
[5] Ende, E. vom: Wellenkupplungen und Wellenschalter. Berlin: Springer 1951.
[6] Ernst, H.: Die Hebezeuge, Bd. I, 5. Aufl. Braunschweig: Vieweg 1958.
[7] Hänchen, R.: Sperrwerke und Bremsen. Berlin: Springer 1930.
[8] Kamm, W.: Das Kraftfahrzeug: Berlin: Springer 1936.
[9] Niemann, G.: Reibkupplungen, Reibbremsen. In: Hütte Bd. IIA, 28. Aufl., S. 123—140, Berlin 1954.

4. Reibstoffe, Reibverhalten, Erwärmung und Verschleiß (s. auch 13. Nachtrag)

[10] Bielecke, Fr. W.: Wärmetechnische Nachrechnung von Kraftfahrzeug-Reibungsbremsen. ATZ Bd. 58 (1956) S. 242—246.
[11] Hasselgruber, H.: Temperaturberechnungen für mechanische Reibkupplungen. Braunschweig: Vieweg 1959.
[12] Hasselgruber, H.: Der Einrückvorgang von Reibungskupplungen und -bremsen zum Erzielen kleinster Höchsttemperaturen. Forsch. Ing.-Wes. (1954) S. 120.
[13] Hasselgruber, H.: Berechnung der Temperaturen an schnellgeschalteten Reibungskupplungen. Konstruktion (1953) S. 265.
[14] Hockel, H. L.: Untersuchungen über Grenzreibung von Metallen und Gummi bei hohen Gleitgeschwindigkeiten. Diss. TH Aachen 1952 und Konstruktion Bd. 7 (1955) S. 394—403.
[15] Knoblauch, H.: Erwärmung der Bremsen. Z. VDI (1933) S. 321.
[16] Knoblauch, H.: Versuche über den Wärmeaustausch zwischen Bremstrommel und Felge. Diss. TH Aachen 1932 und Z. VDI (1933) S. 321.

[17] KOESSLER, P.: Bremswärme und Zweistoff-Bremstrommel. ATZ (1950) S. 169.
[18] KOESSLER, P.: Prüfung von Reibpaarungen für Radialbremsen. Dtsch. Kraftfahrtforsch. H. 88. VDI-Verlag 1955.
[19] KOLLMANN, K.: Einfluß der Oberflächengestaltung auf den Reibwert neuzeitlicher Kupplungslamellen. Industrieblatt (1954) S. 116—120.
[20] LOWEY: Powdered Metal Friction Material. Mech. Engng. Vol. 70, Nr. 11 (Nov. 1948) S. 869—875.
[21] MINTROP, H.: Scherversuche an aufgekitteten Kupplungsbelägen bei verschiedenen Temperaturen. ATZ (1948) S. 95.
[22] NIEMANN, G.: Bremsbeläge und Bremstrommeln. Z. VDI (1942) S. 199.
[23] NIEMANN, G.: Die Erwärmung von Bremsscheiben. Fördertechnik (1938) S. 361.
[24] NITSCHE, C.: Die Schaltvorgänge bei Elektromagnet-Lamellenkupplungen und ihre Beeinflussung durch Formgebung der Lamellen. Konstruktion Bd. 7 (1955) S. 287—290.
[25] OESMANN, W.: Entwicklung einer Metallsand-Schalt- und Regelkupplung. Diss. TH Braunschweig 1945.
[26] PANTELL, K.: Versuche über Scheibenreibung. Forsch.-Arb. Ing.-Wes. Bd. 16 (1949/50) S. 97.
[27] RABINOW: Developing Seals for Abrasive Fluid Mixtures. Machine Design (1951) S. 128—131.
[28] SCHULTZ-GRUNOW: Reibungswiderstand rotierender Scheiben in Gehäusen. ZAMM Bd. 15 (1935) S. 191.
[29] STÖFERLE, TH.: Untersuchungen an Reibscheibenkupplungen. Diss. TH Stuttgart 1955.

5. Reibungskupplungen (allgemein) (s. auch 13. Nachtrag)

[30] ALTMANN, F. G.: Getriebe und Triebwerksteile. Z. VDI (1951) S. 515.
[31] ALTMANN, F. G.: Antriebselemente und mechanische Getriebe. Z. VDI (1953) S. 548.
[32] ALTMANN, F. G.: Mechanische Übersetzungsgetriebe und Wellenkupplungen. Z. VDI (1952) S. 547/48.
[33] ALTMANN, F. G.: Mechanische Getriebe, Wellenverbindungen und Wellenschalter. Z. VDI (1954) S. 565.
[34] ALTMANN, F. G.: Zahnradgetriebe, Reibgetriebe und Kupplungen. Z. VDI (1955) S. 631.
[35] ARNOLD, R.: Vereinfachte Berechnung von Reibkupplungen. ATZ (1946) S. 17.
[36] BENZ, W.: Drehnachgiebige Kupplungen und Schaltkupplungen bei periodisch schwankendem Drehmoment. Schriftenreihe Antriebstechnik, H. 12, S. 178—198. Braunschweig: Vieweg 1955.
[37] FEIGHOFEN, H.: Selbstzentrierende Reibungskupplung. Industriemarkt (1954) H. 10/11, S. 3.
[38] FEIGHOFEN, H.: Reibungskupplung zur spielfreien Überwindung periodisch schwankender Drehmomente Maschinenmarkt Bd. 84 (1954) S. 22.
[39] FEIGHOFEN, H.: Reibungskupplung zur Übertragung stetiger und periodisch schwankender Drehmomente. Übersee-Post (1955) D 3, S. 19.
[40] FRANKE sen. u. FRANKE jun.: Kupplungen und mechanische Übersetzungsgetriebe. Z. VDI (1950) S. 499.
[41] GAGNE: One-Way-Clutches. Machine Design (1950) S. 120.
[42] GAGNE: Clutches. Machine Design Bd. 24 (1952) Nr. 8, S. 123—158. Auszug: Konstruktion Bd. 4 (1953) S. 134.
[43] HILB, A.: Druckluftbetätigte Reibungskupplungen mit elektrischer Zweihand-Sicherungsschaltung. Werkst. u. Betr. (1951) S. 351.
[44] KLUSENER, O.: Zur Beanspruchung der Kupplung eines Motor-Kompressor-Aggregates. Motortechn. Z. (1955) S. 85.
[45] KOESSLER, P.: Stand der Kraftfahrzeugtechnik IV: Kennungswandler für Triebwerke mit Verbrennungsmotoren. Z. VDI (1949) S. 499.
[46] MARTYRER, E.: Arten und Aufgaben der nachgiebigen und schaltbaren Kupplungen. Schriftenreihe Antriebstechnik H. 12, S. 155—177. Braunschweig: Vieweg 1955.
[47] MITTERLEHNER, G.: Der Einschaltverlust einer Reibungskupplung. ATZ (1952) S. 228.
[48] NIEMANN, G.: Kupplungen im Maschinenbau und Gesichtspunkte für ihre Auswahl. Konstruktion Bd. 5 (1953) S. 311—326.
[49] OESMANN, W.: Entwicklung einer Metallsand-Schalt- und Regelkupplung. Diss. TH Braunschweig 1945.
[50] SCHEID, W.: Kupplungen im Pressenbau. Werkst. u. Betr. Bd. 86 (1953) S. 168.
[51] SCHEID, W.: Eine neue, druckluftbetätigte Zweiflächen-Reibungskupplung. Industrieblatt (1955) S. 151.
[52] SCHEID, W.: Anwendung der Hydraulik und Pneumatik bei der Schaltung von Lamellenkupplungen. Werkst. u. Betr. Jg. 89 (1956) S. 59—61.
[53] STUMPP, E.: Das Anfahren und Umsteuern von Maschinen und Triebwerken mit Reibungskupplungen, Maschinenbautechnik (1954) S. 41.
[54] WEBER: Versuche mit Rutschkupplungen. Versuchsfeld für Maschinenelemente. TH Berlin 1927.

6. Fliehkraft-, Anlauf- und Sicherheitsrutschkupplungen

[55] GAGNE, A.: Overload Devices for Machine Protection. Machine Design (Oct. 1947) S. 95—100 u. 134.
[56] MAURER, A.: Drehmomentbegrenzungskupplungen. Schriftenreihe Antriebstechnik H. 12, S. 203—224. Braunschweig: Vieweg 1955.

[57] Mitterlehner, G.: Der Anfahrvorgang bei einem Kraftfahrzeug mit Fliehkraftkupplung. ATZ (1954) S. 215.
[58] Schaeffer, W.: Anlaß- und Sicherheitskupplungen für Förderband- und andere Schweranlauftriebe. Braunkohle, Wärme u. Energie (1954) S. 209.
[59] Schöffert, L.: Anlaß- und Sicherheitskupplung auf Fliehkraftbasis. Die Mühle (1954) S. 277.
[60] Schulze, K. H.: Kinematographische Untersuchungen an einer Fliehkraftkupplung mit hydraulischer Verzögerung des Angriffes. Landtechn. Forschg. (1955) S. 15.
[61] Slibar, A.: Zur Behandlung des Anlaufvorganges von Fliehkraftkupplungen. Maschinenbau u. Wärmewirtsch. (1955) S. 208.
[62] Wilke, R.: Fliehkraftkupplung für den Grubenbetrieb. Glückauf (1953) S. 120 u. (1955) S. 506.
[63] —: Pulviskupplung. Werkst. u. Betr. (1935) S. 113.

7. Magnetkupplungen, elektrische Kupplungen (s. auch 13. Nachtrag)

[64] Anett, W.: Magnetic Drives. Pover Vol. 90, No. 2 (Febr. 1946) S. 89—96.
[65] Böhme, B.: Magnetöl- und Magnetpulverkupplungen. Maschinenbautechnik (1954) S. 397.
[66] Decker, K. H.: Ein neues Bauelement für den Werkzeugmaschinenbau, die schleifringlose Magnetkupplung. Elektrotechn. Rdsch. (1955) S. 328.
[67] Decker, K. H., u. K. Kabus: Neuzeitliche Elektromagnetkupplungen. Konstruktion Bd. 10 (1958) S. 130—143.
[68] Eichhorn, H.: Die elektromagnetische Schlupfkupplung. AEG-Mitt. (1952) S. 71 und Z. VDI Bd. 99 (1957) S. 547—550.
[69] Erdmann, W.: Elektromagnetische Lamellenkupplungen. Industrieblatt (1955) S. 58.
[70] Grebe, O.: Die Magnetpulver-Kupplung. ETZ (1952) S. 281.
[71] Grebe, O.: Die ersten Bauformen der Magnetpulverkupplung. Techn. Mitt. Jg. 45 (1952) S. 292.
[72] Grebe, O.: Die Magnetpulverkupplung und ihre zukünftige Anwendung. VDI-Tagungsheft 2, Düsseldorf 1953 und Konstruktion (1953) S. 104.
[73] Harnisch, A.: Magnetische Flüssigkeitskupplung. ETZ Bd. 71 (1950) S. 371.
[74] Klamst, J.: Elektrische Schlupfkupplung zum Antrieb an Schiffsschrauben. ETZ-B (1954) S. 273
[75] Lehmann, W.: Elektrotechnik und elektr. Antriebe. Berlin: Springer 1953.
[76] Lübben, U.: Schaltvorgang bei elektromagnetischen Kupplungen. Werkst. u. Betr. Bd. 85 (1952) S. 664.
[77] Müller, F.: Die Schwingungsdämpfung der elektrischen Schlupfkupplung. Schiffbautechn. (1955) S. 130.
[78] Neuschaefer, W.: Elektromagnetische Eisenpulver-Kupplung. Bericht über Aufsätze in englischen Zeitschriften. ATZ (1954) S. 343.
[79] Nitsche, C.: Die Schaltvorgänge bei Elektromagnet-Lamellenkupplungen und ihre Beeinflussung durch Formgebung der Lamellen. Konstruktion (1955) S. 287—290.
[80] Philip, M.: Über elektromagnetische Kupplungen. Maschinenmarkt (1952) H. 5, S. 5.
[81] Rudish, W.: Der Einsatz von Induktionskupplungen im allgemeinen Maschinenbau. Werkst. u. Betr. Jg. 89 (1956) H. 2, S. 53—58.
[82] Schach, W., u. U. Lübben: Elektromagnetische Kupplungen. Werkstattstechn. u. Maschinenbau Bd. 42 (1952) S. 176.
[83] Straub, H.: Elektromagnetische Lamellenkupplungen, Erfahrungen bei der Verwendung in Stufen und Vorschubgetrieben. In: VDI-Tagungsheft 2. Düsseldorf 1953.
[84] Sussebach, W.: Die Magnetpulverkupplung und -bremse. Feinwerkstechn. (1955) S. 60.
[85] Trickey, P. H.: Neuartige Magnetkupplungen und -bremsen (engl.). Machine Design (1954) S. 189.
[86] Zingsheim, B.: Genaues Schalten mit Magnetkupplungen. Werkst. u. Betr. Jg. 89 (1956) H. 2, S. 62.
[87] —: Magnet-Fluid-Clutch. Machinery-Lloyd (1949) S. 52.

8. Lamellenkupplungen (s. auch 13. Nachtrag)

[88] Erhardt, A.: Verschleiß von Stahllamellenkupplungen. Z. VDI (1936) S. 1231.
[89] Maier, A.: Mechanische Reibungskupplungen. Schriftenreihe Antriebstechn. H. 12, S. 225—234. Braunschweig: Vieweg 1955.
[90] Schach, W.: Die Berechnung einer Lamellenkupplung. Werkst. u. Betr. (1951) S. 503.
[91] Schach, W.: Neue Erkenntnisse bei der Entwicklung von Lamellenkupplungen. In: VDI-Tagungsheft 2. Düsseldorf 1953.
[92] Scheid, W.: Druckmittelgesteuerte Lamellen-Kupplungen. Industrieblatt (1953) S. 437.
[93] Scheid, W.: Steuerelemente für hydraulisch betätigte Lamellenkupplungen. Industrieblatt (1954) S. 114.
[94] Scheid, W.: Anwendung der Hydraulik und Pneumatik bei der Schaltung von Lamellenkupplungen. Werkst. u. Betr. (1956) S. 59.
[95] Stöferle, Th.: Untersuchungen an Reibscheibenkupplungen. Diss. TH Stuttgart 1955.

9. Reibbremsen (allgemein)

[96] Dietz, H.: Die Berechnung von Backenbremsen. Z. VDI (1937) S. 1437 u. (1938) S. 1416.
[97] Karlson, K. G.: Über Bremsen mit gelenkigen Außenbacken. Acta Polytechnica, Stockholm (1951) und Mech. Engng., Ser. 2 (1951) No. 5.

[98] LINDNER, K.: Selbsteinspielende Bandbremse. Z. VDI (1935) S. 1341.
[99] NIEMANN, G.: Über Reibbremsen. In: Maschinenelemente-Tagung Aachen 1935. Berlin: VDI-Verlag 1936.
[100] STROHBÄCKER, P.: Betätigungskräfte bei Bandbremsen. Z. VDI Bd. 95 (1953) S. 348 u. 740.

10. Bremsen für Kraftfahrzeuge (weiteres Schrifttum s. ATZ Bd. III. 61 (1959) H. 8, S. 205—229).

[101] BIELECKE, F. W.: Dimensionierung von Bremsanlagen. ATZ Bd. 56 (1955) S. 285—294.
[102] BIELECKE, F. W.: Zur Berechnung der inneren Übersetzung nockenbetätigter Innenbackenbremsen. ATZ Bd. 55 (1954) S. 60.
[103] BIELECKE, F. W.: Wärmetechnische Nachrechnung von Kraftfahrzeug-Reibungsbremsen. ATZ Bd. 57 (1956) S. 242—246.
[104] BREUER, M.: Elektromagnetische Schienenbremsen. Z. VDI (1935) S. 1117.
[105] ERNST, H.: Schnellsenkbremsen. Z. VDI (1940) S. 157.
[106] FUCHS, F., u. M. BREUER: Triebwagen mit Trommelbremse. Z. VDI (1933) S. 57.
[107] KAMM, W., u. P. RIEKERT: Selbsttätige Anhängerbremsen. Z. VDI (1934) S. 1273.
[108] KLAUE, H.: Bremsuntersuchungen am Kraftfahrzeug. Dtsch. Kraftfahrtforsch. H. 13. Berlin: VDI-Verlag 1938.
[109] KLAUE, H.: Scheibenbremsen für Kraftfahrzeuge. ATZ (1947) S. 40 u. (1942) S. 501—503.
[110] KLAUE, H.: Scheibenbremsen für Kraftfahrzeuge. Z. VDI Bd. 47/48 (1944) S. 647.
[111] KLAUE, H.: Scheibenbremsen. ATZ Bd. 58 (1956) S. 265—268.
[112] KNOBLAUCH, H.: Versuche über den Wärmeaustausch zwischen Bremstrommel und Felge. Diss. TH München 1932 und Z. VDI (1933) S. 321.
[113] KOESSLER, P.: Stand der Kraftfahrzeugtechnik II: Die Fahrwerksteile. Z. VDI (1949) S. 49.
[114] KOESSLER, P.: Grenzleistung und Erwärmung der Fahrzeugbremse. ATG-Berichte, H. 1,
[115] KOESSLER, P.: Prüfung von Reibpaarungen für Radialbremsen. Dtsch. Kraftfahrtforschg. H. 88. Berlin: VDI-Verlag 1955.
[116] KOESSLER, P.: Die Bremse von heute. Anforderung, Berechnung, Prüfung. ATZ (1956) S. 237—241.
[117] KOESSLER, P.: Zur Berechnung der Innenbackenbremse. ATZ (1955) S. 99.
[118] KOESSLER, P.: 44 Binsenwahrheiten über die Bremse. ATZ (1952) Nr. 5, S. 110/11.
[119] LANGER, P.: Prüfung der Bremswirkung. Z. VDI (1934) S. 1272.
[120] MARQUARD, E.: Kraftwagenbremsen. Z. VDI (1936) S. 901 u. 1482.
[121] MECKEL, A.: Lokomotivbremsung bei hohen Geschwindigkeiten. Z. VDI (1932) S. 419.
[122] MEIER, E.: Erfahrungen mit offenen Teilscheibenbremsen in Kraftfahrzeugen. ATZ Bd. 59 (1957) S. 250.
[123] MÜLLER, G.: Einfluß des Betriebszustandes auf die Bremsen. Z. VDI (1934) S. 931.
[124] MÜLLER, G.: Thermische Entlastung der Radbremse. ATZ (1954) S. 251.
[125] MÜLLER, G.: Versuche mit Dauerbremsen. Techn. Überwachung (1956) Nr. 7.
[126] MÜLLER, G.: Entwicklungsrichtungen der Kraftfahrzeug-Anhängerbremsen. Techn. Überwachung (1951) Nr. 5.
[127] NORDMANN, H.: Durchgehende Eisenbahnbremsen in entwicklungsgeschichtlicher Darstellung. Berlin: Akademie-Verlag 1950.
[128] PLEINES, A.: Kraftfahrzeugbremsen. Berlin: Unionverlag. Stuttgart: 1951.
[129] PRESS: Entwicklungszustand der Scheibenbremsen. Kraftfahrzeugbetrieb Nr. 50 (1951).
[130] RECKEL, F.: Klotzbremse für Eisenbahnfahrzeuge. Z. VDI (1935) S. 1244.
[131] SOLTAU, O.: Hydraulische Motorradbremsen. ATZ (1953) S. 272.
[132] STARKS, H.: Das Bremsen des Fahrzeuges. Autocar (1951).
[133] STRIEN, I.: Berechnung und Prüfung von Fahrzeugbremsen. Diss. TH Braunschweig 1949.
[134] WALTER, J. M.: Road Vehicle Brakes. Automobile Engineer Nr. 523 (Jan. 1950) S. 31.
[135] —: Disc Brakes. Automobile Engineer (Febr. 1951) S. 69—72.

11. Bremsen für Hebezeuge und Krane

[136] DÜWELL, K.: Fördermaschinenbremsen. Z. VDI (1950) S. 163.
[137] HERBST, H.: Fördermaschinenbremsen. Z. VDI (1940) S. 831.
[138] LAMMERS-SCHUH, O.: Kranbremsen und Unfallverhütung. Z. VDI (1938) S. 268, 294 u. 525.
[139] LIST, F., u. P. HOLD: Berechnung der Haltebremsen. Z. VDI (1938) S. 443.
[140] LÜTTGERDING, H.: Kupplungen und Getriebe in der Fördertechnik. Fördern u. Heben (1954) S. 36.
[141] THOMAS, H.: Berücksichtigung des Schwungmomentes bei Kranbremsen. ETZ (1940) H. 21.

12. Leistungsbremsen

[142] LANGE, A.: Beschaufelung von Wasserbremsen. Z. VDI (1939) S. 936.
[143] OESTERLEIN, F.: Reibungsbremsen zur Leistungsmessung. Z. VDI (1938) S. 1435.
[144] PANTELL, K.: Versuche über Scheibenreibung. Forsch. Arb. Ing.-Wes. Bd. 16 (1949/50) S. 97.
[145] SCHULZ-GRUNOW: Reibungswiderstand rotierender Scheiben in Gehäuse. ZAMM Bd. 15 (1935).
[146] TAUBMANN, H.: Neuzeitliche Leistungsbremsen. ATZ (1953) S. 97.

18. Nachtrag

[*147*] Fazekas, G. A. G.: Temperature Gradients and Heat Stresses in Brake Drums. SAE-Transact. Bd. 61 (1953), S. 279—308.

[*148*] Förster, H. J.: Automatische Fahrzeugkupplungen ATZ 61 (1959), S. 57—67 u. S. 91—102.

[*149*] Kollmann, K.: Das Verhalten von Reibkupplungen. Techn. Mitt. 51 (1958), S. 349—356.

[*150*] Kuckhoff, N.: Anforderungen an Schmierstoffe für Kupplungen. Techn. Mitt. 51 (1958), S. 370—374.

[*151*] Maier, A.: Kupplungen für Kraftfahrzeuggetriebe ATZ 60 (1958), S. 327.

[*152*] Mäkelt, H.: Schnellschaltende elektrohydraulisch gesteuerte Membran-Reibungskupplung für mechanische Pressen. Werkstatt u. Betr. 90 (1957), S. 713—720.

[*153*] Selig, H.: Elektromagnetisch und druckölgeschaltete Lamellenkupplungen. Techn. Mitt. 51 (1958), S. 356—363.

[*154*] Stübchen, W.: Elektromagnetisch betätigte Kupplungen in Werkzeugmaschinen. VDI-Z. 100 (1958), S. 1588—1594.

[*155*] Weber, W.: Herstellung u. Eigenschaften gesinterter Reibkörper. Konstruktion 11 (1959) S. 69/70.

30. Richtungskupplungen

(Gesperre, Freiläufe, Überholkupplungen)

30.1. Überblick

1. Arbeitsweise und Verwendung

Ähnlich wie beim Schieben einer Last (z. B. eines Wagens) die Druckkraft nur wirken kann, solange die Last nicht davonläuft, ebenso wird bei Richtungskupplungen die Umfangskraft nur als Druckkraft übertragen. Es tritt somit „Freilauf“ des Abtriebes ein, sobald der Antrieb zurückbleibt oder der Abtrieb voreilt, und wiederum „Kuppeln“ (Fassen), sobald der Antrieb den Abtrieb überholt.

Ist die Richtungskupplung zwischen einem drehbaren und einem festgehaltenen Teil eingebaut, so wirkt sie in der einen Drehrichtung als *Sperre*. Entsprechend diesen Eigenschaften verwendet man Richtungskupplungen

1. als Rücklaufsperre: z. B. im Antrieb von Förderbändern, Hebezeugen, Elevatoren, Pumpen und Baumaschinen, um beim Aussetzen des Antriebes eine Rückwärtsbewegung durch die Last zu verhindern;

2. als *Freilauf- oder Überholkupplung:* Hierbei soll der Abtrieb (Arbeitsmaschine) weiterlaufen können, wenn der Antrieb zurückbleibt. Beispielsweise verwendet man sie beim Antrieb von Fahrzeugen (siehe die bekannte Torpedo-Freilaufnabe im Fahrrad nach Bild 301/2), beim Antrieb von Gebläsen und Ventilatoren (freier Auslauf des Ventilators bei Abschaltung des Motors), bei Verbrennungsmotoren und Gasturbinen für den Anschluß des Anwurfmotors, bei Dampfturbinen für die Parallelschaltung des Niederdruckteiles und ebenso für die Parallelschaltung oder Zuschaltung von Gasturbinen oder Motoren; ferner bei Vorschubgetrieben von Werkzeugmaschinen und bei Druckereimaschinen zwischen Hauptmotor und Kriechgangmotor. Weitere Angaben siehe die Beschreibung der ausgeführten Konstruktionen S. 294 u. 300.

3. für Schaltwerke: zur Umformung von hin und her gehenden Schwingbewegungen in addierte einseitige Drehbewegungen; z. B. für Ratschen (Bild 293/2) zur Handbedienung von Schraubenschlüsseln, Flaschenzügen und Hebeböcken, für Schwinghebelantriebe von Schmierapparaten, für Material-Vorschubeinrichtungen an Stanzen und Walzwerken, an Textil- und Verpackungsmaschinen und in Schaltwerks-Regelgetrieben (Bild 305/3).

2. Bauart und Benennung

Konstruktiv unterscheidet man besonders die Ausführungen *mit Zahnsperrung* von den Ausführungen *mit Klemmsperrung* (Reibsperrung). Die ersteren (Bild 289/1 bis 294/1) arbeiten mit *Formschluß* zwischen einem gezahnten Rad und einfallenden Sperrklinken; die Klinken können nur von Zahn zu Zahn, also nur schrittweise einfallen. Die Ausführungen mit Zahnsperrung sind für kleine und große Umfangskräfte, aber nur bis zu gewissen Schaltgeschwindigkeiten geeignet. Man findet sie nicht nur in der Feinmechanik, sondern auch bei Hebezeugen und bei handbedienten oder mit Schwinghebel angetriebenen Geräten.

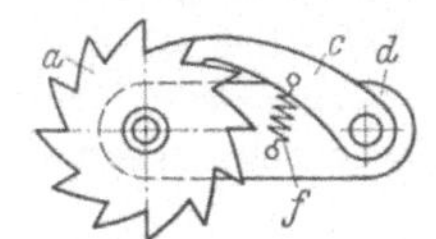

Bild 289/1. Zahnrichtgesperre

Bei den Ausführungen mit *Klemmsperrung* dienen Reibpaarungen *mit Selbsthemmung* zur Sperrung. Sie arbeiten also *mit Kraftschluß*; sie fassen (sperren) in jeder Stellung, sobald die Umfangskraft oder die Relativbewegung zwischen der Reibpaarung die Richtung wechselt. Sie werden im Maschinenbau meist vorgezogen, da sie nicht nur in jeder Stellung fassen, sondern auch geräuschlos arbeiten und für größere Schaltgeschwindigkeiten geeignet sind. Die erforderliche Anpreß-Normalkraft P beträgt bei *1* Reibpaarung (Reibzahl μ) ein Vielfaches der Umfangskraft U, da $P > U/\mu$ ist. Man bevorzugt deshalb Anordnungen mit mehrfacher Unterteilung der Anpreßkräfte, die sich gegenseitig aufheben und die Wellenlager nicht belasten. Besonders die Freiläufe *mit Klemmrollen* (Bild 302/1, 305/3 u. 295) und *mit Klemmkörpern* (Bild 303/2 u. 295) werden im Maschinenbau bevorzugt verwendet.

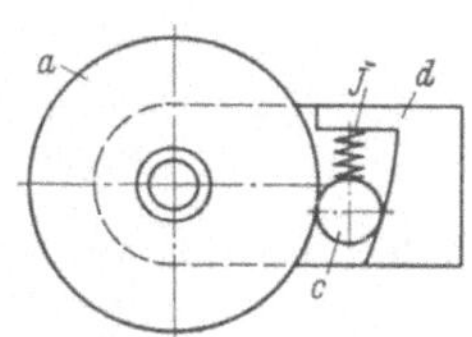

Bild 289/2. Klemmrichtgesperre[1]

Benennung: Sie richtet sich entweder nach der jeweiligen Funktion und Verwendung (Gesperre, Rücklaufsperre, Freilauf, Überholkupplung und Schaltwerk) oder nach einem besonderen Merkmal der Ausführung (Zahngesperre, Reibgesperre, Klemmgesperre, Klinken-Freilauf, Klemmrollen-, Klemmkörper- oder Klemmbacken-Freilauf, berührungsloser Freilauf). Außerdem wird die Bezeichnung „Freilauf" meist als Kurzbezeichnung für Richtungskupplungen allgemein verwendet. Zur Abgrenzung seien hier außerdem folgende Begriffe der Getriebelehre aufgeführt (im wesentlichen nach AWF 6006 [306/2]):

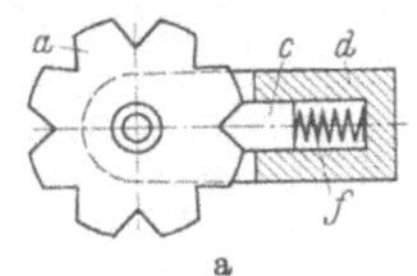

a

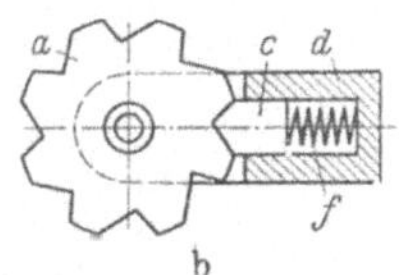

b

Bild 289/3. Rastgesperre, a symmetrisch, b unsymmetrisch[1]

Gesperre: Hierbei wird die Dreh- oder Schiebebewegung eines Bewegungsgliedes in beiden oder in nur einer Bewegungsrichtung vollständig oder unvollständig gesperrt.

Festgesperre: Mit vollständiger Sperrung in beiden Richtungen.

Riegelgesperre (Verriegelung): formschlüssig arbeitendes Festgesperre.

Klemmgesperre (Klemmverbindung): kraftschlüssig arbeitendes Gesperre.

Richtgesperre: mit Sperrung in einer Drehrichtung.

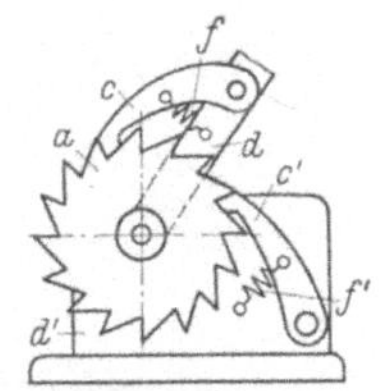

Bild 289/4. Klinkenschaltwerk[1]

Zahnrichtgesperre (Klinkengesperre, Bild 289/1): durch Verzahnung formschlüssig arbeitendes Richtgesperre.

Klemmrichtgesperre (Reibgesperre, Bild 289/2): durch Reibung kraftschlüssig arbeitendes Richtgesperre.

Grenzkraftgesperre: nur bis zu einer bestimmten Grenzkraft sperrend.

Rastgesperre (Rasten, Bild 289/3): formschlüssig arbeitendes Grenzkraftgesperre.

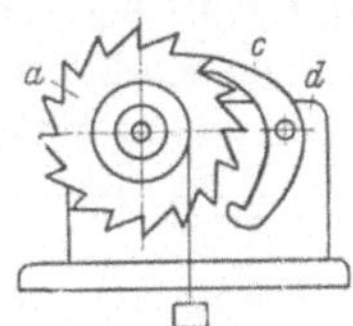

Bild 289/5. Hemmwerk mit Schwingsteuerung[1]

Bremsgesperre: kraftschlüssig arbeitendes Grenzkraftgesperre.

Schaltwerk: hierbei wird das Schaltstück (Rad) vom Schaltglied schrittweise bewegt und gegen Rückdrehung durch ein Gesperre gesichert.

[1] Nach AWF 6006 [306/2].

Klinkenschaltwerk (Bild 289/4): Schaltwerk, bei dem die schrittweise Bewegung und Festhaltung durch Klinken erfolgt.

Räderschaltwerk: das umlaufende Schaltglied (Rad *1*) trägt Schaltzähne, mit denen das Schaltstück (Rad *2*) schrittweise bewegt wird (z. B. Malteserkreuz- und Sternradwerke).

Hemmwerke (Bild 289/5): hierbei wird das Hemmstück (Rad) von einem Sperrer abwechselnd gesperrt und freigegeben.

30.2. Bezeichnungen und Dimensionen

Angaben in ( ) gelten nur für Zahngesperre

Zeichen	Einheit	Bedeutung
a	mm	Abstand des Klinkendrehpunktes
b	mm	Rollen- bzw. Ringbreite, Zahn- bzw. Klinkenbreite
B, B'	mm	Klemmpunkte, Bild 295
C	mm	Hebelarm für P_R
d	mm	Durchmesser
f	mm	(Breite des Zahnrückens)
F	mm²	Ringquerschnitt, $= b\,s$
g	mm/s²	Erdbeschleunigung, $= 9810$
H_B, H_{RC}	—	Brinellhärte, Rockwellhärte
h	mm	Zahnhöhe
k	kg/mm²	Wälzpressung, $= 2{,}86\, p_H^2/E$
m	mm	Modul
M_b	mmkg	Biegemoment
M_t	mmkg	Drehmoment
N	kg	Normalkraft im Außenring (an Zahnflanke)
n	U/min	Drehzahl
p_k	kg/mm	Kantenpressung, $= P/b$
p_H	kg/mm²	HERTZsche Pressung
P, P'	kg	Normalkraft (Klinkenkraft durch M)
P_R, P'_R	kg	resultierende Kraft bei B, bei B'
R_w	mm	wirksamer Halbmesser, $= R_2$ bzw. R'_2
R_1, R_2	mm	Krümmungshalbmesser der Klemmpaarung bei B
R'_1, R'_2	mm	Krümmungshalbmesser der Klemmpaarung bei B'
R_k	mm	Ersatzhalbmesser, $1/R_k = 1/R_1 + 1/R_2$
R_m	mm	mittlerer Halbmesser, $= R_1 + R_2$
r	mm	mittlerer Ringhalbmesser
s	mm	Ringdicke
t	mm	(Zahnteilung)
U, U'	kg	Umfangskraft
W_b	mm³	Widerstandsmoment
x	mm	(Bruchdicke des Zahnes)
y	—	Füllungsgrad
z	—	Zahl der Rollen (Zähnezahl)
α	°	Kraftwinkel, $\cos\alpha = P/P_R$ (Klinken-Kraftwinkel)
β	°	(Winkel an Klinke $= 90° - \alpha$)
μ	—	Reibwert, $= \operatorname{tg} \varrho$
ϱ	°	Reibwinkel
σ	kg/mm²	Zugspannung
σ_b, σ_d, σ_v	kg/mm²	Biegespannung, Druckspannung, Vergleichsspannung
τ	kg/mm²	Schubspannung
φ	°	Winkel $180°/z$
φ_t	Bogenmaß	Teilwinkel des Sperrades
φ_t^0	°	Teilwinkel des Sperrades

30.3. Ausführungen mit Zahnsperrung

1. Zur Konstruktion

Die Zahngesperre haben gezahnte Sperräder und Klinken, die durch Gewicht oder Federbelastung selbsttätig einfallen oder gesteuert werden.

Bild 289/1 bis 294/1 zeigen verschiedene Ausführungen für Zahngesperre. Nähere Beschreibung s. S. 292.

Zähnezahl z: Maßgebend für die Wahl von z ist der zulässige Drehwinkel (Teilungswinkel φ_t) von Zahn zu Zahn:

$$\varphi_t = \frac{2\pi}{z} \quad \text{[im Bogenmaß]}; \qquad \varphi_t^0 = \frac{360}{z} \quad \text{[in Grad]}.$$

Je größer z, um so kleiner ist die Teilung t und der Modul m und um so größer die Biegespannung am Zahnfuß, wenn Umfangskraft U und Sperrad-Durchmesser d gegeben sind.

Verzahnung: Nur für kleine Baumaße und Kräfte (Gebiet der Feinmechanik) verwendet man spitze Zähne nach Bild 289/1 u. 289/4. Für größere Kräfte ist bei Außenverzahnung die Ausführung nach Bild 291/1 u. /2 gebräuchlich und für Innenverzahnung nach Bild 291/3. Der Zahnfuß ist in beiden Fällen genügend abzurunden (Bild 294/1), um die Kerbwirkung zu mindern.

Da die Klinke auch beim Fassen an der Zahnspitze mit Sicherheit in die Zahnlücke gedrückt werden soll und hierbei die Reibungskraft $N\mu$ zu überwinden ist (Bild 291/1 u. /2), muß die Normalkraft N im Winkel $\alpha > \varrho$ zur Klinkenkraft P stehen, d. h. es muß $\operatorname{tg}\alpha > \mu$ sein. Entsprechend ist die Zahnflanke *radial* zu legen (Bild 291/1), wenn die Klinkenkraft P im Winkel α zur Umfangstangente (zur Normalkraft N) angeordnet wird bzw. im Winkel α zur Radialrichtung *zurückstehend*, wenn die Klinkenkraft P in Richtung der Umfangstangente liegt (Bild 291/2). Die erstere Anordnung ergibt eine kleinere Kerbwirkung am Zahnfuß, aber eine etwas größere Klinkenkraft $P = U/\cos\alpha$. Bild 291/3 zeigt die entsprechende Ausbildung der Zahnflanken für Innengesperre.

Klinken und Klinkensteuerung: Außer den üblichen einfachen *Druckklinken* mit Gewichts- oder Federbelastung verwendet man auch *Zugklinken* (Zughaken, entsprechend dem unteren Teil der Klinke in Bild 289/5) und ferner *Umlegeklinken* (Bild 293/2) für den Wechsel der Sperrichtung. Zur größeren Sicherheit und zum Verkürzen des Einfallweges werden auch 2 oder 3 Klinken am Umfang des Sperrades angeordnet, deren Einfallstellung um $t/2$ bzw. $t/3$ versetzt ist (Bild 293/1).

Umlaufende Klinken werden ausgewuchtet, falls Fliehkraft ihre Einfallfunktion beeinträchtigt (Bild 294/1). Durch Klinken mit Reibsteuerung (Bild 294/1 u. 292) kann das Klappergeräusch der Klinken ganz vermieden werden.

Die Klinken sind auf Bolzen gelagert, die auf Biegung und Flächenpressung beansprucht werden.

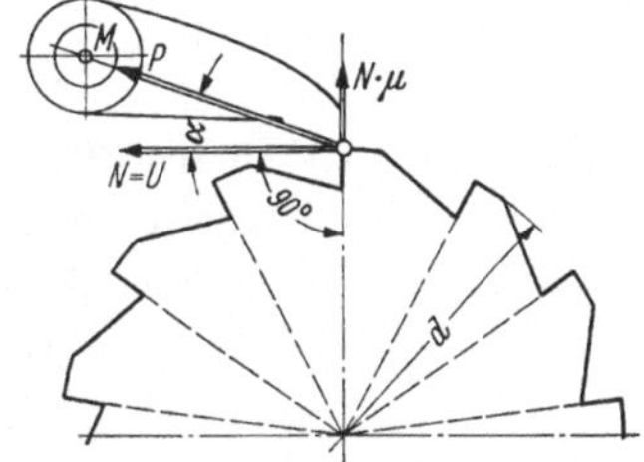

Bild 291/1
Sperrad mit radialen Zahnflanken und Klinke

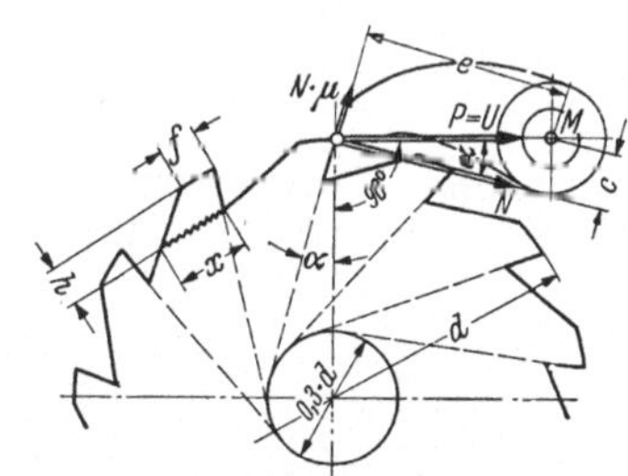

Bild 291/2. Sperrad mit nichtradialen Zahnflanken und Klinke

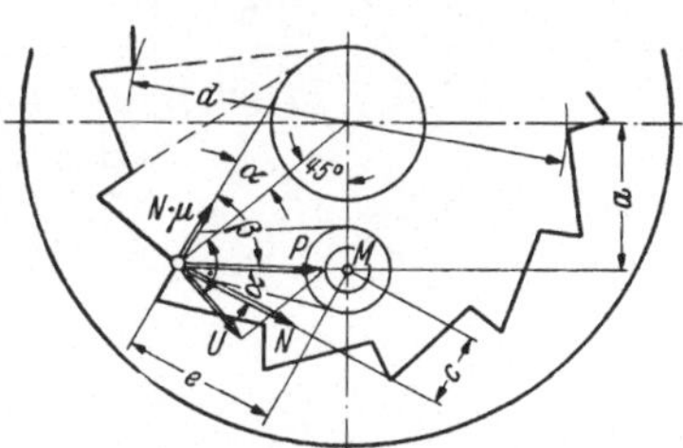

Bild 291/3
Sperrad mit Innenverzahnung und Klinke

2. Bemessung und Berechnung

Erfahrungswerte für Zähnezahl z, Modul m und Zahnmaße h und f, für α und zulässige Spannungen s. Abschnitt 3.

Sperradmaße: Bei gegebenem Durchmesser d und gewählter Zähnezahl z ergibt sich der Modul m aus der Gleichung.

$$\text{Durchmesser } d = m\,z = \frac{t}{\pi}\,z. \qquad (291/1)$$

Die notwendige Zahnbreite bzw. Klinkenbreite b erhält man aus der Klinkenkraft P und der zulässigen Kantenpressung $p_{k_{zul}}$:

$$b \geqq \frac{P}{p_{k_{zul}}}. \qquad (291/2)$$

Kräfte: Die Klinkenkraft P ergibt sich aus der Umfangskraft $U = 2\,M_t/d$.

Für Bild 291/1: $P = \dfrac{U}{\cos\alpha}$.

Für Bild 291/2: $P = U$.

Für Bild 291/3: $P = U\dfrac{d}{2a}$.

Kontrolle der Biegespannung σ_b *am Zahnfuß:* (Maß x s. Bild 291/2)

$$\sigma_b = \frac{M_b}{W_b} = \frac{U\,h\,6}{b\,x^2} \leqq \sigma_{b_{zul}}. \qquad (291/3)$$

Für $m \geqq 6$ mm und $h \leqq 0{,}8$ m erübrigt sich die Kontrolle von σ_b, wenn $p_{k_{zul}}$ eingehalten wird.

Klinkenbolzen: Kontrolle auf Biegespannung und Flächenpressung nach Bd. I, Bolzenverbindung.

Ausführung: Für Zahngesperre mit häufigem Schalten (z. B. für Schaltwerke) sollten die Klinken und möglichst auch die Zähne zur Minderung des Verschleißes gehärtet werden. Für andere Fälle siehe die Werkstoffangaben im nächsten Abschnitt.

3. Erfahrungsangaben

Zulässige Spannungen

Werkstoff	p_k kg/mm	σ_b kg/mm²
Grauguß	5···10	2··· 3
Stahl oder Stahlguß	10···20	4··· 7
Stahl gehärtet	20···40	6···10

Maße der Verzahnung (Bild 291/2)

Zähnezahl $z = 6$ bis 30;

Modul $m > 6$ (meist 10 bis 20) im Maschinenbau;

Zahnmaße $h/m = 0{,}6$ bis 1,0,

$h = 5$ bis 15 für Zahngesperre im Maschinenbau,

$f/m = 0{,}6$ bis 0,9.

Bei Außenklinken (Bild 291/1 u. /2): $\alpha = 14°$ bis $17°$.

Bei Innenklinken (Bild 291/3): $\alpha = 17°$ bis $30°$,

$a/d = 0{,}35$ bis 0,43.

4. Berechnungsbeispiel

Gegeben: Zahngesperre nach Bild 292 mit radialen Zahnflanken. Drehmoment $M_t = 5 \cdot 10^4$ mmkg; $z = 18$; $d = 252$; $b = 30$; $h = 14$; $x = 25$; $\alpha = 14°$; $\cos\alpha = 0{,}970$; Werkstoff St/St.

Berechnet:

$$m = \frac{d}{z} = 14 \text{ mm};$$

Umfangskraft

$$U = \frac{2\,M_t}{d} = 398 \text{ kg};$$

Klinkenkraft

$$P = \frac{U}{\cos\alpha} = 411 \text{ kg};$$

Kantenpressung

$$p_k = \frac{P}{b} = 13{,}7 \text{ kg/mm} < p_{k_{zul}};$$

Zahnbiegespannung

$$\sigma_b = \frac{U\,b\,6}{b\,x^2} = 1{,}78 \text{ kg/mm}^2 < \sigma_{b_{zul}}.$$

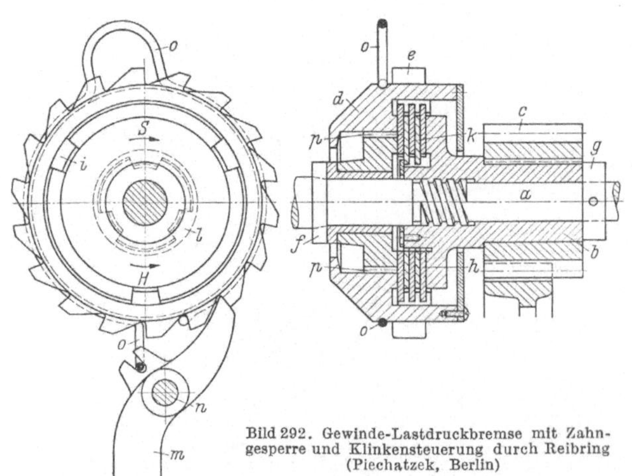

Bild 292. Gewinde-Lastdruckbremse mit Zahngesperre und Klinkensteuerung durch Reibring (Piechatzek, Berlin)
S = Senken, H = Heben

5. Ausgeführte Konstruktionen

Bild 292. Gewinde-Lastdruckbremse mit Zahngesperre

Bei Drehung in Hubrichtung H durch den Antrieb bringt der Reibring o die Klinke m außer Eingriff und bei Drehung im Senksinn in Eingriff. Der Klinkenbolzen ist am Windengestell befestigt. In der Ruhelage preßt die Last über das Gewinde die Lamellenkupplung k zusammen; die Last wird somit über die Kupplung vom Zahngesperre gehalten. Bei Drehung der Vorgelegewelle a im Senksinn wird die Kupplung durch das Gewinde geöffnet und von der nachfolgenden Last geschlossen.

Bild 293/1. Sperradbremse

Bei Drehung des innenverzahnten Sperrades in Hubrichtung werden die Klinken von den Schleppfedern h aus den Zahnlücken gehoben, da der Reibring f, an dem die Schleppfedern angelenkt sind, vom drehenden Sperrad durch Reibung mitgenommen

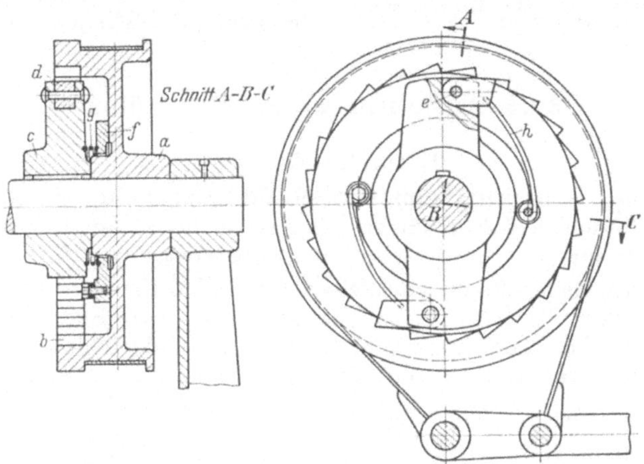

Bild 293/1. Sperradbremse mit innenverzahntem Sperrad und gesteuerten Klinken (Gebr. Weißmüller, Frankfurt a. M.)

wird. Bei Drehung des Sperrades in Senkrichtung werden umgekehrt die Klinken von den Schleppfedern wieder eingelegt, so daß das Sperrad über die Klinken und den Klinkenträger c mit der Welle fest verbunden ist.

Bild 293/2. Ratsche mit Wechselklinke

Bei Bewegung des Handhebels (Rohrstück) nach oben nimmt die Klinke das Sperrad mit, während bei Bewegung des Handhebels nach unten die Klinken über die Zähne

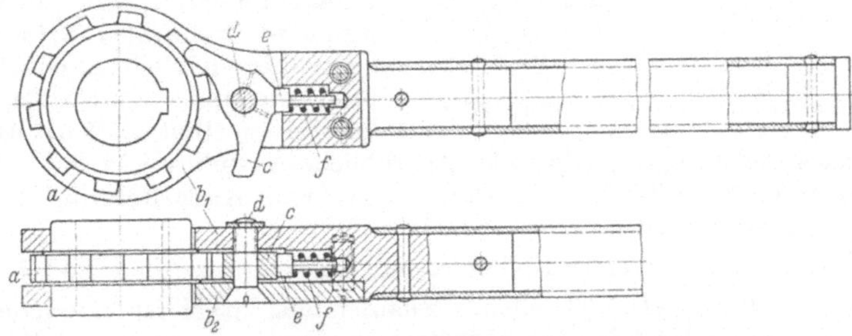

Bild 293/2. Ratsche für Doppelantrieb (nach HÄNCHEN [306/9])

rutschen und keine Bewegung des Sperrades bewirken. Das Sperrad wird somit durch Hin- und Herbewegung des Hebels schrittweise nach links gedreht. Durch Umlegung der Klinke (untere, statt obere Klinke eingreifend) wird das Sperrad bei Hin- und Herbewegung des Hebels nach rechts gedreht. Die Druckfeder f drückt die Klinke jedesmal in die Zahnlücken, und zwar sowohl bei eingelegter oberer wie auch bei eingelegter unterer Klinke.

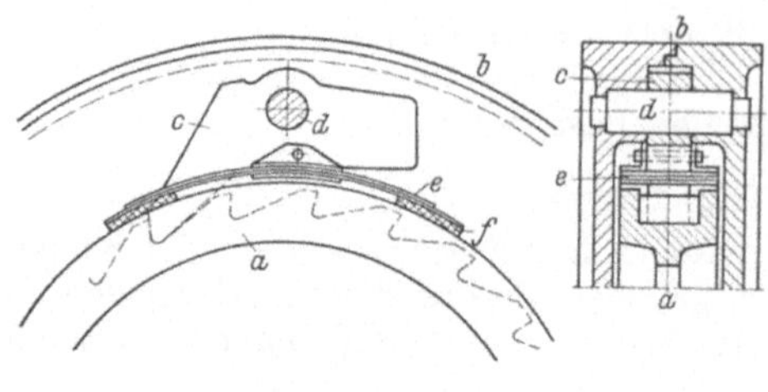

Bild 294/1. Gesteuerte Klinke zu einer Sperradbremse (nach HÄNCHEN [306/8])

Bild 294/1
Sperradbremse mit reibgesteuerter Klinke

An der Klinke *c* ist ein Reibschuh *e* mit Reibbelag *f* befestigt, der bei Drehung des Sperrades *a* nach rechts die Klinke einlegt (Drehbewegung im Senksinn) und bei Drehung nach links (Drehbewegung im Hubsinn) die Klinke aus den Zahnlücken heraushebt und somit eine Klapperbewegung der Klinken vermeidet.

30.4. Ausführungen mit Reibschluß

1. Zur Konstruktion

Bauarten: Von den beiden Hauptarten *Radial*-Freiläufe mit Kraftfluß in Radialrichtung (Bild 295) und *Axial*-Freiläufen mit Kraftschluß in Achsrichtung (Bild 294/2e und 303/3) werden nur die ersteren allgemein verwendet.

Von den verschiedenen Baumöglichkeiten für Radial-Freiläufe (Bild 295 u. 294/2) haben sich besonders die mit *Klemmrollen und Innenstern* (Bild 295c) und die mit *Klemmkörpern* zwischen konzentrischen Laufbahnen (Bild 295d) durchgesetzt. Die anderweitigen Ausführungen, wie die mit Klemmrollen und Außenstern (Bild 295b; weniger tragfähig als die nach 295c), mit Drehbacken (Bild 295a; noch entwicklungsfähig), mit Keilzungen (Bild 294/2c) oder mit Schraubenband (Bild 294/2f) sind gegenüber den vorangestellten weniger in Gebrauch.

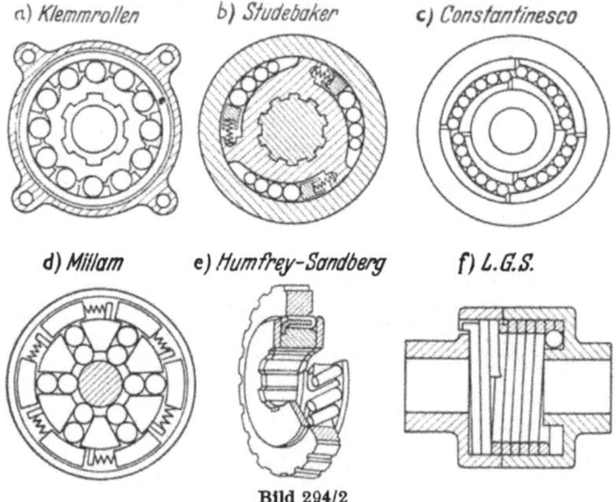

Bild 294/2
Übersicht verschiedener Freilaufsysteme (nach BUSSIEN [306/5])

Außerdem unterscheidet man nach zusätzlichen Ausführungsmerkmalen und Eigenschaften: Einbau-Freiläufe (Bild 302/1), Naben-Freiläufe und Freiläufe mit zusätzlichen Wälzlagern (Bild 303/2), ferner berührungslose Freiläufe (Bild 302/2), die oberhalb bestimmter Drehzahlen keine Gleitreibung (keinen Gleitverschleiß) haben, Freiläufe mit Ausschaltmöglichkeit unter Last (Bild 303/3 u. 304/2), Freiläufe mit Einzel-Anfederung der Klemmkörper (übliche Ausführung, s. Bild 302/1) und mit verstärkter Anfederung (für Schaltwerke), Freiläufe mit Käfig-Führung (Bild 302/2), mit Fliehkraft-Anpressung usw.

Die einfachste Ausführung eines Freilaufes mit Reibsperrung zeigt Bild 289/2.

Tragfähigkeit und Bauart: Bei allen Freiläufen aus Stahl ist eine *Härtung* der Klemmstellen zu empfehlen, da das übertragbare Drehmoment [bzw. die zulässige Wälzpressung k in Gl. (297/4)] etwa im Quadrat der Brinell-Härte H_B (bis $H_B = 650$) wächst.

Bei allen Freiläufen nach Bild 295 wächst die Tragfähigkeit nach Gl. (297/4) mit $\operatorname{tg}\alpha\, b\, k\, R_k\, R_w\, z$, also mit dem Neigungswinkel α, mit der Tragbreite b, mit dem Ersatzhalbmesser R_k, dem wirksamen Halbmesser R_w und der Rollenzahl z.

Mit dieser Angabe sind gleichzeitig alle Möglichkeiten zur Steigerung der statischen Tragfähigkeit und zum Vergleich der Tragfähigkeit bei verschiedener Ausführung nach

Bild 295 gegeben. Hiernach ist die Tragfähigkeit bei der Ausführung mit Klemmrollen und Innenstern (Bild 295c) grundsätzlich größer als bei den anderen Ausführungen nach Bild 295, sofern die Daten b, R_m, R_1/R_m und z gleichgehalten werden; denn für die Ausführung nach Bild 295c ist $R_w = R_2'$ bzw. der Hebelarm c grundsätzlich größer. Trotzdem kann praktisch mit der Ausführung (mit Klemmkörpern) nach Bild 295d eine noch größere Tragfähigkeit erreicht werden, da hierbei der Füllungsgrad y und R_1 größer gehalten werden kann als bei den anderen.

Ausbildung der Anlaufkurven: Theoretisch sollen die Anlaufkurven des Innen- oder Außensternes oder Klemmkörpers einem Keilstück mit dem Keilwinkel 2α entsprechen, das um den klemmfreien Grundkörper herumgelegt gedacht werden kann (siehe schraffierte Kreiskeile in Bild 295). Die so entstehende Anlaufkurve ist eine *logarithmische Spirale.* Sie kann praktisch durch einen *Kreisbogen* mit dem Krümmungshalbmesser der logarithmischen Spirale im Punkt B (bzw. B') ersetzt werden. Der entsprechende Krümmungs-

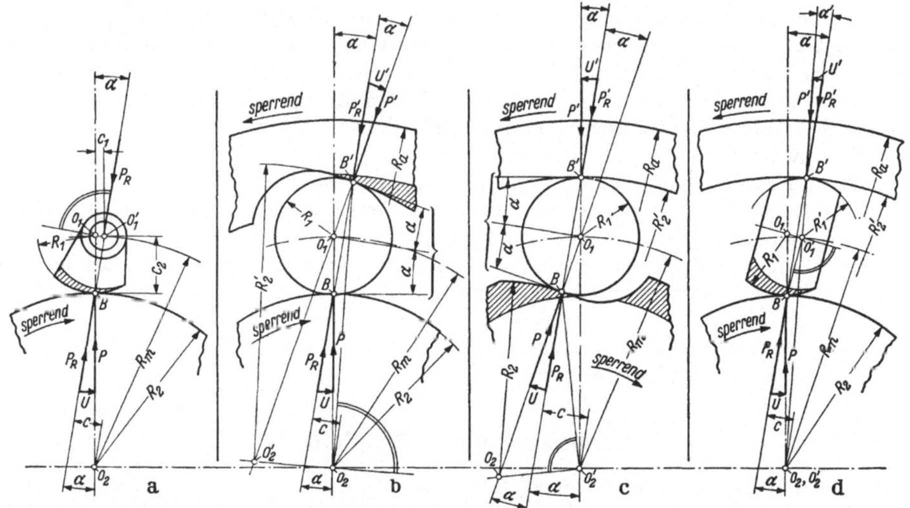

Bild 295. Geometrie und Kräfte verschiedener Radial-Freiläufe. a mit Klemmbacke (Drehbacke); b mit Klemmrolle und Außenstern; c mit Klemmrolle und Innenstern; d mit Klemmkörper und konzentrischen Laufbahnen; B, B' Klemmstellen. Gleichgehalten wurde: α (10°), R_1 und R_m Übertragbares Drehmoment: $M_t = P_R\, c\, z$

mittelpunkt O_K der Anlaufkurve ist der Schnittpunkt der Normalkraft P bzw. P' und der Senkrechten, die im Drehpunkt O_D der Anlaufkurve auf der Verbindungslinie $\overline{B\,O_D}$ bzw. $\overline{B'O_D}$ errichtet wird

In Bild 295	a	b	c	d
ist für die Anlaufkurve im Punkt:	B	B'	B	B
der Krümmungshalbmesser:	R_1	R_2'	R_2	R_1
der Krümmungsmittelpunkt O_K:	O_1	O_2'	O_2	O_1
der Drehpunkt O_D:	O_1'	O_2	O_2'	O_1'

Abweichende Anlaufkurven: Der Halbmesser für die Anlaufkurven kann praktisch etwas größer genommen werden als der Krümmungshalbmesser der logarithmischen Spirale. Der Krümmungsmittelpunkt der Anlaufkurve wird hierbei in Richtung der Normalkraft P (bzw. P') verschoben. Hierdurch erzielt man eine kleinere Wälzpressung k (besonders bei Bild a und d, wo R_1 geändert wird) und einen mit der Wanderung von B auf der Anlaufkurve sich ändernden Neigungswinkel α: er wächst mit dem Drehmoment (mit der Verschiebung des Klemmpunktes). Diese Maßnahme ist besonders zu empfehlen, wenn der Neigungswinkel α bei Belastung null kleiner gewählt wird (siehe Erfahrungswerte S. 298). Bei der Ausführung mit Innenstern wird als Anlaufkurve mit Vorzug eine *Gerade* als Normale zur Kraft P im Klemmpunkt gewählt.

Anfederung: Am besten ist die Einzelanfederung für jeden Klemmkörper, um ungleiches Tragen bei kleinen Maßunterschieden zu vermeiden. Die Federkraft muß etwas größer als die Gegenwirkung von Gleitreibung, Eigengewicht und Fliehkraft sein. Bei Schaltwerken ist eine verstärkte Anfederung zu empfehlen, um den Totgang bis zum vollen Drehmoment zu verringern.

Lagerung und Lastverteilung: Der Freilauf ist an sich nur zur Aufnahme von Drehmomenten und nicht zur Aufnahme von Querkräften geeignet. Anderseits ist eine gleichmäßige Beanspruchung der Klemmkörper nur bei genau zentrischer und paralleler Führung des Freilaufes erreichbar. Falls letztere nicht durch die übrige Konstruktion gegeben ist, muß der Freilauf mit Querlagern versehen werden (Bild 303/2).

Verschleiß, Abdichtung und Schmierung: Jeder örtlich begrenzte Verschleiß an den Klemmstellen vergrößert den Neigungswinkel α. Ein gleichmäßiger Verschleiß an den umlaufenden Flächen ist weniger störend, er verschiebt aber die Klemmstelle zunehmend zum Ende der Anlauffläche hin. Freiläufe müssen daher, ebenso wie Wälzlager, genügend geschmiert und abgedichtet werden (Bild 303/2). Erfahrungsangaben für die Schmierung s. S. 299. Für Dauer-Gleitbewegungen und große Gleitgeschwindigkeit ist ein berührungsloser Freilauf (Bild 302/2) zu empfehlen.

Einbau, Passung und Ausbau: Die Überleitung des Drehmomentes auf die Welle erfolgt meist durch eine Paßfeder und auf die äußere Nabe durch stirnseitige Nuten am Außenring des Freilaufes. Zur Entlastung ist der Einbau des Freilaufes mit Festsitz bzw. Preßsitz zu empfehlen (Toleranzangabe s. S. 299). Der Ein- und Ausbau erfolgt durch axiales Aufpressen bzw. durch Abziehen mit Klauen und Druckschraube (nicht mit Schlagwerkzeug!).

Kleinere Baugrößen reichen aus, wenn der Freilauf auf einer Welle mit höherer Drehzahl angeordnet wird (kleineres Drehmoment).

2. Bemessung und Berechnung

Bezeichnungen und Dimensionen s. S. 290.

Anhaltswerte für α, k_{zul} und y s. S. 298.

Wahl von α: Der Neigungswinkel α muß kleiner sein als der gesicherte Mindestwert des Reibwinkels ϱ:

$$\operatorname{tg}\alpha < \operatorname{tg}\varrho_{\min} = \mu_{\min}.$$

Häufig nimmt man aber kleinere α-Werte, um den Drehweg bis zur Aufnahme des Vollast-Drehmomentes zu vergrößern. Hierdurch wird bei aufzunehmender Stoßarbeit die maximale Stoßkraft kleiner. Entsprechend kann man α von einem kleineren Wert bis auf den Grenzwert am Ende der Anlaufkurve ansteigen lassen; bei Überschreitung des Grenzwertes am Ende der Anlaufkurve erreicht man Durchrutschen des Freilaufes bei Überlastung.

Übertragbares Drehmoment M_t: Maßgebend für M_t ist die zulässige Wälzpressung k_{zul} (Anhaltswerte s. S. 298). Beim Ansatz von k_{zul} ist zu berücksichtigen, daß beim Fassen des Freilaufes das Stoßdrehmoment $M_{t_{max}}$ größer sein wird als M_t. Sicherheitshalber rechnet man mit

$$M_{t_{max}} = 2\,M_t \cdots 3\,M_t.$$

Die hierbei auftretende Wälzpressung k_{max} soll noch keine nennenswerte plastische Verformung an den Klemmstellen hervorrufen, da sich dadurch der Neigungswinkel α vergrößern würde. Entsprechend muß gerade bei Wahl von α an der oberen Grenze der zulässige Wert für k_{max} mit genügender Sicherheit unter dem Grenzwert gehalten werden.

Berechnung von M_t: Für Radialfreiläufe mit z Klemmkörpern ist nach Bild 295a bis d allgemein:

Drehmoment

$$\boxed{M_t = P_R C z} \tag{297/1}$$

Mit Einführung von

resultierender Kraft $P_R = \dfrac{P}{\cos\alpha}$, Abstand $C = R_w \sin\alpha$,

mit wirksamen Halbmessern $R_w = R_2$ für **Fall 1** (Bild 295a, b, d):

$R_w = R_2'$ für **Fall 2** (Bild 295c),

erhält man aus Gl. (297/1):

$$\boxed{M_t = \operatorname{tg}\alpha\, P\, R_w\, z} \tag{297/2}$$

Mit Einführung der Wälzpressung[1]

$$k = \frac{P}{2 R_k b} = 2{,}86 \frac{p_H^2}{E} \leq k_{\text{zul}} \tag{297/3}$$

und $1/R_k = 1/R_1 + 1/R_2$ am Klemmpunkt B[2] erhält man aus Gl. (297/2):

$$\boxed{M_t = 2 \operatorname{tg}\alpha\, k\, b\, R_k\, R_w\, z} \tag{297/4}$$

Beanspruchung im Außenring (Bild 297): Bei frei tragendem Außenring beanspruchen die Radialkräfte P den Ring auf Zug und Biegung. Die hieraus resultierende maximale Zugspannung σ_v (tangentiale Randspannung aus Zugspannung σ und Biegespannung σ_b) liegt im Querschnitt I (Querschnitt am Kraftangriffspunkt) an der Außenseite des Ringes und im Querschnitt II (Querschnitt auf Mitte zwischen zwei P-Kräften) an der Innenseite des Ringes. Außerdem ist σ_v in beiden Querschnitten ungleich groß.

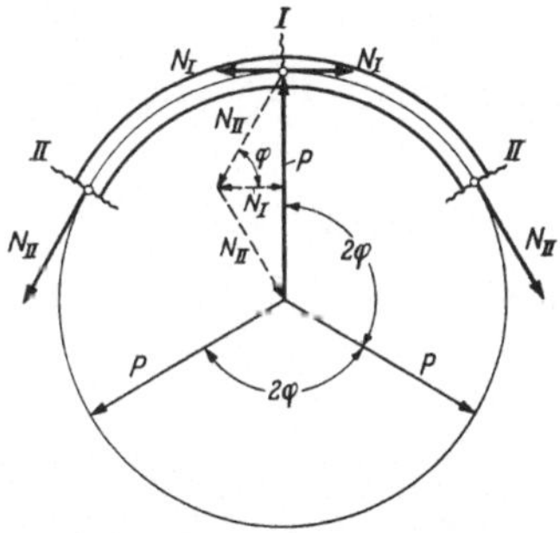

Bild 297. Zur Berechnung der Beanspruchungen im Außenring

Für die nachfolgende Berechnung von σ_v wird vorausgesetzt[3]: Konstanter Ringquerschnitt $b\,s$, gleich große und in gleichen Abständen am Umfang auftretende Radialkräfte P, die gleichmäßig auf der Ringbreite b drücken und Ringdicke s klein gegenüber Ringhalbmesser r. Mit Einführung von mittlerem Ringhalbmesser $r = R_2' + s/2$, z als Anzahl der P-Kräfte, Winkel $\varphi = 180/z$ [Grad] und Radialkraft

$$P = \frac{M_t}{\operatorname{tg}\alpha\, R_w\, z} \tag{297/5}$$

nach Gl. (297/2) ist

für Querschnitt I:

Normalkraft N_I und Zugspannung σ

$$N_I = \frac{0{,}5\, P}{\operatorname{tg}\varphi}; \qquad \sigma = \frac{N_I}{b\, s}; \tag{297/6}$$

[1] Wälzpressung k und HERTZsche Pressung p_H s. Bd. I. Für Stahl/Stahl ist $p_H = 85{,}7 \cdot \sqrt{k}$, mit Einsatz von Elastizitätsmodul $E = 21\,000$ kg/mm² in Gl. (297/3); k_{zul} s. S. 298.

[2] Für Klemmpunkt B' am Außenteil ist $1/R_k = 1/R_1' - 1/R_2'$ (Minus-Zeichen für Hohlkrümmung) und somit auch die Wälzpressung k durchweg kleiner als am Klemmpunkt B.

[3] Die nachfolgenden Gleichungen sind einer Untersuchung des Verfassers entnommen. Für andere Voraussetzungen und andere Querschnittsstellen als I und II können die allgemeinen Berechnungsansätze von BIEZENO u. GRAMMEL [306/3] benutzt werden.

Biegemoment M_{b_I} und Biegespannung σ_b

$$M_{b_I} = r\left(\frac{z}{2\pi} P - N_I\right); \qquad \sigma_b = \frac{M_{b_I}}{W_b} = \frac{6 M_{b_I}}{b s^2}; \tag{298/1}$$

Gesamtspannung

$$\sigma_{v_I} = \sigma + \sigma_b; \tag{298/2}$$

für Querschnitt II:

Normalkraft N_{II} und Zugspannung σ

$$N_{II} = \frac{0{,}5\,P}{\sin\varphi}; \qquad \sigma = \frac{N_{II}}{b\,s}; \tag{298/3}$$

Biegemoment $M_{b_{II}}$ und Biegespannung σ_b

$$M_{b_{II}} = r\left(\frac{z}{2\pi} P - N_{II}\right); \qquad \sigma_b = \frac{M_{b_{II}}}{W_b} = \frac{6 M_{b_{II}}}{b s^2} \tag{298/4}$$

Gesamtspannung

$$\sigma_{v_{II}} = \sigma + \sigma_b. \tag{298/5}$$

3. Erfahrungswerte

Angaben für Klemmpaarungen aus gehärtetem Stahl und ölgeschmiert.

Neigungswinkel α

Grenzwert $\alpha \leqq \varrho_{\min}$,

praktisch $\alpha = 2°$ bis $5°$,

$\alpha \approx 2°$ bis $3°$ bei Belastungsbeginn für gute Stoßaufnahme (z. B. für Kraftwagen-Freiläufe),

$\alpha \approx 4{,}5°$ bei Vollast.

Verhältniswerte (R_1 und R_m nach Bild 295):

Für Klemmrollen $z = 1\,R_m/R_1$ bis $2\,R_m/R_1$,

$\frac{R_1}{R_m} = 0{,}1$ bis $0{,}3$,

für Klemmkörper (Sprags) $z = 1{,}1\,R_m/R_1$ bis $4{,}4\,R_m/R_1$,

$\frac{R_1}{R_m} = 0{,}17$ bis $0{,}37$,

für beide Arten: $s = 1{,}5\,R_1$ bis $2\,R_1$,

Rollenbreite $b = 3\,R_1$ bis $8\,R_1$.

Zulässige Wälzpressung (für Rockwell-C-Härte $\approx 62 \pm 2$),

$k_{\max} = 12$ (gegenüber $M_{t_{\max}}$),

$k = 4$ (gegenüber M_t).

Werkstoffe: Für Ausführung mit Einsatzstahl: EC 80 oder 16 MnCr 5 mit Einsatztiefe 1,5 bis 2 mm.

Für Ausführung mit Vergütungsstahl: Wälzlagerstahl,

Ausführung

Laufbahnhärte	$H_{RC} = 62 \pm 2$,
Laufbahn-Rauhtiefe	0,5 bis 1 μ,
Neigungsfehler	$< 3\,\mu$ auf 10 mm Länge.

Passung: Festsitz bis Preßsitz; für Welle ISA j6, für Bohrung ISA H6 bis H 7.

Erreichte Betriebswerte: Für Schaltwerke (mit verstärkter Anfederung der Klemmrollen) bis 2000 Schaltungen/min, Ansprechweg (Totgang) bis Vollast 0,01 bis 0,02 mm.

Schmierung: Mit säure- und wasserfreiem Öl, Ölzähigkeit 20 bis 37 cSt bei 50° C, Ölstand etwa $\frac{1}{8}$ des Laufbahn-Durchmessers; bis 2 m/s Laufbahn-Geschwindigkeit auch Schmierung mit Wälzlagerfett.

4. Berechnungsbeispiele

Bezeichnungen und Dimensionen nach S. 290.

Beispiel 1: *Einbau-Freilauf mit Klemmrollen nach Bild 302/1.*
Bauart und Bezeichnungen nach Bild 295c.

Gegeben: $\alpha = 4°$, $R_1 = 6$, $R_w = R_2' = 51$, $R_2 = \infty$ (gerade Anlaufkurve), $b = 48$, $s = 12$, $r = R_2' + s/2 = 57$, $z = 8$.

Gesucht: Übertragbares Drehmoment M_t bei Wälzpressung $k = 4$ kg/mm²; ferner Ringspannung σ_v.

Berechnung von M_t: Mit Einsatz von $\operatorname{tg}\alpha = 0{,}07$, $1/R_k = 1/R_1 + 1/R_2 = 1/6$ erhält man nach Gl. (297/4)

$$M_t = 2 \cdot 0{,}07 \cdot 4 \cdot 48 \cdot 6 \cdot 51 \cdot 8 = \underline{66 \cdot 10^3 \text{ mmkg}}\ (= 66 \text{ mkg}).$$

Berechnung von σ_{v_I} [s. Bild 297 und Gl. (297/5) bis (298/2)]:

$$P = \frac{66 \cdot 10^3}{0{,}07 \cdot 51 \cdot 8} = 2300 \text{ kg}, \qquad \operatorname{tg}\varphi = \operatorname{tg}\frac{180}{8} = 0{,}414,$$

$$N_I = \frac{0{,}5 \cdot 2300}{0{,}414} = 2780 \text{ kg}, \qquad \sigma = \frac{2780}{48 \cdot 12} = 4{,}8 \text{ kg/mm}^2,$$

$$M_{b_I} = 57\left(\frac{8}{2\pi}\, 2300 - 2780\right) = 8540 \text{ mmkg},$$

$$\sigma_b = \frac{6 \cdot 8540}{48 \cdot 12^2} = 7{,}4 \text{ kg/mm}^2, \qquad \sigma_{v_I} = 4{,}8 + 7{,}4 = \underline{12{,}2 \text{ kg/mm}^2}.$$

Berechnung von $\sigma_{v_{II}}$ [s. Bild 297 und Gl. (298/3) bis (298/5)]:

$$\sin\varphi = \sin\frac{180}{8} = 0{,}383, \qquad N_{II} = \frac{0{,}5 \cdot 2300}{0{,}383} = 3000,$$

$$\sigma = \frac{3000}{48 \cdot 12} = 5{,}2, \qquad M_{b_{II}} = 57\left(\frac{8}{2\pi}\, 2300 - 3000\right) = -4560 \text{ mmkg},$$

$$\sigma_b = \frac{6 \cdot 4560}{48 \cdot 12^2} = 3{,}96 \text{ kg/mm}^2, \qquad \sigma_{v_{II}} = 5{,}2 + 3{,}96 = \underline{9{,}16 \text{ kg/mm}^2}.$$

Beispiel 2: *Ringspannung im Freilauf-Modell nach Bild 300/1.*
Bezeichnungen s. Bild 295c.

Gegeben: $z = 10$; $R_1 = 10$; $R_2' = 87{,}5$; $R_2 = \infty$; $b = 10{,}2$; $s = 20$; $r = R_2' + 0{,}5\,s = 97{,}5$; Normalkraft $P = 58{,}9$ kg (berechnet aus dem aufgebrachten Drehmoment).

Bild 300/1. Spannungsoptische Aufnahme eines Klemmrollen-Freilaufes aus Kunstharz unter Drehmoment[1]

Die schwarzen Linien (Isochromaten) sind Orte gleicher Hauptschubspannung. Beim Übergang von einer Isochromate zur andern ändert sich die Spannung im Verhältnis der eingetragenen Isochromatenordnung ($\delta = 1, 2, \ldots$). Beachtlich ist die HERTZsche Pressung an den Klemmstellen ($\delta > 7$), ferner die maximale Randspannung am Außenring außen im Gebiet der Klemmstellen und am Außenring innen im Gebiet zwischen 2 Klemmstellen, sowie die Kerbwirkung der Paßfedernut am Innenring

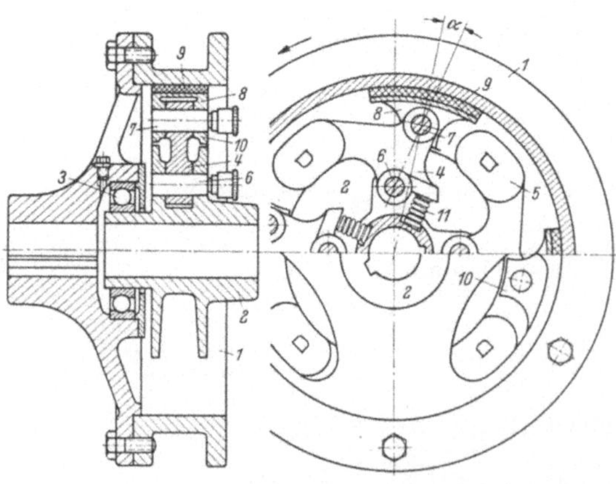

Bild 300/2. Überholkupplung (AEG)

Gesucht: Ringspannung $\sigma_{v_{II}}$ am Außenring (an der Innenseite des Ringes auf Mitte zwischen 2 Rollen)

a) berechnet nach Gl. (298/3) bis (298/5),

b) nach spannungsoptischem Bild 300/1.

Für a) berechnet:

$$\sin\varphi = \sin\frac{180}{z} = 0{,}309\,,$$

$$N_{II} = \frac{0{,}5\,P}{\sin\varphi} = 95{,}4\,,$$

$$\sigma = \frac{N_{II}}{b\,s} = 0{,}467\,,$$

$$M_{b_{II}} = r\left(P\frac{z}{2\pi} - N_{II}\right) = 165{,}8\,,$$

$$\sigma_b = \frac{6\,M_{b_{II}}}{b\,s^2} = 0{,}244\,,$$

$$\sigma_{v\,II} = \sigma + \sigma_b = \underline{0{,}71\ \mathrm{kg/mm^2}}.$$

Für b) berechnet: Nach der Hauptgleichung der Spannungsoptik [306/7] ist

$$\sigma_1 - \sigma_2 = \delta\,\frac{S}{b}\quad [\mathrm{kg/mm^2}]. \qquad (300/1)$$

Hierin bedeuten σ_1 und σ_2 die Hauptspannungen, δ die Isochromatenordnung (siehe 1, 2, 3 ... in Bild 300/1), S die Materialkonstante, b die Dicke des Modells. Im vorliegenden Fall ist $\sigma_{v_{II}} = \sigma_1 - \sigma_2$, $\delta = 3{,}3$ am Innenrand, $S = 2{,}14$ und $b = 10{,}2$ mm und somit

$$\sigma_{v\,II} = 3{,}3\cdot\frac{2{,}14}{10{,}2} = \underline{0{,}692\ \mathrm{kg/mm^2}}.$$

Die Übereinstimmung zwischen Versuch und Rechnung ist beachtlich gut.

5. Ausgeführte Konstruktionen mit Reibsperrung

Bild 300/2. Überholkupplung mit Reibbacken

Sie wird für schwer anlaufende Maschinen verwendet, bei denen ein Hilfsmotor den Hauptmotor unter Zwischenschaltung der Überholkupplung und eines Vorschaltgetriebes auf Drehzahl bringt. Sobald der dann angelassene Hauptmotor den Antrieb des Hilfsmotors überholt, soll die Überholkupplung stoßfrei entkuppeln (freilaufen). Die Außen-

[1] Spannungsoptische Aufnahme und Auswertung von der FZG (K. STÖLZLE) an einem Modell der Firma Stieber-Rollkupplung (München) in Zusammenarbeit mit der Forschungsstelle für Spannungsoptik der TH München.

trommel *1* sitzt auf der Abtriebswelle des Vorschaltgetriebes und die Nabe *2* auf der Welle des Hauptmotors. Beide Naben sind durch das Kugellager *3* zentriert. Die Federn *11* halten die Klemmbacken in Eingriff. Der Hilfsmotor treibt über das Vorschaltgetriebe die Trommel *1* in Pfeilrichtung. Sobald der Hauptmotor und hiermit die Kupplungsnabe *2* schneller läuft als die Außentrommel *1*, knicken die Backenhebel *4* nach rechts ein, so daß die Backen auf der Trommel schleifen. Mit steigender Drehzahl werden die Backenhebel von den Fliehgewichten weiter nach rechts abgehoben und die Backen durch die Anschläge *10* in konzentrischer Stellung außer Eingriff gehalten.

Bild 301/1. Bremse mit Klemmgesperre für Hubwinden

Die Reibbacken *a* sind an dem radialen Scheibenstück *c* angelenkt, das auf der Nabe frei drehbar gelagert ist. Mit der Welle ist der Mitnehmer *d* drehfest verbunden, der über die Stoßstangen *e* die Reibbacken gegen die Bremsscheibe *b* drückt, wenn die Welle in Pfeilrichtung „Senken" umläuft. Es entstehen dann die Kräfte *A* und *B* in den Gelenkpunkten der Reibbacken und hieraus die Resultierende *R*, die im Winkel α zur Radialen der Reibstellenmitte steht. Bei α kleiner als Reibwinkel ϱ tritt Selbsthemmung ein, d. h. die Backen klemmen sich an der Bremstrommel *b* fest, die wiederum von den äußeren Bremsbacken *g* gehalten wird. Bei Drehung der Welle in Pfeilrichtung „Heben" hebt der Mitnehmer *d* die Backen von der Bremstrommel ab. d. h. die Welle kann im Hubsinne auch bei festgehaltener Trommel *b* frei gedreht werden,

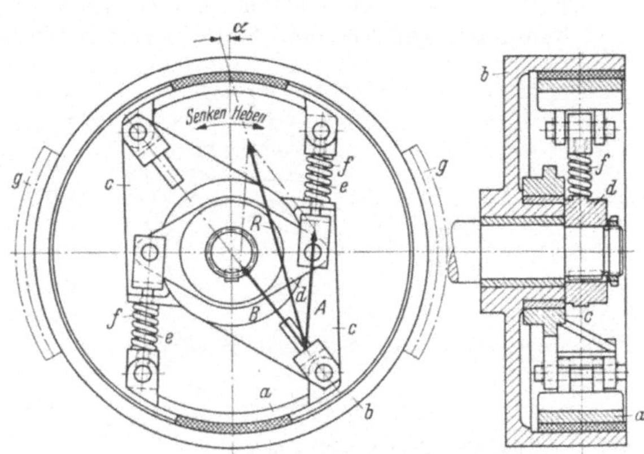

Bild 301/1. Bremse mit Klemmgesperre (MAN)

Bild 301/2. Torpedo-Freilaufnabe für Fahrräder

Der Antrieb des Rades erfolgt vom Kettenrad rechts, welches mit dem Innenstern des Freilaufes (siehe Schnitt *A—B*) drehfest verbunden ist. Die Drehbewegung des Kettenrades wird vom Innenstern aus über die fünf in einem Käfig geführten Klemm-

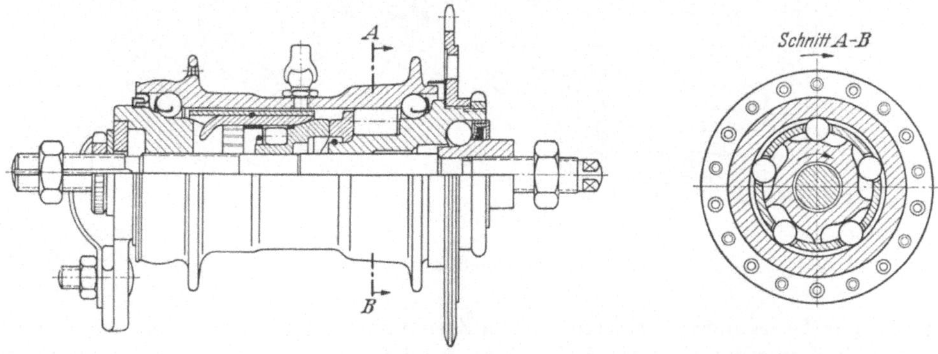

rollen auf die äußere Radnabe übertragen. Die Klemmrollen klemmen also bei Drehung des Innensternes in Pfeilrichtung (Vorwärtsbewegung des Rades). Der Freilauf des Rades setzt ein, sobald die Drehgeschwindigkeit der äußeren Nabe (Radgeschwindigkeit) größer ist als die Drehgeschwindigkeit des Innensternes (Geschwindigkeit des Kettenrades). Die äußere Radnabe ist durch 2 Schrägkugellager geführt, die Längs- und Querkräfte aufnehmen. Die Mittelachse des Freilaufes ist im Rahmen des Fahrrades drehfest angeordnet.

Bild 302/1. Einbau-Freilauf

Er wird als fertiges Maschinenelement nach Art der Wälzlager in festgelegten Maßen und Baugrößen gefertigt und kann in verschiedenartige Konstruktionen eingebaut werden (s. Bild 295 u. 305/2). Die Klemmrollen werden einzeln durch federbelastete Bolzen (s. Bild) in Klemmstellung gedrückt und seitlich durch Anlaufscheiben geführt, die von Seegerringen axial gehalten werden. Zur Weiterleitung des Drehmomentes ist der Außenring an den Stirnflächen mit radialen Nuten versehen und der Innenstern mit Paßbohrung mit einer Paßfeder-Nut.

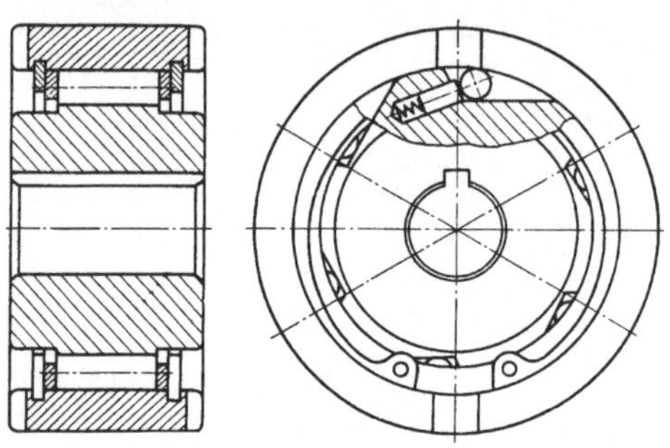

Bild 302/1. Einbau-Freilauf (Stieber)

Bild 302/2
Berührungsfreier Klemmkörper-Freilauf

Die Klemmkörper *1* werden durch einen Käfig *2* geführt und durch die gefederten Bolzen *8* in Klemmrichtung gedrückt. Der Innenring ist im vorliegenden Verwendungsfall (Rücklaufsperre für einen Pumpenantrieb) mit dem Flansch *4* fest mit dem Gehäuse verbunden. Der Außenteil *3* läuft mit der Antriebswelle um. Sobald diese eine bestimmte Drehzahl überschreitet, überwiegt

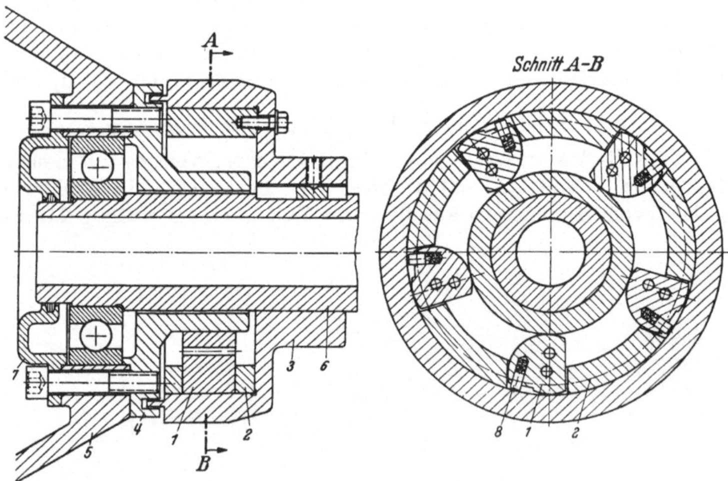

Bild 302/2. Berührungsfreier Freilauf (Stieber)

die Fliehkraftwirkung am Schwerpunkt der Klemmkörper die Federkraft an den Bolzen *8*, so daß die Klemmkörper etwa 0,1 bis 0,3 mm vom Innenring abheben und Gleitverschleiß vermieden wird. Nach Abschalten des Antriebes legen sich die Klemmkörper wieder an den Innenring. Sobald die Pumpenwelle von der Wassersäule in Rückwärtsrichtung angetrieben wird, halten die Klemmstücke die Welle am Innenring fest. Derartige Freiläufe sind auch als Überholkupplungen für Dauer-Leerlaufdrehzahlen bis über 10000/min geeignet.

Bild 303/1 und 303/2. Beispiele für Freiläufe mit Klemmkörpern[1]

Bei diesen Freiläufen kann der Füllungsgrad besonders groß gehalten werden, so daß größere Drehmomente übertragen werden können. In Bild 303/1 sind die Klemmkörper *b* in Nuten des Innenringes kippbar gehalten. Außerdem werden sie durch den genuteten Seitenring parallel gesteuert. Die Klemmwirkung erfolgt am Außenring, so daß hierbei der größere Krafthebelarm *C* von Bild 295c erreicht wird. Trotzdem wird diese Ausführung wegen ihres erhöhten Aufwandes weniger angewendet. Bild 303/2

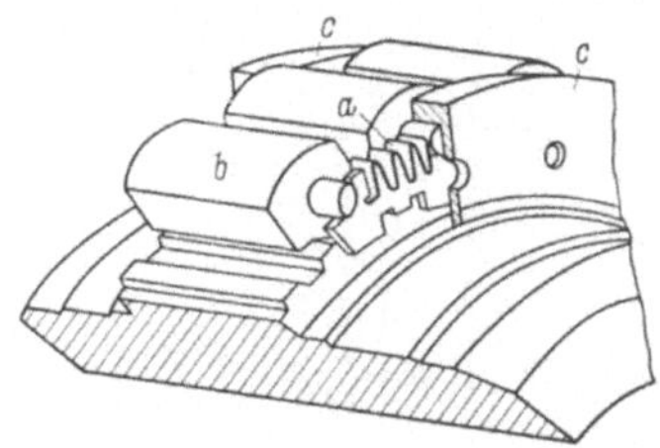

Bild 303/1
Klemmkörper-Freilauf (Morse Chain Comp., USA)

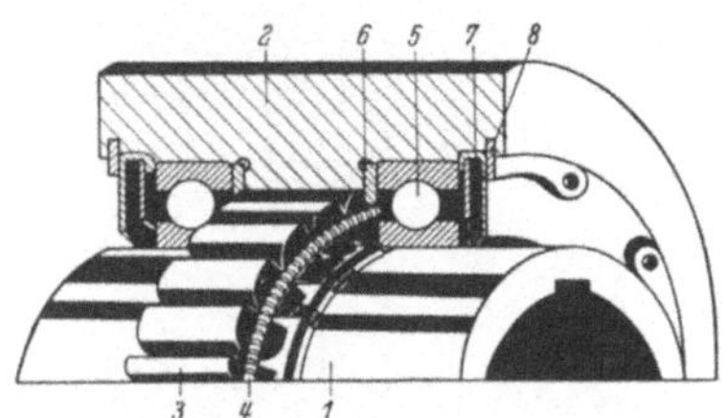

Bild 303/2
Klemmkörper-Freilauf (Morse Chain Comp., USA)

zeigt die allgemeiner benutzte Form der Klemmkörper-Freiläufe mit zylindrischer Außen- und Innenlaufbahn. Die Klemmkörper klemmen am Außen- und Innenring entsprechend Bild 295d, wobei der Krafthebelarm *C* kleiner ist als bei der vorhergehenden Ausführung. Zur Anfederung der Klemmkörper in Klemmrichtung dienen seitliche Schnürfedern, die in die seitlichen Nuten der Klemmkörper eingelegt sind. Außerdem ist die zentrische Führung des Freilaufes durch Wälzlager zu beachten und ferner die seitliche Abdichtung des Freilaufes.

Bild 303/3. Ausrückbarer Kegel-Freilauf[2]

Zwischen den beiden Kegelflächen *a* und *b* sind nadelartige Rollen *c* im Führungskäfig *d* angeordnet. Die Rollen liegen im Winkel α zur Kegelachse. Bei einer Drehbewegung des Außenkegels *b* bewegen sich die Rollen auf einer Schraubenlinie des Innenkegels. Dieser Schraubbewegung folgt auch der Außenkegel, da wegen der geringen Kegelneigung kein axiales Abrutschen (keine Überwindung der Gleitreibung) eintritt. Die Schraubbewegung ergibt eine kleine Axialbewegung des Außenkegels; sie bedingt eine elastische Dehnung des Außenkegels. Die Dehnarbeit entspricht der Schraubarbeit aus Schraubwiderstand und Schraubweg. Je größer das äußere Drehmoment, um so größer ist auch der Schraubweg und die geleistete Dehnarbeit bis zur Aufnahme des vollen Drehmomentes. Bei Rückwärtsdrehung des Außenkegels löst sich die Kupplung, und der dann freilaufende äußere Teil legt sich axial gegen das Kugellager. Diese Konstruktion eignet sich besonders zur Aufnahme von Drehstößen und -schwingungen. Durch zusätzliche Querführung des Außenkegels kann auch ein „berührungsfreier" Leerlauf erreicht werden und durch eine axiale Begrenzung der Aufschraubbewegung eine Begrenzung des maximalen Drehmomentes.

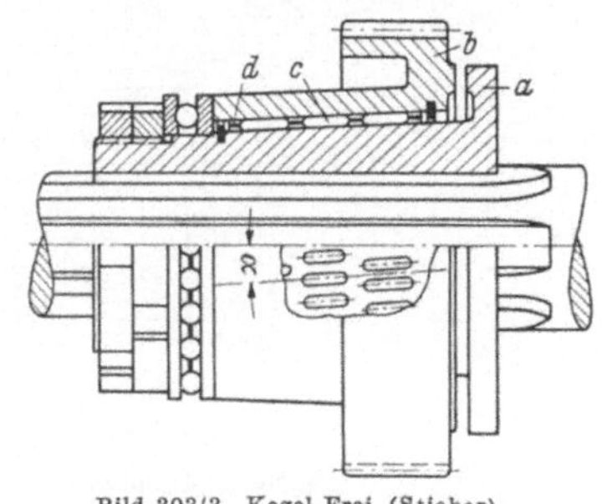

Bild 303/3. Kegel-Frei (Stieber)

[1] Entsprechende deutsche Ausführungen s. Firmenschriften [306/*33*] von Stieber, Maurer und Kessler.
[2] Die gleichartig aufgebaute Rollkupplung s. Bd. I, S. 297.

Bild 304/1. Kegel-Freilauf als Überholkupplung zwischen Hoch- und Niederdruck-Dampfturbinen

Der Freilauf-Kegel *1* ist auf der Welle der ständig laufenden HD-Turbine befestigt, und der Gegenkegel *2* (in Ausschaltstellung gezeichnet) ist über die Zahnkupplung *6* und Nabe *4* mit der Welle der ND-Turbine drehfest verbunden. Soll die ND-Turbine

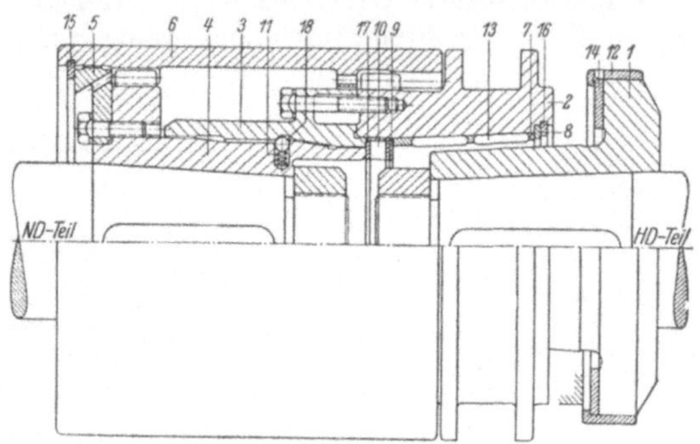

Bild 304/1. Überhol-Kupplung zwischen 2 Turbinen (STIEBER)

mit antreiben, so wird sie zunächst auf Drehzahl ($n = 6800$) hochgefahren und dann der Gegenkegel *2* nach rechts eingeschaltet, bis die Klemmrollen *13* mit den Kegeln *1* und *2* Berührung haben. Anschließend wird die Drehzahl der ND-Turbine langsam erhöht, bis sie die Drehzahl ($n = 7000$) der durchlaufenden HD-Turbine erreicht. Beim Überholen faßt dann der Freilauf und kuppelt beide Räder. Umgekehrt wird beim Abschalten der ND-Turbine ihre Drehzahl absinken, wobei der Freilauf selbsttätig entkuppelt. Dann wird der Gegenkegel *2* nach links geschaltet, so daß für den Auslauf und Stillstand der ND-Turbine der Freilauf berührungsfrei läuft.

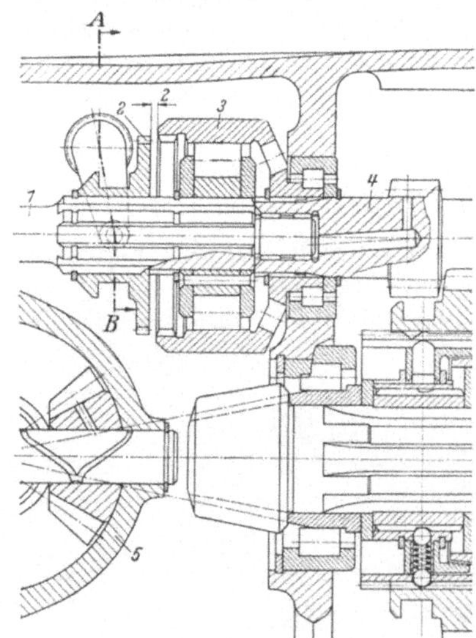

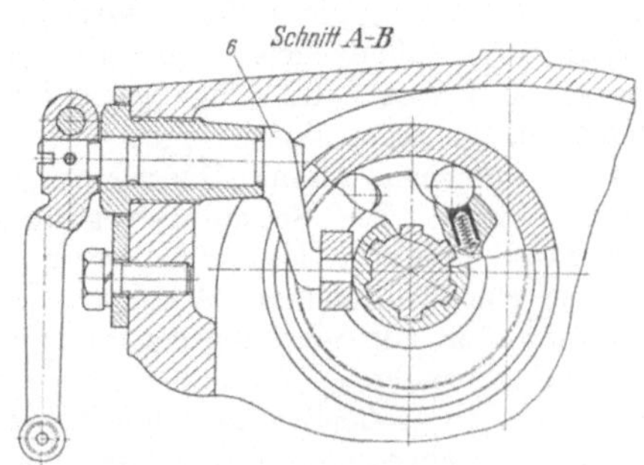

Bild 304/2. Klemmrollen-Freilauf im Schaltgetriebe eines Kraftfahrzeugs (AUTO-UNION)

Bild 304/2. Klemmrollen-Freilauf im Kraftfahrzeuggetriebe

Der Freilauf mit 6 Klemmrollen (links oben u. rechts im Bild) ist zwischen Motorkupplung und Schaltgetriebe eingebaut. Im Normalfall (Motor treibt) wirkt der Freilauf als Kupplung. Sobald das Gas weggenommen wird und die Antriebswelle *1* in der Drehzahl zurückbleibt, kann das Fahrzeug frei weiterlaufen (der „Freilauf" wirkt als Freilauf). Sobald die Antriebswelle *1* wieder treibt (beim Gasgeben), faßt der Freilauf und überträgt die Antriebskraft auf das Fahrzeug. Für besondere Fahrzustände kann der

Freilauf durch eine drehfeste Verbindung *überbrückt* werden. Durch den Hebel *6* wird dann die Zahnkupplung *2* eingerückt.

Bild 305/1. Einbaufreilauf nach Bild 302/1 als Überholkupplung für nicht fluchtende Wellen

Der Einbaufreilauf ist auf der linken Welle mit zusätzlichen Wälzlagern für die Zentrierung des Außenringes angeordnet, wobei der Innenring drehfest mit der Welle verbunden ist. Die Übertragung des Drehmomentes zwischen der rechten Welle und dem Außenring des Freilaufes erfolgt über eine elastische Kupplung, die auf der rechten Welle drehfest angebracht ist.

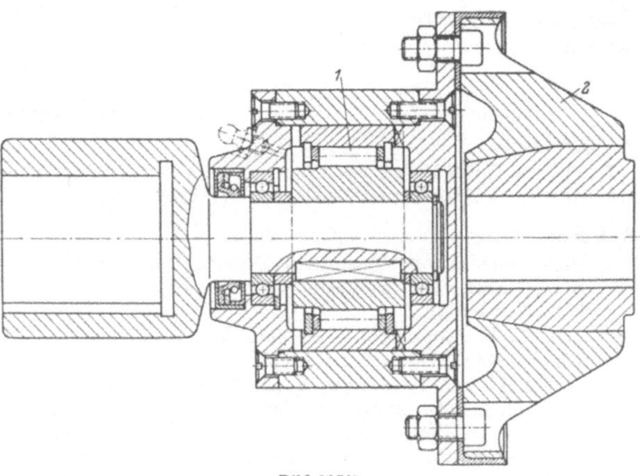

Bild 305/1
Einbaufreilauf als Überholkupplung bei nichtfluchtenden Wellen (Stieber)

Bild 305/2. Einbaufreilauf nach Bild 302/1 als Überholkupplung bei Doppelantrieb

Der Motor *1* für Feingang treibt über das Schneckengetriebe *2* das Gehäuse des Freilaufes *3* an, der in der Antriebsrichtung klemmt und so den Hauptmotor *4* und die hiermit fest gekuppelte Arbeitsmaschine *5* im Feingang dreht. Bei Einschaltung des Hauptmotors für höhere Drehzahl löst sich der Freilauf, sobald die Drehzahl des Feinganges überholt wird. Beim Abschalten des Hauptmotors „faßt“ der Freilauf wieder, sobald die Drehzahl auf die des Feinganges absinkt.

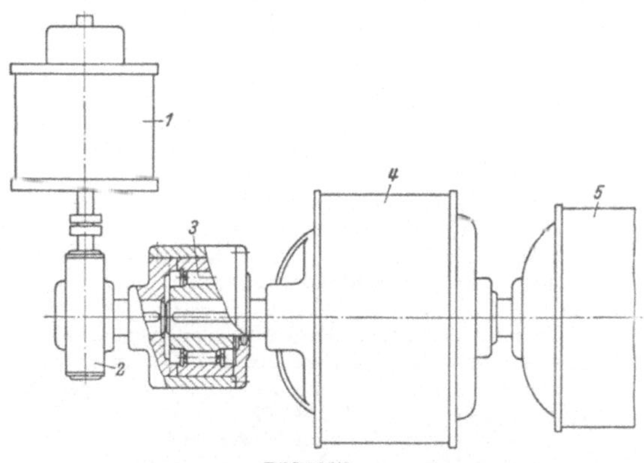

Bild 305/2
Einbaufreilauf als Überholkupplung bei Doppelantrieb (Stieber)

Bild 305/3 und /4. Schaltwerk für Regelgetriebe

Die gleichförmige Drehbewegung der Antriebskurbel erzeugt an dem Schwinghebel eine hin und her gehende Bewegung, die über den Klemmrollenfreilauf nur in *einer* Drehrichtung auf die Abtriebswelle übertragen wird. Durch Parallelschaltung mehrerer phasenversetzter Schaltwerke kann die resultierende Winkelgeschwindigkeit ω der

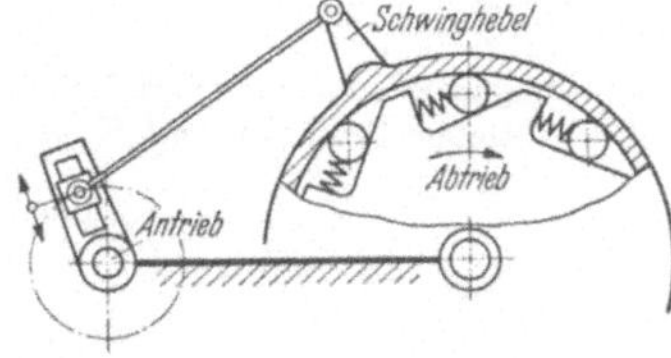

Bild 305/3. Schema eines stufenlos regelbaren Schaltwerksgetriebes (nach Altmann [306/*13*])

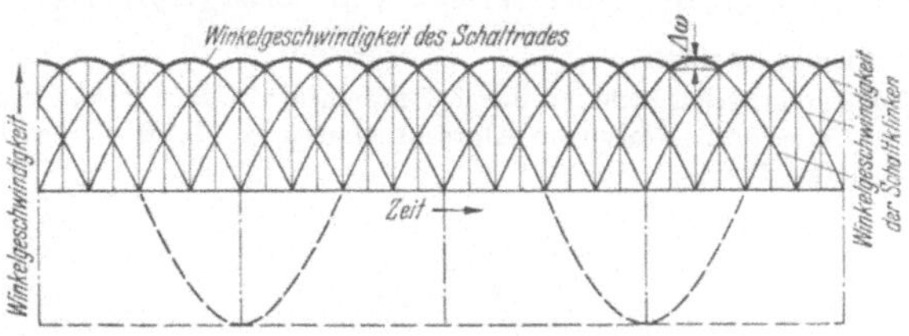

Bild 305/4. Verlauf der Winkelgeschwindigkeiten bei einem Schaltwerksgetriebe mit acht phasenversetzten Schaltwerken (nach Altmann [306/*13*])

Abtriebswelle nach Bild 305/4 als addierte Winkelbewegung der einzelnen Freiläufe sehr vergleichmäßigt werden, so daß ω nur noch um $\Delta\omega$ schwankt. Durch Verstellung des Kurbelhalbmessers am Antrieb kann die Drehzahl der Abtriebswelle stufenlos geändert werden.

30.5 Schrifttum

1. Richtlinien

[1] AWF u. VDMA Getriebeblätter: AWF 610. Gesperre und Sperrtriebe. Berlin: AWF 1928.

[2] AWF u. VDMA Getriebeblätter: AWF 6006. Begriffsbestimmungen, Sperrgetriebe. Berlin: 1952.

2. Bücher

[3] Biezeno-Grammel: Technische Dynamik. Berlin: Springer 1953.

[4] Bock: Stufenlos regelbare, mechanische Geschwindigkeitsumformer, Maschinengetriebe. Berlin: VDI-Verlag 1931.

[5] Bussien, R.: Automobiltechnisches Handbuch. Darin: v. Thüngen, Stufenlose Getriebe (Abschn. b, Schaltwerksgetriebe). Berlin: 1953.

[6] Ernst, H.: Die Hebezeuge, Bd. I, 5. Aufl. Braunschweig: Vieweg 1958.

[7] Föppl-Mönch, L.: Praktische Spannungsoptik. 2. Aufl. Berlin: Springer 1959.

[8] Hänchen, R.: Sperrwerke und Bremsen. Berlin: Springer 1930.

[9] Hänchen, R.: Winden und Krane. Berlin: Springer 1932.

[10] Hütte: Des Ingenieurs Taschenbuch, Bd. II A, 28. Aufl. Darin: R. Kraus, Gesperre und Schaltwerke Berlin: Ernst & Sohn 1954.

[11] Jahr-Knechtel: Getriebelehre. Leipzig: Jäneke-Verlag 1943.

[12] Simonis, F. W.: Stufenlos verstellbare Getriebe. Berlin: Springer 1949.

3. Aufsätze

[13] Altmann, Fr. G.: Stufenlos regelbare Schaltwerksgetriebe. Z. VDI (1940) S. 333—338.

[14] Altmann, Fr. G.: Ausgleichsgetriebe für Kraftfahrzeuge. Z. VDI (1940) S. 545—551.

[15] Altmann, Fr. G.: Getriebe und Triebwerksteile. Z. VDI Bd. 93 (1951) S. 515—524 und ATZ (1932) S. 157—161.

[16] Altmann, Fr. G.: Stufenlos verstellbare mechanische Getriebe. Konstruktion (1952) S. 165.

[17] Becker, R.: Stufenlos regelbare Antriebe in Kraftwerken. Z. VDI (1951) S. 629.

[18] Botstiber, W., u. L. Kingston: Freewheeling Clutches. Machine Design Bd. 24 (1952) No. 4, S. 189—194.

[19] Derschmidt, H. v.: Der Klemmrollenfreilauf als einbaufertiges Maschinenelement. Konstruktion (1953) S. 344.

[20] Diederichs, M.: Moderne Freilaufkonstruktionen. Maschinenmarkt Bd. 61 (1955) S. 26—28.

[21] Gagne, A.: One-Way Clutches. Machine Design (April 1950) S. 120—128.

[22] Gräbner, R.: Ausbildung und Anwendung von Klemmrollenfreiläufen im Werkzeugmaschinenbau. Werkst. u. Betr. (1953) S. 733—737.

[23] Grünbaum, H.: Der Weg zum Klemm-Wälzlager. Binningen (Schweiz): Selbstverlag.

[24] Hain, K.: Zur Weiterentwicklung der Schaltwerke. Z. VDI (1949) S. 589.

[25] Heldt, P. M.: Torque Converters or Transmissions, S. 94. Nyack (N. Y.): P. M. Heldt 1947.

[26] Karde, K.: Die Grundlagen der Berechnung und Bemessung des Klemmrollenfreilaufes. ATZ Bd. 51 (1949) S. 49—58. Berichtigung: ATZ Bd. 52 (1950) S. 85.

[27] Kollmann, K.: Beiträge zur Konstruktion und Berechnung von Überholkupplungen. Konstruktion Bd. 9 (1957) S. 254—259.

[28] Schmidt, Fr.: Einbau und Wartung von Klemmrollenfreiläufen. Maschinenmarkt Bd. 63 (1957) Nr. 22.

[29] Simonis, F. W.: Antriebe, Steuerungen und Getriebe bei neueren Drehbänken. Konstruktion (1952) S. 273.

[30] Spetzler, A.: Taschenuhren, die Hemmungen. Z. VDI (1940) S. 377—379.

[31] Thomas, W.: Rechnerische Bestimmung des Ungleichförmigkeitsgrades stufenlos regelbarer Schaltwerksgetriebe. Z. VDI (1953) S. 189.

[32] Thüngen, H. v.: Der Freilauf. ATZ Bd. 59 (1957) S. 1—7.

4. Firmenschriften

[33] AEG, Berlin. Fichtel & Sachs, Schweinfurt. Keßler & Co. GmbH, Wasseralfingen/Württ. Malmedie & Co., Düsseldorf. Ringspann Albrecht Maurer K. G., Bad Homburg v. d. H. Stieber Rollkupplung K. G., Heidelberg.

Sachverzeichnis

Es bedeutet: Zahl = Seite, Zahl in () = Berechnungsbeispiel auf Seite ...